현장실무를 대비한

최신 측정공학

유 택 인 · 이 범 성 공저

東 明 社

현장실무를 대비한 최신 측정공학

초판 발행 2002년 3월 7일
수정판8쇄발행 2015년 1월 14일

지은이 유택인, 이범성
펴낸이 최국주
펴낸곳 동명사
출판등록 1950년 11월 1일(제1-76호)
주소 (우 413-756) 경기도 파주시 회동길 50(문발동)
전화 031-955-7200(대표)~2, 7203(편집부), 7204(물류)
팩스 031-955-7205
전자우편 webmaster@dmsbook.com
홈페이지 www.dmsbook.com

ISBN 978-89-411-0265-6 93550
값 28,000원

머 리 말

우리나라의 중화학공업 발달의 기원을 1960년대 초로 본다면 이제 성숙된 중・장년기를 맞고 있다. 그간 기계공업은 국가기간산업으로서 국가발전에 적지 않은 공헌을 하였으며 어려운 시기에도 제몫을 다하였다.

최근 산업현장에서는 우리 주변국가들의 산업화로 인하여 경쟁력 저하를 우려하고 있으며, 이에 대한 대응책으로 생산제품의 품질 고급화를 위해 많은 노력을 기울이고 있다. 또한 많은 젊은 인재들이 산업현장을 외면하는 현실에서 유능한 인재확보와 자동화설비 구축을 위해 안간힘을 쏟고 있다.

한편 공작기계의 CNC화로 제품의 고정도화 실현 및 생산라인 자동화로 인한 생산시스템의 변화로 측정검사기술 또한 생산과 조립라인 중간단계에서 크게 발전되어가고 있으며 측정과 계측기술 및 장비가 구분되지 않는다. 측정데이터 또한 단순한 측정에서 품질관리를 위한 자료 및 생산공정 관리를 위한 데이터로서 이용되고 있다.

본 교재는 이러한 우리의 현실을 감안하여 누구라도 쉽게 산업현장에서 제품의 품질관리에 필요한 다양한 측정기술을 이해하고 고정도 측정을 위한 계측기술을 다루었다. 우리나라에서도 삼차원 측정기 생산 및 제품특성에 맞는 각종 계측장비 및 계측시스템이 개발되고 있어 이에 관련된 측정기 설계와 가공공중의 측정에 대한 사항을 다루었다.

또한 국제간 물류교류가 활발해지면서 수출입국 모두가 동일한 검사의 중복으로 원가상승을 격감하기 위해 국가간 상호인증제도를 도입하여 시행함으로서 이에 관련된 국가 간 상호인정시스템과 인증제도에 관련사항을 수록하였다.

아무쪼록 독자 여러분께서 현장실무에 조그마한 보탬이 되기를 바라며, 본 교재가 출판될 수 있도록 협조해 주신 동명사 여러분께 감사드린다.

2004년 2월

저 자

차 례

제1장 기계 계측

제2장 측정 기초

제3장 길이 측정

제4장 컴퍼레이터

제5장 게이지

제6장 각도 측정

제7장 내경측정

제8장 표면거칠기 측정

제9장 진원도 측정

제10장 형상 및 윤곽측정

제11장 삼차원 좌표 측정

제12장 기계 요소 측정

제13장 기계가공중의 측정

제14장 측정기 설계

제15장 측정표준과 정도

제1장

기계 계측

1.1 계측 기초

1.1.1 계측 개념

(1) 개 요

인간은 과학 및 기술적 문제에 대해 여러 현상과 사실과의 보편적 관계규명을 위해 다양한 현상과 사실을 정밀하게 조사하여 왔다. 이러한 조사는 정량적이고 정확한 실험을 통해 수행되며, 이들 실험은 여러 양의 측정결과에서 정량적인 관계를 유도한다.

계측은 인간생활에 있어 모든 영역에 관련되며 사람의 감각기관과 같은 역할을 한다. 따라서 자연과학 및 각종 공학 중에서 이론검증을 위한 실험이나 산업계에서 설계사양서나 제품의 조합, 제작, 조립, 검사, 측정 등을 포함한다.

(2) 계측의 역할

과학기술의 발전에 따라 생산 및 검사시스템이 자동화되고, 생산규모의 확대, 제품의 균일화와 품질향상, 생산원가의 절감측면에서 과학적, 합리적인 관리기법이 요구된다. 특히 동력원, 생산기계, 전기전자기기, 프로세스장치 및 자동화기기에서 시스템 운영, 경제적 효과의 최적화를 통해 합리적인 관리를 추구하기 위해 계측의 역할이 중요하며, 산업분야 및 일상생활의 상거래, 의료, 환경, 군사분야에서 다양하게 이용된다.

① **생산과정, 품질향상** : 운전, 품질관리, 측정 등

② 프로세스, 시스템 제어 : 조건상태의 측정, 조절, 확인 등

③ 과학연구(기초 및 자연과학, 공학분야), 기술개발 : 실험, 검사, 측정 등

1.1.2 측정 영역

(1) 계측의 분류

계측은 관련대상 및 사상(事象)이 광범위하여 정확한 계측법이나 계측기기에 대한 분류는 곤란하나 전문영역별로 보면 기계계측, 화학계측, 토목계측, 생체계측으로 구분된다. 수단수법별 분류는 아날로그계측, 디지털계측, 패턴계측, 비접촉계측, 샘플링계측 등으로 나뉜다. 사회적 가치별 분류는 공업계측, 프로세스 및 온라인계측, 품질계측, 환경계측으로 구분된다. 기계계측은 진동, 유체, 온도측정과 정밀기계의 부품측정을 취급한다.

표 1·1 기계량의 종류

분야	양	구 분	분야	양	구 분
길이	길 이 각 도 형 상	거리, 두께, 지름, 면적 각도, 방향 형상, 윤곽, 표면거칠기	고체	진 동 변 형 질량분포	직선진동, 비틀림진동 탄성, 응력, 변형률, 강도 모멘트, 중심(重心)
질량	질 량 힘 가속도	질량, 밀도, 비중 힘, 중량, 토크 선가속도, 각가속도	액체	압 력 유 량 점 도	압력, 진공, 기압 유량, 유속 점도
시간	시 간 속 도	시각, 시간, 주기, 진동수 속도, 각속도, 회전속도	열	온 도 습 도	온도, 열량, 전팽창 습도, 건도, 수분

(2) 관련 용어

측정(測定)은 계측대상에서 정량적 지식, 정보파악을 위해 기준량과 비교되는 양의 크기를 수치와 단위로 나타내는 것이다. 계량(計量)은 상거래와 관련된 기준설정과 건전한 경제활동을 위한 계측행위로서 이에 사용되는 계측기가 계량기이며, 임의로 제작, 수리, 조작, 판매할 경우 법(計量法)의 제재를 받게 된다.

검사(檢査)는 측정의 효율성과 신속성을 위해 미리 설정된 공차를 가진 게이지로 제품의 만족여부를 판단하며, 검사 중 공차영역 변경은 할 수 없다. 따라서 계측은 측정, 검사, 계량의 영역을 포함한다.

① 계측(計測, Instrumentation)

자연계나 임의의 시스템에서 변화하는 사물을 양적(量的)으로 파악하여 관련시스템의 제어수단으로 이용하기 위해 여러 방법, 장치, 측정을 토대로 일정의 조치를 강구하고 실시하는 것이다.

② 측정(測定, Measurement)

물리량이나 공업량을 기기(機器)나 장치를 사용하여 대상이 되는 양(量)에 기준량이 얼마나 존재하는지 수치와 단위로 나타내는 것이다.

③ 검사(檢査, Inspection)

측정하려는 양을 미리 설정된 양과 비교하여 규정된 조건여부를 판정하는 것이다.

④ 계량(計量, Metrology)

물리량 및 공업량을 계량법에서 규정하는 상태의 양으로 헤아리는 것이다.

⑤ 원기(原器, Prototype)

정의된 기본단위를 현시(現示)하기 위한 기구나 장치로서 과학기술의 진보에 따라 보다 정밀한 현시방법이 제시되면 국제단위(SI)에 관련되어 국제도량형총회(CGPM)의 의결을 거쳐 확정하게 된다.

⑥ 계측관리

산업현장에서 계측활동 영역 중 계측정밀도, 계측오차 감소, 경제적 계측을 유지하기 위하여 계측기술, 계측방법, 계측기 관리, 계기 및 계장(計裝)의 정도관리를 체계적으로 운영하는 것이다.

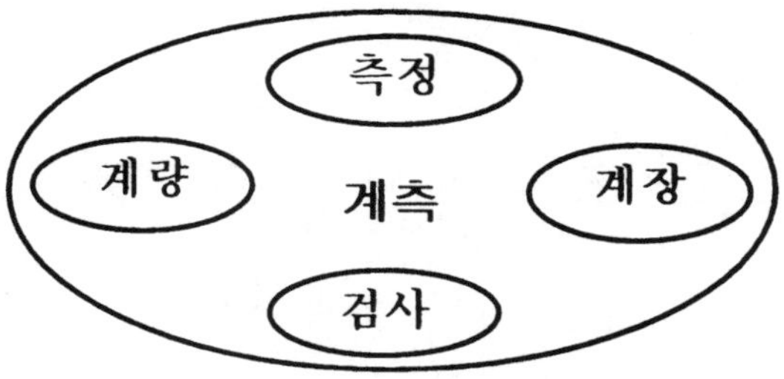

그림 1·1 측정의 영역

1.1.3 계측 시스템

계측은 자연계에 존재하는 계측대상의 다양한 계측정보를 검출 변환하여 지시 · 제어 · 기록까지 과정을 계측계(計測系)라 하며 구성은 다음과 같다.

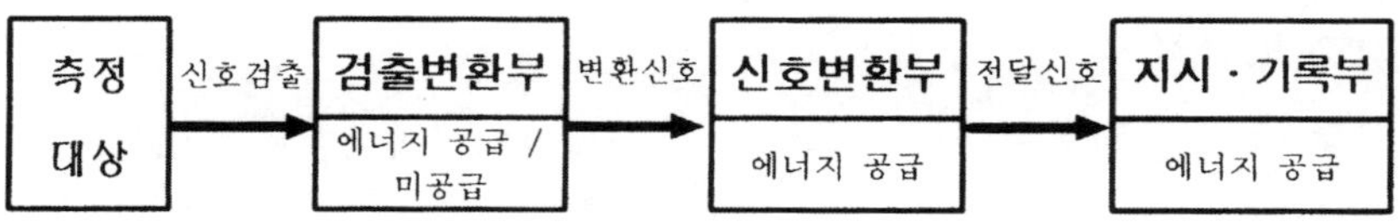

그림 1·2 계측계의 구성

(1) 검출 변환부

검출변환부는 계측대상 중 신호처리를 위한 최초단계로서 필요한 입력량에 예민하고 불필요한 양에 대해 둔감해야 한다. 즉, 변형률 측정에는 온도, 압력계는 가속도에 둔감해야 하며, 측정정보, 측정대상 및 주변환경에 적절한 검출기 선택이 중요하다.

검출변환부는 기계식(브르동관, 프로빙링, 벨로우즈, 다이어프램), 전기식(저항형, 용량형, 압전체, 인덕턴스, 열전대), 유체식(float, Orifice, Ventri Tube), 광전식(광전지, 사진필름) 등이 있다.

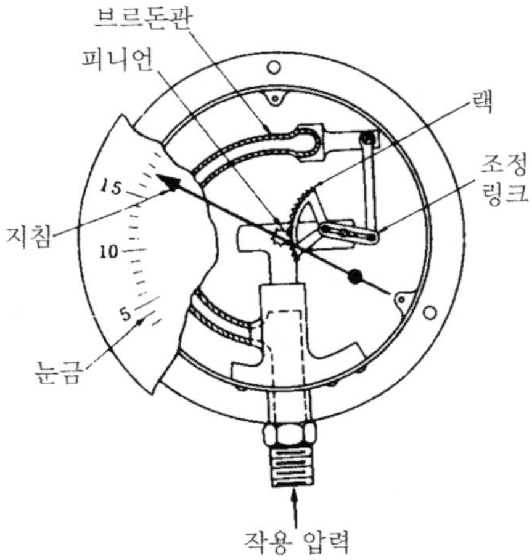

압력측정 브르돈관 압력계

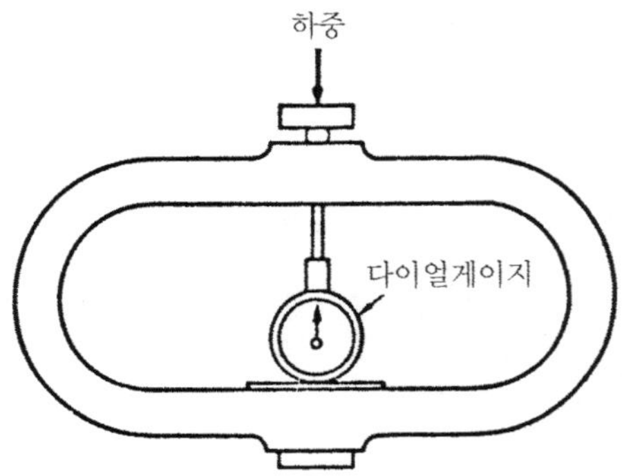

프로빙링(proving Ring)

(a) 기계식 검출기

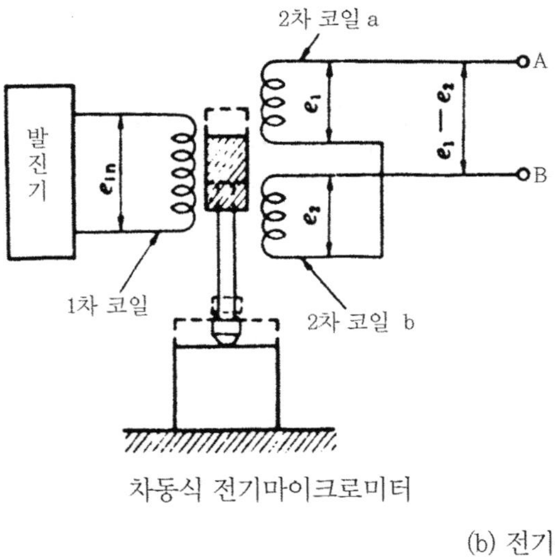

차동식 전기마이크로미터

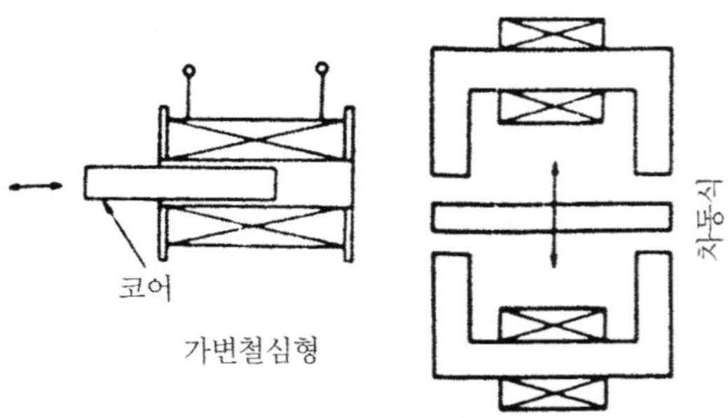

자기인덕턴스 변환기

(b) 전기식 검출기

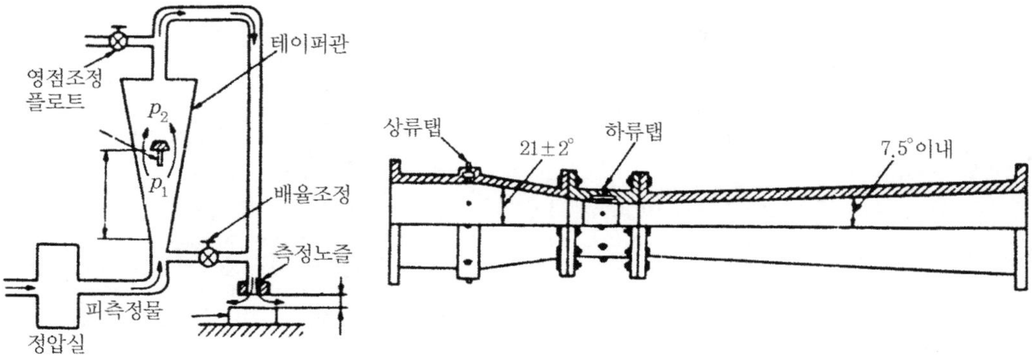

유량식 공기마이크로미터　　　　유량측정용 벤추리미터(Venturi Meter)

(c) 유체식 검출기

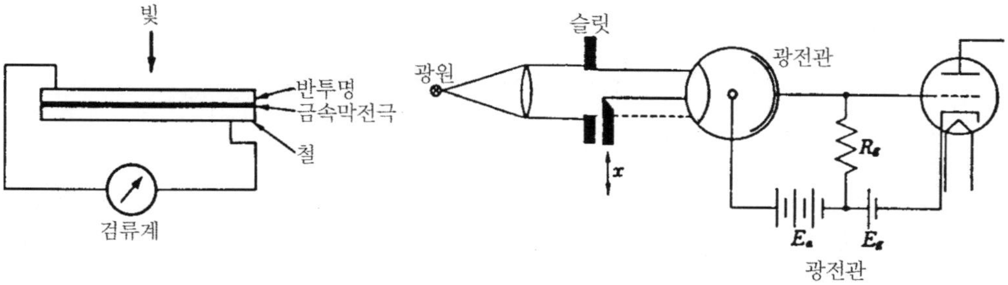

(d) 광전식 검출기

그림 1·3 각종 대표적인 형식의 검출변환기

(2) 신호 변환부

검출변환기에서 전달된 신호를 지시·기록·제어가 가능하도록 증폭(Amplification), 여과(Filtering), 적분(Integrating), 미분(Differentiation), 원격(Telemetering)의 기본동작이 수행된다. 기계적 변환기는 외력에는 내구성이 있으나 민감하지 못하고 전기적 변환요소는 신호증폭과 감폭(減幅)이 용이하고 관성, 마찰이 적으며 기록, 제어가 가능하다.

신호변환부는 기계식(기어장치, 크랭크 기구, 캠기구, 레버기구), 전기식(반도체이용 증폭, 여과, 원격계측), 유체식(파스칼원리 이용한 확대기구, 공기마이크로미터 장치, 밸브형) 광학식(투영기, 공구현미경의 렌즈, 반사경, 광학지레)이 있다(그림 1·4 참조).

(3) 지시·기록부

계측계의 최종단계로서 측정자가 인식 및 제어할 수 있는 신호를 주며, 지침의 변동량을 나타내는 상대적 지시기와 카운터, 계수형 전류전압계 및 계수형 온도계와 같은 계수형 지시기가 있다. 계측기는 그 기능으로 보아 지시, 기록, 적산, 자동조절 등을 하며 지시 및 기록하는 것이 대부분이다.

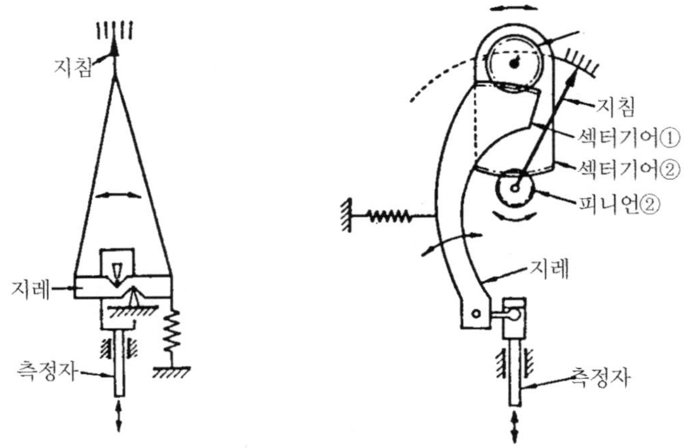

측미기의 지레 및 기어식 확대장치

(a) 기계식 변환장치

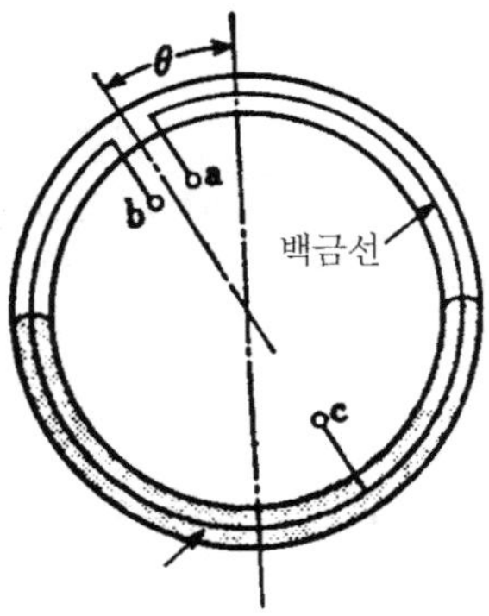

환상(環象) 저항기

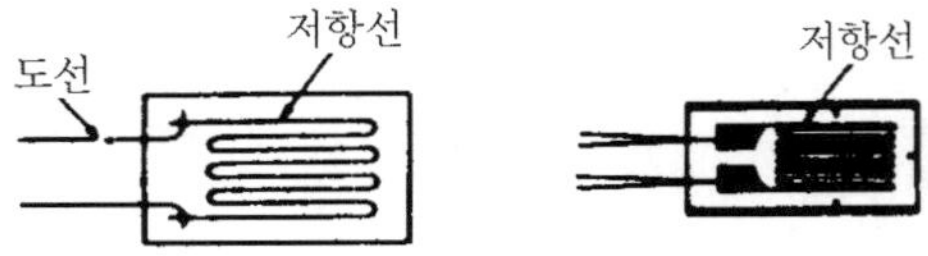

저항선스트레인게이지

(b) 전기식 변환장치

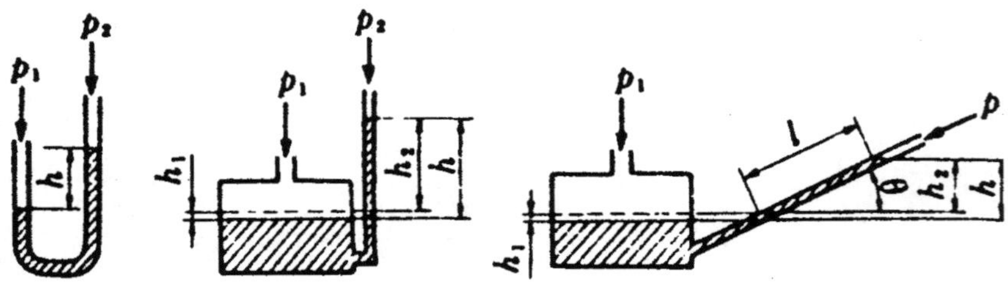

액주압력계(manomeer)

(c) 유체식 변환장치

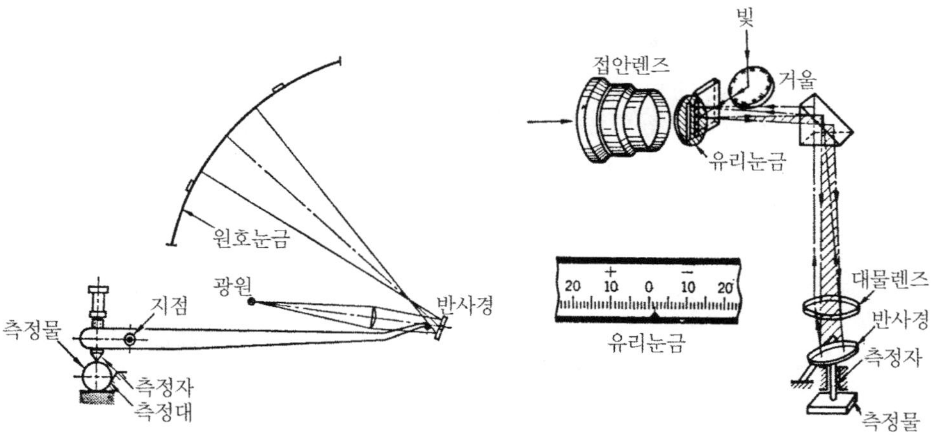

미크로룩스 광학식 확대장치 옵티메터

(d) 광학식 변환장치

그림 1·4 각종 대표적인 형식의 변환장치

① **지시계**(指示計, Indicater)

지시계는 측정값을 지시하는 표시계로서 눈금과 지표(指標)가 이용된다. 눈금에는 일정 간격으로 연속된 선, 점, 숫자 및 부호가 사용된다. 지표는 지침(일반계기), 선(버니어 캘리퍼스), 빛(오토콜리메터), 액면(액주계) 등을 눈금과 일치시켜 판독한다.

a) 눈금(Scale) : 눈금은 표준자와 같이 매우 정확한 것, 계기판과 같이 그다지 정확하지 않는 것이 있다. 인접한 눈금선과의 중심간격을 눈금 폭(scale spacing)이라 하며, 표준자는 1~3μm, 접안경 눈금척은 5~50μm, 압력계 및 배전반계기 등은 약 0.1mm, 먼 거리에서 목측하는 계기의 눈금은 2~3mm 정도이다.

b) 지침(Pointer) : 지침은 계측량의 크기에 대응하여 변위하는 것으로 보통 알루미늄이나 듀랄루민 판으로 제작되며, 모양은 그림 1·5와 같이 칼날형, 능형, 창형, 침형이 있다.

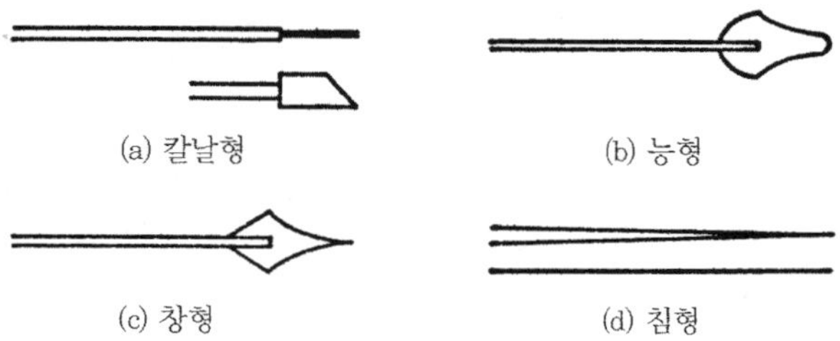

그림 1·5 지시계의 각종 지침형태

c) 눈금(Scale) : 눈금판은 주눈금과 부눈금 폭은 다르고 부눈금은 주눈금의 1, 2, 5의 배수로 되어 있다. 눈금판은 그림 1 · 6과 같이 전 측정범위에 걸쳐 일정간격인 균등눈금과 비등간격인 불균등 눈금판으로서 지침운동에 대응하여 직선눈금과 원주눈금이 있다.

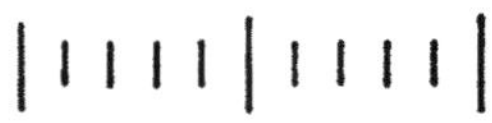

(a) 직선눈금

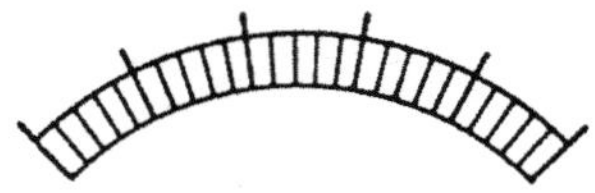

(b) 원주눈금

그림 1 · 6 직선눈금과 원주눈금

또한 그림 1 · 7과 같이 표준용 계기판에서 읽음오차의 감소를 위해 눈금 사이에 대각선을 5~10등분되어 있고 지침이 대각선과 만나는 횡선으로 단수를 읽는다.

i) 거울 면이 붙은 균일눈금(정밀표준계기용)

ii) 영점 부근이 수축된 불균일눈금(가동철편형의 배전반용)

iii) 고정도 판독 대각선 빗금눈금(표준계기용)

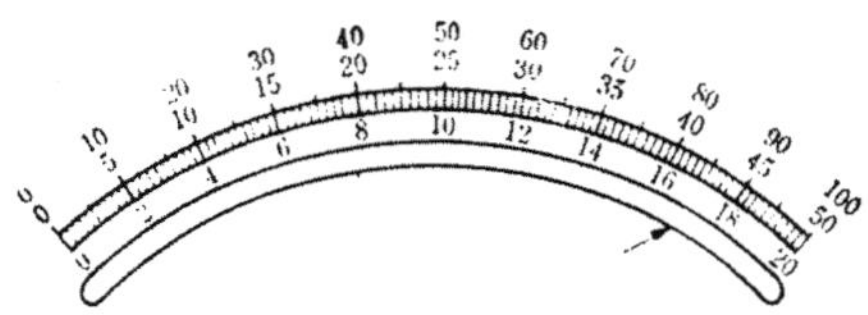

(a) 정밀표준 계기용 균등눈금

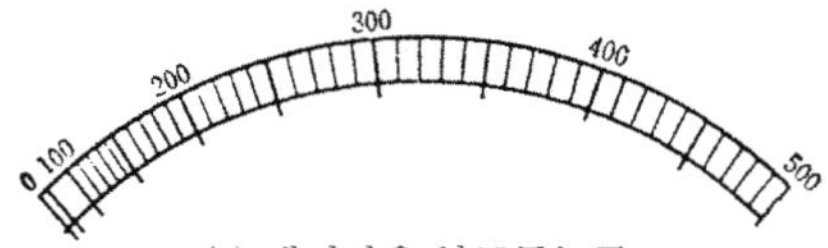

(b) 배전반용 불균등눈금

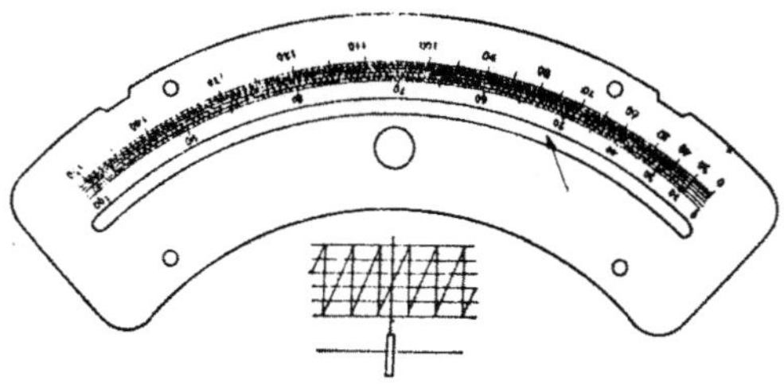

(c) 대각선 빗금눈금

그림 1 · 7 눈금판의 형상

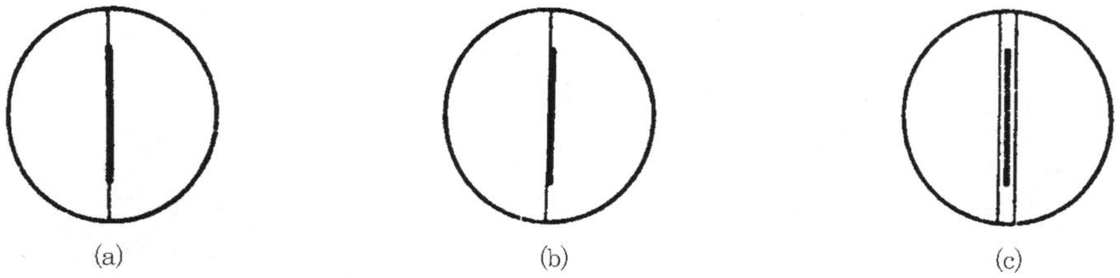

그림 1·8 현미경의 눈금선을 일치시키는 방법

한편 현미경을 사용하여 지표 또는 눈금의 변위를 고정도로 판독하기 위해 그림 1·8의 (a) 및 (b)와 같이 눈금선을 일치시킬 수 있으나 그림 (c)와 같이 지표 사이에 눈금선을 끼우면 더욱 고정도의 측정이 가능하다.

시차는 지침을 계기에 근접되게 하거나 눈금판에 거울을 붙여 방지할 수 있다. 관측은 최소눈금의 1/10까지 읽음이 가능하고, 이때 유의할 사항은 눈금선 간격, 몇 번째 눈금의 1/10값을 읽는가, 눈금선과 지침크기, 측정자 피로, 눈금판 · 지침 · 눈금선의 색 배합, 개인편차 등을 들 수 있다.

② 기록(記錄計, Recorder)

측정값이 변동이 빨라 관측이 곤란하거나 데이터 관리상 필요한 경우에 기록을 하며, 기록방법은 기계적 방법, 광학적 방법 및 전자기적 방법이 있다. 대부분의 계측기는 측정값을 시간축에 대해 기록하며, 작동방식에 따라 직동식과 자동평형식으로 분류된다.

직동식은 주로 공기압 또는 전류를 입력하고 편위법으로 기록펜을 동작시킨다. 자동평형식은 영위법으로 전압 또는 전기저항 측정의 자동평형계기가 이에 속한다.

기록지는 필요한 기계적 강도유지와 온도나 습도의 변화에 대해 신축이 작아야 한다. 또한 종이표면은 잉크가 번지지 않고, 선도의 인쇄가 선명하며 치수가 정확해야 한다.

a) 기계적 방법 : 롤형 및 원형 기록지에 특수 펜과 잉크를 이용하는 잉크기록식은 마찰이 크고 큰 동력이 필요하다. 또한 롤형 기록지에 잉크리본에 점타하는 점타식, 진동기록과 같은 빠른 현상기록에 특수 촉침으로 셀룰로이드의 기록지를 긁어 기록하는 방식이 있다. 측정정도 2.5%로 직동형 기록계와 펜라이팅 오실로스코프가 있다.

펜식은 마찰, 열, 전기를 이용하며 마찰펜식은 파라핀을 도포한 유리 및 셀룰로이드판을 촉침으로 긁어 착색시키는 방식이며, 열 펜식은 펜을 전기적으로 가열하여 열전효과를 이용하여 특수기록지에 기록하는 방식이다. 전기 펜식은 펜을 전극으로 하여 특수기록지에 통전시켜 기록한다.

b) 광학적 방법 : 고속현상의 기록에 전자오실로스코프를 이용하여 필름, 건판, 인화지에 기록하는 방식이다. 측정정도 3% 정도로 고감도로서 주파수 특성이 우수하며, 다

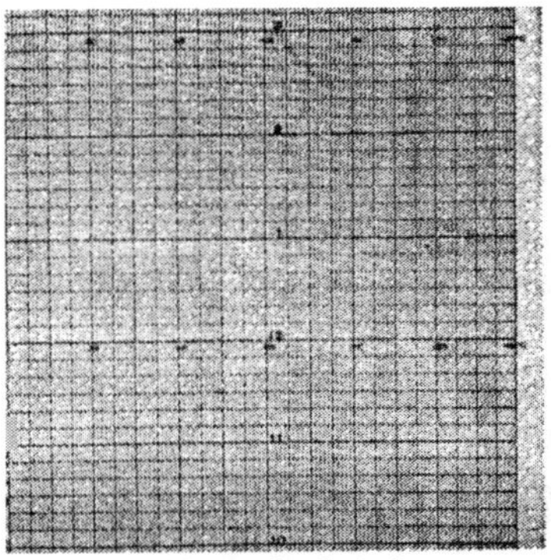

(a) 롤형 기록지

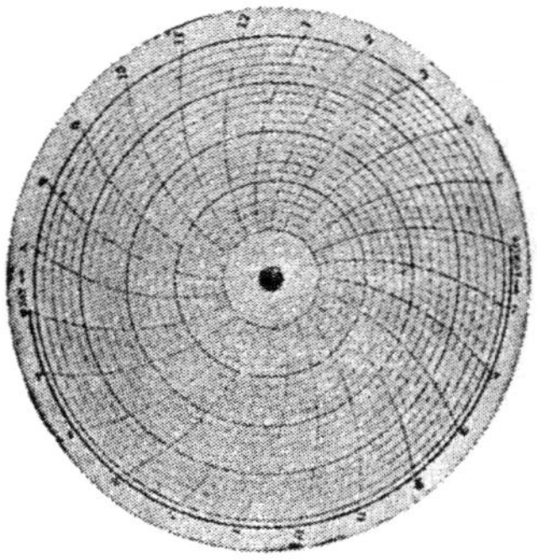

(b) 원형 기록지

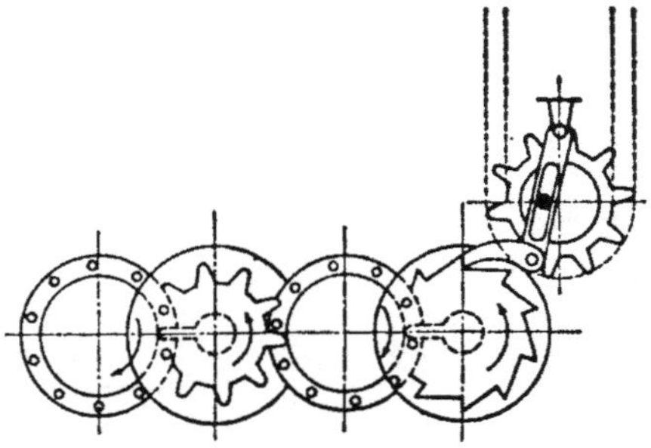

(c) 기계식 계수기

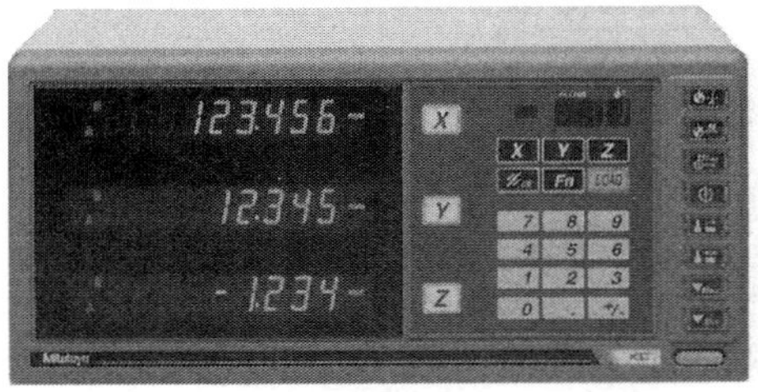

(d) 디지털 표시

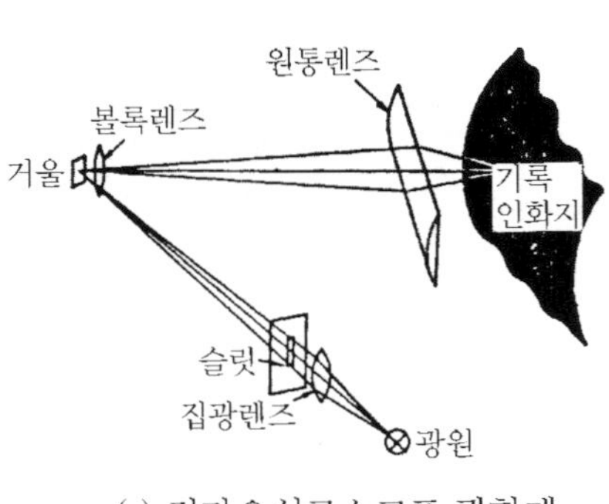

(e) 전자오실로스코프 광학계

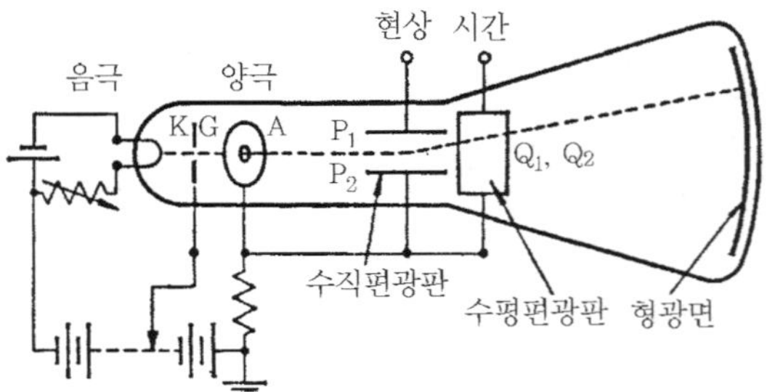

(f) 브라운관 오실로스코프

그림 1·9 각종 지시·기록장치

소자(多素子)기록, 과도현상 및 교차되는 파형기록도 가능하다.

c) 전자적 방법 : 음극선관 오실로스코프(Cathode Ray Oscilloscope Tube)와 같이 고속순간 현상관측을 하며, 전압의 크기 및 형태, 주파수, 위상특성과 펄스상승 및 하강시간, 오버슈트(Overshoot)같은 파형특성의 전기적 특성 측정에 이용된다. 전자관성이 작아 고속현상을 추종할 수 있으며, 임피던스가 커서 측정회로에 영향이 작아 초고주파의 미소신호까지 다양한 현상기록이 가능하다. 특히 펄스파 및 과도현상의 고속전기현상 관측이 가능하며, 측정값 저장은 사진촬영이나 기록계에 연결할 수 있다.

기타 자기(磁氣)테이프 기록방식은 전기적 출력을 자기테이프, 자기드럼에 기록하는 것으로 고감도로 주파수 특성이 좋고 아날로그량 및 디지털량의 기록이 가능하다. 과도현상 기록이 가능하고 계산처리가 필요한 데이터 기록에 유용하다.

③ 계수기(計數器, Counter)

기계적 장치는 1 : 10의 기어 이수 비를 이용한 것이 많고, 계수방전관은 전기적인 계수기로서 펄스 수를 10진 계수회로와 표시관을 이용한 것이 있다. 디지털식은 측정인 경우 펄스신호에 의해 계수기를 작동하고 측정값을 숫자로 표시하는 것이 많다.

④ 적산계(積算計)

어느 양을 시간에 대하여 적분값을 나타내는 계기를 말한다.

⑤ 자동조절계(自動調節計)

양을 표시하는 것은 물론 이를 자동적으로 조절하는 기능을 갖는 계기를 말한다.

1.2 양의 측정

1.2.1 양의 특성

(1) 물리량과 공업량

① 물리량(物理量)

물리학의 일정이론 체계하에 차원이 확정되어 정해진 단위의 배수로 나타내는 양으로 과학기술의 발전에 따라 정의가 명확하게 된다.

② 공업량(工業量)

물리량에 비해 순수하며 이론체계가 약하고 생산과정의 능률화나 제품의 품질향상, 비용절감을 목적으로 사용 또는 생산프로세스 제어정보로 취급된다. 공업량은 측정방식, 측정방법, 표시방법을 명확히 결정함으로써 크기의 의미를 갖는다.

(2) 아날로그량과 디지털량

① 아날로그(Analog)량

자연계에 존재하는 측정대상의 양 중 압력, 온도, 변위와 같이 계측대상의 양이 시간적으로 연속적인 변화를 주는 양이다.

② 디지털(Digital)량

계측량이 시간에 따라 비연속적인 아날로그량을 임의시간마다 표본화(sampling)하여 일정수준에 근접을 판정하여 양자화(quantize)한다. 아날로그량을 디지털식량으로 변환하는 장치가 아날로그-디지털변환기(A/D Converter)이다.

(3) 표본화와 양자화

① 표본화(標本化, Sampling)

시간적으로 연속적으로 변화하는 아날로그량을 임의시간 간격마다 값을 추출하는 것을 말한다.

② 양자화(量子化, Quantize)

표본화된 값이 어느 수준에 근접된 값에 판정하여 반올림하여 디지털화하는 것을 말한다.

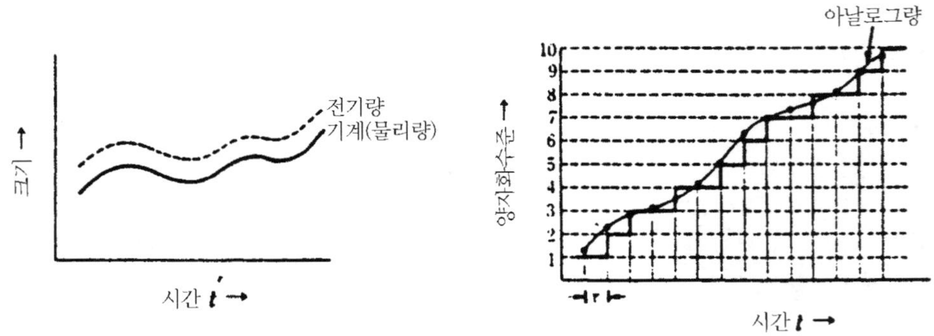

그림 1·10 양자화와 표본화

1.3 검출변환 요소

1.3.1 센서(Sensor)

센서(Sensor)는 검출대상의 정보를 선택적으로 포착하여 유용한 신호로 출력하기 위한 정보를 채취하는 장치이다. 라틴어 센서스(Senus)에서 유래된 센서는 1967년(미국

McGraw-Hill사)의 영(英)·독(獨)기술공학사전(English-German Technical & Engineering Dictionary)에 처음 소개되었다. 현재의 센서기술은 실용적으로 컴퓨터나 통신기술보다 낙후되어 있으나 각종 정보시스템의 기능확대나 기술 고도화에 핵심기술이 된다.

센서기술은 정밀계측기기 및 계측시스템에서 큰 비중을 차지하며 시스템에 감각기능을 갖게 한다. 최근 다차원 소형화, 다기능화, 지능화, 시스템화, 신속화를 추구하며, 원활한 기능을 위해 감도(Sensitivity), 선택도(Selectivity), 안정도(Stability)와 복귀도(Reversibility), 신뢰도(Reliablity)와 기능성, 규격성, 경제성, 정확성이 요구된다.

표 1·2 검출정보와 소재

재 료	특 성	검출 정보	소 재
금속재료	외적부하가 큰 힘, 하중, 변위 센서	변위, 각도 비틀림, 압력 온도	포텐쇼미터, 차동변환기 금속박게이지, 브로돈관 열전대(熱電帶), 바이메탈
반도체 소자	고감도화, 소형화에 용이, 소자가 온도, 자기, 빛 영향으로 Carrier 활동	광 자기 온도	포토다이오드, 이미지센서 Hall소자, 자기저항소자 더미스터(Thermister)
비정질 재료 (Amorphous)	광전특성을 이용하여 가시광(可視光), 컬러, 이미지 센서로 이용	광 비틀림, 압력	아몰포스 실리콘 아몰포스 금속리본
세라믹 재료	공간(Bulk)을 갖는 결정입자 소결 공간과 계면에 기체 및 수분 확산	압력 자기 습도	압전 세라믹 연 페라이트 다공질 세라믹
고분자 재료	재료의 연신, 분극처리 이용 각종 물질을 혼합시켜 전기전도성, 압전성, 집전성, 가스투과성 갖게 함	광 온도 습도, 가스	폴리불화비닐렌, 폴리비닐카바졸 폴리염화비닐 Polivinly alcohol

1.3.2 변환기(Transducer)

변환기(變換機, Transducer)는 채취된 원초적 정보를 이에 대응하는 유용한 신호로 변환하는 장치이다. 즉, 한 형태의 정보를 다른 형태의 정보로 변화시키데 용어로서 감지(感知)된 신호를 신호처리나 증폭을 위해 변환하는 것으로 대표적인 기계적 변환기는 다이얼게이지의 스핀들이 있다.

1.4 계측 방식

1.4.1 편위법(偏位法, Deflection Method)

측정량을 관련된 임의량으로 바꾸어 변위를 일으켜 최종적으로는 지침, 길이, 계수로 표시하는 방법이다. 일반 측정기에서 많이 이용되며 계측기 정도가 측정결과에 영향을 주어 고정도 측정이 가능하고 응답이 빠른 특성이 있다. 다이얼게이지를 이용한 판 두께측정에서 연속 이동되는 판 두께변화가 스핀들에 변화를 주고, 이어 랙과 피니언의 회전변화를 통해 지침의 움직임으로 나타낸다.

예) 다이얼게이지, 마이크로미터, 스프링 저울 등

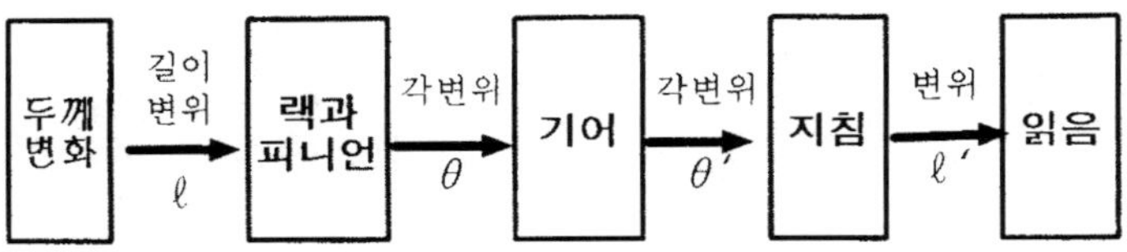

(a) 다이얼 게이지의 변위량 편위 과정

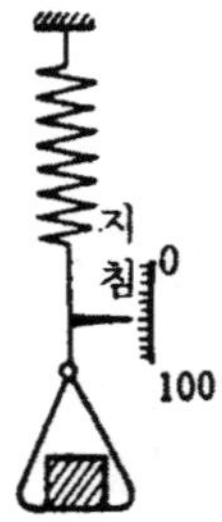

(b) 스프링 저울

그림 1·11 편위법

1.4.2 영위법(零位法, Zero Method)

측정량과 동일종류의 크기가 파악된 표준량을 평행상태로 하여 값을 구하는 방법이다. 측정기 마찰에 의한 오차가 없고, 측정이 평행상태를 유지하여 측정대상의 상태를

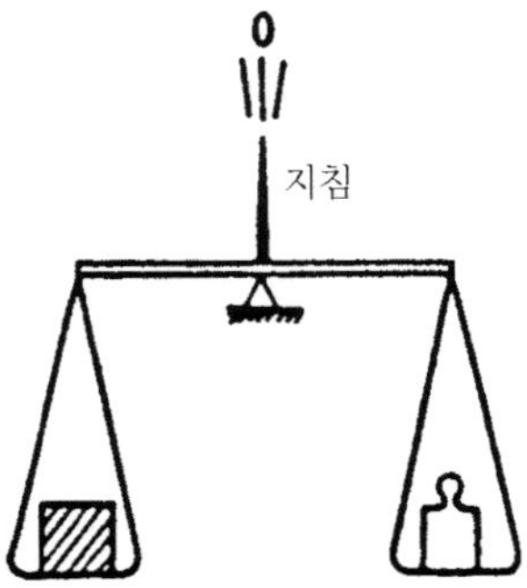

그림 1·12 영위법(천평)

교란하지 않아 편위법보다 고정도 측정이 가능하다.

예) 천평과 분동을 이용한 질량측정

1.4.3 보상법(補償法, Compensation Method)

측정량과 표준량을 평행시키고 불평행된 양을 편위법으로 구하여 그 값을 표준량에 보상시키는 방법으로 영위법과 편위법과 조합형태로서 측정정도가 높다.

예) 피측정물의 질량과 분동 질량과의 차를 지침으로 나타내는 측정

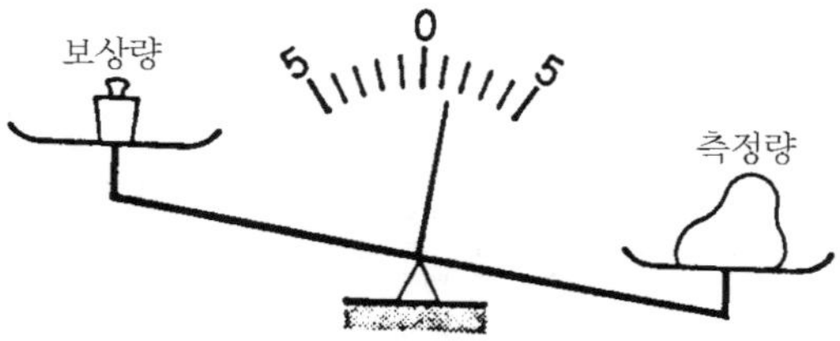

그림 1·13 보상법에 의한 측정

1.4.4 치환법(置換法, Replace Method)

측정량과 양의 크기가 파악된 기준량과 비교 치환하여 전후의 두 측정결과에서 측정량을 파악하는 방법이다. 즉, 측정량 A를 동일종류 임의량 C 또는 기준량 B와 각각 동일한 물리적 상태에서 편위법으로 비교하고 그 결과에서 A와 B와의 차에서 측정한다. 천평의 지레비와 같은 계측기 자체부정에 기인되는 계통오차제거와 두 양의 차를 측정하여 고정도 측정이 가능하다.

예) 천평의 치환법

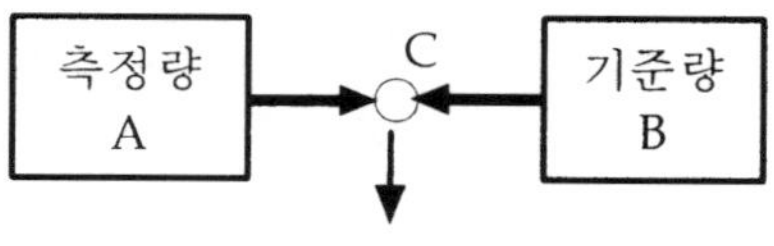

그림 1·14 치환법

1.4.5 합치법(合致法, Coincidence Method)

눈금선의 합치를 판단하여 측정량과 기준량을 비교하여 측정하는 방법이다. 예를 들면 측정진자 주기와 기준주기를 갖는 표준진자의 합치시각에서 다음 합치시각까지 시간측정으로 진동주기를 측정하는 경우이다.

예) 진자주기의 측정, 전기수준기

1.4.6 차동법(差動法, Differential Method)

동일 종류인 두 양의 작용 차를 이용하여 측정하는 방법이다. 그림 1 · 15 (a)와 같이 열전대를 이용한 온도측정으로 열전대 *a*와 다른 종류의 열전대 소선(素線) *b*를 접속하여 두 접점의 온도 t_1℃, t_2℃의 차를 측정한다.

예) 차동열전대(差動熱電帶)에 의한 온도측정, 차동변압기형 전기마이크로미터

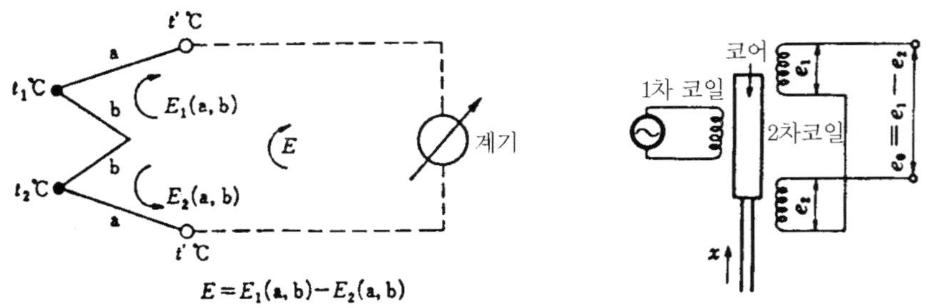

그림 1 · 15 차동법

1.5 계측 자동화

1.5.1 개 요

(1) 계측 자동화 의의

계측자동화는 측정행위를 성력화(省力化)하여 고정도화, 고속화, 장기간화를 유지하여 능률향상과 개인차에 의한 측정오차의 경감을 목적으로 한다. 최근 고속가공기에서 계측작업과 굴뚝과 같은 높은 위치에서 고소작업(高所作業), 고온 · 다습의 장소, 유독가스 발생장소, 방사능의 누출환경에서 계측자동화는 유용하며 다음의 효과가 있다.

① 측정정도의 비약적인 향상

② 생산가공 라인에서 생산량 증대

③ 계측작업이 어려운 환경에서 적용

계측자동화를 위해 컴퓨터가 이용되고 제어요소 지령은 디지털신호가 많으며, 제어요소를 받아 각종 제어기 및 장치를 동작시킨다. 계측시스템 중 적용부분 또는 품질정보

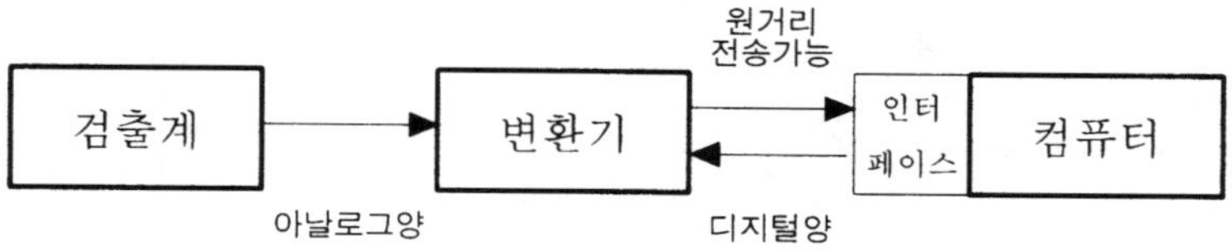

그림 1·16 계측의 자동화

이송부분의 피드백(Feed Back), 피드포워드(Feed Forward)를 판단하여 적용해야 한다.

(2) 계측 자동화의 운용

계측시스템의 원활한 운용을 위해 피측정물을 센싱, 변환, 센서 위치결정 및 자동적인 구동이 수행되어야 한다. 계측시간의 시간설정과 계측값 표시방법의 자동시스템화, 계측대상의 환경조절, 계측조건 및 파라메터가 변환되어야 한다. 최근 마이크로프로세서의 진보에 따라 계측값의 연산과 고속처리, 측정데이터 처리기술이 진보되어 있다.

1.5.2 계측 시스템의 자동제어

프로세스(Process) 계측은 유체의 흐름상태가 많고 연속적으로 프로세스 제어해야 할 시스템이 많아 피드백 제어가 효과적으로 활용된다. 생산시스템의 온라인(On line) 계측은 생산공정에 직접 관련되어 장치의 제어기능을 갖는 자동계측시스템이 이용된다.

(1) 피드백(Feed Back) 측정기

제어량의 계측 특성값이 목표값과 비교되며 편차가 작은 제어대상을 조작하는 제어이다. 가공중에 치수측정 정보를 가공기로 보내 가공제어하는 자동치수결정장치가 있다. 직접치수를 재서 가공기에 정보를 보내 제어하는 인프로세스 게이지(Inprocess Gauge)와 가공 후 공작물을 피드백 가공기를 조정한 후 공작물 정도를 유지하는 포스트 프로세스 게이지(Post Process Gauge)가 있다.

(2) 피드포워드(Feed Forward) 측정기

계측계에 외란(外亂)이 입력되면 시스템의 출력에 영향을 주기 전에 그 영향을 제거하도록 정정하는 제어이다. 자동측정선별기, 자동선별조립기가 있고, 품질정보에 의한 합부판정(合否判定)에 이용된다.

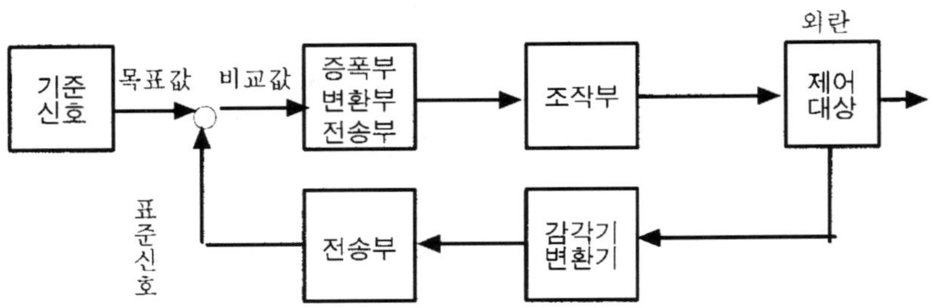

(a) 피드백(Feed Back) 제어계

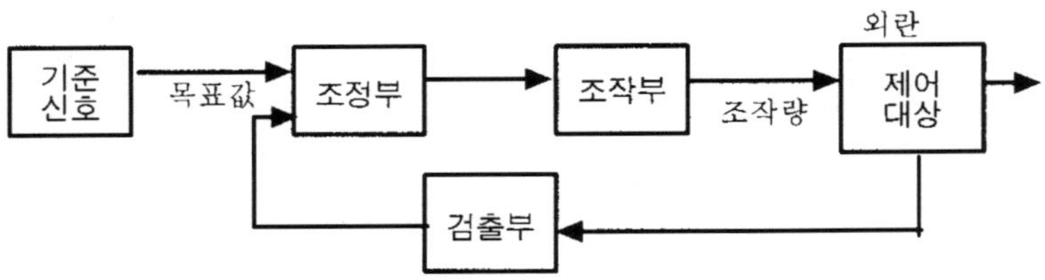

(b) 피드포워드(Feed Forward) 제어계

그림 1·17 계측계의 제어계

1.6 제어(Controls)

제어는 일정 시스템이 조작이나 동작에 의해 어느 목표량에 도달하기 위해 양의 증감 또는 상태변화가 되도록 조절하는 것이다.

1.6.1 시퀀스 제어(Sequence Controls)

미리 정해놓은 순서에 따라 제어의 각 단계를 순차적으로 진행시키는 제어로서 제어동작이 출력과 관계없어 오차가 발생되는 결점도 있으나 간단하고 복잡하지 않는 개회로제어(開回路制御)이다.

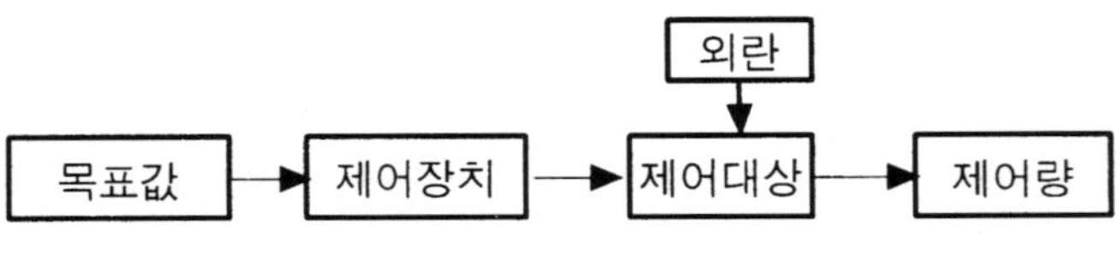

그림 1·18 개회로 제어계

1.6.2 PLC 제어(Programmable Logic Controller)

산업용 릴레이 제어반보다 광범위하고 기존 시퀀스 기능과 데이터처리의 기능, 수치 연산의 기능, 프로그램 제어기능, 비교기능이 가미되어 광범위하고 처리속도가 빠르다. 다른 시스템과 연계가 가능하여 우수하게 설계된 특수목적의 컴퓨터로서 다양한 제어기능이 가능한 총체적인 제어시스템이다.

1.6.3 프로세스 제어

(1) 온/오프(ON/OFF) 제어

단일루프 제어계로 조절계는 편차극성에 따라 출력을 ON 또는 OFF하는 2위치 조절계이다. 조작에 있어 제어량을 목표값으로 할 때 너무 크거나 작은 사이클링(Cycling)으로 동작간 히스테리시스가 생겨 ON/OFF 반복이 기기수명의 단축을 초래한다. ON과 OFF의 중간의 조작량으로 제어량이 목표값에 일치하지 않고 평균값이 목표값과 다른 정상편차를 발생시킨다.

예) 전열계에서 스위치 ON/OFF로 온도조절

(2) PID 제어

유량, 온도는 시간과 더불어 연속적 변화량을 갖는 공업량을 제어하는 프로세스제어의 기본 제어알고리즘, 계장(計裝) 및 디지털 계장에서도 PID제어는 핵심이 된다. 또한

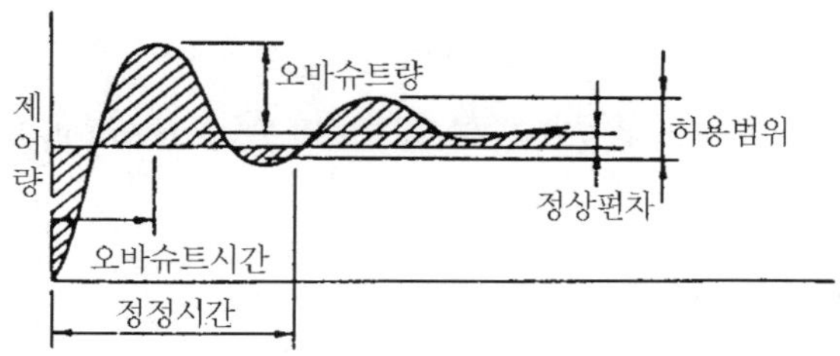

(a) 추치제어

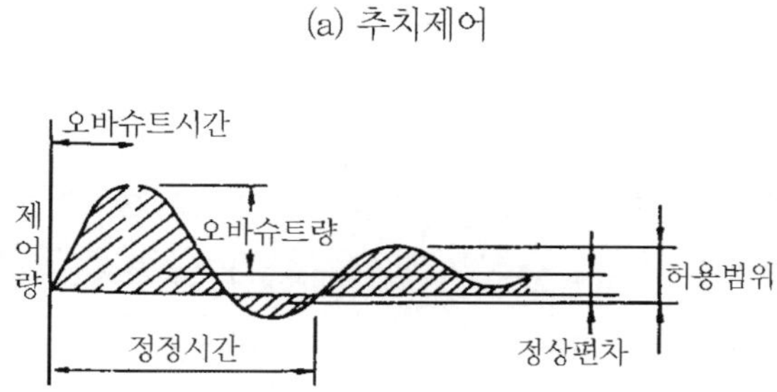

(b) 정치제어

그림 1·19 ON/OFF 제어의 특성

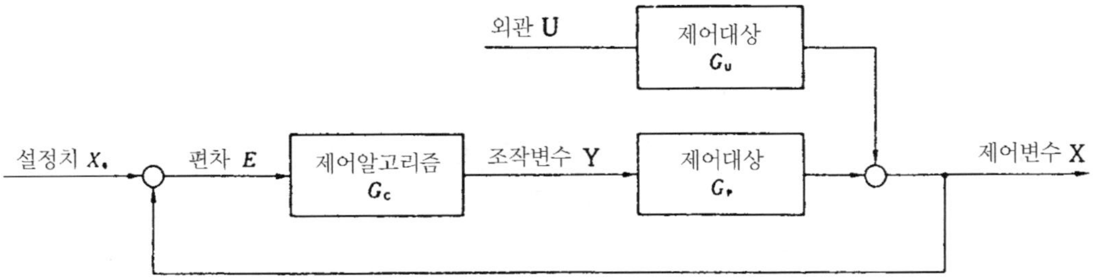

그림 1 · 20 피드백 제어

피드백(Feed Back) 제어에서 제어알고리즘으로 가장 일반적인 것이 PID제어이다. 그림 1 · 19와 같이 온/오프 제어에서는 정상편차가 커서 고정도 온도제어에 한계가 있으나 PID제어는 정확하게 제어할 수 있다. 단, 대문자는 라플라스 변환형이며 소문자는 시간 영역이다.

PID 제어는 그림 1 · 20의 기호를 사용하여 시간영역으로 표시하면 다음과 같다.

$$Y = K\left(e + \frac{1}{T_1} edt + T_D \frac{d}{dt} e\right) \tag{1 · 1}$$

전달함수형으로 표시하면 다음과 같다.

$$G_c = \frac{Y}{E} = K\left(1 + \frac{1}{T_1 S} + T_D S\right) \tag{1 · 2}$$

K는 비례항의 크기를 결정하는 상수, T_I는 적분항, T_D는 미분항으로 표시된다. 우변의 첫 번째 항은 편차에 비례(Proportional)한 출력을 내는 비례(P)동작, 두 번째 항이 적분(Integral)하므로 적분(I)동작, 세 번째 항이 미분(Derivation)하는 미분(D)동작으로 PID는 세 동작이 조합된 PID동작이다.

① P동작(Proportional Action)

제어의 기본동작으로 결점을 보완하기 위해 I동작, D동작을 사용한다. P동작은 작은 특성이라도 무시 않고 나타내면 제어대상 프로세스는 다차지연(多次遲延)되어 시스템이 불안정하다. 비례이득을 크게 할수록 좋은 제어효과를 내며 외란에 의한 편차감소 및 새로운 정상값에 신속히 수렴하여 시스템을 안정시키는 효과가 있다.

입력에 비례되는 출력을 내는 P동작의 기본식은 $Y(s) = K_c X(s)$이며, K_c는 비례 게인(gain)이다. 비례동작의 과도응답, 주파수응답은 비례요소와 같이 가변이득의 비례요소이다. 비례제어계 스텝응답에서 충분히 시간이 지나 제어편차가 일정 값으로 안정될 때 정상편차(off set)가 되며, 제어로서 최소화는 가능하나 영(Zero)으로 할 수 없다.

② I동작(Integral Action)

리셋(reset)동작이라고도 하며 적분으로 입력의 시간 적분값에 비례하는 크기의 출력을 내며 T_1은 적분시간이며 I동작의 기본식은 다음과 같다.

$$Y(s) = \frac{1}{T_1 S} X(s) \qquad (1 \cdot 3)$$

즉, 편차가 제거될 때까지 출력은 증가 또는 감소를 계속하여 비례제어에서 생기는 정상편차를 제거한다. 지연이 있어 P동작 때 보다 I동작에 의한 지연만큼 시스템 전체에 지연이 크게 된다. 따라서 I동작 단독 사용보다는 P동작의 보조로서 PI동작으로 I동작 사용시 보다 좋은 제어능력을 갖는다.

③ D동작(Differential Action)

미분동작 또는 레이트(rate)동작이라 하며, 입력의 시간적 미분값으로 입력변화의 비율, 즉 rate에 비례하는 출력을 내며 T_D는 미분시간이며, D동작의 기본식은 다음과 같다.

$$Y(s) = T_D X(s) \qquad (1 \cdot 4)$$

입력의 변화속도에 비례한 출력을 내는 동작으로 단독으로 제어능력은 없고 반드시 비례 또는 비례+적분동작과 조합해서 사용한다. 제어능력을 빠르게 하며 잡음에 약하고 고주파수에서 이득은 ∞가 되어 잡음 증폭기가 된다.

④ 디지털 PID 알고리즘

디지털 조절계의 기본 구성은 그림 1·21과 같고 조절계는 발신기에서 나온 전압이나 전류의 아날로그 신호를 A/D변환기(Analog to Digital Converter)에서 변환하여 이를 기초로 제어연산을 하여 상태를 결정하여 조작단으로 신호를 보낸다.

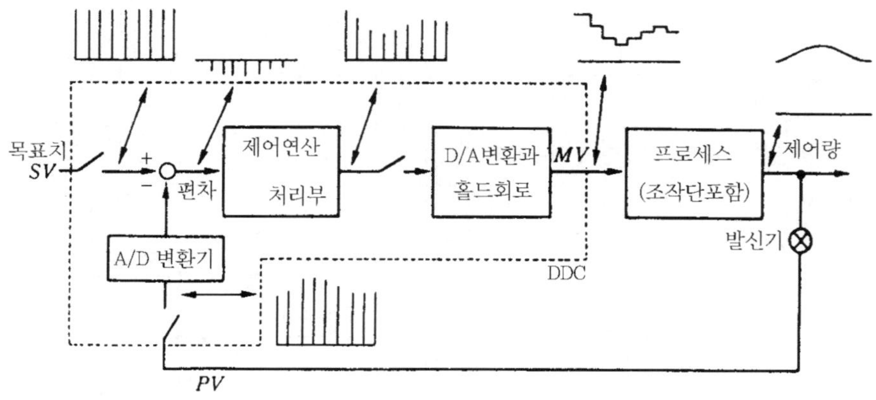

그림 1·21 디지털 조절계의 기본구성

디지털 조절계의 동작은 연속적으로 변화하는 공업량의 프로세스 변수를 읽어 목표값과 비교하여 양쪽이 일치하도록 상태를 결정하는 것이다. 즉, 아날로그 조절계에서 입력신호는 연속적으로 연산처리 되며, 조작신호도 연속량으로 얻어지는 반면 디지털 조절계에서는 샘플링 주기라고 하는 일정시간 간격으로 입력, 연산, 출력의 각 동작이 반복되어 수행된다.

따라서 조작신호는 샘플링 주기마다 갱신되고 다음 출력까지 일정값을 유지한다. 아날로그 조절계가 위치형 PID 연산방식이나 디지털 조절계는 속도형 PID 연산방식이다.

그림 1·22와 같이 아날로그 조절계와 디지털 조절계에서 특성의 비교는 아날로그계에서는 조작출력이 시시각각으로 변하나 디지털계에서는 샘플링 시점에만 출력이 변화한다. 또한 디지털계에서는 샘플링시점과 제어편차가 발생하는 시간차가 있는 경우 검출지연을 수반한다.

디지털계측시스템에 있어 마이크로 컴퓨터로 소프트웨어로 제어 알고리즘이 실현되므로 종래 아날로그 조절계로서 실현이 곤란한 기능도 용이하게 실현되므로 PID제어에 있어서 조작성 및 제어성 관점에서 다소 수정이 이루어진다.

PID제어는 목표값과 측정값의 차를 연속적으로 검출하고 연속적으로 PID연산을 하여 조작량을 변경하는 제어계로 제어루프계는 항상 닫혀있는 연속제어(Analog 제어계)와 싱글루프형(Single Loop Type) 또는 멀티루프형(Multi-Loop Type) 관계없이 샘플

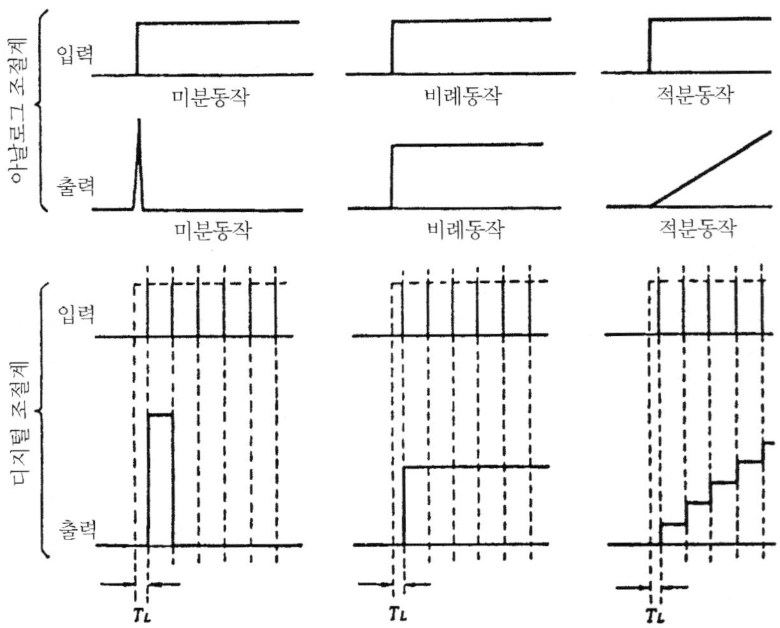

그림 1·22 디지털 조절계와 아날로그 조절계의 Step 응답의 비교

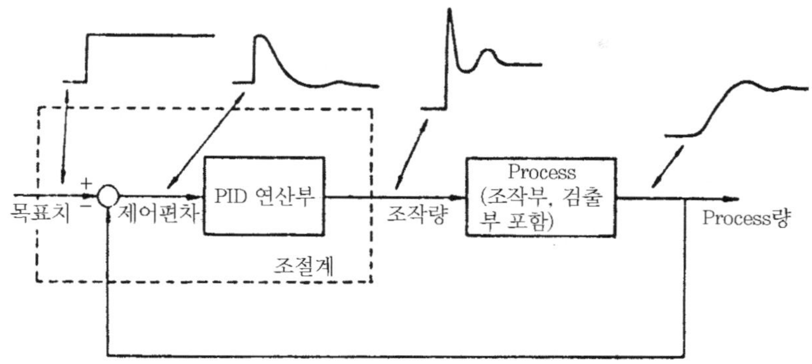

(a) 연속제어계(Analog 제어계)

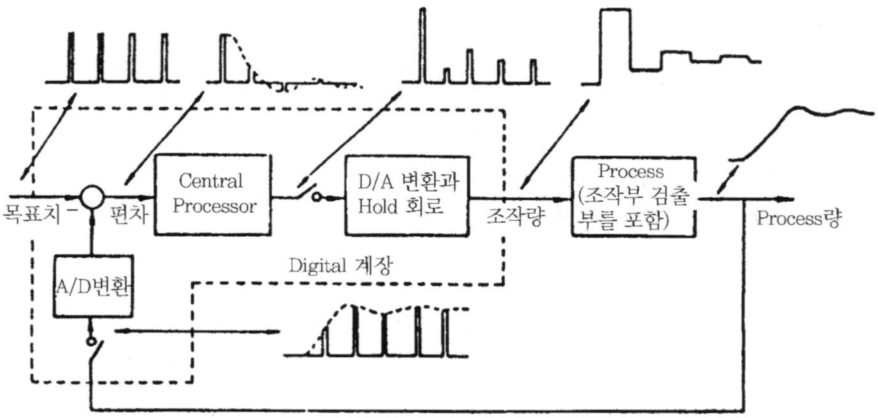

(b) 샘플링 제어계(Digital 제어계)

그림 1·23 아날로그 조절계와 디지털 계장의 비교

값으로 되어 있으며, 제어루프계는 샘플링 순간만 닫혀 있는 샘플링 제어계(Digital 제어계)로 구분된다.

1.7 계측기 특성

1.7.1 계측기 정도

(1) 정도 표시

정특성은 측정량이 시간에 따라 불변하는 정오차와 관련된 특성으로서 시간적으로 변화하는 동오차에 관련된 동특성과 구분된다. 검출부에 포착된 계측정보가 중간신호변환기를 통해 전기적 양의 형태로 기록 및 제어시스템에 영향을 준다.

계측기 정도(精度)는 측정정도와 동일하게 정확도(Accuracy)와 정밀도(Precesion)로 구분되며, 측정값과 계측기에 적용하여 백분율로 나타낸다.

① 전체눈금 출력에 대한 백분율(예 : ±0.1% of Full Scale)

② 읽음값에 대한 백분율(예 : ±0.1% of Reading)

③ 눈금길이에 대한 백분율(예 : ±0.1% Scale Length)

④ 상한 측정범위에 대한 백분율(예 : ±0.1% of Maximum Range)

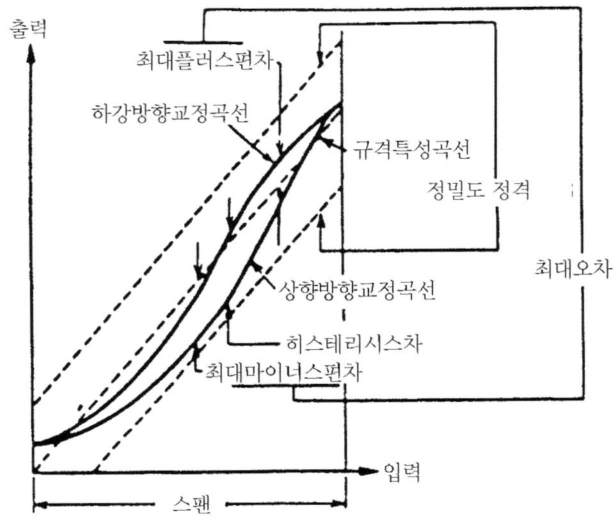

그림 1·24 정밀도 정격

(2) 정특성(靜特性)

정특성은 계측량이 변동하지 않을 때 계측기의 지시특성으로 다음 사항이 포함된다.

① 감도(感度, Sensitivity)

계측기 민감(敏感) 정도의 표시는 일정 지시량에 변화를 주는 측정량의 변화 또는 계측기가 검지 가능한 최소량 또는 최소변화량의 두 가지 의미가 있고, 길이측정기에서 배율(倍率, S) 또는 확대율(擴大率)로 표시된다. 고감도일수록 바람직하나 외적진동이나 잡음에 쉽게 영향을 받는다.

$$S = \frac{dM(\text{출력신호의 변화율})}{dI(\text{입력신호의 변화율})}$$

② 분해도(分解度, Resolusion)

입력량이 일정한 입력증가가 초과되기 전까지 출력변화가 변하지 않는 최소의 입력변화나 이웃하는 눈금 사이를 구분하는 계측기 성능이다. 측정가능한 가장 작은 입력변화로써 분해도 저감원인은 계측기의 가동부 마찰과 이음부의 헐거움 및 백레시(backlash)가 있다.

③ **선형성(線形性, linearity)**

계측기 감도의 일정함을 표시하는 것으로 입력신호의 지시눈금이 등간격(等間隔)으로 눈금교정, 읽음정도(精度)에서 유리하고, 계측기 입력과 출력이 일정한 비례상수를 가져 지시값이 직선성(直線性)을 갖는다.

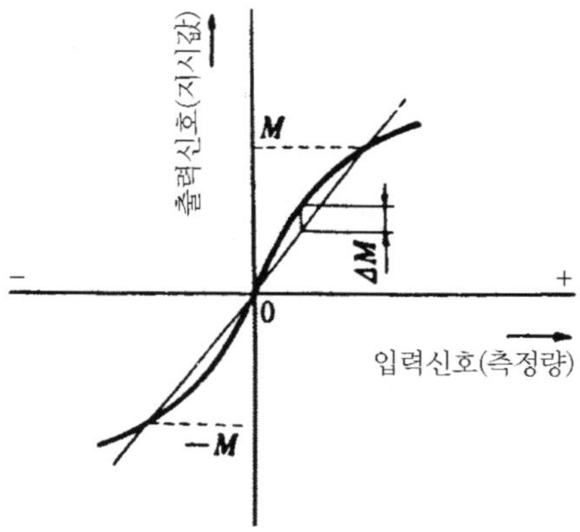

그림 1·25 입출력의 선형성

④ 드리프트(drift)

일정한 환경조건에서 입력량이 불변해도 계측기의 지시값이 시간에 따라 변화하는 현상으로 재료의 크리프(creep) 또는 자기가열(自己加熱) 현상이 원인이다. 이는 압력계에서 실제압력은 일정하나 입력량인 압력과 온도가 상대적인 팽창과 수축으로 출력눈금에 변화를 주는 경우이다.

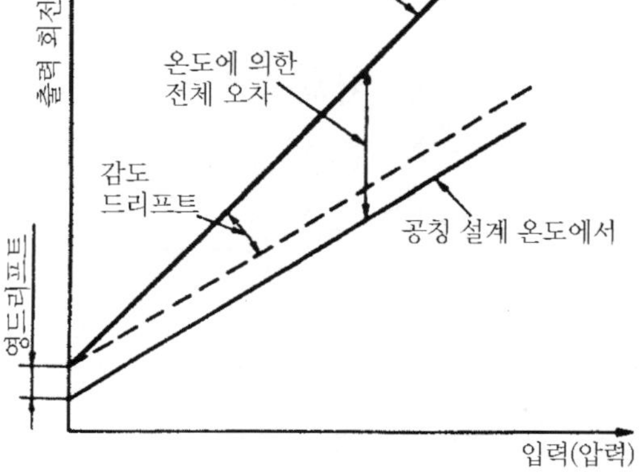

그림 1·26 압력계에서 드리프트 특성

⑤ 문턱값(threshold)

계측기의 입력이 영(zero)에서 점차 증가할 때 출력변화를 감지할 수 있는 최소입력값이나 미리 지정된 일정값을 넘는 경우이다. 계측기의 절대적인 값이 아니고 전체눈금의 백분율로 표시되며, 계측기 구조상 문턱값과 분해도는 영(zero)이 될 수 없다.

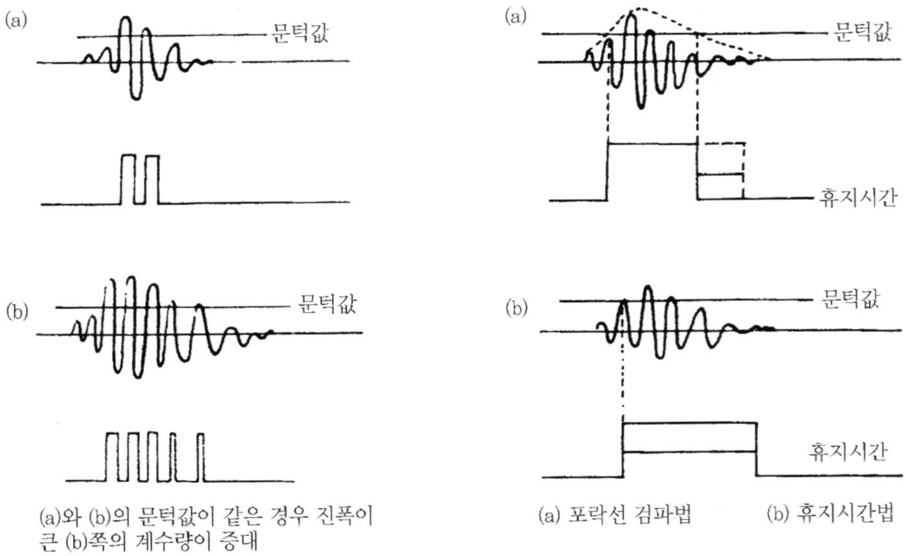

그림 1·27 문턱값과 측정값 계수

⑥ 히스테리시스(Hysterisis)

측정량이 상태에 따라 증가 또는 감소될 때 동일 측정량에 대해 지시값이 다르게 나타나는 현상이다. 즉, 입력에 대한 출력크기가 입력량의 변화방향에 따라 다르게 나타나며, 발생요인은 계측기 요소가 힘, 토크를 받아 재료분자간 마찰로 인하여 외력 제거 후에도 원래위치로 복귀하지 않는 경우이다. 히스테리시스는 정적요소로서 계측시스템에서 마찰 및 관성이 동적으로 발생되는 지연특성과 구별된다.

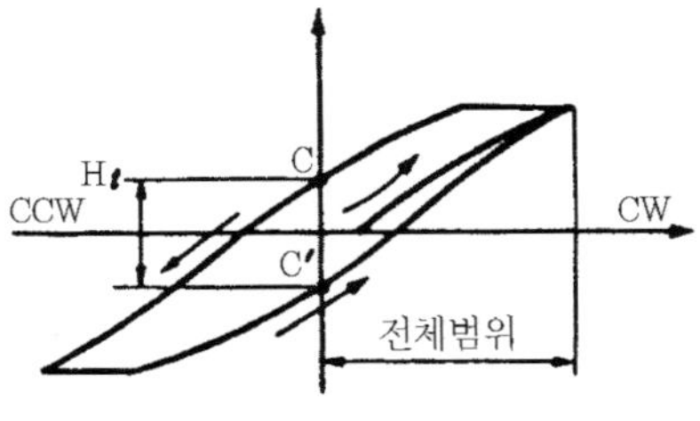

그림 1·28 히스테리시스

⑦ **신뢰도**(信頼度, Reliability)

계측기가 규정된 기간과 조건에서 고장 및 규정 이하의 정도(精度)저하 없이 성능이 만족한 상태로 지속되는 시간을 나타내며, 확률로서 통계적 개념을 갖는다. 판단은 충분한 이론과 실험으로 결정되며, 관련되어 사용되는 용어로서 평균고장간격(MTBF, Mean Time Between Failure)이 있다.

⑧ **안정성**(安定性, Stability)

계측기 및 표준기의 특성이 시간경과에 따라서 일정범위의 이상 변하지 않는 정도를 말한다.

⑨ **재현성**(再現性, Reproducibility)

반복성(Repeatability)이라고도 하며 일정조건에서 입력을 다수 인가시킬 때 출력이 입력에 잘 추종하여 측정값이 불일치하거나 규정된 일정범위 내에 존재하는 정도로서 계측기의 일관성을 나타낸다.

$$\text{재현성} = \frac{\text{최대값} - \text{최소값}}{\text{전체눈금}} \times 100\% \quad \text{또는}$$

$$\text{재현성} = \frac{\text{최대편차값} - \text{평균값}}{\text{전체눈금}} \times 100\%$$

⑩ **불감대**(不感帶, Dead Zone)

계측기나 계측 시스템이 임의 입력량이 가해져도 응답(應答)하지 않는 경우로서 감도와 반대의미로 일정입력과 출력의 관계에서 응답이 얻어지지 않는 최대입력범위를 말한다. 불감대가 크면 측정정도가 나쁘거나 자동제어계에서는 동작 불안정의 원인이 된다.

(3) 동특성(動特性)

계측량이 변동할 때 계측기가 나타내는 지시특성으로 계측량의 입력변화에 대해 어느 순간의 응답상태로서 지시값과 참값 사이의 차로 나타난다. 출력신호는 입력신호가 어느 정도 지연상태로 추종해 가며, 계측기 동특성을 표현하는 데 있어 응답(Response)을 사용한다.

① **동오차**(動誤差, Dynamic error)

스텝입력(Step入力)에 대한 계측계의 응답특성은 상승시간(Rising Time), 시정수(Time Constant), 무응답시간(Dead Time)으로 특성을 파악한다. 계측기나 계측시스템에서 입력값에 대해 조절이 가능한 2차 시스템인 스텝입력은 감쇠계수(Damping Time), 설정시간(Setting Time), 공진주파수(Resonant Frequency), 백분율 오버슈트(Percentage Overshoot)가 이용되고, 정현파 입력에 대해서는 주파수 응답선도와 차단주파수를

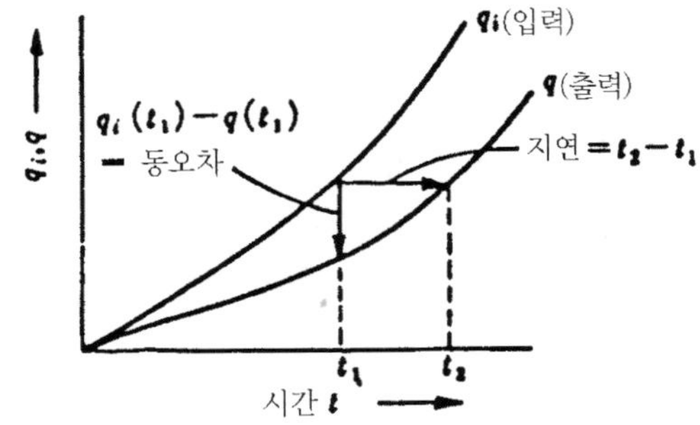

그림 1·29 지연과 동오차

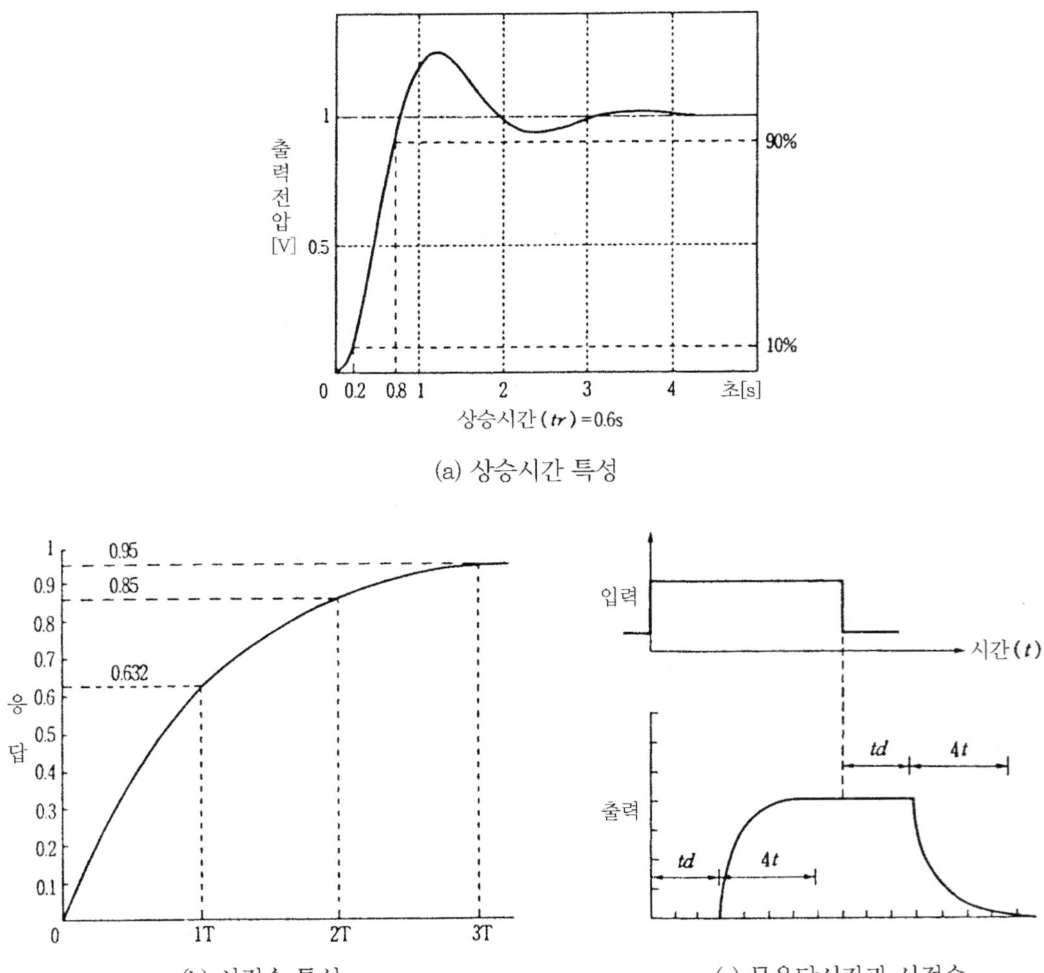

그림 1·30 동오차

이용하여 동적특성을 나타낸다.

a) 상승시간은 스텝응답이 인가될 때 전체응답 중 출력이 10~90%에 도달되는 시간이다.

b) 시정수는 계측계에서 1차 시스템 응답특성에서 계단입력의 63.2%에 도달하는 시간이다.

c) 무응답 시간은 시스템에 스텝입력이 인가된 후 출력되기까지의 시간이다.

② 응답특성(應答特性)

각종 계측기 및 계측시스템에서 동적입력에 대해 기기 및 계(System)의 구성요소가 입력에 충실하여 충분히 빠른 속도로 추종하는 특성이다. 측정기에 들어가는 입력신호에 대한 시간적 변화상태이며, 입력신호와 출력신호가 동일하게 변동하는 것은 불가능하다. 1차 시스템은 시정수에 의해 특성이 분석되나 2차 시스템은 제동계수 및 공진주파수로 동적특성을 파악할 수 있어 2차 시스템의 응답형태와 응답시간을 결정한다.

③ 지연(遲延)과 시정수(時定數)

계측기의 구성요소 중에 탄성, 관성, 전기저항, 인덕턴스, 전기용량과 같은 에너지축적 부분이 있어 계측기가 입력신호를 받고 평행상태로 도달한 후 지시까지 일정시간이 소요된다. 이를 지연(무응답시간) 또는 시정수로 나타내며 지연은 입력신호 변화에 대해 출력신호의 변화가 즉시 추종하지 못하거나 그의 특징을 갖는 시간을 말한다.

④ 정현파 응답(Harmonic Wave Response) 특성

입력신호 X, 출력신호 Y, 계의 요소에 따른 결정상수가 T(응답속도)라면 온도측정과 같이 입력신호와 출력신호의 식이 간단한 1계미분방정식으로 표시되는 특성을 갖는 계(system)를 1차 지연계 또는 1차계라 하며 다음 식 (1·5)와 같다.

$$T\frac{dY}{dt} + Y = X \qquad (1 \cdot 5)$$

이 식은 1차 지연계를 표시하는 식으로 신호파형을 변화시키는 성질의 지연 또는 시간의 벗어남을 주는 불감대(Dead Time)를 포함한다.

초기조건을 $t=0$일 때 $Y=0$로 하고, 식 (1·5)를 풀면 출력신호 Y는 다음과 같다.

$$Y = X_0\left(1 - e^{-\frac{t}{T}}\right) \qquad (1 \cdot 6)$$

여기서 출력신호 Y는 입력신호 X_0에 즉시 추종하지 않고 시간 t가 경과함에 따라 X_0에 점차 접근한다. 윗식에서 $t = T$일 때 출력 Y를 구하면 다음과 같다.

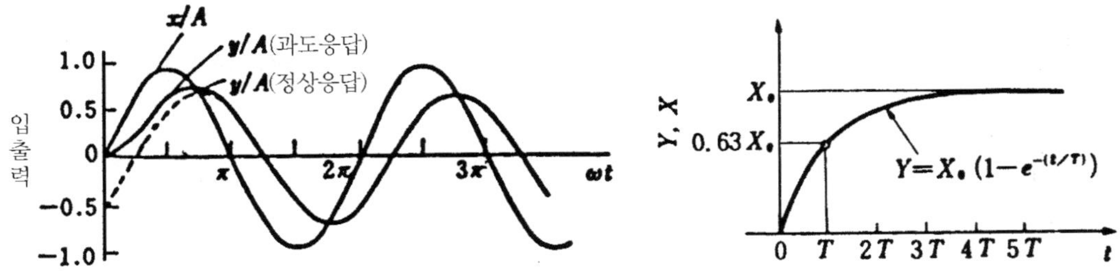

(a) 1차 지연계의 주파수 응답 (b) 1차 지연계의 스텝응답

그림 1 · 31 1차 지연계의 특성

$$Y = X_0(1-e^{-1}) = 0.632X_0 \qquad (1 \cdot 7)$$

즉, T는 1차 지연계에서 스텝응답에서 출력신호 Y가 최종값 X_0의 63.5%에 도달되는 데 소요시간으로 T가 작을수록 빨리 정상값에 접근한다.

주파수응답은 선형성을 갖는 계측기나 계측시스템에서 생기며 입력주파수가 높으면 입력변화를 추종할 수 없고 출력의 크기가 작아진다. 주파수응답의 이득은 데시벨(dB)로 표시된다.

$$dB = 20\log\frac{\text{출력}}{\text{입력}}$$

⑤ **스텝응답**(Step Response) **특성**

입력신호가 X, 출력신호는 Y, 고유진동수를 ω_n, 제동비(감쇠비)를 ζ라 할 때 입출력 관계가 2계미분방정식 형태로 표시되는 2차 지연계로써 다음과 같이 표현된다.

$$\frac{d^2Y}{dt^2} + 2\zeta\omega_n\frac{dY}{dt}\omega_n Y = \omega_n^2 X \qquad (1 \cdot 8)$$

스텝상 입력신호를 $X = X_0$(일정)으로 놓고 식 (1 · 8)에 대입하여 초기조건을 $t=0$일 때 $Y=0$, $dY/dt=0$으로 하여 풀면 부족제동, 임계제동, 과제동상태의 해를 얻을 수 있다.

횡축에 시간 대신 $\omega_n t$, 종축에 Y/X_0로 표시하면 그림 1 · 32 (a)와 같은 2차 지연계의 스텝응답상태가 된다.

a) 감쇠계수(ζ)의 $\zeta>1$에서는 과제동상태, $\zeta=1$ 임계제동상태, $\zeta<1$에서는 부족제동상태가 된다.

b) 설정시간(Setting Time)은 계측기나 계측시스템이 입력신호를 수신한 후 바람직한

응답특성 출력시까지의 시간으로 보통 최종값의 2%(100±2%)인 도달시간을 나타낸다.

c) 백분율 오버슈트(Percentage Overshoot)는 부족제동에서 생기며, 정상상태값에 대한 초기첨두값과 정상상태값의 차에 대한 백분율로 나타낸다.

$$\text{백분률 오버슈트} = \frac{\text{초기첨두값} - \text{정상상태값}}{\text{정상상태값}} \times 100\%$$

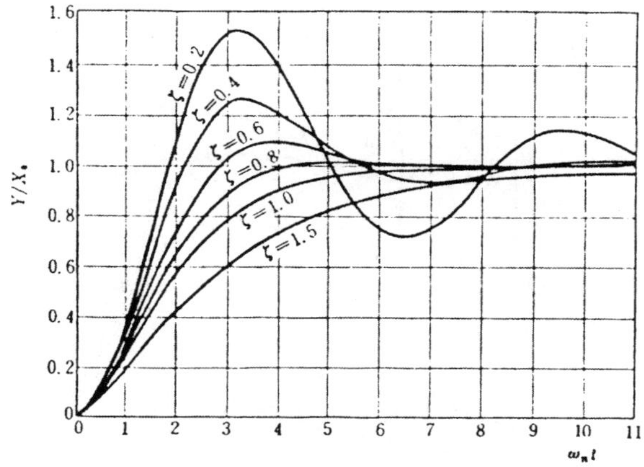

(a) 2차 지연계의 스텝응답 감쇠특성

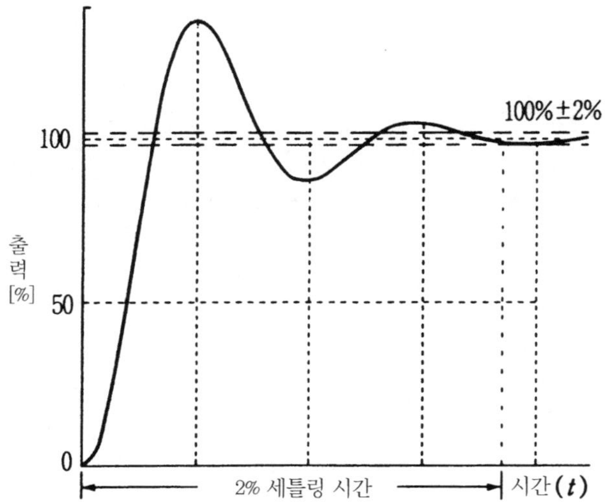

(b) 설정 시간

그림 1·32 스텝응답의 특성

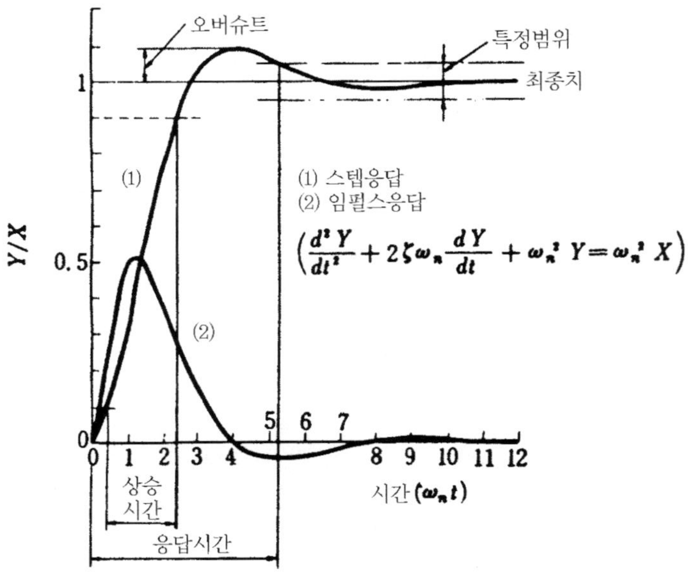

(c) 스텝응답과 오버슈트

그림 1·33 스텝응답의 특성

1.7.2 신호 특성

입력신호는 역학적 양의 고유특성이 시간에 따라 응답특성이 동적 입력에 대해 구성요소들이 입력에 충실하고 빠른 속도로 응답해야 한다.

① 정적신호

시간에 따라 측정량의 진동의 크기가 불변하거나 영향이 늦어 무시될 수 있는 경우 입력과 출력신호 관계가 변한다.

② 동적신호

시간변화에 따라 측정량의 진폭크기가 변하는 것으로 일정크기의 반복주기를 갖는 정상적 신호와 시간변동이 반복되지 않는 과도적 신호가 있다.

1.8 계측기의 기차(器差)

1.8.1 기차 표시

기차는 계측기가 지시하는 값에서 계측기가 표시해야 할 참값과 차로서 계측기가 갖는 오차이다. 지시값 또는 기록값이 주어지는 계측기 및 분동, 표준자, 블록게이지와 같이 그 자체가 측정량 크기를 표시하는 경우로 분류된다.

기차(器差)＝표시값－참값

기차 원인은 다이얼게이지와 같이 스핀들에 가공된 랙과 피니언에서처럼 구조상 부득이 발생되거나 제작상 불완전의 원인, 계측기 사용 중 마찰 및 경년변화(經年變化), 외부 및 내부의 물리적 영향에 기인된다.

1.8.2 계량기 공차(公差)

공차(公差)는 법령 등 일정규약에 의해 계량기에서 사용되는 용어이며, 계량법에서 규정하고 허용하는 기차(器差)는 검정공차와 사용공차가 있다.

① 검정공차(檢定公差)

계량기를 제작, 수리, 수입에 있어 계량법에 규정된 기차

② 사용공차(使用公差)

사용 중 계량기에 대해 인정되는 최대허용한도의 기차이다.

a) 사용공차와 검정공차가 동일한 계량기 : 혈압계, 체온계, 농도계, 비중계, 역량계 등

b) 사용공차가 검정공차의 3/2배인 계량기 : 길이계, 질량계, 수도미터, 가스미터 등

c) 사용공차가 검정공차의 2배인 계량기 : 압력계, 습도계, 온도계, 저울 등

1.9 전기량 계측

1.9.1 개 요

(1) 전기 계측

외적하중의 부하를 받은 기계계측의 시스템에서도 거의 전기적 신호변환을 통해 데이터처리나 제어요소로 사용된다. 전기변환 계측시스템의 특성은 신호증폭 및 감폭이 용이하고 소형으로 질량이 작아 관성효과와 마찰이 최소화된다. 또한 원격지시가 가

능하고 기록이 용이한 특성을 갖는다.

(2) 전기 계기

전기적인 양을 측정대상으로 하며 전류, 전압, 전력, 주파수와 이들과 관련되는 저항, 리액턴스, 자속 등의 전기자기량측정(電氣磁氣量測定)과 온도, 압력, 유량, PH와 같은 물리 · 화학량을 전기적으로 변환하여 전기적 방법으로 측정하는 전기응용측정(電氣應用測定)이 있다.

표 1·3 전기 계기

측정량	측정 항목
전기량	전류, 전압, 저항, 전력, 주파수
자기량	자계, 자속
전자기량	리액턴스, 저항
광학량	광속, 조도
열적량	온도, 열량
역학량	압력, 변위, 속도
화학량	PH, 가스

(3) 전기계측의 특징

전기계측기는 기기자체의 내구성, 취급의 편리성, 눈금판독의 용이성이 요구되며, 외부의 영향을 적고, 절연저항과 절연내력이 높아야 하며, 기계적인 계측기에 비해 다음 특징을 갖는다.

① 고정도 측정이 가능하며 안정도가 높아 측정범위의 변화가 가능

② 시간적 지연이 적어 변동이 심한 측정량에 대해 연속측정이 가능

③ 원격측정이 가능하고 측정의 집중관리와 기록적산이 용이

(4) 전기계기의 분류

① 정도에 따른 분류

표 1·4 전기 계측기의 정도등급에 따른 분류

분 류	계기 등급	용 도	허용오차 [정격값 %]
초정밀급	0.2급	가장 고정도 계기로서 연구 및 실험실에서 정밀실험, 계측기 교정의 표준용	±0.2
정 밀 급	0.5급	정밀측정용 정확도와 구조를 갖는 계기, 보통 휴대용 계기	±0.5
준정밀급	1.9급	0.5급 정확도와 구조를 갖는 계기, 소형휴대형 계기, 대형 배전반용 계기	±1.0
보 통 급	1.5급	공업용 보통 측정용 정도와 구조의 계기, 배전반용 계기	±1.5
준보통급	2.5급	정도가 문제되지 않는 일반측정용 계기, 소형 배전반용 계기	±2.5

② 작동형식에 따른 분류

a) 지시계기(指示計器, Indicating Meter) : 눈금 판과 지침, 지표 등에 의해 측정 대상의 전기량을 직접 지시하는 계기 예) 전류계, 전압계, 역률계, 주파수계

b) 적산계기(積算計器, Integrating Meter) : 계량적산 장치가 갖추어 있어 일정기간 중의 전기량을 누적시켜 지시하는 계기 예) 전력량계, 적산전류계

c) 기록장치(記錄裝置, Recording Meter) : 기록지의 순간적인 양을 연속 및 간헐적으로 기록하거나 표시하는 장치 예) 자동평형형 기록계

d) 오실로스코우프(Oscilloscope) : 브라운관에 순시적인 양을 나타내도록 하는 장치
예) 부라운오실로스코우프

e) 디지털형 계기(Digital Meter) : 측정량을 표시기에 숫자로 지시하는 계기
예) 디지털 전압계

1.9.2 전기 계측기 구성

(1) 구동장치(驅動裝置, Driving Device)

구동장치는 전류인 피측정량의 크기에 따라 토크를 가동부에 발생시키므로 견고해야 한다. 또한 구동토크가 측정량 변화에 따라 정확해야 적은 소비동력으로 충분한 토크를 발생시킬 수 있으며, 구동토크에 비해 가동부의 경량이 요구된다. 구동토크 발생방법에 따라 다음과 같이 분류된다.

a) 가동코일형(可動coil型) : 영구자석에 의한 자계(磁界)와 코일에 흐르는 전류 사이에 작용하는 전자력을 이용하여 코일을 변위시키는 방법이다. 구동토크는 전류에 비례하고 전류의 방향이 변하면 토크방향도 변한다.

b) 가동철편형(可動鐵片型) : 고정코일에 전류를 흘려 자계(磁界)를 형성하고 그 자계 중에 놓인 연철편이 자화되어 이 철편에 작용하는 흡인력 또는 반발력을 이용한다.

c) 전류력계형(電流力計型) : 두 공심(空心) 코일에 흐르는 전류 사이에 작용하는 전자력을 이용한 것으로 한쪽 코일을 고정하고 다른 코일을 변위시키는 것이다.

d) 정전형(整電型) : 전극 사이에 전압을 가할 때 생기는 전극의 정전기적인 흡인력 또는 반발력을 이용하는 방법이다. 정전기력은 전기력선이 모아지는 성질로 생기며, 힘의 방향은 전압의 극성에는 무관계하다. 구동장치는 전류가 필요 없어 전기에너지 소모가 적고 이상적으로 구동을 하나 정전력 자체가 적어 저전압용에는 부적당하다.

e) 유도형(誘導型) : 알루미늄, 구리 등의 금속근처에 이동 또는 회전자계를 만들고 이들 금속에 유기되는 전류와 자계(磁界) 사이에 작용하는 힘 또는 토크를 이용하는 방

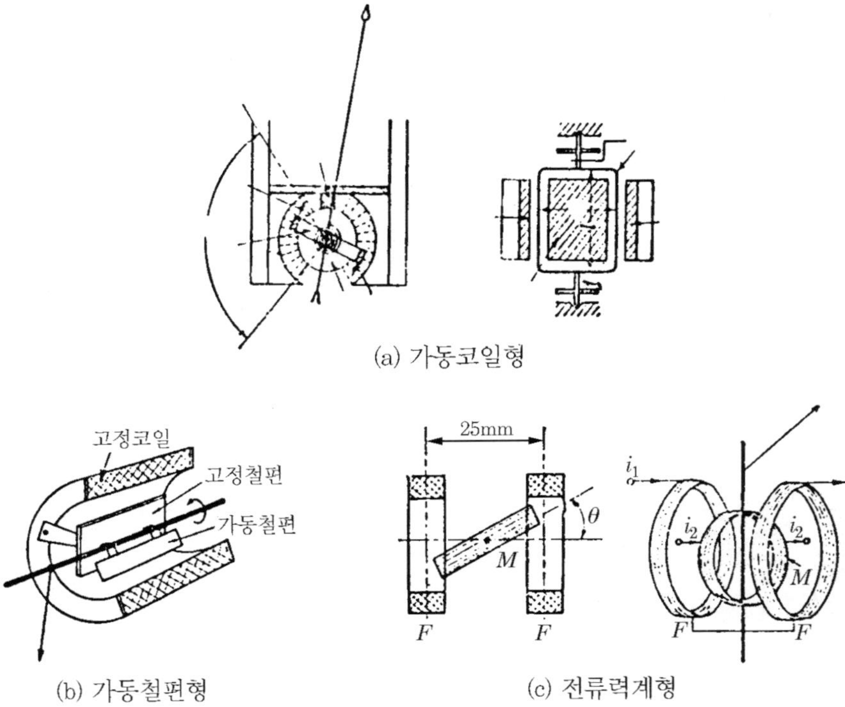

그림 1·34 각종 구동장치

표 1·5 전기계측기 구동장치

종 류	동 작 원 리
가동코일형(可動coil型)	영구자석의 자계와 가동코일 전류와의 작용하는 전자력 이용
가동철편형(可動鐵片型)	자계 중에 자화된 고정 및 가동철편에 작용하는 자기력 이용
전류력계형(電流力計型)	고정 및 가동코일의 전류흐름 사이에 작용하는 전자력 이용
정류형(整流型)	정류기와 가동코일형의 혼합형 계기
열전형(熱電型)	열전대와 가동코일형 혼합형 계기
정전형(靜電型)	전극판 사이에 작용하는 정전력 이용
유도형(誘導型)	이동 및 회전자계와 와전류에 작용하는 전자력 이용
진동편형(振動片型)	진동편의 기계적 공진작용을 이용
전류력계 비율계형 (電流力計 比率計型)	전류력계형 계기의 가동코일의 전류비에 작동하는 계기
가동코일 비율계형 (可動coil比率計型)	가동코일형 계기의 가동코일의 전류비에 작동하는 계기
가동철편 비율계형 (可動鐵片 比率計型)	자계 내의 가동철편에 작용하는 자기력 비에 작동하는 계기

법이다.

f) 열선형(熱線型) : 열선에 전류가 흐를 때 발생되는 줄열로 팽창되고, 스프링의 탄성으로 인한 열선의 장력과 균형이 잡힐 때까지 지점이 변위된다. 이 변위는 전류의 열작용을 이용하기 때문에 전류방향과는 관계없다.

(2) 제어장치(制御裝置)

가동부에서 변위, 회전이 발생할 때 그 변위 및 회전각 크기에 따라 항상 구동토크의 방향과 상반된 토크를 발생하는 장치로서 제어토크라고 한다.

① 전기적 제어

a) 비율제어(比率制御) : 1개의 회전축에 2개의 가동코일 또는 가동철편을 부착하여 양자가 발생하는 토크가 상반되는 구조이다. 즉, 구동토크와 제어토크가 가동코일과 동일한 축에 부착되어 있어 두 토크가 균형이 잡힌 위치에서 정지한다.

② 와전류 제어장치(渦電流 制御裝置)

유기(誘起)된 와전류 중에서 자석 바로 아래 흐르는 와전류와 사이에서 제어토크를 발생시키며, 이 제어토크는 원판이 회전할 때만 작용하므로 제어장치에만 이용한다.

가동부는 코일과 지침으로 구성되어 있어 질량, 즉 관성을 가져 최종적인 회전각 Θ로 될 때까지 가동부는 Θ를 중심으로 지나가거나 지나쳐 되돌아온다.

a) A곡선 : 진동적인 경우로 부족제동으로 계기에 사용되면 가동부는 파손되며 측정시간이 길어진다. 가동부는 운동에너지를 흡수하기 위한 제동장치가 부착되어 있다. 가동부는 움직일 때만 구동토크와 반대방향의 토크가 발생하며, 그것이 제동토크가 된다.

b) B곡선 : 계측기에 이용하는 적절한 제동상태로서 임계제동(critical damping) 상태를 유지한다.

c) C곡선 : 제동토크가 큰 경우로서 비진동적이며 Θ에 도달시간이 길고 과제동상태이다.

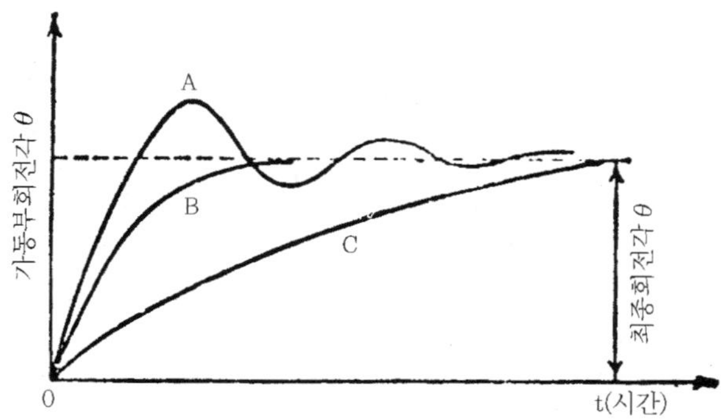

그림 1·35 가동부의 운동

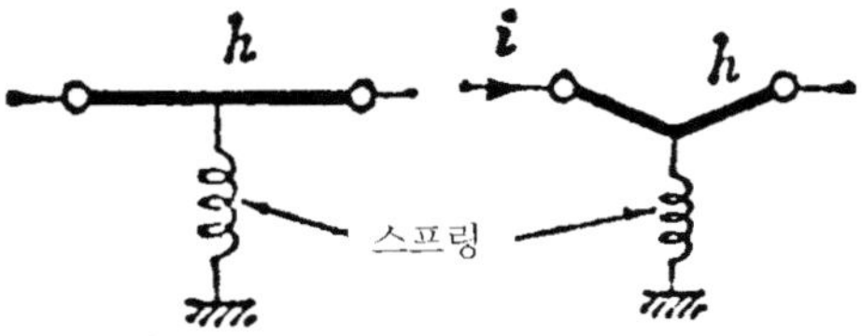

그림 1 · 36 스프링 제어

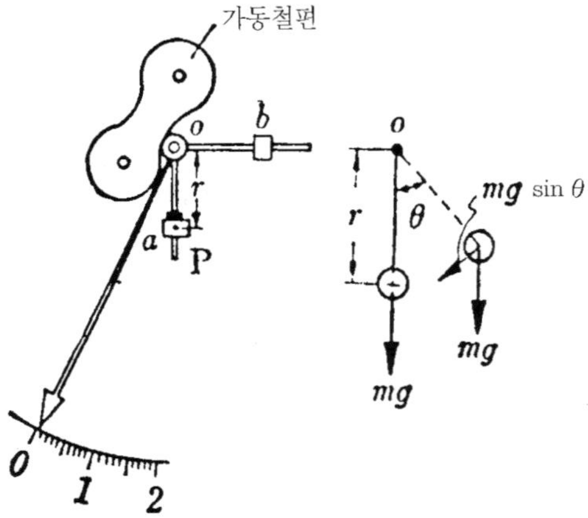

그림 1·37 중력제어

② 제어장치(制御裝置, Controlling Device) 형태

제어토크의 발생장치는 가동부의 변위, 회전각의 크기에 정확히 추종하는 것이 필요하므로 계기의 정도를 좌우한다. 제어장치는 제어토크가 가동부 변위에 따라 정확히 변화해야 하며, 제어토크가 온도, 습도와 같은 주위환경에 영향을 받지 않아야 한다.

a) 스프링 제어 : 스파이럴 스프링(spiral spring)은 전기계기 장치에 많이 사용된다. 고급계기에서 스프링의 탄성피로를 상쇄시키기 위해 회전축 상하에 두 개 스프링을 반대방향으로 부착한다. 한편 판형 스프링(band spring)은 스프링 비틀림 탄성을 이용한 것으로 검류계에 사용된다. 스프링은 제어장치로 이용되며 전류통로로서 탄성특성이 우수하고 전기저항이 작은 것이 좋다.

b) 동력제어(動力制御) : 가동부가 회전할 때 그 중심(重心) 위치가 변하고 중력을 이용하여 가동부를 원래위치로 복귀시키는 토크로 이용한다. 정확도가 낮은 배전반용은 수평축 가동철편형 계기에 사용된다.

1.9.3 제동장치(制動裝置)

계기는 임계제동(臨界制動) 상태에서 사용하는 제어토크가 바람직하나 실제 가동부가 걸리는 것을 막기 위해 약간 부족제동 상태로 사용한다. 가동부에 걸리는 것은 베어링 마찰 등으로 발생하며, 외함을 두들겨 지침의 움직임을 보고 판단해야 한다.

① 전자제동(電子制動)

가동코일형 계기의 제동에 사용하며 자계 중의 코일이 회전할 때 발생하는 역기전력으로 코일 내에 전류가 흘러 전류와 자계에 의해 회전방향과 반대방향의 전자력이 발생한다. 구동코일과 동일 축에 감아 사용하거나 구동코일 감는 틀에 알루미늄 소재의 틀을 사용한다.

② 공기제동(空氣制動)

경금속 제품으로 제동력이 크지만 구조가 복잡하며, 조정이 곤란한 피스톤형과 구조 및 조정이 간편하여 널리 사용되는 날개형이 있다.

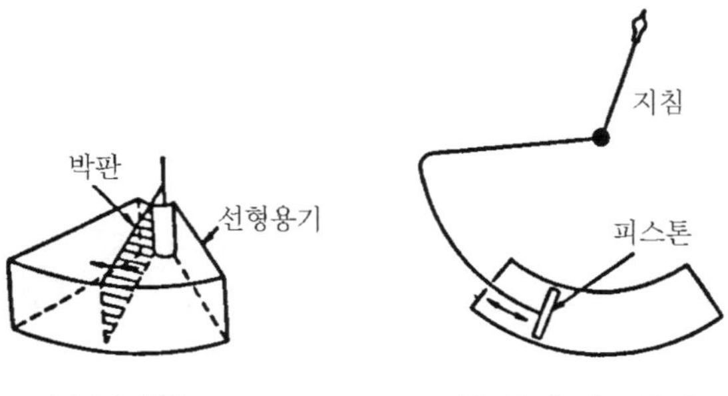

(a) 밀폐형 (b) 회전 피스톤형

그림 1·38 공기제동의 기구

③ 유체제동(流體制動)

가동부에 부착된 날개를 기름, 글리세린 속에 넣고 이들 액체의 마찰저항을 이용한 것으로 공기제동보다 큰 제동력이 얻어지나 실용상 곤란한 점이 많다.

④ 와전류 제동(渦電流制動)

보통 지시계에서 가동부의 회전각은 90° 내외이고 부채형의 알루미늄 판을 사용하며, 영구자석이 필요하므로 자계영향을 받는 계기는 부적당하다.

⑤ 베어링 장치

계측기에서 베어링은 가동부를 지지하는 역할을 하며, 베어링마찰은 계측기 정도에 영향을 미치므로 계측기의 특성에 따라 사용해야 한다.

a) 피벗 베어링(Pivot Bearing) : 피벗재료는 탄소강, 니켈강, 텅스텐강, 텅스텐크롬

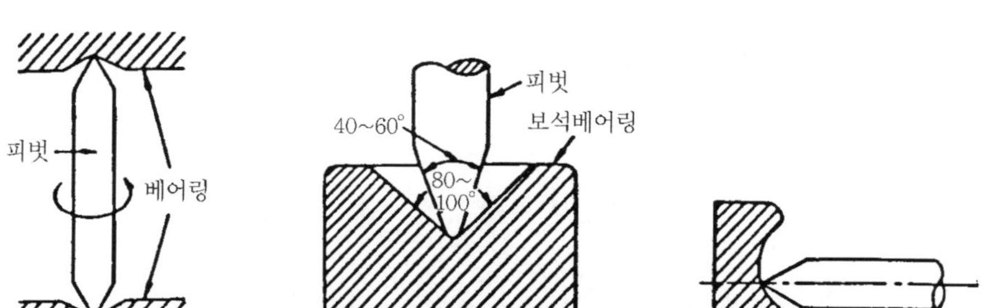

(a) (b) 연직형 (c) 수평형

그림 1·39 피벗 베어링

도금강이 사용되고, 선단이 60°이고 0.005～0.03 mm 곡률반경을 갖는다. 가동부의 중량이 클 때는 마멸의 감소를 위해 둥글게 한다. 고정도 계기용은 청옥(sapphire), 홍옥(Rubby), 금강석, 인공 청옥이 이용된다. 낮은 정도의 계기용은 내면이 90～120°각도로서 원뿔형이며, 곡률 반지름이 0.15～0.3 mm 정도이다.

b) 차축 베어링(Axial Bearing) : 항공기, 전차, 선박과 같이 항상 진동이 심한 곳에 사용되며, 축의 선단을 가늘게 하여 주위를 보석으로 지지하고 축단을 누른다. 피벗 베어링보다 마찰이 크지만 장시간 사용에 유리하다.

c) 볼 베어링(Ball Bearing) : 고정도 계기 또는 가동부의 중량이 크고 구동 토크가 비교적 큰 적산계기에 사용되며 강구를 보석 사이에 끼운다.

d) 자기 서스펜션(Magnetic Suspension) : 베어링 마찰이 적은 특징을 가지며 자석으로 구성되어 있고 내부자석이 원통형이고 외부자석은 중공 원통형상이다. 축 방향은 서로 반대로 자화(磁化)되어 있어 흡인력에 의해 가동부를 매달고 있어 가동부 중량은 줄어들고 하부베어링의 마찰은 적게 된다.

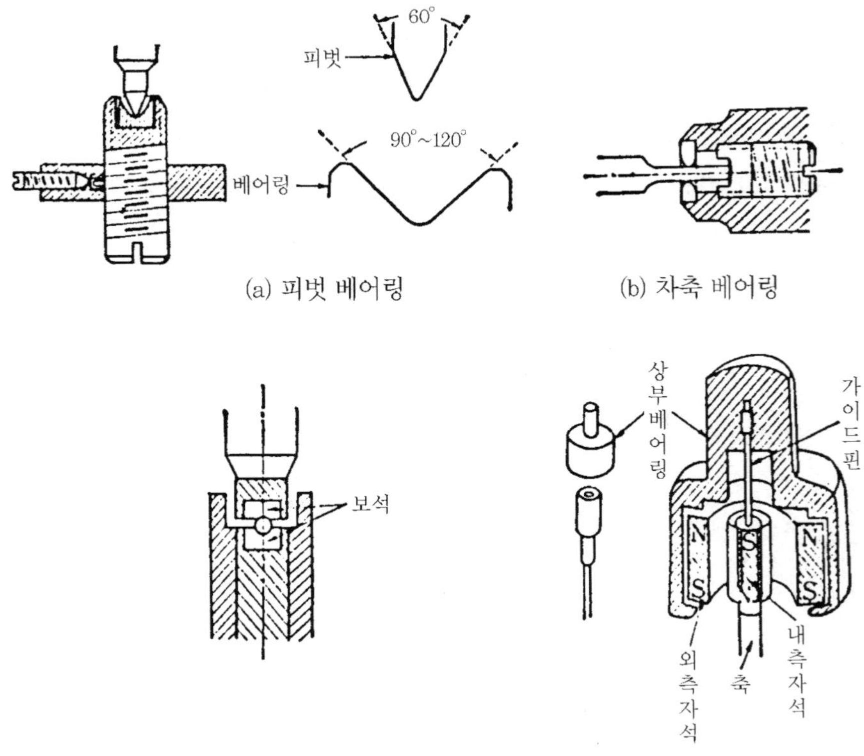

(a) 피벗 베어링 (b) 차축 베어링

(c) 볼 베어링 (d) 자기 디스펜션

그림 1·40 각종 베어링

제2장

측정 기초

2.1 측정 개요

2.1.1 측정 의의

현대 산업기술 발전 뒤에는 가공기술과 측정기술이 큰 역할을 하였으며, 누구라도 측정 정도를 만족시키는 측정기술로 측정한다면 동일한 측정결과를 얻을 수 있게 된다. 산업현장에서 설계사양서와 제품제작, 조립상태 점검과 품질의 등급결정이 측정 및 계측기술로 수행된다. 측정 및 검사기술은 자동생산 라인의 자동가공, 자동선별, 조립, 검사시스템 뿐만 아니라 계측시스템의 전반에 걸쳐 중요하다.

측정(測定, Measurement)은 기준량과 비교하여 보편성 있는 동일종류 기준량의 몇 배인지 수치와 단위(單位)로 나타내는 것이다. 산업현장의 기계설비는 CNC형의 고능률 및 고정도화의 장비사용과 연속 생산시스템화로 정적측정에서 동적 및 인프로세스(Inprocess)적으로 변화되고 있다. 정밀측정기의 발전은 측정정보 데이터의 디지털화로 측정정도 향상, 컴퓨터를 이용한 측정값 처리 및 다양한 측정정보를 신속히 얻고 있다.

2.1.2 측정 목적

다수의 복잡한 부품으로 구성된 기계제품이 완전한 기능 및 성능의 유지와 다량생산을 위해 분업생산되고 있다. 각기 다른 장소, 시간, 공작기계, 작업자에 의해 도면대로 제작된 부품이 한 장소에서 조립될 때 요구하는 기능과 성능이 만족되어야 하며, 이를 위해서는 가장 적합한 형상 및 치수로 선정되어야 한다.

만일 치수정도, 형상위치정도, 거칠기 정도가 요구정도에 맞지 않는다. 소요의 기능이나 조립이 불가능할 수도 있다. 따라서 측정은 가공중 또는 가공 후의 공업제품이 사용목적 및 사용조건에 맞는지 적정성 여부를 재료시험을 제외한 치수, 형상, 표면거칠기 상태를 파악하여 대처할 수 있게 하는 것이다.

2.1.3 측정 방식

(1) 직접측정과 간접측정

측정량을 기준량과 비교 조작하는 형식에서 직접측정과 간접측정으로 분류한다.

① 직접측정(直接測定, Direct Measurement)

측정량을 그와 동일종류의 기준량과 직접 비교하는 것으로 표준자나 마이크로미터로써 어떤 제품의 길이를 직접 측정기에 맞추어 측정하는 것이다. 측정범위가 넓고 실제치수를 직접 읽을 수 있어 소량다종의 측정에 유리하다. 그러나 눈금의 판독오차가 생기기 쉽고, 측정기 취급과 경험이 필요하다.

② 간접측정(間接測定, Indirect Measurement)

물체의 상태와 양의 측정에 있어 측정량과 일정 관계의 몇 가지 양을 직접측정하고 계산에 의해 측정값을 얻는 방식이다. 시간과 거리를 측정하여 속도를 측정하거나 길이를 측정하여 면적이나 체적을 구하는 측정방식이다.

(2) 절대측정과 비교측정

측정을 기본량과 조립량의 관계에 기준을 두어 구분하며, 조립량의 측정을 기본량만의 측정에서 유도하는 절대측정과 동일종류의 양과 비교하는 비교측정이 있다.

① 절대측정(絶對測定, Absolute Measurement)

절대측정은 기본량인 길이 · 질량 · 시간의 측정에서 측정값을 산정하며 이러한 의미에서는 간접측정에 포함된다. 또한 언어적 의미에서 물리적으로 절대 불변량과 비교해 측정되는 의미로도 사용되며, 이는 일정파장을 갖는 빛과 광파간섭을 이용한 블록게이지의 측정이 그의 한 예이다.

② 비교측정(比較測定, Comparative Measurement)

알고 있는 표준기와 측정량과의 차로 측정값을 구하는 방법으로 표준편인 블록게이지와 다이얼게이지에 세트된 제품을 측정할 때, 제품이 블록게이지와 길이 차만큼 비교되어 측정하는 방식이다. 주로 컴퍼레이터를 이용하며 피측정물 형상에 적절히 장치하

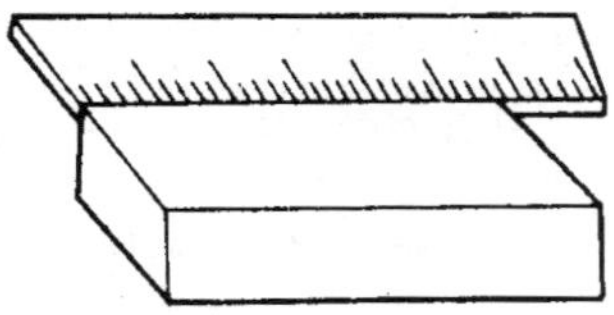

그림 2·1 직접측정

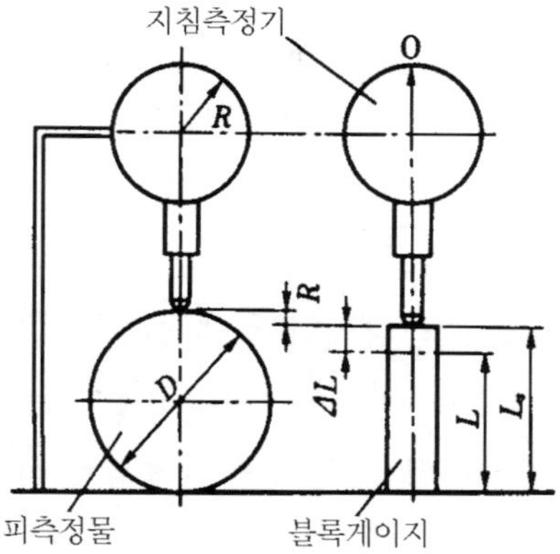

그림 2·2 비교측정

면 대량측정과 고정도 측정이 가능하다.

2.1.4 측정기 종류

① 도기(度器)

a) 선도기(線度器, Line standard) : 2개의 선 간격으로 길이나 각도를 표시하는 기기
  예) 표준자, 각도기

b) 단도기(端度器, End standard) : 양 단면의 간격으로 길이나 각도를 표시하는 기기
  예) 블록게이지, 각도게이지

② 지시측정기(指示測定器, Indicator)

측정중에 표선이나 눈금을 움직여 값을 나타내는 기기

예) 버니어캘리퍼스, 지침측미기

③ 시준기(視準器)

기계적 접촉없이 광학적으로 확대되는 기기

예) 공구현미경, 투영기

④ 인디케이터(Indicator)

일정량의 조정 또는 지시에 사용되는 것

⑤ 게이지(Gauge)

a) 한계 게이지(Limit Gauge) : 가공제품의 치수가 공차 내의 여부를 만족하는지 검사하는 기기
  예) 플러그 게이지, 링 게이지

b) 기능 게이지(Functional Gauge) : 가공제품이 부품에 규제된 형상 및 위치 공차

내에 있는지 검사하는 기기

예) 위치 게이지, 동심도 게이지 등

2.1.5 측정기의 선택

고정도로 가공된 부품이라도 측정기의 선택 및 사용이 부적절하면 가공품은 불합격되기 쉽다. 제품의 요구정도에 따라 측정기의 선택도 달라져야 하며, 너무 고정도인 측정기는 취급이 복잡하고 시간과 숙련이 요구되어 측정능률을 저하시킨다. 따라서 측정기의 성능파악과 더불어 요구정도, 형상, 치수에 적절한 측정기를 선택하여 사용해야 한다.

측정기의 선택은 측정대상(재질, 크기), 측정수량(다량, 소량), 측정환경(장소, 조건) 측정방법(자동・수동, 기록・지침) 및 측정기 성능(정도, 감도, 측정범위)을 참고하여 결정해야 한다.

① 길이 측정기에서 제품공차

측정기의 정도는 측정항목 허용값을 제곱하여 더한 값의 제곱근한 값으로 나타낼 수 있다. T가 제품공차, σ_w는 제품공차의 표준편차라고 하면 $T = \pm K\sigma_w$가 되며, K는 상수로서 보통 3이 사용되며, 제품공차 T는 다음과 같다.

$$T = \pm 3\sigma_w \qquad (2 \cdot 1)$$

제품공차의 표준편차를 σ_w, 측정기 정도를 σ_m이라 하면, 그 측정기로 사용할 때 부품의 측정정도 σ는 분산의 가정법에 의해 다음과 같이 나타낸다.

$$\sigma^2 = \sigma_w^2 + \sigma_m^2 \qquad (2 \cdot 2)$$

예를 들면 σ_w=1에 대해 σ_w=1/5일 때 측정정도는 다음과 같다.

$$\sigma^2 = 1^2 + (1/5)^2 = 1 + 0.04, \qquad \sigma = 1.02 \qquad (2 \cdot 3)$$

즉, 제품공차의 표준편차에 1/5 정도인 측정기를 사용하면 측정기 정도가 제품공차의

표 2・1 제품공차의 표준편차에 대한 측정기의 정도(σ_m)의 비율이 측정결과(σ)에 주는 영향

σ_m/σ_w	σ_m/T	σ
1/10	(1/20)	1.005
1/5	(1/10)	1.020
1/3	(1/6)	1.053
1/2	(1/4)	1.118
1/1	(1/2)	1.414

2%의 영향을 준다. 따라서 제품공차 100μm를 ±10μm 정도인 측정기를 이용하면 σ_m/T가 1/10이 되어 2% 영향을 주므로, 제품공차의 1/10 이상의 고정도 측정기를 사용해야 한다.

기계부품의 끼워맞춤을 위한 구멍축의 조합과 기계부품의 제작에 대한 공차가 KS에 정해져 있다. 두 가지 허용공차가 존재할 때 발생 가능한 최대오차는 $\sqrt{a^2+b^2}$이다. 즉, 측정범위 150 mm 마이크로미터를 사용할 때 기준봉의 허용치수는 ±4μm로서 마이크로미터의 종합오차는 ±4μm이다. 따라서 기준봉으로 영점조정을 할 때 발생되는 최대오차는 $\sqrt{4^2+4^2} \fallingdotseq \pm 6$μm이다.

② 피측정물 크기

피측정물의 크기에 따라 측정방법 및 측정기 크기도 달라야 하며, 소형 제품은 피측정물 취급과 측정력에 의한 변형의 발생이 우려되므로 비교측정기나 측정력이 작용되지 않는 공구현미경 및 투영기와 같은 광학적인 측정기를 이용해야 한다.

③ 피측정물 형상

외측, 내측, 높이의 치수 이외의 형상에 의해 치수를 측정한다.

a) 개개의 치수측정을 할 수 있는 각종 측정기

b) 공구현미경, 투영기와 같이 X, Y방향을 측정할 수 있는 측정기

c) 3차원측정기와 같이 X, Y, Z방향을 측정할 수 있는 측정기

④ 측정물 재질

강(鋼) 이외에 비철금속, 합성수지, 고무제품은 측정력 및 측정자의 접촉면적에 따라 크기가 결정된다.

⑤ 측정 능률

다량생산인 경우는 능률적인 생산과 관련된 측정방법, 측정기의 선택이 필요하며, 다량의 동일형상의 부품검사에는 한계게이지를 사용한다.

2.1.6 측정기의 특성

① 감도(感度, Sensitivity) : $E=\Delta A$(측정량 변화)/ΔM(지시량 변화)

② 배율(倍率, Magnification) : $E=I$(지침 변화량)/S(측정자 변화량)

③ 지시범위(指示範圍, Scale Range) : 측정기눈금 상에서 읽을 수 있는 측정량 범위

④ 측정범위(測定範圍, Measuring Range) : 측정기에 의해 측정되는 양의 범위로서 측정기의 최대지시와 최소지시 사이의 범위

⑤ 유효측정범위(有效測定範圍, Effective Measuring Range) 측정범위 중 정도(精度)가 보증되는 범위

⑥ 조정범위(調整範圍, Adjustable Range) : 측정범위에 맞게 측정자를 바꾸어 조정할 수 있는 범위

2.2 측정정도에 대한 영향인자

2.2.1 일반사항

동일 측정기로 한 제품을 반복측정 할 때 측정값에 편차가 생긴다면 측정값에 영향을 주는 인자가 존재하기 때문이다. 고정도 측정기로 반복측정을 하여 측정값에 편차가 생길 때 최대와 최소편차를 구해 보정(補正)해야 한다.

기기오차의 최소화는 측정기의 관리 및 취급을 원만히 하여 항상 최적상태를 유지하고, 측정기의 정도를 파악하여 요구정도에 맞게 한다. 측정정도에 영향을 주는 요인은 측정자의 나쁜 습관, 부주의로 인한 인위적인 것, 또는 측정기 구조나 측정환경의 부적합에서 발생되는 것도 있다.

2.2.2 측정기 구조영향

(1) 일반사항

눈금이 측정자의 접촉선상에 있는 측정기는 그림 2 · 3과 같이 일정거리를 갖는 측정기보다 오차는 매우 작게 되는 아베(Abbe)의 원리에 만족되는 측정기를 사용해야 한다.

(2) 방지대책

a) 측정기의 선택 또는 측정공구의 제작에 있어 아베(Abbe)의 원리를 고려한다.

b) 고정도가 요구되는 측정은 치환법에 의한 비교측정을 선택한다.

$$\begin{aligned}\Delta L &= E - E\cos\phi = E(1-\cos\phi)\\ &= E\left[1-\left\{\left(1-\sin^2\frac{\phi I}{2}\right)-\sin^2\frac{\phi}{2}\right\}\right]\\ &= E - E + 2\sin^2\frac{\phi}{2} = 2E\sin^2\frac{\phi}{2} \fallingdotseq 2E\left(\frac{\phi}{2}\right)^2 \qquad (2\cdot 4)\end{aligned}$$

$$\therefore\ \frac{1}{2}E\phi^2$$

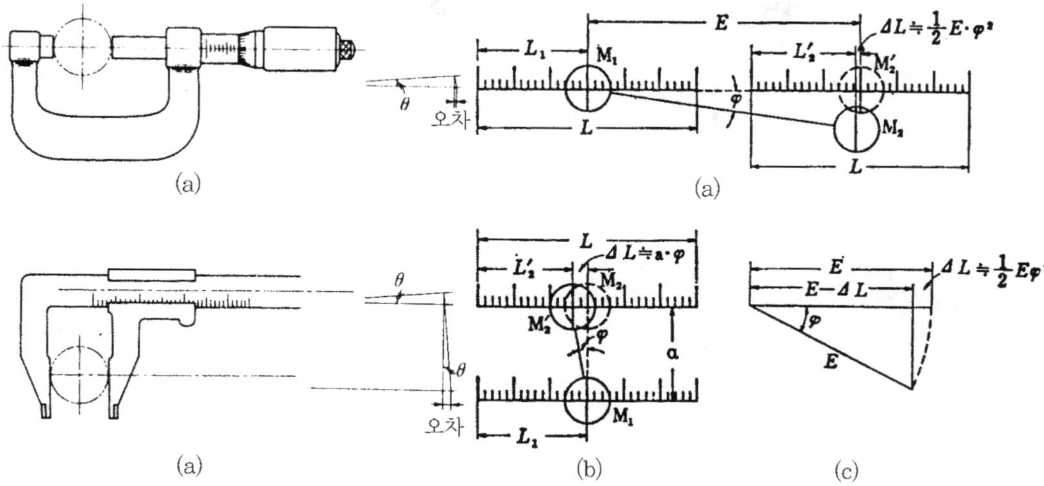

그림 2·3 아베의 원리

2.2.3 온도(溫度)의 영향

(1) 일반사항

모든 물체는 온도변화에 따라 신축(伸縮)되며 그 정도는 재질에 따라 달라진다. 온도차로 인한 오차발생은 체온 및 실온변화에 따른 피측정물의 영향, 측정기 및 표준기의 온도 추종성 차이, 실온의 온도분포에 대한 불균일성을 들 수 있다.

그림 2·4(a)와 같이 20 mm의 블록게이지를 직접 손으로 만진 경우 대략 aa급에서 30초 정도면 2급으로 떨어지며, 접촉시간의 30배 이상 경과 후에야 원상태로 복귀한다.

표준실의 온도제어를 위한 공조기기의 운전개시 후부터 실온과 측정기기의 물체온도의 시간적 변화를 그림 2·4(b)에 나타냈다. 예로 겨울철 14℃의 실내 공기온도는 수십 분이면 20℃로 되나 측정기 중 대형 측정기는 60시간 경과 후에 20℃에 도달되는 것

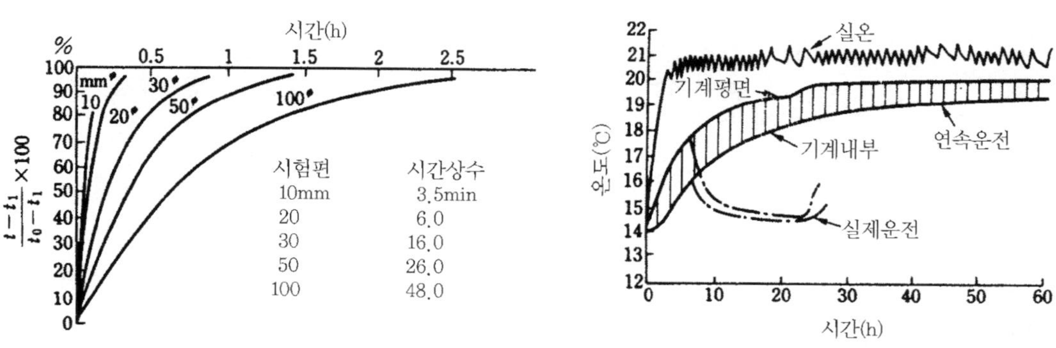

(a) 체온의 영향　　(b) 항온실의 온도 추종성

그림 2·4 온도와 측정관련 사항

도 있다.

일반적으로 측정자가 공기의 온도는 자주 파악하나 기준기, 체온 및 측정기 온도의 파악을 소홀히 하여 오차가 발생되는 경우가 많다. 길이측정에서 공업적 표준온도는 20℃이며, 표준온도에서 측정할 수 없을 때 온도차에 따른 보정과 오차방지를 위한 대책이 필요하다.

(2) 방지대책

a) 고정도 측정은 항상 표준온도가 유지되는 항온항습실에서 수행한다.

b) 정반과 같은 열용량이 큰 물체를 이용하여 측정기와 피측정물을 동일온도로 한다.

c) 가공직후는 절삭열의 영향이 없도록 일정시간 후에 온도의 평행상태에서 측정한다.

d) 측정기 및 피측정물은 불량도체 손잡이나 장갑을 이용하여 체온의 영향을 없앤다.

2.2.4 시차(視差, Parallax)의 영향

(1) 일반사항

보통 측정기의 정확한 치수지시에도 측정자의 나쁜 습관 및 부주의로 인하여 생기는 오차로서 측정자의 눈금위치에 의한 눈금의 읽음오차가 발생된다. 또한 눈금과 지침의 평면이 다르면 눈의 위치에 따라 시차가 생긴다. 그림 2·5와 같이 눈의 높이가 지침에서 250 mm의 위치에 있고 눈의 위치에서 벗어남을 c라 하면 시차 x는 다음과 같다.

$$x = \frac{1}{250} c(a+d) \qquad (2 \cdot 5)$$

만일 $a+d=2.5$ mm, $c=10$ mm 벗어나면 $x=0.1$ mm로 되어 눈금 읽음에 영향을 준다.

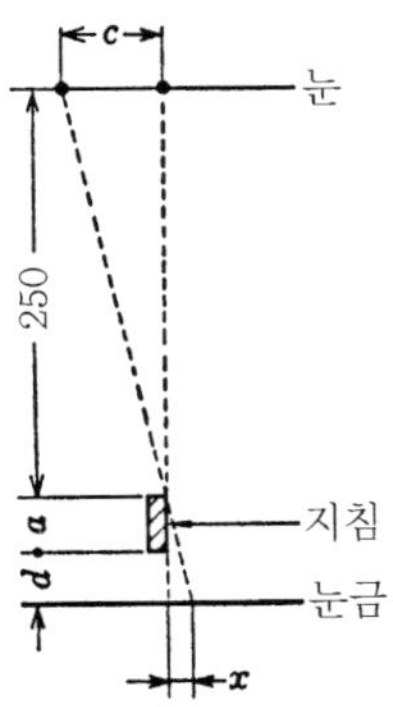

그림 2·5 시차(視差)

(2) 방지대책

a) 측정자 눈의 위치는 항상 눈금 판에 대하여 수직위치에서 읽는 습관을 갖는다.

b) 지침 측정기는 눈금판의 지침그림자와 지침이 겹친 상태에서 눈금을 읽는다.

c) 측미현미경은 눈금선과 표선을 일치시키나 보통 눈금선 크기에 따라 발생되는 시차를 막기 위해 이중표선(二重標線)을 이용한다.

d) 눈금선 사이에 대각선을 긋고 상하 사이를 5등분 또는 10등분하여 지침이 대각선과 닿는 횡선으로 읽는다.

2.2.5 측정압의 영향

① 일반사항

측정자와 피측정물을 확실하게 접촉시키기 위해 측정력이 필요하며, 측정압이 너무 크면 변형이 생기고 작으면 접촉불량이 된다. 측정기와 피측정물 접촉부의 탄성변형량은 측정력, 측정자와 피측정면의 형상, 다듬질면 상태에 따라 다르다. 또한 측정 지지구(支持具)의 변형이 생기면 오차가 발생되며, 변형은 후크의 법칙에 따른 변형, 헬쯔의 탄성 근접량 변형, 측정기기의 변형, 피측정물의 지지변형 및 측정시의 자세에 의한 휨 변형이 있다.

② 방지대책

항상 일정한 측정압의 유지를 위한 정압장치(定壓裝置)를 준비하거나 측정기는 동일 형상, 동일재질의 모범을 준비한다. 고정도의 측정이 요구될 경우는 측정압을 작게 하거나 비접촉식 측정기를 선택해야 한다.

(1) 압축에 의한 변형

① 후크 법칙(Hook's Law)에 따른 변형량

A는 단면적(mm^2), L은 측정물 길이(mm), P는 측정력(kgf) 및 E는 영률(kgf/mm^2)이라면 그림 2·6과 같이 압축하중에 의한 후크의 법칙에 따른 길이 변형량 δl은 다음과 같다.

$$\delta l = \frac{PL}{AE} \tag{2·6}$$

② 자중(自重)에 의한 변형

그림 2·7과 같이 미소두께 Δt부분이 중량에 의해 t부분이 Δl만큼 수축한다면 그 수축량은 다음과 같다.

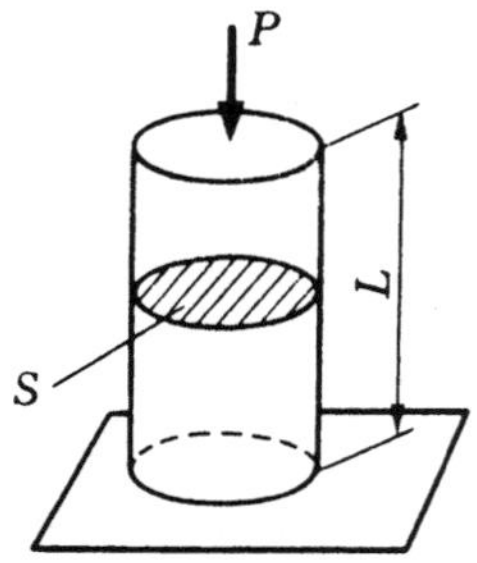

그림 2·6 압축에 의한 수축

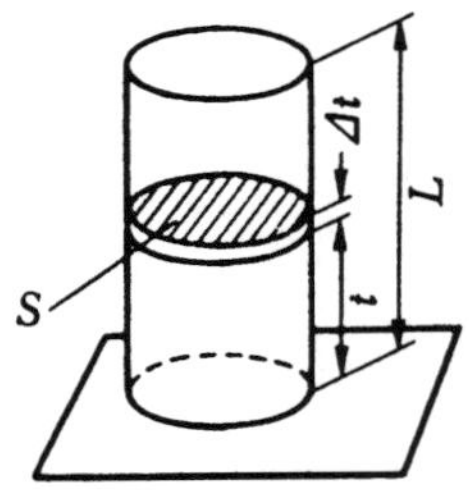

그림 2·7 자중에 의한 수축

$$\Delta l = \frac{A\Delta t\gamma gt}{A \cdot E} = \frac{\gamma g}{E} t\Delta t \qquad (2\cdot7)$$

거기에서 전 길이 L에 대한 수축량 ΔL은 다음과 같다.

$$\Delta L = \frac{\gamma g}{E}\int_0^L = \frac{\gamma g}{2E}L^2 \qquad (2\cdot8)$$

③ **헬쯔(Hertz) 근접량에 따른 변형량**

측정기와 피측정물 사이에 두 곡면, 한 곡면과 평면이 일정한 힘으로 눌러질 때 접촉점은 탄성변형이 생긴다. 즉, 측정면에 국부적인 측정력이 작용하여 탄성변형이 발생되는 근접량은 헬쯔(Hertz)의 탄성변형 이론식으로 구한다.

헬쯔(Hertz) 근접량 식은 1) 접촉물체가 등방성, 2) 접촉면은 접촉물체 전체에 비해 작음, 3) 접촉표면이 매끄러움, 4) 접촉면에 수직 힘만 작용, 5) 탄성변형인 경우로 한정하여 가정한다.

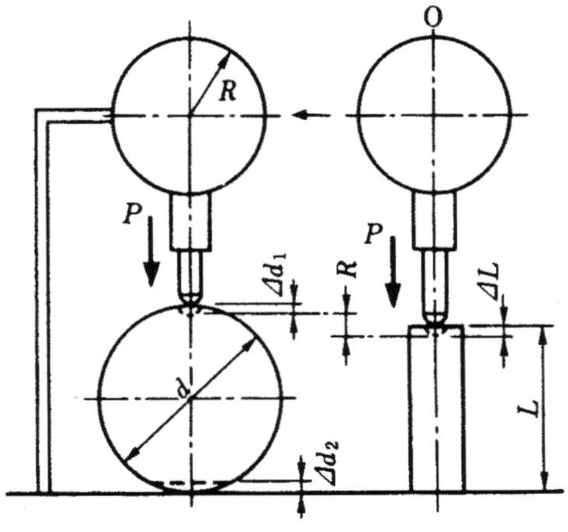

그림 2·8 헬쯔의 탄성근접량

블록게이지를 기준으로 하여 구의 직경을 측정력 P로 측정할 때 생긴 탄성근접량 ΔL, Δd_1, Δd_2를 그림 2 · 8에 나타낸다.

이 탄성근접량은 측정이 정도를 요구함에 있어서는 당연히 고려해야 하며, 지침측미기의 읽음을 R이라 하면 다음과 같다.

$$\begin{aligned} R &= (d-\Delta d_1-\Delta d_2)-(L-\Delta L) \\ d &= R+L+\underline{\Delta d_1-\Delta d_2-\Delta L} \end{aligned} \qquad (2 \cdot 9)$$

식 (2 · 9)의 밑줄부분이 보정항이 되며, 탄성근접량을 δ라 하면 δ는 헬쯔에 의해 유도된 식에서 구해진다.

$$\delta = \frac{2k'}{\pi\mu}\left\{\sqrt{\frac{9}{512}(\Theta_{\mathrm{I}}+\Theta_{\mathrm{II}})r^{2}} \cdot \sum\rho \cdot P^2\right\}^{1/3} \qquad (2 \cdot 10)$$

여기서 $\sum\rho$는 두 물체 I, II의 접촉장소에서 주곡률(主曲率) ρ_{11}, ρ_{12}, ρ_{21}, ρ_{22}의 더한 값, $\sum\rho = \rho_{11}+\rho_{12}+\rho_{21}+\rho_{22}$이다.

또한 Θ_1 및 Θ_2는 두 물체의 탄성계수로서 $\Theta_1 = \dfrac{4(1-m_1^2)}{E_1}$, $\Theta_2 = \dfrac{4(1-m_2^2)}{E_2}$이 되고, 두 접촉점에 있어서 주곡률 ρ_{11}, ρ_{12}, ρ_{21}, ρ_{22}, 영률을 E_1 및 E_2, 프아송 비를 m_1, m_2로 한다. 한편 1, 2는 접촉단면에 있어서 서로 직각인 방향을 나타낸다. 또한 $2k'/\pi\mu$는 식 (2 · 11)에서 구해지는 함수이고 이 값을 표 2 · 2에 나타낸다.

$$\begin{aligned} \cos\tau = \{&(\rho_{11}-\rho_{12})^2-2(\rho_{11}-\rho_{12})(\rho_{21}-\rho_{22})\cos 2\omega \\ &+(\rho_{21}-\rho_{22})^2\}^{1/3}/(\rho_{11}+\rho_{12}+\rho_{12}+\rho_{21}+\rho_{22}) \end{aligned} \qquad (2 \cdot 11)$$

표 2 · 2 $2k'/\pi\mu$와 $\cos\tau$

$\cos\tau$	0	0.1	0.2	0.3	0.4	0.5	0.6
$2k'/\pi\mu$	1.000	0.998	0.991	0.979	0.962	0.938	0.904
$\cos\tau$	0.7	0.8	0.9	0.95	0.99	0.995	1.000
$2k'/\pi\mu$	0.859	0.792	0.680	0.577	0.384	0.320	0

ω는 주곡률 ρ_{11}, ρ_{21}의 평면이 구성되는 교차각이다. 그림 2 · 9에 이들의 관계를 나타내고 있다.

그림 2 · 8에 나타내는 조건에서는 측정력 P와 피측정물의 자중을 고려할 필요가 있고 Δd_2는 P=(측정력+자중)로 하여 계산해야 한다.

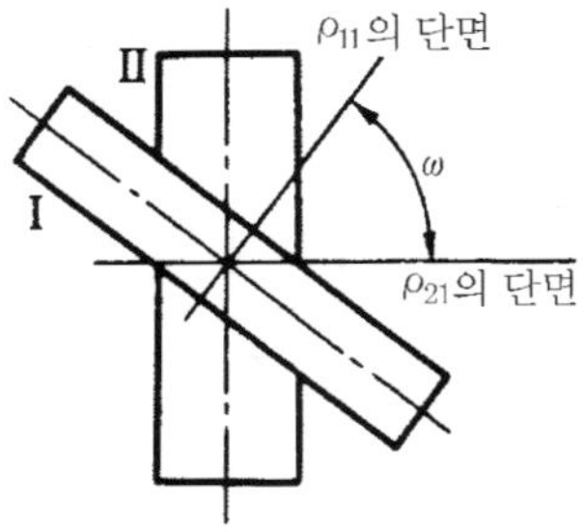

그림 2·9 ω의 설명

식 (2・10)에서 구해진 δ와 실험값은 실험값쪽이 10% 정도 작게 나타난다. 식 (2・10)에서 계산된 δ에 대해 0.9로 나눈값이 되도록 피측정물이 형상과 측정기기의 측정자 형상 및 재질에 의해 구해지는 상수 k를 수정하여 식 (2・10)의 탄성근접량 δ(μm)와 측정력 P(N)과의 관계식을 표 2・3에 나타냈고, 상수 k값을 표 2・4에 나타냈다.

참고적으로 프아송비, 영률을 표 2・5에 나타내고 있다.

표 2·3 측정기 및 피측정물의 접촉형태에 따른 근접량

접촉 상태	근접량(μm)	모 양
구(球) : 구(球) 구 크기(D : d)	$\delta = 1.9^3\sqrt{P^2\left(\frac{1}{d}+\frac{1}{D}\right)}$	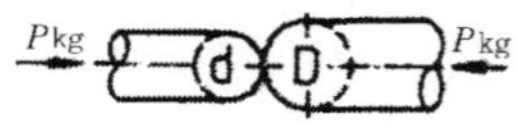
동일 크기 구(球) 구 직경(d : d)	$\delta = 2.4^3\sqrt{\frac{P}{d}}$	
구면(球面)과 평면(平面) 구 직경(D)	$\delta = 1.9^3\sqrt{\frac{P^2}{D}}$	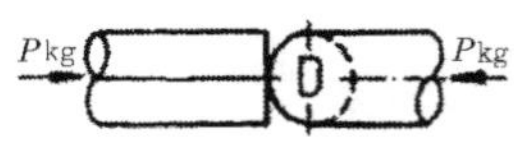
두 평면(平面) 사이의 구(球) 구 직경(D)	$\delta = 3.82^3\sqrt{\frac{P^2}{D}}$	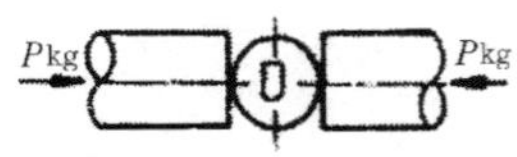
평면 측정자 사이에 원통 피측정물 (L: 접촉길이)	$\delta = 0.46\frac{P}{L}\ ^3\sqrt{\frac{1}{D}}$	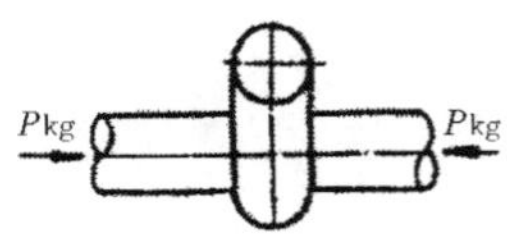
평면과 원통의 접촉 (L : 접촉길이)	$\delta = 0.92\frac{P}{L}\ ^3\sqrt{\frac{1}{D}}$	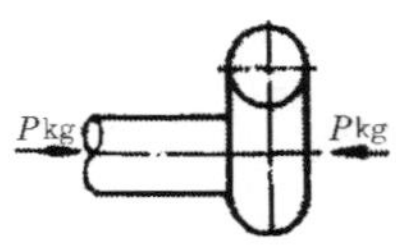

표 2·4 k값

측정자	강	초경	초경	초경
피측정물	강	강	세라믹 (지르코니아 : ZrO_2)	플라스틱 (폴리아세탈 POM)
k_1	0.32	0.26	0.26	3.6
k_2	0.42	0.32	0.32	4.6
k_3	0.32	0.26	0.26	3.6
k_4	0.32	0.26	0.26	3.6
k_5	0.05	0.04	–	–

표 2·5 영률 및 프아송 비

재료	강	초경	지르코니아	프라스틱(POM)
영률(N/mm^2)	210×10^3	500×10^3	210×10^3	3×10^3
프아송비	0.29	0.2	0.31	0.36

여기서 τ는 곡률 ρ_{I1}, ρ_{II1}의 평면이 이룬 각 ω이다.

(2) 굽힘에 의한 변형

다이얼게이지, 지침측미기 등은 그림 2·10과 같이 측정스탠드를 사용하며, 특히 그림 (b)는 강력한 흡착력을 갖는 마그네틱 스탠드로서 현장에서 많이 사용된다.

이 측정스탠드는 측정기를 설치하는 암(Arm)은 지주(支柱)에서 떨어져 있어 강성이 부족할 때 휨이 발생된다. 측정기에 가해지는 힘은 측정력과 측정기 중량이며, 측정력은

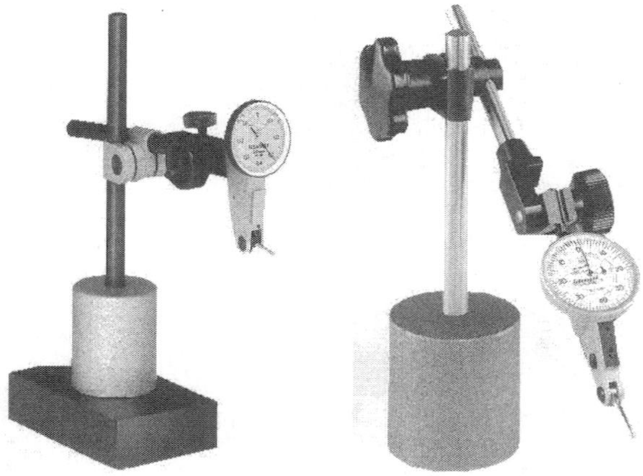

그림 2·10 측정스탠드

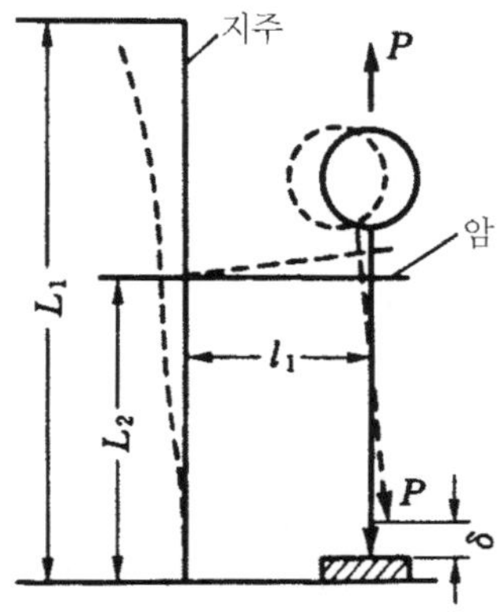

그림 2·11 스탠드의 휨

측정범위의 개시점과 최종점 또는 측정스핀들의 이동방향이 변화할 때 휨량이 다르고 측정오차의 원인이 된다.

그림 2·10 (b)는 마그네틱 스탠드의 지주, 암의 직경이 작을 때 강성부족, 베이스의 흡착력 열화로 오차가 생긴다. 측정력 P로 인한 지주 및 암의 휨 현상을 그림 2·11에 나타내며, 이 휨으로부터 지시값의 변화 δ는 다음 식으로 구한다.

$$\delta = \frac{P l_1 L_2}{E_1 I_2} + \frac{P l_1^3}{3 E_2 I_2} \qquad (2 \cdot 12)$$

여기서 I_1, I_2 : 지주 및 암의 단면 2차모멘트

E_1, E_2 : 지주 및 암의 영률

현재 사용되는 마그네틱스탠드 중에 강성이 낮은 예로 그림 2·12의 조건으로 사용하면 식 (2·12)로부터 δ는 다음과 같다.

$$\delta = 0.026P\,(\mathrm{mm})$$

단, E_1, $E_2 = 210 \times 10^3\ \mathrm{N/mm^2}$

최소눈금 0.001 mm 다이얼게이지 스핀들의 운동방향의 차이에 의한 측정력의 차는 0.9 N이 된다. 이를 식 (2·10)에 대입하면 δ=0.023 mm가 되어 무시할 수 없는 값이 된다.

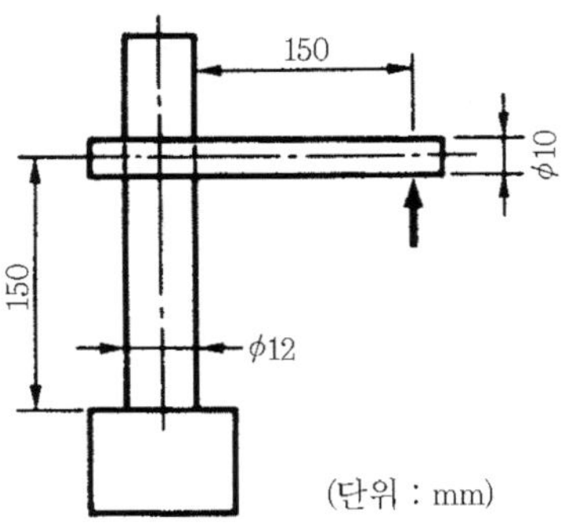

그림 2·12 휨량의 계산조건

① 일단고정 봉의 한 단에 측정력이 작용할 경우

그림 2·13 (a)와 같이 길이 l, 지름 d인 봉〔환봉의 단면 2차모멘트 $I = \frac{\pi}{64} \cdot d^4$의 일단지지, 타단(他端) 측정기에 고정〕에 측정력은 위쪽방향으로 작용하며, 이때 변위량 δ는 다음과 같다.

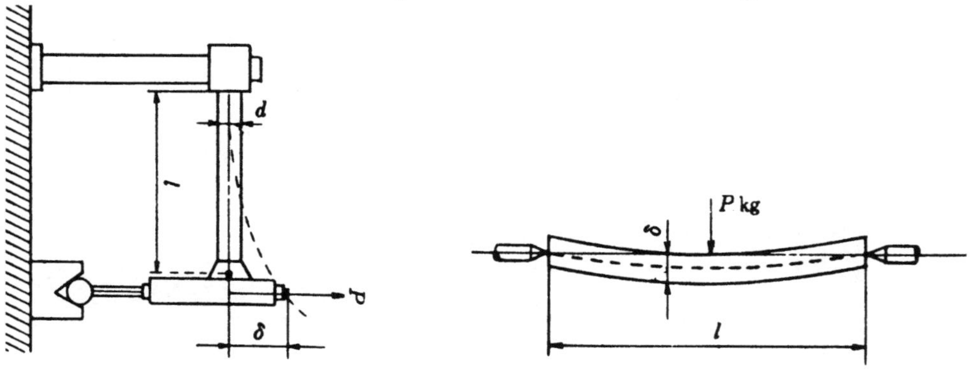

(a) 일단고정인 봉의 타단에 측정력 작용　　(b) 양단지지봉 중앙에 측정력 작용

그림 2·13 굽힘에 의한 변형

$$\delta = \frac{Pl^3}{3EI} \tag{2·13}$$

단, E는 영 계수(kg/mm^2), I는 단면 2차모멘트, P는 측정력(kg)이다.

② 양단 지지봉의 중앙에 측정력 P가 작용할 경우

그림 2 · 13 (b)와 같이 길이 l, 지름 d인 환봉의 양끝을 지지하고 중앙에 측정력 P(kg)로 밀면 봉은 휨 변형이 생기며, 그 처짐량 δ는 다음과 같다.

$$\delta = \frac{Pl^3}{48EI} \tag{2·14}$$

단, E는 영 계수(kg/mm^2), I는 단면 2차모멘트, P는 측정력(kg)이다.

2.2.6 접촉오차의 영향

(1) 일반사항

측정자의 형상이 피측정면에 부적절하거나 측정기의 측정면의 마모 또는 두 측정면이 평행하지 않을 때 발생된다(그림 2 · 14).

(2) 방지대책

a) 측정 면에 초경 팁과 같은 내마모성 재질을 운동 중에 측정하지 않는다.

b) 측정기의 측정면 형상은 피측정물이 곡면이면 평면, 구멍의 내경일 때 구면(球面) 또는 곡면을 선택한다.

c) 두 측정면간에 평행, 흠의 유무, 기준게이지와 비교하여 지시값을 확인한다.

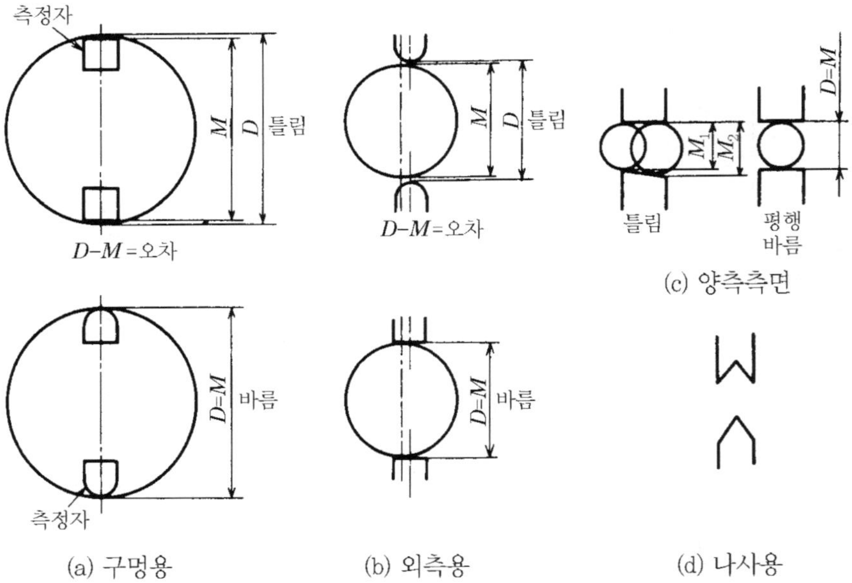

그림 2·14 측정접촉자의 접촉상태와 오차

2.2.7 후퇴오차의 영향

(1) 일반사항

측정량의 증가와 감소방향이 달라 동일치수에 대한 지시량의 차를 후퇴오차라 하며, 습동부의 마찰, 기어 및 나사의 백레시(Backlash)가 원인이 된다.

(2) 방지대책

a) 측정자의 이동속도를 일정하게 유지한다.

b) 측정량의 변위가 항상 동일방향으로 측정한다.

2.2.8 휨 변형의 영향

(1) 일반사항

표준자와 같이 가늘고 긴 형상의 측정기 또는 피측정물을 정반 위에 설치할 때 접촉면의 형상오차에서 불규칙한 변형이 발생하므로 두 점으로 지지한다. 각 지점위치에 따라 사용목적에 적합한 것을 선택한다.

(2) 방지대책

a) 길이가 긴 공작물인 경우는 되도록 사용조건과 동일상태로 지지한다.

b) 지점의 위치는 사용목적에 따라 그림 2·15와 같이 정해 준다.

구분	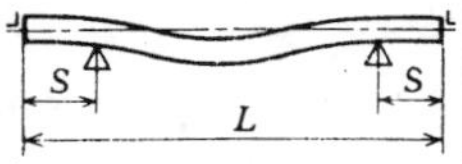 S=0.2113L	 S=0.2203L	 S=0.2232L	 S=0.2386L
특징	양 단면이 축선에 수직 및 평행 유지 가능	중립축에 주는 영향이 가장 작은 지지방법	전체 휨이 가장 작고 양단과 중앙 휨이 동일	두 지점간의 휨이 가장 작음
적용	단도기	눈금척	면의 측정	면의 측정

그림 2·15 지점의 위치

2.2.9 측정환경의 영향

(1) 일반사항

길이 측정실의 측정환경은 온도 20℃, 기압 760 mmHg, 습도 55%를 유지해야 하며, 실제 측정에 있어 측정환경의 차이는 기기오차, 측정오차를 초래하므로 표준실을 운용해야 한다. 측정실의 설비는 측정제품 종류와 제품특성, 측정정도, 측정기기와 보조장치를 검토해야 하며, 길이 측정실의 환경에 따른 등급은 다음과 같다.

표 2·6 길이 측정실의 환경

환경등급 / 환경조건	1급 측정실	2급 측정실
온 도	20±0.5℃(측정점 : 20±0.2℃)	20±1℃(측정점 : 20±0.5℃/h)
온도변화율	20±0.5℃/h	20±1.5℃/h
습 도	55%(RH) 이하	
먼 지	전기집진식 필터 이용	적절한 필터를 이용
	직경 0.5μm보다 큰 먼지 : 2×10^6개/m^3 이하 직경 1.0μm보다 큰 먼지 : 4×10^6개/m^3 이하 직경 50μm보다 큰 먼지 : 없어야 함	
기 압	1013 Pa 이상, 틈새에서 공기가 실외로 빠지도록 압력 유지	
진 동	적절한 방진시설 설치	
전압조건	전압변동이 1% 이내, 주파수 0.5% 이내, 전압 실효값의 합이 최대로 변할 때 기본실효값의 5% 이내	
전자기장 차폐	전자기장의 세기 150μv/m 이하	
조 명	500~1000 lx	
소 음	50 dB 이하, 무향실 설치	

(2) 온도

측정환경이 공업표준온도 20℃와 다르거나 변화될 때 온도차를 기록해 두고 또한 피측정물의 열팽창계수를 파악하여 온도로 인한 측정값 보정을 해야 한다. 열팽창계수는 재질에 따라 다르고 동일재질이라도 함유성분비에 따라 차이가 있으며, 공업표준온도에서의 열팽창계수는 표 2·7과 같다. 피측정물이 온도변화 Δt℃에 의해 발생되는 길이 변화량 λ는 다음과 같다.

$$\lambda = \alpha l \Delta t \tag{2·15}$$

여기서 l은 피측정물의 길이, α는 열팽창계수이다. 강의 열팽창계수는 11.3×10^{-6}/℃로서 1 m의 제품이 표준온도보다 1℃ 높다면 오차는 11.3 μm이 된다. 측정기도 동일하게 신축할 경우는 측정기로 인한 오차발생은 없으나 실제 형상 및 재질에 의한 선팽창계수가 달라 피측정물과 측정기가 완전히 동일조건에서 측정될 수 없다.

만일 측정실, 측정기, 피측정물의 온도가 다를 경우 다음과 같이 측정값을 보정하여 표준온도에서의 측정값을 구해야 한다.

$$L = l[1 + \alpha_s(t-20) - \alpha(t_m - 20)] \tag{2·16}$$

여기서, L : 20℃에서 피측정물의 길이
l : 측정값
t : 측정시 측정기의 온도[℃]
t_m : 측정시 피측정물의 온도[℃]
α_s : 측정기의 열팽창계수
α : 피측정물의 열팽창계수

표 2·7 금속의 열팽창계수

재 료	열팽창계수 α($\times 10^{-6}$/℃)	온도[℃]
탄소강	11.3	20～100
순철	11.7	20
주철	11.6	20～200
니켈크롬강	12.1	20
니켈강	10.9	20
스테인리스강	10.4	20
알루미늄	23.8	20
황동	18.8	20
청동	18.0	20
듀랄루민	22.6	20
금	14.2	20
은	19.7	20

(3) 습도

길이 측정실에서 공업적 표준습도는 55%이며 습도가 많게되면 측정기에 녹 발생의 원인이 되고, 렌즈의 굴절률 변화로 오차가 발생된다. 상대습도 60% 이상에서 녹 발생이 더욱 심하고 먼지, 아황산가스의 분위기에서는 더욱 촉진된다.

(4) 먼지

먼지는 측정기 운동부에 부착하여 마찰을 증가시키거나 흠을 생기게 한다. 또한 측정면 표면이나 운동부에 먼지와 윤활유 및 습기가 장시간 고착될 경우 측정기 기능저하를 초래하고 녹 발생이 촉진되는 측정환경에서는 측정기 수명을 단축시킨다.

(5) 기압

길이 측정실에서는 특별히 규제하지 않으나 표준대기압보다 높은 상태로 외부보다 높게 하여 측정실의 압력이 틈새를 통해 공기가 실외로 누출되는 상태로 압력을 유지한다.

(6) 진동 및 소음

공작기계의 진동은 공진(共振)될 경우 또는 그 맥동음(脈動音)이 건물벽을 따라 먼 거리까지 전달된다. 진동은 표면거칠기 측정기의 수직배율 변화량, 진원도 측정시의 측정값변화, 삼차원측정기의 Z축 변화량에 직접 영향을 준다.

또한 삼차원 측정기의 프로브 접촉음이나 데이터 처리장치를 사용할 때 측정자가 입력음을 듣을 수 없게 되어 측정자의 심리적 안정을 방해함으로서 정신적 집중을 떨어뜨려 개인오차를 유발시킨다.

(7) 전류

불안정한 전압 및 전류변화는 전원사용 측정기의 측정값에 영향을 준다. 또한 전자파, 전기, 온도, 진공, 힘, 가속도의 정밀측정을 위해 전자기장의 차폐가 필요하다.

(8) 조명

측정실에 부적합한 조명은 장시간 측정할 경우, 측정자에게 눈의 피로를 주어 눈금판독오차를 유발하며, 조명시설의 구조는 발열 및 잡음발생에 영향을 준다.

2.2.10 측정 작업

(1) 측정작업 전 고려사항

a) 도면검토, 측정원리, 측정방법, 측정순서, 측정작업에 대한 이해와 검토를 한다.

b) 측정물 크기와 형상, 요구정도, 측정수량에 적절한 측정기를 선택한다.

c) 기기를 점검하며 장기보관 된 기기는 방청유, 먼지, 불순물제거와 기능을 확인한다.
d) 측정의 영향인자인 측정환경을 확인하여 조치하거나 보정을 위해 기록한다.
e) 3차원측정기, 투영기, 공구현미경 같은 전원사용 기기는 30분 전에 전원을 넣는다.

(2) 측정작업과 관련사항

a) 측정자는 업무 중요성을 인식하고 사명감과 책임감을 가지고 최선을 다한다.
b) 안정된 상태에서 개인오차가 발생되지 않도록 마음가짐을 편안하게 한다.
c) 측정값은 수치와 단위로 표시하며 선도, 도표로 나타내기 쉽게 한다.
d) 제품의 측정 및 품질향상을 위해 생산기술자와 계속적인 정보를 교환한다.
e) 측정결과에 신뢰성을 줄 수 있도록 다양하게 검토한다.
f) 다수반복 측정하여 평균값과 편차의 기록과 유효숫자 처리를 명확히 한다.
g) 측정작업 후에는 측정기를 안전하고 이상 없이 보관하기 위해 대책을 강구한다.

측정기의 조(jaw), 앤빌과 스핀들 면과 같이 접촉부는 약간 떨어진 상태에서 조임부를 느슨하게 하고 방청유를 칠하여 지정된 장소에 보관한다.

표 2·8 측정보고서의 포함 사항

항 목	내 용
측정 작업명	측정제품, 품목, 명칭
측정 목적	측정항목의 관련성 및 필요성 설명, 이해와 목적을 위한 기본원리, 측정기술, 측정기기 정도 및 측정기 영향, 사용법, 고찰력 및 응용력을 고찰한다.
사용 측정 기기	측정기명, 등급, 규격, 제작사, 제품번호를 기록한다.
이론 및 원리	측정에 필요한 원리, 정리, 법칙 등을 기재한다 (참고도서 : 도서명, 저자명, 인용페이지, 출판사 및 출판년도 등)
측정시 유의사항	실제 측정에 있어 고정도 측정, 오차제거, 고능률적 측정을 위한 기재사항
측정순서·방법	바른 측정순서의 측정방법, 측정기 배치도, 측정전 준비, 측정소요시간 등
측정값 정리	모든 측정항목에 대해 다수측정으로 우연오차 감소, 측정기의 편위와 산포등을 고려한 평균값 산출, 계산과정 기재, 유효숫자 표시 등
결 과	측정값은 수치와 단위로 표시하며, 필요에 따라 선도, 도표로 나타낸 결과는 나타내기 쉽게 표시, 온도 및 탄성보정 등도 고려대상이 된다.
결 론	측정과정에서 도출된 자료는 근거로 측정목적 범위 내에서 내려져야 한다. 다른 측정자와 결과가 다른 경우 원인을 파악한다.

2.3 측정과 측정기 정도

2.3.1 개요

모든 측정결과는 측정기, 피측정물, 측정방법, 환경조건, 측정자의 영향 등 오차요인이 많고 이들은 시간에 따라 변화한다. 따라서 측정에 있어 측정값은 일정의 불확실이 수반되어 참값을 나타낼 수 없다. 참값은 관념적인 값으로 계측기나 측정방법에 주의를 아무리 해도 실제 구할 수 없으나 측정을 정확히 하고, 많은 측정값의 평균값을 취해 참값에 접근할 수 있으며, 반복측정으로 오차의 근사값을 추정할 수 있다. 양의 측정에 있어 측정기를 이용하여 얻은 측정값과 진실한 참값(True Value)과는 차이가 있다.

2.3.2 오차(誤差)

(1) 일반사항

측정에서 모든 오차 발생요소가 일정의 계통성을 가졌는지 또는 우발적인 것인지를 구분한다. 계통성이 있어 파악되는 계통오차는 크기와 부호를 파악하여 측정값을 보정(補正)하면 되나 파악할 수 없는 계통오차는 ±부호로서 측정 부정확도 계산을 한다.

측정자의 개인오차(個人誤差, human errors)는 각각 발생요인에 따라 두 부류 중에 포함시킨다. 개인오차는 측정자의 능력, 성질과 버릇, 측정기 조정작업 중 발생오차, 계측기의 눈금판독 착오 및 계산실수가 있다. 또한 부적절한 계측기 선정, 영점조정 실수, 부하(負荷) 영향 무시, 평가방법 부적절로 인한 오차발생도 해당된다.

(2) 계통오차(系統誤差, Systematic errors)

일정 계통성을 가져 측정자가 파악이 가능한 오차를 계통오차(systematic error)라 한다. 어떤 원인에 의해 특정한 경향성을 가지며, 규칙적으로 발생하여 측정값이 치우침을 갖는다. 동일조건에서는 같은 크기와 부호를 가져 보정(補正)이 가능하다.

a) 기기 오차 : 베어링 마찰, 비선형 성분, 교정, 손상된 기기 설비, 전송 중 손실

b) 환경 오차 : 온도, 습도, 가속도, 소음, 압력, 전기장, 자기장, 진동

(3) 우연오차(偶然誤差, Random errors)

오차 중 측정자가 파악할 수 없는 오차로서 측정기 재현성의 변화, 피측정물의 상태변화, 환경변화가 발생원인이다. 우연오차가 존재하면 동일조건에서 동일 측정기로 다수 반복측정 할 때 측정값이 분산된다. 측정값의 분포가 정규분포에 따르며 다음의 성

질을 가지며, 이를 가우스(Gauss)의 우연오차 법칙이라 한다.

a) 동일크기의 양(+), 음(−) 오차는 같은 확률로 발생한다.

b) 값이 작은 오차는 값이 큰 오차보다도 다수 발생한다.

c) 일정한도 이상의 큰 오차는 거의 발생하지 않는다.

(4) 오차곡선의 방정식

임의의 양을 측정하여 구한 측정값을 일정범위마다 나누어 각 범위에서 포함된 측정값의 수를 전체 수로 나눈 상대도수(相對度數)를 그래프로 나타내면 그림 2·16 (a)와 같이 히스토그램이 된다. 또한 측정회수를 무한히 많게 하여 범위의 폭을 매우 작게 하면 그림 2·16 (b)와 같은 평활곡선이 된다.

x는 측정값이고 x와 $x+dx$ 사이에 발생하는 확률요소를 $p(x)$, y를 확률밀도할 때 상대도수로 표시하면 다음과 같다.

$$P(x)=ydx \tag{2·17}$$

곡선의 방정식이 $y=f(x)$라 하면 함수 $f(x)$를 오차함수라 한다.

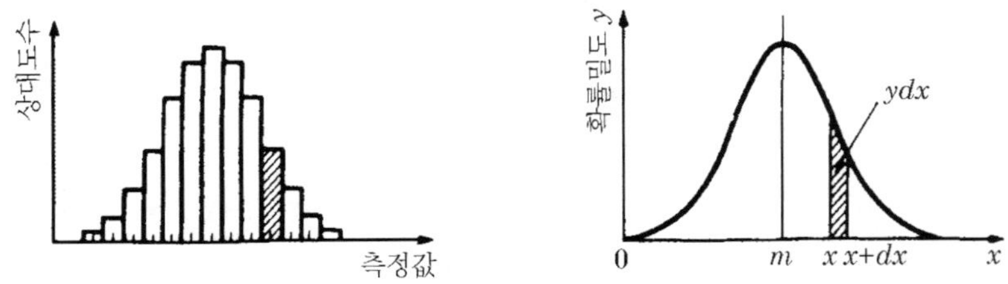

(a) 히스토그램 (b) 확률밀도곡선

그림 2·16 오차의 분포

$$P(x)=ydx=\frac{f}{n} \tag{2·18}$$

무한히 많은 측정회수 n회 중에 어떤 사상(事象)이 f회 발생한다면 그 사상이 발생할 확률은 $\frac{f}{n}$, dx는 무한소 x와 $x+dx$ 사이에서 발생확률, $p(x)$는 확률요소, y는 확률밀도를 나타낸다.

가우스(Gauss)의 우연오차 법칙을 토대로 오차곡선의 함수형으로 표시하면 다음과 같다.

$$y=f(x)=\frac{h}{\sqrt{\pi}}e^{-h^2(x-m)^2} \quad (h>0) \tag{2·19}$$

식 (2・18)과 식 (2・19)에서 오차 $(x-m)$이 발생확률 $P(x)$는 다음과 같다.

$$p(x)=f(x)\,dx=\frac{h}{\sqrt{\pi}}e^{-h^2(x-m)^2}dx \quad (h>0) \qquad (2\cdot 20)$$

x_1과 x_2 사이에서 오차가 발생될 확률 $p(x_1 \leq x \leq x_2)$는 식 (2・20)을 적분하여 나타내면 다음과 같다.

$$p(x_1 \leq x \leq x_2)=\int_{x_1}^{x_2} f(x)dx$$

$$=\frac{h}{\sqrt{\pi}}\int_{x_1}^{x_2} e^{-h^2(x-m)^2 dx} \quad (h>0) \qquad (2\cdot 21)$$

오차는 $-\infty$와 ∞ 사이에서 발생하므로 다음과 같이 정리된다.

$$p(-\infty_1 \leq x \leq \infty)=\frac{h}{\sqrt{\pi}}\int_{-\infty}^{\infty} e^{-h^2(x-m)^2}dx \quad (h>0) \qquad (2\cdot 22)$$

(5) 부적당한 오차 처리

측정자의 실수나 측정기의 오동작으로 인하여 측정을 무효로 하는 오차로서 통계적 해석도 고려하지 말고 그 측정값은 취소해야 한다. 결과가 명확하게 부적당한 것으로 파악된 이상, 오차가 크지 않은 경우는 몇 가지 제거기준(Reject criterion)을 적용하여 측정점의 가부를 결정하며, 측정결과가 이 오차에 영향을 받는다고 생각된다면 분리(Outlier)시험을 적용한다.

(6) 오차원인의 확인

a) 모든 독립적인 오차원인을 확인하여 표로 나타낸다.

b) 각 원인에 대하여 오차의 종류를 결정한다.

c) 계통오차가 취하는 것이 있으면 합리적으로 기대되는 값의 범위를 평가한다(실험데이터 이용).

d) 계통오차의 불확실을 평가한다.

f) 부적당한 오차가 존재할 때 이유가 있으면 분리시험을 한다.

g) 분리시험결과 버려 없앤 측정점이 있을 때 필요하면 표준편차를 계산하여 고친다.

h) 각 우연오차에 대해 95%의 신뢰도에 있어서 불확실을 계산한다.

I) 각 불확실에 대하여 감도계수를 계산한다.

j) 각 오차원인에 대해 감도계수와 불확실의 곱을 구해 큰 순서대로 나열하여 표를 만든다.

2.3.3 측정 정도(測定精度)

(1) 일반사항

정도(精度)는 제품측정에 있어 측정정도와 측정기의 신뢰성과 관련되는 측정기 정도에 모두 적용되며 정확도(accuracy)와 정밀도(precision)로 구분된다. 측정정도에 관련되는 인자는 표준기(Standard), 측정물(Workpiece), 측정기기(Instrument), 측정작업자(Person) 및 환경(Environment) 등이 있으며 표 2 · 9와 같다.

표 2·9 측정정도에 영향 인자

영향 요소	내 용
표준기	정도의 소급성, 교정주기, 안정성, 열팽창계수, 탄성특성, 지지위치, 형상 적합성
측정물	크기, 탄성성질, 표면상태, 청정정도, 형상오차, 재질, 열평형상태, 지지방법, 기준면
측정기기	구조, 배율, 기기오차, 환경, 접촉형태, 측정력, 마모, 변형, 보조구, 반복정밀도
측정작업자	숙련 · 교육 · 연습 정도, 측정감각, 전문지식, 책임감, 준비성, 판단력, 측정비용
측정환경	표준온도와 편차, 열평행, 온도변동, 습도, 먼지, 진동, 조명, 소음, 전기 잡음

(2) 측정 정도

측정에는 오차가 수반되며 오차가 작은 측정일수록 고정도 측정이 된다. 참값은 측정량의 바른 값으로 오차의 참값에 대한 비를 오차율 또는 상대오차라고 한다.

계통오차가 있는 경우는 동일조건에서 다수 반복측정하여 평균값을 구한 모평균(母平均)이 참값에는 일치하지 못한다.

측정값과 모평균과의 차가 편위(Bias)이고 편위가 작은 정도가 정확도(正確度)이며, 편위의 참값에 대한 비를 정확률(正確率)이다.

측정값의 불일치 정도가 산포(Dispersion)미며, 측정값의 산포가 작은 정도가 정밀도(精密度)이다. 정밀도는 모표준편차(母標準偏差)로 나타내며 모평균에 대한 비가 정밀률(情密率)이다.

표 2·10 정도의 의미

	정확도	정밀도
원 인	계통오차	우연오차
의 미	치우침이 작은 정도	산포가 작은 정도
표 시	편위=모평균−참값	모표준편차
평 가	정확률=편위÷참값	정밀률=모표준편차÷모평균

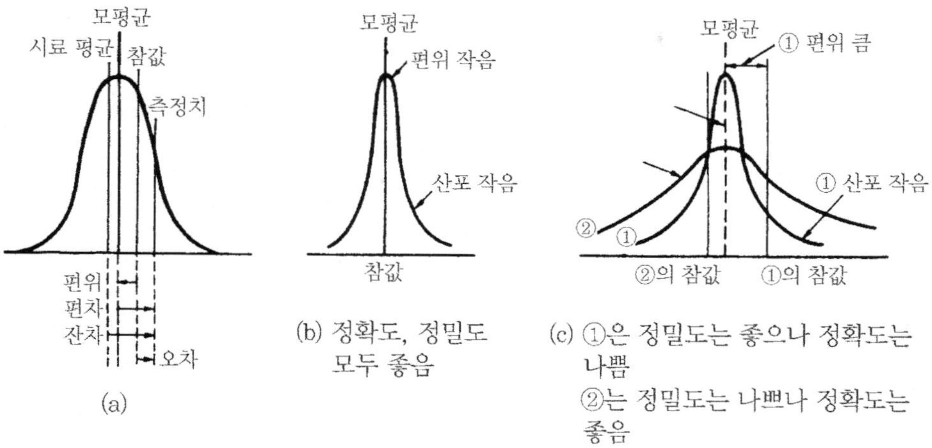

(a)

(b) 정확도, 정밀도 모두 좋음

(c) ①은 정밀도는 좋으나 정확도는 나쁨
②는 정밀도는 나쁘나 정확도는 좋음

그림 2·17 정밀도와 정확도

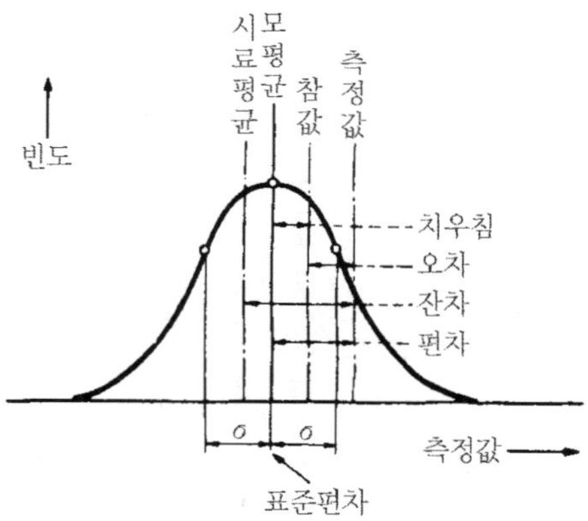

그림 2·18 측정 정도

a) 오차(誤差) = 측정값 − 참값, 오차율 = $\dfrac{\text{오차}}{\text{참값}}$, 오차백분율(%) = $\dfrac{\text{오차}}{\text{참값}} \times 100$

b) 잔차(殘差) = 측정값 − 시료평균

c) 편차(偏差) = 측정값 − 모평균

d) 편위(偏位) = 모평균 − 참값

2.3.4 계측기 정도

(1) 기차(器差)

측정기 정도는 구조, 원리, 특성에 따라 다르며 고정도 기기(器機)일수록 고감도이므로 측정결과에 영향을 주는 요소를 감소시켜야 한다. 모든 계측기는 구조상 고유의 기차를 가지며 기차원인은 다음과 같다.

① 기차의 원인

a) 제조상 불완전의 원인(예 : 다이얼게이지의 랙과 피니언의 가공)

b) 사용 중 마찰, 경년변화(예 : 탄성스프링의 재질변화)

c) 외부 물리적인 영향(예 : 열, 습도, 온도, 대기압으로 인한 변화)

d) 내부 물리적인 영향(예 : 마찰, 윤활 상태변화)

② 기차의 보상

a) 베어링오차 : 가동부 불평형은 회전축의 경사로 마찰이 발생되므로 평행 시킨다.

b) 스프링 피로 : 장시간 사용, 통전(通電)시 스프링의 탄성피로로 영점복귀가 안되어 영위장치를 조정한다.

c) 자기가열 : 통전되어 전기저항이 있으면 줄(Joule) 열에 의한 온도상승으로 지시값의 불안정, 스프링 제어력이 감소되므로 열의 방사 및 전도를 양호하게 한다.

d) 외부 자계 : 전류력계형, 가동철심형은 외부 자계의 영향을 많이 받아 강한 자계와 도체에서 떨어져 사용하고 자기차폐를 해야 한다.

(2) 계측기의 교정

계측기에서 파악되는 기차는 영점조정 및 표준편과 세팅을 통해 교정하고 파악되지 않는 기차는 검교정 성적서를 참조하여 측정값에서 보정을 한다. 계량기에서는 계량법상 합격한 기준기는 기차와 오차의 보정방법 및 기타 필요한 기재사항이 붙은 검사성적서가 첨부되어 있어 오차를 보정한다.

$$\text{오차} = \text{실제지시값} - \text{이상지시값}$$

예를 들면 길이측정의 정도를 보면 측정기 정도가 ±2 μm, 측정오차는 $\pm\left(2.5+\frac{L}{100}\right)$[μm], L은 측정길이(mm)일 때 다음과 같이 나타낼 수 있다.

$$\therefore \pm\left(\sqrt{2.5^2-2^2}+\frac{L}{100}\right)=\pm\left(1.5+\frac{L}{100}\right)[\mu\text{m}]$$

길이의 정밀도측정은 지시정밀도, 지시안정도, 반복정밀도, 배율정밀도로 나타내며, 종합정밀도는 관련되는 정밀도를 합하여 종합적으로 표시한다.

$$\pm\sqrt{(\text{지시정밀도})^2+(\text{반복정밀도})^2}$$

① 파악할 수 있는 계통오차

하이트마이크로미터의 블록게이지를 이용한 영점조정과 마이크로미터의 경우 기준봉이나 블록게이지에 의한 영점조정(Zero setting)은 측정기의 지시값과 표준편과의 차이를 나타낸다. 기차는 파악할 수 있으며 크기와 부호를 알고 있으면 측정값에 보정하여 사용할 수 있다.

② 파악할 수 없는 계통오차

측정기가 나타내는 기차 중 기차발생 원인을 파악할 수 있는 경우로서 부호는 양(+)과 음(−)의 부호의 오차를 갖는다. 우연오차와 같이 처리하며 교정기관의 검사성적서를 참고로 한다.

정확한 지시값=실제지시값+보정+부정확도에 대한 확률값

2.3.5 최소자승법(Method of Least Square)

최소자승법(最小自乘法)은 어떤 실험 및 측정에 있어 특정 데이텀에 관련된 오차의 편위의 평가를 위해 사용한다. 측정에서 함수관계에 있는 두 변수 x와 y를 어느 범위에서 측정할 때 두 변수 사이의 관계가 $y=f(x)$로 표시될 경우 가장 간단한 식은 직선의 방정식으로 y를 x의 1차 함수로 나타내는 것이다.

$$y=ax+b \tag{2·23}$$

이 식이 실험결과와 부합되게 a와 b를 결정한다. 최소자승의 이론에서 최선의 선은 그 선과 측정값과의 편차자승의 합이 최소가 되는 선이다. 즉,

$$S=\sum_{i=0}^{n}[y_1-(ax_i+b)]^2 \tag{2·24}$$

가 최소가 되도록 a와 b를 정해야 하며, 이는 윗식을 a와 b에 대에 미분하여 0으로 놓아 얻는다.

$$b\sum_{i=1}^{n}x_i+a\sum_{i=1}^{n}x_i^2=\sum_{i=1}^{n}x_iy_i$$

$$nb+a\sum_{i=1}^{n}x_i=\sum_{i=1}^{n}y_i \tag{2·25}$$

이 두 연립방정식을 풀면 다음과 같다.

$$a=\frac{n\Sigma x_iy_i-(\Sigma x_i)(\Sigma y_i)}{n\Sigma x_i^2-(\Sigma x_i)^2},$$

$$b=\frac{(\Sigma y_i)(\Sigma x_i^2)-(\Sigma x_iy_i)(\Sigma x_i)}{n\Sigma x_i^2-(\Sigma x_i)^2} \tag{2·26}$$

최소자승법은 1차식은 물론 다른 함수식에도 적용되며, 사용 전 변수 사이의 함수형태가 결정되어야 한다. 이는 이론적 결론 또는 측정값을 그래프에 표기할 때 점들의 배

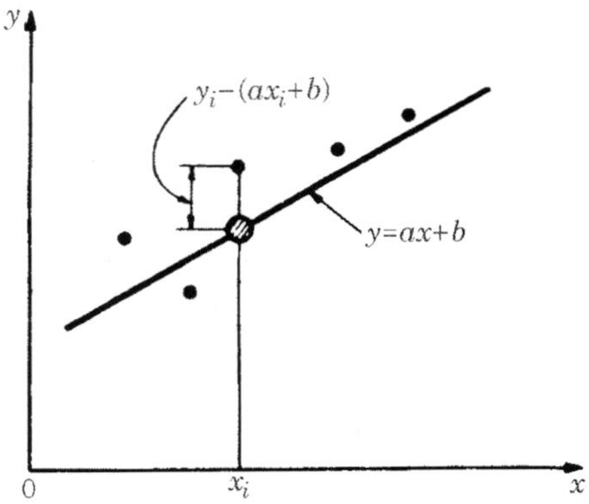

그림 2·19 점(x_i, y_i)에서 $y=ax+b$까지 수직거리

열형태에서 될 수 있다.

2.3.6 측정값의 통계적 해석

(1) 일반사항

측정값은 동일측정을 다수해도 그 결과는 같지 않으며 보통 동일한 양을 다수 측정하여 평균값으로 나타낸다. 이 측정값의 의미는 수학적으로 표현되는 수치와 차이가 있고 측정기 정밀도에 의해 측정정도가 한정되며, 측정값처리에 있어 측정회수를 많이 할수록 정도는 향상된다. 무한정의 측정회수는 불가능하며 비경제적이어서 통계적 방법으로 정확도를 향상할 수 있다.

(2) 정규분포

우연오차나 표준화된 조건에서 생산되는 제품의 특성, 데이터의 분포해석에 사용된다.

$$f(x)=\frac{1}{\sigma\sqrt{2\pi}}\exp\left|-\frac{1}{2}\left(\frac{x-\mu}{\sigma}\right)^2\right| \tag{2·27}$$

여기서 $f(x)$는 확률밀도 함수이고 x는 측정량의 크기이다. 한편 μ는 평균값이고 σ는 표준편차를 나타낸다.

(3) 산술평균(算術平均, Mean Value)

개개의 측정값에서 대표값으로 사용하기 위해 측정값을 측정회수로 나눈다.

$$\bar{x}=\frac{x_1+x_2+\cdots\cdots x_n}{n}=\frac{1}{n}\sum_{i=1}^{n}x_i \tag{2·28}$$

(4) 편차(偏差, Deviation)

측정값과 평균값의 차이로서 표시한다.

$$d_i = x_i - \bar{x} \tag{2·29}$$

(5) 평균편차(平均偏差, Average Deviation)

평균값에 대해 데이터 흩어짐의 정도를 데이터분산이라 하며, 이 분산에 의한 측정이 평균편차이다.

$$\begin{aligned} |\bar{d_i}| &= \frac{|d_1| + |d_2| + \cdots\cdots |d_n|}{n} \\ &= \frac{1}{n}\sum_{i=i}^{n} |d_i| \end{aligned} \tag{2·30}$$

(6) 표준편차(標準偏差, Standard Deviation)

측정값의 평균으로부터 벗어남을 의미하며, 데이터 흩어짐 정도를 나타내는 분산은 편차 또는 잔차제곱의 산술평균이다.

$$\begin{aligned} S^2 &= \frac{(M_1 - x) + (M_2 - x) + (M_3 - x) \cdots\cdots\cdots + M_n}{n-1} \\ S &= \sqrt{\frac{(M_1 - x) + (M_2 - x) + (M_3 - x) \cdots\cdots\cdots + M_n}{n-1}} \end{aligned} \tag{2·31}$$

2.3.7 유효숫자(有效數字, Significant figures)

최소눈금 1 mm인 눈금자로 부품측정에 있어 1 mm 이하를 읽음 값이 15.5이라면 마지막자리 5는 $15.45 < l < 15.55$ mm를 의미한다. 만일 15.5의 값을 15.50이라면 그것은 $15.495 < l < 15.505$ mm로서 앞의 것과 다르다. 수학적으로 15.5와 15.50은 그 성격이 달라 측정값 처리에 있어 유효숫자의 자리를 확실히 해야 한다(KS A 0021 수치 맺음법에 규정).

16.5는 $16.45 < x < 16.55$를 의미하고, 16.50은 $16.495 < x < 16.505$를 의미

① 유효숫자의 가감산

오차가 최대인 수치를 찾아서 그 끝자리보다 한 자리 아래까지 계산하여 최후의 자리를 사사오입(四捨五入)한다.

예) $57.2 + 0.032 - 3.5171 = 53.7149$, $\therefore 53.71 \rightarrow 53.7$

② 유효숫자의 승제

유효숫자가 제일 적은 수치를 찾아 그보다 자릿수가 한자리 더 되도록 계산 후 사사오입한다.

예) $A=42.311$, $B=5.68$, $42.311\times5.68=240.326$, $240.326\rightarrow240.33$

③ 숫자(자리수)

표 2·11 유효숫자

숫자	자리수	의 미	비 고
28.56	4		
4.50	3	맨 끝의 0은 의미가 있어 유효숫자로 간주	4.50mm→4.50×103
35000	4	0은 유효숫자로 간주	35×103 유효숫자 2자리
0.057	2	자리를 정하기 위한 0은 유효숫자로 간주하지 않는다.	

제3장

길이 측정

3.1 길이 측정의 개요

3.1.1 길이 기준의 발달

(1) 개요

고대 중국에서의 수수알 같은 곡물크기나 서양에서 사람의 신체부분의 크기를 길이

표 3·1 길이 기준의 발달

사용시기	정의기준	정의방법	특징
고 대	다양한 형태	· 사람 신체일부, 곡식 알갱이 크기	· 척도기준이 불명확
근 대	1 m 놋쇠자	· 적도에서 북극까지 1/1000만을 1 m · 놋쇠로 제작된 미터 표준자	· 외적환경 변화에 영향이 큼 · 프랑스 국민회의 의결하여 프랑스에서만 사용
1890～1960	트레스카형의 미터원기로 1 m 길이표시	· 0℃에서 국제미터원기로 표시되는 길이	· 측정정도 $2×10^{-7}$ · 파손 및 분실 우려 · 경년변화로 재질변화
〃	광파 기준	· 공파간섭에 의한 길이측정	· 카드뮴(Cd)의 적색선 파장과 미터원기와 비교측정 · 비교측장(測長) 정도 10^{-8}～10^{-9}
1960～1983	크립톤(Kr^{86}) 파장 기준	· Kr^{86}램프 등적색 파장의 1,650,763.73배가 1 m	· 간섭거리 80 cm로 1 m보다 작고, 빛 파형이 비대칭
1983～현재	레이저 기준	· 빛이 진공 중에서 1/299,792,458초 동안 진행거리	· 현대과학으로 가장 정확히 실현

기준으로 하였다. 이러한 사실은 오늘날에도 사용되는 인치(inch)는 사람의 손가락마디, 피트(feet)는 발(足)크기의 기준에서 찾아 볼 수 있다.

미터기준의 발달은 18세기 지구 자오선길이의 기준인 미터원기에서 점차 광속도기준으로 발달하였다. 이와 같이 과학기술의 발달에 따라 고정도의 길이기준을 정의할 수 있게 되었다.

(2) 놋쇠자

1790년 이탈리아 탈레이랑(C. M. Talleyand)이 지구 북극에서 적도까지 자오선길이의 천만분의 1(1/1000만)을 1 m로 제의하였다. 이를 19세기 초 인공위성에서 실제 측정한 결과 10,002,288.83 m로 확인되었다. 이 제의가 프랑스 국민회의에서 채택되어 1795년 1 m 놋쇠자가 프랑스에서 법제화되어 사용되었다.

(3) 미터원기

1876년 프랑스 국제도량형중앙국은 파리를 통과하는 지구자오선의 북극에서 적도까지 천만분의 1을 1 m로 정하였다. 그 후 여러 국가에서 길이 단위를 미터로 사용함에 따라 자오선을 기준으로 정의된 미터현시용 원기, 경년변화(經年變化)가 적고 안정적인 백금(Pt)과 이리듐(Ir)의 합금재질로서 구조적으로 안정된 트레스카단면(Tresca section)의 원기를 1889년 제1회 국제도량형총회에서 확정하였다.

미터원기는 0℃에서 미터원기 중립축 위에 각인된 1 m 표선거리로 정의되며, 다수 제작되어 세계 각국에 분배되었고, 가장 고정도 원기(No. 6)를 국제미터원기(1889년 제1회 CGPM총회)에서 확정하였다. 현재 국제미터원기는 프랑스 파리부근의 세브르에 있는

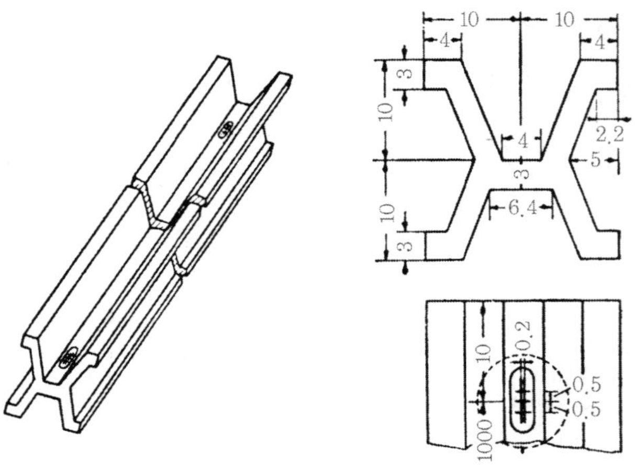

(a) 외형 (b) 단면

그림 3·1 미터원기

국제도량형국(BIPM)에 보존되어 있고, 우리나라도 미터원기(No. 10C)를 1960년까지 국가미터원기로 사용하였다.

원기의 변화량은 1 m에 대해 0.2 μm 정도로서 천재지변 및 자연재해로 인한 파손, 분실, 시간경과에 따라 재질의 경년변화(經年變化)로 길이변화가 생긴다.

(4) 크립톤(Kr^{86})파장 기준

1960년 제11차 국제도량형총회에서는 자연현상 중 특정물질에서 나오는 단색광이 일정조건에서 불변함을 이용하였다. 정확도가 좋은 빛의 파장, 즉 "미터는 크립톤(Kr^{86}) 원자준위 $2P^{10}$과 $5d^5$와 사이의 천이(遷移)에 대응하는 스펙트럼선이 진공중에서 등적색 파장의 1,650,763.73배를 1 m"로 정의하였다. 이 정의에서 1 m에 대해 0.004 μm의 정도 유지는 가능하나, 간섭거리가 80 cm 정도로서 1 m보다 짧아 오차가 발생되기 쉽고, 스펙트럼 폭이 넓고 비대칭으로 재현성에 문제가 있어 고정도 측정에는 한계가 있다.

(5) 평면전자파 기준

1983년 10월 프랑스 파리에서 개최된 제17차 국제도량형총회(CGPM)에서 "빛이 진공중에서 1/299,792,458초 동안 진행된 거리"로 나타내어 현재 과학기술에서 가장 고정도(10^{-13})의 측정인 시간정의와 연계되어 길이단위를 정의하였다.

세슘 Cs^{133} 원자의 복사선주기 주파수(f)×파장(λ)=속도(C)에서 전자파의 속도는 항상 일정하여 주기의 역수인 주파수 측정으로 길이측정이 가능하다. 미터정의를 정확하기 위해 주파수가 안정되고 간섭거리가 길며, 눈에 보이는 가시광선이 필요하다. 이는 1960년경에 출현된 레이저 출현으로 가능하였으며, 길이측정에 사용되는 레이저는 옥소나 메탄으로 주파수를 안정시킨 헬륨-네온(He-Ne) 레이저가 이용된다.

우리나라도 주파수 안정도가 10^{-11} 정도인 헬륨-네온(He-Ne) 레이저를 국가 길이기

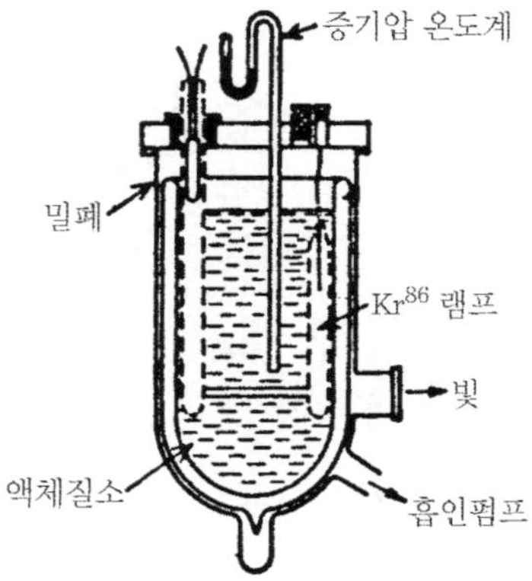

그림 3·2 크립톤(Kr^{86})의 발생장치

준으로 사용하고 있다.

(6) 야드(Yard)의 단위

영국, 미국의 길이단위로 영국에 야드원기(Imperial Standard Yard)가 있다. 길이는 야드(yd), 질량은 파운드(lb)와 실용적 보조단위로서 인치(inch)가 사용된다. 인치와 미터관계는 1인치(in)가 25.4 mm로서 야드에 대한 보조단위는 표 3 · 2와 같이 단위간 십진법체계가 아니다. 또한 1인치 이하 호칭은 $\frac{1}{2}$, $\frac{1}{4}$, $\frac{1}{8}$, $\frac{1}{16}$, $\frac{1}{32}$, $\frac{1}{64}$, $\frac{1}{128}$로 이분법으로 공차 및 측정기 정도표시는 십진법의 단위로 밀(mil, 1/1000“=1밀), 마이크로 인치(micro inch)가 사용된다. 공업표준온도 20℃에서 1″=25.4 mm이며, 영국식 1″=25.39978 mm와 미국식 1″=25.40051 mm와는 약간 다르다.

표 3 · 2 인치 단위

야드 (yd)	피트 (ft)	인치 (in)	라인 (line)	밀 (mil)	마이크로인치 (microinch)
1	3	36	360		
	1	12	120	12,000	
		1	10	103	106
914.4 mm	304.8 mm	25.4 mm	2.54 mm	0.254 mm	0.0000254 mm

3.1.2 길이 기준과 블록게이지

레이저는 직진성, 간섭성, 단색성 및 고휘도성(高輝度性) 측면에서 우수하여 계측 및 의료분야에 다양하게 사용한다. 특히 계측분야에서는 길이 및 거리, 각도, 각속도, 유속, 평면도, 질량, 중력가속도, 전기용량, 진동, 공해 측정 등에 널리 이용된다.

옥소안정화 He-Ne 레이저인 국가길이 표준은 주파수 안정도가 3.5×10^{-13}, 반복도 10^{-11}이다. 길이표준의 2차기준인 블록게이지 간섭에서 단면표준에 대한 정밀정확도는 0~100 mm범위에서 10^{-7}, 1~30 m 범위에서 10^{-6}로 고정도이다. 요오드(I_2) 및 메탄(CH_4)를 이용하여 레이저 파장을 안정화시키면 파장은 0.612 μm 정도이다.

길이기준은 레이저를 이용한 빛의 파장이나 실제 산업현장에서 레이저 취급의 불편함과 그 정도까지 고정도가 요구되지 않는 경우가 많다. 따라서 길이정의에 의한 레이저 파장과 비교측정 되고 취급이 용이한 2차기준으로 블록게이지가 이용된다.

3.1.3 측정기 교정

측정기를 고정도로 사용하고 측정기 특성을 파악하고 정도관리를 위해 교정을 해야 하며 다음 사항에 유의해야 한다.

① 관련 KS규격을 숙지하고 교정항목을 파악한다.

② 교정장비의 종류와 정도, 크기 등을 규정에 맞게 준비한다.

③ 교정에 필요한 준비사항을 확인하고 교정방법 및 순서를 익힌다.

④ 교정환경을 기록하고 교정을 실시한 후 보정한다.

⑤ 성적서를 작성하며 성적서 기록사항은 다음과 같다.

a) 교정기관과 교정의뢰 기관명, 교정번호

b) 교정기기 종류, 제작사, 제작형식, 일련번호

c) 교정일자 및 차기교정일

d) 교정환경(온도, 습도 등)

e) 사용된 기기 및 기기의 정확도

f) 사용된 교정절차

g) 교정결과(교정값, 표준편차, 불확도 등)

기타 환산표 온조보정 공식 등 사용자 편의를 위해 교정기관이 필요하다고 인정되는 사항이다.

3.2 측정실 기본장비

3.2.1 개 요

측정실은 사용용도에 맞게 측정실 환경조건을 갖추어야 하며, 온도, 습도, 진동 등의 환경상태를 관찰할 수 있는 기기를 준비하여 일정간격으로 체크하여 기록해 둔다. 측정테이블은 편안한 자세가 유지될 수 있는 높이로 하고 고무판을 깔아 측정기 및 공작물을 떨어뜨릴 경우라도 파손되지 않도록 한다.

측정기준면이 되는 정반과 표준편이 되는 블록게이지, 정도검사에 사용되는 광선정반, 각종 교정장비와 간단한 마이크로미터, 다이얼게이지 등의 범용측정기기의 수리공구를 갖춘다.

3.2.2 정반(定盤, Surface Plate)

(1) 일반사항

생산 및 조립현장에서 부품의 측정과 검사, 조립, 제품센터 측정, 기준선 긋기 및 마름질작업의 기준면으로 이용된다. 각종 형상측정, 사인바(Sine bar)를 이용한 각도측정, 하이트 게이지를 이용한 높이측정, 전기마이크로미터를 이용한 높이측정, 3차원측정에 있어 필수적인 장비로서 석정반과 주철정반이 있다.

(2) 석정반

석정반은 1942년(미국)부터 주철재 정반 대신에 자연석 화강암을 사용하였으며 현무암, 휘록암도 이용된다. 가공성이 주철제 정반보다 우수하고 다음의 특징을 갖는다.

① 장시간 자연 시즈닝(Seasoning)되어 경년변화(經年變化)로 인한 변형이 없다.
② 주철재 정반에 비해 온도변화에 민감하지 않고 안정되어 있다.
③ 주철재 정반과 같이 보관에 있어 방청유를 칠할 필요가 없어 유지관리가 용이하다.
④ 석정반은 HRC 75~90로서 주철제 정반 HRC 32~40보다 커서 내마모성이 있다.
⑤ 사용 중 제품과 충돌해도 돌기발생이 생기지 않아 일정 평면도가 유지된다.
⑥ 기름이 묻지 않는 한 피측정물이 밀착되지 않아 측정작업에 편리하다.
⑦ 전기부도체, 비자성체로서 자성체 제품측정이 가능하다.
⑧ 마그네틱을 이용 강철자, 피측정물 및 측정 스텐드의 고정할 수 없는 단점이 있다.

(3) 주철제 정반

주철제 정반은 사용 중 공작물이 떨어지면 돌기발생으로 인하여 표면요철(表面凹凸)이 생기면 평면도가 저하된다. 보관을 위해 방청유를 칠하여 보관하므로 사용할 때 닦아내는 번거로움이 있다. 마그네틱으로 피측정물, 측정기기 및 측정 보조구를 정반에 고정 할 경우는 유리하다.

재료는 주로 미하나이트 주철이며 제조시 주조한 후 거친 다듬질 작업으로 생긴 내부 응력제거를 위해 시즈닝(Seasoning)과 스크라이빙(Scabbing)을 한다.

주철제 정반의 치수 및 중량은 규격(KS B5254)에 따르고 사용면의 평면도는 정반 대각선 길이 L′(mm)로 규정하고 있다.

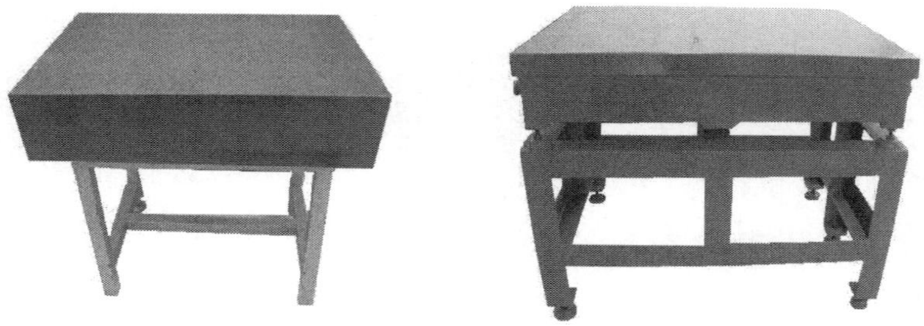

(a) 석정반 (b) 주철 정반

그림 3·3 정 반

표 3·3 주철제 정반의 치수 및 정밀도(KS B 5254)

사용면의 크기 (mm)	최소높이(mm)	최소질량(kg)	사용면의 평면도	
			1급	2급
150×100	40	2	3	8
300×300	85	23	5	12
500×500	125	80	7	18
600×600	140	130	8	21
750×500	140	130	9	22
1000×750	190	320	12	29
1000×1000	220	450	13	32
2000×1000	270	1000	19	49
참고	다리부분 제외	높이 최소의 중량	$1,6+\frac{L'}{125}$	$4+\frac{L'}{50}$

3.2.3 블록 게이지(Block Gauge)

(1) 일반사항

길이기준인 레이저를 직접 산업현장에서 사용하는 것은 복잡하여 측정실에서 블록게이지를 길이표준으로 이용한다. 블록게이지는 측정기의 검사, 지시값 확인, 조정용 및 비교측정의 기준편으로 사용된다.

블록게이지는 1896년 요한슨(Johanson, 스웨덴)이 고안하였으며, 1 mm부터 201 mm까지 0.01 mm까지 직육면체 형상이 많이 사용된다. 요한슨형(Johanson type) 이외에 장방형중앙에 구멍가공된 호크형(Hoke type), 원판형의 케리형(cary type)이 있다.

치수조립은 블록조합으로 이루어지며 치수정밀도가 높고 선도기에서 갖는 눈금폭 만큼 오차가 감소된다. 가공 정도에 따라 0.01 μm 길이정밀도를 가지며 측정면이 밀착(wringing)되는 특성이 있다.

(2) 재질

소재는 고탄소크롬강, 텅스텐카바이드강 및 크롬카바이드강으로 경도는 Hv 800 이상이며, 적당한 열팽창계수와 양호한 치수안정성이 필요하다. 보통 경도는 HRC 65, Hv 850 이상, 내식성, 내마멸성 증가를 위해 초경합금 및 경질크롬도금 재질이 이용되고 있으며, 열팽창계수는 $11.5 \pm 1.0 \times 10^{-6}$/deg 정도이다. 또한 세라믹재는 가격이 저렴하나 충격에 의해 파손되기 쉽다.

표 3·4 블록게이지 재질 및 특성 비교

물성 \ 재질	세라믹	지르코늄	초경	강
경도 [Hv]	1500	1350	1650	800
열팽창계수 [10^{-6}/℃]	3	10±1	5	11.5±1
굽힘강도 [kgf/mm^2]	100	130	200	200
영률 [$\times 10^4$ kgf/mm^2]	2.9	2.1	6.3	2.1
프와송 비	2.9	2.1	6.3	2.1
비 중	3.2	6.0	14.8	7.8
열전도율 [cal/cm·s℃]	0.004	0.007	0.19	0.13

(3) 형상과 호칭치수

치수는 표 3·5와 같이 KS규격에서 호칭치수 10.1 mm 이하는 30×9 mm 또는 10.1 mm를 초과하는 블록은 35×9 mm로 규정되어 있다. 측정면은 랩 다듬질되어 양호한 밀착조건을 가지며, 블록게이지의 측면에는 그림 3·6의 A, B, C의 순서대로 호칭치수, 제조업체 기호 및 제조년도가 표시된다. 표준조합의 세트는 112개조 이외에 103, 76, 47, 32, 18, 9, 8개조 등이 있고 103개조의 치수구성은 표 3·6에 나타낸다.

블록게이지 치수 중 한 측정면 중심치수를 중앙치수(M)라 하고 중앙치수 M과 호칭치수차를 치수오차, 최대치수(L_1)와 최소치수(L_2)의 편차를 치수편차(P)라고 하며, 치수편차는 양 측정면 평행도 오차가 포함된다. 양단 1 mm를 제외한 측정값의 최대치수와 최소치수 차를 평행도라 한다.

① 치수오차 = 중앙치수(M) − 호칭치수

② 치수편차(P) = 최대치수(L_2) − 최소치수(L_1)

③ 평 행 도 = 최대치수 − 최소치수(양단 1 mm 부분 제외)

그림 3·4 블록게이지 세트

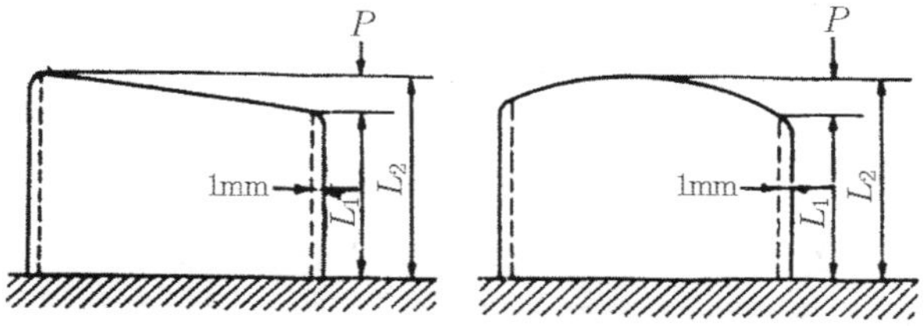

(a) 치수(L)　　(b) 치수 편차(P)

그림 3·5 블록게이지 치수편차

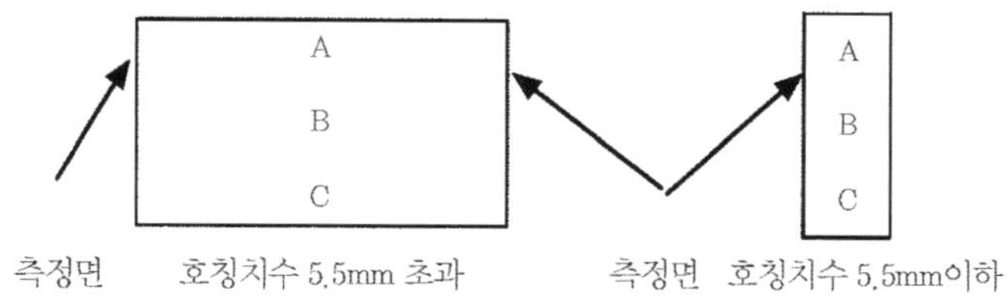

그림 3·6 블록게이지 표시

표 3·5 단면치수(KS B 5201) (단위 : mm)

호칭치수	단면치수
10.1 이하	$30^{\ 0}_{-0.3}\times 9^{-0.05}_{-0.2}$
10.1 초과	$35^{\ 0}_{-0.3}\times 9^{-0.05}_{-0.2}$

표 3·6 103개조의 조합치수

조합	개수	치수단계(mm)	호칭치수(mm)
103개조	1	-	1.005
	49	0.01	1.01, 1.02……1.49
	49	0.5	0.5, 1, 1.5……24.5
	4	25	25, 50, 75, 100

(4) 구비 조건

일정한 성능과 특성을 유지하기 위해 고경도(高硬度) 재질로서 마멸과 변형이 적고 경년변화가 없어야 한다.

① 열팽창계수가 강과 유사하고 치수안정성이 우수해야 한다.

② 래핑 가공성과 밀착을 위해 양호한 표면거칠기가 요구된다.

③ 내마모성이 크고 내식성이 있어야 한다.

표 3·7 블록게이지 측정면의 치수단계와 호칭치수

치수단계	호칭 치수
	1.005
1.001	1.001 1.002 1.003 1.004 1.005 1.006 1.007 1.008 1.009
	0.991 0.992 0.993 0.994 0.995 0.996 0.997 0.998 0.999
0.01	1.01 1.02 1.03 1.04 1.05 1.06 1.07 1.08 1.09 1.10 1.11 1.12 1.13 1.14 1.15 1.16 1.17 1.18 1.19 1.20 1.21 1.22 1.23 1.24 1.25 1.26 1.27 1.28 1.29 1.30 1.31 1.32 1.33 1.34 1.35 1.36 1.37 1.38 1.39 1.40 1.41 1.42 1.43 1.44 1.45 1.46 1.47 1.48 1.49
0.1	1.6 1.7 1.8 1.9
0.5	0.5 1.0 1.5 2.0 3.0 3.5 4.0 4.5 5.0 5.5 6.0 6.5 7.0 7.5 8.0 8.5 9.0 9.5 10.0 10.5 11.0 11.5 12.0 12.5 13.0 13.5 14.0 14.5 15.0 15.5 16.0 16.5 17.0 17.5 18.0 18.5 19.0 19.5 20.0 20.5 21.0 21.5 22.0 22.5 23.0 23.5 24.0 24.5 25.0
10	30 40 50 60 70 80 90
25	75 100 125 150 175 200
–	250
100	300 400 500 600 700 800 900 1000
–	750

(5) 등급

블록게이지는 형상오차 및 형상편차의 치수정밀도에 따라 aa급, a급, b급, c급으로 분류되며, 평행도는 각 등급에 따라 정해진다. 블록게이지의 정도검사는 지정등급의 치수정도에 합격여부를 점검하는 등급검사와 블록게이지 치수측정으로 측정값 보증을 위한 치수검사가 있다.

측정면의 평면도는 밀착에 영향을 주며 표면거칠기가 aa급, a급은 0.06μm 이하, b급, c급은 0.08μm 이내로 규정한다.

표 3·8 블록게이지의 등급

등급		사용목적
참조형	aa급	표준용
		정밀학술·연구용
표준용	a급	검사용, 측정기의 정도검사용
검사용	b급	게이지 정도검사, 공작용
		기계부품 및 공구 검사용
공작용	c급	측정기기 조정용
		공구, 절삭공구의 장치용

표 3·9 측정면의 허용값

호칭치수(mm)		aa급	a급	b급	c급
초과	이하				
–	150	0.05	0.10	0.15	0.25
150	500	0.10	0.15	0.18	0.25
500	1000	0.15	0.18	0.20	0.25

표 3·10 블록게이지의 정밀도(KS B 5201)

등 급	변화량의 허용치(μm/년)
aa, a급	$0.02+0.0005L_0$
b, c급	$0.05+0.001L_0$

비고 : L_0는 mm로 표시한 호칭치수 함

(6) 사용방법

블록게이지는 다른 측정기의 정도 및 교정에 사용되며, 또한 컴퍼레이터를 이용하여 블록게이지와 공작물의 비교측정에 표준편으로 사용된다.

① 항상 측정의 환경변화가 적고 건조한 항온항습실을 이용한다.

② 측정테이블은 고무판, 헝겊, 가죽 등을 깔아 떨어져도 상처가 없도록 한다.

③ 밀착상태를 확인하기 위하여 약간 어두운 상태에서 단색광원을 이용한다.

④ 래핑분말이 측정면의 표면을 묻지 않도록 한다.

⑤ 헝겊과 가죽, 휘발유나 알콜을 준비하여 항상 청결한 상태에서 사용한다.

⑥ 게이지의 검사나 밀링 및 연삭작업에 사용할 때는 보호블록을 꼭 사용한다.

(7) 치수조합

블록게이지의 치수조립은 최소개수로 하며 치수오차, 밀착오차, 온도오차를 최소한으로 한다. 온도영향 감소를 위해 빠른 시간 내에 밀착하고 치수안정을 위해 잠시 방치한

그림 3·7 블록게이지 치수조합

후 사용한다.

사용횟수가 많은 블록은 마모를 막기 위해 사용회수를 줄이고 별로 사용하지 않는 블록을 우선 이용한다. 치수조합은 먼저 설정치수의 끝자리 수부터 고르며, 소수점 아래 숫자가 5보다 크면 5를 뺀 나머지 수를 선택하고 나머지 5는 그 윗자리 수를 고를 때 포함시킨다.

(8) 블록게이지 밀착

두 블록게이지 측정면을 살짝 눌러 회전 또는 미끄러뜨리면 두 블록은 밀착하는 성질을 링깅(wriging)이라 하며 블록게이지의 특징 중의 하나이다. 밀착은 측정면의 평면도가 양호하여 작은 압력으로 자연스럽게 밀착하는 광학적밀착과 양 측정면에 10~30 kgf의 밀착력을 주는 강제밀착이 있다.

밀착면에 글리세린, 스핀들유, 바셀린을 엷게 바른 후 닦아내고 밀착한다. 사용 후 조립된 블록게이지를 장시간 방치하면 분리하기 어렵게 되므로 짧은 시간 내에 분리해 둔다.

밀착은 측정면에 존제하는 유막의 표면장력에 의하며, 이 밀착력을 F라 하면 식 (3.1)과 같다.

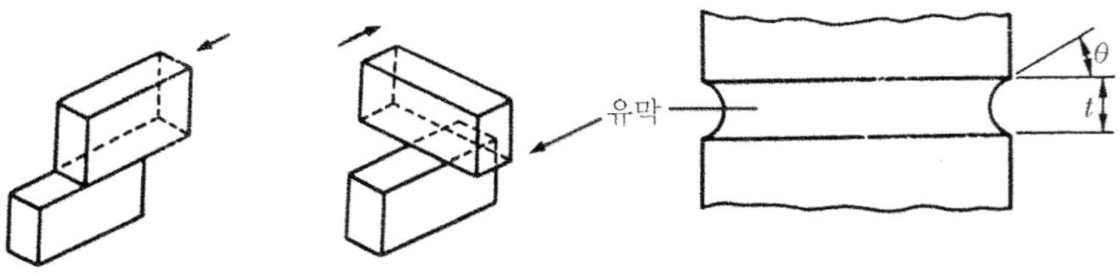

그림 3·8 밀착방법과 밀착현상

$$F = \frac{2A\sigma \cos\Theta}{t} \qquad (3 \cdot 1)$$

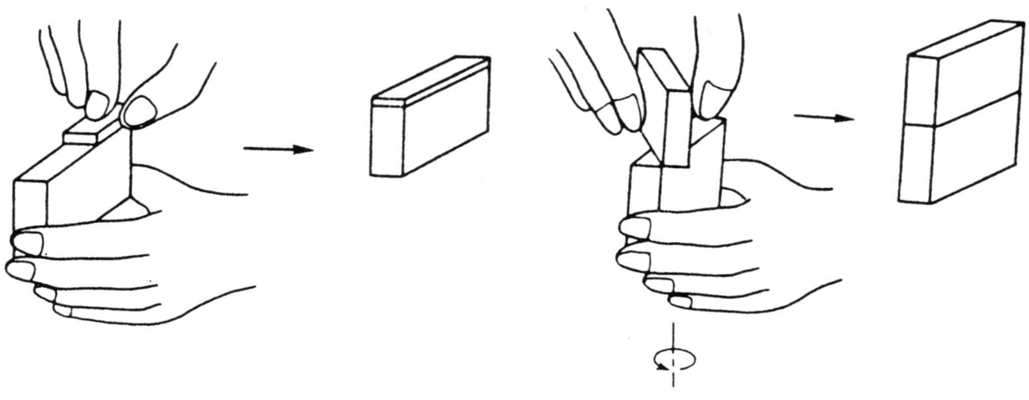

(a) 두꺼운 블록과 얇은 블록의 밀착 (b) 두꺼운 블록끼리의 밀착

그림 3·9 블록게이지 조립방법

여기서 그림 3·8 (b)와 같이 A : 밀착면적(cm^2), σ : 표면장력(n/cm), Θ : 접촉각(°), t : 유막 두께(cm)이다.

보통 밀착력은 200 N 정도이나 밀착이 어려울 때는 유막의 점성이 가미되어 300 N 정도가 된다. 블록게이지는 다수 개 밀착하여 사용하는 경우가 많으며, 이 경우 유막의 두께를 고려해야 한다. 그림 3·9와 같이 실제의 밀착합성 길이 L은 식 (3·2)와 같다.

$$L = l_1 + l_2 + l_3 + l_4 - \Delta l_4 \tag{3·2}$$

이론길이를 L_s로 하면 다음과 같다.

$$L - L_s = -\Delta l_4 \tag{3·3}$$

유막두께는 0.01μm 정도로 확실하게 밀착될 경우 사용상 큰 문제점은 없다.

(9) 밀착 방법

밀착 전 측정면을 광선정반으로 돌기유무를 확인하며, 돌기가 있는 경우 오일스톤으로 제거한다. 오염물질의 제거는 오래된 기름이나 먼지, 때는 휘발유나 알코올을 이용하여 제거한 후, 천, 세무가죽으로 닦아낸다. 밀착강도는 블록게이지의 평면도, 표면거칠기, 밀착면에 존재하는 유지성분에 따라 밀착력이 달라진다.

① 두꺼운 블록과 얇은 블록의 밀착

2 mm 이하의 얇은 블록밀착은 두꺼운 블록게이지를 하단에 두고 얇은 블록을 두꺼운 길이방향으로 맞추어 일부분을 겹치게 손바닥으로 가볍게 눌러 붙이면서 흡착력이 생기게 하여 긴 손가락이 살짝 전면을 포개지게 한다.

② 두꺼운 블록끼리 밀착

두 블록이 60～90°되게 십자로 문질러 붙여 흡인상태에서 손 힘이 접촉면 전체에 닿도록 회전 밀착한다.

③ 얇은 블록끼리 밀착

얇은 블록끼리의 밀착은 굽힘 및 휨이 발생하기 쉬우므로 주의해야 한다. 먼저 조합치수와 관계없는 두꺼운 블록게이지를 선택한 후, 그 위에 얇은 조립치수를 밀착하고 또 다른 조합치수 밀착한 다음, 광선정반으로 밀착상태를 확인하고 두꺼운 블록을 떼어낸다.

(10) 평면도 측정방법

치수조립 후 평면도의 측정은 호칭치수에 따라 다음과 같이 관찰한다.

a) 2.5 mm초과 블록 : 광선정반을 측정면에 밀착하지 않고 경사시켜 단색광으로 간섭무늬를 관찰한다.

b) 2.5 mm 이하 블록 : 한쪽 측정면에 광선정반을 밀착하고 다른 면을 단색광으로 간섭무늬를 관찰한다.

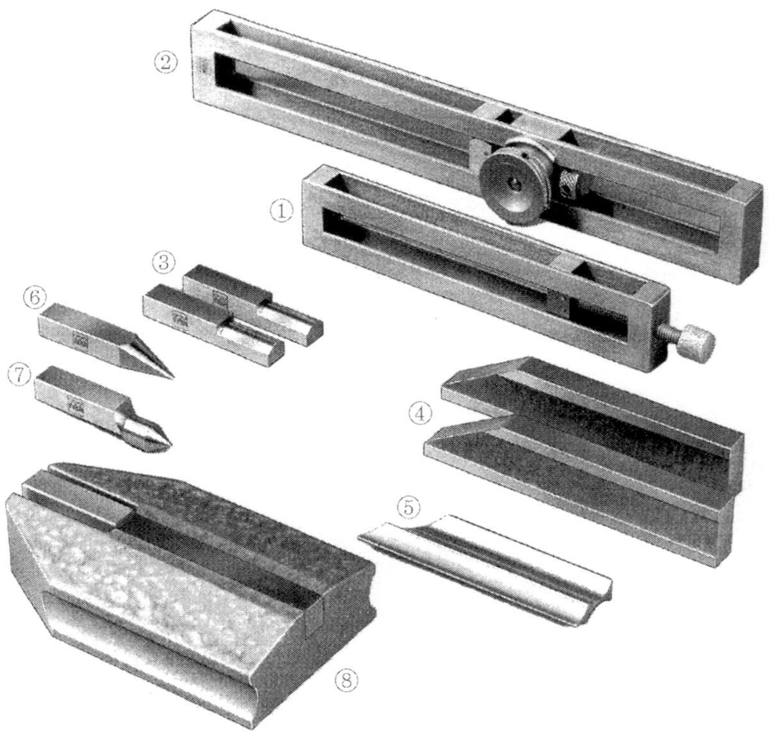

그림 3·10 블록게이지 부속품

$$평면도 = \frac{b}{a} \times \frac{\lambda}{2} \qquad (3 \cdot 4)$$

(11) 부속품

블록게이지는 부속품을 이용하여 홈폭 측정, 높이 측정, 중심거리 측정, 각도 측정, 내외경 측정 등을 할 수 있는 다양한 부속품이 있다.(그림 3 · 10)

(12) 교정검사 항목

표 3 · 11 블록게이지 교정항목

측정항목	측정내용	측정방법	사용장비 및 규격
중앙치수	0.5~500 mm	표준기와 비교측정	· 게이지블록(Gauge block) — 교정게이지보다 정밀도가 1등급 이상 고정도 또는 소급성 게이지 블록 · 게이지블록 비교측정기(Gauge block comparator) · 교정범위(0~100, 0~500 mm) · 정밀도 0.05μm 이상 · 옵티칼플랫(Optical flat) — 평면도 0.05μm 이상 · 단색광원장치(Monochromatic light source) · 기타 부품
평면도	–	옵티칼플랫 이용 측정	
평행도	–	블록게이지 비교측정기	
치수편차	–	블록게이지 비교측정기	

3.2.4 광선정반(光線定盤, Optical Flat)

(1) 일반사항

광선정반은 광학유리 또는 수정의 원판소재의 양면을 고정도로 래핑 가공한 것으로 블록게이지의 접착상태 또는 피측정물의 평면도를 측정한다. 형상치수는 직경 45 mm, 두께 12 mm 또는 직경 60 mm, 두께 15 mm로 평면도는 측정면의 주변의 폭 2 mm 부분을 제외한 부분이 0.1~0.2μm 정도이다.

빛이 공기 중에서 반사할 경우 공기보다 조밀한 매질을 만나면 위상변화가 생기는 원리로서 측정면에 광선정반을 놓고 빛을 투과하면 광선정반 밑면에서 빛의 일부는 반사되고 일부는 투과되는 현상이 일어난다. 이는 측정면에서 빛의 반사는 유리에서 공기로 진행, 즉 진한매질에서 연한매질로 반사할 때는 그대로 진행되나, 그 반대인 공기에서 유리로 이동할 때는 반 파장의 위상차가 생긴다. 측정면과 광선정반 간격 d에 의해 광로차가 변하며, 빛 파장(λ)의 λ/2의 짝수배 위치에서는 어둡고, λ/2의 홀수배 위치에서는 밝게 보인다.

$$2d \cos\Theta = (2n+1)\frac{\lambda}{2} \quad (밝음) \qquad (3 \cdot 5)$$

$$2d\cos\Theta = n\frac{\lambda}{2} \quad (\text{어두움}) \tag{3·6}$$

단, $n=1, 2, 3, \cdots\cdots$, Θ는 미소각 상태이므로 $\cos\Theta \fallingdotseq 1$이다.

윗식을 정리하면

$$\therefore d = n\frac{\lambda}{2}$$

로서 공기층 두께 d가 반파장($\lambda/2$) 변화할 때마다 간섭무늬가 생긴다.

(2) 사용상 주의

더러운 천이나 종이로 측정면을 닦지 말아야 하며, 특히 버(burr)나 칩(chip)이 묻은 천으로 문지르면 손상된다. 측정면을 닦은 후 가볍게 누르거나 자중(自重)에 의해 적색 무늬 수를 관찰하고 무늬관찰이 용이하게 단색광원 발생장치를 이용한다.

① 고정도 가공표면의 평면도 측정

마이크로미터 앤빌 및 스핀들과 같이 측정면이 좁고 고정도의 가공면을 갖는 측정은 완전 밀착시켜 읽는다.

$$F = \frac{\lambda}{2} \times n \tag{3·7}$$

여기서 F : 평면도, n : 간섭무늬 수, λ : 사용하는 빛 파장(μm)이다.

② 동일 두께 가공면의 평면도 측정

①과 같은 고정도 가공면에서 간섭무늬가 나타나지 않을 경우는 그림 3·11과 같이 옵티컬플랫을 약간 기울여서 측정한다.

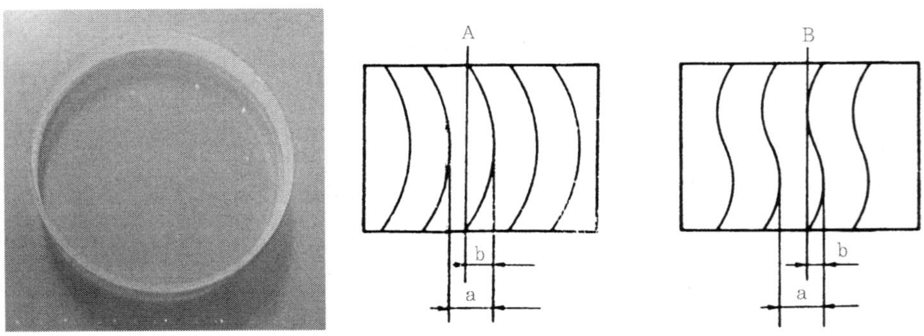

그림 3·11 광선정반의 사용

무늬 모양	측정 예
	무늬가 없음
	1개, 0.3μ m(凹면)
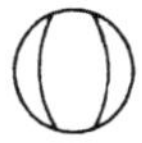	1개, 0.3μ m(凸면)
	1개, 0.3μ m(중앙부에 홈)
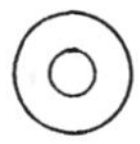	1개, 0.3μ m(주변부의 마모)
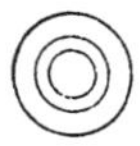	2개, 0.6μ m(凸구면)
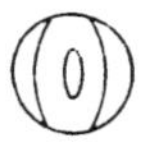	2개, 0.6μ m(凸면)
	3개, 1μ m(곡면, 2개단)
	3개, 1μ m(凹면, 곡면, 양단이 높고 사이가 홈)

그림 3·12 광선정반에 의한 빛의 간섭(적색 간섭무늬에 대한 평면도 값)

$$F = \frac{\lambda}{2} \times \frac{b}{a} \qquad (3 \cdot 8)$$

여기서 F : 평면도, a : 적색무늬 중심간 거리(mm), b : 간섭무늬 휨량(mm), λ : 사용하는 빛 파장(μ m)을 나타낸다.

3.2.5 옵티컬 패럴(optical parallel)

(1) 일반사항

일명 평행광선정반이라 하며, 재질은 내부변형을 충분히 제거한 크라운유리 및 석영유리로서 결, 흠, 기포, 착색이 없는 것으로 제작된다. 옵티컬패럴은 평평한 측정면을 가진 투명한 유리로서 마이크로미터의 앤빌면과 스핀들면의 평행도 측정 및 앤빌·스핀들면의 평면도 측정에 사용된다. 모두 평면도 0.1μ m 및 평행도 0.2μ m로서 측정면은 원주 폭 2 mm가 제외된다.

표 3·12 옵티컬패럴의 치수 구성

크기	치수 구성
12 mm 세트	12.00, 12.12, 12.25, 12.37
24 mm 세트	24.00, 24.12, 24.25, 24.37

옵티컬패럴이 약 0.12 mm 두께 차로 4개 1조이며, 마이크로미터 앤빌과 스핀들의 평행도 검사에 있어 90도마다 서로 다른 부분과 접촉시키기 위해서이다. 작은 치수부터 차례로 끼워 측정하여 가장 많은 무늬의 계산값을 평행도로 한다.

$$F=\frac{\lambda}{2}\times n \qquad (3\cdot 9)$$

여기서 F : 평면도(μm), a : 적색무늬 수(개), λ : 사용하는 빛의 파장(μm)으로 적색 간섭무늬의 파장은 $\lambda/2=0.64\mu m$가 된다.

만약 무늬가 나타나지 않을 때 a : b 비율을 판독이 가능하도록 옵티컬패럴을 약간 경사시키면 그림 3·13 (a)와 같은 무늬가 나타난다. 이 방법은 마이크로미터 측정면의 평면도측정에도 적용된다.

① a : b의 비율이 5 : 3인 경우

$$\text{평면도 } F=\frac{\lambda}{2}\times\frac{b}{a}=0.32\times 3/5(\mu m)$$

② a : b의 비율이 5 : 2인 경우

$$\text{평면도 } F=\frac{\lambda}{2}\times\frac{b}{a}=0.32\times 2/5(\mu m), \qquad F=\frac{\lambda}{2}\times\frac{b}{a}$$

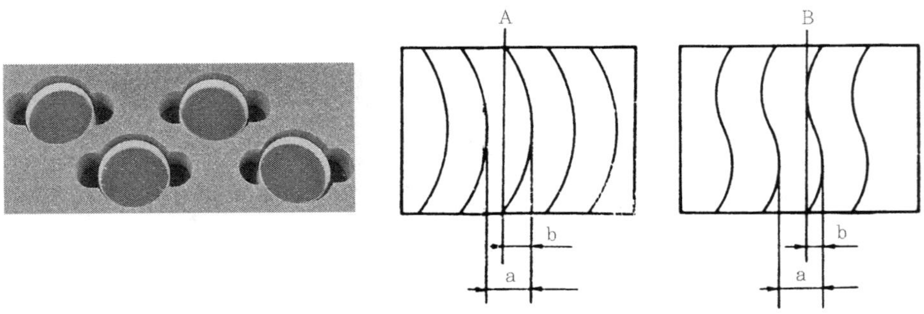

(a) (b) (c)

그림 3·13 옵티컬패럴

(2) 사용상 주의

옵티컬 플랫과 사용법이 유사하고 가압력에 따라 무늬수가 변하므로 마이크로미터 앤빌과 스핀들의 평면도 측정은 자중(自重) 또는 살짝 누른 상태에서 무늬 수를 관찰한다. 측정범위가 커서 평행도 간격이 초과된 마이크로미터는 블록게이지를 사이에 끼워 사용하고 이때 떨어뜨리지 않도록 조심해야 한다.

3.3 범용 길이측정기

3.3.1 자(scale)

(1) 일반사항

자는 고정도가 아닌 치수측정에 사용되며 탄소공구강, 스테인리스강, 목제 주물자, 제도용자가 있다. 기능상 직선자, 직각자, 접음자, 줄자가 있고, 직접 공작물에 대고 눈금을 읽거나 퍼스(Pers), 디바이더(Devider)로 자에 옮겨 읽는다.

크기는 150 mm, 300 mm, 600 mm, 1000 mm, 1500 mm, 2000 mm이고, 눈금간격은 0.5 mm, 1 mm이고 눈금선 굵기는 0.1～0.25 mm이다. 용도, 구조, 정도로 따라 고정도는 양단면에서 약간 간격을 두고 눈금이 새겨진 A형, 눈금면이 경사진 제도용 B형, 생산현장용 C형이 있다.

(2) 사용상 주의

① 사용 전 결함 및 휨 변형 유무를 확인한 후 헝겊으로 닦고 사용한다.

② 사용상 부주의로 인한 단부(端部)의 손상 및 흠이 발생되지 않도록 한다.

③ 시차(parallax) 발생이 없도록 눈금단면의 눈금선 중심에 위치에서 읽는다.

표 3·13 자의 한 눈금 허용차

종류		눈금 허용차	눈금선 길이	적용	모양
A형		20μm	60～150	정밀측정용	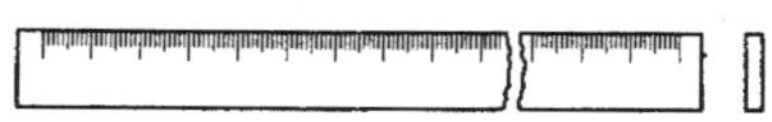
B형				설계제도용	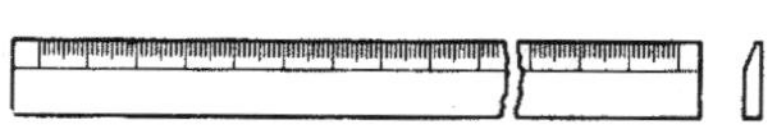
C형	1급	50μm	100～250	일반 현장용	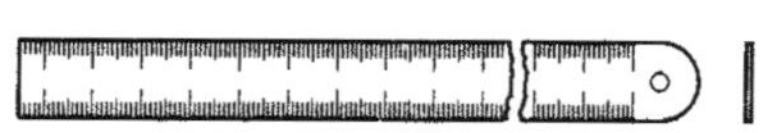
	2급	100μm			

표 3·14 자의 길이 오차(단위 : μm)

눈금길이	A형, B형	C형	
		1급	2급
100이하	± 35	± 65	± 130
100초과 200이하	± 40	± 80	± 160
200초과 300이하	± 45	± 95	± 190
300초과 400이하	± 50	± 110	± 220
400초과 500이하	± 55	± 125	± 250
500초과 600이하	± 60	± 140	± 280
600초과 700이하	± 65	± 155	± 310
700초과 800이하	± 70	± 170	± 340
800초과 900이하	± 75	± 185	± 370
900초과 1,000이하	± 80	± 200	± 400
이하 생략			

④ 사용 중 습기 및 땀으로 인한 녹 발생과 열변형에 주의하여 사용한다.

3.3.2 표준자

(1) 일반사항

직각자 검사나 정밀 공작기계 및 측정기 치수지시부에 조합되어 치수측정에 이용된다. 재료는 강(鋼) 또는 강과 동일한 열팽창계수의 니켈강이 사용되고, 형상은 X형, H형, U형, 장방형이 있으며, 눈금 전길이 1 mm에 대해 $\pm\left(2+\frac{1}{500}\right)\mu m$ 정도를 갖는다.

(2) 사용상 주의

표준자의 사용은 지지를 위한 지점위치를 전 길이의 약 0.56 배에 벗어난 양단 눈금 간의 거리변화를 최소로 하는 베셀점(Bessel Point)으로 지지한다.

3.3.3 직정규

기계제품 다듬질 면의 평면도나 마름질에 사용되며 재질에 따라 강제, 주철제가 있다.

① 강제(鋼製) 직정규

곧은자(Straight Edge)라고도 하며, 고정도의 진직도 및 평면도 검사에 사용된다. 강제 사면(斜面)과 직교면이 래핑되어 있고, 직교하는 에지에 미소곡률 R을 갖는다. 에지(edge)길이는 150 mm 정도가 많고 측정면을 빛에 대어 미소광선이 통과할 경우 1μm 정도의 진직도의 오차를 갖는다. 정량적인 측정값보다 측정면의 진직도에 대한 합부(合否)를 신속히 검사하는 데 사용하며, 형상은 그림 3 · 14와 같다.

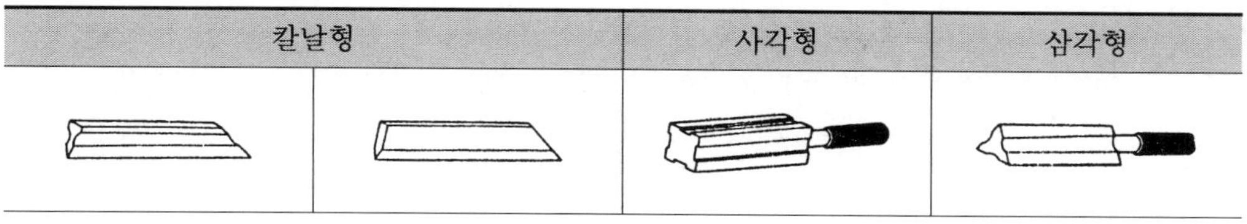

그림 3·14 직정규(直定規)

② 주철제(鑄鐵製)의 직정규

정반의 일종으로 평면도 검사, 기계제품의 레벨링, 센터링 등에 사용된다. 구조는 변형방지를 위해 포물선 또는 I형으로 제작되며, 주철제 직정규의 진직도 검사는 수준기나 오토콜리미터를 이용한다.

3.3.4 버니어캘리퍼스(Vernier calipers)

(1) 일반사항

버니어캘리퍼스는 스케일(scale)과 캘리퍼스(Calipers)를 조합한 형태이다. 표준자의 1 mm 미만 읽음은 시차의 감소를 위해 부척으로 읽는다. 제품의 외측 및 내측 측정을 위해 본척 측정면과 평행면의 죠(jaw)를 갖는 슬라이더가 이동하여 측정길이를 본척과 부척눈금으로 읽는다. 표 3·15와 같이 부척눈금은 본척눈금을 세분화하였고 최소눈금은 0.1 mm, 0.05 mm, 0.02 mm가 있다.

(2) 구조

버니어 캘리퍼스 종류는 KS B 5203에서 M1형, M2형, CB형, CM형으로 분류한다. 현장에서 가장 많이 사용하는 M1형은 슬라이더(slider)가 홈형으로 외측용 죠와 내측용 죠가 별도로 있으며, 측정길이 300 mm 이하는 깊이 측정용 뎁스 바(Depth bar)가 있다. 공작물의 외경, 내경, 깊이, 단차측정에 사용되며, 호칭치수는 150, 200, 300, 600, 1000 mm

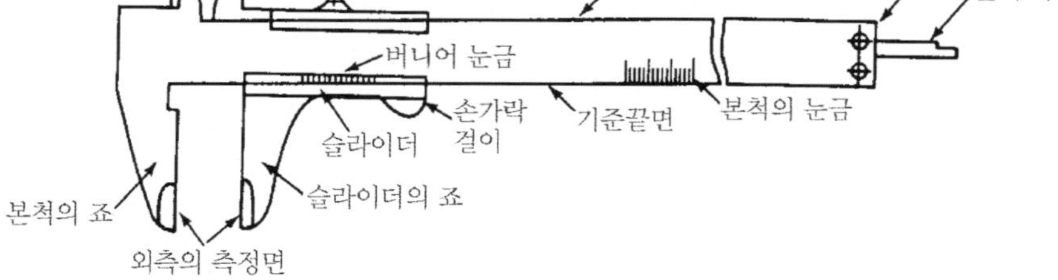

그림 3·15 버니어캘리퍼스의 구조

표 3·15 버니어 눈금의 종류

본척의 최소눈금(mm)	버니어 눈금	최소 읽음값(mm)
0.5	12 mm를 25등분	0.02
	24.5 mm를 25등분	
1.0	49 mm를 50등분	0.05
	19 mm를 20등분	
	39 mm를 20등분	

이 있다. 부척의 눈금은 19 mm를 25등분하여 24.5 mm를 25등분하여 최소 읽음값 0.05 mm이다.

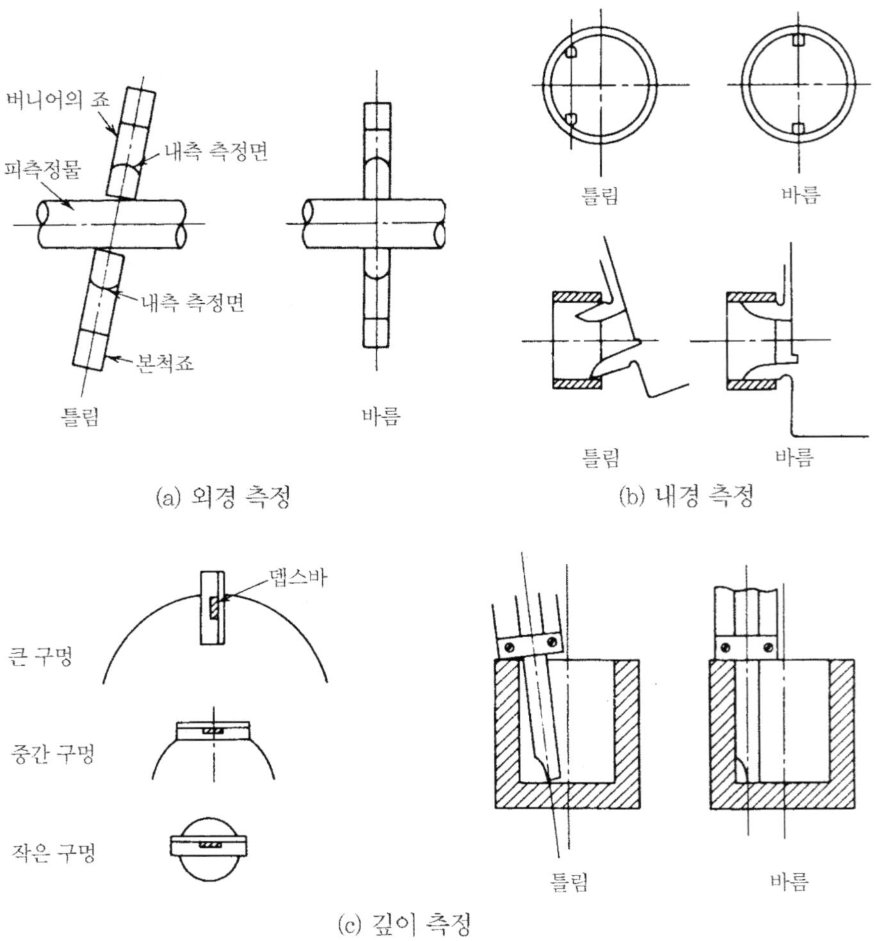

그림 3·16 버니어 캘리퍼스의 각부의 사용법

(3) 원리

M형에서 본척 19눈금(19 mm)를 부척으로 20등분할 한 경우, 본척 1눈금과 부척의 한 눈금과 차는 $1-\frac{19}{20}=\frac{1}{20}$(mm)로 되므로 이를 응용하여 1 mm 이하를 본척과 부척 눈금 일치점에서 정확하게 읽는다. 본척의 눈금보다 약간 작은 순버니어 형태가 버니어캘리퍼스와 하이트게이지에는 많이 이용된다.

S는 본척의 한 눈금간격, V는 부척 한 눈금간격, C는 부척으로 읽을 수 있는 최소 측정값일 때 다음과 같이 정리할 수 있다.

$$(n-1)S=nV, \qquad V=\frac{(n-1)S}{n}$$

$$C=S-V=S-\frac{(n-1)S}{n}=S-S+\frac{s}{n}=\frac{S}{n} \tag{3・10}$$

부척의 한 눈금은 본척의 한 눈금보다 $\frac{s}{n}$ 부척만큼 작게 된다. 따라서 부척눈금은 본척 19 mm 눈금을 20등분하여 본척 1눈금과 부척 1눈금 차는 $C=S-V=\frac{S}{n}=\frac{1}{20}$, 0.05 mm가 된다.

(4) 눈금 읽는 방법

피측정물을 끼운 상태에서 시차(視差)의 발생과 직접 눈금읽기가 곤란할 때 고정나사로 고정한 후 살짝 빼내 눈금을 읽는다. 눈금은 부척 0눈금의 위치에 본척 눈금을 mm 단위로 읽고, 본척과 부척 일치점의 부척 눈금을 더해 준다.

그림 3・17에서 치수 12 mm를 읽고, 다음에 본척과 부척의 눈금이 일직선에 일치한 부척의 눈금에서 단수 0.4 mm를 읽어 측정값 12.4 mm를 구한다.

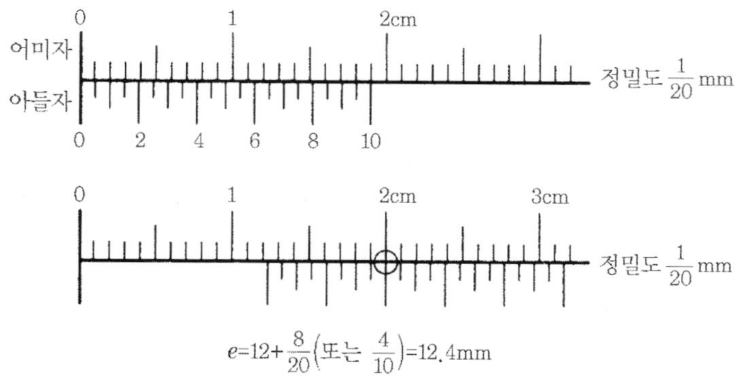

그림 3・17 눈금 읽는 방법

(5) 성능

기차의 허용값, 종합오차는 KS B 5203에서 규정하며, 성능검사에 블록게이지나 보호 게이지블록을 사용한다.

(6) 일상 점검관리

① 외측용 측정면의 측정죠를 접촉시킨 후 빛에 비추어 광선의 통과여부를 확인한다.
② 내측용 측정면은 측정죠가 접촉할 때 서로 겹침 여부를 확인한다.
③ 측정면의 마모나 상처, 본척과 부척의 눈금일치의 여부를 확인한다.
④ 슬라이더는 원활한 이동과 임의 위치에서 고정 가능의 여부를 확인한다.
⑤ 깊이자(depth bar)의 굽힘과 마모, 상처의 유무를 확인한다.

(7) 사용시 주의사항

① 측정면, 눈금면, 슬라이딩면에 붙어 있는 이물질을 제거한다.
② 측정물을 안정상태로 두고 측정 죠는 측정부위 보다 약간 크게 벌린다.
③ 눈금선 표시기점의 영점일치 여부를 확인하여 기차가 발생할 때는 보정한다.
④ 아베(Abbe)원리에 어긋난 측정기로써 측정할 때 측정물을 죠 안쪽을 이용한다.
⑤ 정지나사로 고정한 채 무리하게 공작물에 힘을 가하여 넣지 않도록 한다.
⑥ 내측용 죠는 작은 구멍, 좁은 홈폭 측정에는 마모에 주의한다.
⑦ 내측용 죠를 이용한 작은 구멍의 측정은 최대값, 홈 폭 측정에는 최대값을 읽는다.
⑧ 정압장치(定壓裝置)가 없는 측정기이므로 무리한 힘을 주지 않는다.
⑨ 국부마모를 일으키는 회전 또는 움직이는 물체는 측정하지 않는다.
⑩ 뎁스바는 가늘어 휨 발생이 쉬우므로 측정할 때 큰 힘을 주지 않는다.
⑪ 측정값은 시차(視差) 발생에 유의하여 눈금선의 수직방향(垂直方向)에서 읽는다.
⑫ 사용 후는 청결하게 닦고 윤활유를 급유(給油)하여 보관상자에 보관한다.
⑬ 흠이나 이상상태가 생긴 경우에는 즉시 보수 및 점검을 실시한다.

(8) 정도

버니어캘리퍼스의 정도는 표 3·16 및 표 3·17과 같이 기차와 종합오차에 의해 각각의 측정길이에 따라서 규정한다. 버니어캘리퍼스의 읽음값에서 나타내야할 참값을 뺀 값을 허용값으로 한다. 다양한 오차발생의 요인에 의해 발생되는 전부를 포함하는 종합적인 오차를 나타낸다.

표 3 · 16 버니어캘리퍼스의 기차 허용값(단위 : mm)

<table>
<tr><th>최소읽음값
측정길이</th><th>0.1</th><th>0.05</th><th>0.02</th></tr>
<tr><td>0</td><td rowspan="4">±0.05</td><td rowspan="3">±0.05</td><td rowspan="2">±0.02</td></tr>
<tr><td>0 초과 100 이하</td></tr>
<tr><td>100 초과 200 이하</td><td>±0.03</td></tr>
<tr><td>200 초과 300 이하</td><td rowspan="2">±0.08</td><td rowspan="2">±0.04</td></tr>
<tr><td>300 초과 400 이하</td><td rowspan="3">±0.10</td></tr>
<tr><td>400 초과 500 이하</td><td rowspan="2">±0.10</td><td rowspan="2">±0.05</td></tr>
<tr><td>500 초과 600 이하</td></tr>
<tr><td>600 초과 700 이하</td><td rowspan="4">±0.15</td><td rowspan="2">±0.12</td><td rowspan="2">±0.06</td></tr>
<tr><td>700 초과 800 이하</td></tr>
<tr><td>800 초과 900 이하</td><td rowspan="2">±0.15</td><td rowspan="2">±0.07</td></tr>
<tr><td>900 초과 1000 이하</td></tr>
</table>

표 3 · 17 종합오차(단위 : mm)

최소눈금값 / 최대측정길이	0.1	0.05	0.02
150	±0.1	±0.08	±0.05
200	±0.1	±0.08	±0.05
300	±0.1	±0.10	±0.06
600	±0.15	±0.13	±0.08
1000	±0.20	±0.18	±0.11

(9) 특수 버니어캘리퍼스

① 다이얼게이지 부착 버니어 캘리퍼스(그림 3 · 18)

부척 대신에 다이얼게이지를 부착한 것으로 5 mm씩 나누어져 있고, 부척눈금을 지침으로 대신하는 것으로 최소눈금은 0.05 mm로써 다이얼이 부착되어 있으며, 지침 1회전

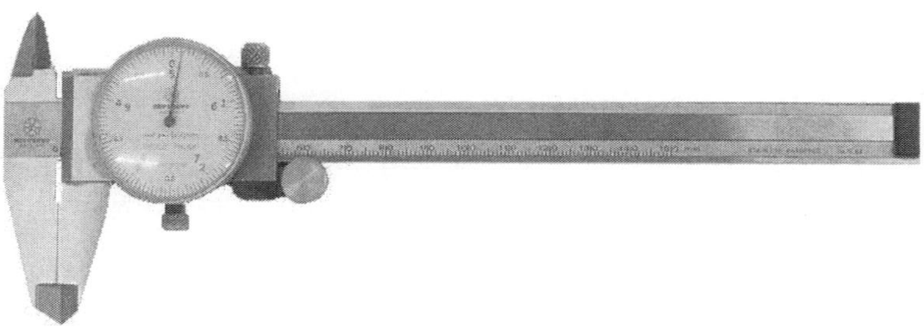

그림 3 · 18 다이얼게이지부착 버니어캘리퍼스

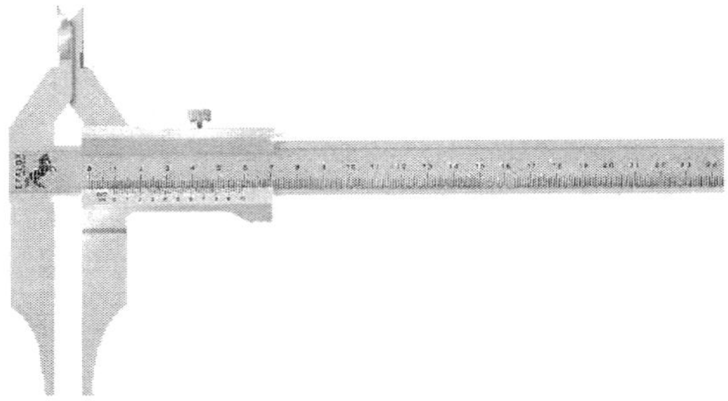

그림 3·19 구멍 피치용 버니어캘리퍼스

그림 3·20 기어 버니어캘리퍼스

이 5 mm를 나타낸다. 기타 CB형, 디지메틱형 버니어캘리퍼스가 있다.

② 구멍 피치용 버니어캘리퍼스(그림 3 · 19)

단면에서 구멍의 위치 및 2개의 구멍 중심거리를 측정하는 데 편리하다.

③ 기어 버니어캘리퍼스(그림 3 · 20)

직각인 두 방향으로 조합된 2개의 버니어 캘리퍼스에 의해 기어 버니어캘리퍼스를 이루고 기어의 피치원상에 있어 기어의 두께측정에 이용한다.

3.3.5 깊이게이지(Dapth Gauge)

깊이게이지는 구멍 및 미소의 깊이측정에 이용하며, 부척눈금에 의해 0.05 mm 또는 0.02 mm까지 눈금읽음이 가능하다. 가늘고 긴 부척이 기준면에 대해 수직으로 이동하는 본척의 양을 부척눈금으로 읽는다. 종류는 DM형, DB형, DS형이 있으며, 등급, 종합정도, 사용상 유의점은 버니어캘리퍼스와 동일하다.

표 3·18 깊이게이지의 눈금

종류	눈금		최소읽음값
	본척	부척	
DM형	1 mm	49 mm를 50등분	0.02 mm
DB형	0.5 mm	12 mm를 25등분 또는 24.5 mm를 25등분	0.02 mm
DS형	1 mm	19 mm를 20등분 또는 39 mm를 20등분	0.05 mm

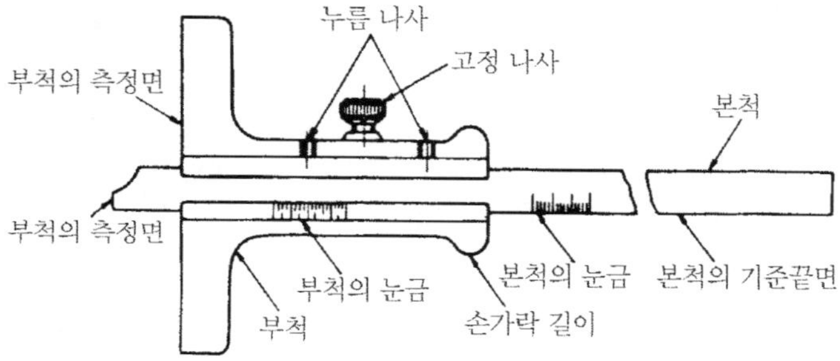

그림 3·21 DB형 깊이게이지

3.3.6 하이트게이지(Height gauge)

(1) 일반사항

하이트게이지는 서페이스 게이지(Surface Gauge)와 스케일 직각자(Scale Holder)가 조합된 측정기로서 부척 슬라이더 죠에 스크라이버를 고정하여 본척에 수직으로 슬라이더가 상하이동 된다. 정반 위에서 정반면을 기준면으로 하여 공작물의 높이측정, 금긋기 작업, 테스트인디케이터와 함께 각종 형상측정에 이용한다.

(2) 종류

구조 및 형상에 따라 HM형, HB형, HT형이 있고, 사용에 편리한 리니어엔코더(Linear Encorder)의 보조장치가 붙은 디지털형도 있다. 호칭치수는 최대 측정길이로 300 mm, 600 mm, 1000 mm가 있다. HT형이 표준형으로 가장 많이 사용되며 영점조정이 쉽고 본척이 이동 가능하다. M형과 HT형과의 병용은 본척 이동시의 HT형에 HM형의 슬라이더를 붙인 구조이다.

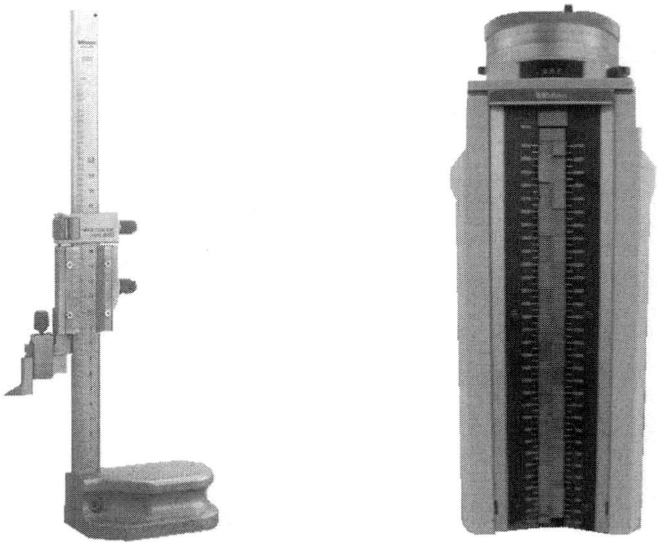

그림 3·22 하이트게이지와 하이트마이크로미터

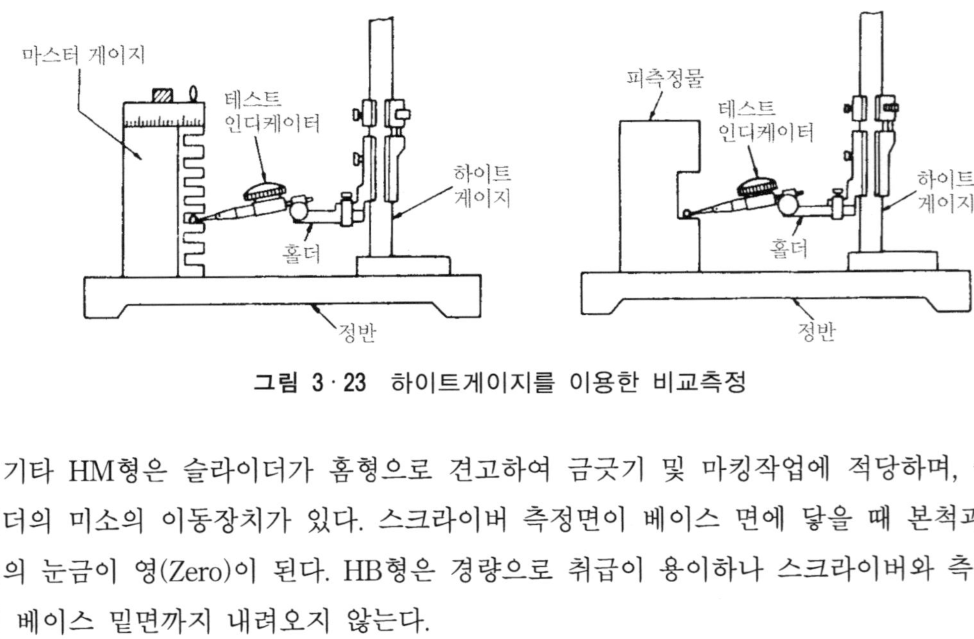

그림 3·23 하이트게이지를 이용한 비교측정

기타 HM형은 슬라이더가 홈형으로 견고하여 금긋기 및 마킹작업에 적당하며, 슬라이더의 미소의 이동장치가 있다. 스크라이버 측정면이 베이스 면에 닿을 때 본척과 부척의 눈금이 영(Zero)이 된다. HB형은 경량으로 취급이 용이하나 스크라이버와 측정면이 베이스 밑면까지 내려오지 않는다.

(3) 정밀도

최소 읽음값은 버니어캘리퍼스와 같고 종합정도는 정반 위에서 각종 치수의 기준게이지를 놓고 하이트게이지를 이용하여 측정하여 그 측정값의 편차로 구해진다. 각 측정길이에 대해 표 3·19에 허용값을 나타냈다.

표 3·19 하이트게이지의 종합정도

측정길이 \ 최소지시눈금값	0.05 mm	0.02 또는 0.01 mm
50 이하	±0.05	±0.02
50 초과 100 이하	±0.06	±0.03
100 초과 200 이하	±0.07	
200 초과 300 이하	±0.08	±0.04
300 초과 400 이하	±0.09	
400 초과 500 이하	±0.10	±0.05
500 초과 600 이하	±0.11	
600 초과 700 이하	±0.12	±0.06
700 초과 800 이하	±0.13	
800 초과 900 이하	±0.14	±0.07
900 초과 1000 이하	±0.15	

(4) 교정검사 항목

하이트게이지의 교정검사 항목은 기차, 베이스 기준면의 평면도, 베이스 기준면과 기둥기준 끝면의 직각도, 베이스 기준면과 스크라이버 끝 면의 평행도가 있다.

어미자의 몸체가 베이스에 수직상태 여부, 눈금이 베이스에 평행상태 여부, 스크라이버의 측정면이 베이스에 평행이면서 몸체에 수직상태를 확인한 후 교정방법 절차에 따라 수행한다.

(5) 사용방법

본척이 이동가능하고 슬라이더가 개방된 HM형과 HT병용형이 많이 사용된다. 사용법은 기점에서 테스트 인디케이터의 지침지시와 피측정물의 표면에서 지침지시가 일치할 때 하이트게이지 눈금을 읽는다. 피측정물 높이를 대략적으로 파악될 때 하이트게이지의 슬라이더를 그 위치에 고정하여 테스트인디케이터의 지침 읽음과 기점에서 지침의 읽음차로 피측정물 높이를 구한다.

① 하이트마이크로미터만의 사용

하이트게이지 단독으로 높이를 측정할 경우 하이트게이지 자체의 정밀도 0.05 mm 또는 0.02 mm이므로 금긋기 작업이나 고정도 측정에는 테스트인디케이터와 병용하여 사용해야 한다.

② 하이트마이크로미터를 병용

하이트게이지의 정도는 버니어캘리퍼스와 같고 정도가 0.01 mm 이상의 측정에는 블록게이지와 마스터게이지가 필요하다. 하이트게이지와 하이트마이크로미터를 병용할 때 반드시 레버식 다이얼게이지가 사용된다. 이때 레버식 다이얼게이지 측정자를 측정면에 접촉시켜 레버식 다이얼게이지의 임의위치에 영점을 맞춘 뒤 하이트마이크로미터의 블록 위에 옮겨 영점위치에 오도록 손잡이를 돌린다. 이때 하이트마이크로미터의 눈금 읽음값이 피측정물의 높이가 된다.

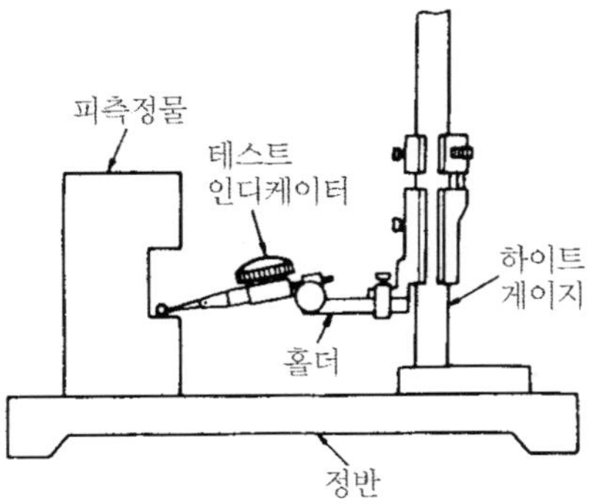

(a) 하이트게이지만 사용

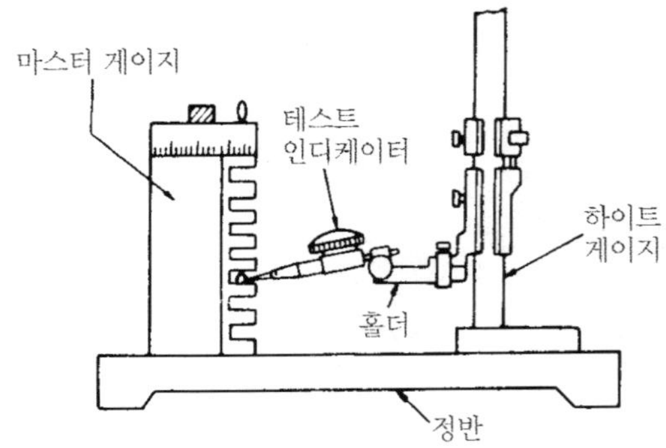

(b) 하이트마스터 게이지를 병용

그림 3·24 하이트게이지의 사용

(6) 눈금 읽는 방법

버니어캘리퍼스와 동일하며 본척의 눈금을 부척으로 확대시켜 읽는다. 최소 읽음값은 0.02 mm 또는 0.05 mm 두 종류가 있다. 호칭치수는 최대 측정길이로 나타내며 200, 300, 600, 1000 mm의 5종류가 있다. 높이게이지로서 치수측정, 금긋기 작업은 정반에서 하이트마이크로미터, 블록게이지와 병용하여 사용한다.

(7) 사용시 주의사항

① 하이트마이크로미터는 무리한 헤드회전은 측정면이 정반에 접촉하면 파손되므로 주의해야 한다.

② 하이트게이지만으로 높이측정은 아베의 원리에 어긋나 스크라이버 길이를 짧게 한다.

③ 하이트마이므로미터는 사용 전에 블록게이지와 전기마이크로미터로 영점을 조정해야 한다.

④ 하이트마이크로미터에 의한 높이측정은 측정자의 이동방향을 일정하게 한다.

(8) 사용 순서

① 정반과 하이트게이지의 베이스면을 닦고 피측정물, 하이트마이크로미터를 올려 놓는다.

② 하이트게이지만으로 높이 측정할 때 블록게이지로 영점을 맞추며, 슬라이더를 이동하여 측정면 부근에 정지시킨 후 미동장치를 움직여 눈금 읽는다.

③ 하이트마이크로미터를 이용한 높이측정은 블록게이지를 이용하여 하이트마이크로미터의 기차를 확인 후 기록하여 보정한다.

④ 하이트마이크로미터를 이용할 때 하이트게이지는 레버식 다이얼게이지를 장착하여 사용한다. 이때 슬라이더로 측정면에 옮긴 후, 레버식 다이얼게이지의 지침을 회전시켜 임의눈금에 영점을 설정한다.

⑤ 하이트게이지를 이동시켜 하이트마이크로미터에 레버식 다이얼게이지 측정자를 밀어 넣고 하이트마이크로미터의 상부 측정헤드를 돌려 레버식 다이얼게이지의 지침을 피측정면에 일치시켜 영점눈금에 맞춘다. 이때 마이크로미터의 읽음값이 피측정물의 높이가 된다.

3.3.7 다이얼게이지(Dial Gauge) 측정

(1) 구조

다이얼게이지 구조는 그림 3 · 25와 같이 측정자 이동량이 눈금과 지침으로 나타내 읽음오차가 적고, 측정범위가 넓으며 연속된 변위량의 측정도 가능하다. 0.01 mm 눈금의 다이얼게이지는 지침 1회전이 스핀들 1 mm의 이동량에 상당하고, 원주를 100등분하여 1눈금 0.01 mm를 나타낸다.

단침눈금은 장침의 회전수이며 mm로서 표시되며, 최소눈금 0.1 mm의 다이얼게이지 측정범위가 5 mm, 10 mm이고 최소눈금이 0.001 mm는 측정범위가 0.2 mm, 1 mm, 2 mm, 5 mm 등이 있다.

(2) 확대 장치

최소눈금 0.01 mm 다이얼게이지는 스핀들의 미소의 움직임을 스핀들에 가공된 랙(rack)과 피니언기어(pinion gear)의 확대장치를 이용한 측정기기이다. 직선운동하는 랙에 물리는 피니언에서 회전운동으로 변환하여 피니언 기어와 지침피니언에 의하여 확대된다.

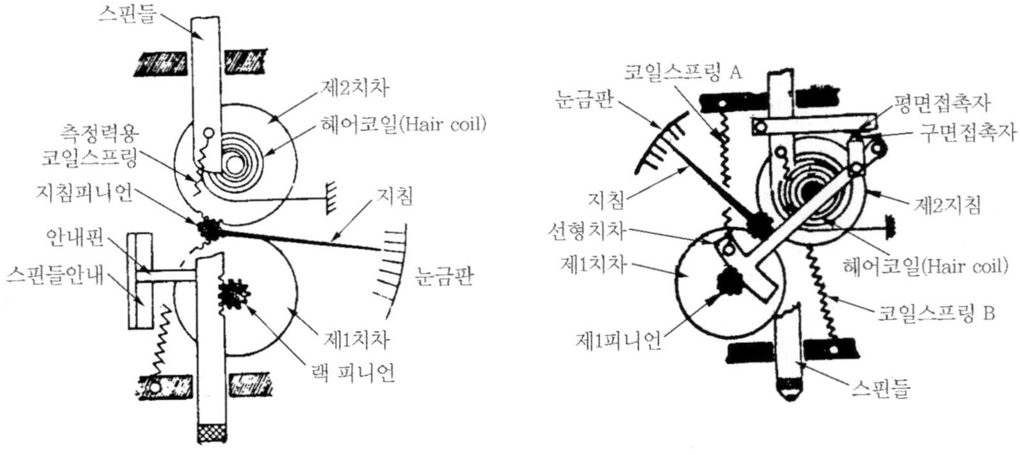

(a) 최소눈금 0.01mm의 구조 (b) 최소눈금 0.001mm의 구조

그림 3·25 표준형 다이얼게이지의 구조

(3) 종류

① 형식상 분류

a) 일반형 다이얼게이지 : 원리적으로 기어에 의한 확대기구를 사용한다.

b) 레버식 다이얼게이지 : 측정자가 레버일부를 형성하며 측정자의 움직임의 각도가 작을 때 현과 호의 길이는 동일한 것을 이용한다.

c) 백 플런저형(back plunger type) : 스핀들이 눈금판 뒤쪽에 수직방향 부착된 구조

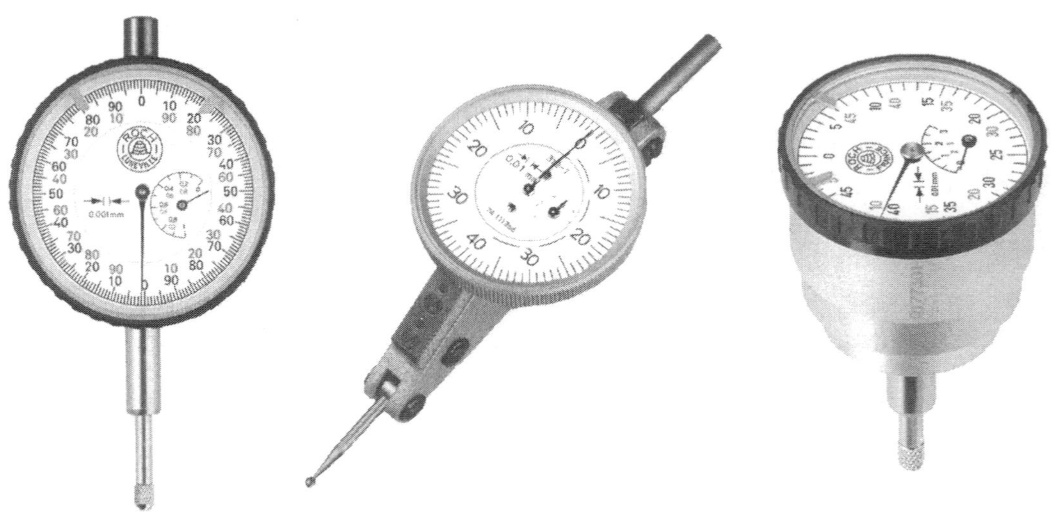

그림 3·26 형식상 다이얼게이지의 형상

② 사용 용도상 분류

a) 표준형 다이얼게이지

b) 두께 측정용 게이지(Thickness Gauge)

c) 홈폭 측정용 게이지(Caliper Gauge)

d) 깊이측정용 게이지(Dial Depth Gauge)

(4) 다이얼게이지의 특성

① 0.01 mm(측정범위 : 0~10 mm) 다이얼게이지

제품의 치수변화는 스핀들의 직선변화로 되고 스핀들에 가공된 랙과 상대운동하는 피니언은 변위량을 회전운동으로 전환시키며 피니언기어와 지침피니언으로 확대되어 지침으로 나타낸다.

0.01 mm 다이얼게이지의 구조는 그림 3 · 25 (a)와 같이 스핀들(Spindle)에 부착된 가이드 핀(Guide Pin)은 가이드 홈(Guide Home)을 따라 이동하면서 스핀들의 회전과 흔들림 등의 자유로운 움직임을 방지하고 상하이동만을 할 수 있도록 안내한다. 또한 제2기어에 부착된 헤어코일스프링(Hair Coil Spring)은 랙과 피니언이 동일한 이면접촉을 유도하여 백레시(bash)를 감소시킨다.

② 0.001 mm(측정범위 : 0~1mm) 다이얼게이지

0.001 mm 다이얼게이지의 내부구조는 그림 3 · 26 (b)와 같이 0.01 mm의 다이얼게이지 구조와 다르며, 먼저 피측정물의 치수변화량으로 인한 스핀들의 상하직선의 변위량이 스핀들과 수직으로 고정된 평면 접촉자에 변위를 준다.

이 평면접촉자는 다시 구면접촉자를 변위를 통하여 선형치차의 원형운동으로 바뀌게 되고 차례로 제1피니언에서 제1치차로 전달되어 최종적으로는 지침피니언의 회전운동이 지시량으로 나타낸다.

③ 지렛대식 다이얼테스트 인디케이터(최소눈금 : 0.01 mm, 0.002 mm)

제품의 치수변화는 측정자를 변화시키고 선형기어의 원호운동이 피니언기어의 회전운동으로 전환되면서 크라운기어와 지침피니언에 의해 확대되어 지침과 눈금판으로 지시된다. 즉, 측정자가 레버의 일부를 형성하여 현과 호의 길이 차가 작은 것을 이용하여 측정하게 된다.

(5) 다이얼게이지를 이용한 측정

다이얼게이지는 제품의 형상과 측정목적에 따라 측정 지지구 및 측정자를 변환하여 다양하게 사용될 수 있으며 응용분야는 다음과 같다.

① 제품 측정

외경 · 내경, 진원도, 평행도, 직각도, 원통도, 편심량, 두께 측정 등

② 위치 결정

선반 및 밀링 작업에서 센터링, 편심량, 스핀들의 위치결정 등

기타 공작기계의 정도검사, 기계가공에서 이송량의 확인, 회전축의 흔들림 검사 및 가공, 조립에 있어서 면의 측정에 사용된다.

(6) 다이얼게이지 성능 및 교정

다이얼게이지의 성능은 KS B 5206(최소눈금 0.01 mm, 측정범위 0~10 mm)과 KS B 5207(최소눈금 0.001 mm, 측정범위 0~1 mm)에서 규정하고 있다. 지시정밀도는 20℃에서 스핀들이 수직하향으로 눈금판은 상향으로 수평하게 유지할 때의 수치로서 KS에서 규정한다.

① 다이얼게이지 교정방법 및 순서(0.01 mm용)

a) 다이얼게이지와 테스터를 깨끗이 닦고 테스터의 눈금을 0으로 맞춘다.

b) 다이얼게이지를 테스터에 고정하고 눈금을 0에 맞추고 고정나사로 크램핑 한다.

c) 다이얼게이지와 테스터 눈금을 돌려 다이얼게이지 눈금의 영점조정을 확인한다.

d) 다이얼게이지 테스터의 심블을 돌려 오차를 읽어 오차선도를 그린다.

e) 오차곡선은 전진은 청색, 후퇴는 적색으로 표시한다.

② 오차선도에서 구해지는 성능

a) 넓은 범위 정밀도

b) 좁은 범위 정밀도

c) 좁은 범위 인접오차

d) 되돌림 오차

③ 최소눈금 0.01 mm의 다이얼게이지 성능

a) 전진 정밀도 : 전진오차 선도 중 최고점과 최저점과의 차

b) 넓은 범위 정밀도 : 1 mm 사이에는 0.1 mm씩, 1 mm 이상은 0.2 mm씩 전진시켜 다이얼게이지 읽음값과 테스터의 읽음값의 차를 나타내는 이 선도의 최고점과 최저점의 차

c) 좁은 범위 정밀도 : 넓은 범위 정밀도중 0~1 mm 구간의 최고점과 최저점의 차

d) 좁은 범위 인접오차 : 전진이 끝난 후 스핀들을 반대방향으로 돌려 전진할 때와 동일한 측정점을 종점에서 기점까지 측정한 후퇴오차의 오차선도 중 좁은범위 안에서 0.1 mm 간격간의 서로 인접구간에서 오차

f) 후퇴오차 : 전진정밀도 종료 후 그 상태에서 넓은 범위 전진정밀도의 측정과 반대로 스핀들을 되돌려 각 측정점의 오차를 구하고, 동일 측정점에서의 전진과 후퇴의 측정기의 읽음 차다.

g) 지시안정도 : 동일개소의 측정지시의 편차를 규정한 것으로 다이얼게이지를 정반상에 수직으로 지시하게 하여 스핀들을 급격히 또는 천천히 작동시켜 지시의 최대값과 최소값의 차로써 나타낸다.

h) 측정력 : 소눈금 2g 이하의 스프링식 접시저울을 이용하여 측정하며, 이때 다이얼게이지의 핀들을 수직하향으로 지지하고 스핀들을 상하방향으로 연속적으로 이동시켜 측정 위의 기점, 중앙점 및 종점에서 측정력을 측정한다.

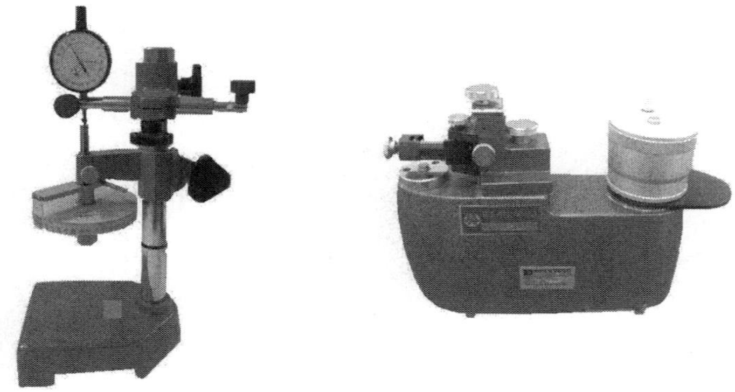

(a) 최소눈금 0.01mm의 테스터 (b) 최소눈금 0.001mm의 테스터

그림 3·27 다이얼게이지 테스터

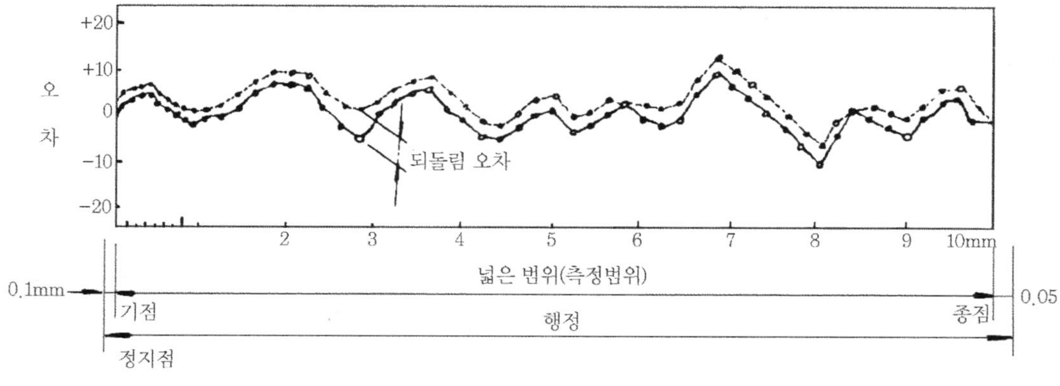

그림 3·28 다이얼게이지의 오차선도

④ **최소눈금 0.001 mm 다이얼게이지의 성능**

a) 넓은 범위 정밀도 : 측정범위 1 mm의 것은 기점에서 0.2 mm 사이에는 0.01 mm씩, 0.2 mm에서 1 mm까지는 0.05 mm씩 전진시켜 다이얼게이지 읽음값에서 테스터의 읽음값의 차를 구하며, 이 선도의 최고점과 최저점의 차가 된다.

b) 좁은 범위 정밀도 : 넓은 범위 정밀도중 0.2 mm까지는 0.05 mm씩, 0.2 mm에서 기점까지는 0.01 mm씩 감소시켜 측정하는 것으로서 전진과 후퇴오차선도를 작성한 후 좁은 범위구간의 최고점과 최저점의 차로써 나타낸다.

기어의 작동 상황	오차선도
랙	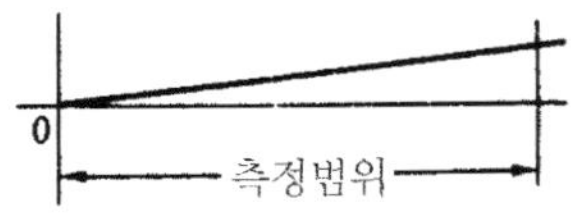
피니언 1회전/측정범위	
피니언 기어 1회전/측정범위	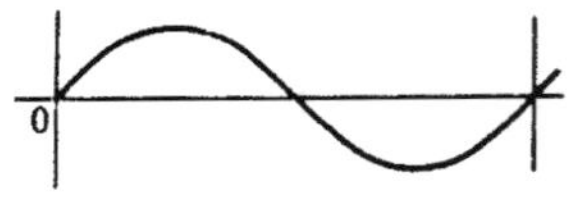
지침 피니언 10회전/측정범위	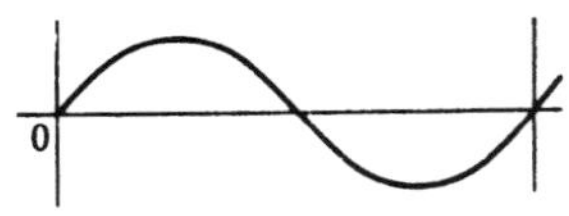

* 각 기어의 오차 선도는 치형 오차, 랙 오차 등에 의한 작은 요철은 제외하고 있다

그림 3·29 각 기어의 오차선도

표 3·20 최소눈금 0.01 mm 다이얼게이지의 지시정밀도

측정범위	넓은 범위 정밀도	좁은 범위 정밀도	좁은 범위 인접오차	후퇴오차	반복정밀도
5 mm	10	8	5	3	3
10 mm	15				

표 3·21 최소눈금 0.001 mm 다이얼게이지의 지시정밀도

측정범위	넓은 범위 정밀도	좁은 범위 정밀도	후퇴오차	반복 정밀도
1 mm	3	2	2	0.3
2 mm	5	–		
3 mm	8	–		

표 3·22 측정력의 허용값

항 목	0.01 mm 다이얼 게이지 측정력	0.001 mm 다이얼 게이지	
		측정범위	측정력
스핀들을 수직이면서 아래쪽으로 위치할 때 최대측정력	140 grf 이하	1, 2, 5	140 grf 이하
스핀들을 동일 운동방향에 대한 최대값과 최소값의 차	60 grf 이하	1, 2	60 grf 이하
		5	70 grf 이하
스핀들이 들어갈 때와 나올 때의 측정력의 차	60 grf 이하	1, 2	70 grf 이하
		5	90 grf 이하

(7) 측정시 주의사항

다이얼게이지를 이용한 치수측정, 축 회전의 흔들림 등의 좁은범위에서 측정함에 있어서는 기점에서 지침 1회전 이내에서 사용하는 것이 바람직하다. 레버식 다이얼게이지를 사용할 경우 피측정물의 측정방향과 측정자의 중심선이 직각이 되도록 세팅해야 한다. 만일 그림 3·30과 같은 조건으로 측정할 경우 식 (3·11)과 같이 보정해야 한다.

$$\text{변위량} = \text{지침의 이동량} \times \cos\alpha \qquad (3 \cdot 11)$$

그러나 부착각도가 10° 이하일 경우 그 오차는 15% 이하가 되므로 요구정도에 의해

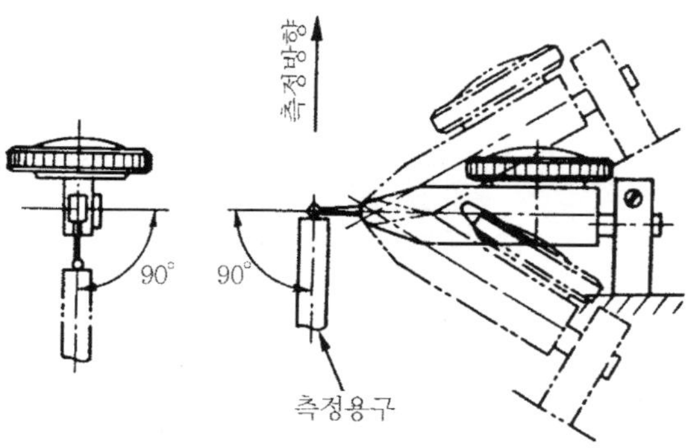

그림 3·30 측정자의 세팅법

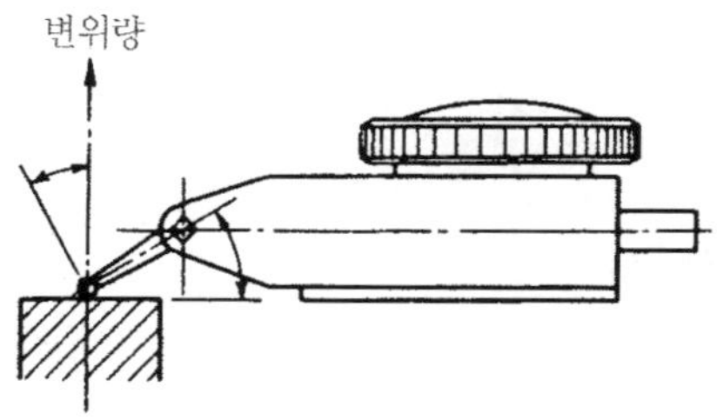

그림 3·31 부착각도에 의한 보정

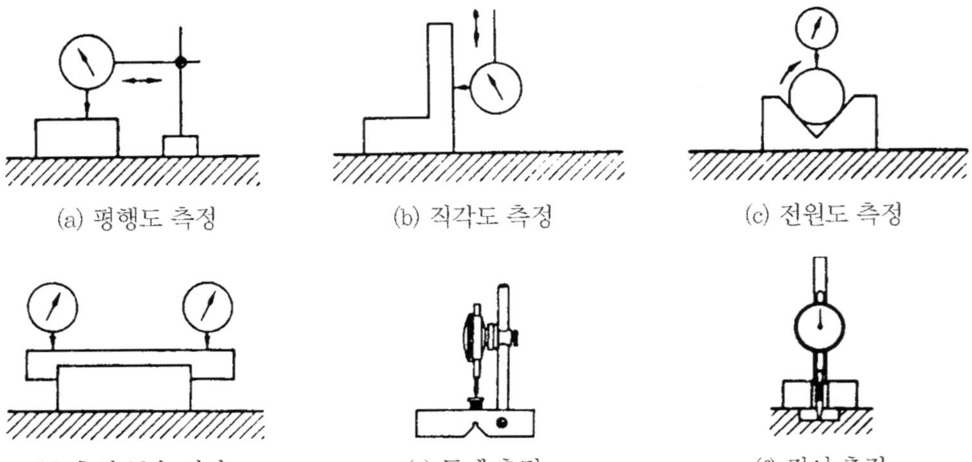

(a) 평행도 측정 (b) 직각도 측정 (c) 진원도 측정
(d) 축의 굽음 검사 (e) 두께 측정 (f) 깊이 측정

그림 3·32 다이얼게이지를 이용한 측정

서는 무시된다.

① 다이얼게이지의 선정은 사용목적과 피측정물의 형상 및 제품공차를 고려한다.
② 다이얼게이지의 종류, 측정범위, 최소눈금, 측정자 형상, 스탠드를 고려한다.
③ 눈금은 수직방향에서 읽으며 시차에 주의한다.
④ 테스터에 설치시 단면에 수직으로 설치하고 고정나사는 적절히 조인다.
⑤ 지침이 초과했을 때 반대방향으로 1~2회 후퇴한 후 다시 전진한다.
⑥ 오차선도에 기입할 때 +, −판정에 주의한다.
⑦ 측정할 경우 전 범위에 걸쳐서 골고루 사용한다.

(8) 측정 방법

다이얼게이지를 이용한 직접측정은 기준면에서 길이를 눈금으로 읽는 방법이고, 비교측정은 피측정물의 치수를 블록게이지 치수와 비교하여 읽는 방법이다. 보통 직접측정보다는 기준편인 블록게이지와 유사한 크기의 제품측정이나 센터지지대 및 V블록을 이용한 동심도, 진원도, 원통도 측정에 많이 사용된다. 예를 들면 다이얼게이지와 센터지지대를 이용한 원통도를 측정함에 있어 측정순서는 다음과 같다.

① 정반을 잘 닦고 다이얼게이지, 지지구인 스텐드 및 센터 지지대를 올려 놓는다.
② 측정기 및 센터지지대의 센터, 시험편 센터에 묻은 이물질을 제거하고 장착한다.
③ 측정물이 놓인 센터대를 고정하고 시험편의 원활한 회전여부를 확인한다.
④ 스텐드에 장착된 다이얼게이지를 수직으로 시험편에 접촉시키고 회전시킨다.
⑤ 시험편 한 부분에서 1회전할 때 다이얼게이지 최대점과 최저점의 값을 읽는다.

⑥ 시험편의 세 부분 이상을 동일하게 측정하여 전체적으로 최대값과 최소값의 차가 원통도가 된다.

3.3.8 마이크로미터(Micrometer) 측정

(1) 외측 마이크로미터(External micrometer)

① 원리

마이크로미터는 나사를 길이기준으로 하여 길이변화가 나사 회전각과 원통으로 확대되고, 확대된 원통에 눈금을 새겨 나사의 미소 이동량을 읽는 측정기이다.

미소 이동량 x는 $x = p\frac{\Theta}{360}$ 로 표시된다.

단, p는 나사피치(mm), Θ는 회전각(도), 반경 r의 눈금면 이동은 스핀들 x의 이동에 대해 $r\Theta$가 되어 확대율 m은 다음과 같다.

$$m = \frac{\text{지시량의 변화}}{\text{측정량의 변화}} = \frac{r\Theta}{x} = \frac{2\pi r}{p}$$

마이크로미터의 나사피치를 0.5 mm, 눈금원통의 눈금을 50등분할 때 눈금원통의 한 눈금, 즉 $\frac{1}{50}$ 회전하면 나사의 전진이동은 $0.5\,\text{mm} \times \frac{1}{50} = 0.01\,\text{mm}$로 되어 최소단위 0.01 mm까지 측정된다. 슬리브 기선에 부척눈금이 있는 경우는 0.001 mm까지 읽음이 가능하다.

② 종류 선택

a) 측정제품 : 다양한 형태와 엔빌교환식 중 제품형상에 따라 선택

b) 요구정도 : 0.1 mm 또는 0.01 mm 중 선택

c) 측정수량 : 일반 마이크로미터, 지시마이크로미터, 외측한계마이크로미터, 다이얼게이지식 마이크로미터 등에서 선택한다.

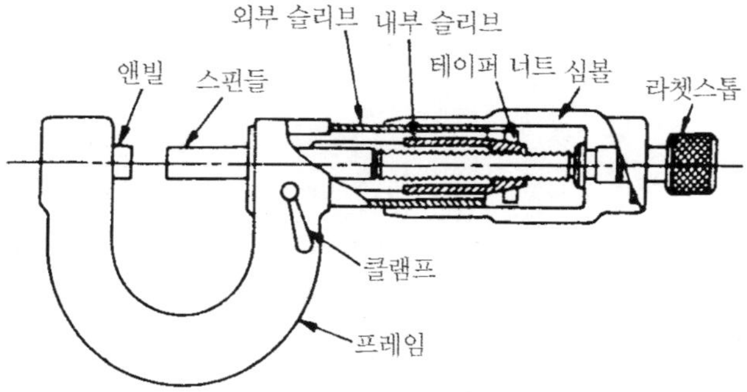

그림 3·33 외측마이크로미터의 형상과 명칭

마이크로미터의 측정범위는 나사제작상 고정도로써 긴 나사의 제작이 곤란하므로 25 mm를 측정범위로 하나 현대의 가공기술의 발달로 인하여 0~50 mm 범위의 특수 마이크로미터가 있다. 일정한 측정압을 위한 라쳇스톱(Ratchet Stop) 또는 프릭션스톱(Friction Stop)이 있으며, 내부에 스핀들 정밀나사와 너트간격을 조정하는 테이퍼너트(Taper Nut)가 있다.

③ 측정력(測定力)

KS B 5202에는 스프링식 지시저울(최소눈금 20 이하)을 사용하여 저울의 위접시와 스핀들 중심과의 사이에 강구를 넣어 그림 3·34와 같은 방법으로 검사한다.

마이크로미터의 정밀도는 측정면의 평면도, 평행도, 나사의 정밀도, 스핀들 축에 대한 측정면의 직각도, 눈금오차 등에 의해 좌우되며 이들의 종합정밀도는 표 3·24와 같다.

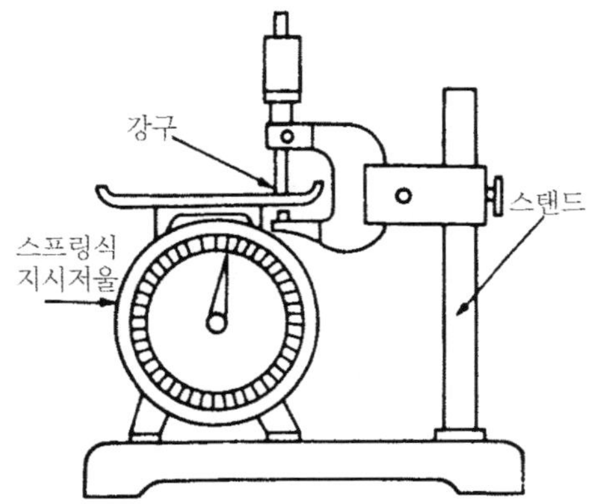

그림 3·34 마이크로미터의 측정력 측정방법

표 3·23 측정력(KS B 5202)

최대 측정길이(mm)	측정력(g)
100 이하	400~600
100 초과 300 이하	500~700
300 초과 500 이하	500~1,000

④ 영점 조정방법

사용 전에 영점조정은 해야 하며 영점조정은 앤빌과 스핀들 사이에 마이크로미터 기준봉이나 블록게이지를 끼워 규정된 측정압으로 심블과 슬리브의 영점상태를 확인한다. 영점조정이 안 된 상태는 다음과 같은 방법으로 조정한다.

a) 영점눈금의 차가 작은 경우 : 영점의 눈금 차가 두 눈금이내이면 먼저 클램프(clamp)로 스핀들을 고정하고 조정구멍에 조정용 키를 끼워 돌려 조정한다.

b) 영점눈금의 차가 클 경우 : 라쳇의 작은 구멍에 키를 끼워 회전시켜 스핀들과 심블 테이퍼의 끼워맞춤부를 약간 풀면 스핀들과 심블이 헛돌게 하여 눈금선을 일치시킨 후 조인다.

⑤ 사용시 주의사항

a) 각부의 기능을 점검하고 측정면에 돌기가 있으면 오일스톤(oil stone)으로 제거한다.

b) 영점조정은 측정범위 0～25 mm는 앤빌과 스핀들을 직접 접촉시켜야 하고, 그 이

표 3·24 마이크로미터의 성능 및 종합오차

<table>
<tr><th rowspan="2">작동범위 (mm)</th><th rowspan="2">측정범위 (mm)</th><th colspan="7">성 능</th><th rowspan="2">종합 오차 (μm)</th></tr>
<tr><th>측정면의 평면도, 간섭무늬 수 (개)</th><th>측정면의 평행도 (μm)</th><th>기차 (μm)</th><th>스핀들의 이송기차 (μm)</th><th>측정력 (Ngf)</th><th>측정력의 편차 (Ngf)</th><th>프레임의 휨하중 10 N 2 kg당(μm)</th></tr>
<tr><td rowspan="21">25 이하</td><td>0～15</td><td rowspan="13">2</td><td rowspan="4">2</td><td rowspan="4">±2</td><td rowspan="21">3</td><td rowspan="13">5～10 |510～1020|</td><td rowspan="21">3 | 306 |</td><td rowspan="3">2</td><td rowspan="3">±4</td></tr>
<tr><td>0～25</td></tr>
<tr><td>25～50</td></tr>
<tr><td>50～75</td><td rowspan="2">3</td><td rowspan="2">±5</td></tr>
<tr><td>75～100</td><td rowspan="4">3</td><td rowspan="3">±3</td></tr>
<tr><td>100～125</td><td>4</td><td rowspan="2">±6</td></tr>
<tr><td>125～150</td><td>5</td></tr>
<tr><td>150～175</td><td rowspan="3">±4</td><td rowspan="2">6</td><td rowspan="2">±7</td></tr>
<tr><td>175～200</td><td rowspan="4">4</td></tr>
<tr><td>200～225</td><td>7</td><td rowspan="2">±8</td></tr>
<tr><td>225～250</td><td rowspan="3">±5</td><td rowspan="2">8</td></tr>
<tr><td>250～275</td><td rowspan="2">±9</td></tr>
<tr><td>275～300</td><td rowspan="4">5</td><td>9</td></tr>
<tr><td>300～325</td><td rowspan="8">3</td><td rowspan="3">±6</td><td rowspan="8">8～15 |816～1530|</td><td rowspan="2">10</td><td rowspan="2">±10</td></tr>
<tr><td>325～350</td></tr>
<tr><td>350～375</td><td>11</td><td rowspan="2">±11</td></tr>
<tr><td>375～400</td><td rowspan="4">6</td><td rowspan="3">±7</td><td rowspan="2">12</td></tr>
<tr><td>400～425</td><td rowspan="2">±12</td></tr>
<tr><td>425～450</td><td>13</td></tr>
<tr><td>450～475</td><td rowspan="2">±7</td><td>14</td><td rowspan="2">±13</td></tr>
<tr><td>475～500</td><td>7</td><td>15</td></tr>
<tr><td rowspan="10">50</td><td>0～50</td><td rowspan="6">2</td><td>2</td><td>±4</td><td rowspan="10">5</td><td rowspan="6">5～10 |510～1020|</td><td rowspan="10">3 | 306 |</td><td>2</td><td>±6</td></tr>
<tr><td>50～100</td><td rowspan="2">3</td><td rowspan="2">±5</td><td>3</td><td>±7</td></tr>
<tr><td>100～150</td><td>5</td><td>±8</td></tr>
<tr><td>150～200</td><td rowspan="2">4</td><td>±6</td><td>6</td><td>±9</td></tr>
<tr><td>200～250</td><td rowspan="2">±7</td><td>8</td><td>±10</td></tr>
<tr><td>250～300</td><td rowspan="2">5</td><td>9</td><td>±11</td></tr>
<tr><td>300～350</td><td rowspan="4">3</td><td>±8</td><td rowspan="4">8～15 |816～1530|</td><td>10</td><td>±12</td></tr>
<tr><td>350～400</td><td rowspan="2">6</td><td rowspan="2">±9</td><td>12</td><td>±13</td></tr>
<tr><td>140～450</td><td>13</td><td>±14</td></tr>
<tr><td>450～500</td><td>7</td><td>±10</td><td>15</td><td>±15</td></tr>
</table>

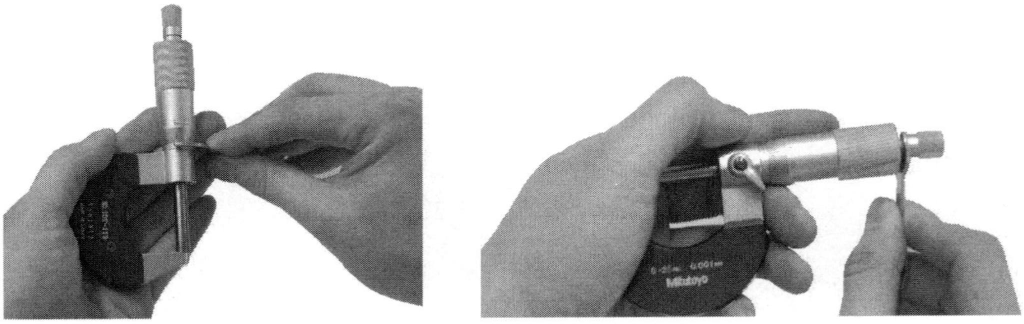

(a) 차이가 한 눈금(±0.01mm) 이하 (b) 차이가 한 눈금(±0.01mm) 이상

그림 3·35 마이크로미터의 영점조정

상은 기준봉 및 블록게이지를 이용한다.

c) 고정도가 요구되는 측정은 온도영향과 대형 마이크로미터는 자중에 의한 휨을 고려해야 한다.

d) 측정값의 읽음은 공작물을 끼우고 라쳇 스톱을 공전시킨 후 눈금을 읽는다.

e) 회전 및 이동물체의 측정과 스핀들을 크램핑한 후 스냅 게이지용으로 사용을 금지한다.

f) 대형 마이크로미터에서 수평지지와 수직지지에 따라 측정값이 다르므로 주의한다.

⑥ 측정방법

영점이 확인된 마이크로미터 사용은 직접 손으로 들고 사용하거나 마이크로미터 스탠드에 장착하여 사용한다. 피측정물에 살짝 접촉되면 라쳇스톱을 일정 측정압이 되도록 "따르륵" 소리가 3회 정도로 한다.

⑦ 눈금 읽는 방법

a) 최소읽음값 0.01 mm 마이크로미터

슬리브의 읽음	8 mm	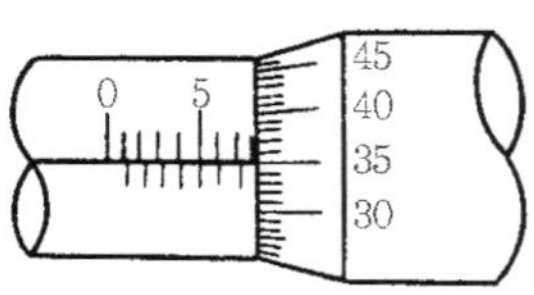
심블의 읽음	0.35 mm	
마이크로미터 읽음	8.35 mm	
슬리브의 읽음	7.5 mm	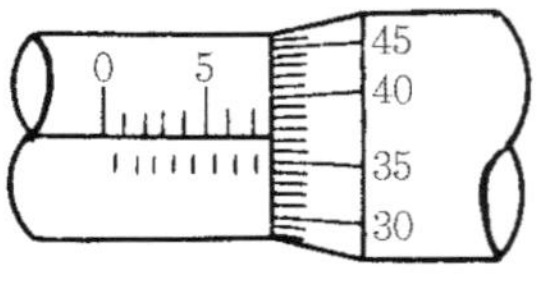
심블의 읽음	0.373 mm	
마이크로미터의 읽음	7.873 mm	

그림 3·36 0.01 mm 표준마이크로미터의 읽음

모 양	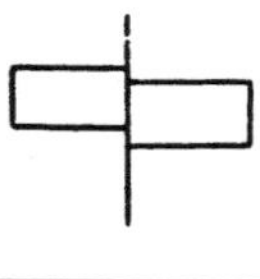	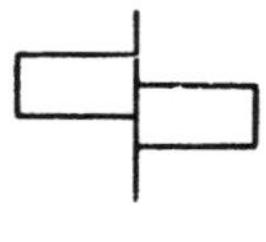	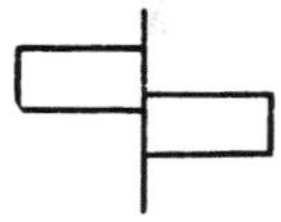	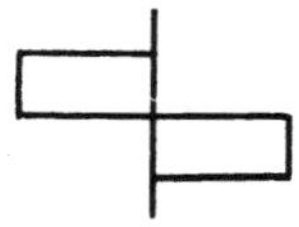
슬리브와 심블의 겹침 상태	3/4	1/2	1/4	맞닿음
읽음값	+0.5㎛	+1㎛	+1.5㎛	+2㎛

그림 3·37 눈금선 간격 나누어 읽는 법

b) 최소읽음값 0.001 mm 마이크로미터

슬리브 읽음	6 mm
심블의 읽음	0.21 mm
부척의 읽음	0.003 mm
마이크로미터의 읽음	6.213 mm

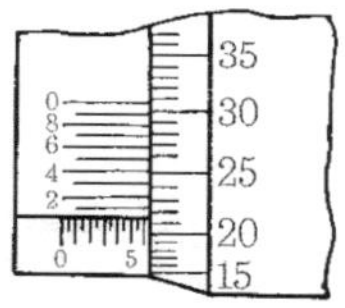

그림 3·38 0.001 mm 표준마이크로미터의 읽음

⑧ 보관 및 정도 관리

각 부분을 닦고 방청유를 도포한 후 클램프를 풀어 앤빌과 스핀들의 간격을 둔다. 장시간 앤빌과 스핀들을 접촉해 두면 녹이 발생되며, 나무 보관상자에 기준봉과 함께 직사광선을 피하여, 온도변화 및 진동이 없는 장소에 보관한다. 사용빈도와 제품정밀도에 따라 3~6개월에 1회 정도의 정기검사를 실시한다.

⑨ 외관 및 기능

a) 각 부분의 도장(塗裝), 도금막 이탈, 눈금각인 및 눈금의 결함이 없어야 한다.

b) 나사부 끼워맞춤은 전 행정에서 매끄럽고, 헐거움 및 조임 상태가 아니어야 한다.

c) 심블과 슬리브의 틈은 균일한 회전을 위해 심블 흔들림이 없어야 한다.

d) 슬리브의 눈금에 대해 심블의 정상에 읽음에 차이가 없어야 한다.

e) 라쳇 스톱이나 프릭션 스톱은 회전이 원활해야 한다.

f) 클램프 작동은 확실하고 사용에 있어 오차원인이 없어야 한다.

⑩ 평행도 및 평면도 검사

측정범위 : 0～25 mm	측정범위 : 25～50 mm
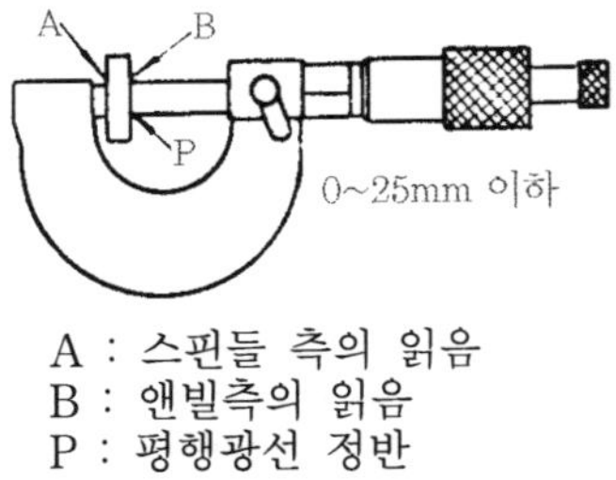	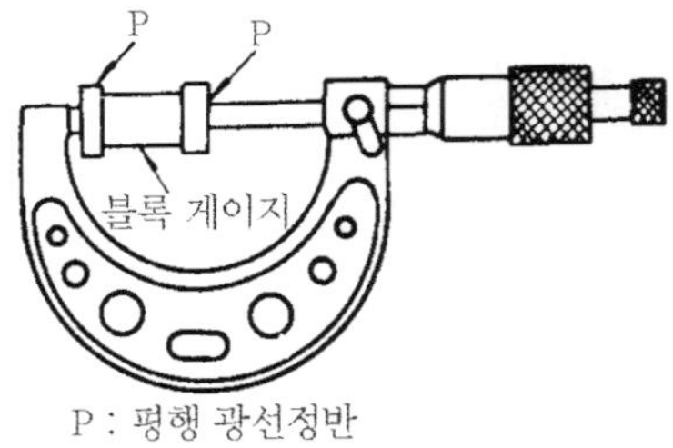

그림 3 · 39 마이크로미터의 평행도 측정

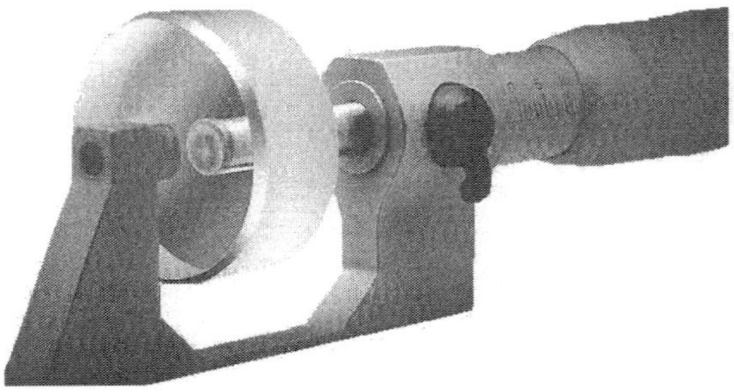

앤빌측	스핀들측	평면상태
		양면은 평면이고 평행상태
		양 면은 평면 무늬 2개 : 0.32μm×2=0.64μm 경사
	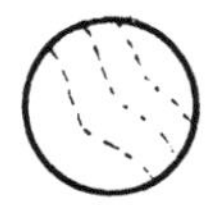	앤빌측 : 구면 상태 끝단부와 중앙부 사이 0.64μm 경사 스핀들측 : 곡면 상태 0.32μm×3=0.96μm≒1μm 경사
		앤빌측 : 구면 0.64μm 스핀들측 : 중앙부가 치우쳐짐

그림 3 · 40 마이크로미터의 평행도 측정

⑪ 검사사항

검사방식은 현장에 검사장비를 이동하여 검사하는 순회방식과 현장의 측정기를 검사 장소에 모아서 하는 집중방식이 있으며, 집중방식의 검사사항은 다음과 같다.

a) 끼워맞춤의 검사, b) 평면도 및 평행도 검사, c) 라쳇의 회전 검사, d) 클램프의 정지검사, e) 스핀들의 물림부와 나사부의 검사, f) 슬리브와 심블의 눈금 검사, g) 슬리브와 심블간의 간격 검사, h) 영점일치의 여부 검사, i) 피치의 검사, j) 기타 외관검사

(2) 내측 마이크로미터

내측 마이크로미터는 50 mm 이하의 측정에는 캘리퍼형과 50 mm 이상의 측정에는 봉형 마이크로미터 또는 구멍의 측정에 편리한 3점식 마이크로미터가 있다.

① 캘리퍼형 내측 마이크로미터

그림 2 · 41과 같이 죠(jaw)의 개폐에 따라 내측 또는 좁은 폭의 측정에 이용한다.

a) 구조 : 죠의 이동은 도관(導管)과 키(key)에 의하며 측정범위는 5~25 mm와 25~50 mm이다. 측정면 형상은 구멍측정에 적합한 작은 곡면반경으로 되어 선 접촉을 하며, 심블 및 슬리브 눈금은 외측 마이크로미터와 반대방향으로 치수가 기입되어 있다.

b) 정도 : 캘리퍼형 마이크로미터는 구조상 아베(Abbe)의 원리에 기초하여 외측용 마이크로미터보다 떨어지고 종합오차는 약 2배 정도이다.

c) 사용법 : 심블을 회전시켜 측정물에 죠를 삽입하고 라쳇 스톱(ratchet stop)을 조정하여 측정값을 읽는다. 구멍직경의 측정에는 내측용 캘리퍼스와 동일하게 하며, 눈금 읽음은 외측마이크로미터와 반대방향으로 되어 있어 읽음에 착오가 없도록 주의한다.

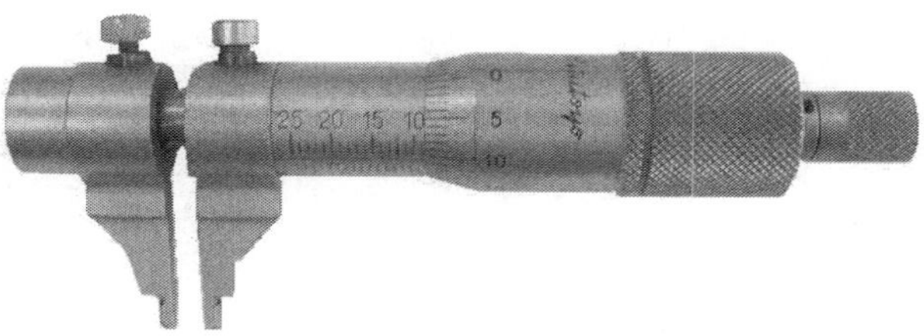

그림 3 · 41 캘리퍼형 마이크로미터

② 봉형(棒形) 내측용 마이크로미터

50 mm 이상의 큰 내경 측정에 사용되며 종류에는 단체형과 50~75 mm의 측정범위를 갖는 마이크로미터 본체에 로드(rod) 또는 파이프를 연결하여 넓은 측정영역을 갖도록 연결식형 마이크로미터가 있다(그림 3 · 42).

a) 구조 : 단체형은 측정범위 25 mm로 구분하여 50 mm부터 500 mm까지 표준규격으

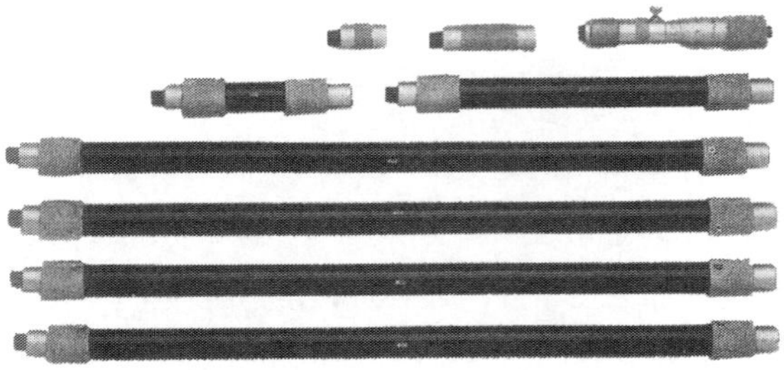

① 1개의 마이크로미터 본체와 기준봉을 내장하는 로드로 조합
② 광범위한 측정이 가능

그림 3·42 봉형 마이크로미터

그림 3·43 단체형 내측 마이크로미터

로 규정되며 1 m 정도까지 표준규격의 기준으로 제작된다.

심블측의 앤빌은 고정하고 다른 쪽 앤빌은 0.5~1 mm로 조정되도록 나사로 되어 록너트(lock nut)로 고정한다. 연결식형 마이크로미터는 본체와 세트(set) 번호에 의해 여러 치수, 교환 파이프, 로드가 한 조로 되어 있어 1개 또는 다수 개를 조립하여 사용한다.

b) 정도 : 종합오차는 외측 마이크로미터와 유사하나 연결할 때 접합 나사부분 또는 파이프 단면의 직각도에서 정도가 떨어진다.

c) 사용 방법 : 측정할 때는 기준링 게이지에 의해 기차의 유무를 확인하고 시차가 발생될 때 조정앤빌로 수정한다. 긴 공작물에 측정은 휨 변형의 영향을 고려하고 측정력 규제장치가 없어 내측퍼스와 같은 경험을 필요로 한다.

③ 삼점식 내측 마이크로미터

마이크로미터 본체에 직각으로 이동하는 3개의 측정자를 이용하여 둥근 내경측정을 고정도로 할 수 있도록 되어 있다.

a) 구조 : 3개의 측정자가 정밀나사 선단에 있는 테이퍼부에 의해 개폐된다. 구조상으로 측정범위가 좁고, 2~10 mm 정도로 보통 다수 개를 한 조로 생산된다. 또 암나사와 같이 피측정면의 형상에 따라 측정자를 교환할 수 있는 것이 있다(그림 3·44).

b) 정밀도 : 삼점식 내측 마이크로미터는 표준규격에는 규정되지 않지만 3μm 정도까지 있다.

그림 3·44 삼점식 내측 마이크로미터

c) 사용법 : 기차(器差)의 확인방법은 다른 종류와 같고 스프링에 의해 측정자가 복귀되므로 측정할 때 여러 방향에서 측정자를 접촉시켜야 한다.

(3) 기타 마이크로미터

마이크로미터는 종류도 많고 형상이 다양하며 중요한 마이크로미터의 특징에 대해 기술한다.

① 벤치마이크로미터(Bench Micrometer)(그림 3 · 45)

프레임이 안정성이 있는 스텐드로 되어 있고 심블에 눈금이 새겨진 외통도 일반 마이크로미터보다 커서 최소눈금을 작게 잡을 수 있다. 또한 측정길이를 임의로 변경되도록 심블대가 이동된다. 제품형상에 따라 측정압도 200 gf, 400 gf, 600 gf, 1000 gf로 변환된다.

② 깊이마이크로미터(Depth Micrometer)(그림 3 · 46)

슬롯(slot) 깊이, 미 관통의 구멍, 단(段)높이 측정에 깊이게이지와 동일하게 사용된다. 마이크로미터 헤드의 슬리브에 고정한 평면 베이스(base)로 되어 있고, 스핀들은 베이스에서 돌출 되어 있으며, 로드길이를 교환할 수 있게 되어 측정범위가 조정된다.

그림 3·45 벤치마이크로미터

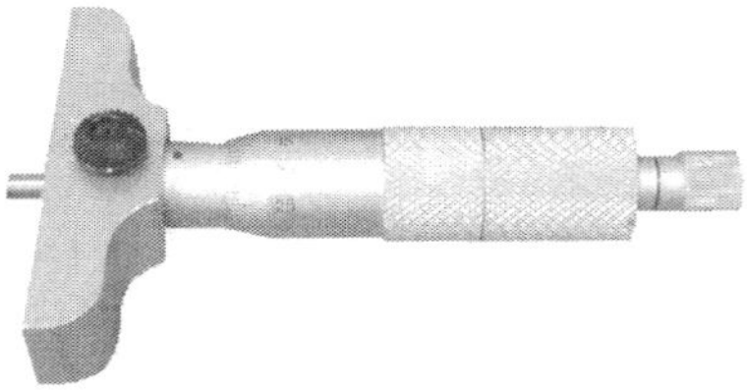

그림 3·46 깊이마이크로미터

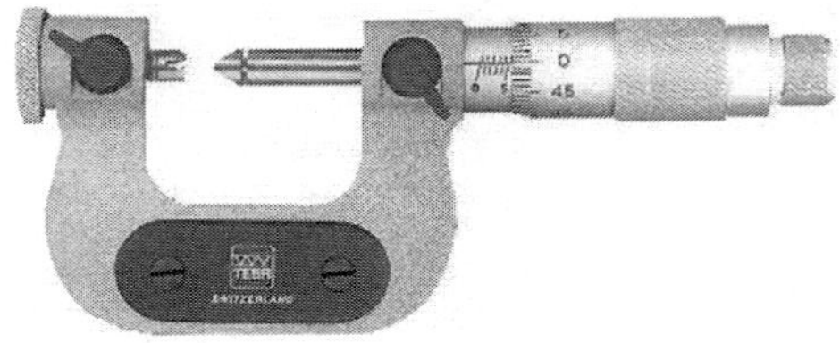

그림 3·47 앤빌교환식 마이크로미터

③ 슬라이드식 및 앤빌교환식 외측용 마이크로미터(그림 3·47)

1개의 마이크로미터에 의해 광범위하게 측정이 가능하며, 긴 앤빌을 각각 다른 치수의 커플러에 끼워 교환한다. 측정범위의 구분을 슬라이더식과 사용할 때마다 소요길이에 맞게 앤빌을 교환하는 앤빌교환식이 있다.

④ 한계게이지식 마이크로미터(그림 3·48)

1개의 프레임에 두 세트의 마이크로미터 헤드와 앤빌이 둘씩 부착되어 있는 것으로 외측에는 측정한계의 상한값을 내측의 마이크로미터는 하한값을 주어 한계게이지로 이용된다.

⑤ 지시마이크로미터(그림 3·49)

외측 마이크로미터의 앤빌측에 다이얼게이지가 부착된 것으로 걸림쇠보다 2 mm 정도 자유로 열려 스프링 힘으로 복원된다. 마이크로미터의 열림과 공작물의 치수 차를 다이얼게이지로 읽을 수가 있어 대량측정에 편리하다.

⑥ 지시식 마이크로미터(그림 3·49)

앤빌이 개폐되어 있어 지시부의 눈금보다 편차를 1~2μ 단위로 읽고 지침의 지시범위는 중앙을 영으로 하여 ±20μ이다. 앤빌과 스핀들의 열림은 블록게이지를 끼워 영(Zero)으로 맞추며, 지시범위는 중앙을 0으로 하여 ±80μ의 비교측정을 한다.

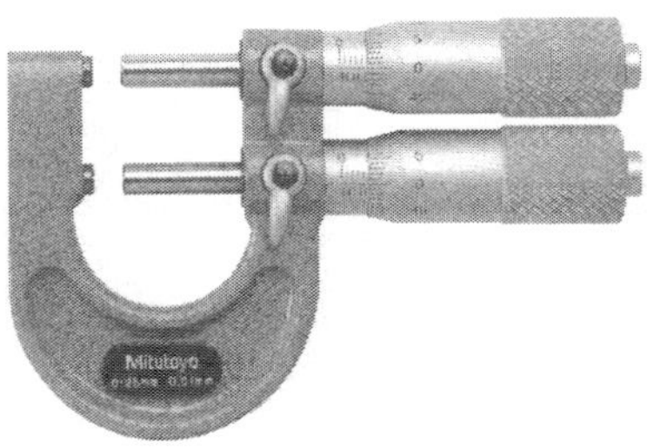

그림 3·48 한계게이지식 마이크로미터

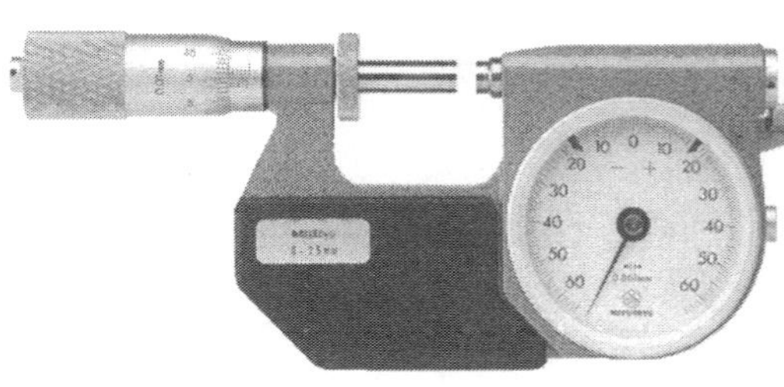

그림 3·49 지시마이크로미터

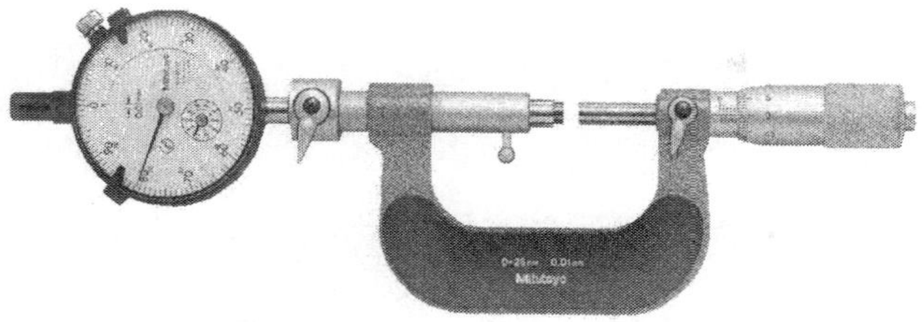

그림 3·50 다이얼게이지식 마이크로미터

⑦ 다이얼게이지식 마이크로미터(그림 3 · 50)

마이크로미터의 앤빌측에 다이얼게이지가 부착되어 광범위한 측정범위에서는 고정도 측정이 불가능하여 마이크로미터 헤드를 병용한다.

⑧ 나사마이크로미터(Screw Micrometer)(그림 3 · 51)

대략적인 나사의 유효지름 측정에 사용되며, 앤빌 중심의 형상이 V형, 스핀들 선단이 원뿔형으로 되어 있으며, 고정식과 앤빌 교환식이 있다.

⑨ V앤빌 마이크로미터(V-Anvil Micrometer)(그림 3 · 52)

기수 홈의 탭이나 리머의 외경측정에 사용된다. 3개의 홈과 5개의 홈이 있으며, 3개의 홈용은 1～100 mm의 7종, 5개의 홈용은 5～105 mm 5종의 기준게이지가 달려 있다.

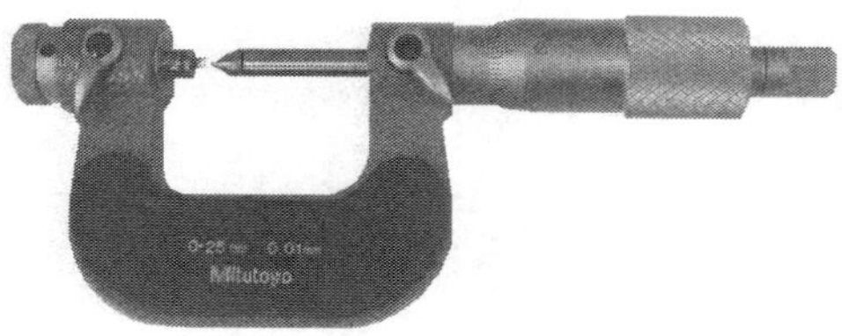

그림 3 · 51 나사 마이크로미터

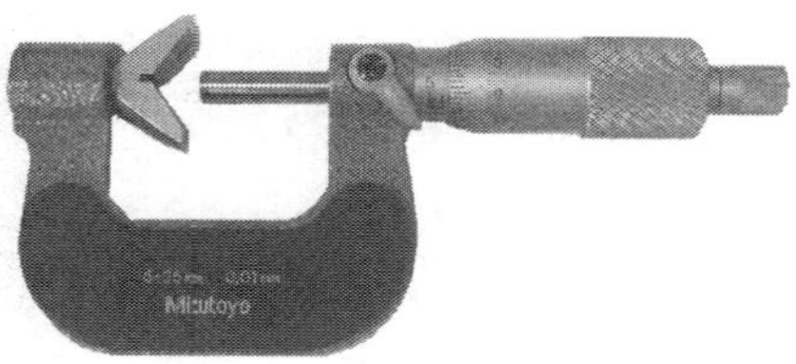

그림 3 · 52 V앤빌 마이크로미터

⑩ 포인트 마이크로미터(Point Micrometer)(그림 3 · 53)

앤빌과 스핀들의 끝이 원뿔형으로 마이크로미터로서 드릴의 홈, 지름과 같은 골지름 측정에 사용된다. 측정자 선단의 각도는 15°, 30°, 60°이 있고, 측정범위는 0～25 mm에서 75～100 mm이며 최소눈금은 0.01 mm이다.

⑪ 이두께 마이크로미터(gear tooth micrometer)(그림 3 · 54)

보통형 마이크로미터의 스핀들과 앤빌 선단에 접시형 원판이 부착되어 기어의 2매 이상을 물려 측정할 수 있다.

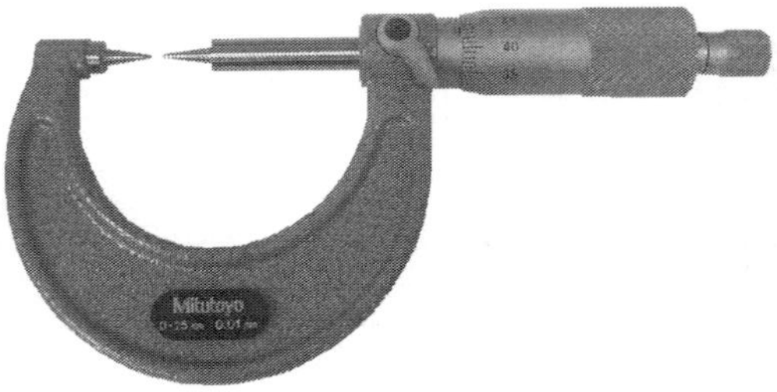

그림 3·53 포인트마이크로미터

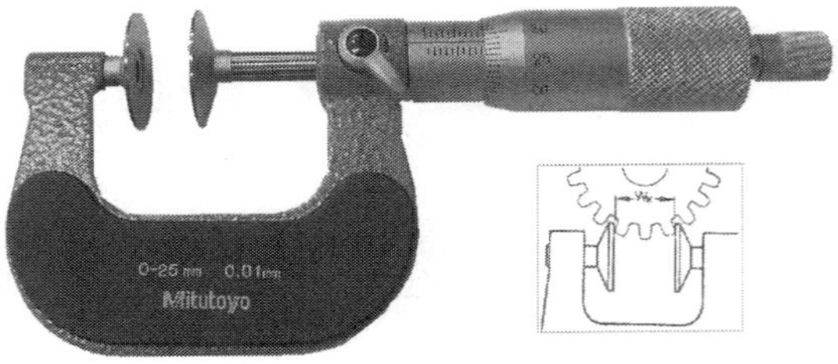

그림 3·54 이두께 마이크로미터

3.4 측장기(測長機, length measuring machine)

측장기는 고정도의 기계부품, 게이지류의 외경, 내경, 각도, 기어 및 정밀나사의 미소 길이 등의 능률적인 측정에 이용된다. 재물대로서 테이블의 이동량을 테이블에 설치한 측미현미경으로 기기내부의 표준자와 상대이동량을 읽어 측정물의 길이를 구한다. 측장기는 1축용의 측장기와 X축, Y축의 만능측장기가 있다. 측정범위는 좌우방향 400~500 mm, 전후방향 150~200 mm로 측정범위가 좁으며, 눈금은 1~0.1 μm 정도이다.

표준척과 읽음 현미경을 이용하여 0.001 mm 읽음의 내외의 제품측정이 250 mm까지 가능하여 각종 부속품의 측정에 다용도적이며, 고정도로 측정이 가능하다. 그림 3·56 (a)는 읽음 현미경의 광학계, (b)는 접안경상에 부착된 스크린상에 나타나는 영점지시 상태, (c)는 148.6825 mm의 측정값을 나타낸다.

그림 3·55 측장기의 형상

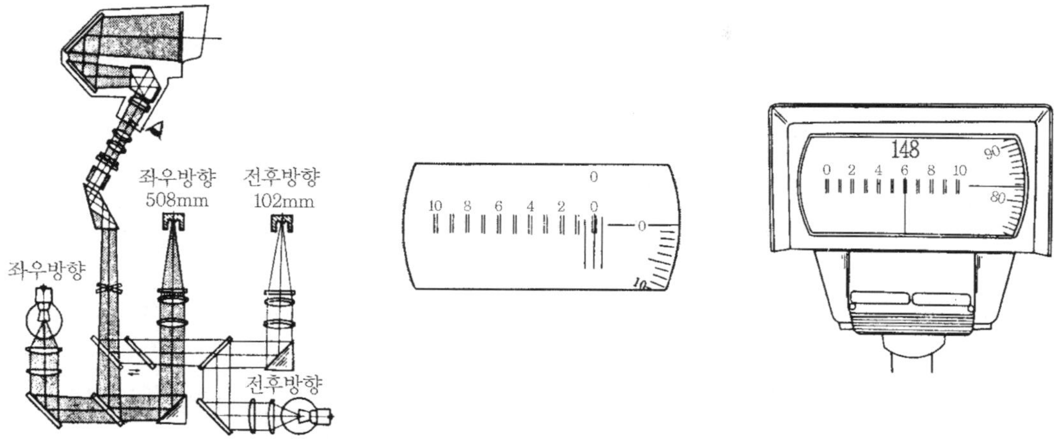

(a) 읽음현미경 광학계 (b) 영점 지시 (c) 광학계 시야(148.6825mm)

그림 3 · 56 현미경 광학계와 광학계 시야

한편 그림 3 · 57 (a)는 부속품중 지지대를 사용한 외경측정, (b)는 평면 재물대를 사용한 외경측정을 나타낸다. SIP형 만능측장기(Physique사)는 왕복대에 있는 표준자가 측정 축상에 있고 2개의 측미현미경을 갖는다. 또한 508 mm의 표준자가 있고 0~500 mm는 좌측의 측미현미경, 500~1016 mm는 우측의 측미현미경을 이용하며, 길이 1 mm 눈금의 표준자를 최소눈금 0.5μm까지 읽을 수 있도록 되어 있다.

(a) 지지대를 사용한 외경측정 (b) 평면 재물대를 사용한 외경측정

그림 3 · 57 만능측장기 이용제품 측정

제4장

컴퍼레이터

4.1 개 요

4.1.1 일반사항

(1) 컴퍼레이터(comparator)의 형식

보통 비교측정기를 컴퍼레이터라 하며, 블록게이지 또는 표준게이지를 기준으로 피측정물과의 형상, 치수를 비교하여 그 편차에서 치수의 크기 및 형상의 합부판정을 하거나 기준게이지 치수에서 간접적으로 측정값을 구한다. 고정도 측정이 가능하나 측정범위가 좁고, 확대기구에 따라 기계식, 광학식, 유체식, 전기식으로 분류된다. 컴퍼레이터의 형식은 기기의 구조, 변환방식, 확대기구, 정밀도 등에 따라 분류된다.

(2) 사용 방법

측정은 다이얼게이지와 동일하게 블록게이지의 치수조합이나 표준게이지에 맞추어 비교측정을 한다. 컴퍼레이터는 다이얼게이지보다 고정도(高精度) 및 고감도이므로 취급에 있어 주의해야 할 점이 많다. 또한 환경변화가 적은 항온항습(恒溫恒濕)이 유지되는 표준실에서 사용해야 한다.

① 측정기, 피측정물, 표준편의 돌기 및 이물질(異物質)을 제거한다.

② 전원을 사용하는 측정기는 사용 전에 전원을 켜둔다.

③ 피측정물 치수와 유사한 표준편을 준비하거나 블록게이지를 치수조합하여 기준치

수를 만든다.

④ 측정기 제조사의 설명서에 따라 영점조정을 한다.

⑤ 피측정물과 표준편의 영점에서 변위되는 치수차를 가감하여 측정값을 구한다.

4.2 기계식 컴퍼레이터(機械式 Comparator)

4.2.1 개 요

기계식 컴퍼레이터는 견고하고 취급이 용이하며, 지침과 눈금으로 측정값을 읽는다. 연속적인 변위량의 측정, 다원측정 및 보조기구를 사용함에 따라 광범위한 측정이 가능하나 운동부분이 많고 마찰과 백레시(back lash)로 인하여 정도가 낮다. 지침측미기(指針測微器)는 지침회전이 1회전 미만으로 측정범위는 ±0.1 mm 정도이다.

기계적 컴퍼레이터의 확대기구는 레버, 기어, 레버와 기어, 평행박편, 비틀림 박편이 있으며, 관련되는 대표적인 측정기는 미니미터(minimeter), 올도테스터(orthotest), 메커니컬 컴퍼레이터(mechenical comperator), 미크로케이터(microkator)가 있다.

표 4·1 지침측미기의 정도

스템의 직경	지시값	지시오차	후퇴오차
8 mm	50 μm	±1 μm	0.5 μm 이하
	50 μm 초과 100 μm 이하	-	
8 mm 초과	50 μm 이하	±0.5 μm	0.3 μm 이하
	50 μm 초과 100 μm 이하	±1 μm	

4.4.2 단일지레 이용한 확대기구(미니미터, minimeter)

지레를 이용한 확대기구에는 단일지레식과 복합지레식이 있으며, 그림 4·1은 단일지레식의 기구를 나타내며 그림에 있어 확대율 m은 다음과 같다.

$$m = \frac{L}{l} \tag{4·1}$$

l=0.2 mm, L=100 mm로 하면 m=500배로 된다. 일반적으로 지레비에 따라 확대율 100~1000배, 측정범위는 ±0.02~0.03 mm 정도로 좁고, 구조가 간단하여 과거에는 널리 사용되었으나 현재에는 거의 사용되지 않고 있다. 기존 미니미터(minimeter)는 최소

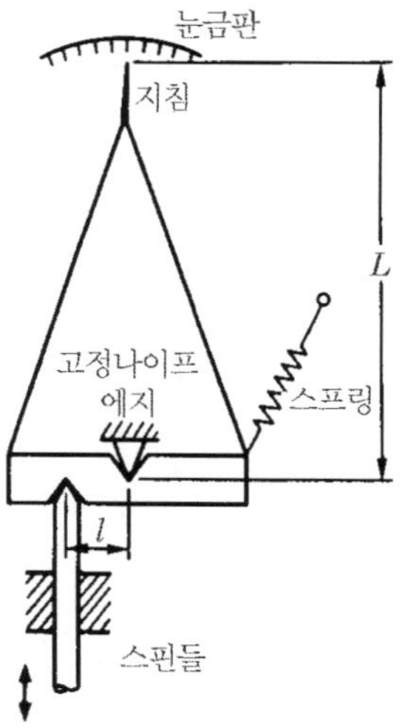

그림 4·1 단일지레식 확대방식

눈금 1μm, 배율 1000배, 측정범위 ±30μm이다.

4.2.3 지레와 기어를 이용한 확대기구(올도테스트, Orthotest)

미소변위량을 제1단계 지레로 확대하고 기어에 의해 제2단계 또는 제3단계 확대기구가 사용된다. 확대기구는 그림 4 · 2에는 확대기구 구조와 외관을 나타내며, 이 기구의

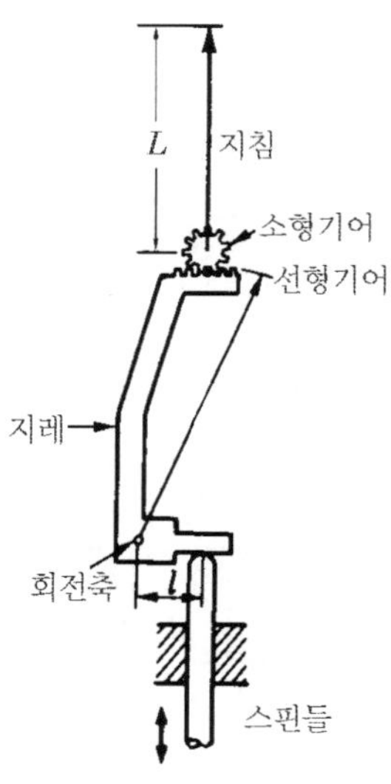

(a) 확대기구

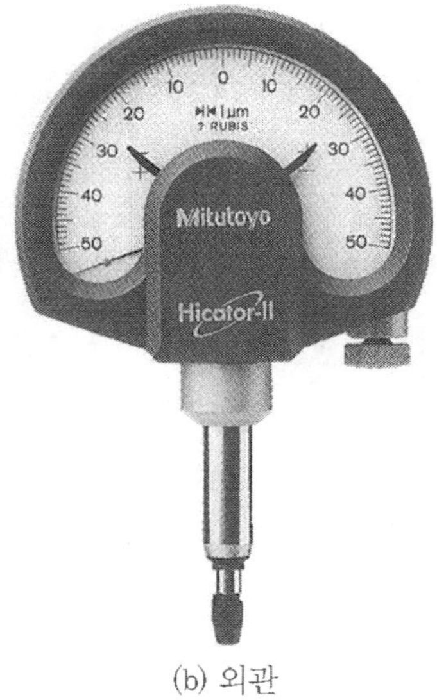

(b) 외관

그림 4·2 지레-기어식 확대기구

확대율 m은 다음과 같다.

$$m = \frac{R}{l} \cdot \frac{L}{r} \qquad (4 \cdot 2)$$

눈금량은 10~0.5μm이고 측정범위는 지레식 확대기구와 비교하면 넓은 범위가 얻어진다. 눈금량 1μm, 측정범위 ±0.05mm로써 단일지레식이 이용된다. 기존의 기기는 Milliness(Mahr사) 최소눈금 1μm, 측정범위 ±100μm가 있다.

4.2.4 비틀림 박판을 이용한 확대기구(미크로케이터, mikrokator)

탄성변형을 이용한 확대방식으로 비틀림 박편의 확대원리를 그림 4·3(a), 확대기구 구조는 그림 4·3(b)에 나타낸다. 장방형 구멍이 있는 인청동 박편중심에 경량의 지침이 고정되어 있다. 그림과 같이 변위량에 따라 측정스핀들이 위쪽으로 이동하면 박편을 중심으로 각각 좌우에서 반대방향으로 비틀리고 인장되어 중앙부 지침은 회전하게 된다.

이 횡 방향의 변위량과 비틀림 박편의 회전각의 관계는 박편 치수, 재질, 비틀림 피치 등으로 결정된다. 확대기구에서 확대율이 구해지며, 그림에서 비틀림 수를 n이라 하면 다음과 같은 관계식을 갖는다.

$$L^2 = l^2 + (n\pi b)^2$$
$$dn = \frac{-l}{n(\pi b)^2 dl} \qquad (4 \cdot 3)$$

지침 길이 : R, 지침 지시값 : dR이라 하면

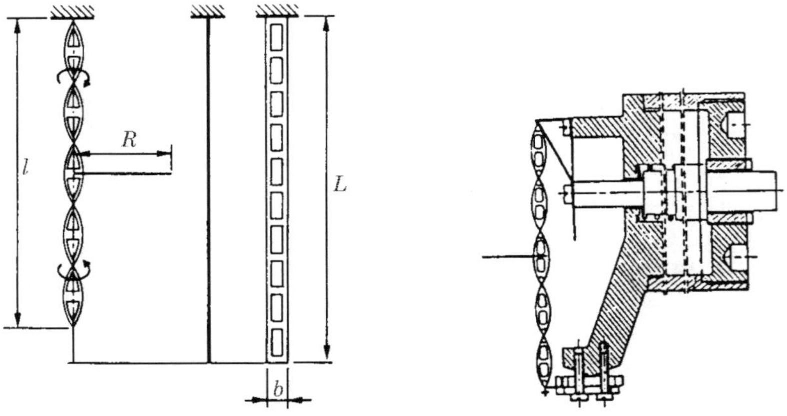

(a) 비틀림 박편의 확대원리 (b) 확대기구

그림 4·3 탄성변형을 이용한 확대기구

$$dR = -\frac{2lR}{\pi b^2 n}dl \qquad (4 \cdot 4)$$

기계적 확대방식의 측정기 중에 정도, 감도, 내구성이 높게 평가되고 있으며, 기존의 제품은 요한슨(Johansson)사의 최소눈금 5μm~0.02μm, 측정범위 ±200μm~±1μm, 정밀도 ±1%~±2.5%가 있다.

4.2.5 기어를 이용한 확대기구(다이얼게이지, dial Gauge)

표준형 최소눈금이 0.01 mm인 다이얼게이지는 스핀들에 가공된 랙(rack)의 직선운동에 대해 이에 물리는 피니언기어(pinion gear)에 의해서 회전운동으로 변환되어 미소길이변화량이 확대된다.

$$\text{눈금} = \frac{\text{랙 피치}\times\text{피니언 잇수}}{\text{눈금판 눈금수}\times(\text{피니언 기어잇수}/\text{지침피니언 잇수})} \qquad (4 \cdot 5)$$

$$0.01\text{ mm의 경우는 눈금} = \frac{0.625\times16}{100\times(120/12)} = 0.01\text{ mm}$$

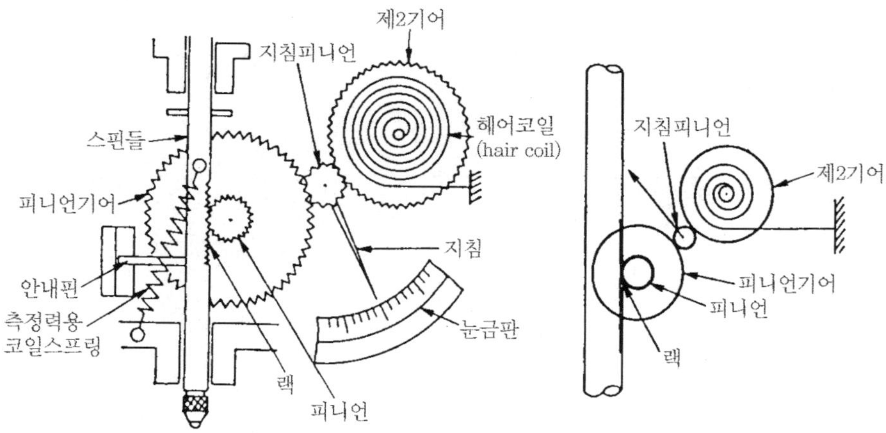

그림 4·4 확대기구

4.3 전기식 컴퍼레이터(電氣式 comparator)

4.3.1 일반사항

전기식 컴퍼레이터는 변위량을 전기량으로 변환·증폭하여 지시하는 방법이다. 능동

표 4·2 전기마이크로피터

번호	항 목	아날로그형 전기마이크로미터		디지털 전기마이크로미터	
		적용 눈금량 (μm)	허용차 눈금	적용 최소 표시량(μm)	허용차 (digit)
1	기 차	0.01, 0.1, 0.2	±1	0.01, 0.1, 1	±(유효지시 범위의 1%+1)
		0.5 이상	±0.5		
2	반복성	모든 눈금량	±0.5	0.1	±(유효지시 범위의 0.2%+2)
				1	1
3	지시의 안정성	모든 눈금량	±1	0.1, 1	2
4	연산 오차	0.1, 0.2	±1.5	0.1, 1	±(연산범위의 2%+1)
		0.5 이상	±0.8		
5	교류전원전압의 변동에 지시의 영향변동 특성	모든 눈금량	±0.3	0.1, 1	±(유효지시 범위의 0.2%+1)
6	0점의 어긋남	감도 절환할 수 있는 모든 눈금량	±1	감도 절환할 수 있는 것, 0.1, 1	1

번호	항목	적용 범위		허용값
7	측정력	플런저식 검출기	측정력 0.5 N(약 50 grf) 미만	호칭값의 ±30%
			측정력 0.5 N(약 50 grf) 이상	호칭값의 ±30%
		지렛대식 검출기	측정력 0.1 N(약 10 grf) 미만	호칭값의 ±30%
			측정력 0.1 N(약 10 grf) 이상 측정력 0.3 N(약 30 grf) 미만	호칭값의 ±30%
			측정력 0.3 N(약 30 grf) 이상	호칭값의 ±30%
8	응답시간	아날로그 표시형 전기마이크로미터 디지턱 표시형 전기마이크로미터		1초 이하
9	영점조정범위	아날로그 표시형 전기마이크로미터		최고 감도영역에서의 지시범위 이상
		디지털 표시형 전기마이크로미터		40디짓 이상
10	절 연	상용전원을 사용하는 것		1 MΩ 이상
11	내 압	상용전원을 사용하는 것		1분 이상

량인 전기신호에서 자동제어로 이용하거나 컴퓨터와 연결하여 필요한 정보를 얻는 시스템에 이용된다. 측정량 변환방식에 따라 유도형, 저항형 및 용량형이 있고, 이에 관련되는 측정기는 볼로미터, 엘렉트로리미트 컴퍼레이터, 전기마이크로미터, 전자관식 측미기가 있다.

전기식 컴퍼레이터 특징은 큰 확대율과 기계부분이 구조가 간단하며 원격조작이 용이하다. 또한 자동제어 및 기록이 다른 컴퍼레이터보다 유리하다. 전압 및 주파수변동은 측정값 오차발생 요인이 되며, 측정기의 지시값 안정에 시간이 소요된다. 정도는 KS에서 규정하며, 보통 눈금량 0.2～0.5μn, 지시범위 ±10～±100μm가 많다.

4.3.2 전기유도 변환형

유도형인 차동변압기(Differential Transformer)는 전기마이크로미터로 널리 이용되며 정밀도, 안정도, 직선성에서 우수하다. 그림 4·5와 같이 1차코일과 2개의 2차코일 및 측정량 편차에 따라 이동되는 코어로 구성된다. 1차코일에 교류전압을 가하여 여자(勵磁)하면 2차코일에는 E_1, E_2 전압이 유기(誘起)된다.

코어위치에 따라 2차코일에 각각과 비교되는 자속수(磁束數)가 변하여 그림 4·6의 출력특성과 같이 E_1, E_2도 변화한다. 2차코일은 극성을 직렬 접속되어 있어 E_1-E_2가 출력되며, 광범위한 직선성이 얻어지고 전기식 확대장치에서 길이단위로 변환한다. 전기마이크로미터는 그림 4·7과 같이 레버형과 플런저형 검출기가 있어 측정조건에 맞는 검출기를 선택하여 사용할 수 있다.

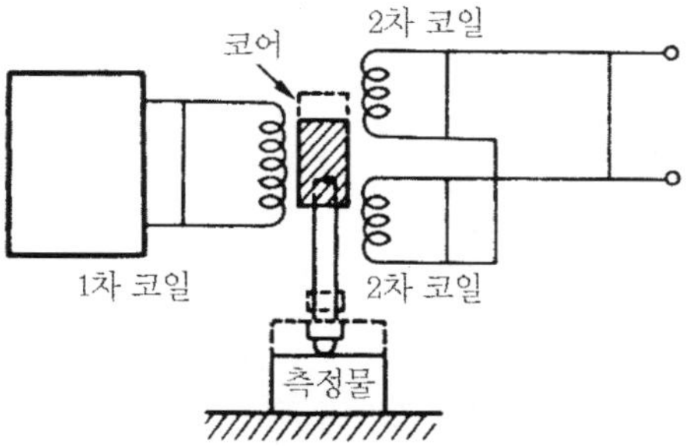

(a) 원리

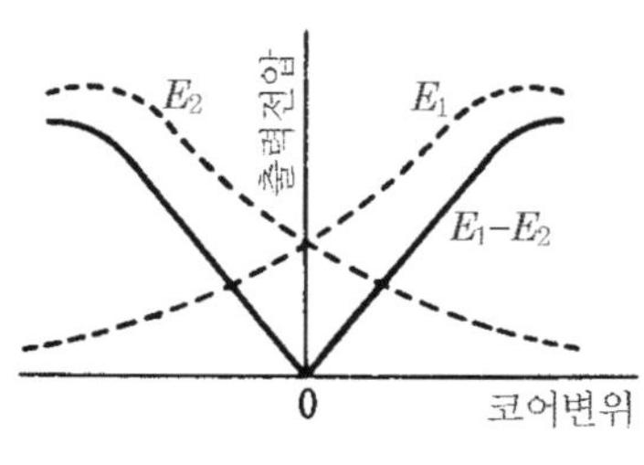

(b) 출력특성

그림 4·5 차동변압기의 원리

(a) 아날로그식 (b) 디지털식

그림 4·6 전기마이크로미터

(a) 레버형 (b) 플런저형

그림 4·7 전기마이크로 미터의 검출기

4.3.3 전기저항 변환형

스트레인게이지의 저항선을 변환부에 부착하여 변위량을 검출하는 방식이다. 즉, 변위체에 부착된 저항선의 저항은 식 (4·6)과 같다.

$$R = \rho \frac{l}{A} \tag{4·6}$$

여기서, ρ : 비저항, l : 도선길이, A : 단면적이며, 변위량에 따라 저항선 길이와 단면적은 변화하므로 저항값도 변화한다. 즉, 그림 4·8(a)와 같이 가동스핀들의 변위량을 브리지회로에서 미소변위에 따른 저항으로 증폭된다. 기계적인 마찰부가 없고 마모에 의한 열화가 없어 안정적이고 감도, 직선성, 안정성이 우수하며 측정범위의 전환이 쉽다.

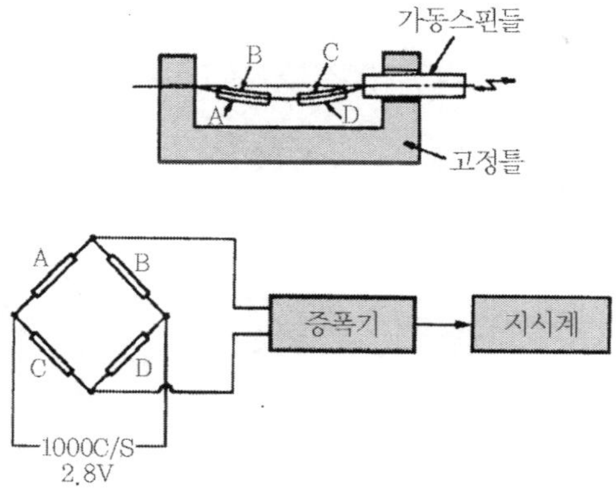

(a) 저항형 접착식

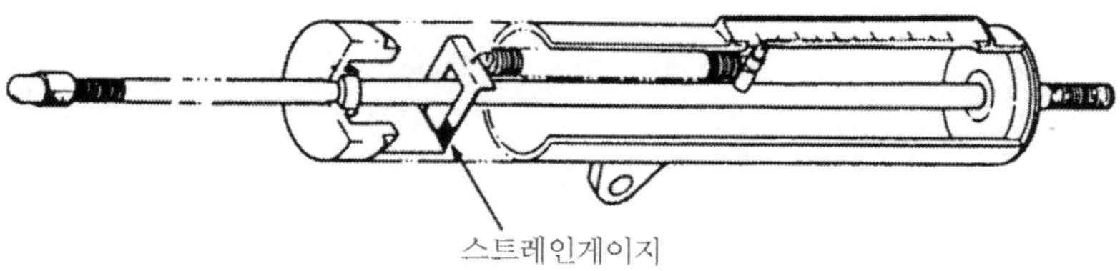

(b) 스트레인게이지식 측정기

그림 4·8 저항식 변환형

4.3.4 정전용량 변환형

(1) 대향판(對向板) 거리변환형

변위량을 정전용량으로 변환하는 정전용량형은 그림 4·9와 같다. 미소 변위량을 대향(對向)하는 판의 간격으로 변화시켜 정전용량을 변화시킨다. 그림 4·9에서 정전용량 $C(F)$는 식 (4·7)과 같다.

$$C = \varepsilon \frac{A}{t} \qquad (4 \cdot 7)$$

여기서, A : 극판의 대향면적 [cm^2], t : 극판거리 [m], ε : 극판 사이의 유전율(誘電率)이다.

ε과 A를 일정하게 하고 d를 변화시키면 정전용량 C는 그림 4·9와 같이 변화한다. d의 미소변위에 대한 C의 변화를 구하면 식 (4·8)과 같다.

$$\Delta C = \frac{\varepsilon A}{d^2} \Delta d \qquad (4 \cdot 8)$$

식에서 d가 작을수록 감도는 높게 되나, 직선변환의 회로에 의해 감도를 일정하게 하

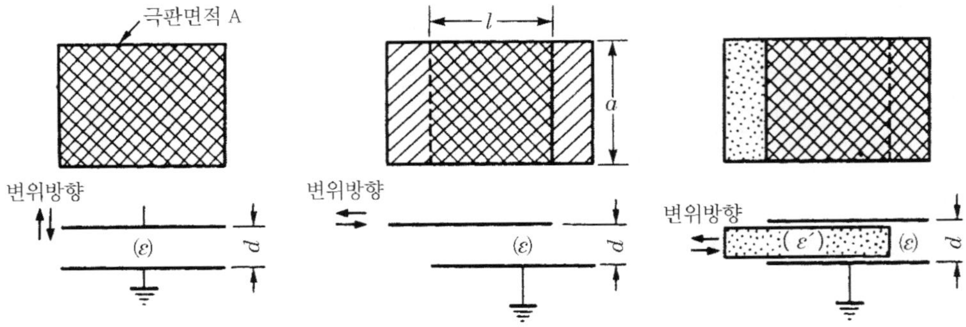

(a) 대향판 간격변위형 (b) 대향판 면적변위형 I (c) 대향판 면적변위형 II

그림 4·9 각종 정전용량의 변화

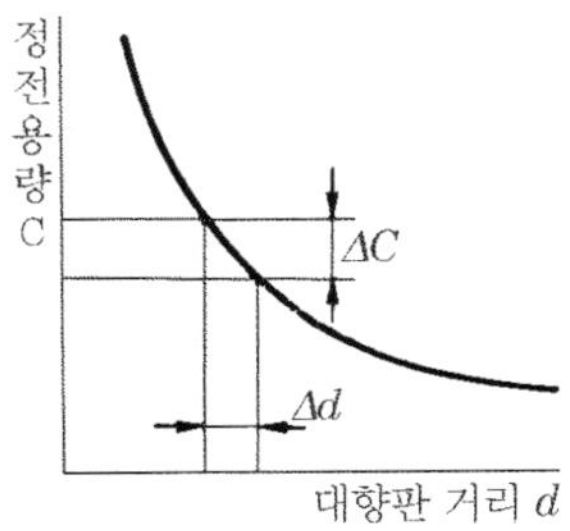

그림 4·10 d와 C의 관계

여 실용화되어 있지만 측정범위가 좁은 것은 어쩔 수 없다.

(2) 대향판 면적변위형

그림 4 · 9 (b), (c)와 같이 대향판 면적변위형은 전극이 겹치는 중복면적 ($a \times l$)의 변화, 즉 a를 일정하게 하고 l의 변화에 의한 정전용량 C의 변화를 구하면 식 (4 · 9)로 된다. 단, ε와 d는 일정하게 한다.

$$C = \varepsilon \frac{al}{d} \tag{4 · 9}$$

l의 변화에 대해 C는 그림 4 · 10과 같이 직선적으로 변화하며 l의 감도가 증가된다. l가 작고 미소변화상태로서 t의 변화에 따른 특성을 이용하면 측정범위는 넓게 되고 측정기기로서 최적인 상태가 된다.

이 원리를 이용한 측정기는 그림 4 · 12에서 디지털식 버니어캘리퍼스와 그의 원리를 그림 4 · 13에 나타냈다. 버니어 캘리퍼스의 본척에 일정간격으로 배열된 평면전극의 수신전극(main scale)과 슬라이더 측에 4개 1조의 평면전극을 수 개조 붙인 송신전

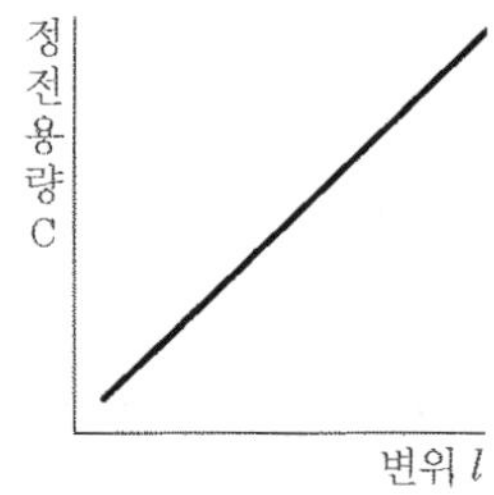

그림 4·11 l과 C의 관계

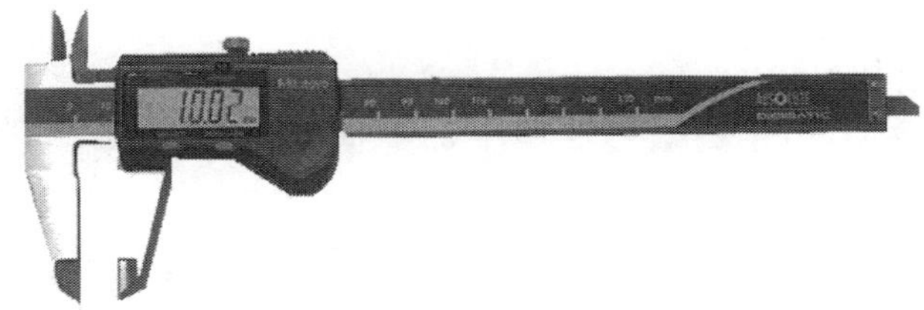

그림 4·12 디지털식 버니어캘리퍼스

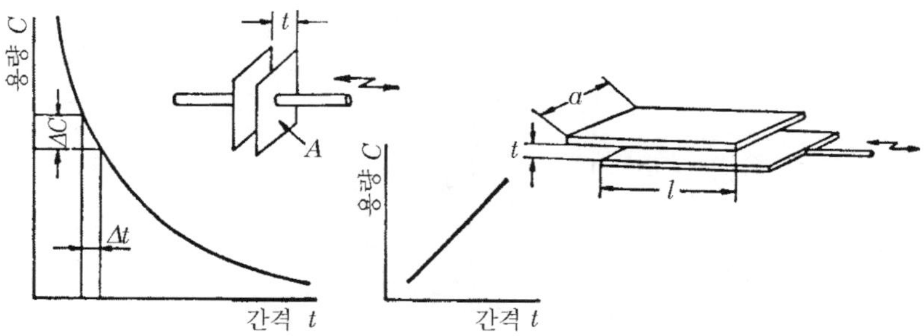

(a) 전극판 간격 변화법 (b) 전극판 대향 면적 변화법

그림 4·13 정전용량 스케일식 리니어게이지의 검출부

극이 마주보도록 배치되어 있다. 슬라이더 이동에 따른 정전용량의 변화를 검출하여 측정량을 구한다.

(3) 동심원통의 전극방식

동심을 이루는 두 원통을 전극으로 이용하는 방식은 그림 4·14와 같고 내부원통의 바깥반경을 a, 외부원통의 내측반경을 b라 하면 정전용량 C는 다음과 같다.

$$C = \frac{2\pi\varepsilon l}{\log(b/a)} \tag{4·10}$$

이 방식도 l의 변화에 대해 C는 직선적으로 변화하며, 이 특성을 이용한 측정기는

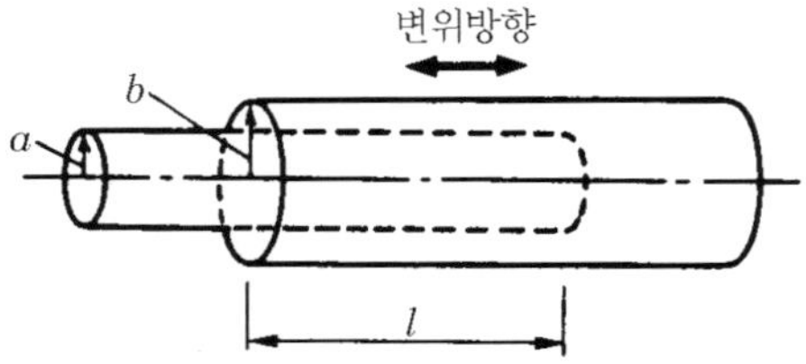

그림 4·14 동심원통 전극방식

측정범위 25 mm, 정도 1.5 μm, 반복정밀도 0.1 μm 정도를 갖는 측정기가 있다.

(4) 와전류식(渦電流式)

검출코일에 고주파의 전류를 흘려 피측정물에 접근시키면 코일축심에 직각으로 발생한 교류자계(H_c)는 피측정물을 관통시킬 경우 와전류 I가 흘러 H_c에 반항하는 자계(H_r)가 발생한다. 이것은 검출코일의 인덕턴스를 변화시키며, 그 변화율은 코일과 피측정물 간격 D와 재질로 결정된다. 이를 이용한 측정기는 비접촉식 측정기로서 측정범위 0.5 mm, 최소분해능 2.5 μm의 성능을 갖는다.

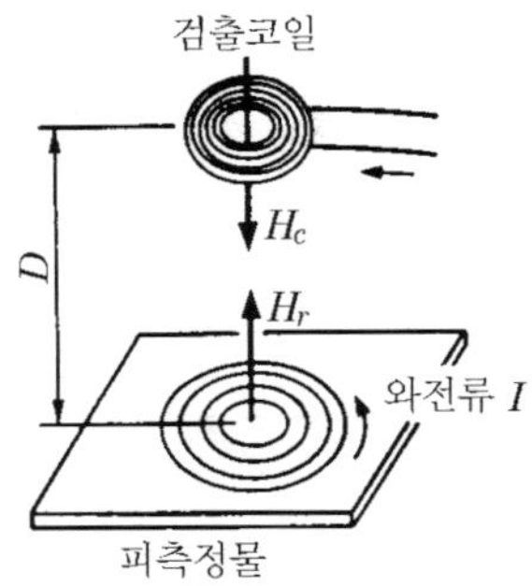

그림 4·15 와전류의 원리

4.4 광학식 컴퍼레이터(光學式 Comparator)

4.4.1 일반사항

광학식 콤퍼레이터(光學式 comparator)는 피 측정물에 빛을 비추어 그 반사광을 광전소자로 받아 전기량으로 변환하거나 빛이 닿을 때 음영을 수광소자(受光素子)로 받는 방식이다.

변위량을 빛으로 파악하여 전기량으로 변환하여 제어요소 및 계측요소로 사용하며, 가동부분이 적고 고정도로서 관성이 적은 특징을 갖는다.

4.4.2 빛의 반사를 이용한 방식

그림 4 · 16은 반도체 레이저를 광원으로 측정면 A, B에 조사(照査)된 레이저빔을 반사시켜 수광렌즈를 통해 광검출소자 a, b에 결상(結像)시킨다. 광(光) 검출소자는 그림 4 · 17과 같이 PSD(Position Sensing Device)와 CCD(Charge Coupled Device)가 실용화되어 있다.

(1) PSD 검출소자 이용의 원리

PSD는 그림 4 · 17과 같고 실리콘의 기판표면에 균일한 저항층이 형성되어 있다. PSD에 빛이 입사되면 입사위치에는 빛 에너지에 비례한 전하가 발생하고, 광전류로서 저항층을 통해 전극으로 출력된다. PSD 중심에서 x의 위치에 빛이 입사된다.

전극 Ⅰ, Ⅱ에서 흐르는 출력전류 I_1, I_2는 다음과 같다.

$$I_1 = \frac{L-x}{2L} I_0$$

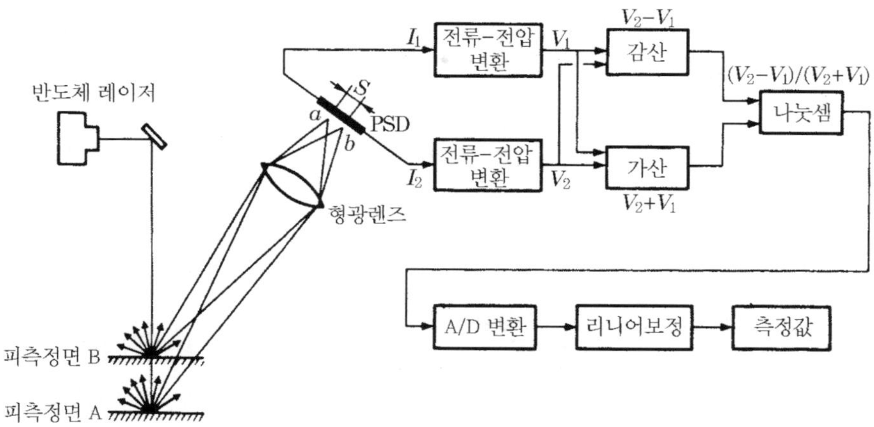

그림 4 · 16 측정 원리

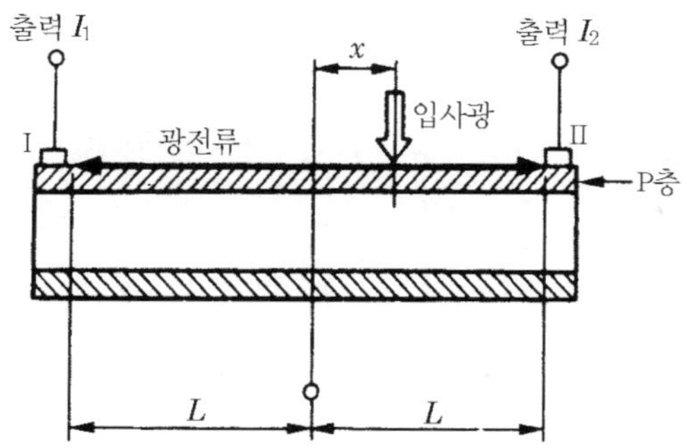

그림 4 · 17 PSD의 원리

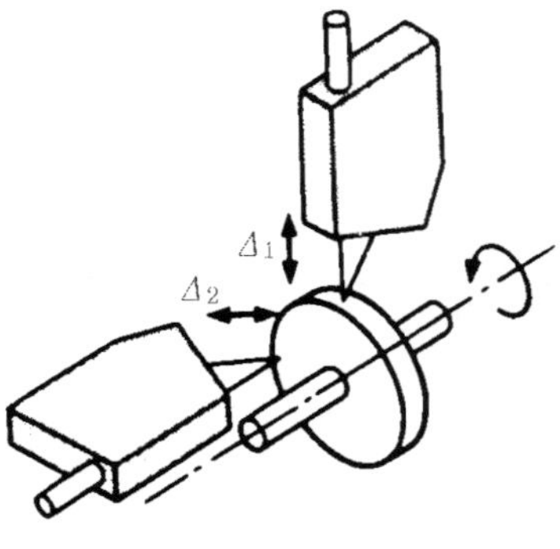

(a) 회전체의 흔들림 측정

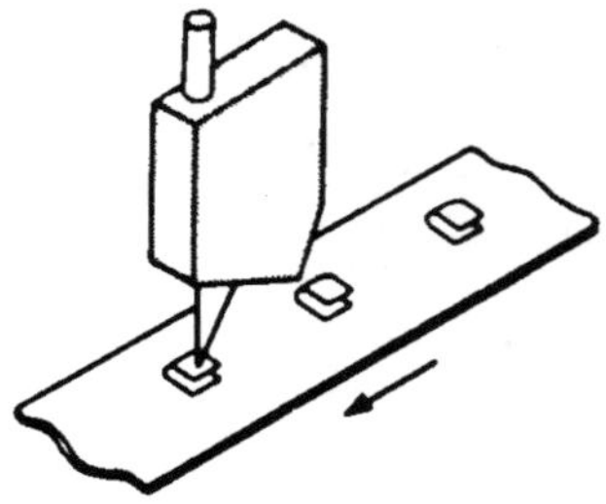

(b) 높이의 연속측정

그림 4·18 응용 예

$$I_2 = \frac{L+x}{2L} I_0 \quad (I_0 = I_1 + I_2) \qquad (4\cdot11)$$

전류-전압변환하여 V_1과 V_2로 하면 다음과 같다.

$$V_1 = KI_1 = K\frac{L-x}{2L} I_0$$

$$V_2 = KI_2 = K\frac{L-x}{2L} I_0 \quad (K\text{는 정수})$$

여기서 x를 구하면 다음과 같다.

$$x = \frac{V_2 - V_1}{V_2 + V_1} L \qquad (4\cdot12)$$

PSD에서의 출력전류 I_1, I_2에서 식 (4·12)로부터 입사위치 x가 구해진다. 최소표시량 2μm, 측정범위 8mm의 성능을 가진 제품이 사용되고 있으며 그 응용 예는 그림 4·18과 같다.

(2) CCD 검출소자를 이용한 원리

CCD를 이용한 측정기의 원리를 그림 4·19에 나타냈다. 피측정물이 앞뒤로 이동하면 그에 대응하여 결상렌즈로 만들어진 반사점의 상은 미세화된 소자의 집합체인 광검출소자(CCD)상으로 이동하고 빛이 수광면의 어느 위치에 입사했는가를 전기출력으로 연산회로에 전달한다.

(3) 빛의 음영을 이용한 방식

레이저광의 직선성을 이용한 것으로 그림 4·20이 그의 원리이며, 레이저 발진기에

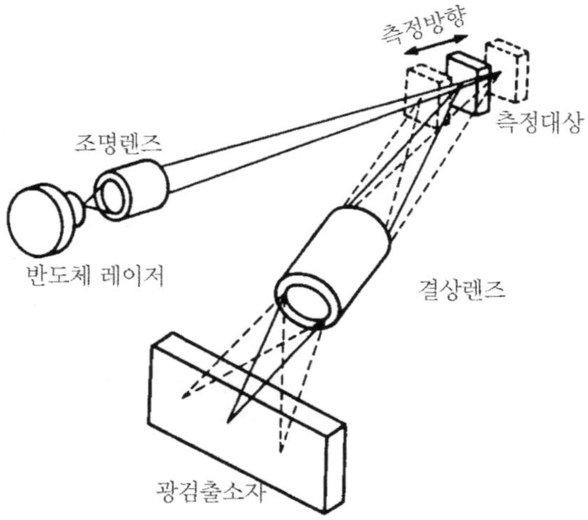

그림 4 · 19 CCD를 이용한 측정원리

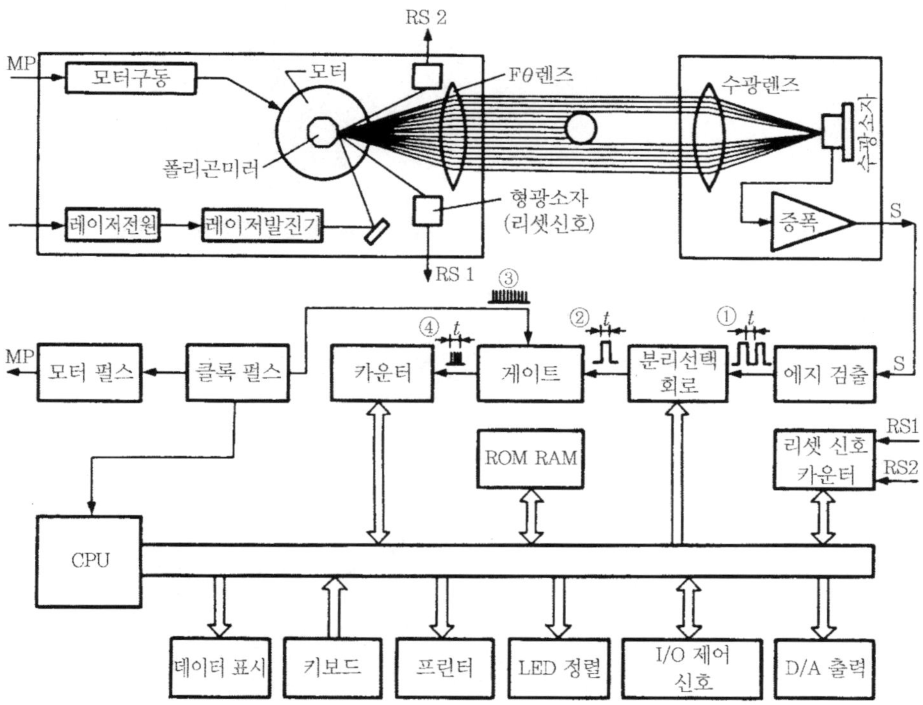

그림 4 · 20 음영을 이용한 원리

서 나온빔은 등속회전하는 회전축상의 폴리곤에 주사되어 Fθ렌즈에 의해 평행, 등속인 빔속을 만든다. 피측정물에 조사된 빔은 피측정물 직경에 비례한 시간 간격만큼 차단되고, 수광렌즈를 지나 수광소자(受光素子)로 들어간다.

신호처리회로는 빔의 차폐순간을 검출하고 검출된 에지(edge)에서 다음 에지까지 사이를 클록펄스로 계수한다. 데이터 처리계는 계수된 펄스 수를 치수로 변환하여 반복측정의 평균값, 표준편차를 연산처리한다. 그림 4 · 21에 레이저 측정기의 대표적인 것으로 고정도인 것은 최소표시량 0.05μm, 지시정도 ±0.5μm의 성능을 가지며, 광-전기량 변환방식은 리니어엔코더가 있다.

그림 4 · 21 레이저 측정기

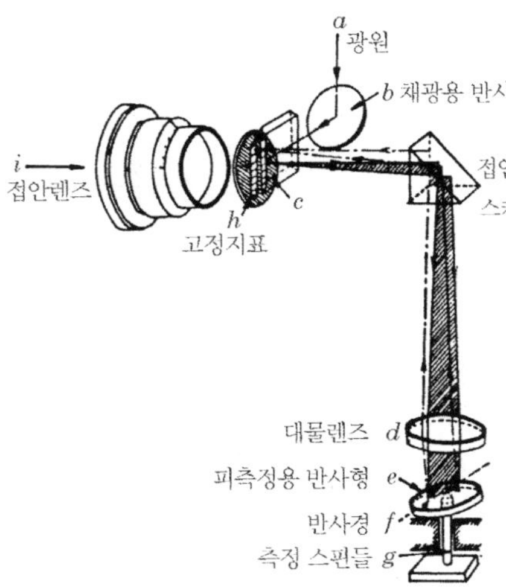

그림 4 · 22 옵티미터(optimeter)

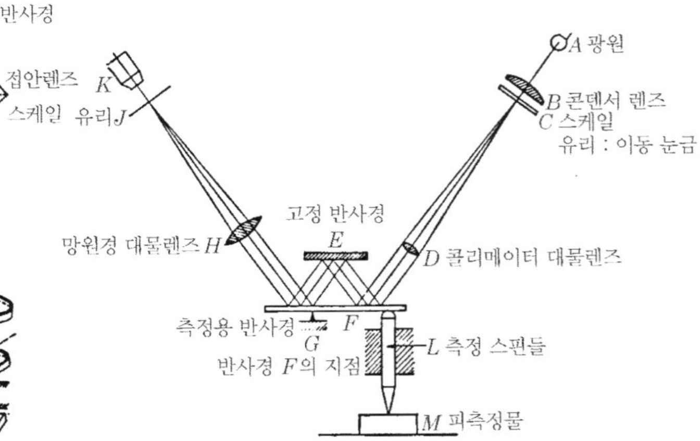

그림 4 · 23 울트라옵티미터(ultra-optimeter)

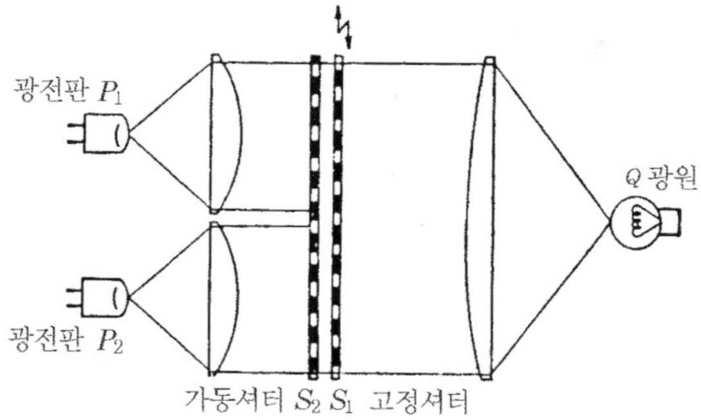

그림 4·24 옵토리미트(opto-limit) 원리

(4) 광학식 측정기의 종류

주로 광학레버, 기계레버와 광학레버, 광파간섭을 이용하며, 이러한 측정기는 옵티미터, 울트라옵티미터, 미크로룩스, 간섭측미기가 있다.

① 빛 레버(Optical Lever) 이용

a) 옵티미터(optimeter) : C. Zeiss Jena사가 대표적인 제품을 생산하고 있으며, 최소눈금 1μm이고 눈금범위는 ±100눈금이며, 측정범위는 ±0.1 mm, 정밀도는 ±0.15μm이다.

b) 울트라옵티미터(ultra-optimeter) : 옵티미터의 고정밀도를 위해 빛 지레레버를 이중으로 사용한다. C. Zeiss Jena사의 제품으로 최소눈금 0.2μm, 측정범위 ±0.083 mm, 정밀도 ±0.06μm가 있다.

② 광량변화를 광전관으로 읽음 형식

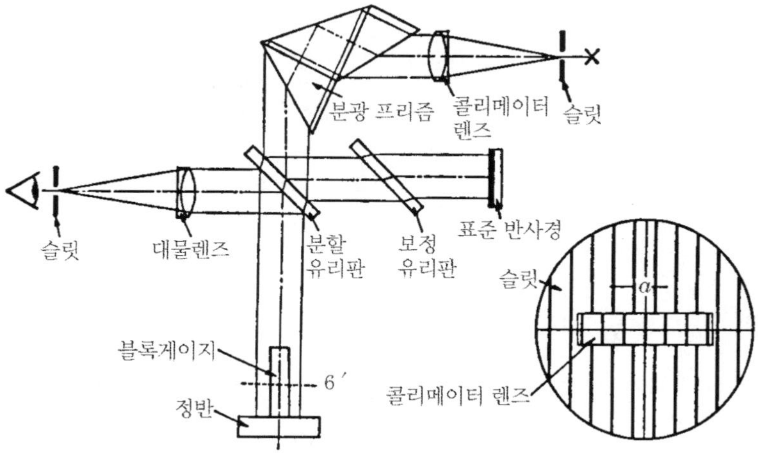

그림 4·25 간섭무늬 이용(Michelson형)

옵토리미트(opto-limit electronic indicator, Pratt & Whitney사) 측정스핀들에 붙은 가동셔터의 변위에 따라 고정셔터를 통과하여 정전관에 도달하는 광량변화를 이용하며, 최소눈금은 0.5μm 정도이다.

③ 간섭무늬(optical interference fringe) 이용

가시광선 파장이 약 0.4～0.7μm에 해당되는 간섭무늬 이용할 경우는 파장이 수십 분의 1 정도를 0.01μm 정도의 차로 발생시키며, 평면도 측정, 표면거칠기 측정이 가능하다.

4.5 유체식 컴퍼레이터

4.5.1 개 요

유체식 컴퍼레이터 중 현장에서 많이 사용하는 것은 공기마이크로미터이다. 공기마이크로미터는 길이의 미소변화를 공기압력 또는 유량변화로 변환하여 확대지시 된다.

노즐과 측정물 사이로 유출되는 공기량을 유량계로 측정하여 치수를 읽는 유량식과 공기의 압력변화를 치수로 지시하는 압력식, 유속변화를 이용하는 유속식이 있으나 중압식 유량형이 가장 많이 사용된다.

표 4·3 공기마이크로미터의 종류

	저압식 액주형	중압식 유량형	고압식 다이얼형
사용압력	0.1 kgf/cm^2 (0.01 N/mm^2)	1 kgf/cm^2 (0.1 N/mm^2)	2～3 kgf/cm^2 (0.2～0.3 N/mm^2)
특성	저압으로 이물질제거 불충분 수분함유로 제품에 녹 발생 현재 거의 사용 안함	중압으로 이물질제거 충분 필터에서 유분, 수분제거. 가장 많이 사용, 고배율, 조작용이, 다원측정 가능	고압으로 이물질제거 양호 자동선별 · 치수선정에 사용, 고배율, 지시값 안정
응답속도	느림	빠름	아주 빠름
배율조정	복잡	고배율	고배율

4.5.2 유량식 공기마이크로미터(Air micrometer)

공기압축기에서 압축된 압축공기와 대기가 테이퍼 유리관에서 접촉하며, 노즐과 피측정물 간격에 따른 유량변화를 테이퍼 유리관 내의 부자(float)는 위치마다 흐름면적이 달라지는 면적유량계이다. 제품의 길이, 형상, 평면도, 진직도, 직각도, 진원도, 원통도,

테이퍼 측정을 기준마스터와 미소변화를 고정도로 비교측정 한다. 제품 거칠기에 따라 공기배압의 영향을 받게 되므로 측정값에 편차를 주어 피측정물 공차에 따른 기준게이지가 필요하다.

(1) 공기마이크로미터의 특성

a) 측정면에 부착된 기름, 칩, 먼지의 이물질이 제거되면서 측정된다.

b) 응답속도가 빠르며, 영점조정 및 배율조정이 용이하다.

c) 1000~10000배의 고배율과 0.5~5μm의 고정도를 얻을 수 있다.

d) 대량생산의 제품검사에 용이하고 측정물과 비접촉되어 변형이 없다.

e) 동시에 다원 측정이 가능하여 자동측정기 및 한계게이지로 이용할 수 있다.

f) 측정헤드와 마스터를 갖추면 진원도, 원통도, 직각도 등 다양한 측정이 가능하다.

g) 측정정도가 피측정물의 표면거칠기에 영향을 받고 측정범위가 제한적이다.

표 4·4 공기마이크로미터의 성능(20℃) [KS B 5239]

<table>
<tr><th>기준배율(倍)</th><th>기차(μm)</th><th>반복성(μm)</th><th>지시안정성(μm)</th><th>응답시간(sec)</th><th>다연식일 때 지시영향 변동특성(μm)</th><th>공급압력 변동에 의한 지시영향 변동특성(μm)</th><th>최대 측정틈새(μm)</th></tr>
<tr><td>1000</td><td>4</td><td>2</td><td>4</td><td rowspan="2">1.5</td><td>2</td><td>0.6</td><td>210 이상</td></tr>
<tr><td>2000</td><td>2</td><td>1</td><td>2</td><td>1</td><td>0.3</td><td>130 이상</td></tr>
<tr><td>3000</td><td rowspan="2">1.5</td><td rowspan="2">0.8</td><td rowspan="2">1.5</td><td rowspan="3">1.8</td><td rowspan="2">0.8</td><td rowspan="2">0.2</td><td rowspan="2">100 이상</td></tr>
<tr><td>4000</td></tr>
<tr><td>5000</td><td>1</td><td>0.5</td><td>1</td><td>0.5</td><td rowspan="2">0.1</td><td>80 이상</td></tr>
<tr><td>10,000</td><td>0.5</td><td>0.3</td><td>0.3</td><td>2</td><td>0.3</td><td>50 이상</td></tr>
</table>

(2) 노즐(nozzle)

절대압력공기가 노즐에서 대기로 방출될 때 유량 Q(cm^3/s)은 노즐단면적에 비례한다. 피측정물이 노즐에 접근(h=0.015~0.15 mm)하면 유량은 노즐직경 d와 높이 h의 원통면적에 비례된다. 만일 노즐직경 d=2 mm라면 단면적은 3.14 mm^2, h=0.1 mm로 하면 노즐원통 면적은 $S=\pi dh=\pi\times2\times0.1=0.628$ mm^{2}로 되고 노즐단면적보다 작아 유량은 작게 되고 유량 Q는 πdh로 결정된다.

$$Q=K\pi dh \quad (K : \text{비례상수})$$

K, π, d는 측정 전에 이미 결정되어 있으므로 유량 Q는 피측정물과 노즐높이 h에 비례한다. 실제로는 다음 이유에서 그림 4·27과 같이 된다.

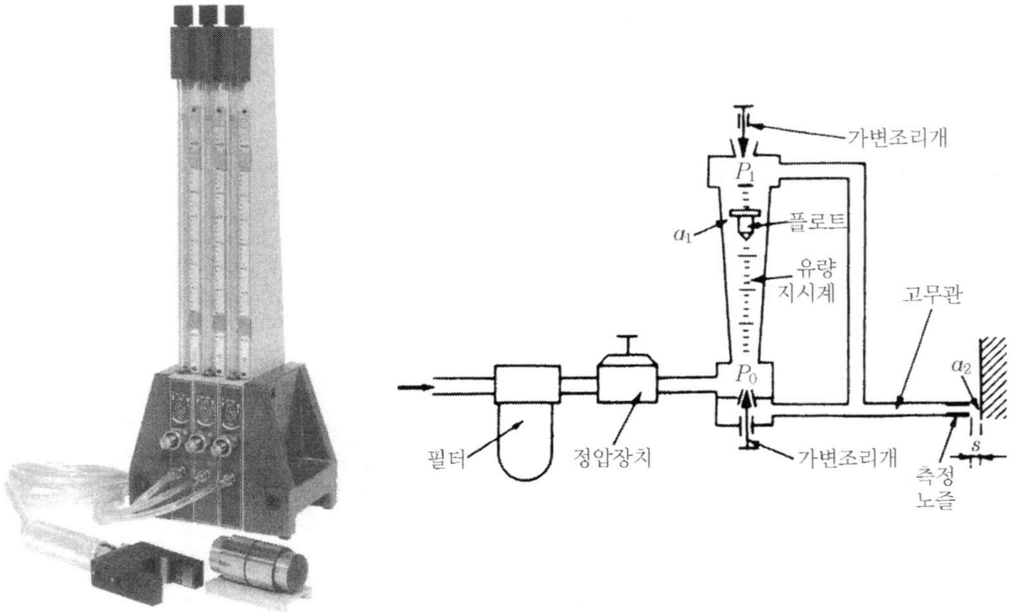

그림 4·26 중압식 공기마이크로미터

a) $h=0\sim0.015\,\text{mm}$에서 유출공기가 노즐단면과 측정물 사이에서는 마찰로 유출되지 않고 $h=0.015\,\text{mm}$를 초과하면 $Q=K\pi dh$가 성립된다.

b) h가 증가하여 $\frac{\pi}{4}d^2=\pi dh$일 때 공기는 2 mm 노즐에서의 유출상태와 같고 h가 일정량 증가해도 Q는 변화하지 않는다.

(3) 플로트(Float)

플로트 유량계로 보면 공기흐름은 테이퍼관 하단부에서 상단부로 흐르며 플로트 주

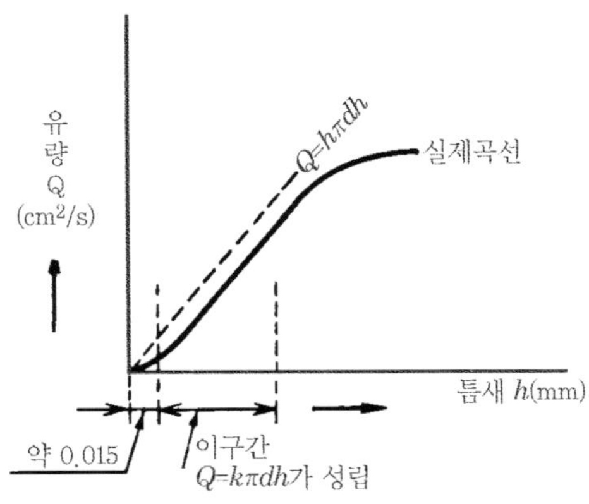

그림 4·27 틈새 h와 유량 Q의 관계

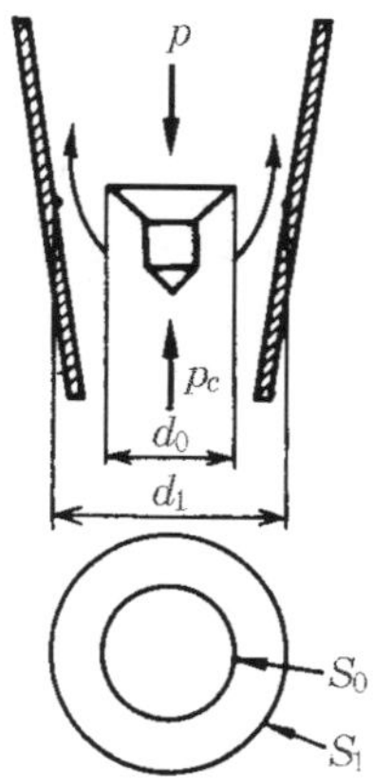

그림 4·28 플로트의 원리

위를 통과한다. 이때 공기의 유동현상은 플로트 대신에 오리피스가 설치된 경우와 같고 유량 $Q=(S_1-S_0)C\sqrt{2(p_c-p)/\rho}$로 표시된다.

플로트는 알루미늄 경합금제로서 중량을 W라 하면 $W=S_0(p_c-p)$가 되며, W, S_0는 일정하므로 p_c-p가 일정하다. 따라서 유량 Q는 S_1-S_0에 비례하고 S_1-S_0의 변화는 노즐의 틈 h변화에 따라 측정량변화 Δt는 유변화 ΔQ로 되어 플로트의 변위로 변환된다.

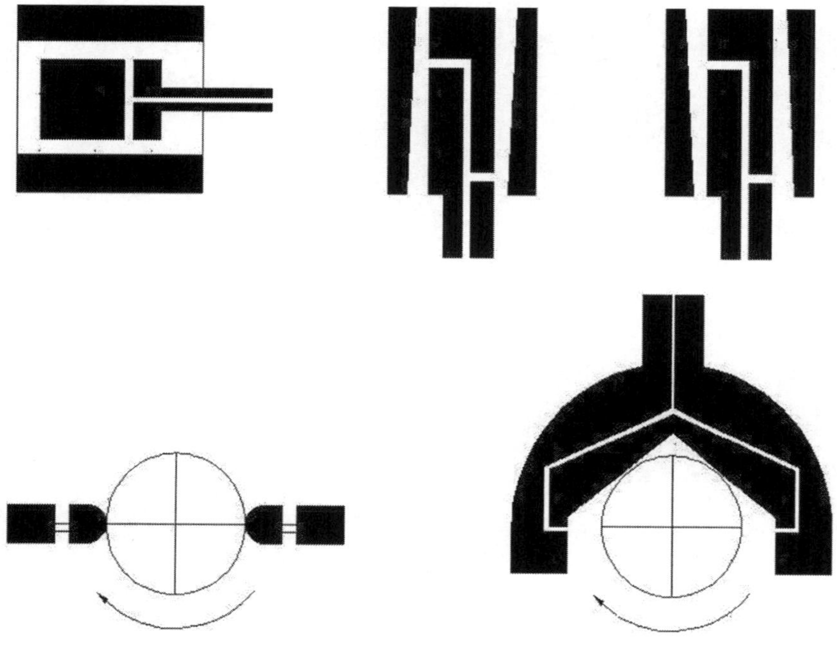

그림 4·29 각종 공기마이크로미터의 측정헤드

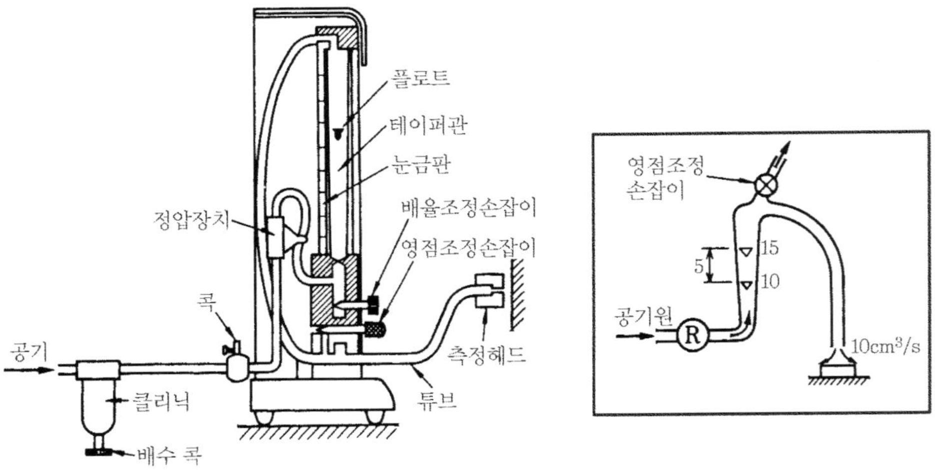

그림 4·30 플로트의 접속

(4) 측정 준비

유량형은 공기압축기(Compressor)에서 압축공기가 배관을 거쳐 공기청정 장치인 필터(Filter)에 접속되며, 이때 공기압력은 3.0~7.0 kgf/cm^2 정도이다. 공기는 필터에서 압력조정기(Regulator)를 거쳐 1 kgf/cm^2 전후로 감압되어 본체로 들어간다.

사용 전에는 청정기 하단부의 배수코크를 열어 고인 물과 기름을 제거하고, 공기를 통과시켜 필터 내를 깨끗이 한다. 배수 코크를 잠근 후 본체 뒤에 코크를 열어 공기를 각 접속부에 공급하며, 각 접속부의 공기누설, 노즐, 공기가 통과하는 홈의 청정상태를 확인한다.

(5) 배율 조정

유리관은 하단부 직경이 작고 상단부 직경이 큰 테이퍼관(管)으로 만일 배율 2000배의 길이측정에서 측정공차의 상한이 +0.04, 하한이 −0.03인 경우의 배율조정은 다음과 같다.

a) 기준게이지 상한공차(+0.04) 부분을 노즐 아래에 위치시키고 스탠드의 고정나사를 풀어 게이지에 살짝 접촉시킨다.

b) 기준게이지 중간부분을 노즐 하단부에 위치시켜 플로트를 −30에 위치시킨다.

c) −30보다 상부에 있을 때는 영접조정 손잡이를 시계방향의 하단에 위치할 경우는 반시계방향으로 돌려 플로트 위치를 조정한다.

d) 플로트가 +40보다 위에 있으면 배율손잡이를 반시계방향으로 회전시키고 플로트가 +40보다 아래에 있으면 시계방향으로 돌려 배율을 조정한다.

e) 배율조정손잡이는 플로트와 기준위치 차이값의 2배 정도 플로트 이동량을 되게 한다.

f) 기준게이지의 중앙부를 노즐아래에 위치시켜 −30인 위치에서 플로트 위치를 벗어남을 확인한 후 벗어나면 영점 조정손잡이를 이용하여 조정한다.

(6) 측정

a) 배율을 조정한 후 눈금판의 한계지침을 +40, −30 위치에 설정한다.

b) 기준게이지 위치에 측정물을 올려놓고 치수를 읽으며, 2000배에서 1눈금간격은 4 mm이므로 최소눈금은 2μm가 된다.

공기마이크로미터는 직접 치수를 측정하기보다는 표준편이나 기준게이지로 세팅하여 공차를 제품검사하는 한계게이지로 많이 사용되므로 공차역을 한계지침으로 맞추고 측정물을 설정하여 플로트가 한계지침을 벗어나는 것을 관찰함으로써 합부판정을 할 수 있다.

(7) 플로트의 위치 조정

a) 노즐에 좁은 범위의 기준편을 ϕ20을 끼우고 코크를 연다.

b) 플로트 눈금이 0 위치가 되도록 조정한다. 플로트의 위치가 0위치보다 위에 있는 경우는 영위치 조정 손잡이를 시계방향으로 돌리고, 반대로 아래에 있는 경우는 영위치 조정손잡이를 반시계방향으로 돌려 플로트의 위치를 조정한다.

c) 좁은 범위의 기준편(링 마스터)을 빼내고 넓은 범위 기준편(링 마스터)을 노즐에 끼운다.

d) 플로트 눈금이 12에 오도록 배율조정을 한다.

플로트 위치가 눈금 +12에 있는 경우는 배율조정 손잡이를 반시계방향으로 돌리고, 반대로 아래에 있는 경우는 배율조정 손잡이를 시계방향으로 돌려서 배율조정 한다. 배율조정 손잡이는 플로트와 기준위치 차의 약 2배 정도 움직이게 된다.

e) 넓은 범위의 링 마스터를 빼내고 다시 좁은 범위의 링 마스터를 노즐에 끼운다.

f) 플로트가 눈금의 영 위치에 있는지에 대해 과・부족상태를 확인해 본다. 과부족인 경우는 영위치 조정손잡이를 돌려 조정한다.

g) 다음에 (c)~(f)의 요령을 반복하여 맞춘다.

$\phi 20^{+0.01}_{-0.02}$ 플로트 움직임이 +12.0에 안정될 때 $\phi 20^{+0.012}_{0}$ 배율조정 및 영위치 조정이 끝나게 되며, 조작이 되면 3~5회 조정(약 1분)으로 조정을 완료하게 된다.

제5장

게 이 지

5.1 게이지의 개요

5.1.1 게이지 기초

게이지는 대량생산되는 제품을 신속하게 설계에서 허용되는 상태의 가공여부를 확인하는 도구이다. 게이지는 치수와 관련하여 가공제품의 실제치수가 이미 정해진 허용한계범위 내에 있는지 파악하여 합부(合否)를 판정하는 한계게이지(Limit Gauge)와 형상 및 위치와 관련하여 이들이 규정하는 일정한 상태로 가공하여 조립했을 때 소요기능을 발휘할 수 있는지 여부를 검사하는 기능게이지(Fuctional Gauge)로 구분한다.

5.1.2 게이지 개념

최초 게이지의 창안은 측정물과 동일한 모범을 제작하여 측정기 및 손끝감각으로 피측정물과 비교하는 것이었다. 휘트워드(Joesph Whitworth, 1840~80)는 제품검사에 반대형상의 모범사용을 주장하였다. 종래 축 기준으로 구멍가공 하던 방식에서 미리 축과 구멍을 치수 차를 정해놓고 이를 기초로 가공 및 조립에 끼워맞춤 정도(精度)를 잡는다.

이는 호환성을 있는 제품선정이 가능한 단측게이지 방식으로 게이지에 제품을 맞추는 한계성 및 생산성 저하로 미리 제품에 허용되는 최대·최소치수를 정하고 그 한계 내에 가공여부를 확인하는 한계게이지 방식이다.

5.1.3 게이지 기능

제품의 생산과정은 설계(設計)하고 설계대로 가공(加工)하며 최종적으로 검사(檢査)하게 되는데, 이들은 공차(公差)로서 서로 독립적으로 수행된다. 게이지는 이미 제작된 제품의 치수, 형상 및 위치를 검사하여 만족여부를 확인하는 기기(器機)로서 편리상 측정기기 범주로 분류한다.

그러나 치수 · 공차의 확인과 제품의 호환성 보증의 종합판정을 하며, 각 요소의 측정값이 산출되지 않는 것이 측정기와 다르다. 측정기보다 조작이 간단하여 측정기술 및 경험이 크게 필요 없으나 검사대상이 정해져 있어 각 제품마다 게이지가 필요하다.

5.1.4 게이지의 종류

1) 기준용 게이지 : 게이지 점검관리의 치수기준이 되며 제품에는 직접 사용하지 않는다.

2) 점검용 게이지 : 게이지 점검, 게이지 제작 및 검사, 마모점검에 사용된다.

3) 공작용 게이지 : 제품가공 중에 사용되거나 공장 내에서 검사에 사용된다.

4) 검사용 게이지 : 제품검사에 대해 사용하고 제품의 양도점검에 사용한다.

보통 공작용에 합격한 제품은 검사용 게이지에도 합격할 수 있도록 되어 있다.

5.1.5 게이지 형상

1) 링 게이지(Ring Gauge) : 원형의 내측면을 갖는 게이지로서 둥근 원통상과 테이퍼형의 원추상 형상인 게이지

2) 플러그 게이지(Plug Gauge) : 다양한 단면형상의 외측면을 갖는 게이지

3) 스냅 게이지(Snap Gauge) : 바깥지름, 길이, 두께 등을 검사하기 위한 평행 · 평면의 내측면을 갖는 게이지

4) 켈리퍼 게이지(Caliper Gauge) : 스냅 및 플러그 게이지와 동일 형상의 게이지

5) 리시빙 게이지(Receiving Gauge) : 원형이외 다양한 단면형의 내측을 갖는 게이지

6) 지시식 게이지(Indicating Gauge) : 형상 및 치수를 검사하기 위해 다이얼게이지 등에 의해 수치를 나타내게 하는 게이지

7) 플러시 핀게이지(Flush pin Gauge) : 깊이검사에 사용되며 손끝감각으로 검사

8) 판형 게이지(Profile Gauge) : 다양한 제품형상에 대응되는 윤곽을 갖는 게이지

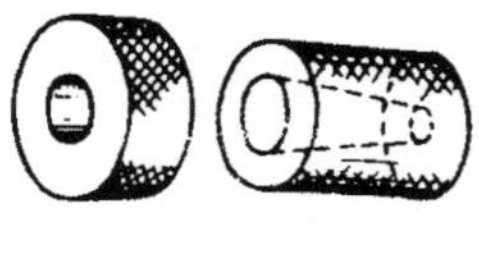

(a) 링게이지

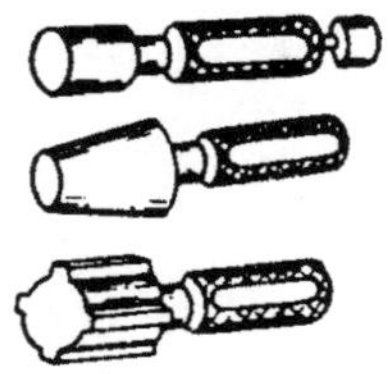

(b) 플러그게이지

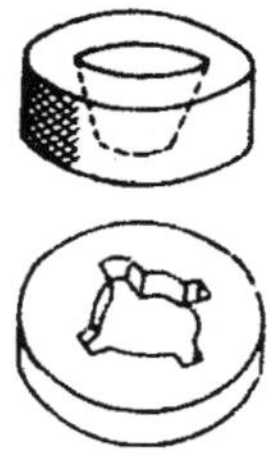

(c) 리시빙게이지

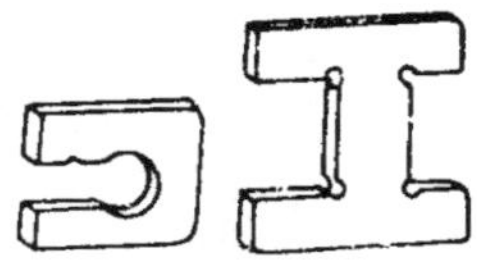

(d) 스냅게이지

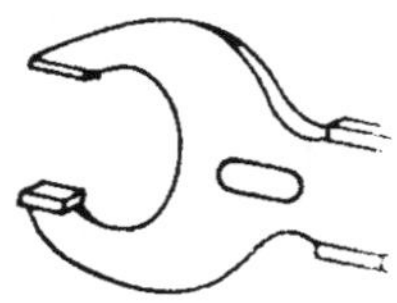

(e) 캘리퍼게이지

그림 5·1 형상에 의한 게이지 분류

5.1.6 게이지 재료

게이지의 재료는 피측정물과 동일한 기계적 성질 및 물리적 성질을 갖는 것이 좋다.

1) 열팽창계수가 11.5±10^{-6}℃
2) 양호한 경화성(HV 750) 확보
3) 용적의 불변성 유지
4) 정밀 다듬질이 가능한 재질
5) 내마모성 유지

보통 가공성이 요구되는 게이지강으로 순수한 비합금 표면경화강이 이용된다.

5.1.7 게이지 설계의 기본사항

1) 게이지 면이 복잡하여 공작상 곤란할 경우는 분할방법으로 고정도를 도모한다.

2) 게이지 제작시 동심도 최소허용한도는 원통 외주면은 1~1.5μm, 나사부는 5μm 정도 유지하게 된다.

3) 기준면 또는 게이지면을 명시하고 제작자에게 게이지의 사용목적을 설명하고 제품 설계도를 참조하도록 한다.

4) 제품과 접촉하는 면은 최소면적으로 하여 제작에 용이하고 또한 검사에 있어 접촉에 의한 오차가 없도록 한다.

5) 게이지 면은 열처리되므로 담금질 변형 및 균열에 충분한 배려가 필요하다.

6) 게이지 면이 되는 두 면의 경계는 반드시 홈파기를 하고 제작상 정도를 높인다.

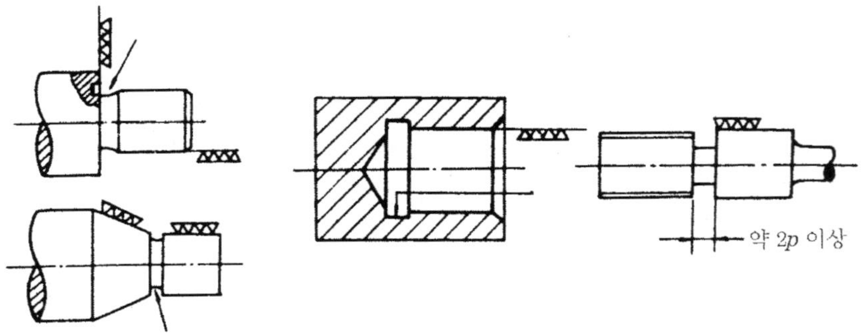

그림 5·2 두 게이지 사이에 경계면

5.2 게이지의 사용

5.2.1 게이지 선택

게이지는 사용하는 것만으로 문제점 해결이 안되므로 게이지 사용전 가공공정과 관련된 여러 사항과 더불어 가격, 검사 수량, 검사 공정 수를 고려하여 고정식, 조정식 또는 지시식 게이지를 선정해야 한다. 조정식은 초기 제작원가가 고가(高價)이나 일정범위 내에서 치수조정이 가능하여 사용영역이 확대되고 마모시 재조정될 수 있다. 반면에 고정식은 제작원가가 저렴하고 제작이 간단하며 튼튼하고 사용이 편리하다.

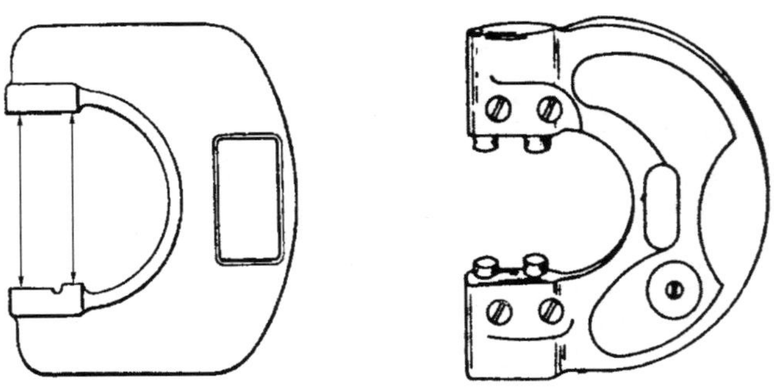

(a) 고정식 게이지 (b) 조정식 게이지

그림 5·3 고정식 및 조정식 게이지 형상

표 5·1 한계게이지 형상에 관한 추천 형태

구분	지름범위(mm)	통과측	정지측
구멍용 게이지	~100	플러그 게이지	플러그 게이지
	100~250	평 플러그 게이지	봉 게이지 또는 이에 상당한 것
	250~500	큰 구면의 봉게이지	
축용 게이지	~315	작은 직경은 링게이지 또는 스냅게이지	스냅게이지
	315~500	지시식게이지, 마이크로미터	지시식 마이크로미터

5.2.2 게이지 취급상 주의

1) 먼지, 칩이 묻은 상태로 사용하지 않아야 한다.
2) 취급 부주의로 바닥에 떨어뜨리지 말아야 한다.
3) 움직이는 물체에 무리하게 대지 말아야 한다.
4) 무리한 힘으로 밀어 넣거나 망치로 때리지 않아야 한다.
5) 방청유를 제거하고 청결하게 한 후 사용한다.

게이지의 마모는 1천회 사용할 경우 1~2μm 정도이며 나사게이지의 경우 이론적인 평균수명은 다음과 같다.

$$L_{th} = 26.5 \cdot C_1 \cdot C_2 \cdot C_3 \cdot y \tag{5·1}$$

여기서, L_{th} : 나사 게이지 산상의 점이 나사가 끼워지고 빠지는데 따른 진행거리

$$C_1 = \frac{1}{d - 0.65h} \tag{5·2}$$

여기서, d=나사의 지름

h=나사의 피치

C_2 : d, h 및 제품과 게이지의 끼워맞춤길이에 따른 정수로서 그림 5·4에서 구해진다.

C_3 : 사용제품의 재질과 이에 따른 게이지 마모에 저항하는 상태의 수치를 표 5·2에 표시한다.

y : 마모한계 치수 차(μm). 담금질강의 내마모성은 HRC 630~750범위에서 가장 높으며, 이 정도 견고성이 바람직하다.

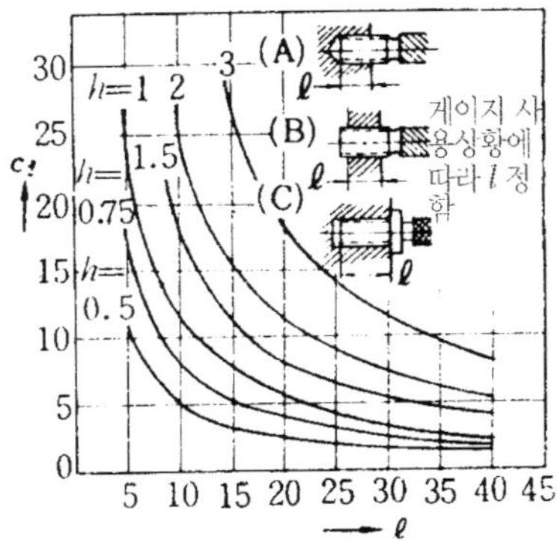

그림 5·4 C_2를 구하는 도표

표 5·2 C_3의 값

사용되는 제품 재질	C_3
듀랄루민	2
주철	0.6
강	1
주강	0.4

5.2.3 게이지 사용상 기본원칙

1) 게이지 제작에 있어 일반 형상공차는 규격에 따르는 사양으로 발주한다.

사용상 큰 문제가 없으면 KS규격으로 제작하거나 제작사의 사내규격을 참고하여 제작하며, 제작상의 관습, 일차적 가공의 용이성은 제작기간 단축도 가능하게 한다.

2) 게이지에 대한 명확한 방법을 지시한다.

게이지는 규격만으로 결정되지 않으며 나사게이지의 경우 표준나사게이지 또는 한계나사게이지의 여부를 결정해야 한다. 한계나사게이지의 경우 등급, 검사용 및 공작용의 구분과 나사링게이지일 경우 끼워맞춤 점검나사 플러그게이지의 필요여부를 결정해야 한다.

3) 게이지의 목적을 인식한다.

게이지의 사용목적은 제품의 기하학적 이상형상의 추구가 아닌 제품의 호환성 확보임을 인식한다. 기하학적 형상과 치수를 추구하면 오히려 생산과 검사에서 혼돈을 일으키게 된다.

4) 적절한 수입검사(受入檢査)를 수행한다.

현장에서 게이지의 관리가 고정도인 측정기로 지나친 수입검사가 수행되거나 공인기관의 성적표나 게이지의 규격치수 및 공차 내 여부 합격증이 심적으로 위안만 될 수 있다. 게이지 공차정도가 측정불확실과 게이지공차가 같은 경우가 많아 이를 고려해야 한다.

5) 적절하게 게이지를 관리한다.

게이지관리는 정밀측정을 토대로 이루어지므로 여러 의미에서 적절히 실시하기는 어렵다. 정밀측정의 설비와 기술, 예비 게이지를 준비해야 하므로 경제적 배려가 필요하다.

5.2.4 게이지 사용

게이지는 구멍의 축 방향으로 무리 없이 똑바로 밀어 넣어야 하며, 이를 위해 선단에 안내부를 설치하기도 한다. 게이지는 감각을 이용하여 사용하므로 게이지압(Gaging Pressure)은 자중(自重)으로 하나 명확한 규정이 없고 연필잡는 힘(Pencil Pressure)으로서 약 0.3~0.5 kg(3~5 N)이 된다. 검사대상물 직경이 150 mm 이상은 게이지가 커져 감각이 저하하므로 게이지 설계에 있어 공차 내에 마모여유 및 조정불확실 영역을 둔다.

만약 제품에 끼울 때 양쪽 모두 기름이 없거나 깊은 구멍으로 게이지와 구멍사이 치수 차가 근소할 때 빠지지 않을 경우 무리하게 당기면 점점 굳어진다. 제품을 가열하여 구멍을 팽창시키거나 프라스틱 햄머로서 나무조각을 대로 가볍게 두들겨 빼내며, 사용상 주의사항은 다음과 같다.

1) 사용 전에 게이지 측정면에 기름, 먼지를 닦아내고 점검한다.

2) 측정면을 잡지 말고 측정면이 충격 접촉되지 않도록 한다.

3) 게이지는 감각적으로 사용되므로 힘을 가해 끼우거나 사용하지 않도록 한다.

4) 한계게이지 통과측에 무리 없이 통과시키고 정지측은 무리하게 밀어 넣지 않는다.

5) 통과측 및 정지측의 구분은 통과측 측정면은 정지측 보다 길거나 정지측이 적색으로 표시된다.

6) 플러그 게이지가 빠지지 않을 때는 공작물을 따뜻하게 하여 빼낸다.

7) 측정면에 얇은 유막(油膜)을 남겨두어 원활하게 사용할 수 있도록 한다.

8) 공작물과 게이지의 온도차가 클 경우 온도차로 인한 오차가 발생되므로 주의한다.

9) 측정회수 5000회 정도에서 정기적인 점검과 1개월 주기로 정밀도를 확인한다.

5.2.5 한계게이지의 통과측 및 정지측 구분

1) 양두형 듀보 게이지의 통과측은 녹색, 정지측은 적색으로 한다(그림 a).

2) 양구형 스냅게이지에서 통과측은 “GO GAUGE” 또는 “통과측”, “NO GO GAUGE” 또는 “정지측”을 표시한다(그림 b).

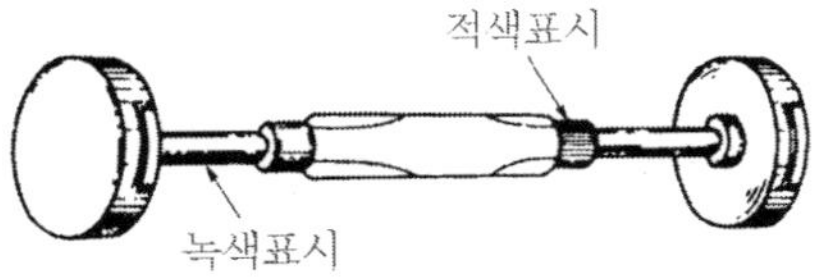

(a) 듀보게이지

(b) 양구형 스냅게이지

(c) 양두형 플러그게이지

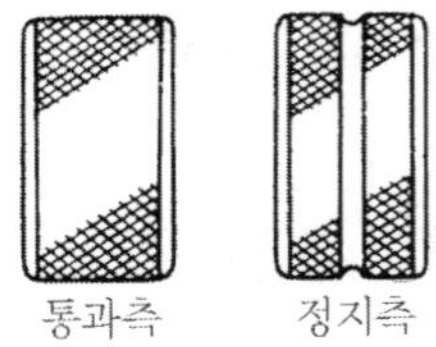

(d) 링게이지

그림 5·5 통과측 게이지와 정지측 게이지의 구분

3) 양두형 플러그 게이지는 통과측은 생크부에 뽑는 구멍이 가공되어 있으며, 정지측 생크부는 구멍이 없다(그림 c).

4) 링게이지는 통과측에는 홈이 없고 정지측에는 홈이 있다(그림 d).

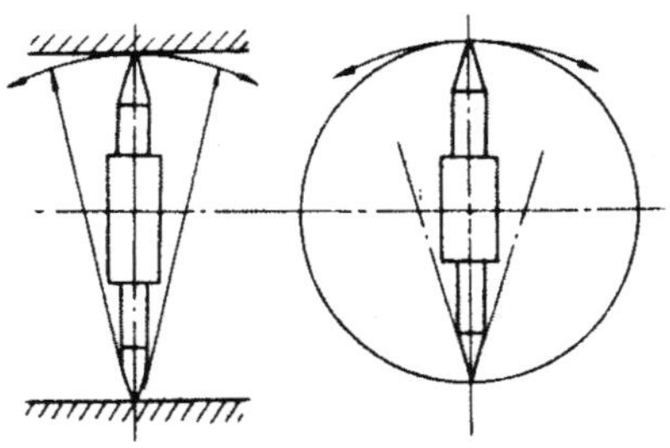

(a) 봉게이지

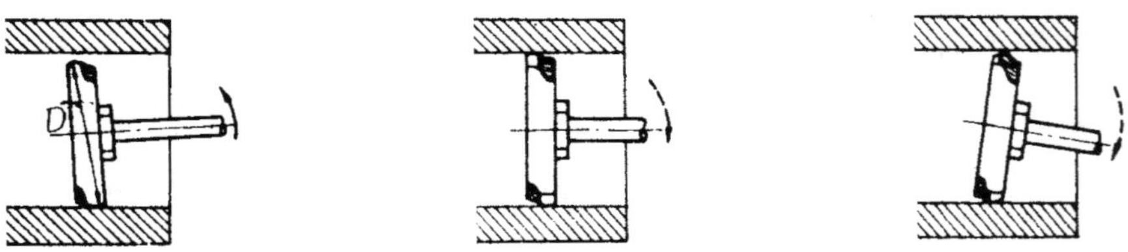

(a) (b) (c)

(b) 테보(Te-Bo) 게이지

(i) 위로 기울여 집어넣음
(ii) D보다 작아 게이지는 멈춤
(iii) D보다 커서 게이지는 걸림
(b) 테보(Te-Bo) 게이지

그림 5·6 게이지의 사용

5.3 끼워맞춤

5.3.1 끼워맞춤의 종류

두 부품이 조립될 때 구멍치수가 축의 치수보다 크면 틈새(Clearance), 구멍치수가 축의 치수보다 작으면 죔새(Interference)상태로 조립되는 관계를 끼워맞춤(Fit)이라 한다.

a) 헐거운끼워맞춤(Clearance Fit) : 항상 틈새를 갖는 끼워맞춤상태로 축의 허용역은 구멍 허용구역보다 아래에 있다.

b) 중간끼워맞춤(Transition Fit) : 허용한계 치수 안에서 다듬질한 구멍과 축을 끼워맞출 때 치수에 따라 틈새 또는 죔새가 되는 끼워맞춤이다.

c) 억지끼워맞춤(Interference Fit) : 항상 죔새상태의 끼워맞춤으로 축의 허용역은 구멍의 허용역보다 위에 있다.

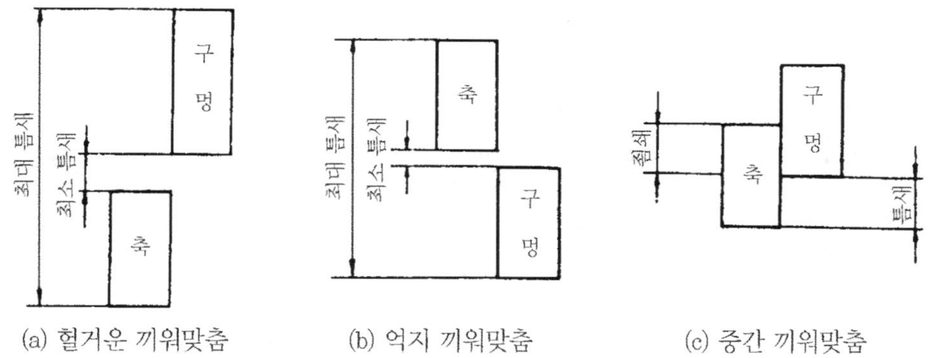

그림 5·7 구멍과 축의 치수관계와 끼워맞춤의 종류

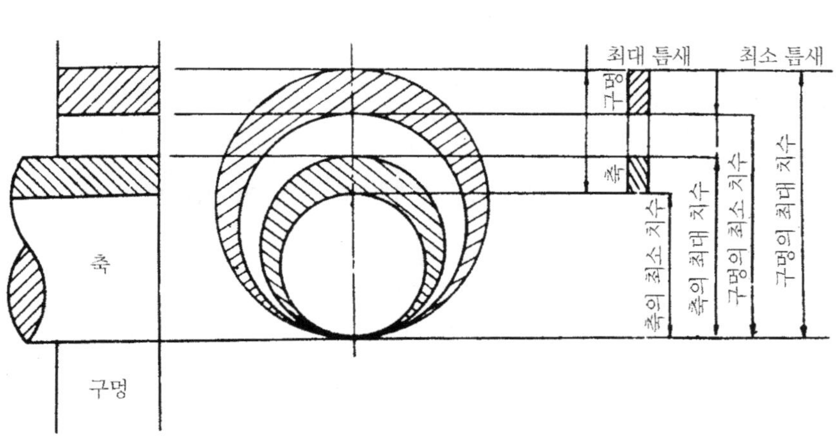

그림 5·8 구멍과 축의 치수관계와 그 표시법

5.3.2 끼워맞춤 관련 용어

1) 최소틈새(Minimum Clearance) : 헐거운 끼워맞춤에서 구멍의 최소허용치수에서 축의 최대허용치수를 뺀 값

2) 최대틈새(Maximum Clearance) : 헐거운 끼워맞춤 또는 중간끼워맞춤에서 구멍의 최대허용치수에서 축의 최소허용 치수를 뺀 값

3) 최소죔세(Minimum Interference) : 억지 끼워맞춤에서 조립전의 축의 최소허용치수에서 구멍의 최소허용치수를 뺀 값

4) 최대죔새(Maximum Clearance) : 억지 끼워맞춤 또는 중간 끼워맞춤에서 조립전의 축의 최대허용치수에서 구멍의 최소허용치수를 뺀 값

5) 기준구멍(Basic Hole) : 구멍 기준식 끼워맞춤에서 기준으로 된 구멍을 말하며, 이 규격에서는 아래 치수허용차가 0인 구멍이다.

6) 기준 축(Basic Shaft) : 축 기준식 끼워 맞춤에서 기준으로 된 축을 말하며, 이 규격에서는 위 치수허용차가 0인 축을 말한다.

5.3.3 허용한계치수와 치수공차

(1) 허용한계치수

제품의 일정부분을 실제 측정한 치수를 실제치수(Actual Size)라 하며, 이 실제치수 차는 사용목적에 따라 다르나 일정범위에서는 지장이 없으며 이 한계를 허용한계치수(Limit of size)라 한다.

(2) 치수공차 관련 용어

a) 최대허용치수(Maximum Limit of Size) : 실제치수에 대해 허용되는 최대치수

b) 최소허용치수(Minimum Limit of Size) : 실제치수에 대해 허용되는 최소치수

c) 기준치수(Basic Size) : 허용한계치수의 기준이 되는 치수

d) 치수허용차(Deviation) : 허용한계치수에서 그 기준치수를 뺀 값

e) 위치수허용차(Upper Deviation) : 최대허용치수에서 기준치수를 뺀 값

f) 아래치수허용차(Lower Deviation) : 최소허용치수에서 기준치수를 뺀 값

g) 기준선(Zero Line) : 허용한계치수와 끼워맞춤을 표시할 때 치수허용의 기준이 되는 선

h) 치수공차(Tolerance) : 최대허용치수와 최소허용치수와의 차

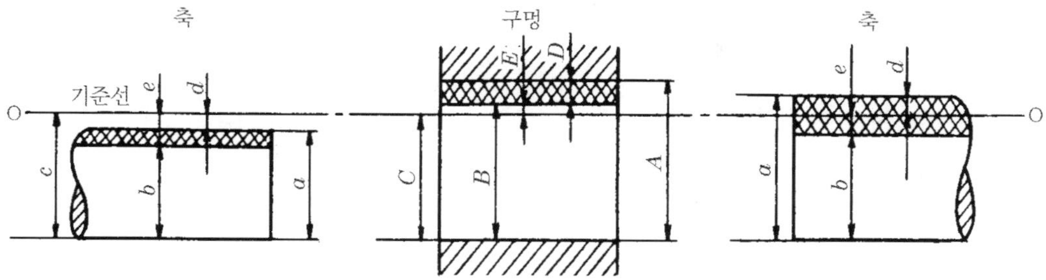

(a)
기준치수 : *C*, *c*
위치수 허용차 : *D*, *d*

(b)
최대 허용 치수 : *A*, *a*
아래치수 허용차 : *E*, *e*

(c)
최소 허용 치수 : *B*, *b*

그림 5·9 기준치수

i) 치수공차의 등급(Grade of Tolerance) : 정밀도가 같은 수준에 있다고 생각되는 치수공차에 대해 그 정밀정도를 단계적으로 구분한 등급

5.3.4 구멍 또는 축의 종류, 등급 및 기호와 표시

끼워맞춤에 사용되는 축과 구멍의 기초가 되는 치수허용차를 알파벳으로 표시하고 축은 소문자, 구멍은 대문자를 사용한다. 축은 위치수차가 0인 경우 *h*, 구멍은 아래치수차가 0인 경우를 대문자 *H*로 표시한다. 축에 의한 구멍치수를 A에서 *Z*까지 구멍기준식에 의한 축의 치수를 a~z까지 정하고 I, i : L, l : O, o : Q, q : W, w는 숫자와 혼돈하기 쉬워 제외한다. 구멍 및 축의 허용차에 따른 종류와 표시기호를 표 5-3과 표 5-4에 나타냈다.

표 5·3 치수허용차에 따라 분류한 구멍의 종류와 표시기호(KS B 0401)

구멍의 등급	구멍의 종류를 나타내는 기호
6급	*P6 N6 M6 K6 J6 H6 G6 F6*
7급	*X7 U7 T7 S7 R7 P7 N7 M7 K7 J7 H7 G7 F7 E7*
8급	*H8 F8 E8 D8*
9급	*H9 E9 D9 C9*
10급	*H10 D10 C10 B10*

표 5·4 치수허용차에 따라 분류한 축의 종류와 표시기호(KS B 0401)

축의 등급	축의 종류를 나타내는 기호
5급	*m5 k5 j5 h5 g5*
6급	*x6 u6 t6 s6 r6 p6 m6 k6 j6 h6 g6 f6 e6*
7급	*x7 u7 t7 s7 r7 p7 m7 k7 j7 h7 g7 f7 e7*
8급	*h8 f8 e8 d8*
9급	*h9 e9 d9 c9 b9*

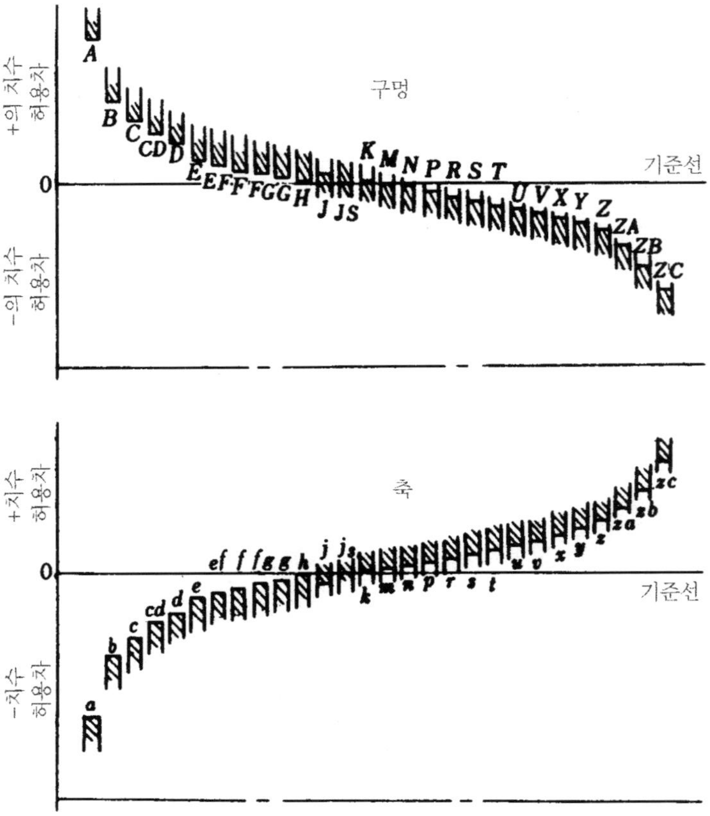

그림 5·10 구멍 축의 종류

5.3.5 구멍 또는 축 기준 끼워맞춤 방식

끼워맞춤 방식은 구멍 기준식(basic hole system)과 축 기준식(basic shaft system)이 있다. 축에 대해 여러 치수의 구멍을 정하고 끼워맞춤을 규정하는 것을 축 기준식, 반대로 구멍에 대해 축을 정하는 방식을 구멍기준식이라 한다. 구멍표시는 30H7, 40G6와 같이 지름표시의 숫자우측에 영문 대문자의 구멍기호와 등급을 나타내는 숫자를 차례로 쓴다. 축의 표시는 30e8, 50h7과 같이 지름표시 숫자 우측에 영문 소문자의 축 기호 및 등급을 나타내는 숫자를 쓰며, 기타 필요에 따라 $\phi 30g5^{+0.009}_{-0.021}$와 같은 치수공차를 부가하기도 한다. 한편 $H7e7$, $f8h7$, $H7h7$과 같이 구멍 기준식, 축 기준식 모두 구멍 표시 후에 축의 표시를 한다.

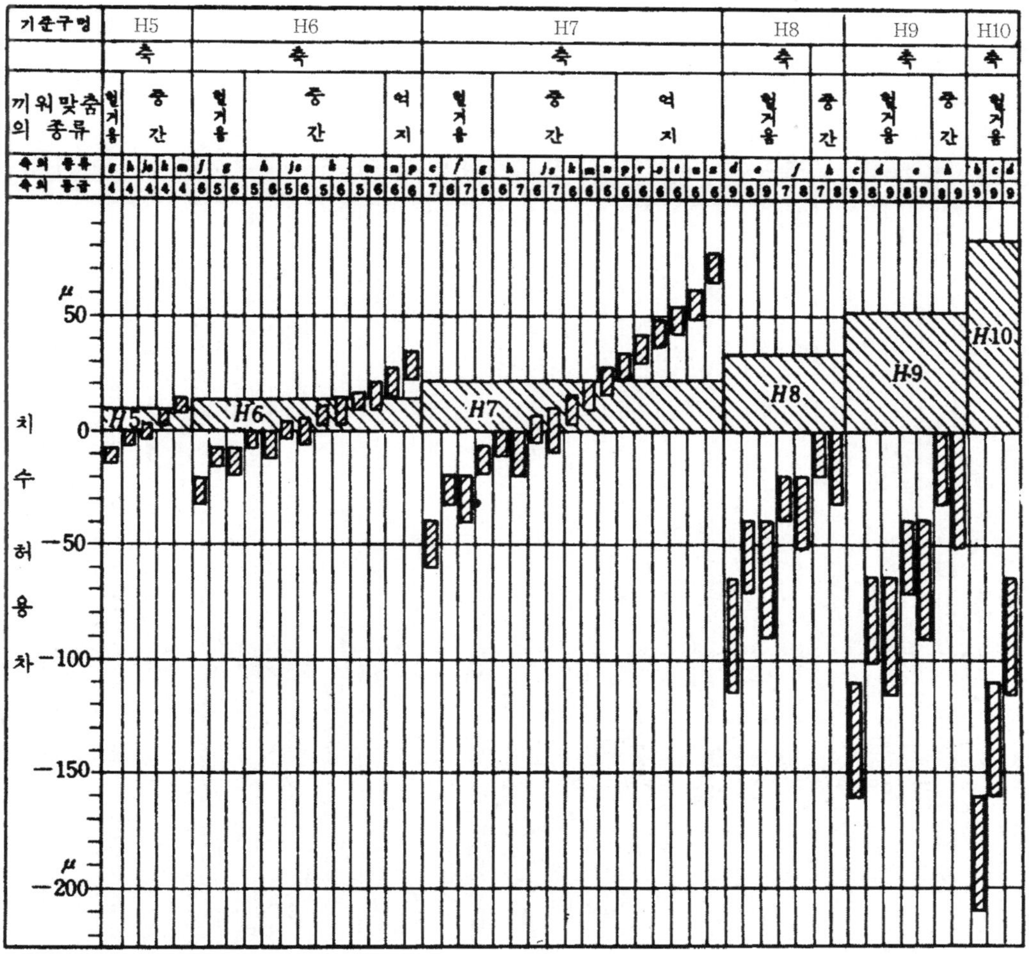

(그림은 치수 30mm의 경우)

그림 5·11 상용되는 끼워맞춤(구멍 기준식)

5.3.6 기본공차의 수치계산

KS규격의 공차는 동일한 호칭치수 구분에 속하는 직경에 대해 동일하게 정해져 있다. 기본공차의 수치는 공차단위에 표 5·5와 같이 상수를 곱하여 산출한다. 5급은 호칭치수가 적은 부분에 있어 산출값과 다소 다른 수치가 사용되며, 공차단위(μm)는 다음과 같다.

$$\text{공차단위} = 0.453^{3} + 0.001D\,(\mu\text{m})$$

단, 식에서 각 호칭치수이고 구분마다 그것을 구분하는 2개의 호칭치수(mm)의 기하평균을 이용하며, D는 치수구분의 최대·최소값의 기하평균으로 mm로 표시한다.

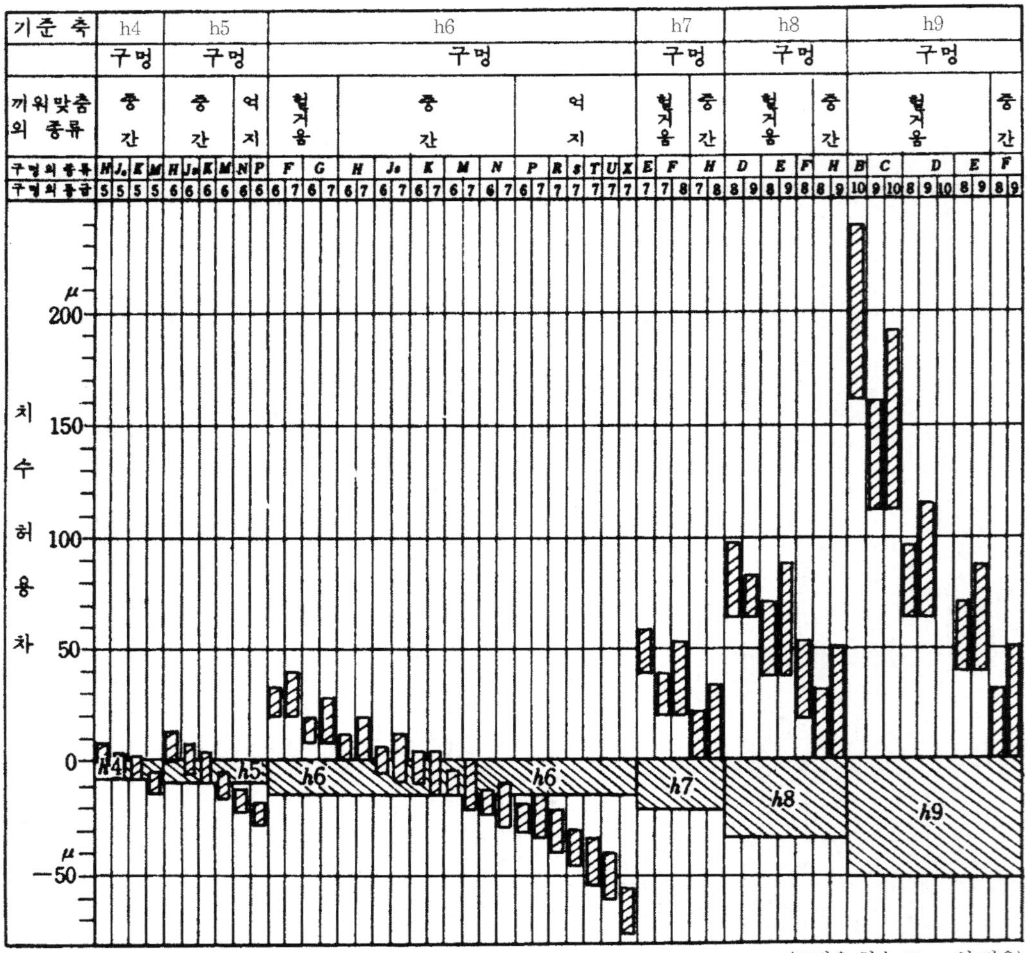
(그림은 치수 30mm의 경우)

그림 5·12 상용되는 끼워맞춤(축 기준식)

표 5·5 IT기본공차 등급에 따른 기본공차의 치수에 대한 상수

공차계열(IT)	5급	6급	7급	8급	9급	10급	11급	12급	13급	14급	15급	16급
기본공차의 치수에 대한 상수	7	10	16	25	40	64	100	160	250	400	640	1000

예를 들면, 50 mm~80 mm까지의 치수구분은 $D=\sqrt{50\times80}=62.24$로 한다.

5.3.7 치수허용차

치수허용차는 기초가 되는 허용차와 IT기본공차를 사용하여 다음 식에서 구한다.

① 기초가 되는 치수허용차가 위치수차인 경우

위치수허용차＝기초가 되는 치수허용차

아래치수허용차＝위치수허용차－IT기본공차

② 기초가 되는 치수허용차가 아래치수인 경우

아래치수허용차＝기초가 되는 치수허용차

위치수 허용차＝아래치수허용차＋IT기본공차

단, J_s 및 j_s의 치수허용차가 IT기본공차를 사용해 다음 식에서 구한다.

$$\text{위치수허용차} = + \frac{\text{IT기본공차}}{2}$$

$$\text{아래치수허용차} = - \frac{\text{IT기본공차}}{2}$$

그리고 치수허용차의 값은 표 5・6에 의하여 정한다.

표 5・6 치수허용차의 값의 맺음

산출값의 구분		아래 수의 정수배로 정함	산출값의 구분		아래 수의 정수배로 정함
을 초과	이하		을 초과	이하	
－	60	1	2000	5000	100
60	100	2	⋮	⋮	⋮
100	200	5			
200	500	10	20×10^n	50×10^n	1×10^n
500	1000	20	50×10^n	100×10^n	2×10^n
1000	2000	50	100×10^n	200×10^n	5×10^n

5.3.8 구멍 및 축의 등급에 따른 기본공차

구멍 및 축의 직경을 고정도로 다듬질 가공할 때 치수공차를 작게 하면 되나 동일한 0.01 mm의 공차라도 기준치수가 10 mm일 때와 100 mm와는 다르다. 즉, 기준치수가 커지면 공차범위도 커질 수 있어 정밀성은 기준치수와 공차의 비율로 나타낸다.

또한 동일구분에 속하는 치수에서 일정한 값의 공차를 주고, 정도에 따라 몇 종류의 공차를 정하고 있다. 이를 IT기본공차(ISO Tolerance)라 하며, 공차 크기에 따라 1IT 01에서 IT16까지 18등급으로 분류한다. IT01～IT4는 게이지류, IT5～IT10은 끼워맞춤 제품, IT11～IT16까지는 주로 끼워맞춤과 관계없는 부분의 치수공차에 적용한다.

5.4 한계게이지(Limit Gauge)

5.4.1 한계게이지 방식

제품의 최대허용치수에 한 측정단면을 갖고 최소허용치수에 또 다른 측정단면을 갖게 한 것이 고정식 한계게이지이다. 즉, 가공물은 그 기능에 맞게 일정범위 내에서 치수차가 허용되므로 스냅게이지에서 상한의 최대허용치수를 통과측, 하한의 최소허용치수를 정지측으로 하여 양 한계를 갖게 함으로써 통과측은 무리 없이 통과하고 정지측에 통과할 수 없는 제품치수를 합격으로 한다.

한계게이지 방식에서 한계게이지 치수차 · 공차 결정에 다음 사항을 고려해야 한다.

1) 제품의 한계치수를 지킬 수 있는지 여부

2) 통과측이 마모될 경우 호환성 보증을 위해 마모여유의 양이 적당한지 여부

3) 정지측 마모시 제품에 지장을 주는 제품공차에 게이지 공차가 점유되거나 밖으로 과도하게 벗어나는지 여부

4) 상기 4), 3)의 경우 최악의 게이지 공차에 점유량이 많아 최소유효범위가 작아져 제품공차를 부당히 축소되는지 여부

5) 검사용 · 공작용 게이지로 검사된 제품에서 공작용 게이지에 합격된 제품이 검사용 게이지에 합격되는지 여부

5.4.2 한계게이지의 통과측과 정지측

구멍용 한계게이지는 제품의 최소허용치수를 기준으로 한 측정단면에 있는 부분을 통과측, 최대허용치수를 기준으로 한 측정단면이 있는 부분이 정지측이다. 또한 축용의 한계게이지는 제품의 최대치수를 기준으로 한 측정단면이 있는 부분을 통과측, 최소치수를 기준으로 한 측정단면이 있는 부분이 정지측이 된다. 한계게이지의 호칭치수는 그 게이지를 적용하는 구멍 또는 축의 크기를 나타내는 기준치수로 한다.

5.4.3 한계게이지의 종류

한계게이지는 공작물의 측정부분의 형상에 따라 몇 가지 종류로 분류된다. 단측게이지는 하나의 게이지에 한 개의 치수 또는 형상만을 기대할 수 있으며, 보통 공작물 측정부분의 형상과 반대형상으로 제작된다.

1) 축용 한계게이지 : 링게이지(Ring Gauge)와 스냅게이지(Snap Gauge)

2) 구멍용 한계게이지 : 플러그게이지(Plug Gauge), 평게이지(Flat Gauge), 판게이지(Plate Gauge), 봉게이지(Bar Gauge), 테보게이지(Tebo Gauge)

3) 길이용 한계게이지 : 축용 스냅게이지 사용 가능

4) 깊이 또는 단차용 한계게이지 : 틈새법에 의한 오목형과 볼록형, 플러그에 노치 또는 일정 선을 새겨 놓은 게이지

5) 홈용 한계게이지 : I형, 긴 홈 폭 측정용의 원판게이지

5.4.4 테일러의 원리

그림 5 · 13과 같이 둥근구멍이 최대치수와 최소치수에 걸쳐 타원일 경우 통과측 게이지가 구멍의 최소치수로 된 원통이면 타원이 통과하므로 통과측 검사에 합격하게 된다. 또한 정지측 게이지가 구멍의 최대치수로 된 원통이면 타원은 최대치수를 초과하는 부분이 있어도 정지측 게이지가 멈추어져 합격된다. 즉, 통과측 검사는 최소치수보다 작은 부분이 없음을 보증하나 정지측 검사는 최대치수보다 큰 부분이 없다는 보증할 수 없어 원통상의 정지측 게이지는 바람직하지 않아 두 점 접촉되는 단일지름이 검사 가능한 봉게이지가 좋다.

"한계게이지의 통과측 검사는 하나의 게이지로서 종합적으로 많은 요소에 대해 이루어 질 수 있으나 정지측 검사는 단독의 요소밖에 검사할 수 없다"는 정의가 한계게이지 원리인 테일러 원리(Taylor's Principle)이다. 즉, 통과측 한계치수는 종합적인 치수를 의미하고 정지측 한계치수는 단독의 실제치수를 의미한다.

형상오차가 큰 제품은 엄밀히 고려해야 하며, 형상오차가 작을 때는 종합적 치수가 단독의 실제치수가 될 수 있어 정지측 게이지는 통과측 게이지와 동일형상으로 해도 상관없다.

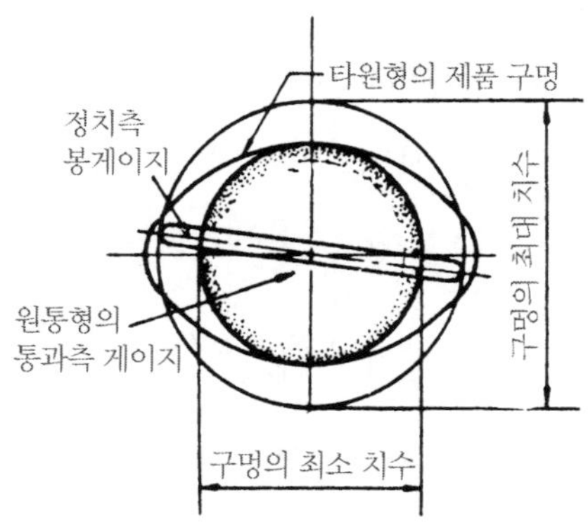

그림 5 · 13 테일러의 원리

표 5·7 원통형상의 축과 구멍의 게이지 선택

구분	원통 축	원통 구멍
통과측	끼워맞춤 길이와 동일한 폭을 갖는 게이지	구멍과 같은 길이를 갖는 완전한 플러그 게이지
정지측	폭이 좁은 스냅 게이지	점 접촉을 하는 측정면을 갖는 게이지(봉 게이지)

테일러의 원리를 반드시 엄격하게 적용해야 된다는 것이 아니고 게이지의 사용상 불편한 점도 있어 어느 정도 벗어남도 허용된다.

5.5 한계게이지 설계

5.5.1 제품공차의 최소유효범위

(1) 최소유효범위의 비율

ISO에서 마모한도 내 게이지로서 공작용 게이지에 합격한 것이 검사용 게이지에도 합격되도록 그 공차위치가 정해져 있다. 통과측 게이지와 정지측 게이지가 제품공차에 대해 가장 내측으로 될 때 남겨진 제품공차가 주어진 원제품 공차의 몇 %인지 검토해야 한다.

$$\eta = \frac{T_z}{T} \times 100\% = \frac{T - T_z - Z}{T} \times 100\% \qquad (5 \cdot 3)$$

여기서, T=제품공차, T_G=게이지 공차, Z=게이지 마모 여유

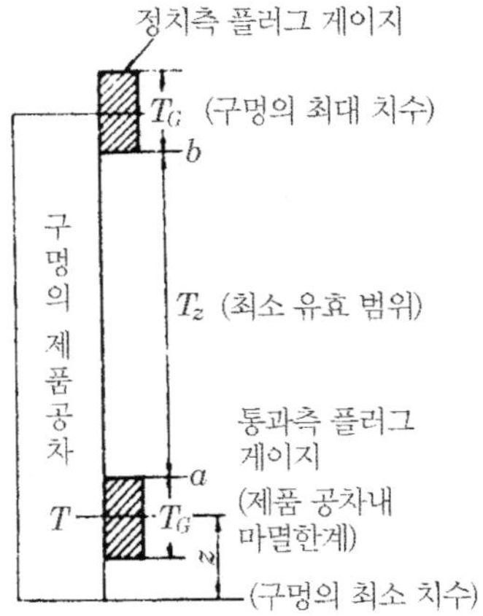

그림 5·14 제품공차의 최소유효범위

(2) 최소유효범위의 확대

검사용 게이지 보다 공작용 게이지가 작은 값이므로 KS규격에서 게이지 공차는 최소값으로 보면 22%로 된다. η를 100%로 하는 것은 검사용 게이지와 같이 제품공차 외측에 게이지 공차가 위치하여 마모여유를 주지 않고 결국 제품공차가 확대되며, η를 증가시키기 위해 다음 사항을 참고해야 한다.

a) 게이지공차(T_G)를 작게 해야 하나 한계가 있어 영(Zero)으로 할 수 없다.

b) 작은 공차를 더욱 작게 측정설비를 갖추어 측정정도의 향상을 도모할 수 있으나 원가상승의 요인이 된다.

c) 제품공차 내 마모여유를 작게 해야 하나 게이지의 수명과 관련된다.

만일 내마모성 재료를 이용하면 크롬도금은 강의 6~10배, 초경합금은 35~100배 정도이다.

표 5·8 KS 한계게이지 공차치수 허용차

호칭치수 구분 (mm)	공차계열			
	1급	2급	3급	4급
1 이상 3 이하	1.5	2	3	4
3 이상 6 이하	1.5	2	3	4
6 이상 10 이하	1.5	2	3	4
10 이상 18 이하	1.5	2	3	5
18 이상 30 이하	1.5	2	4	6
30 이상 50 이하	2	3	4	7
50 이상 80 이하	2	3	5	8
80 이상 120 이하	3	4	6	10
120 이상 180 이하	4	5	8	12
180 이상 250 이하	5	7	10	14
250 이상 315 이하	6	8	12	16
315 이상 400 이하	7	9	13	18
400 이상 500 이하	8	10	15	20

5.5.2 게이지의 제작 공차

한계게이지도 제작과정 중에 오차가 발생되고 게이지로 검사되는 구멍과 축이 다르게 제작되며 수량이 적어 고정도 제작이 가능하다. 한계게이지의 제작공차에 맞게 통과측과 정지측에 대해 허용되는 최대허용치수와 최소허용치수의 차를 한계게이지의 제작공차라 한다.

게이지의 제작공차를 작게 하면 제작비는 상승되고 제품공차를 크게 하면 제품제작이 쉽게 된다. 반대로 게이지의 제작공차가 크면 제품공차가 작아 제품공작이 곤란하여 다음 사항을 규정해야 한다.

1) 한계게이지를 이용하여 측정한 제품이 제품공차 내의 치수로 되어야 한다.

2) 공작용 게이지로 합격된 제품이 검사용 게이지로 불합격되어서는 안된다.

3) 게이지의 마모여유를 적절히 규제하여 그 이상 마모되면 게이지를 사용하여 측정된 제품이 제품공차 내의 치수로 되어야 한다.

제품의 최소유효범위를 나타내는 그림 5·14는 이들 조건에 만족시키는 한계게이지의 제작공차 및 마모여유와 구멍, 축의 제품공차와의 관계를 나타낸다. 예를 들면 30 mm의 *H*7 구멍용 테이퍼 게이지의 경우 그림과 같고 한계게이지의 공차의 등급은 표 5·9와 같다.

5.5.3 한계게이지의 제작공차 표시

H : 구멍용의 플러그 게이지 및 평형 플러그 게이지의 제작공차

H_s : 구멍용의 봉게이지의 제작공차

H_1 : 축용의 스냅게이지 및 링게이지의 제작공차

표 5·9 한계게이지 제작공차 등급

한계게이지의 종류	제작공차	구멍 축의 등급					
		IT 5급	IT 6급	IT 7급	IT 8급	IT 9급	IT 10급
플러그게이지 및 평판 플러그게이지	H	IT2	IT2	IT2	IT3	IT3	IT4
봉게이지	H_s	IT2	IT2	IT2	IT2	IT2	IT3
스냅게이지 및 링게이지	H_1	IT2	IT2	IT3	IT3	IT4	

5.5.4 한계게이지 공차의 기본 수치

동일한 치수구분에 속하는 같은 등급의 구멍 또는 축에 사용하는 한계게이지에 대해 각각 동일한 공차를 주게 한다. 한계게이지 공차의 등급은 IT2, IT3, IT4가 있으며, 그 수치는 표 5·10과 같다.

표 5·10 한계게이지의 제작공차 치수허용치

호칭치수구분(mm)		IT 2급	IT 3급	IT 4급
초과	이하			
–	3	10.2	2	3
3	6	1.5	2.5	4
6	10	1.5	2.5	4
10	18	2	3	5
18	30	2.5	4	6
30	50	2.5	4	7
50	80	3	5	8
80	120	4	6	10
120	180	5	8	12
180	250	7	10	14
250	315	8	12	16
315	400	9	13	18
400	500	10	15	20

비고 : 호칭치수 구분은 3 mm 이하의 IT 2급 수치 1.2μm는 판형 스냅게이지 또는 링게이지에 한하여 1.5μm까지도 좋다.

표 5·11 IT 기본공차값

2호칭치수구분(mm)		IT 01급	IT 0급	IT 1급	IT 2급	IT 3급	IT 4급	IT 5급	IT 6급	IT 7급	IT 8급	IT 9급	IT 10급
초과	이하												
–	3	0.3	0.5	0.8	1.2	2	3	4	7	10	14	25	40
3	6	0.4	0.6	1	1.5	2.5	4	5	8	12	18	30	48
6	10	0.4	0.6	1	1.5	2.5	4	6	9	15	22	36	58
10	18	0.5	0.8	1.2	2	3	5	8	11	18	27	43	70
18	30	0.6	1	1.5	2.5	4	6	9	13	21	33	52	84
30	50	0.6	1	1.5	2.5	4	7	11	16	25	39	62	100
50	80	0.8	1.2	2	3	5	8	13	19	30	46	74	120
80	120	1	1.5	2.5	4	6	10	15	22	35	54	87	140
120	180	1.2	2	3.5	5	8	12	18	25	40	63	100	160
180	250	2	3	4.5	7	10	14	20	29	46	72	115	185
250	315	2.5	4	6	8	12	16	23	32	52	81	130	210
315	400	3	5	7	9	13	18	25	36	57	89	140	230
400	500	4	6	8	10	15	20	27	40	63	97	155	250

표 5·12 호칭치수 구분에 따른 IT 5급 및 IT6급 게이지 제작공차

호칭치수구분 (mm)		T (IT5)	IT 5급 구멍 축용 게이지					T (IT6)	IT 6급 구멍 축용 게이지				
초과	이하		z, z_1	y, y_1	y', y_1'	a', a_1'	H, H_s, H_1 (IT2)		z, z_1	y, y_1	y', y_1'	a', a_1'	H, H_s, H_1 (IT2)
–	3	4	1	1			1.2	6	1.5	1			1.2
3	6	5	1	1			1.5	8	2	1			1.5
6	10	6	1	1			1.5	9	2	1			1.5
10	18	8	2	1.5			2	11	2.5	1.5			2
18	30	9	2	1.5			2.5	13	2.5	1.5			2.5
30	50	11	3	2			2.5	16	4	2			2.5
50	80	13	4	2			3	19	5	2			3
80	120	15	5	3			4	22	6	3			4
120	180	18	6	3			5	25	7	3			5
180	250	20	6	3	2	1	7	29	7	4	2	2	7
250	315	23	7	3	1.5	1.5	8	32	8	5	2	3	8
315	400	25	7	4	1.5	2.5	9	36	9	6	2	4	9
400	500	27	8	4	1	3	10	40	12	7	2	5	10

표 5·13 호칭치수 구분에 따른 IT7급 게이지 제작공차

호칭치수구분 (mm)		T (IT7)	IT7 구멍 게이지					IT7 축용 게이지				
초과	이하		z	y	y'	a'	H, H_s (IT2)	z_1	y_1	y_1'	a_1'	H_1 (IT3)
–	3	10	2	1.5			1.2	2	1.5			2
3	6	12	2.5	1.5			1.5	3	1.5			2.5
6	10	15	2.5	1.5			1.5	3	1.5			2.5
10	18	18	3	1.5			2	3.5	2			3
18	30	21	3.5	1.5			2.5	3.5	2			4
30	50	25	4	2			2.5	5	3			4
50	80	30	5	2			3	6	3			5
80	120	35	6	3			4	8	4			6
120	180	40	8	3			5	9	4			8
180	250	46	9	5	2	3	7	10	6	3	3	10
250	315	52	11	6	2	4	8	12	7	3	4	12
315	400	57	13	6	0	6	9	14	8	2	6	13
400	500	63	15	7	0	7	10	16	9	2	7	15

표 5·14 호칭치수 구분에 따른 IT8급 게이지 제작공차

호칭치수 구분 (mm)		T (IT8)	IT8 구멍 게이지										T8 축용 게이지				
			플러그 게이지					봉게이지									
초과	이하		z	y	y'	a	H (IT3)	z	y	y'	a	H_s (IT2)	z_1	y_1	y_1'	a_1	H_1 (IT3)
—	3	14	3	2			2	3	2			1.2	3	2			2
3	6	18	3.5	2			2.5	3.5	2			1.5	3.5	2			2.5
6	10	22	4	2			2.5	4	2			1.5	4	2			2.5
10	18	27	5	2			3	5	2			2	5	2			3
18	30	33	6	2			4	6	2			2.5	6	2			4
30	50	39	7	3			4	7	3			2.5	7	3			4
50	80	46	9	3			5	9	3			3	9	3			5
80	120	54	11	4			6	11	4			4	11	4			6
120	180	63	12	5			8	12	5			5	12	5			8
180	250	72	14	7	3	4	10	14	7	3	4	7	14	7	3	4	10
250	315	81	16	8	2	6	12	16	8	2	6	8	16	8	2	6	12
315	400	89	18	9	2	7	13	18	9	2	7	9	18	9	2	7	13
400	500	97	20	10	1	9	15	20	10	1	9	10	20	10	1	9	15

표 5·15 호칭치수 구분에 따른 IT9급 게이지 제작공차

호칭치수 구분 (mm)		T (IT9)	IT9 구멍 게이지										IT9 축용 게이지				
			플러그 게이지					봉게이지									
초과	이하		z	y	y'	a'	H (IT3)	z	y	y'	a	H_s (IT2)	z_1	y_1	y_1'	a_1	H_1 (IT4)
—	3	25	6	0			2	6	0			1.2	6	0			3
3	6	30	7	0			2.5	7	0			1.5	7	0			4
6	10	36	8	0			2.5	8	0			1.5	8	0			4
10	18	43	9	0			3	9	0			2	9	0			5
18	30	52	11	0			4	11	0			2	11	0			6
30	50	62	13	0			4	13	0			2	13	0			7
50	80	74	15	0			5	15	0			3	15	0			8
80	120	87	17	0			6	17	0			4	17	0			10
120	180	100	20	0			8	20	0			5	20	0			12
180	250	115	25	0	−3	4	10	25	0	−4	4	7	25	0	−4	4	14
250	315	130	28	0	−6	6	12	28	0	−6	6	8	28	0	−6	6	16
315	400	140	31	0	−7	7	13	31	0	−7	7	9	31	0	−7	7	18
400	500	155	35	0	−9	9	15	35	0	−9	9	10	35	0	−9	9	20

표 5·16 호칭치수 구분에 따른 IT10급 게이지 제작공차

호칭치수구분 (mm)		T (IT9)	IT10 구멍 게이지									
			플러그 게이지					봉게이지				
초과	이하		z	y	y'	a	H (IT4)	z	y	y'	a	H_s (IT3)
–	3	40	7	0			3	6	0			2
3	6	48	8	0			4	7	0			2.5
6	10	58	9	0			4	8	0			2.5
10	18	70	11	0			5	9	0			3
18	30	84	13	0			6	11	0			4
30	50	100	15	0			7	13	0			4
50	80	120	17	0			8	15	0			5
80	120	140	19	0			10	17	0			6
120	180	160	29	0			12	19	0			8
180	250	185	33	0	−7	7	14	29	0	−7	7	10
250	315	210	38	0	−9	9	16	33	0	−9	9	12
315	400	230	44	0	−11	11	18	38	0	−11	11	13
400	500	250	44	0	−14	14	20	44	0	−14	14	15

〔주의〕 호칭치수 180 mm를 넘는 5급 축에 사용하는 검사용 게이지의 제작공차는 표에 표시한 공차계열에 의한 $y_1+1\mu m$를 사용한다.

5.5.5 마멸한계 치수허용차와 마멸여유 및 조정 불확실 영역

(1) 마멸한계치수

게이지가 마멸 상태에서도 계속 한계게이지로 사용이 허용되는 한계치수를 말한다. 마멸한계치수 허용차는 구멍용 한계게이지는 제품의 치소치수와 마멸한계치수와의 차, 축용의 한계게이지에서는 마멸한계치수와 제품의 최대치수와의 차를 말하며 사용기호는 다음과 같다.

T : 구멍 축의 공차

y : 구멍용의 한계게이지의 마멸한계치수 허용차

y_1 : 축용의 한계게이지의 마멸한계치수 허용차

(2) 마멸여유

신제품 공작용 게이지의 통과측이 기준이 되는 치수를 게이지의 마멸을 고려하여 구멍 또는 축의 최대(최소)허용치수로부터 구멍 또는 축의 공차 내에 옮기는 치수와 마멸한계치수와의 차를 말하며, 마멸여유 중 구멍 또는 축의 공차내에 있는 부분을 구멍축 공차 내 마멸여유라 하며 마멸여유 기호는 다음과 같다.

z : 구멍용의 한계게이지의 제품공차 내 마멸여유

z_1 : 축용의 한계게이지의 제품공차 내 마멸여유

(3) 조정불확실 영역

게이지는 측정자의 감도를 이용하여 검사하므로 검사제품의 직경크기가 작으면 게이지 크기도 작아 감도가 향상된다. 따라서 제품치수 180 mm 이하에서는 조정불확실 영역을 고려하지 않게 된다.

a : 구멍용 한계게이지의 조정불확실 영역

a_1 : 축용 한계게이지의 조정불확실 영역

측정이 확실하지 못 한 조정불확실 영역은 마멸한계치수에서 표시한 y 또는 y_1의 값을 수정하여 그 수정값을 각각 y' 또는 y_1'로 표시한다.

5.5.6 구멍축 공차와 한계게이지 공차와의 허용영역의 관계

한계게이지의 정도는 IT기본공차의 4등급 이하의 제작공차가 주어지고 일반적으로 공작물에 부여되는 공차의 1/10 정도가 요구된다. 구멍 축 공차와 한계게이지 공차와의 허용영역관계는 IT5~IT8급인 구멍 축에 사용하는 것과 IT9~IT10급인 구멍 축에 사용하는 것과는 다르며, 동일등급에 사용하는 것이라도 호칭치수 180 mm 이하인 경우와 180 mm를 초과하는 경우와는 다르며, 그림 5 · 15에 그 관계를 나타냈다.

(1) 구멍용의 한계게이지(U : 위치수 허용차, L : 아래치수 허용차)

- 정지측의 위치수 허용차 $= U + \frac{H}{2}$ 또는 $U + \frac{H_s}{2}$
- 정지측의 아래치수 허용차 $= U - \frac{H}{2}$ 또는 $U - \frac{H_s}{2}$
- 통과측의 위치수 허용차 $= L + Z + \frac{H}{2}$ 또는 $L + Z + \frac{H_s}{2}$
- 통과측의 아래치수 허용차 $= L + z - \frac{H}{2}$ 또는 $L + z - \frac{H_s}{2}$ (5 · 4)

(2) 축용 한계게이지(U_1 : 위치수 허용차, L_1 : 아래치수 허용차)

- 정지측의 위치수 허용차 $= L_1 + \frac{H_1}{2}$
- 정지측의 아래치수 허용차 $= L_1 - \frac{H_1}{2}$
- 통과측의 위치수 허용차 $= U_1 - z_1 + \frac{H_1}{2}$
- 통과측의 아래치수 허용차 $= U_1 - z_1 - \frac{H_1}{2}$ (5 · 5)

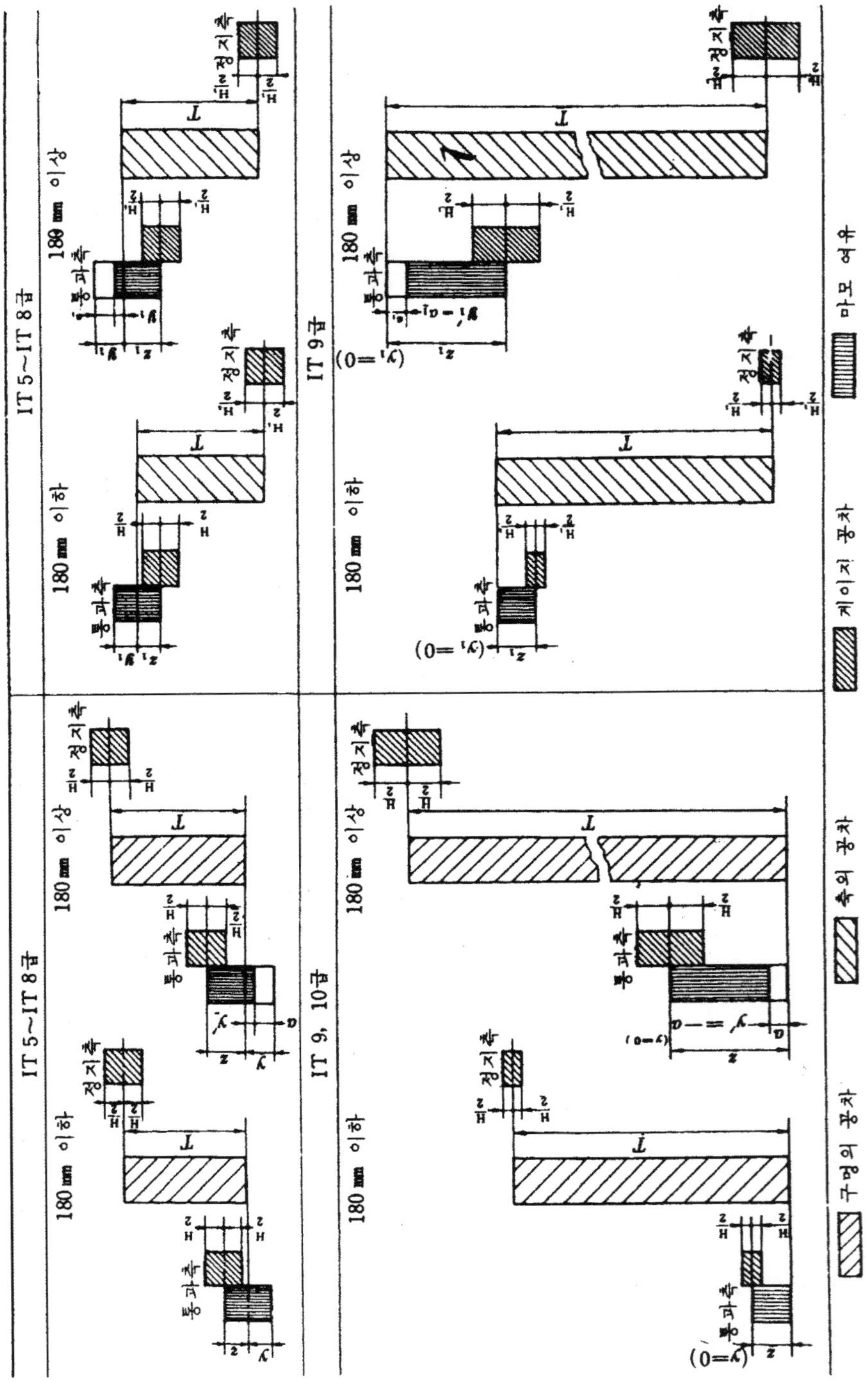

그림 5·15 구멍 축의 공차와 한계게이지 공차와의 관계

5.5.7 구멍축용 한계게이지의 형상

구멍 축용 한계게이지도 테일러의 원리를 고려해야 하며, 그림 5·16에서 게이지의 길이로서 굽은 축에 관하여 끼워맞춤 부분의 길이를 L로 하고 지름 d의 축에 들어가기 위해 구멍의 지름은 d보다 f만큼 커야 한다. 축의 곡률 반경을 R이라 하면

$$f = R - \sqrt{R^2 - \left(\frac{L}{2}\right)^2} \fallingdotseq \frac{L^2}{8R} \qquad (5 \cdot 6)$$

만일 $R = 10\,\text{m}$, $L = 50\,\text{mm}$로 하면 $f = 3\,\mu\text{m}$가 된다. 축에 굽힘이 인정될 때 끼워맞춤에 필요한 지름의 축을 얻기 위해 끼워맞춤 부분에 길이에 관해서 f를 검사해야 된다.

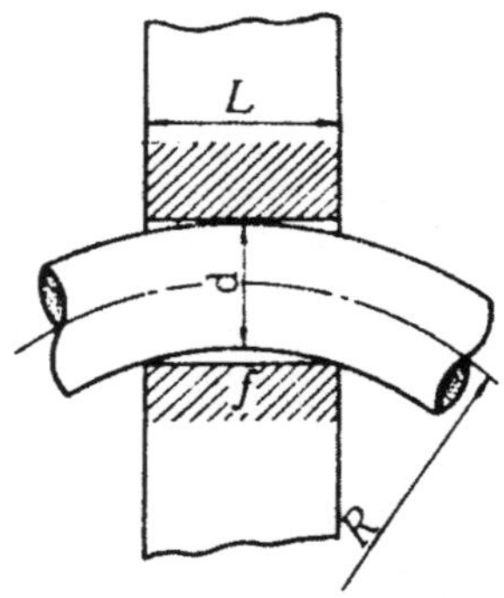

그림 5·16 굽은 축의 끼워맞춤

표 5·17 한계게이지 형상에 관한 권장사항

구분	지름범위(mm)	통과측	정지측
구멍용 게이지	~100	플러그 게이지	플러그 게이지
	100~250	평 플러그 게이지	봉게이지 및 이에 준하는 것
	250~500	큰 구면의 봉게이지	
축용 게이지	~315	작은 직경은 링게이지 또는 스냅게이지	스냅 게이지
	315~500	지시식 게이지, 마이크로미터	지시식 마이크로미터

5.5.8 한계게이지 설계 예

【예제 1】 φ26+0.052(φ26H9) 구멍을 검사하는 플러그 게이지 설계

① 표 5·11에서 φ26+0.052에 대한 공차는 IT9급에 해당된다.

② 표 5·9에서 플러그 게이지 IT9급에 해당되는 게이지 공차는 IT3급에 해당된다.

③ 표 5·15에서 IT9급 구멍용 게이지의 Z, Y, Y', a, H 등을 구한다.

호칭치수의 구분	T (IT9급)	Z	Y	Y′	a	H (IT3)
18~30	52	11	0			4

④ 공차위치의 관계는 그림 5·15에서

[통과측] ϕ26.000(기본치수)+0.011(Z : 마멸여유)=26.011

[정지측] ϕ26.000(기본치수)+0.052(제품공차)=26.052

$$\text{게이지 공차} \ \pm\frac{4\mu m}{2} = \pm 0.002$$

즉, [통과측] ϕ26.011±0.002

[정지측] ϕ26.052±0.002

이 되나 게이지의 제작공차는 편측으로 부여해야 하므로 공차수정이 필요하다. 통과측은 최소값에서 +쪽으로 정지측은 최대값에서 −쪽으로 수정하면

[통과측] ϕ26.009+0.004

[정지측] ϕ26.054−0.004가 된다.

여기서 통과측 치수가 +쪽에 가깝게 제작되어 있으면 게이지 수명은 길고 합격품이 불합격되는 양이 많아지나 반대로 −쪽에 가까우면 검사에 합격되는 양은 많으나 게이지 수명이 짧아진다.

5.6 기능게이지(Functional Gauge)

종합게이지는 동심도 게이지처럼 어느 치수부분에 대한 다른 치수부분의 관계를 표시하는 치수관계 게이지, 구멍위치 게이지와 같이 어느 치수부분에 대한 다른 치수부분의 위치를 표시하는 위치게이지(Position or Location Gauge), 한 부품을 검사에 필요한 게이지를 종합적으로 모아 조립한 다원식 게이지(Fixture Gauge)로 분류된다.

5.6.1 치수관계 게이지

(1) 동심도 표시와 측정

일정부분에 대한 다른 치수의 동심도를 검사하는 동심도 게이지(Concentricity

Gauge)는 어느 치수부분에 대해 다른 치수부분의 관계를 표시한다.

| ◎ | -P- | 0.000 | 기준면 P에 대하여 0.000 이내의 기준면이어야 한다. 가령 그림 5 · 17과 같이 P를 기준으로 하여 회전시켰을 때 다이얼의 움직임이 0.05 이내로 하며, |-P-|면 기준이라는 것은 블록에 대는 것을 표시한다.

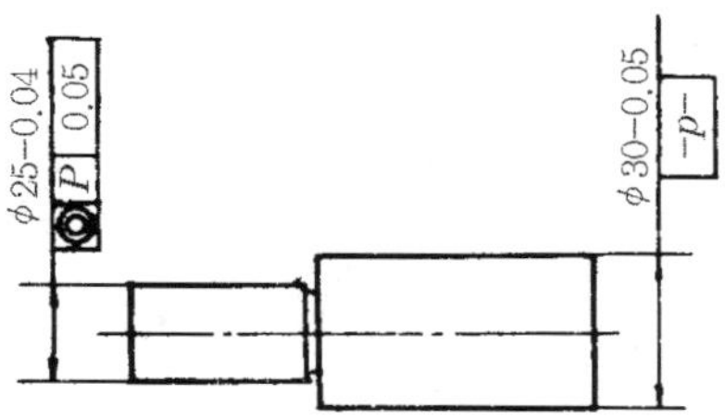

그림 5 · 17 동심도의 표시

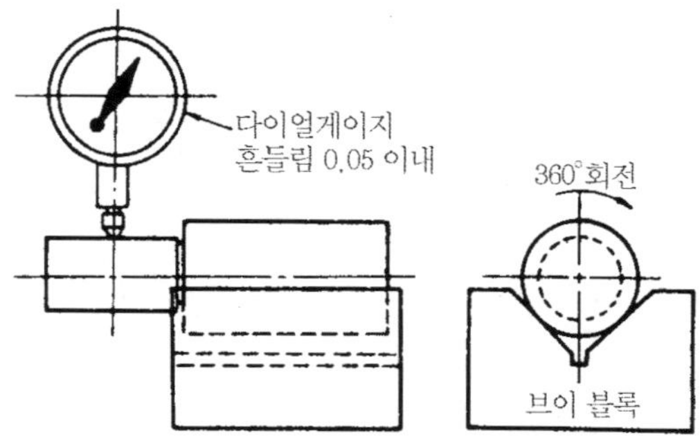

그림 5 · 18 동심도의 측정

(2) 직각도의 표시와 측정

| ⊥ | P | 0.000 | 기준면 P에 대해 0.000 이내의 움직임으로 직각이어야 하며, 그림 5 · 19와 같이 도시된다. 그림 5 · 20과 같이 끝면과 직각의 V홈에 P면 대면서 회전하여 P면을 기준으로 해당면 직각을 움직이는 다이얼 인디게이터로 읽고 0.10 이내이어야 한다.

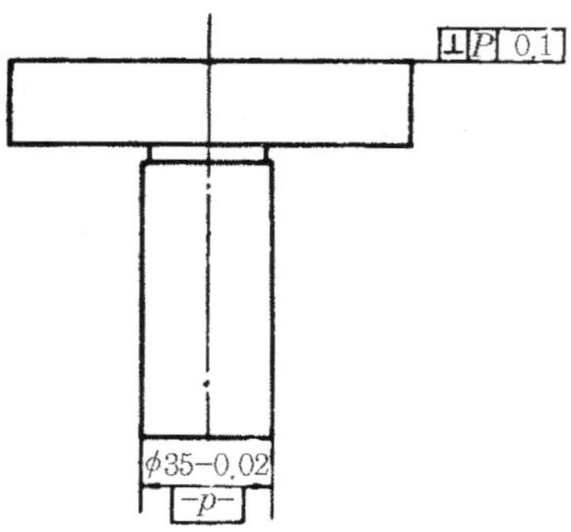

그림 5 · 19 직각도의 표시

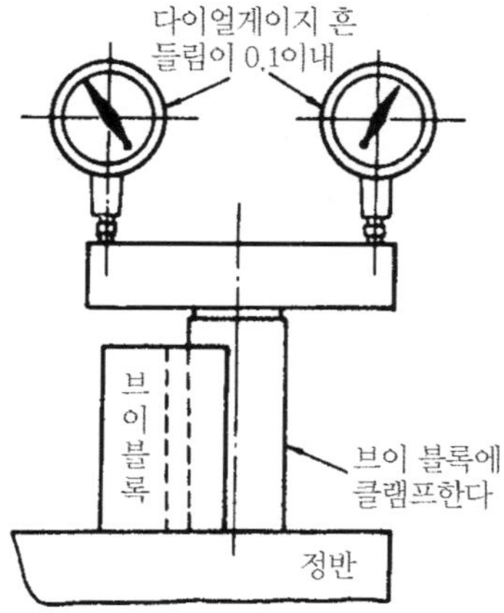

그림 5 · 20 직각도의 측정

(3) 평행도의 표시와 측정

| ⁄ | P | 0.000 | 기준면 P에 대하여 0.000 이내의 움직임으로 평행이어야 하며, 그림 5 · 21과 같이 도시된다. 그림 5 · 22와 같이 P면을 정밀정반 위에 닿게 하여 해당 면에 다이얼 게이지를 댈 때 움직임을 읽으며, 0.05 이내가 되어야 한다.

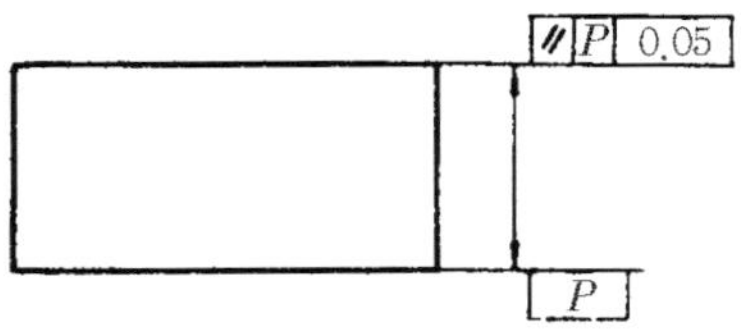

그림 5 · 21 평행도의 표시

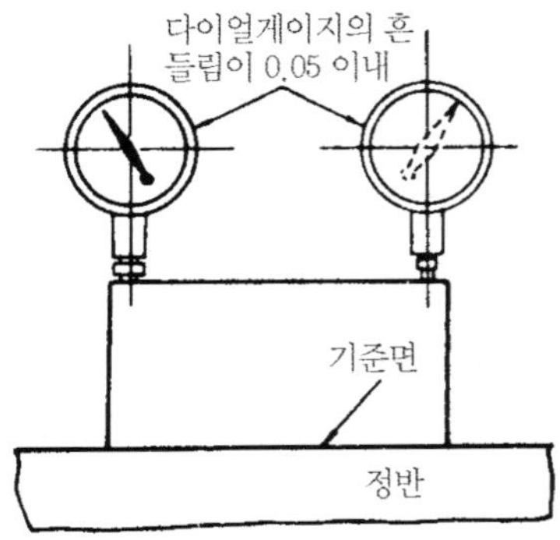

그림 5 · 22 평행도의 측정

(4) 대칭도 표시와 측정

| ≡ | P | 0.000 | 기준면 P에 대한 대칭도가 0.000 이내의 움직임이 되어야 한다. 기준면 P에 대해 해당 면의 중심선 차이로 표시하면 0.000×1/2 이내가 되어야 한다. 그림 5 · 23과 같고 이때 그림은 P면을 기준으로 A면과 B면의 높이 차를 측정하여 0.10 이내가 되어야 한다.

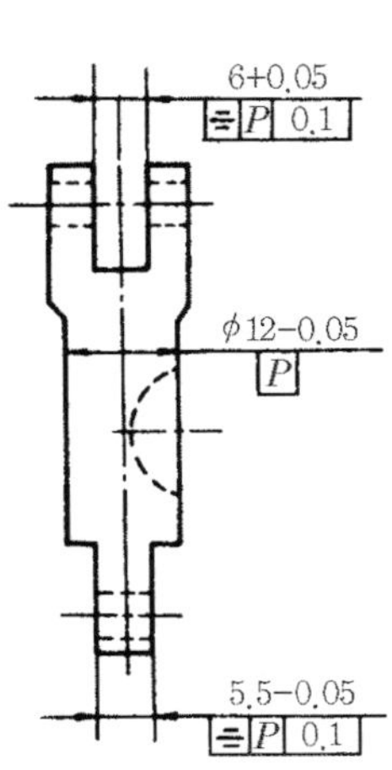

그림 5 · 23 대칭도의 표시

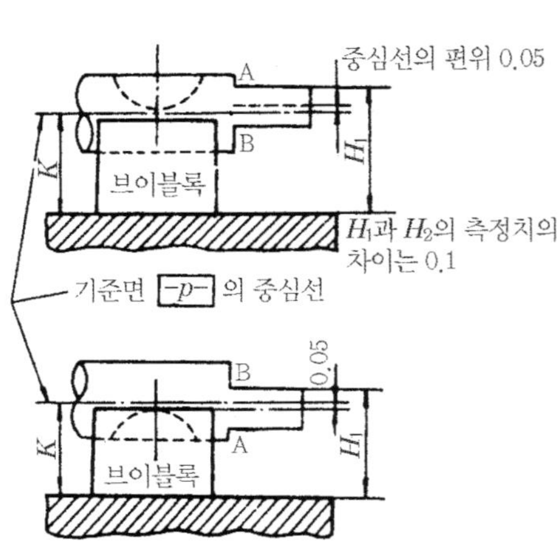

그림 5 · 24 대칭도의 측정

(5) 두 기준면에 대한 편심과 직각

◎	P	0.000
⊥	R	

기준면 2개가 P와 R로 표시되고, 최초 기준면에 대해 동심임과 동시에 기준면 R에 대한 직각도가 더해져 두 영향이 0.000 이내의 움직임이 되어야 한다. 이는 그림 5 · 25와 같고 이때 그림의 나사 끝면이 축에 직각인 면에 닿도록 그림 5 · 26과 같이 나사플러그를 사용하여 이를 회전시켰을 때 표시하는 다이얼의 움직임이 0.10 이내로 되어야 하며, 이들 움직임은 해당 면에 대해 전면으로 적용된다.

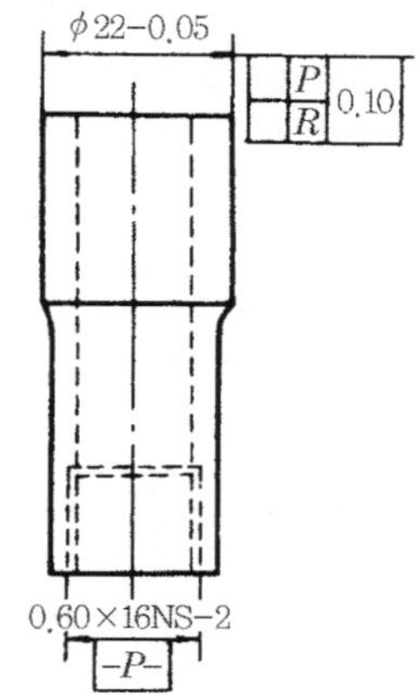

그림 5 · 25 2개 기준면에 대한 편심과 직각

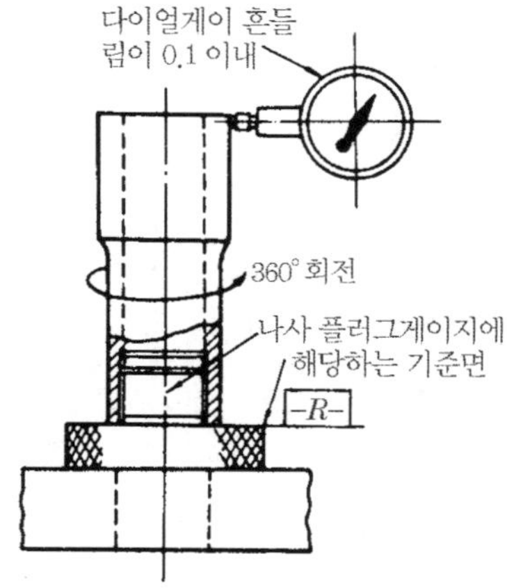

그림 5 · 26 편심과 직각측정

(6) 기능적 공차 표시

기능적 공차(Functional Tolerance)는 두 부품을 조립할 때 그 관련치수가 취할 공차를 표시한 것으로 형상에 따라 판단하여 정해진다. 조립가능한 축 부분에서는 최대치수, 구멍부분에서는 최소치수(MMC, Maximum Material Condition)의 경우를 생각해 정해지며, 그림 5 · 28과 같이 구멍부분에 통과하면 좋다.

20-0.05 지름을 기준면으로 한 ϕ15 지름의 동심인 0.10이 허용되므로 이를 통과하는 구멍은 15.10이 된다. 각기 지름이 대소치수일 때 축의 차이는 0.10/2이지만 각기 지름이 최소일 때 (0.10+0.05+0.5)/2가 허용된다.

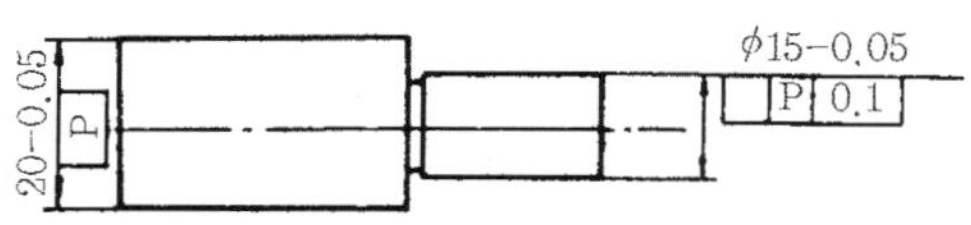

그림 5 · 27 기능적 공차 표시

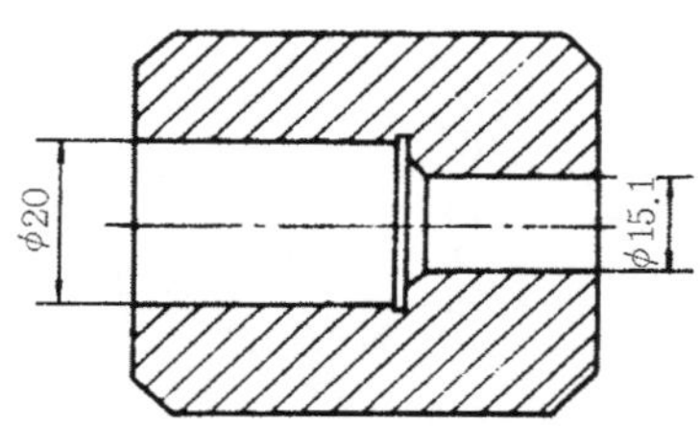

그림 5 · 28 부품검사를 위한 동심도 게이지

(7) 구멍의 위치공차

구멍의 위치공차가 부여될 때 공차 의미는 그림 5 · 29와 같으며, 기준면 ϕ 15+0.25 지름에 대해 정해진 중심에서 그려진 원 ϕ 30을 3등분 점에서 각기 지름이 0.20의 원을 그렸다고 하면 최소구멍치수 ϕ 6일 때의 중심은 그 안에 있고, 지름 0.2+0.15=0.35의 원을 그렸다면 최대구멍치수 ϕ 6.15일 때의 중심이 그 안에 있다.

이런 부품을 두 장 겹칠 때 그 구멍위치가 크게 차이나면 그림 5 · 31의 사선처럼 핀 지름, 6−0.2/2= ϕ 5.9밖에 통과하지 않게 된다. 이처럼 구멍위치의 공차의 양을 가미하여 구멍을 통과하는 플러그의 지름을 정하는 것이 구멍위치 게이지의 경우에 일반적으로 사용하며, 구멍위치의 치수표시는 간단하나 검사는 쉽지 않다.

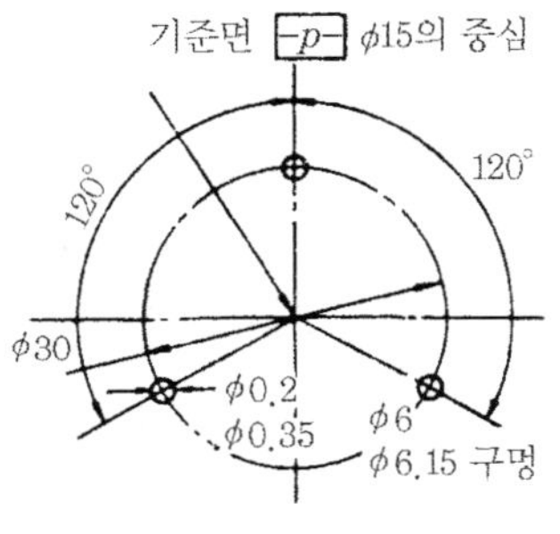

그림 5 · 29 구멍위치의 치수 표시

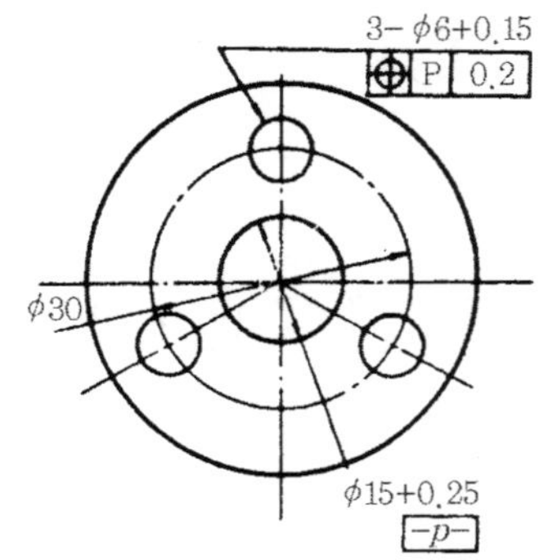

그림 5 · 30 구멍위치의 치수 의미

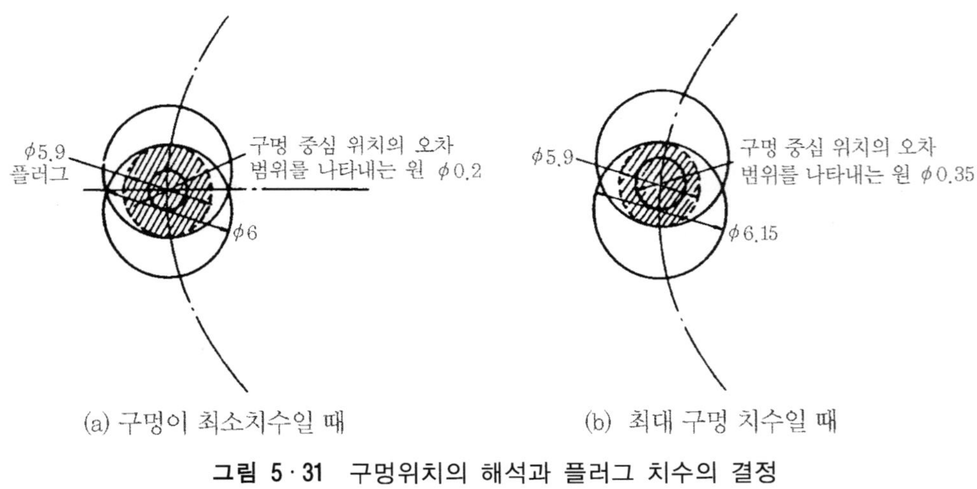

(a) 구멍이 최소치수일 때 (b) 최대 구멍 치수일 때

그림 5 · 31 구멍위치의 해석과 플러그 치수의 결정

5.6.2 치수관계 게이지

동심도 검사에 다이얼 인디케이터의 사용이 많고 그림 5 · 32 (a) 또는 (b)가 사용된다. 기능적 공차를 고려한 것으로 기준이 되는 원통지름 d_1에 대해 정확히 동심되게 만든 원통부가 있고 이에 해당되는 제품지름 d_2에 대해 플러그 게이지일 때는 $-t$, 링게이지일 때는 $+t$로 되어 이 게이지가 통과하면 합격으로 한다. 여기서 d_1과 d_2는 구멍일 경우 최소치수, 축의 경우는 최대치수를 선택한다.

그림 5 · 33에 다이얼 게이지를 부착시켜 기준면 d_1에 V블록을 대고 1회전시키면 d_2면의 동심도량이 다이얼게이지로 파악되며, 비교적 지름이 클 경우에 실제로 적용된다.

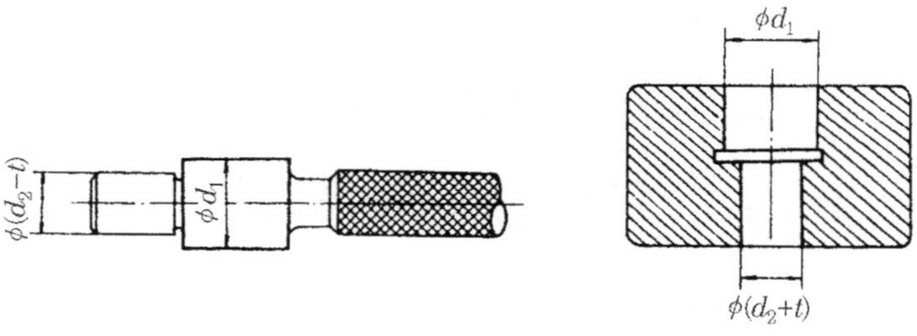

(a) 구멍용 게이지　　(b) 축용 게이지

그림 5 · 32　동심도 검사용 게이지

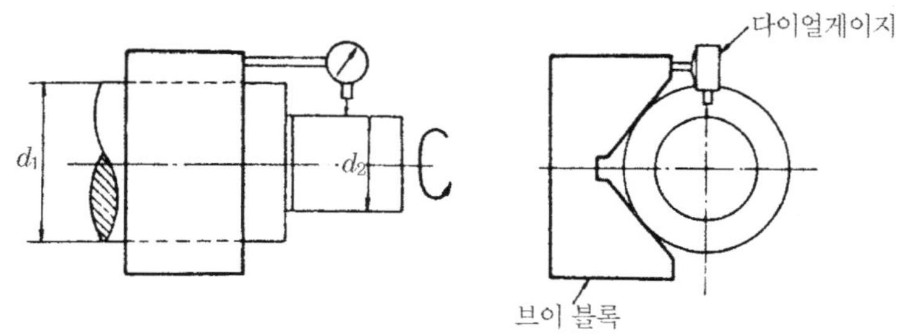

그림 5 · 33　계단 축의 동심도 검사

5.6.3 총합게이지

총합게이지는 제품의 각부 치수를 순차적인 검사 또는 동시검사가 가능하다. 그림 5 · 34는 냄비머리 나사용 게이지로서 머리부의 형상치수나 길이, 나사부를 차례로 한 게이지로 검사가 가능하여 능률향상 및 게이지 분산을 방지한다.

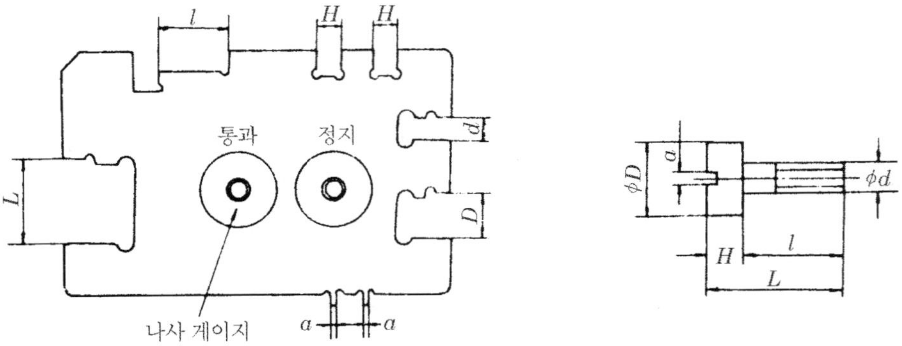

그림 5·34 냄비머리 나사용 총합게이지

5.7 각종 형상 게이지

5.7.1 간격 게이지(thickness gauge)

틈새 게이지 또는 사람감각을 이용한 측정으로 필러게이지(Feeler Gauge)라 하며, 0.03～3 mm까지 10매, 13매, 19매, 25매 강판이 한 조로 조합되어 있다. 자동차 엔진의 흡·배기 밸브의 간격조정 또는 기계조립이나 구조물을 설치에 틈새유무를 확인한다. 형상은 그림 5·35와 같으며 측정물의 틈새크기에 따라 1매 또는 여러 매를 겹쳐 넣고 원만할 때 두께치수를 합하여 읽는다. 정도는 등급에 따라 두께 허용차와 휨 허용차에서 표 5·18의 특급과 보통급이 있다.

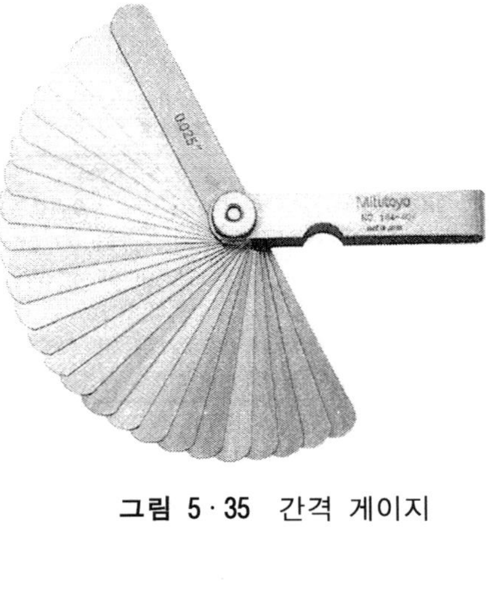

그림 5·35 간격 게이지

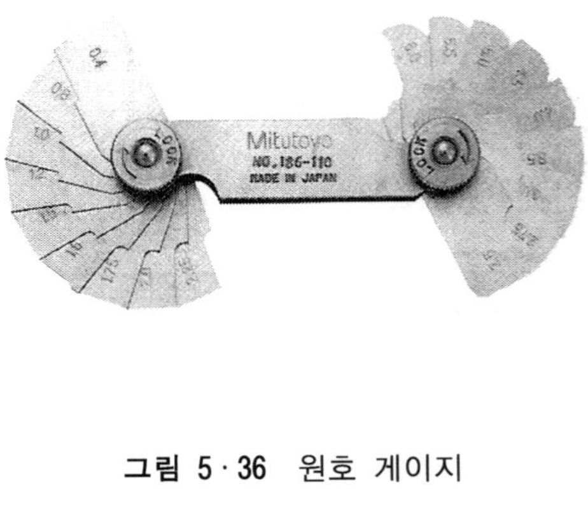

그림 5·36 원호 게이지

표 5·18 간격게이지(KS B 5224)

리이프의 두께의 구분 [mm]	두께의 단계 [mm]	두께의 허용차 [μm]		접힌 상태의 허용값 [μm]		표면거칠기
		특급	보통급	특급	보통급	
0.03 이상 0.15 이하	0.01	±3	±5	–	–	1.5-S
0.20 이상 0.50 이하	0.05	±6	±12	2	4	
0.60 이상 3.00 이하	0.10*	±10*	±20	3	6	3-S

5.7.2 원호 게이지(radius gauge)

반경 게이지 또는 R게이지라 하며, 제품의 모서리나 라운딩 부에 게이지를 붙여 틈을 보아 반경을 측정한다. 그림 5·36과 같이 구조는 강판에 여러 반경의 오목형과 볼록형의 측정면을 갖는 게이지를 세트로 하여 조립 및 단체로 된 것이 있다. 정도는 피측정물 정도에 따라 게이지의 다듬질 정도가 다르다.

5.7.3 와이어 게이지(wire gauge)

선재의 직경 및 판 두께측정에 사용되며 호칭번호가 클수록 지름이 작아진다. 와이어 또는 강판을 살짝 끼워 가장 원만한 개소의 번호 또는 두께를 읽는다. 구조는 그림 5·37과 같이 원형강판의 주위에 각종 치수를 갖는 구멍과 홈이 있고, 각각의 호칭번호가 각인되어 있다. 정도는 와이어 직경 또는 박판의 두께 판별이 목적으로 사용되므로 큰 정도는 요구되지 않는다. KS에서는 직경 또는 두께를 mm로 나타낸다.

그림 5·37 와이어 게이지

그림 5·38 피치 게이지

5.7.4 피치 및 기타 게이지(pitch gauge)

피치 게이지는 그림 5 · 38과 같이 나사피치 및 산수 측정에 사용되는 게이지로 산수의 나사용 게이지를 조합되어 있으며, 나사 산에 게이지를 접촉시켰을 때 간격없이 물리는 피치 또는 산수를 보게 된다.

기타 이(齒) 크기 측정에 치형 게이지(tooth gauge), 드릴직경 측정에 드릴게이지(drill gauge), 나사 바이트 각도측정에 센터 게이지(center gauge)가 있다.

5.8 나사 게이지

5.8.1 개 요

나사 게이지는 구멍 축과 똑같이 나사제품도 호환성이 요구되며, 나사 게이지만큼 다른 대응방안과 호환성을 보증할 수 있는 수단이 없기 때문에 많이 활용된다. 호환성의 보증을 위해 수나사와 암나사에 각각 일정한 공차를 주어 제작한다.

그림 5 · 39의 1-2-3-4-5가 나사의 기본 산형이며, 잘라낸 부분 t_c를 나사산정 절단부(Crest Truncation), t_r를 골바닥 절단부(Root Truncation)라 한다.

$$h=\frac{P}{2}\cot a \qquad (5 \cdot 7)$$

나사산 각 $A=2a$이고 일정한 피치가 주어질 때 기본삼각형의 높이 h가 구해지고 절단부 t_c 및 t_r가 결정되어 있으면 나사산 높이 h_1은 다음과 같다.

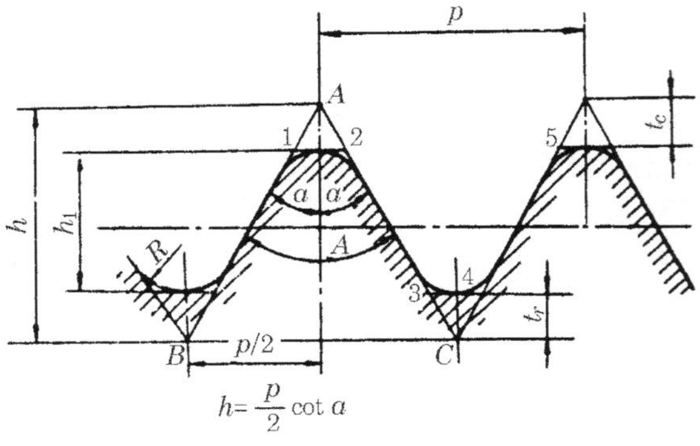

그림 5 · 39 삼각나사의 기본산형 결정방법

$$h_1 = h - (t_c + t_r) \tag{5·8}$$

한편 절단부는 공구마모 및 상대나사의 깎임현상을 방지하기 위해 둥근 모양으로 하며, 기본산형의 결정요소는 나사산 각 A, 절단부 t_c, t_r 및 나사산정(山頂)의 형상결정이 된다. 나사산정 및 골 바닥에 붙이는 R은

$$R = \frac{t}{\operatorname{cosec}\alpha - 1} \tag{5·9}$$

여기서 t는 t_c 또는 t_r를 표시한다.

그림 5·40에서 수나사 바깥지름(d)과 골지름(d_1)은 다음과 같다.

$$d_1 = d - 2h_1 \tag{5·10}$$

d에 대응한 나사골지름 D, d_1에 대응한 나사안지름 D_1이고 이들 사이에 틈이 주어진다.

나사의 산과 골 사이는 틈이 있게 되며 수나사와 암나사의 끼워맞춤에 관련되는 것은 나사 사면(斜面, flank면) 사이의 수직거리인 유효지름(Effect Diameter)이다. 나사 사면의 수직거리는 상대 나사사면이 반드시 평행이 아니므로 비대칭 산형, 톱니나사나 다중나사는 이 정의로는 유효지름을 결정하기 어렵고, 실제 공작상 기본삼각형 높이의 1/2 연결선이 유효지름이 된다. 유효지름 d_2를 구하기 위해 그림 5·40에서 h_a가 정해지면 다음과 같다.

$$d_2 = d - 2h_a \tag{5·11}$$

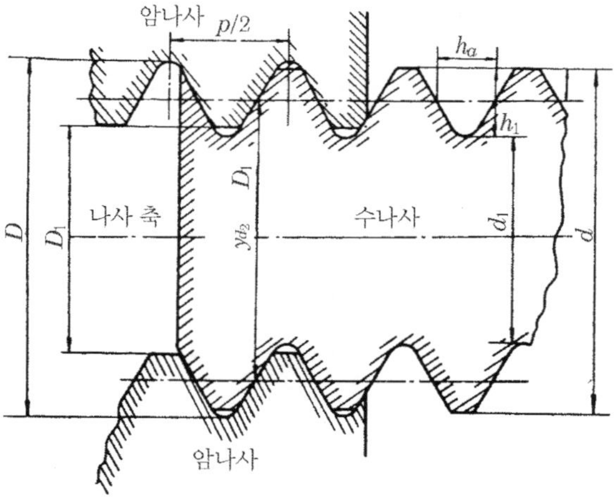

그림 5·40 나사의 지름

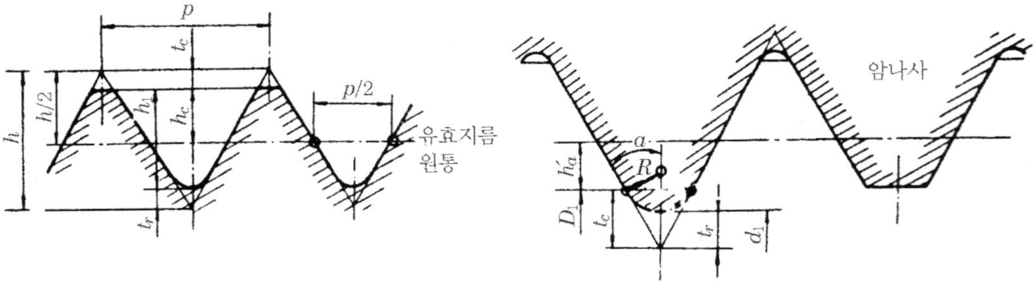

(a) 어덴 덤 h_a (b) 암나사의 안지름을 구하는 법

그림 5·41 어덴덤과 암나사의 안지름

표 5·19 삼각나사산의 요소

나사산의 명칭	피치 표시	나사산 각 2α	기본삼각형높이 $h=\frac{1}{2}p\cot\alpha$	수나사			암나사		h_a=암나사 어덴덤 $2h_a$	비고
				t_c	t_r	R둥글기	t_c	t_c		
KS미터 나사	M	60°	0.8660p	$h/8$	$h/8$	$0.1083p$	$h/8$	$h/8+h/16$	$0.6495p$	DIN미터·SI 나사에 공통

5.8.2 나사의 제품공차

나사는 구멍 축 끼워맞춤 보다 복잡하여 호환성 확보가 어려워서 나사의 제품공차는 수나사는 바깥지름, 유효지름, 골지름에 대해 부여하고 암나사는 안지름, 유효지름, 필요시 골지름에 대해 부여해야 한다. 수나사의 바깥지름, 골지름 및 암나사의 골지름, 안지름은 서로 틈을 갖게 해야 하고 직접 접촉하지 않도록 정해지며, 나사의 실제 끼워맞춤의 제약은 유효지름치수가 된다.

나사의 끼워맞춤은 피치, 산각, 진원도가 나사산 형상오차를 크게 하며, 이러한 오차가 있으면 암나사의 유효지름은 작게, 수나사의 유효지름은 크게 된다. 이와 같이 오차에 의해 유효지름에 영향을 주는 양을 유효지름당량(Pitch Diameter Equivalent)라고 한다. 가령 수나사와 암나사에 피치 차가 있으면 둘의 유효지름치수가 같더라도 끼워지지 않는다. 따라서 암나사에 나사의 유효지름치수를 작게 하는 것이 필요하며, 이것이 피치오차의 유효지름당량(Pitch Diameter Equivalent)이다.

그림 5·42와 같이 이 영향은 수나사의 피치가 암나사에 대해 길어질 경우(+) 또는 줄어들 경우(−) 때 마찬가지로 나타난다.

주어진 길이 안에서 최대피치 차이가 그림과 같이 δ_p라고 하는데, 유효지름당량과의 관계는 다음과 같다.

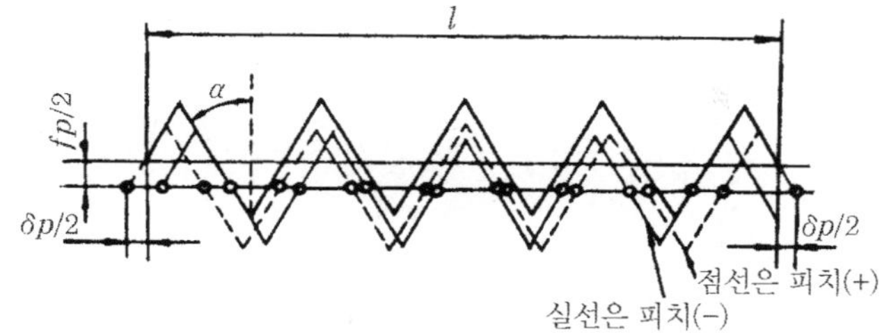

그림 5 · 42 피치오차의 유효지름당량

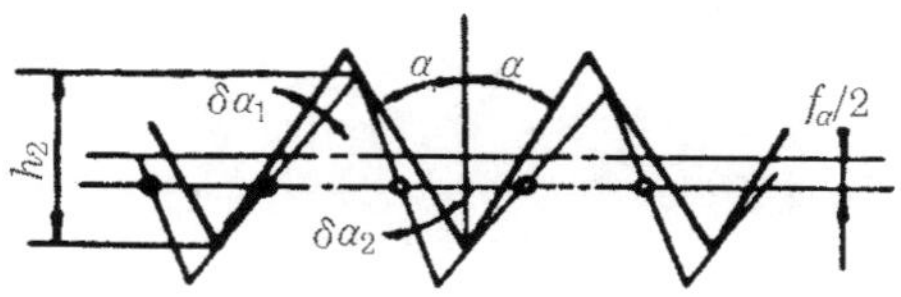

그림 5 · 43 나사산각 오차의 유효지름당량

$$f_p = \delta_p \cot \alpha \tag{5 · 12}$$

마찬가지로 나사산각 오차의 유효지름당량을 계산으로 구하면, 그림 5 · 43과 같이 암나사가 정확하고 수나사의 산의 반각오차가 $\delta_{\alpha 1}$, $\delta_{\alpha 2}$일 때 유효지름당량은

$$f_a = h_2 \frac{\delta_{\alpha 1} + \delta_{\alpha 2}}{\sin 2\alpha} \tag{5 · 13}$$

h_2 = 걸림높이

$$= \frac{\text{수나사바깥지름} - \text{암나사안지름}}{2}$$

$\delta_{\alpha 1}$ 및 $\delta_{\alpha 2}$는 라디안으로 표시하고 있으며, 분 단위로 표시할 경우에는 1분=0.00029 rad에 의해 다음과 같다.

$$f_a = 0.00029 \times h_2 \frac{\delta_{\alpha 1} + \delta_{\alpha 2}}{\sin 2\alpha} \tag{5 · 14}$$

이들 f_p, f_a의 계수는 나사 산각 또는 나사 산형이 구해지면 정해진다. f_a의 식 중의 h_s는 나사산형에 의해 피치에 정수를 곱해 구해지고 $\delta_{\alpha 1} \div \delta_{\alpha 2} = \delta_\alpha$로 한다면

$$f_\alpha = k \cdot p \cdot \delta_\alpha \tag{5 · 15}$$

앞서 기술된 유효지름 공차에는 f_p, f_a의 계수가 포함되어 있고 대략 다음과 같다.

$$f = f_a + f_p + f_p \tag{5 · 16}$$

표 5·20 각종 나사의 f_p, f_a의 계수

나사종류	$f_p = k_1 \cdot \delta_p$	$f_a = k_2 \cdot p \cdot \delta_a$
미터나사	$k_1 = 1.732$	$k_2 = 0.436$
유니파이나사	1.732	0.436

여기서 f_o는 나사유효지름의 절삭공차로서 이를 단위유효지름공차라고 하며, f를 총합유효지름공차라고 한다. 구멍 축 한계게이지와 동일하게 통과측 게이지에 대응하는 한계치수는 총합유효지름으로 정지측 게이지에 대응한 한계치수는 단독유효지름으로서 표시된다.

KS규격의 제품공차의 규격표의 비고에는 "산의 각도차 및 피치의 치수차는 별도로 정해지지 않으나 이들을 유효지름으로 환산하여 단독제시하는 표준과 같은 길이를 갖는 나사 측정구 또는 나사게이지를 사용하여 유효지름, 산의 각도, 피치를 종합적으로 검사하고 수나사의 아래 치수차 또는 암나사의 위치수차에 관해 유효지름만을 단독으로 검사한다"라고 명시하고 있다.

나사의 유효지름 공차를 구하는 데 있어 대부분의 나사규격은 그 값을 경험에 의해 정하나 구멍 축과 마찬가지로 공차 기본식에 의해 정하도록 하였다.

표 5·21 공차등급 사이의 비율

	수나사 유효지름 공차			암나사 유효지름 공차		
KS미터나사	1급	2급	3급	1급	2급	3급
	2/3f	1f	4/3f	2/3	7/6f	5/3f
KS ANSI 유니파이나사 BS	3A	2A	1A	B	B	B
	1	1.5	2.5	1	1.5	2.5

제품나사의 공차등급 결정은 각국마다 명칭·공차량의 비율이 다르다. 미국은 1급이 가장 거칠고 점차 2급, 3급에서 정밀하나 KS규격은 1급이 가장 정밀급이다. 유니파이나사는 1A, 2A……와 같이 등급숫자 뒤에 A를 붙인 표시는 숫나사, 1B, 2B……와 같이 B를 붙인 수치를 암나사에 사용한다.

5.8.3 나사용 게이지와 게이지 공차

평행나사에 대해 사용되는 게이지는 표준용 게이지와 한계게이지가 있다. 표준 나사게이지는 기본치수에 유사하게 제작된 나사플러그 게이지와 이에 적절히 끼워지는 나사링게이지로 구성된다.

보통 공작용 또는 검사용 한계게이지의 통과측에 해당하는 단축용 게이지를 쓰는 사용법이 행해진다.

한계 나사게이지에는

암나사용 유효지름 게이지 — 통과측 나사 플러그게이지

수나사용 유효지름 게이지 — 통과측 나사 링게이지, 정지측 나사 링게이지가 있다.

한계게이지는 테일러 원리에서 통과측은 총합유효지름을 검사하고 정지측 게이지는 단독 유효지름을 검사하는 것이므로 나사게이지를 유효지름게이지라 한다.

통과측 게이지는 나사의 호환성 판단, 즉 암나사와 수나사가 서로 끼워지는지를 보증하는 것이 본래의 목적으로 두고 있으므로 통과측에 합격하는 의미는 그림 5·44와 같이 그 총합유효지름이 a 또는 b선에 있는 것을 의미한다. 이 상태의 나사로서 나사 산각이나 피치의 오차가 있으면 이들은 f_a+f_p로서 총합유효지름에 작용하기 때문에 단독유효지름으로는 그림 c 또는 d선 위치에 있게 된다. 암나사에서는 단독유효지름보다는 f_a+f_p작게 수나사에서는 크게 작용한다.

정지측 게이지는 단독유효지름을 검사하는 것이므로 c 또는 d선이 각각 암나사의 위치수차, 수나사의 아래치수차 안에 있지 않으면 불합격이다. 이는 정지측 게이지는 총합유효지름으로는 합격한 나사의 산 각이나 피치의 오차를 검사하는 것이 된다. 이것이 한계나사 게이지의 의의로서 단순 치수대소 검사가 간혹 통과측 게이지가 통과하지 않으나 정지측 게이지의 통과현상이 생기며, 이는 나사 산형 오차영향으로 판단된다. 기타 암나사 안지름용 한계 플러그 게이지, 수나사 바깥지름용 한계 스냅게이지가 사용된다.

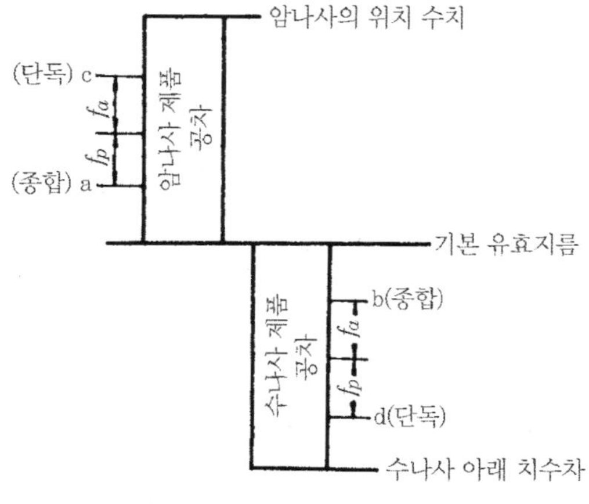

그림 5·44 종합유효지름과 단독유효지름

나사 링게이지는 그 단독유효지름을 측정하기 곤란하여 그 치수 점검에 사용되는 점검나사플러그 게이지가 정해져 있다.

· 통과측 나사 링게이지용 끼워맞춤 점검 나사게이지
· 정지측 나사 링게이지용 끼워맞춤 점검 나사게이지
· 통과측 나사링게이지용 마모 점검 나사게이지

이상과 같이 유효지름 게이지 외에 안지름용 플러그 게이지 및 바깥지름용 스냅게이지를 포함해서 나사용 한계게이지라 총칭하고 있다.

나사용 한계게이지도 구멍 축용과 같이 검사용·공작용이 구별되어 있다. KS나사용 한계게이지는 통과측 게이지는 검·공작겸용이고 정지측 게이지는 검사용과 공작의 구별된다.

GR : 통과측 나사링 게이지(Go Thread Ring Gauge)
GP : 통과측 나사 플러그 게이지(Go Thread Plug Gauge)
IR : 정지측 검사용 나사 링게이지(Not Go Inspection Thread Ring Gauge)
WR : 정지측 공작용 나사 링게이지(Not Go Working Thread Ring Gauge)
IP : 정지측 검사용 나사 플러그 게이지(Not Go Inspection Thread Plug Gauge)
WP : 정지측 공작용 나사 플러그 게이지(Not Go Working Thread Plug Gauge)
GF : 통과측 끼워맞움 점검 게이지(Fitting Check for Go Thread Ring Gauge)
IF : 정지측 검사용 끼워맞춤 점검 게이지(Fitting Check for Not Go Inspection Thread Ring Gauge)
WF : 정지측 공작용 끼워맞춤 점검게이지(Fitting Check for Not Go Working Thread Ring Gauge)
GW : 통과측 마모 점검 게이지(Go Wear Check Gauge)
IS : 검사용 스냅게이지(Inspection Snap Gauge)
WS : 공작용 스냅게이지(Working Snap Gauge)
IC : 검사용 플러그 게이지(Inspection Cylindrical Plug Gauge)
WC : 공작용 플러그 게이지(Working Cylindrical Plug Gauge)

5.8.4 나사 게이지의 게이지 공차와 산형

표준나사 게이지의 공차는 규격에 없으나 주로 단측 게이지용으로 사용될 경우를 생각하여 정해진 실용 표준나사게이지의 규격이 있다. 이 게이지의 공차는 KS한계 나사게이지의 공차식에 의한 것으로 유효지름공차는 나사 플러그게이지에 대해 기본치수에

음의 편측공차를 준다.

나사용 한계게이지의 공차를 생각할 경우 구멍 축용 한계게이지와 같은 사항을 고려해야 한다. 이런 경우 기하학적으로 복잡한 형상을 하고 있어 그 조건유지가 더욱 곤란하다.

그림 5 · 45는 KS나사용 한계게이지의 공차위치를 표시한 것으로 나사게이지, 즉 유효지름 게이지에 관해 유효지름만을 표시하고 게이지의 다른 치수, 가령 나사플러그 게이지의 바깥지름 등의 치수위치는 생략한다. 여기서도 공작용 게이지에 합격한 제품이 검사용 게이지에 합격하도록 정해져 있다. 즉, 이 경우 정지측의 공작용 게이지는 제품 공차의 한계에 대해 내측이 되고 검사용 게이지는 외측이 되도록 정해진다.

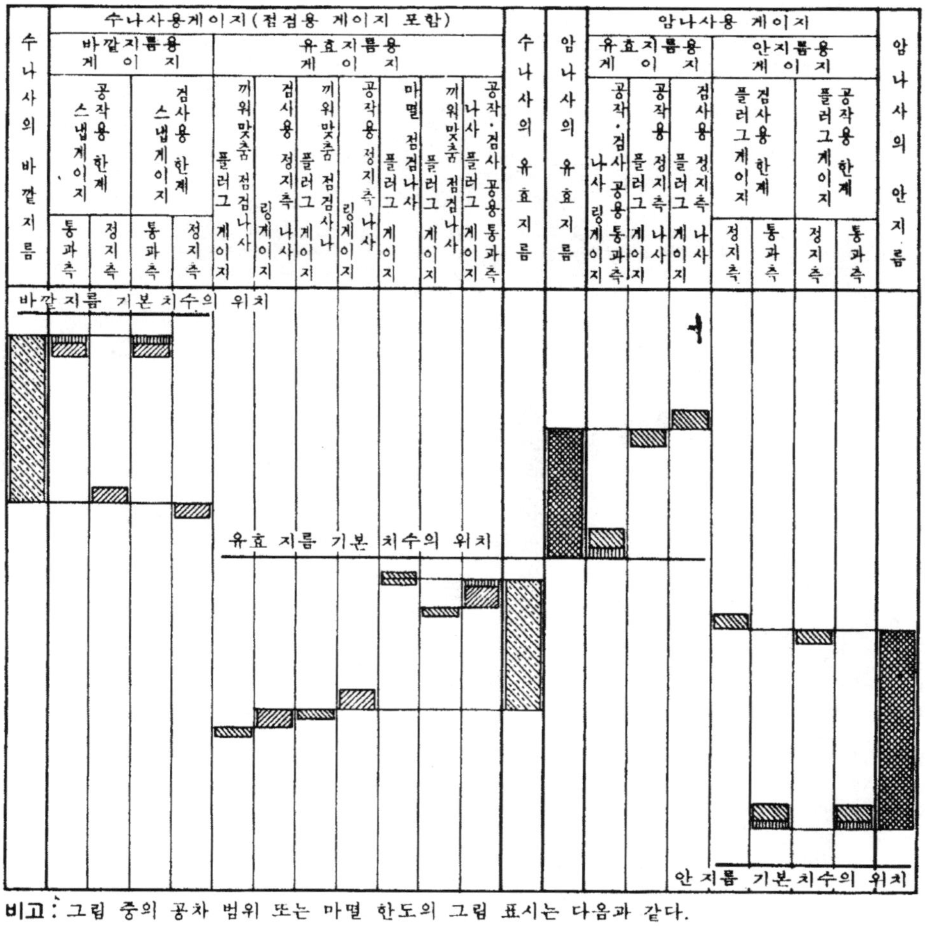

비고: 그림 중의 공차 범위 또는 마멸 한도의 그림 표시는 다음과 같다.

- 수나사의 유효 지름 또는 바깥 지름 공차
- 암나사의 유효 지름 또는 안지름 공차
- 나사 링게이지 또는 스냅 게이지 공차
- 나사 플러그 게이지 또는 플러그 게이지 공차
- 최소 마멸 한도

그림 5 · 45 KS나사용 한계게이지의 공차 위치

표 5·22 KS나사용 나사게이지 공차(미터나사용 나사 게이지 공차)

(a) 유효지름·바깥지름·안지름 공차(단위 : 0.001 mm)

나사계열	호칭지름 (mm)	유효지름공차						바깥지름 안지름 공차	게이지 규격의 KS번호
		나사용게이지			점검용게이지				
		1급	2급	3급	1급	2급	3급		
보통나사	1~16 18~48	6 8	6 8	12 16	4 6	4 6	6 8	12 16	KS B 5221
가는나사	1~11 12~50 52~50 82~120 122~150	6 8 10 12 14	8 10 12 14 16	12 16 18 22 24	4 6 6 8 8	4 6 6 8 8	6 8 10 12 12	12 16 18 22 24	KS B 5222

* 등급 혹은 점검용, 나사용에 따른 구별은 없음

〔산출기준〕 $t_g = \pm(4+0.03d_2)\mu m$, d_2=유효지름의 기본치수

나사용 게이지			점검용 게이지			바깥지름
1급	2급	3급	1급	2급	3급	안지름
약 3/4tg	tg	1.5tg	약 1/2tg	약 1/2tg	3/4tg	1.5tg

(b) 나사 산의 반각공차

피치(mm)	나사산 반각 공차(±분)			피치(mm)	나사산 반각 공차(±분)		
	게이지	정지측 나사게이지	마모점검 나사게이지		게이지	정지측 나사게이지	마모점검 나사게이지
0.2	49	96	66	1.25	13	20	16
0.25	41	78	53	1.5	12	18	14
0.3	35	66	46	1.75	11	16	13
0.35	31	57	41	2..0	10	15	12
0.4	28	51	37	2.5	9	13	11
0.05	25	46	33	3.0	9	13	10
0.5	23	42	30	3.5	9	11	9
0.6	20	36	26	4.0	8	11	9
0.75	18	30	22	4.5	8	10	9
0.9	16	26	19	5.0	8	10	8
1.0	15	24	18				

〔산출기준〕

기본식 $=\pm\left(6+\frac{6}{l}\right)$분 = 나사 플랭크 직선거리(mm)

정지측·마모점검 이외의 게이지 $=\pm\left(6+\frac{8.72}{p}\right)$

정지측게이지 $=\pm\left(6+\frac{18}{p}\right)$

마모점검게이지 $=\pm\left(6+\frac{12}{p}\right)$, 단 p=피치(mm)

(c) 피치의 치수차

기본식 $=\pm(3.93\pm0.03L)\,\mu m$, L=게이지의 끼워맞춤 길이(mm)

L(mm)	~18	19~52	53~85
피치의 치수차(μm)	±4	±5	±6

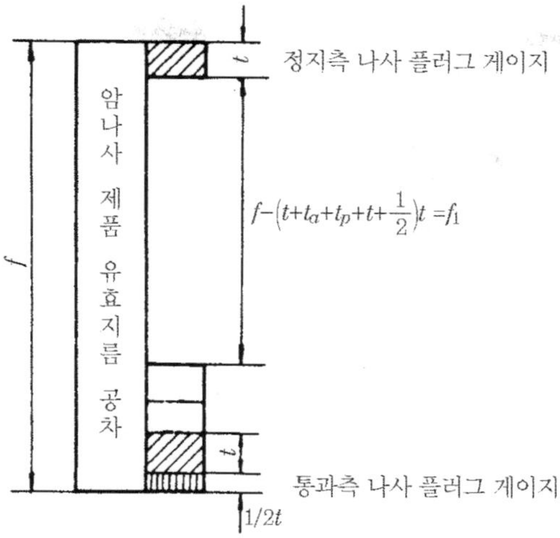

그림 5·46 한계 나사게이지의 최소유효범위

나사게이지의 유효지름공차는 최소값으로 2.5~4μm 범위로 정해지나 그 측정오차를 생각할 때 작은 값으로서 측정법의 통일이 없으면 차이가 커진다.

구멍 축용 한계게이지의 경우와 마찬가지로 한계 나사게이지의 최소유효범위를 보면 통과측 게이지는 총합유효지름으로 생각해야 하므로 그 피치공차 및 나사산 반각공차를 유효지름당량을 고쳐 더해야 한다. 정지측 게이지는 단독유효지름으로 생각하므로 무시해도 된다. 그림 5·46에서 KS 공작용 나사 플러그 게이지의 경우 최소유효범위비율 η_t는 다음과 같다.

$$\eta_t = \frac{(f + 1/2t + t + t_a + t_t)}{f} \times 100\% \qquad (5 \cdot 17)$$

여기서, f=제품의 유효지름 공차

t=게이지의 단독유효지름 공차

t_a=게이지의 나사산 반각공차의 유효지름당량

t_p=게이지의 피치공차의 유효지름당량

KS미터 보통나사 게이지의 경우 η_t를 표 5·22에 표시하였으며, 여기서 제품의 유효지름공차가 작은 것은 문제가 있으나 거의 60% 이상이 되어 있어 구멍 축용 한계게이지보다 고효율인 것을 알 수 있다.

나사 게이지의 산형은 통과측 게이지는 종합적인 검사가 이루어져, 그림 5·47과 같이 전 형태를 갖는 산형(山形)이다. 정지측 게이지는 단독 유효지름만으로 제품의 나사산과 접촉되도록 플랭크(flank)를 짧게 하고 그림 5·48과 같이 그 어덴덤 a는 기본

표 5·23 미터 보통나사용 한계게이지의 η_t

피치	1급 나사용				2급 나사용			
	KS				KS			
	f	Σ_t	f_1	η_t%	f	Σ_t	f_1	η_t%
0.25	35	27	8	22.8	60	32	28	46.6
0.30	35	27	8	22.8	60	32	28	46.7
0.35	40	27	13	32.5	70	32	38	54.3
0.40	40	27	13	32.5	70	32	38	54.3
0.45	45	27	18	40.0	80	32	48	60.0
0.60	50	27	23	46.0	90	32	58	64.4
0.75	60	28	32	53.3	100	33	67	67.0
0.90	60	28	32	53.3	110	33	77	70.0
1	70	29	41	58.6	120	34	86	71.7
1.25	80	29	51	63.8	130	34	96	73.8
1.50	80	30	50	62.5	140	35	105	75.0
1.75	90	30	60	66.7	160	35	125	78.2
2	100	31	69	69.0	170	36	134	78.8
2.5	110	39	71	64.5	190	44	146	76.8
3	120	41	79	65.8	200	46	154	77.0
3.5	130	43	87	66.9	220	48	172	78.2
4	130	43	87	66.9	230	48	182	79.2
4.5	140	45	95	67.8	250	50	200	80.0
5	150	47	103	67.7	260	52	208	80.0

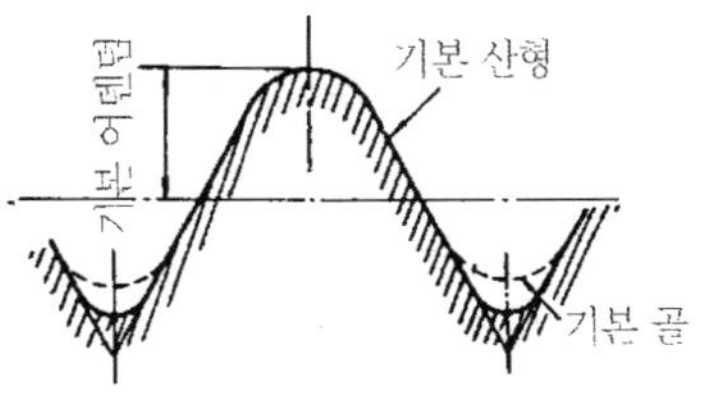

그림 5·47 통과측 나사 플러그 게이지의 나사 산형

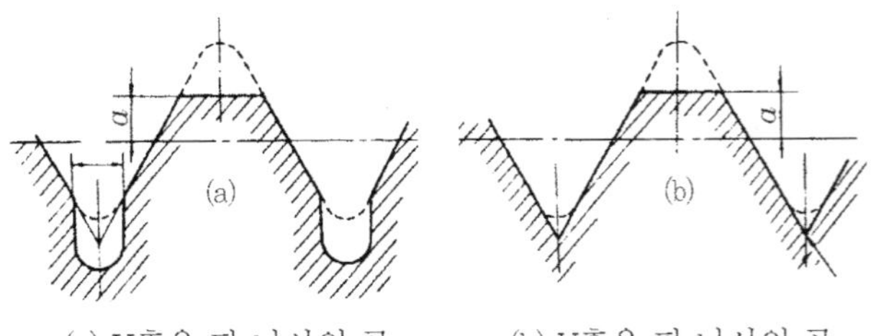

(a) U홈을 판 나사의 골　(b) V홈을 판 나사의 골

그림 5·48 정지측 나사플러그 게이지의 나사 산형

산형보다 작게 되어 있다.

골은 그림과 같이 나사산 각보다 작은 각도 또는 축선에 직각으로 파서 U홈이나 V홈으로 하여 플랭크가 짧아져 골에 닿는 방지한다. 나사제품의 산형 불량이 정지측 게이지의 어덴덤 차에 의해 1·2

검사오차를 발생시키고 정지측 게이지에 의한 판정차가 규격마다 달라 검사오차를 생기게 한다.

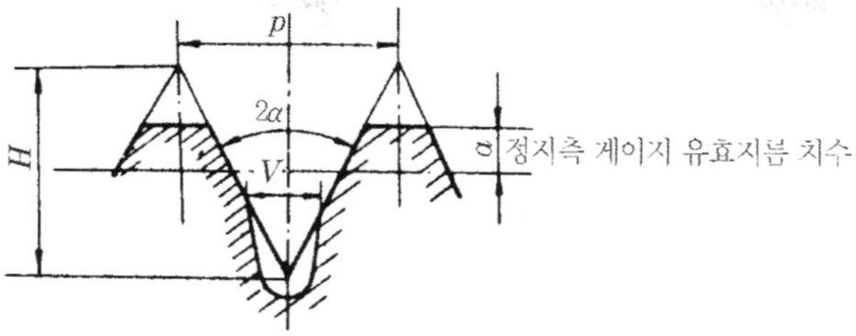

그림 5·49 정지측 나사 게이지의 어덴덤

표 5·24 나사에 따른 정지측 게이지의 산형

규격별	나사의 종류	정지측 게이지의 산형				$H=\frac{p}{2}\cot\alpha$	비고
		플러그게이지		링게이지			
		a	V	a	V		
KS	유니파이나사 미터나사	$H/4$ $H/6$	$p/4$ $p/3$	$H/8$ $H/6$	$p/4$ $p/3$	$0.866025p$ $0.8660p$	ANSI와 같음

5.8.5 나사용 한계게이지의 종류와 사용

한계게이지와 동일한 방법으로 제작된 나사가 공차 내에 있는지 여부를 검사하는 것으로 통과측에 통과하고 정지측에는 개개의 요소로 별도로 검사한다.

1) 수나사 통과측은 통과나사 링게이지, 정지측은 단축측정편이 붙은 나사 스냅게이지로 검사하고, 암나사의 통과측은 통과나사 플러그게이지, 정지측은 정지나사 플러그게이지로 검사한다.

2) 스냅게이지에 붙이는 측정편에는 나사형 롤러, 빗살형이 및 직선홈 붙임 롤러가 있다.

3) 나사가 게이지에 합격할 지라도 반드시 끼워 맞추어 진다고 할 수 없으므로 테일러 원리에 따라 선택해야 한다.

표 5·25 나사용 한계게이지의 선택 예

	통과측	정지측
수나사	통과 나사링게이지	측정편 붙이 스냅게이지
암나사	통과 나사플러그게이지	정지 나사플러그게이지

표 5·26 나사용 한계게이지의 종류, 등급 및 기호(미터 보통 나사)

검사될 나사	검사될 장소		나사용 한계게이지의 종류, 등급		기호 (종류, 등급)
수나사	유효지름	종합	통과 나사, 링 게이지(공작 검사 겸용)	1급 나사용 2급 나사용 3급 나사용	GR I GR II GR III
		단독에 가까움	공작용·정지 나사 링 게이지	〃	WR I WR II WR III
			검사용·정지 나사 링 게이지	〃	IR I IR II IR III
	외경		공작용·한계 스냅 게이지	〃	WS I WS II WS III
			검사용·한계 스냅 게이지	〃	IS I IS II IS III
암나사	유효지름	종합	통과 나사·플러그 게이지	〃	GP I GP II GP III
		단독에 근사	공작용·정지 나사 플러그 게이지	〃	WP I WP II WP III
			검사용·정지 나사 플러그 게이지	〃	IP I IP II IP III
	내경		공작용·한계 플러그 게이지	〃	WC I WC II·III
			검사용·한계 플러그 게이지	〃	IC I IC II·III

표 5 · 27 나사 게이지의 종류

제품	구분		기호	모양
수나사	외경용한계 스냅게이지	검사용한계 스냅게이지	WS	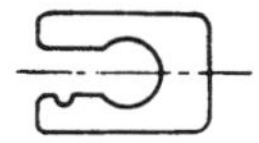
		검사용한계 스냅게이지	IS	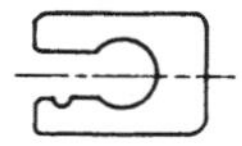
	유효지름나사 링게이지	공작 · 검사겸용 통과측 나사링 게이지	GR	
		공작용정지 나사링게이지	WR	
		검사용정지 나사링게이지	IR	
외측 측정	나사스냅 게이지	공작용	WH	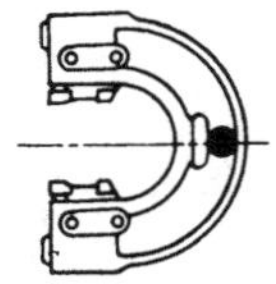
		검사용	IH	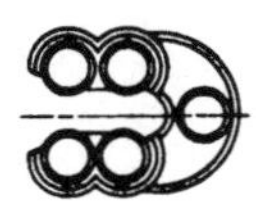
암나사	유효지름용 나사플러그 게이지	공작용 검사용	GP	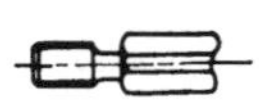
		공작용	WP	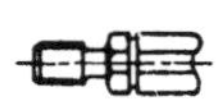
		검사용	IP	
	내경용플랭크 게이지	공작용	WC	
		검사용	IC	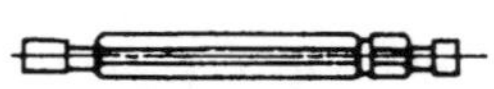

5.8.6 나사 게이지의 형상과 종류

총합유효지름 내에서 피치오차의 유효지름당량은 수나사와 암나사의 끼워맞추기 길이에 따라 달라지므로 통과측 나사게이지의 길이는 유효지름공차를 규제하는 데 큰 의미가 있다.

(1) 나사 플러그 게이지

형상은 구멍 축용 한계게이지와 유사하고 테이퍼록형과 트리록형으로 구분한다.

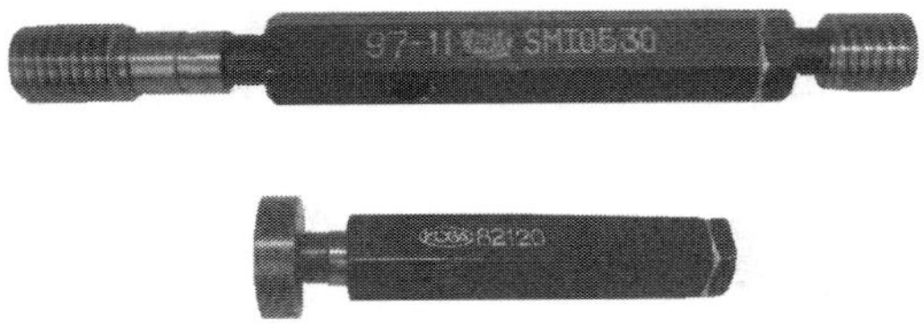

그림 5·50 테이퍼록형 나사플러그 게이지

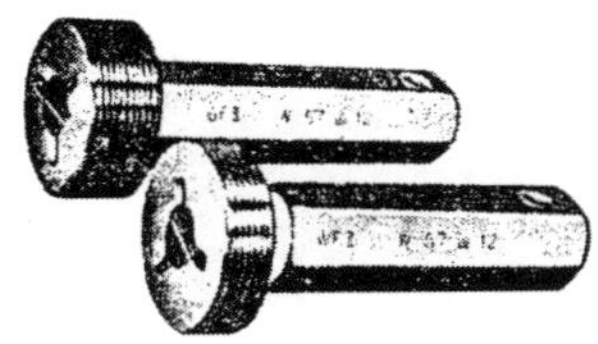

그림 5·51 트리록형 나사플러그 게이지

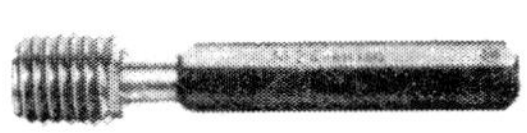

그림 5·52 단체형 나사플러그 게이지

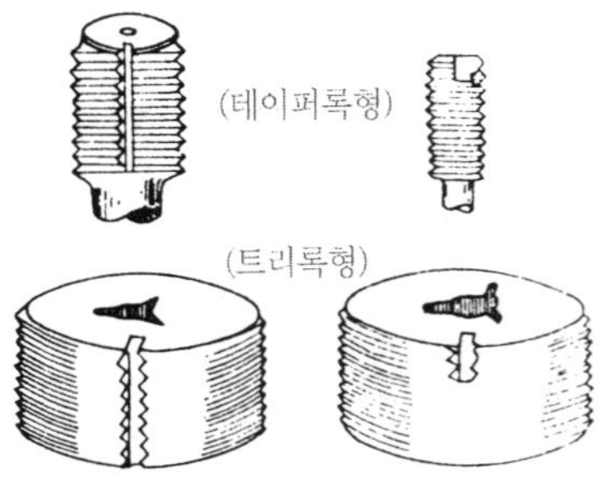

그림 5·53 나사플러그 게이지의 칩홈

(2) 나사 링게이지의 형상

그림 5·54 고정식 나사 링게이지

그림 5·55 조정식 나사 링게이지

5.8.7 나사요소용 게이지

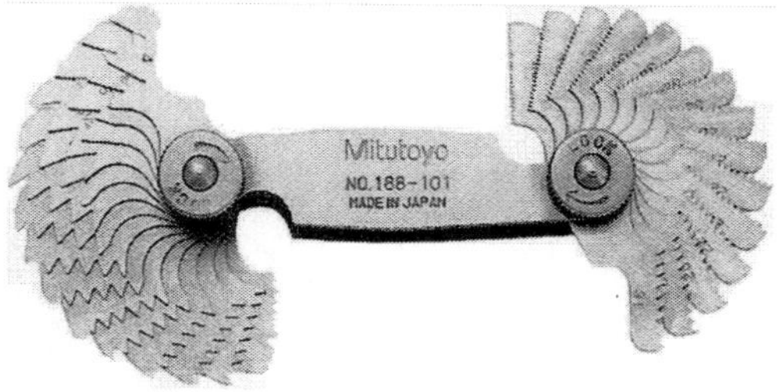

그림 5·56 피치 게이지

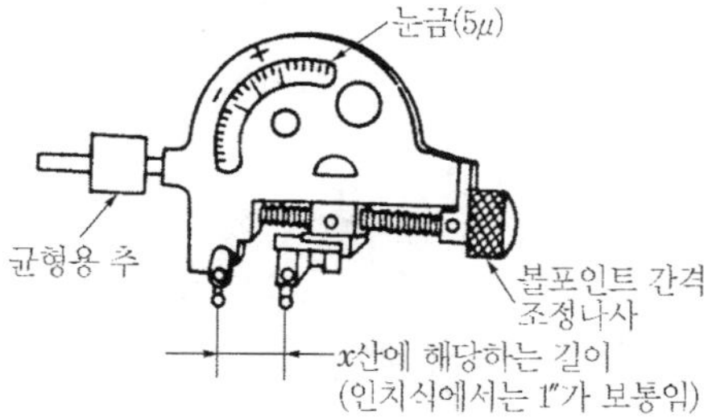

그림 5·57 리드 게이지

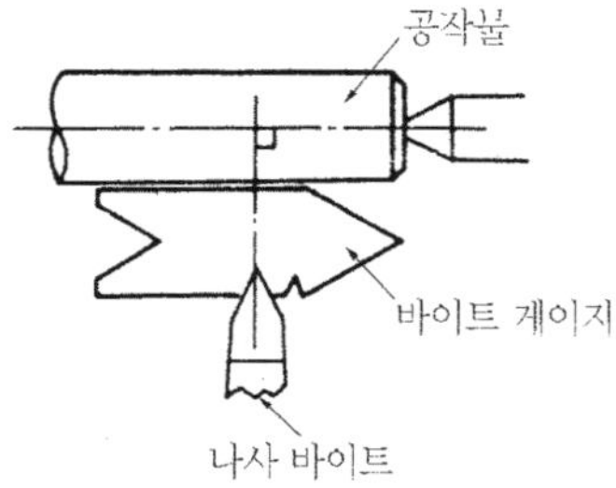

그림 5·58 나사 바이트

5.8.8 나사게이지의 사용법

KS규격에 의한 한계게이지에 의한 합부판정은 통과 나사게이지가 무리 없이 통과하고 정지 나사게이지는 2회전 이내에 멈추는 것으로 되어 있다. 그러나 이 규정에 의한 치수검사에 합격할 지라도 꼭 KS나사제품의 치수차와 공차규격에 합격한다고 보장할 수 없다.

게이지 사용은 게이지를 축 중심에 정확히 맞추어야 하며, 기울어져 끼워지면 게이지나 제품이 손상되어 사용하지 못하는 경우도 있다. 직경이 큰 대형제품의 중심 맞추기는 제품을 세워 게이지를 위로부터 자중으로 반회전 돌려 맞추고 다시 올바로 돌리면서 맞춘다.

나사 스냅게이지는 축용스냅게이지와 같이 적어도 직각인 두 방향에서 사용해야 한다. 올바르게 사용하지 않으면 통과측의 총합유효지름 검사의 경우에 나사 링게이지에 비해 호환성의 보증면에서 떨어진다.

그림 5·59(a)와 같이 통과측에 제품을 댈 때 왼손의 엄지손가락에 의해 중심맞추

기를 한다. 그림 5 · 59 (b)와 같이 통과측을 벗어난 상태에서 정지측에 정지하면 좋다. 그림 (a)와 같이 90°로 제품을 회전시켜 다시 정지측에 대고 그림 (d)와 같이 위로 뽑아 통과측을 통과하면 합격이 된다. 통과하는 힘의 한계는 게이지의 자중에 의하며, 나사 게이지가 비교적 고가이므로 다음 사항을 참고해야 한다.

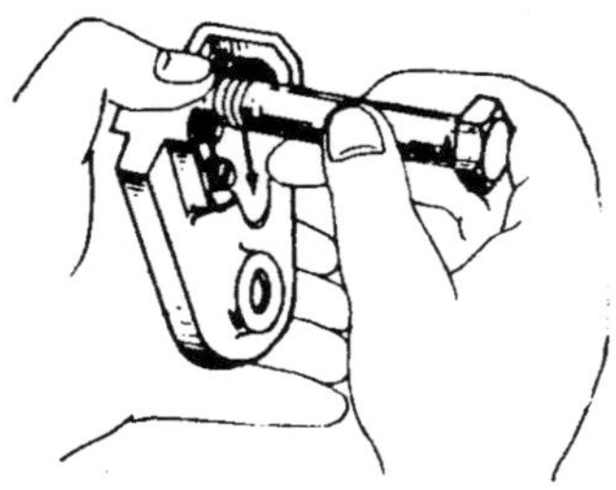

(a) 통과측에 맞춤

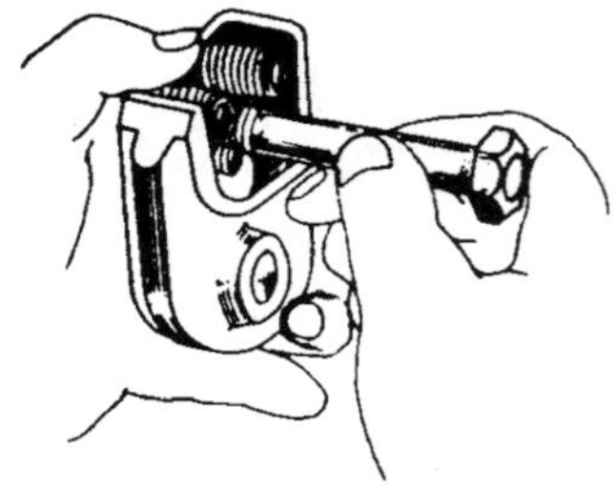

(b) 통과측에 통과하고 정지측에 멈춤

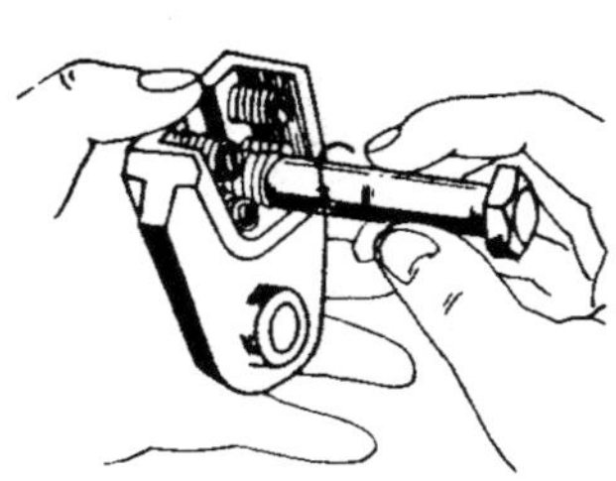

(c) 제품을 90° 회전

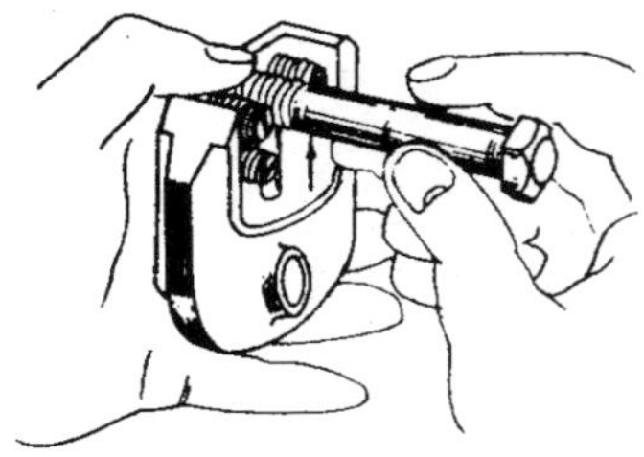

(d) 위로 뽑으면서 통과측 검사

그림 5 · 59 나사스냅 게이지의 사용법

표 5 · 28 나사게이지 사용권장 사항

검사 상태	검사 항목	사용 게이지
대량생산	암나사 검사	한계나사 플러그 게이지 안지름용 한계플러그 게이지
	수나사 검사	한계나사 스냅 게이지, 바깥지름용 한계 스냅 게이지, 수나사 골지름용 스냅 게이지(강력나사의 경우)
중 · 소량생산	암나사 검사	한계나사 플러그게이지 버니어캘리퍼스 및 기타 측정구(안지름 측정)
	수나사 검사	한계나사 스냅 게이지(조정게이지 붙이) 버니어 캘리퍼스 및 기타 측정구(바깥지름 측정)
게이지 원가절감을 위한 중 · 소량생산	암나사 검사	한계나사 플러그 게이지
	수나사 검사	통과측 나사 링게이지 및 정지측 나사 스냅게이지
게이지 최대 원가절감을 위한 중 · 소량생산	암 · 수나사 검사	통과측 나사 플러그 게이지와 통과측 나사링 게이지 만으로 검사하고 나사를 깎는 공구관리에 의해 정지측을 초과하지 않도록 한다
기 타	암 · 수나사 검사	가장 경제적인 표준나사 게이지를 사용한다.

제6장

각도 측정

6.1 개 요

6.1.1 각도 기준

각도에 대한 SI 단위에서는 원호길이와 그 원의 반경과의 비로 정해지며 라디안($1° = \pi/180$ rad)이 사용된다. 각도기준은 원주를 분할하여 재현할 수 있어 길이기준과 같은 미터원기나 광파기준에 해당하는 것이 없다.

실제 측정에 있어 블록게이지나 눈금자와 같은 유사한 일정의 각도기준이 필요하다. 원주분할기준으로 각도눈금 원판이나 분할판은 길이측정에 있어 표준눈금자와 같고, 단일각도기준으로 각도게이지, 펜터곤프리즘(Pentagon Prism), 폴리곤(Polygon)은 블록게이지와 같으며 각도기준으로서 표 6·1과 같이 분류된다.

표 6·1 각도 기준

기준	형태	측정기
단면기준	게이지	각도 게이지, 각도 정규
눈금기준	눈금원판	할출대
	중력식	수준기
	광학식	오토콜리미터
	광학-전기변환식	로타리엔코더

6.1.2 각도 단위

각도단위는 도(度, degree)와 라디안(radian)으로 하는 호도법(弧度法)이 있다.

(1) 도(度, Degree)

원주를 360등분한 호에 대한 중심각을 1도(1°)로 하며, 보조단위에 1도를 60등분한 1분(1′), 1분을 60등분한 1초(1′′)가 있다.

(2) 라디안(Radian)

원의 반경과 동일한 길이의 호에 대한 중심각을 1라디안(1 rad)으로 원호법에 따르며, 도(度)와 라디안의 관계는 다음과 같다.

$$360° = 2\pi \text{ rad} = (\pi = \text{원주율})$$

$$1° = \frac{\pi}{180} \text{ rad} = 17.45329 \times 10^{-3} \text{ rad}$$

또한

$$1 \text{ rad} = \frac{180}{\pi} = 57°17'45''$$

공업적인 제품형상 지시에는 도(度)가 많이 이용되며, 물리학적에서는 라디안이 편리하게 이용되고 있다.

6.2 단면 기준

6.2.1 각도 게이지

두 측정면이 일정한 각도를 유지하고 있으며 형태는 블록게이지와 같으나 고정도 박판(薄板)형태도 있다. 각도게이지는 요한슨식과 NPL식이 있으며 요한슨식은 1개 또는 2개를 조합시켜 사용하고, NPL식은 다수의 게이지를 조합하여 임의 각도를 설정한다.

(1) 요한슨 각도 게이지

① 개요

1918년 요한슨(스웨덴, Johanson)이 고안한 것으로 1개 또는 2개의 블록조합으로 10°부터 350° 범위는 1′(분)마다 또한 0°에서 10° 및 350°에서 360° 사이에는 1°마다 고정도 각도가 얻어진다.

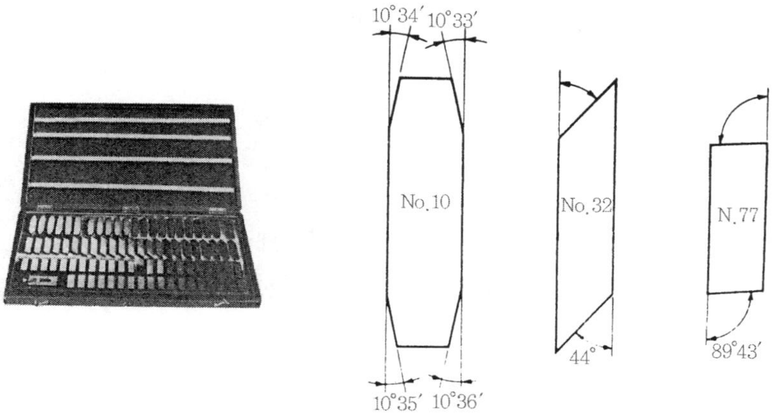

그림 6·1 요한슨식 각도게이지

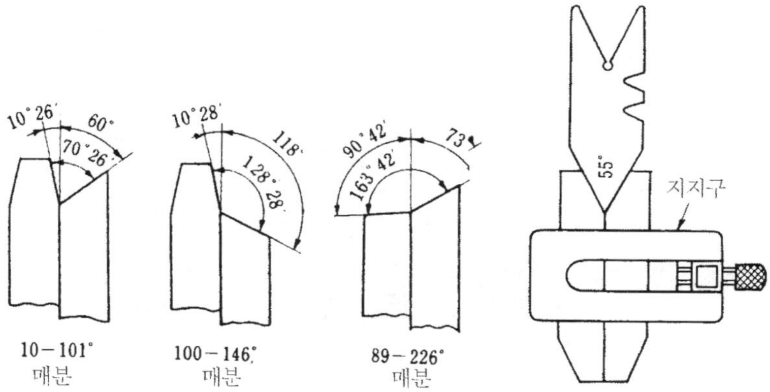

그림 6·2 요한슨 각도게이지의 사용 예

구조는 약 50×19 mm, 두께 1.5～2 mm의 담금질된 공구강으로 각 측정면에 2개 또는 4개의 정확한 각도가 형성된다. 구성은 85개조, 49개조로 정도는 ±3′′ 및 ±6′′이며, 두 게이지를 조합할 때 최대허용오차는 ±12초이다.

② 사용법

a) 길이측정용 블록게이지와 동일하며 조합할 때 보호지지구를 이용한다.

표 6·2 요한슨식 각도게이지의 구성(85개조)

조단위	각도범위	호칭방법	각 블록의 각도수	개수
1	0～11°	1′(분)	4	15
2	0～90°	1°(도)	1～24° 또는 4	30
			25～90° 또는 2	
3	89～90°	1′(분)	2	30

b) 공작용 각도게이지의 제작 및 검사에 이용된다.

(2) N.P.L식 각도게이지

① 개요

1940년 톰린슨(영국, Tomlinson)이 고안했으며, 서로 다른 각도 12개를 1조로 각도블록을 밀착하여 일정각도를 조합한다. 요한슨식 각도게이지와 같이 동시에 여러 각도를 구성할 수 없으나 블록게이지처럼 밀착시킨다. 소수의 각도게이지로 고정도 각도를 조합하며 게이지, 지그 및 공구의 제작검사에 사용된다.

구조는 블록측정면은 약 90×16 mm부터 정밀래핑되어 밀착성을 좋게 한다. 12개조는

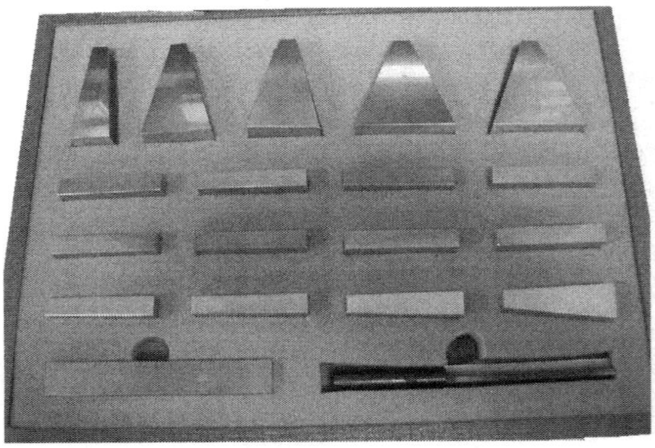

그림 6·3 NPL식 각도게이지

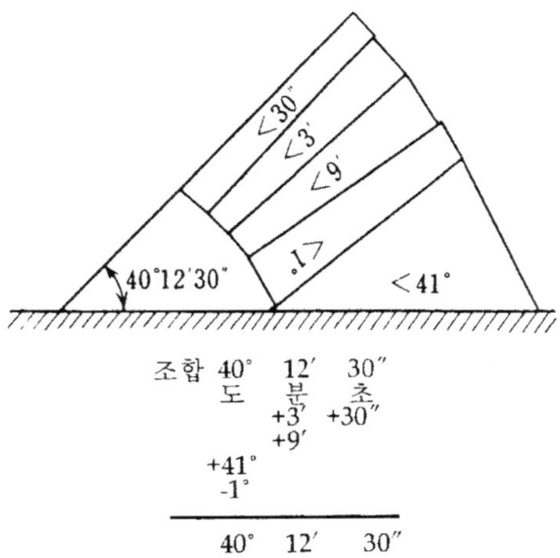

40°12'30"의 각도조합

그림 6·4 NPL식 각도게이지의 각도조합 예

41°, 27°, 9°, 3°, 1°, 27′, 9′, 3′, 1′, 30″, 18″, 6″의 조합으로 0~81도(°)까지 6초(″) 간격이며, 게이지는 각기 또는 조합시 정도는 ±3~6초(″) 정도이다.

② 사용법

a) 취급 및 밀착은 블록게이지와 같고 조합방향에 따라 표 6·3과 같이 보통 1초, 1분마다 1도 단위마다 광범위한 각도 구성이 가능하다.

b) 다이얼 게이지를 이용하는 각도측정은 기준게이지로 이용한다.

c) 정반상에서 피측정면과 나란히 놓고 직각정규로 틈새법에 의해 비교측정한다.

표 6·3 각도게이지의 세트

종목	개수	각 블록 각도	조합 각도		측정면(mm)
			범위	단계	
A	12	41°, 27°, 9°, 3°, 1°; 27′, 9′, 3′, 1′; 30″, 18″, 6″	0°~81°	6″	76×16
	13	위의 것 외에 3″		3″	
B	14	45°, 30°, 15°, 5°, 3°, 1° : 40′, 25′, 10′, 5′, 3′, 1′: 30″, 20″	0°~99°	10″	길이 100
C	16	45°, 30°, 15°, 5°, 3°, 1° : 30′, 15′, 5′, 3′, 1′: 30″, 20″, 5″, 3″, 1″	0°~99°	1″	길이 100
D	16	45°, 30°, 15°, 5°, 3°, 1° : 30′, 20′, 5′, 3′, 1′: 30″, 20″, 5″, 3″, 1″	0°~100°	1″	51×25
E	12	45°, 30°, 14°, 9°, 3°, 1°, : 50′, 25′, 9′, 3′, 1′	0°~102°	1	100×15
	15	위의 것 외에 30″, 20″, 5″		5″	

예를 들면 NPL식 12개조의 각도게이지로 45°42′54″를 조합하면 표 6·4와 같다.

표 6·4 각도조합(45°42′54″)

도(°)	분5(′)	초(″)
+41°	1′	−6″
+9°	+9′	+9″
−1°	−27′	−27″
−3°		
45°	42′	54″

(3) 범용 각도게이지

① 개요

간단히 각도를 비교하거나 측정할 때 이용되며, 구조는 두께 1 mm 정도의 강판에 각각 정확한 각도로 되어 있다.

② 사용법

보통 1°, 2°, 3°, 4°, 5°, 8°, 12°, 14°, $14\frac{1}{2}$°, 15°, 20°, 25°, 30°, 35°, 40°, 45°의 16매가 조합될 수 있다.

6.2.2 직각자(Squares)

(1) 개요

직각도 측정에 이용되는 고정도 강제 각도정규로서 90도를 고정한 각도기준이다. 두 측정면 또는 축의 직각도 검사, 공작물 및 기계부품 조정이나 마킹에 사용한다. 소재는 공구강을 도정도로 가공한 것으로 형상에 따라 대붙이형, I형, 평행, 칼날형 직각자가 KS에 규정되어 있다.

등급은 긴 변 길이를 호칭치수로 하여 각각 표 6 · 5와 같이 1급과 2급이 있다. 직각도의 결정은 호칭치수에 대해 양단 2~10 mm를 제작상 모두 인정검사에서 제외시킨다.

표 6·5 직각정규의 종류와 정도(KS B5204)

종류	호칭치수 L(mm)	등급	용도	직각도 허용값	사용면 직각도 L_1(mm)
칼날형	100, 150, 200, 300		표준용	±(2+ L/100)μm	1+ L_1/200
I 형	100, 150, 200, 300, 500	1급			
		2급	검사용	±(5+ L/100)μm	2.5+ L/10
평형	75, 100, 150, 200, 300, 500, 750, 1000	1급	공작용	±(10+ L/100)μm	5+ L_1/40
대붙이형		2급		±(20+ L/100)μm	10+ L_1/20
※ 주 :	긴변 길이 : L, L : 호칭치수 L_1 : 사용면 전체길이				

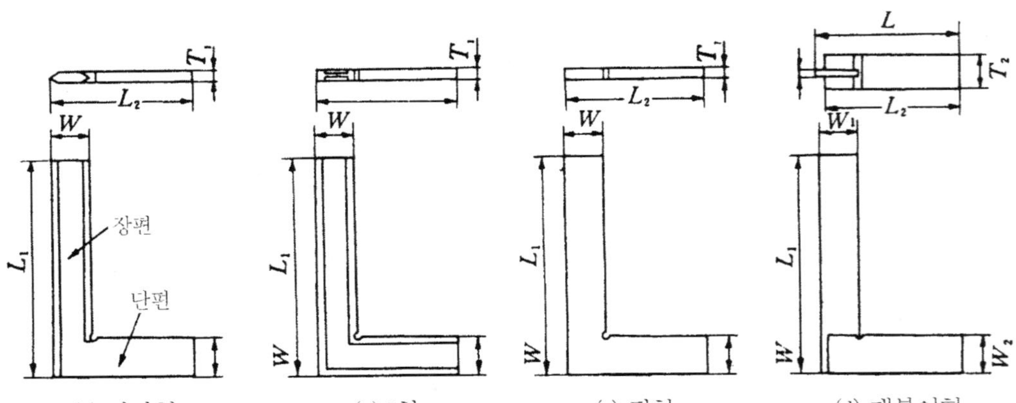

(a) 칼날형 (b) I형 (c) 평형 (d) 대붙이형

그림 6 · 5 직각자의 종류(KS B 5204)

직각으로 환산하면 호칭치수 100 mm의 직각정규에서 ±6초에서 1분 정도로 정밀검사용으로는 불충분하다.

(2) 사용법

a) 직각도를 원통스퀘어와 같은 다른 각도게이지와 비교하며 대불이형은 틀어지기 쉽다.

b) 직각자의 측정면을 공작물 면에 닿게 하여 직각도 검사에 있어 빛에 비추어 본다.

c) 공작물 면에 대해 틈을 보기 쉬워 직각자를 붙이는 것은 기둥 휨이나 측면이 닿는 면이 커서 바른 검사가 안 된다.

직각자의 직각도 검사는 기준직각자와 블록게이지 이용법, 다이얼게이지 이용법 또는 직각도 검사기나 오토콜리미터에 의한 방법이 있다.

표 6·6 직각도 규격(단위 : μm)

호칭치수 (mm)	칼날형 직각정규	I형 직각정규		평형 직각 정규 대붙이 직각정규	
		1급	2급	1급	2급
75	–	–	–	±14	±28
100	±3.0	±3.0	±7	±15	±30
150	±3.5	±3.5	±8	±18	±35
200	±4.0	±4.0	±9	±20	±40
300	±5.0	±5.0	±11	±25	±50
500	–	±7.0	±15	±35	±70
750	–	–	–	±48	±95
1000	–	–	–	±60	±120

기타 직각자의 정도검사 방법은 여기서 직각 기준기가 필요 없는 검사방법을 소개한다.

(3) 직각도 검사

① 3개의 직각정규에 의한 방법

A, B, C 3개의 직각정규를 준비하여 각각의 직각부분의 각도를 $\angle A$, $\angle B$, $\angle C$로 한다. 그림 6·6과 같이 A와 B, B와 C, C와 A와의 각각의 긴 변을 맞대 θ, θ', θ''를 구하면 다음과 같다.

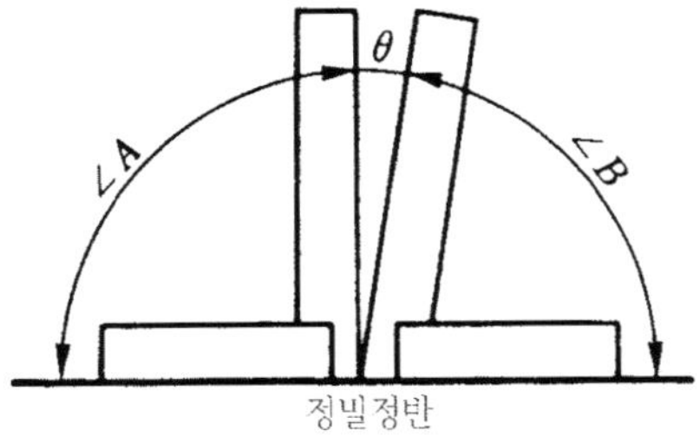

그림 6·6 검사 방법(1)

$$\begin{aligned} &\angle A + \angle B + \theta = 180° \\ &\angle B + \angle C + \theta' = 180° \\ &\angle C + \angle A + \theta'' = 180° \end{aligned} \qquad (6 \cdot 1)$$

에서 $\angle A$, $\angle B$, $\angle C$의 각도가 구해진다.

$$\begin{aligned} &\angle A = 90 + \frac{1}{2}(\theta' - \theta - \theta'')'''' \\ &\angle B = 90 + \frac{1}{2}(\theta'' - \theta' - \theta)'''' \\ &\angle C = 90 + \frac{1}{2}(\theta - \theta'' - \theta')'''' \end{aligned} \qquad (6 \cdot 2)$$

② 원통스퀘어에 의한 방법

직각도가 불투명하나 원통도가 양호한 원통스퀘어 준비하여 그림 6·7과 같이 직각정규와 원통스퀘어와의 각도 θ를 측정하고 직각정규를 원통스퀘어의 180° 반대측에 두고 각도 θ'를 측정한다.

직각정규의 직각도의 오차 e는 다음 식에서 구해진다.

$$e = \frac{\theta + \theta'}{2} \qquad (6 \cdot 3)$$

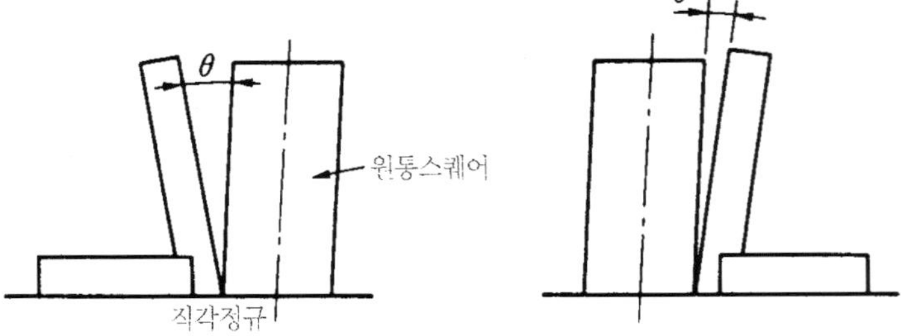

그림 6·7 직각정규 검사 방법(2)

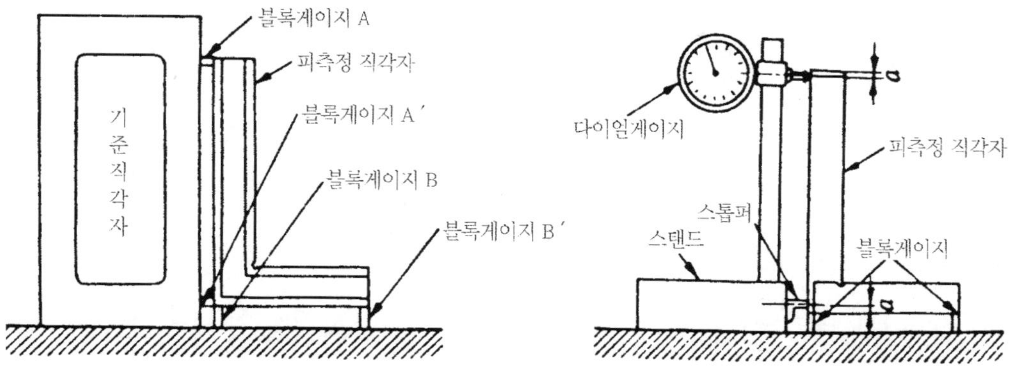

(a) 직각자와 블록게이지 이용 (b) 직각자와 다이얼게이지 이용

그림 6·8 직각자의 직각도 측정

6.2.3 원통스퀘어(cylindrical square)

(1) 개요

원통스퀘어는 제작이 용이하여 현장용에서 널리 이용되며, 형상은 그림 6·9와 같고 담금질강 또는 주철로서 원통형으로 제작되고 원통외주와 양 단면이 직각으로 연삭된다. 직각도, 원통도 허용치는 KS에 규정되어 있고 직각도 정도는 직각정규의 특급과 동일하며 허용값의 산출 식은 다음과 같다.

$$\text{직각도, 원통도} = \pm\left(2 + \frac{L}{200}\right)\mu\text{m} \qquad (6 \cdot 4)$$

여기서, L : 길이(mm)이다.

(2) 사용법

직각정규와 같이 휨 변형이 측면에는 생기지 않고 측정면이 곡면으로 틈 발생이 쉽게

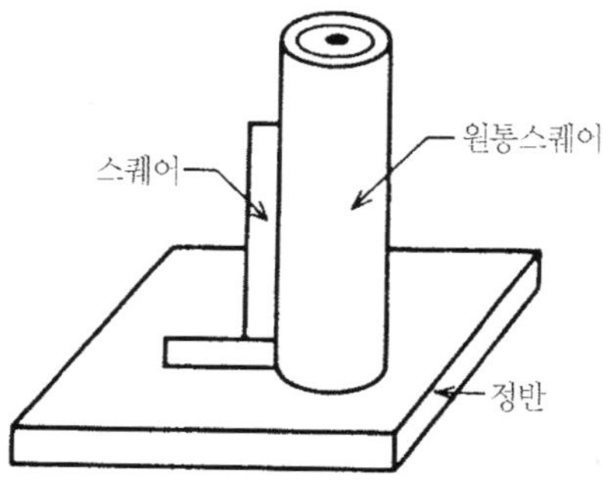

그림 6·9 원통스퀘어

생기며, 특히 정반 위에 놓고 공작용 직각정규 검사에 이용된다.

6.3 눈금 분할 기준

6.3.1 눈금 원판(Divided Circle)

각도측정의 기준으로 각도에 대한 선도기로서 원판의 원주를 일정각도로 분할한 원판눈금은 1°(도)가 많고 각도기준이나 마킹용으로 이용된다. 원판원주에 각인된 등분눈금은 사용재료에 따라 정도가 다르고 셀룰로이드 또는 강판재는 눈금오차 2~3초 정도이다.

각도의 크기표시를 위한 선도기로서 읽는 방법은 표준자와 같고 눈금원의 직경은 읽음 장치를 고려하여 한 눈금간격이 정확해야 한다. 눈금원판의 직경 D는 다음과 같다.

$$D=\frac{2b}{\alpha\,(\mathrm{rad})}=2b\frac{\rho^{\circ}}{\alpha^{\circ}}=2b\frac{\rho'}{\alpha'}=2b\frac{\rho''}{\alpha''} \tag{6·5}$$

여기서, b : 한 눈금의 호의 길이

α : 한 눈금에 대한 중심각

단, $\rho^{\circ}=57.2958$, $\rho'=3437.75$, $\rho''=206265$

회전축에 눈금원판을 부착하고 각도측정에 있어 그림 6·10과 같이 눈금원판 중심을 A라 하고 측정하려는 각 $\angle DBC=\Theta$의 꼭지점(회전의 중심) B와 일치하지 않을 때, α에 대한 $\angle DAC-DBC=\angle ADB=\Delta\Theta$만큼의 읽음오차가 생긴다.

R : 눈금 원판의 반지름, e : 편심량이라면 ΔABD에 있어서

$$\frac{R}{\sin(180-\Theta)}=\frac{e}{\sin\Delta\Theta}$$

따라서 $\sin(180-\Theta)=\sin\Theta$, $\sin\Delta\Theta\fallingdotseq\Delta\Theta$이므로

$$\Delta\Theta=\frac{\sin\Theta\cdot e}{R} \tag{6·6}$$

이 값은 사인곡선이므로 눈금 읽는 현미경의 위치를 180°로 떨어진 두 개소에서 읽음을 α, β라 하면 오차 $\Delta\Theta$는 방향이 반대인 같은 값이 되며, 두 개소에서 읽은 평균값을 구해 정확한 각도 Θ를 구할 수 있다.

그림 6·10에서 $\alpha=\Theta-\Delta\Theta$, $\beta=\Theta+\Delta\Theta$

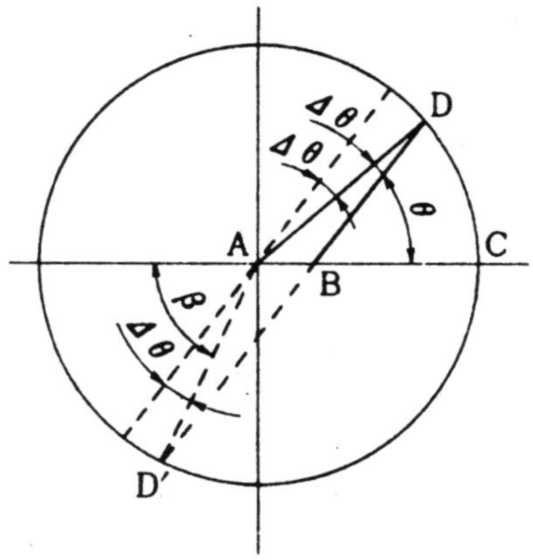

그림 6·10 눈금원판의 편심

$$\frac{(\alpha+\beta)}{2}=\Theta \tag{6·7}$$

각도는 이미 360°로 정해져 있어 기준눈금을 검사해야 하며, 자체 검사에 있어 일정한 Θ각거리의 점에 2개의 현미경을 세워 원둘레의 눈금에 대응시키고, 각 거리에 대한 각각의 간격 편차 δ_1, δ_2, δ_3, ……를 현미경의 접안렌즈로 읽는다.

360° 사이를 관측 횟수를 n이라 하면 각각의 간격오차 f_i는 다음 식으로 구한다.

$$f_i=\delta_i-\frac{\Sigma\delta_1}{n} \tag{6·8}$$

6.3.2 회전 눈금 원판(Indexing table)

회전눈금원판은 고정도의 각도표준기로서 각도 기준기, 각도게이지 및 폴리곤의 교정에 사용된다. 구조는 하부 고정대와 상부 회전대에 원주에 걸쳐 동일간격의 미세 톱니가 연마가공 되어있다. 상부의 캠 레버를 올려 설정각도에 회전시켜 고정한다. 보통 테이블 직경이 12, 18, 24인치의 크기로 각각 톱니수는 360, 720, 1440개로서 각도분할은 2°, 1°, 1/2°. 1/4°이며, 정도는 $\pm\frac{1}{8}$ ″, 반복정밀도 $\pm\frac{1}{20}$ 이다.

6.3.3 폴리건(Polygon)

보통 8면, 12면인 다각형 형상의 금속재로서 빛 굴절을 방지하도록 거울전면이 반사평면이 되며, 거울면의 상하면은 서로 평행하고 거울면과는 직각을 이룬다. 회전눈금원판이나 회전테이블(Rotary Table)과 오토콜리미터와 병용하여 각도의 비교측정에 사용되며 면 사이의 각도오차는 1~5초(″) 정도이다.

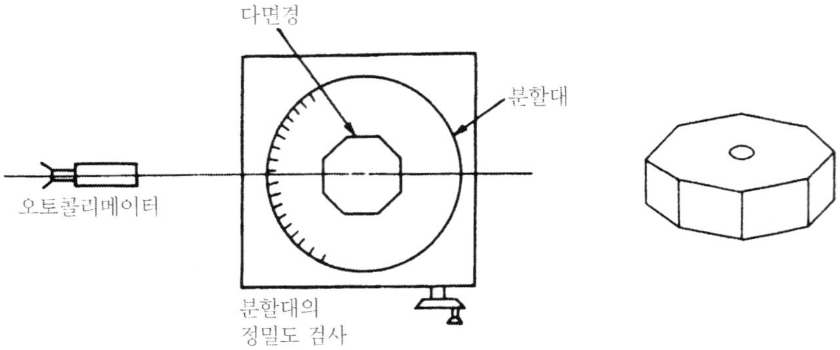

그림 6·11 회전눈금원판(Indexing table) 그림 6·12 폴리건(polygon)

6.3.4 회전 원판(Rotary Table)

(1) 기계식 분할대(Mechanical Dividing Head)

기계식 분할대는 워엄(Worm)과 워엄기어(Worm Gear)에 의해 원판을 미소각도로 회전시켜 회전각을 읽는 방식이다.

(2) 광학식 회전원판(Optical Dividing Head)

눈금원판을 현미경이나 투영장치로 회전각을 읽는 장치로서 기계식 워엄기어의 백레시가 없어 고정도 측정이 가능하다. 광학장치에서 10초('')까지 눈금읽기가 가능하여 정도는 ±10초이다.

기타 광학식분할 회전원판(Optical Circular Dividing Table)이 수평회전테이블에 측정물을 올려놓고 눈금을 현미경으로 30초 눈금을 읽고 디지털 지시계로 1초까지 읽는다.

회전원판은 지그보링머신(Jig Boring Machine)과 같이 고정도 작업용으로 각도측정

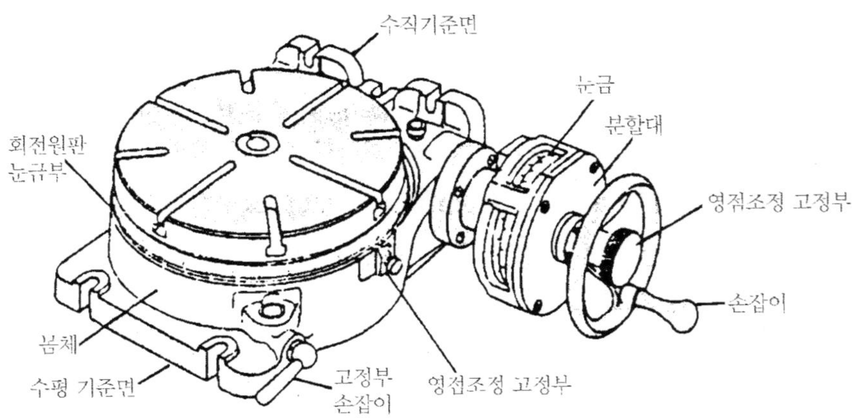

그림 6·13 기계식 회전원판

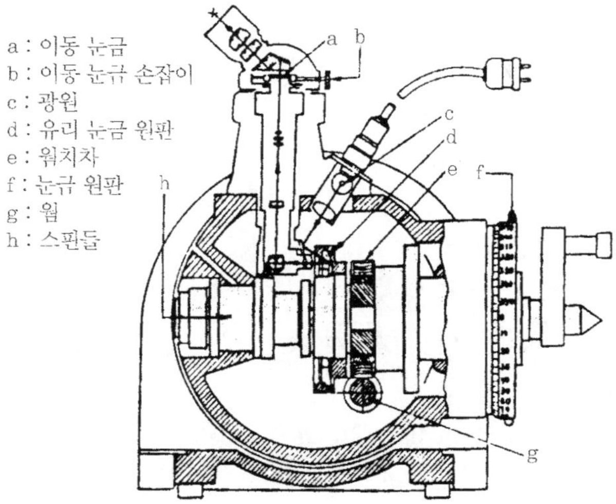

그림 6·14 광학식 분할대

및 각도 분할가공에 사용한다.

6.3.5 베벨프로트렉터(Bevel protractor)

각도가 새겨진 눈금원판과 2개의 직각자로 구성되어 있어 부품의 면 사이의 각도를 측정한다. 원판각도는 1도 간격으로 360도가 새겨졌으며, 눈금원판과 부척에서 5분단위로 각도 읽음이 가능하다. 플레이트는 부척을 갖는 터렛에 정지너트로 고정되어 플레이트의 양 측정면에 의해 임의의 각도를 직접 측정할 수 있다.

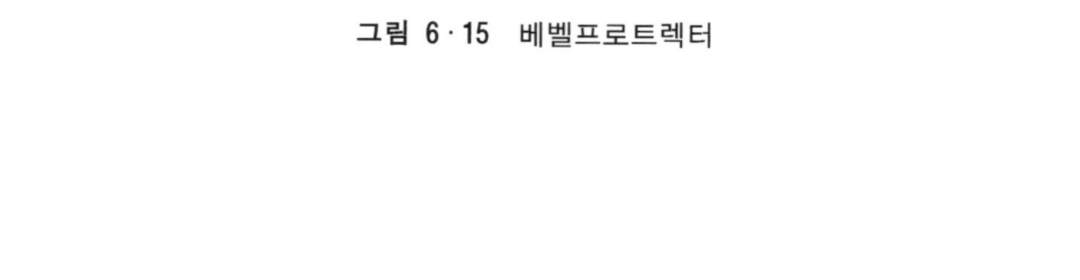

그림 6·15 베벨프로트렉터

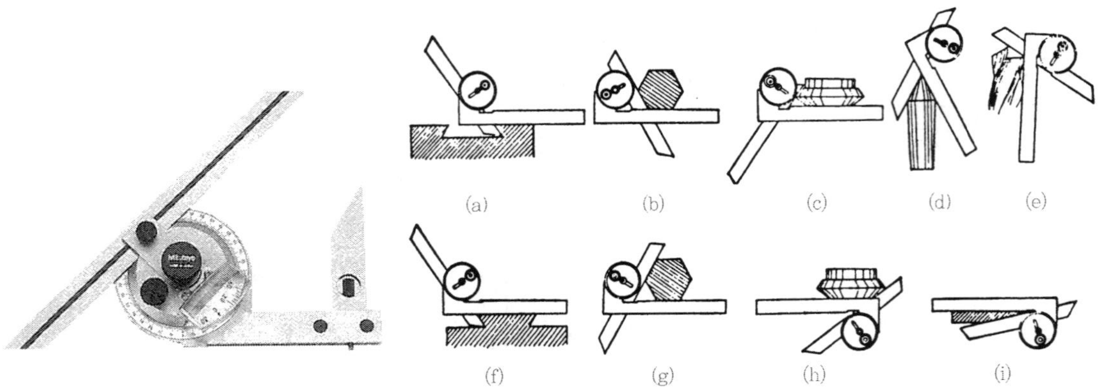

그림 6·16 베벨프로트렉터의 사용법

6.3.6 수준기(水準器, Level)

(1) 개요

수준기는 유리관에 알코올, 에테르가 다 채워지지 않게 하여 기포를 형성하게 한 다음 기포가 높은 곳으로 이동되는 성질을 이용한다. 기포 이동량에서 수평 및 수직방향에 대한 미소경사각 및 경사량 측정을 하며 기계설치 또는 조립에 있어 수평검사에 이용한다.

수준기 형상에는 그림 6·17과 같이 평형수준기(Flat Level)와 수직방향 측정용인 각형(Square Level)이 있다.

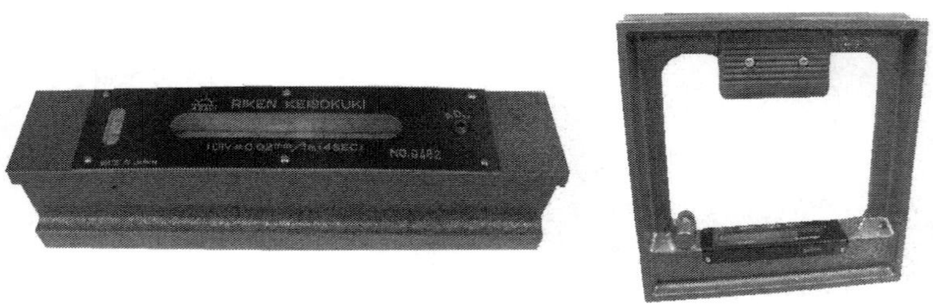

그림 6·17 평형 및 각형 수준기

기포관식 수준기의 측정 기준면인 기포관은 케이스 안쪽에 그림 6·18과 같이 일정한 곡률반경을 가지며 외부는 2 mm 눈금이 새겨져 있다. 수준기는 기포가 안정될 때까지 시간이 걸리며, 온도변화에 의해 비틀림을 받게되어 주의해야 한다.

(2) 수준기의 감도

수준기의 감도는 기포의 한 눈금이동에 필요한 기울기를 밑변 1 m에 대한 높이로 각

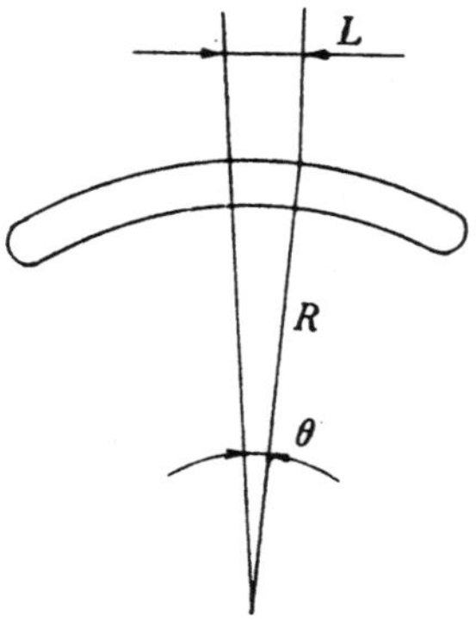

그림 6·18 수준기의 경사

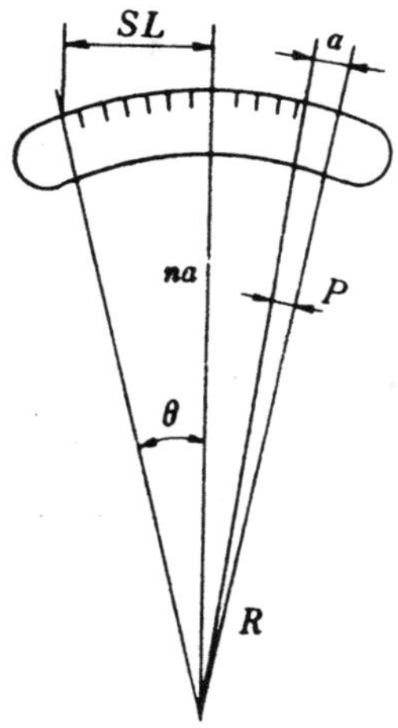

그림 6·19 기포관

표 6·7 수준기의 감도

등급	정도
1종	0.02 mm/M(≒4초)
2종	0.05 mm/M(≒10초)
3종	0.2 mm/M(≒20초)

도를 표시한다. 즉, 1 m를 밑변으로 하는 직각 삼각형의 높이를 mm로 표시하여 표 6 · 7과 같이 1종, 2종, 3종으로 분류된다. 이를 각도로 표시하면 $1'' = 4.8481 \times 10^{-6}$(rad)≒ 4.85μ m이다.

수준기의 경사각은 눈금을 읽어 각도로 환산하며, 그림 6 · 18에서 경사각을 라디안으로 나타내면 다음과 같다.

$$\theta = \frac{L}{R} \ (\theta : \text{라디안})$$

지금 기포의 한 눈금을 a, 한 눈금경사에 필요한 각도를 α(초), 기포관의 곡률반지름 R이라 하면

$$1\ \text{rad} = \frac{360 \times 60 \times 60\text{초}}{2\pi} = 2.06 \times 10^5$$

$$\alpha = 206,265 \times \frac{\alpha}{R} = K\frac{a}{R} \qquad (6 \cdot 9)$$

또한 1초를 1 m에 대하여 5μ m로 하면 2초는 10μ m로 되어 라디안은 10^{-6}으로 된다. 기포의 위치가 그림 6 · 19와 같이 θ만큼 경사질 때 읽음이 na라면 경사각은 θ는 다

음과 같다.

$$\Theta = K\frac{na}{R} = K\frac{L}{R} = na(\text{초}) \quad (6 \cdot 10)$$

또한 감도를 초(″)로 나타낼 때는 $\alpha = 206,265 \times \frac{a}{R}$로 되며 감도 E는 다음과 같다.

$$E = \frac{L}{\Theta}\ (\text{mm/초}) = \frac{R}{206,265}\ (\text{mm/초}) \quad (6 \cdot 11)$$

(3) 사용법

a) 수준기의 기차(器差)확인은 수평면에 수준기를 놓고 좌우 180도 돌려가며 두 기포 위치로 파악한다. 두 위치에 차가 있을 때 기포간의 보호지지구의 조정나사로 눈금 차의 1/2을 조정한다.

b) 수준기를 피측정물 면에 놓고 기포위치를 눈금으로 읽고 수평에 대하는 1 m에 대한 기울기 또는 4~20초 단위의 기울기 각을 알 수가 있다.

c) 기포실을 갖는 수준기의 기포길이는 검은 점이 찍힌 두 선간에 위치하도록 조정한다. 기포실이 없는 수준기는 온도에 의해 기포길이가 변화하므로 주의한다.

수준기 및 정반의 상태	최초 설정위치	180°반전위치
수준기 · 정반이 수평		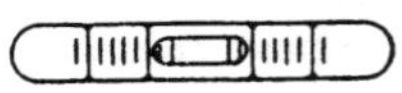
정반은 수평이나 수준기가 벗어남		
수준기는 수평이나 정반이 벗어남		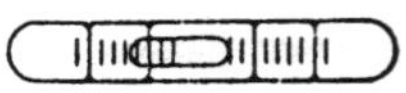
수준기 및 정반 모두 수평에서 벗어남	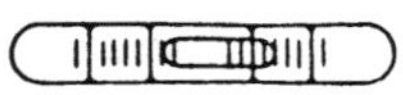	

그림 6·20 수준기의 상태

d) 수준기의 읽음값

기포관의 기선을 중심으로 기포 끝이 우측에 위치하면 양(+)값, 왼쪽에 위치하면 음(−)의 값으로 나타낸다.

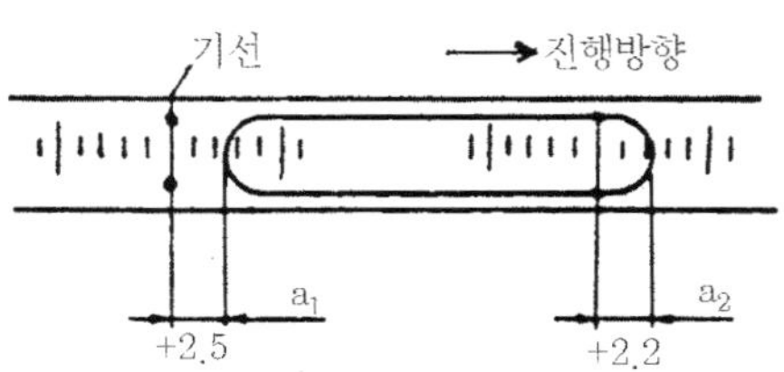

그림 6 · 21 수준기의 읽음

$$읽음값 = \frac{(+2.5)+(+2.2)}{2}$$

e) 수준기를 이용한 진직도 측정

수준기 1눈금의 경사진 경우 밑변거리에 대한 경사량은 1종(0.02 mm/m)이면 1000 : 0.02 = l : k의 관계가 있다. 여기서 l은 수준기의 밑변거리이고, k는 수준기 1눈금 편위된 경사량이라 할 때 α를 수준기 읽음이라 하면 α는 다음과 같다.

$$1000 : 0.02\times\alpha = l : k$$

여기서, 0.02는 수준기 감도(E)가 되므로 1000 : $E\times\alpha = l : k$가 된다. 보통 수준기 밑변거리를 200 mm이므로 1종이 0.02 mm/m인 경우, 기포 한 눈금의 편위에 대한 높이 차는 $\frac{0.02\times200}{1000} = 0.004\ \text{mm} = 4\ \mu\text{m}$가 된다.

따라서 진직도는 측정면을 순차 2점 연쇄법으로 경사각을 측정하며, 그림 6·22와 같이 A에서 D점까지 측정할 때 BC에서 ak, CD에서 bk, D점의 편위는 $ak+bk$가 된다.

O점을 원점으로 하여 X방향으로 측정점마다 높이 차를 계산하여 각 점의 높이를 구할 수 있다. 그림 6·22에서 동일간격으로 측정한 값을 z_1, z_2, z_3, …… z_n이라면

$$\begin{aligned}
x_1 &= x_0 & z_1 &= z_1' \\
x_2 &= 2x_0 & z_2 &= z_1' + z_2' \\
x_3 &= 3x_0 & z_3 &= z_1' + z_2' + z_3' \\
&\vdots & &\vdots \\
x_3 &= 3x_0 & z_3 &= z_1' + z_2' + z_3'
\end{aligned}$$

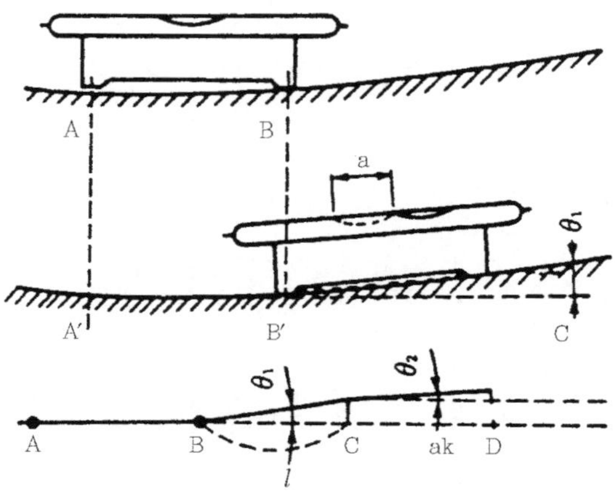

그림 6·22 수준기를 이용한 경사량 계산

측정면 상에서 O점은 원점이 되어 기준점이나 마지막 끝점은 반드시 O점과 동일직선 상에 올 수가 없어 결국 O점과 끝점 P_n점을 기준축으로 하는 신좌표축을 OX, OZ 설정하기 위해 Θ만큼 회전시킨다.

$$X_i = x_i \cos\Theta + z_i \cos\Theta$$
$$Z_i = -x_i \sin\Theta + z_i \cos\Theta \qquad (6 \cdot 12)$$

여기서 Θ와 Z_i가 매우 작아 $\cos\Theta \fallingdotseq 1$, $\sin\Theta \fallingdotseq \Theta$, $z_I \sin\Theta = 0$이 되고 이는 다시 $X_i = x_i$, $Z_i = z_i - x_i\Theta$가 되므로 $\tan\Theta = \frac{z_i}{x_n}$, $\Theta = \frac{z_i}{x_n}$로 하면 이 식은 $X_i = x_i$, $Z_i = z_i - z_n\left(\frac{z_i}{x_n}\right)$, $Z_i = z_i - x_i\frac{z_i}{x_n}$가 되므로

신 좌표 OX에서 편위량은 다음과 같다.

$$Z_1 = P_1X_1 = z_1 - z_n \cdot \frac{x_1}{x_n} = z_1 - 10\times\frac{1}{10} = z_i - 1$$
$$Z_2 = P_2X_2 = z_2 - z_n \cdot \frac{x_2}{x_n} = z_1 - 10\times\frac{2}{10} = z_i - 2$$
$$Z_3 = P_3X_3 = z_3 - z_n \cdot \frac{x_3}{x_n} = z_1 - 10\times\frac{3}{10} = z_i - 3 \qquad (6 \cdot 13)$$
$$\vdots \qquad\qquad \vdots$$
$$Z_n = P_nX_n = z_n - z_n \cdot \frac{x_n}{x_n} = z_1 - 10\times\frac{n}{10} = z_i - n$$

진직도 = 최대값 − 최소값

1.68 − (−3.84) = 5.52(μm)

표 6·8 수준기에 의한 진직도 측정

측정점	측정위치	읽음값		1/2 (좌+우)	누적치	보정치	누-보정치	기준선에 대한 높이차(μm)
		좌	우					
0	–	–	–	–	0	0	0	0
1	0~200	+1.5	+1.3	+1.4	+1.4	+1.24	+0.16	+0.64
2	200~400	+2.0	+1.0	+1.5	+2.9	+2.48	+0.42	+1.68
3	400~600	+1.0	−1.2	−0.1	+3.0	+3.72	−0.72	−2.88
4	600~800	+1.8	+1.6	+1.7	+4.7	+4.96	−0.96	−3.84
5	800~1000	+1.4	+1.6	+1.5	6.2	+6.2	0	0

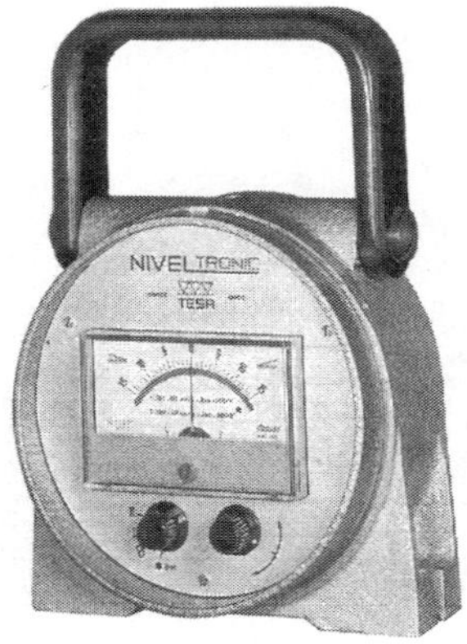

그림 6 · 23 아날로그식 전기수준기

(f) 전기수준기(電氣水準器)

전기수준기는 진자의 선단에 차동변압기의 코어를 붙인 것으로 측정정도가 높고, 측정범위도 넓고 응답속도도 빠르다. 다원측정 및 원격지시가 가능하며, 제어계와 연결하여 시스템제어가 가능하다. 대표적인 예로서 최소눈금 0.5", 측정범위 ±50"의 성능을 가진 수준기가 사용되고 있다.

6.3.7 클리노미터(경사계, Clinometer)

(1) 개요

그림 6 · 24와 같이 기포관을 이용한 것으로 회전 눈금판에 부착되어 광범위하게 고정도 각도측정이 가능하다. 기준면을 갖는 회전 테이블 위에 수준기를 준비하고 그 회전도를 기계식 또는 광학식인 읽음장치가 있다. 광학식 클리노미터는 눈금의 편심오차를 제거하기 위해 눈금 양단의 읽음을 1개의 현미경을 통해 동시에 읽는다.

정도는 1분에서 광학식 마이크로미터가 부착된 것은 10초단위로 측정을 할 수 있다. 큰 각도측정과 경사테이블의 각도, 각도가 설정된 지그측정 등에 다양하게 이용된다.

(2) 사용법

a) 눈금원판을 회전시켜서 수준기에서 수평을 구하고 눈금원판과 현미경에 의하여 각도를 읽는다.

b) 정반 위에 공작물을 올려놓고 측정할 때는 정반 면의 기울기의 각을 측정한다.

그림 6·24 기포관식 클리노미터의 예

6.3.8 오토콜리메터(Autocollimators)

(1) 개요

오토콜리메터는 미소각을 측정하는 광학적 측정기로 주로 반사경을 이용하여 정반의 평면도, 공작기계 베드면의 진직도, 탄성체의 휨을 측정하고 프리즘을 이용하여 두 평면의 평행도, 이동 축의 직각도 등을 측정한다.

(2) 원리

오토콜리메터는 반사광선이 투사된 광축에 대해 반사경이 직각으로 유지되면 원래 위치로 되돌아가고 벗어날 때 벗어난 각의 2배로 되어 벗어나게 되는 원리를 응용한 광학적 측정기이다. 정도는 오토콜리메터의 시야에서 최소읽음값은 1분, 5초, 1초이다.

그림 6·25에서 망원경 대물렌즈 O의 초점면에 유리판 G_1을 두고 대물렌즈 O와 유리판 G_1 사이에 반투명 반사경 H를 대물렌즈의 광축 XX'와 45°로 위치시킨다. 반투명 반사경 H에 대하여 유리판 G_1과 대칭인 직각방향 위치에 다른 유리판 G_2를 놓고 유리판 G_2에 십자선 S를 새겨 이를 광원 L과 집광렌즈 C로 조명한다.

십자선 S를 통해 나온 빛은 반투명 반사경 H에 의해 둘로 나뉘어져 대물렌즈 O의 광축 XX′를 따라 나가 대물렌즈 O에 의해 평행광선이 된다. 대물렌즈 O의 앞에 광축 XX′에 대해 거의 직각으로 평면 반사경 M을 위치시키면 대물렌즈 O에서 나온 평행광선은 이 평면경 M에서 반사되어 다시 대물렌즈 O에 돌아가고 둘로 나누어진 반투명 반사경 H를 투과해서 유리판 G_1에 십자선 S의 상 S'를 만든다.

이때 반사경이 M_1에서 M_2의 위치를 미소각 θ만큼 경사지게 되면 반사광선은 그 2

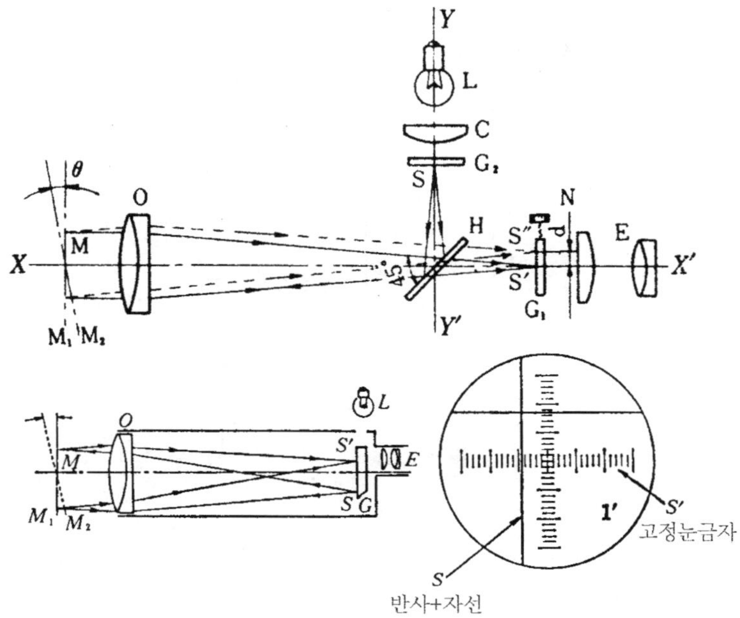

그림 6·25 오토콜리메터의 원리

배 각인 2Θ만큼 변화하여 유리판 G_1에 십자선 S의 상은 S에서 S''로 이동한다. 이 십자선 S의 이동량을 d라 하고 대물렌즈 O의 초점거리를 f라 하면

$$d = \tan 2f\Theta$$

따라서 $d \fallingdotseq 2f\Theta$의 관계가 성립한다.

(3) 오토콜리메터를 이용한 측정

① 기준편에 대한 각도측정(그림 6·26)

피측정면의 반사면에 의한 십자선 위의 읽음값과 기준편의 반사면에 의한 +자선의 읽음과의 차

② 탄성편의 휨에 의한 경사각(그림 6·27)

탄성편에 의한 십자선 위의 이동량 읽음

③ 운동의 진직도(그림 6·28)

평면경을 직접 운동부분에 설치하고 각 위치에서 평면경에 의한 십자선 위의 이동량을 읽음

④ 직육면체의 직각도(그림 6·29)

기준반사면에 의한 십자선 위의 읽음값과 기준펜터곤 프리즘을 통하여 피측정면의 반사면 2에 의한 +자선 위의 읽음값과 차 구함

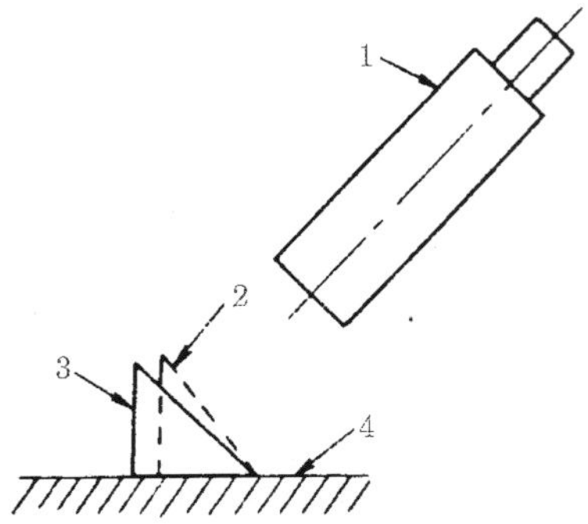

1. 오토콜리메이터 2. 피측정면
3. 기준선 4. 기준면

그림 6·26 기준편에 대한 각도의 차 측정

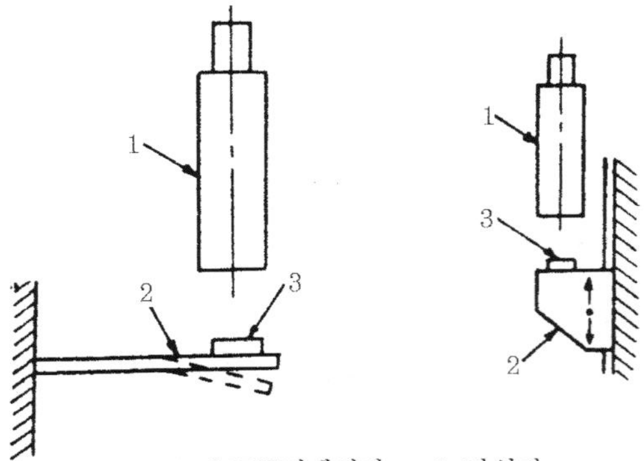

1. 오토콜리메이터 2. 탄성편
3. 평면경

그림 6·27 탄성편의 휨에 의한 경사각

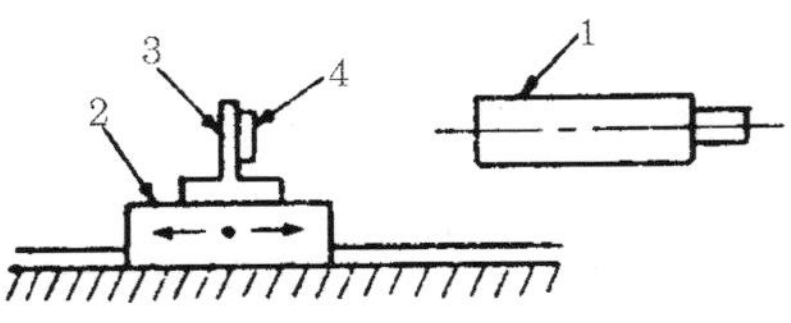

1. 오토콜리메이터 2. 운동부분
3. 평면경대 4. 평면경

그림 6·28 운동의 진직도

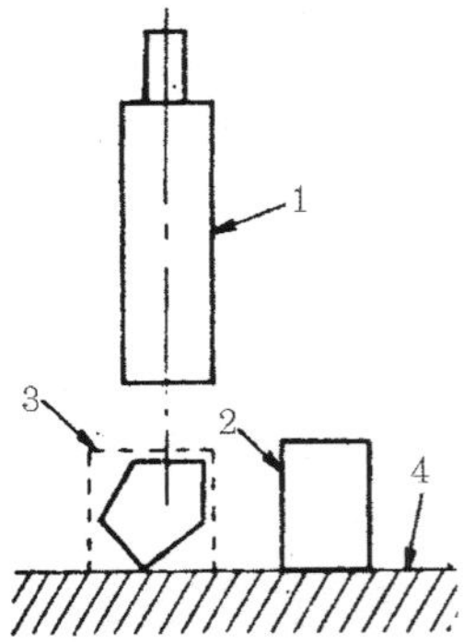

1. 오토콜리메이터 2. 피측정면의 반사면
3. 기준 펜타곤 프리즘 4. 기준반사면

그림 6·29 직육면체의 직각도

⑤ 안내면의 직각도 측정 I(그림 6·30)

2개의 평면1, 2를 차례로 펜터곤프리즘 3에 의해 오토콜리메터 4로 반사시켜 두 읽음값에서 평면의 오차를 구하여 대형마이크로미터의 앤빌과 스핀들의 평행도 검사

⑥ 안내면의 직각도 측정 II(그림 6·31)

4의 위치에서 평면경 6, 7에 의한 십자선 위의 읽음 차를 구한다.

그림 6·31에서 수평면 3 위에 놓은 반사경 7에 의한 오토콜리메터 1의 값과, 기준 펜터곤프리즘 8을 그림위치에 놓고 반사경 6을 연직면 2 위에 설치하여 오토콜리메터의 값을 구한다. 2와 3이 직각이 유지되면 양쪽 값은 변화가 없고, 부분적인 오차제거를 위해 반사경 면을 면의 각 위치에서 이동시켜 진직도를 구하고 두 면의 평균면에 대한 직

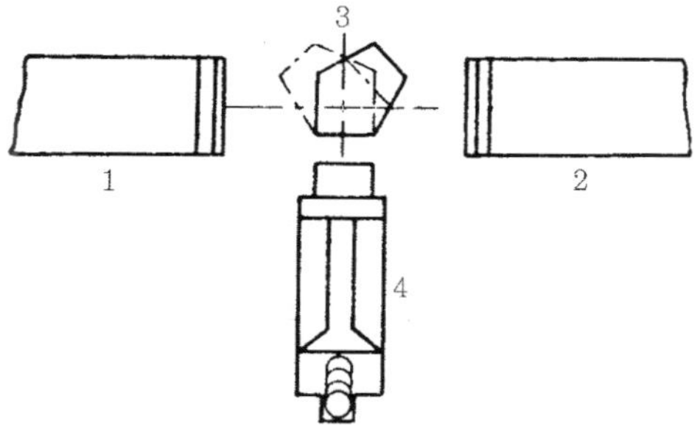

1, 2. 평면 3. 펜타곤 프리즘
4. 오토콜리메이터

그림 6 · 30 안내면의 직각도 측정 I

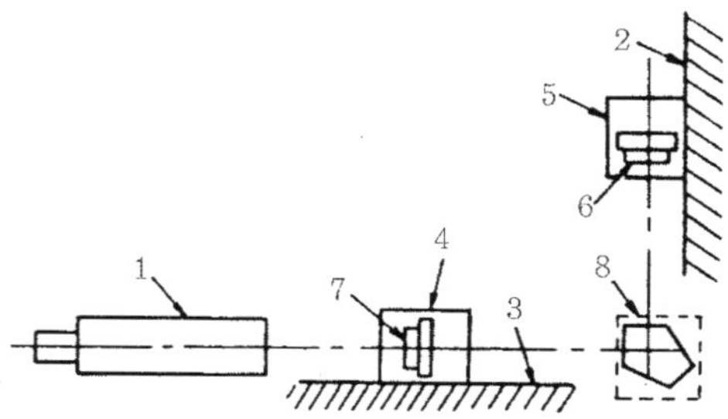

1. 오토콜리메이터 2. 3 피측정면
4, 5. 평면경대 6, 7. 평면경
8. 기준 펜타곤 프리즘

그림 6 · 31 안내면의 직각도 측정 II

각도를 측정한다.

6.4 삼각법 이용 각도측정

6.4.1 사인바(sine bar)

(1) 개요

사인바는 삼각함수의 사인을 이용하여 임의의 각도설정 및 각도측정에 사용된다. 구조는 그림 6 · 32와 같이 직경이 동일한 롤러 2개를 본체에 고정한 것으로 롤러 중심 사이의 거리 L은 일정한 치수(100 mm, 200 mm)로 되어 있으며, 이 길이가 사인바의 호칭치수가 된다. h치수의 블록게이지를 한쪽의 롤러 아래에 위치시켜 각도 Θ를 식(6 · 14)로 구한다.

정반면과 측정면 사이의 각도 α를 되게 하려면 $\sin\alpha = \frac{H}{L}$이 되므로

$$\alpha = \sin^{-1}\frac{H}{L} \qquad (6 \cdot 14)$$

보통 $L=100$, 200 mm이며 사인바에 의한 각도측정은 간접측정이나 30° 이하에서 40 μrad(약 10′′)의 정도가 얻어진다. 설정각도가 45° 이상이면 오차가 커지므로 사용을 금지한다. 정도검사는 블록게이지로 30° 설치하고 30° 각도게이지를 올려 놓고 면을 측정하여 100 mm 사이의 치수 차에 따라 1급에서 4μm, 2급에서 8μm가 주어진다.

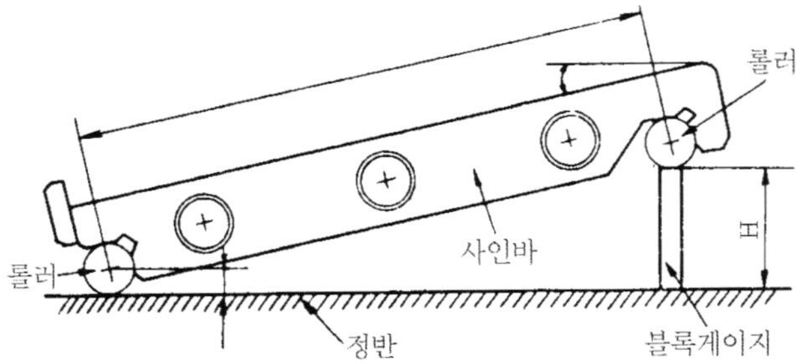

그림 6 · 32 사인바

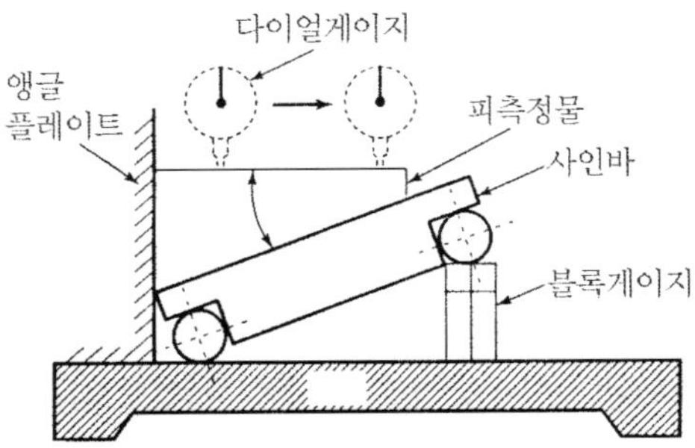

그림 6 · 33 사인바 이용 각도측정

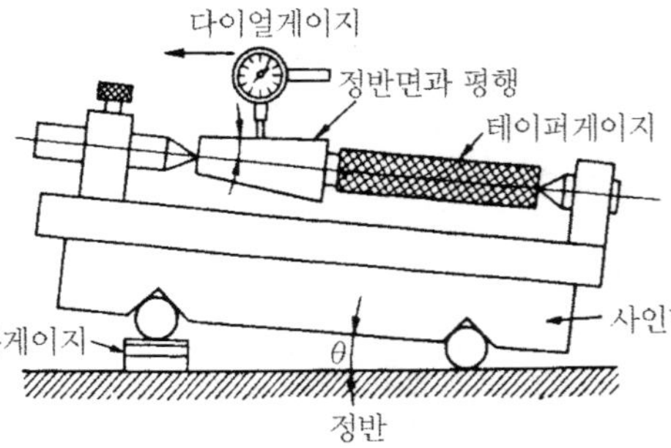

그림 6 · 34 사인테이블 이용 각도측정

(2) 사용 방법

a) 피측정물을 사인바의 측정면에 밀착하고 사인바의 측정면과 각도시편의 측면이 일치되도록 앵글프레이트를 설치한다.

b) 대략 각도시편이 정반면과 평행하도록 블록게이지를 한쪽 롤러 하단에 고인다.

c) 다이얼게이지를 스탠드에 고정하고 측정면에 접촉시켜 정반면과 평행을 확인한다.

d) 높이 차가 있으면 블록게이지 높이를 가감하여 다시 다이얼게이지로 확인한다.

e) 높이 차가 1～2μm 이내의 상태이면 블록게이지 치수를 계산하여 각도를 계산한다.

(3) 측정오차

사인바의 본체 측면과 피측정물 측면을 평행상태로 측정하면 복합각을 측정하게 되어 오차가 생긴다.

복합각은 그림 6 · 35에 나타내며 식 (6 · 15)로 구해진다. 그림에서

$\angle ABD = \angle A'B'D' = \theta$: 게이지 각도 또는 사인바 설정각도

$\angle BDC = \alpha$: 게이지 · 사인바 기준면에 대한 설정방향의 각도 또는 피측정물의 설치각도

$\angle ACD = \theta'$: 측정각도 또는 복합각도

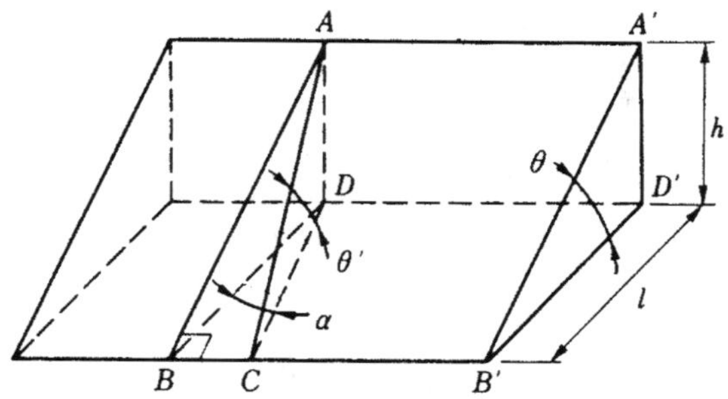

그림 6·35 복합각(複合角)

복합각은 다음과 같이 나타낼 수 있다.

$$\tan\theta' = \tan\theta \times \cos\alpha \qquad (6 \cdot 15)$$

6.4.2 탄젠트 바(Tangent bar)

탄젠트 바는 별도의 측정기가 없고 기술적으로 그림 6·36 (a)와 같이 중간에 블록게이지에 의해 간격이 결정되고, 미리 알고있는 지름 d 및 D의 2개의 롤러에 의하여 식 (6·16)으로 구해진다.

$$\tan\theta = \frac{H-h}{L+l} \text{〔그림 6·36 (b)〕} \qquad (6 \cdot 16)$$

단, H, h는 블록게이지 높이이다. 또한 그림 6·36 (b)에서

$$\overline{O_2a} = \frac{D}{2} - \frac{d}{2}, \qquad \overline{O_1a} = \frac{D}{2} + \frac{d}{2} + L \qquad (6 \cdot 17)$$

그러므로

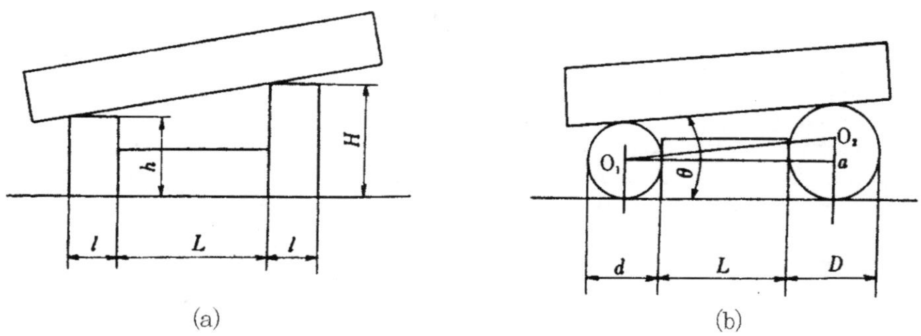

그림 6·36 탄젠트 바

$$\tan\frac{\Theta}{2} = \frac{\overline{O_2a}}{\overline{O_1a}} = \frac{\frac{D}{2}-\frac{d}{2}}{\frac{D}{2}+\frac{d}{2}+L} = \frac{D-d}{D+d+2L} \quad (6\cdot18)$$

6.4.3 원통롤러 이용 각도측정

(1) 원통롤러와 블록게이지를 이용 기울기각 측정(그림 6 · 37)

그림 6 · 37과 같이 원통롤러와 블록게이지를 이용하여 기울기 각을 α라 하면

$$\sin\alpha = \frac{H}{D+L} \quad (6\cdot19)$$

여기서, H : h_2-h_1, D : 원통지름, L : 블록게이지의 길이

(2) 두 원이 접한 각도와 한 원의 직경을 알 때 큰 롤러의 직경측정(그림 6 · 38)

하나의 지름이 주어질 때 긴 직경을 구할 경우

$$D = \frac{d\sin\frac{\alpha}{2}+d}{1-\sin\frac{\alpha}{2}} = \frac{d\sin\frac{\alpha}{2}+d-d\sin\frac{\alpha}{2}}{1-\sin\frac{\alpha}{2}}$$

$$= \frac{2d\frac{\sin\alpha}{2}}{1-\sin\frac{\alpha}{2}}+d \quad (6\cdot20)$$

(3) 두 롤러로 테이퍼 각을 구할 경우(그림 6 · 39)

$$\sin\frac{\alpha}{2} = \frac{\frac{D}{2}-\frac{d}{2}}{C} \quad (6\cdot21)$$

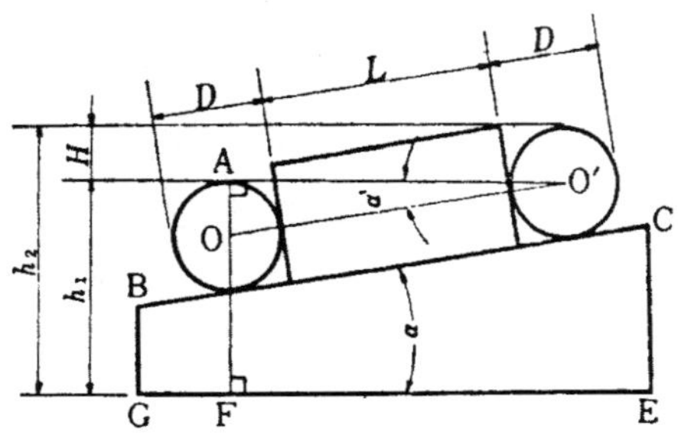

그림 6 · 37 각도 측정

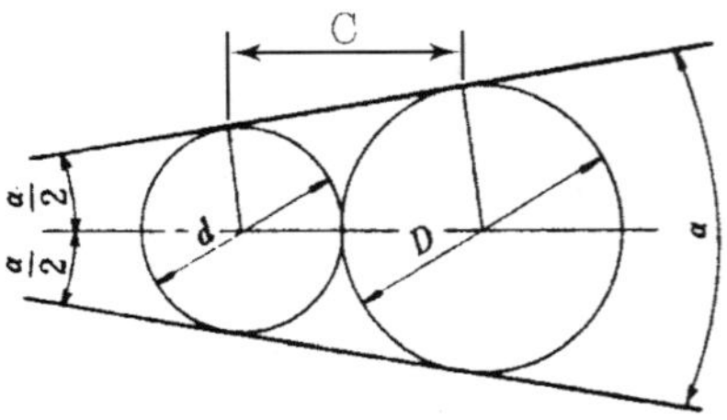

그림 6 · 38 각도 측정

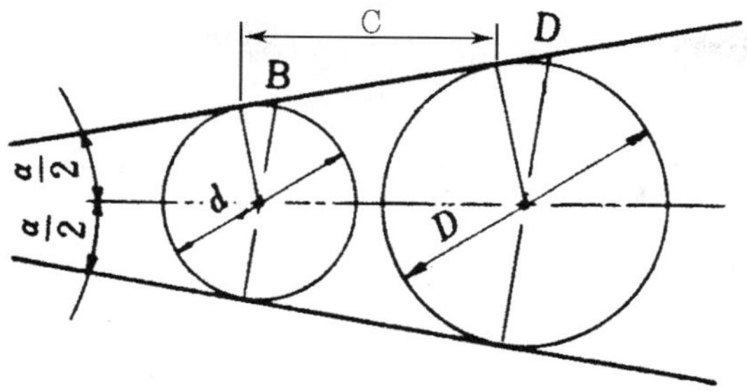

그림 6·39 기울기가 큰 경우의 롤러를 이용한 각도 측정

여기서, D : 큰 원통 직경

d : 작은 원통의 직경

C : 원통 롤러의 중심간 거리

(4) 내축각 측정

그림 6·40과 같이 밑면을 기준으로 하는 블록게이지 및 원통 롤러를 이용하여 M_1 및 M_2를 구하면

$$A_1 = M_1 + 2r\left(1 + \cos\frac{\alpha}{2}\right) \tag{6·22}$$

$$h_1 = r\left(1 - \sin\frac{\alpha}{2}\right) \tag{6·23}$$

또한

$$B = \frac{h_2 - h_1}{\cos\frac{\alpha}{2}} - 2r$$

이므로

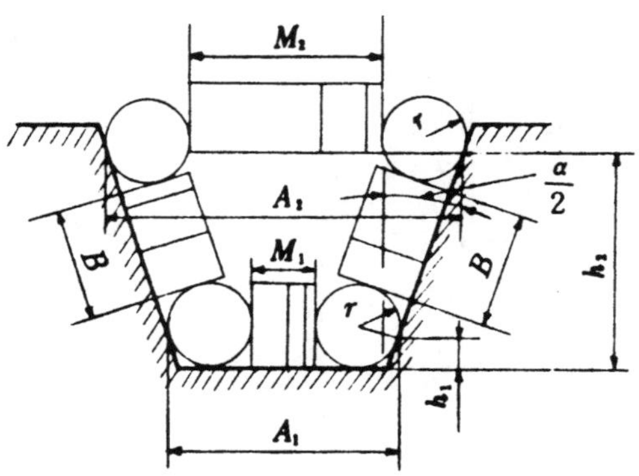

그림 6·40 블록게이지에 의한 방법

$$h_2=(B+2r)\cos\frac{\alpha}{2}+h_1=(B+2r)\cos\frac{\alpha}{2}+r\left(1-\sin\frac{\alpha}{2}\right) \qquad (6\cdot24)$$

$$A_2=M_2+2r\left(1+\cos\frac{\alpha}{2}\right) \qquad (6\cdot25)$$

$$\frac{1}{x}=\frac{M_2-M_1}{h_2-h_1} \qquad (6\cdot26)$$

6.5 테이퍼 측정

6.5.1 개 요

테이퍼는 기계부품, 공구류, 공작기계 스핀들 등의 기계부분에 많이 사용된다. 그림 6 · 41 (a)은 원뿔, (b)는 위 부분을 자른 원뿔테이퍼로서 α는 테이퍼각 $\frac{\alpha}{2}$는 기울기각, 원뿔지름 D와 그 길이 L과의 비 $\frac{D}{L}$를 지름 $D=1$로 환산한 값 $\frac{1}{x}$을 테이퍼라 한다. 이때 축선을 포함한 단면 내에서 측정한 원뿔모선과의 사이각 α를 테이퍼 각도라 한다.

그림 6 · 41 (a)에서 원뿔테이퍼 $\frac{1}{x}$의 값을 다음 식으로 구한다.

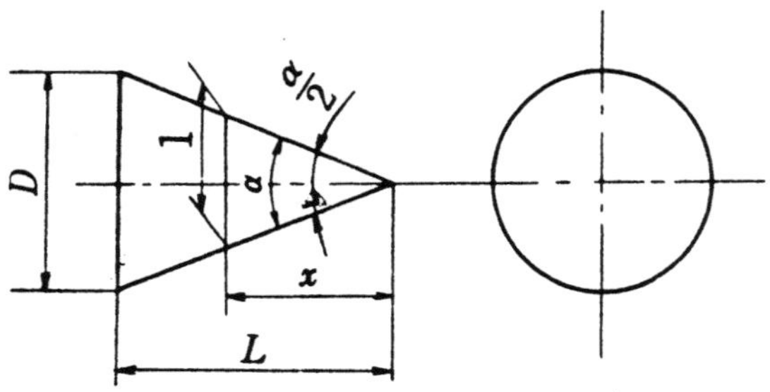

(a)

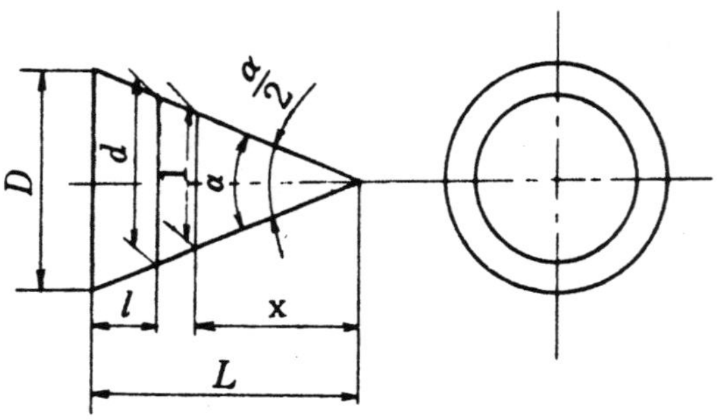

(b)

그림 6 · 41 테이퍼

$$\frac{1}{x}=\frac{D}{L}=2\tan\frac{\alpha}{2} \tag{6・27}$$

또 원뿔대의 경우에는 그림 6・41 (b)에서

$$\frac{1}{x}=\frac{D-d}{l}=2\tan\frac{\alpha}{2} \tag{6・28}$$

테이퍼 $\frac{1}{x}$에 상당하는 테이퍼 각도 α의 값은

$$\alpha=\frac{360°}{\pi}\cdot\tan^{-1}\frac{1}{2x} \tag{6・29}$$

따라서 기울기 $\frac{1}{k}$는 식 (6・30)과 같다.

$$\frac{1}{k}=\frac{D}{2L}=\tan\frac{\alpha}{2} \quad 또는 \quad \frac{1}{k}=\frac{D-d}{2l}=\tan\frac{\alpha}{2} \tag{6・30}$$

표 6・9 테이퍼에 관한 여러 수치 및 보기(KS B 0419)

테이퍼 $\frac{1}{x}$	테이퍼 $\frac{1}{x}$의 소수 환산값	테이퍼 각도 α	테이퍼 각도의 반각 $\frac{\alpha}{2}$	길이 10 mm의 사인바의 $\frac{\alpha}{2}$에 대한 조정값 h(mm)	보기
$\frac{1}{4}$	0.250000	14° 15′ 00″	7° 07′ 30″	12.404	공작 기계의 스핀들 V벨트 풀리의 구멍 마찰이음, 밸브 코크
$\frac{1}{5}$	0.200000	11° 25′ 16″	5° 42′ 38″	9.950	
$\frac{1}{6}$	0.166667	9° 31′ 38″	4° 45′ 49″	8.305	
$\frac{1}{6.3}$	0.158731	9° 04′ 32″	4° 32′ 16″	7.912	
$\frac{1}{8}$	0.125000	7° 09′ 10″	3° 34′ 35″	6.238	세척구 마개, 용접 마개, 테이퍼 축끝 조정 베어링 부시구멍 베어링
$\frac{1}{10}$	0.100000	5° 43′ 30″	2° 51′ 45″	4.994	
$\frac{1}{12}$	0.083333	4° 46′ 18″	2° 23′ 09″	4.163	
$\frac{1}{15}$	0.066667	3° 49′ 26″	1° 54′ 33″	3.331	
$\frac{1}{16}$	0.062500	3° 34′ 48″	1° 47′ 24″	3.123	테이퍼 나사
$\frac{1}{20}$	0.050000	2° 51′ 52″	1° 25′ 56″	2.499	공구의 생크 및 소켓
$\frac{1}{24}$	0.041667	2° 23′ 14″	1° 11′ 37″	2.083	수도용 강관 및 주철관
$\frac{1}{25}$	0.040000	2° 17′ 30″	1° 08′ 45″	2.000	
$\frac{1}{30}$	0.033333	1° 54′ 34″	57′ 17″	1.666	구름 베어링
$\frac{1}{32}$	0.031250	1° 47′ 26″	53′ 43″	1.562	유정관용 테이퍼 나사
$\frac{1}{40}$	0.025000	1° 25′ 56″	42′ 58″	1.250	테이퍼 핀
$\frac{1}{50}$	0.020000	1° 08′ 46″	34′ 23″	1.000	

6.5.2 표준 테이퍼

표 6 · 9에서 예를 들면 0.62500은 $\frac{1}{16}$을 소수로 환산한 것이고, 테이퍼각도 3°34′48″는 테이퍼 1/16에 해당하는 테이퍼 각도로서 실제 테이퍼나사에 채용된다.

6.5.3 모스 테이퍼(Morse Taper)

모스 테이퍼는 선반의 센터, 보링머신 스핀들 등의 공작기계에 널리 사용되며 대략 1/20 테이퍼로서 No. 0~7까지 8종류로 되어 있다. 표 6 · 10은 KS에서 규정하는 모스 테이퍼 게이지의 테이퍼 치수이다.

표 6 · 10 모스 테이퍼의 치수

No.	*D*	*d*	*L*	테이퍼	그림
0	9.045	6.401	50.8	1 : 19.212=0.05205	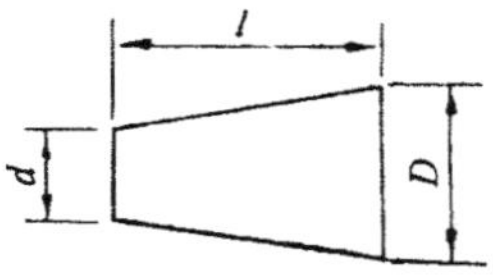
1	12.065	9.371	54	1 : 20.048=0.04988	
2	17.718	14.534	65	1 : 20.020=0.04995	
3	23.268	19.760	81	1 : 19.992=0.050196	
4	31.269	25.909	103.2	1 : 19.254=0.0501938	
5	44.401	37.470	131.7	1 : 19.002=0.0526265	
6	63.350	53.752	184.1	1 : 19.180=0.052138	
7	83.061	69.853	254	1 : 19.231=0.052	

6.5.4 브라운 샤프 테이퍼(Brown & Sharpe Taper)

B & S 테이퍼는 밀링의 주축에 사용되며 테이퍼는 1/24로 보통 No. 5~No. 12까지 9종류로 사용된다(표 6 · 11 참조).

기타 쟈노 테이퍼(Jarno Taper)가 있고, 이는 테이퍼의 비율이 테이퍼 번호에 관계없이 1/20도 되어 있다. D : 큰 직경, d : 작은 직경, l을 D와 d의 거리로 한고 N을 테이퍼 번호라 하면 $D=\frac{N}{8}$, $d=\frac{N}{10}$, $l=\frac{N}{2}$, taper $=\frac{1}{20}$로 되어 N은 2번~10까지 10종류로 되어 있다.

6.5.5 테이퍼 측정

(1) 외측 테이퍼 측정

① 블록게이지와 원통롤러 이용

그림 6 · 42와 같이 동일 지름의 2개의 원통롤러와 적절한 치수의 블록게이지를 이용하여 원통롤러의 바깥쪽을 마이크로미터로 측정하여 식 (6 · 31)에 의해 구한다.

표 6·11 B & S 테이퍼의 치수

B & S 테이퍼번호	D	d	l	테이퍼
1	6.076	5.080	23.813	0.04183
2	7.612	6.350	30.163	0.04183
3	9.530	7.938	38.100	0.04183
4	10.218	8.890	31.750	0.04187
5	13.287	11.430	44.450	0.04180
6	15.230	12.700	60.325	0.04194
7	18.425	15.240	76.200	0.04179
8	22.827	19.050	90.488	0.04175
9	27.102	22.863	101.600	0.04174
10	32.746	26.533	144.463	0.04301
11	38.908	31.750	171.450	0.04175
12	45.639	38.103	180.975	0.04164
13	52.654	44.450	196.850	0.04168
14	69.530	50.800	209.550	0.04167
15	66.411	57.150	222.250	0.04167
16	73.289	63.500	234.950	0.04167
17	80.167	69.850	247.650	0.04167
18	87.048	76.200	290.350	0.04167

$$2\tan\frac{\alpha}{2} = \frac{M_2 - M_1}{h_2 - h_1} \tag{6·31}$$

여기서, M_1, M_2 : 원통 바깥쪽 거리를 측정한 값

h_1, h_2 : 블록게이지 높이

α : 테이퍼 각이다.

롤러 지름 d, 테이퍼각 α 및 블록게이지 선단의 지름 D_1 및 D_2는

$$D_1 = M_1 - d\left[1 + \cot\frac{1}{2}\left(90° - \frac{\alpha}{2}\right)\right] \tag{6·32}$$

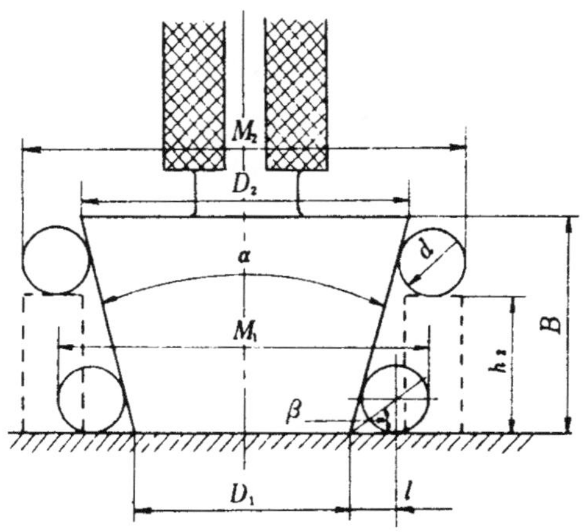

그림 6·42 롤러에 의한 테이퍼 측정

$$D_2 = D_1 + 2B + \tan\frac{\alpha}{2}$$

그림 6 · 42에서

$$\beta = \frac{1}{2}\left(90° - \frac{\alpha}{2}\right), \qquad l = \frac{d}{2}\cot\frac{1}{2}\left(90° - \frac{\alpha}{2}\right)$$

$$D_1 = M_1 - d - 2l = M_1 - d\left\{1 + \cot\frac{1}{2}\left(90° - \frac{\alpha}{2}\right)\right\} \qquad (6 \cdot 33)$$

또는

$$D_1 = M_1 - d\left[1 + \tan\frac{1}{2}\left(90° + \frac{\alpha}{2}\right)\right] \qquad (6 \cdot 34)$$

② 직경이 다른 두 세트의 원통 롤러 이용

그림 6 · 43과 같이 2세트의 서로 다른 직경의 롤러나 강구를 이용하여 롤러 외경을 마이크로미터로 측정하여 식 (6 · 35)로 구한다.

$$\tan\alpha = \left(\frac{M_2 - M_1}{d_2 - d_1} - 1\right) - \frac{1}{\dfrac{M_2 - M_1}{d_2 - d_1}} \qquad (6 \cdot 35)$$

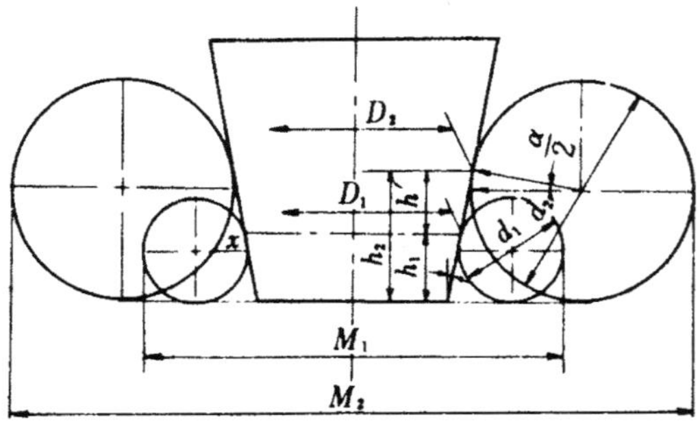

그림 6 · 43 2세트의 롤러를 이용한 테이퍼 측정

③ 링게이지 이용법

그림 6 · 44와 같이 측정편에 적절한 직경을 갖는 2개의 링게이지로 측정하여 식 (6 · 36)으로 테이퍼를 구한다.

$$2\tan\frac{\alpha}{2} = \frac{D - d}{M - l} \qquad (6 \cdot 36)$$

여기서 d, D : 2개의 링게이지 직경, l : 링게이지 두께, M : 링게이지의 간격을 마이크로미터로 측정한 값이다.

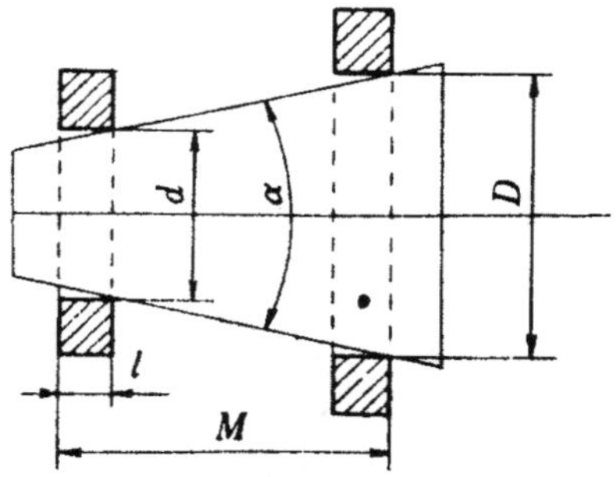

그림 6·44 링게이지 이용법

(2) 내측 테이퍼 측정

① 강구에 의한 방법

그림 6·45와 같이 2개의 강구를 테이퍼 게이지인 시편에 끼우고 그 깊이 H_1 및 H_2를 측정하여 식 (6·37)로 구한다.

$$\sin\frac{\alpha}{2}=\frac{1/2(d_1-d_2)}{HH_2-H_1-1/2(d_1-d_2)} \qquad (6\cdot 37)$$

또는

$$\operatorname{cosec}\frac{\alpha}{2}=\frac{1/2(H_2-H_1)}{d_1-d_2}-1 \qquad (6\cdot 38)$$

양 끝면의 지름 D_1 및 D_2는

$$D_1=\left(H_1+\frac{d_1}{2}+\frac{d_2}{2}\operatorname{cosec}\frac{\alpha}{2}\right)\times 2\tan\frac{\alpha}{2} \qquad (6\cdot 39)$$

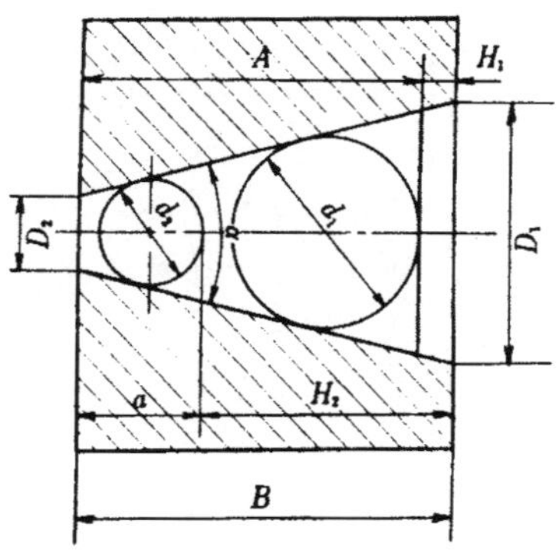

그림 6·45 강구에 의한 테이퍼 측정

$$D_2 = D_1 - 2B \tan\frac{\alpha}{2}$$

② 테이퍼 링게이지의 측정

그림 6 · 46과 같이 테이퍼 링게이지의 안쪽에 블록게이지와 직경이 동일한 강구 2개를 이용하여 각도를 구한다. 강구를 끼우고 그 길이를 M_1 및 M_2를 측정하여 다음과 같이 α를 구하는 식을 나타낼 수 있다.

$$\tan\frac{\alpha}{2} = \frac{M_1 - M_2}{2H} \tag{6 · 40}$$

양 끝면의 지름 D_1 및 D_2는

$$D_1 = M_1 + \left[1 + \cot\frac{1}{2}\left(90° - \frac{\alpha}{2}\right)\right] \tag{6 · 41}$$

③ 원판 게이지 이용

그림 6 · 47과 같이 테이퍼 게이지인 시편에 두께가 L 및 l인 원판 게이지를 끼우고 그 간격을 깊이 마이크로미터로 측정하여 식 (6 · 42)로 테이퍼 각도를 구한다.

$$\tan\frac{\alpha}{2} = \frac{D - d}{2(M + l - L)} \tag{6 · 42}$$

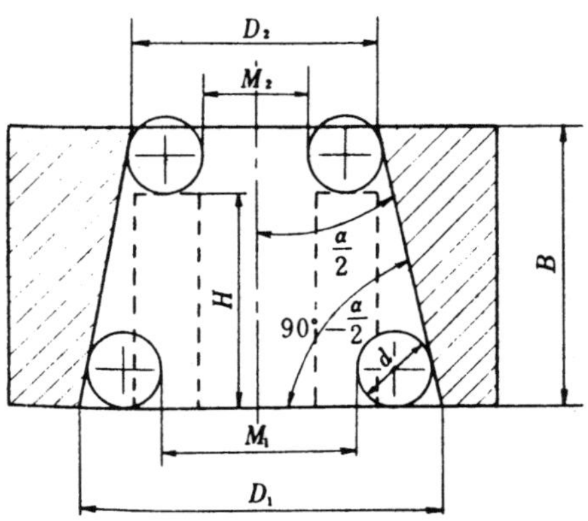

그림 6 · 46 테이퍼 링게이지에 의한 측정

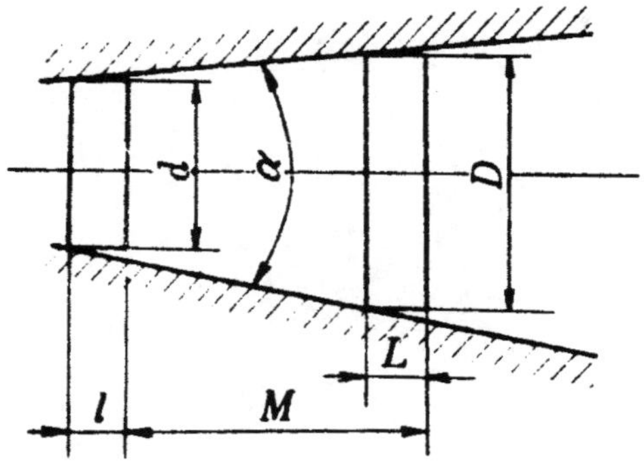

그림 6·47 원판 게이지를 이용한 측정

제7장

내경측정 內徑測定

7.1 개 요

내경측정은 외경측정보다 고정도로 측정하는 것은 불가능하여 보다 고정도의 측정기술이 요구된다. 특히 구멍이 작거나 깊어지면 오차가 발생하기 쉽다. 보통 내경측정 전용 측정기는 실린더 게이지, 텔레스코핑 게이지, 스몰홀 게이지가 있으며, 이들은 기준마스터와 비교하여 측정하는 비교측정기이다. 기타 내측마이크로미터, 삼점측정기를 이용하며 대량생산되는 제품의 측정에는 공기마이크로미터, 고정도 측정에는 측장기(測長器)가 사용도고 있다.

7.1.1 내경 측정의 원칙

(1) 구멍 중심축상의 측정

내경측정은 그림 7・1과 같이 구멍의 중심축상의 실제직경 d_0를 측정해야 한다. 중심축상에서 e만큼 편위시킨 위치를 측정하고, 그 직경을 d라 할 때 이로 인한 오차를 Δd_1이라 하면 그 값은 식 (7・1)과 같다.

$$\Delta d_1 = d - d_0 = \frac{2e^2}{d_0} \qquad (7 \cdot 1)$$

식 (7・1)에서 $\Delta d_1 = 1\mu m$의 조건을 만족하는 d_0와 e의 관계를 표 7・1에 나타냈

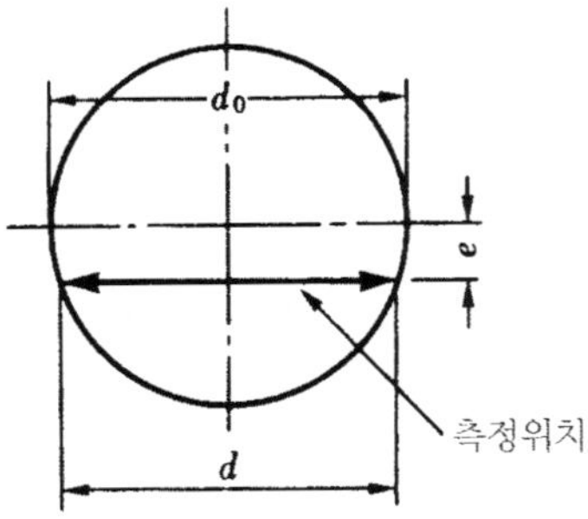

그림 7·1 중심축의 측정

표 7·1 d_0와 e의 관계

d_0(mm)	e(mm)
1	0.02
5	0.05
10	0.07
20	0.10

다. 작은 구멍측정에 있어 d_0가 작게 측정되므로 주의해야 한다.

(2) 축직각 직경의 측정

그림 7 · 2와 같이 구멍직경의 축 방향의 중심축에 대해 직각방향에서 측정해야 한다. 중심축과 α 각도만큼 기울어진 d를 측정하여 실제직경 d_0와 차를 Δd_2라 한다면 식 (7 · 1)과 같다.

$$d_2 = d - d_0 = \frac{\alpha^2 d}{2} \qquad (7 \cdot 2)$$

Δd_2는 식 (7 · 2)에서 보면 내경이 클 경우 기울기의 영향이 크게 작용한다. $\Delta d_2 = 1$ μm를 만족시키는 d_0와 α 의 관계를 표 7 · 2에 나타냈다.

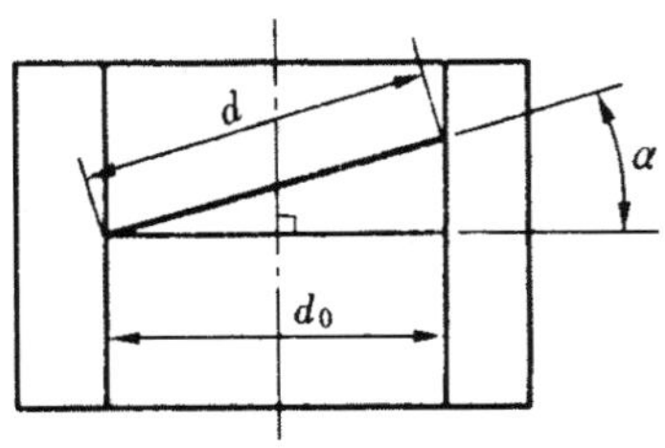

그림 7·2 축과 직각인 직경

표 7·2 d_0와 α 와의 관계

d_0(mm)	α°
1	2.6
5	1.2
10	0.8
20	0.6

7.1.2 내경의 검출방식

(1) 반경방향 검출방식

내경의 크기를 그림 7 · 3과 같이 반경방향으로 직접 측정할 수 있는 방식을 그림 7 · 4~7 · 6에 나타냈다.

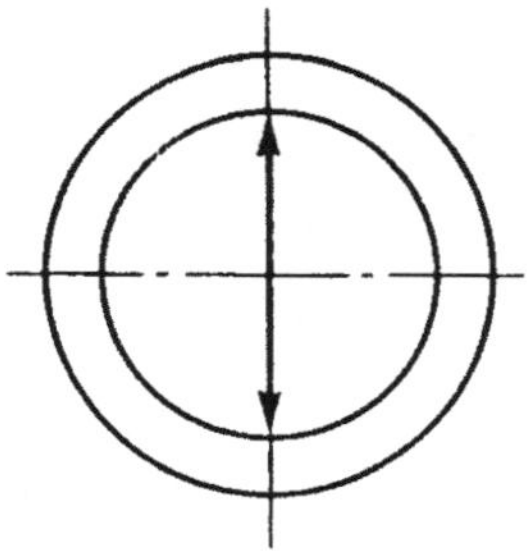

그림 7·3 반경방향의 검출

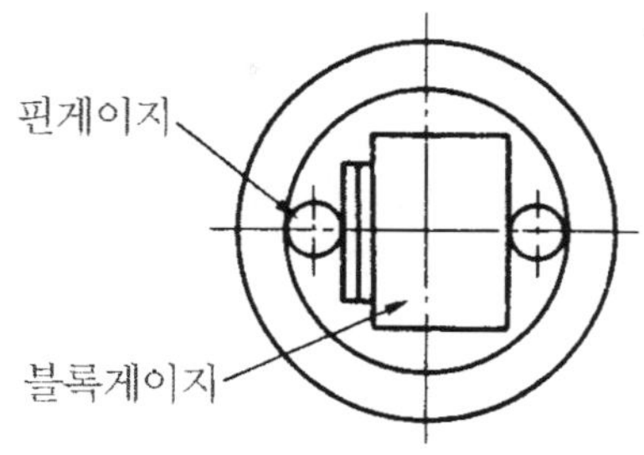

그림 7·4 핀게이지와 블록게이지에 의한 내경측정

그림 7·5 내경마이크로미터 세트

그림 7·6 측장기에 의한 내경 측정

(2) 축방향 변환방식

내경의 반경방향 크기를 그림 7·7과 같이 축 방향으로 변환하는 측정방식이 있고, 변환으로 인한 기구오차가 포함되나 소형으로 현장용 측정기로 널리 사용된다.

그림 7·8에 축방향 변환방식인 대표적인 예로 실린더게이지를 나타냈고 그림 7·9에 직각방향으로 변환하는 기구를 나타냈다.

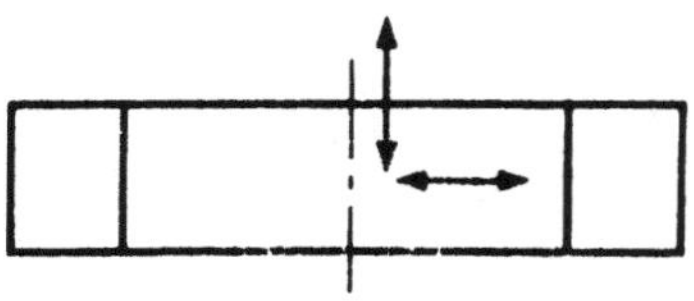

그림 7·7 축 방향의 변환

그림 7·8 실린더게이지

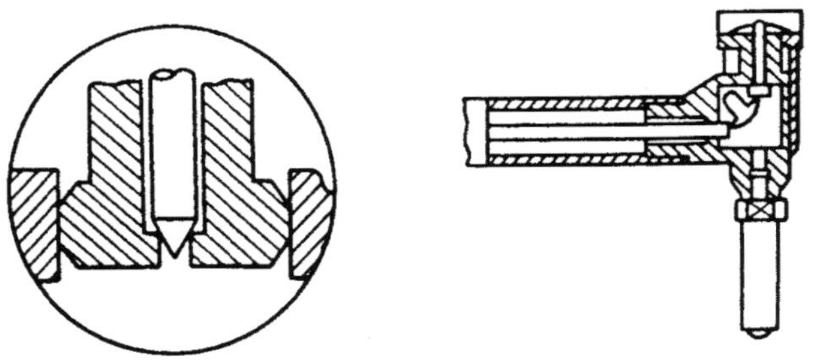

(a) 테이퍼식 (b) 레버식

그림 7·9 변환기구

7.2 검출부의 구조

내경측정기 검출부의 구조에 따른 분류를 표 7·3에 표시하였다. 내경의 검출방식은 접촉식과 비접촉식으로 분류되며, 또한 접촉식은 측정자의 수와 형상으로 분류된다.

7.2.1 2점식(二點式) 측정기

측정자 2개로서 내경을 측정하는 방식이고 그림 7·10에 나타낸다. 측정자는 가동측정자와 고정측정자와 조합 또는 2개의 가동측정자를 조합시킨 것이 있다.

2점식 측정기는 내경측정의 원칙을 만족시키기 위해 내경의 축심을 일치시키는 구심조정(求心調整) 작업이 필요하다. 실린더게이지에서는 그림 7·11과 같이 자동조심기

표 7·3 검출 방식

접촉식	2점식 3점식 선택 핀게이지 방식
비접촉식	공기마이크로미터

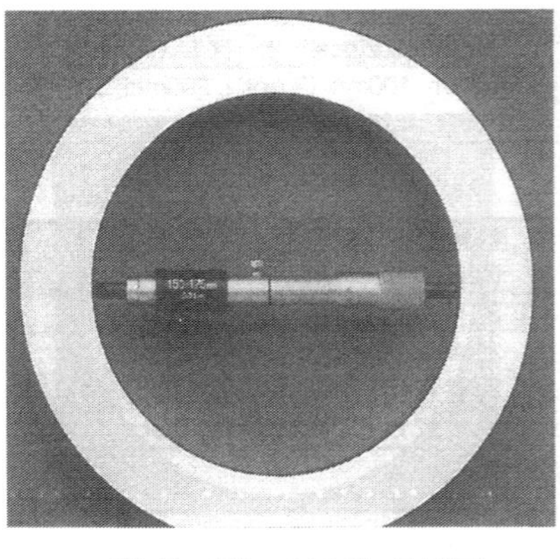

그림 7·10 2점식 측정자

구(自動求心機構)로서 안내판이 있다. 축 직각방향의 직경은 그림 7·12와 같이 전후좌우로 요동(Swiveling)시켜야 하나 구심작업은 측정오차의 원인이 되므로 가능한 제한한다.

안내판의 구심정도는 2μm 이하이므로 그림 7·13과 같이 피측정물의 내경치수에 대해 직경 20~70μm 간격을 둔 원통형상의 가이드에서 구심작업을 하지 않고 측정가능한 내경 측정기를 지시식 플러그게이지라 하며 반복정도는 1.0μm 이하이다.

2점식의 결점은 그림 7·14와 같은 등경왜원(等徑歪圓)의 오차가 검출되지 않는 것이다.

그림 7·11 구심 장치

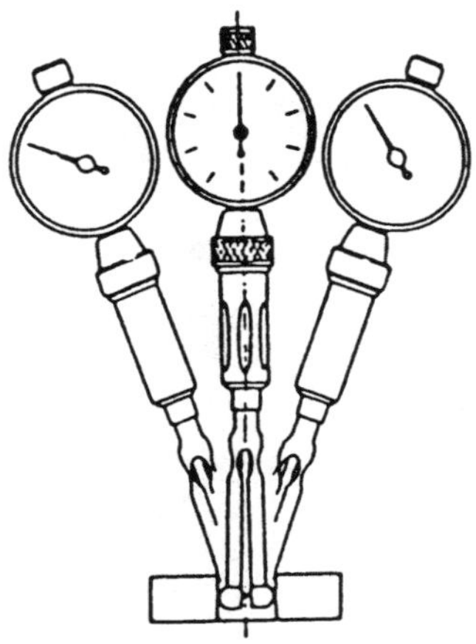

그림 7·12 구심작업

그림 7·13 원통형상의 가이드

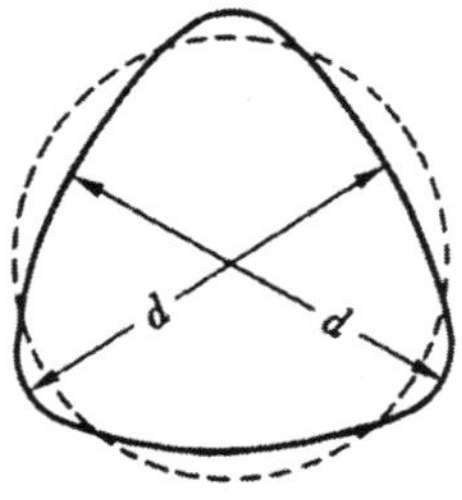

그림 7·14 등경왜원

7.2.2 3점식(三點式) 측정기

3점식은 그림 7 · 15는 가동측정자 1개와 고정측정자 2개이고 그림 7 · 16은 가동측정자 3개로 구성된 것이 있다. 가동측정자 1개인 경우는 기준 링게이지로부터 기준값을 설정하여 피측정물의 내경을 측정한다. 이때 그림 7 · 17과 같이 기준 링게이지의 내경 D와 피측정물의 내경 D'와의 차를 δ로 하고, 이때 가동자 변위를 S라 하면 S는 식 (7 · 3)과 같다.

$$\delta \fallingdotseq S \cdot \frac{2\cos(\alpha/2)}{1+\cos(\alpha/2)} \qquad (7 \cdot 3)$$

α는 보통 120°이므로 $\delta = 0.6S$가 되고 이 값은 무시할 수 없는 오차가 된다. 종래 3점식은 그림 7 · 15와 같이 가동자 1개인 구조가 대부분이었다. 이는 그림 7 · 16과 같은 측정기 부품이 고정도 가공정도가 요구되어 제품화가 곤란했으나 정밀가공기술의 발

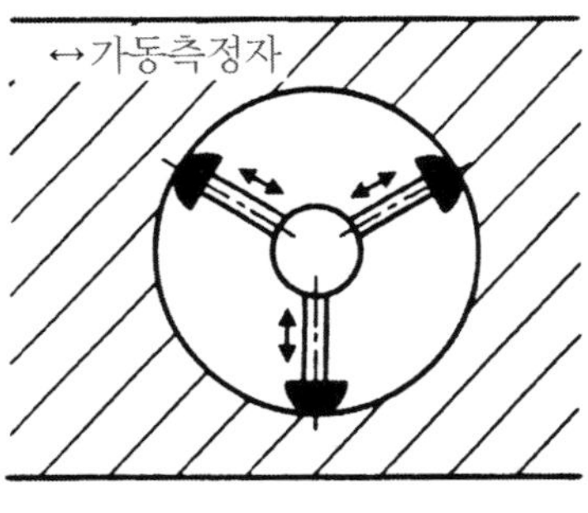

그림 7 · 15 가동측정자

그림 7 · 16 가동측정자 3개

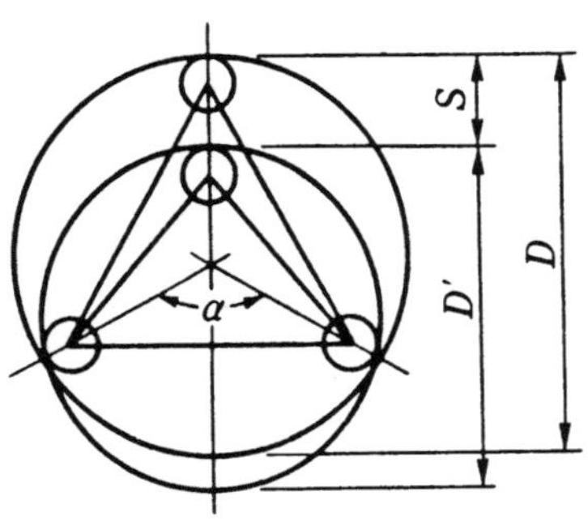

그림 7 · 17 S와 δ와의 관계

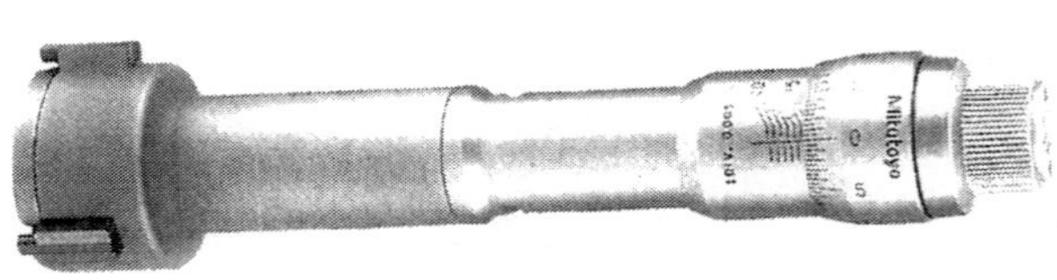

그림 7 · 18 3점가동식 측정기

달로 그림 7 · 18과 같은 3점가동식 측정기가 생산되고 있다.

7.2.3 원통형상식의 측정기

원통형상식은 그림 7 · 19와 같이 핀게이지를 이용하는 것으로 핀을 구멍에 직접 삽입하여 내경을 측정한다. 1개의 핀게이지를 사용하여 구멍과의 간격에서 내경을 측정하였으나, 개인차가 크고 숙련을 측정에 숙련이 요구된다.

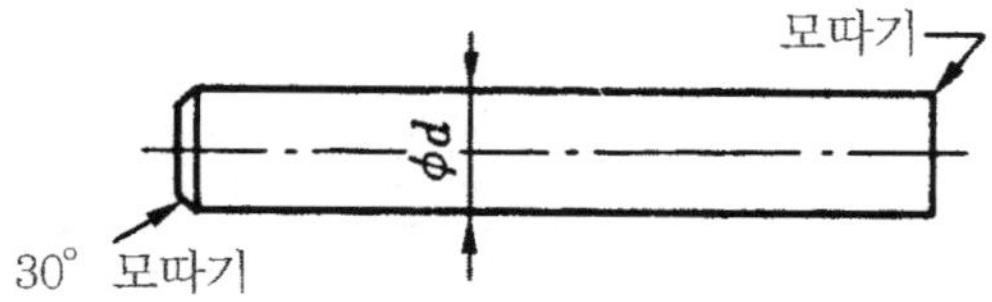

그림 7 · 19 핀게이지 방식

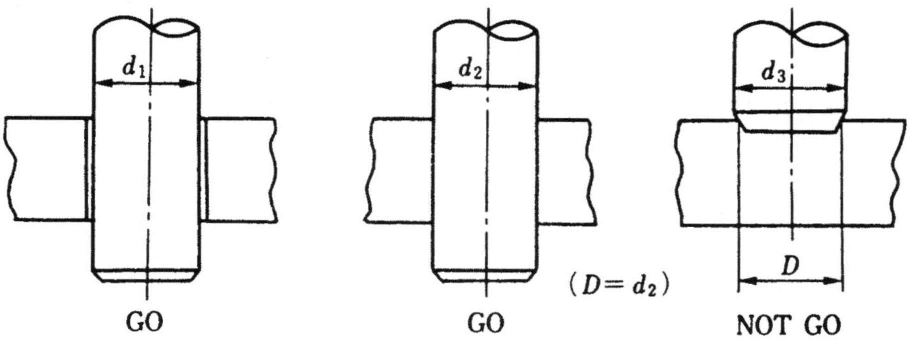

그림 7 · 20 선택 핀게이지 방식

정밀가공기술 및 측정기기의 발전에 따라 고정도이면서 가격이 저렴한 핀게이지의 제품화가 가능하여 널리 채용되고 있다.

그림 7 · 20과 같이 피측정물에 순차적으로 직경 $d_1 \sim d_n$의 핀게이지를 끼워 측정한다. 즉, 삽입 불가능한 게이지 직경 d_3의 전단계의 게이지 직경 d_2를 내경 D로 하는 방법이 선택핀게이지 방식이다.

이 방식의 정도는 d_1, d_2, ……직경 차에 좌우되나 표 7 · 4와 같이 1μm 간격 세트를 사용할 때 ±2μm 정도의 측정정도(測定精度)가 얻어진다. 핀게이지의 방식과 실린더게이지 방식과의 측정정도 비교를 표 7 · 5에 나타냈다. 표에서 보면 핀게이지의 측정정도가 높다는 것을 알 수 있다.

표 7·4 핀 게이지 세트

기준 크기	세트 내용 (0.001 간격)							게이지 개수
1.000	0.997	0.998	0.999	1.000	1.001～1.008	1.009	1.010	14
1.100	1.097	1.098	1.099	1.100	1.101～1.108	1.109	1.110	14
1.200	1.197	1.198	1.199	1.200	1.201～1.208	1.209	1.210	14
1.300	1.297	1.298	1.299	1.300	1.301～1.308	1.309	1.310	14
1.400	1.397	1.398	1.399	1.400	1.401～1.408	1.409	1.410	14
1.500	1.497	1.498	1.499	1.500	1.501～1.508	1.509	1.510	14
1.600	1.597	1.598	1.599	1.600	1.601～1.608	1.609	1.610	14
1.700	1.697	1.698	1.699	1.700	1.701～1.708	1.709	1.710	14

표 7·5 핀게이지방식과 실린더게이지 방식과의 측정정도의 비교

실린더 게이지		핀 게이지	
측정자의 정도	$e_1=2\mu m$	기차	$e_1'=2\mu m$
안내판의 영향	$e_2=1\mu m$	감축오차	$e_2'=2\mu m$
지시안정도	$e_3=2\mu m$		
다이얼게이지 (눈금 1μm)			
좁은범위 정도	$e_4=2.5\mu m$		
반복 정도	$e_5=0.5\mu m$		
내경기준기의 정도	$e_6=0.5\mu m$		
기준값의 설정 정도	$e_7=0.5\mu m$		
종합 정도	$E_1=4.0\mu m$	$E=2.2\mu m$	

〔주〕 $E_1=\sqrt{e_1^2+e_2^2+\cdots\cdots+e_7^2}$, $E_2=\sqrt{e_1'^2+e_2'^2}$

7.3 내경측정의 기준

7.3.1 측정 기준

현장용 내경기준의 대표적인 것으로 그림 7·21과 같이 실린더게이지이나 이 내경치수는 정밀 내경측정기로부터 기차를 구해야 한다. 내경측정은 비교측정이 주체가 되고 또한 측정정도는 내경기준의 정도에 좌우된다. 따라서 정밀 내경측정은 보다 고정도인 기준이 요구되며, 보통 그림 7·22 및 그림 7·23과 같은 기준이 사용되고 있다.

그림 7·23의 내경기준은 한 치수의 기준밖에 얻어지지 않지만 그림 7·24는 기준플레이트에 블록게이지를 밀착시켜 구하며 기준치수 D를 설정할 수 있다. 그러나 이들은 평행 평면기준이고 원통상의 내경측정에 있어 형상차이로 인한 오차는 피할 수 없다.

그림 7·21 링게이지

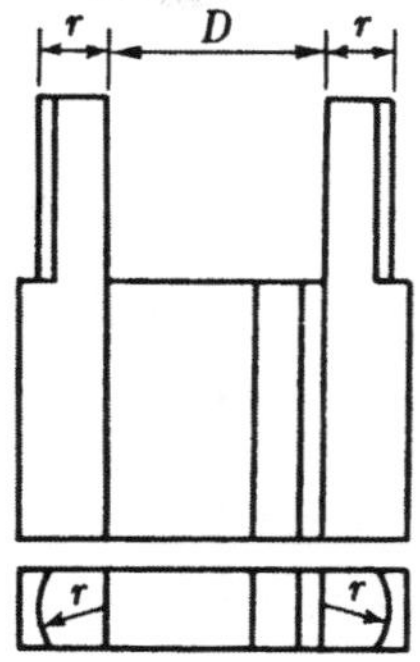

그림 7·22 내경 기준(1)

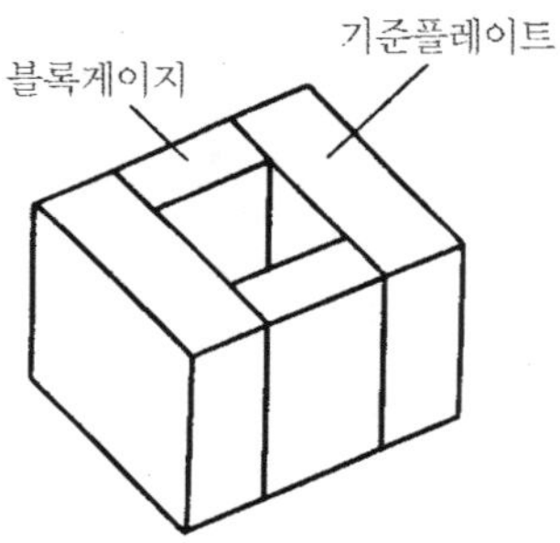

그림 7·23 내경 기준(2)

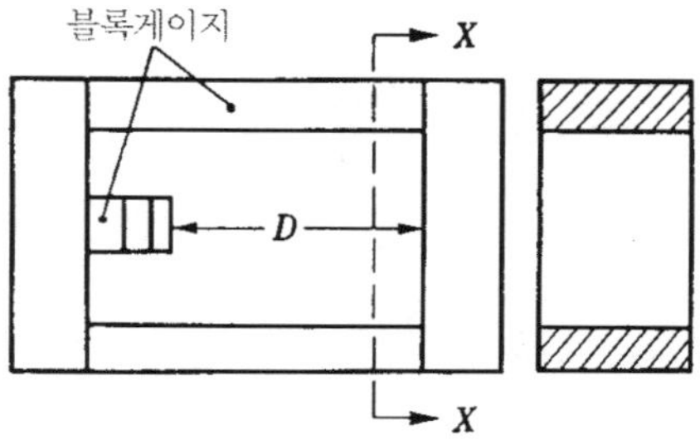

그림 7·24 내경 기준(3)

7.3.2 범용측정기 이용 내경측정

(1) 버니어캘리퍼스를 이용한 내경측정

버니어캘리퍼스는 내측측정 죠(jaw)를 이용한 내경 및 홈폭 측정을 할 수 있어 앞서 설명한 두 점 접촉자를 사용할 경우, 구멍직경과 측정선 불일치로 인한 오차가 발생되기 쉽다. 그림 7·25와 같이 버니어캘리퍼스 내측측정 죠를 이용한 미소구멍의 측정은 죠의 내측 측정면의 두께로 인하여 d_0가 측정되지 않고 d가 측정된다. 그림에서 B는 다음과 같다.

$$B = t_1 + t_2 + C \qquad (7 \cdot 4)$$

따라서 버니어 캘리퍼스 내측 죠를 이용한 미소구멍은 최대값을 읽고, 홈폭 측정에는 최소값을 읽어야 한다.

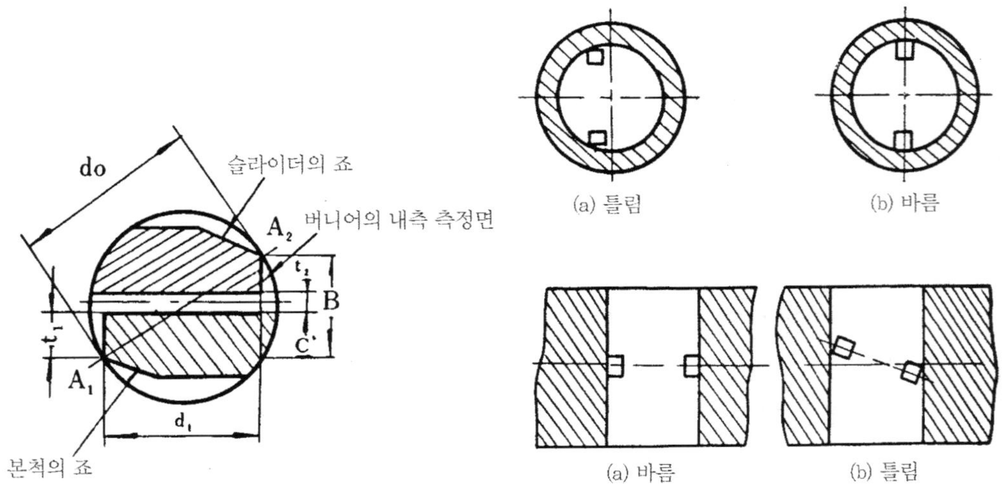

(a) 내측 측정 죠 (b) 내경 및 홈폭 측정

그림 7 · 25 버니어 캘리퍼스 내측죠를 이용한 내경 및 홈폭 측정

(2) 내측 마이크로미터 이용 내경측정

내측 마이크로미터는 그림 7 · 26 (a)에서 마이크로미터의 중심선이 측정구멍의 축 O가 평면 AOB 선상에 없을 경우, 내경보다 작게 되는 CHB가 된다. 또한 AOB에 있지만 그림 7 · 26 (b)에서 BD를 측정하면 그 값이 커지게 된다. 따라서 그림 7 · 26 (a)의 경우 마이크로미터를 좌우로 움직여 최대값 AOB를 확보한 후, 한쪽 단을 상하로 움직여 그 최소값을 읽어야 한다.

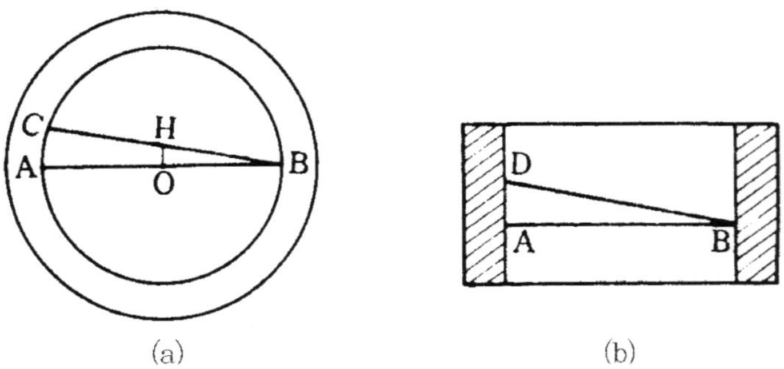

(a) (b)

그림 7 · 26 2점 접촉측정

(3) 실린더게이지(Cylinder Gauge) 이용 내경측정

실린더게이지는 다이얼게이지와 같은 지시기를 부착하여 사용되며, 내경 18 mm 이상의 구멍을 직접 측정할 수 있어 많이 사용된다. 지시기는 0.01 mm의 다이얼게이지 또는 정밀도에 따라 0.001 mm 다이얼게이지가 사용된다.

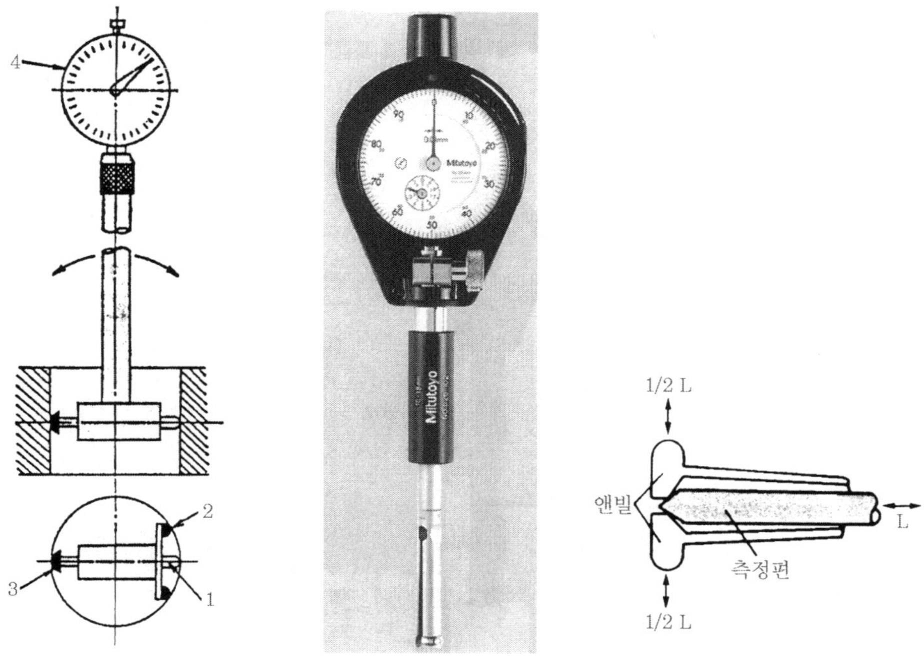

(a) 측정방법 (b) 측정자 구조

그림 7·27 실린더게이지

측정범위는 최소직경 5 mm에서 400 mm 정도의 직경까지 측정할 수 있으나 KS규격에서는 측정범위 18~140 mm를 규정하며, 두 점이 자동적으로 지름 위에 위치하도록 센터링(Centering)장치가 달려 있다.

측정은 측정구멍의 호칭치수와 동일한 표준 링게이지 또는 블록게이지를 조립한 내측용 기준게이지로서 영점조정하여 측정부 구멍에 끼워 넣어 변환로드 선단을 지점으로 하여 좌우로 움직여 최소치수를 읽는다. 정밀도는 다이얼게이지가 0.001 mm에서 5μm, 0.01 mm인 경우는 10μm 정도이다.

(4) 텔레스코핑게이지 이용 내경측정

텔레스코핑게이지(Telescoping Gauge)는 약 13~150 mm 내경의 측정범위를 측정부에 맞춘 후 핸들 끝의 손잡이로 돌려 고정한 후, 움직이지 않게 측정부로부터 빼낸다. 텔레스코핑 게이지는 측정기 자체에 눈금읽음 장치가 없기 때문에 마이크로미터와 같은 다른 측정기로 측정값을 읽는다.

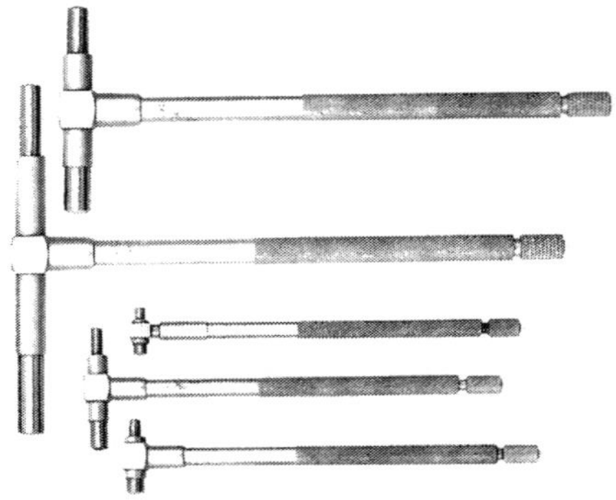

그림 7 · 28 텔레스코핑게이지

(5) 삼점식 내측 마이크로미터 측정

그림 7 · 29와 같이 3개의 측정자가 120°마다 돌출될 수 있도록 되어 있어 삼점측정기도 측정오차가 생기며, 특히 작은 구멍측정에는 사용하지 않는 것이 좋다.

그림에서 만일 3개의 접촉자가 이동되는 경우가 아니면 삼각형의 높이 h가 달라지므로 조정은 표준 링게이지로 한다. 접촉자의 변위 S와 지름의 차 $\delta \equiv D-D'$의 관계는 다음과 같다.

$$s=\frac{\delta}{2}+\frac{(D-d)\cos\alpha/2}{2}\left(1-\sqrt{1-\frac{2\delta}{(D-d)\cos^2\alpha/2}+\frac{\delta^2}{(D-d)\cos\alpha/2}}\right) \tag{7·5}$$

표준편과 지름의 차 δ가 아주 작을 때는 식 (7 · 6)이 성립된다. 이때 변위 S와 직경차 δ와는 비례하며 $\alpha=60°$일 때 $\delta/S=0.928$, $\alpha=90°$일 경우에는 2/3 정도가 된다.

$$\delta=S\cdot\frac{2\cos\alpha/2}{1+\cos\alpha/2}=S\cdot\frac{\cos\alpha/2}{\cos^2\alpha/2} \tag{7·6}$$

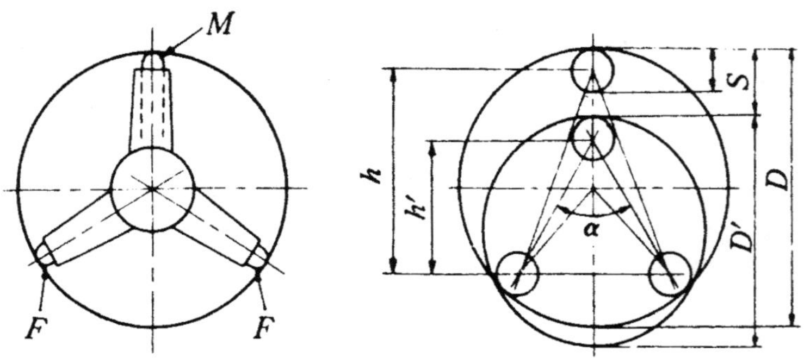

그림 7 · 29 3점식 측정기

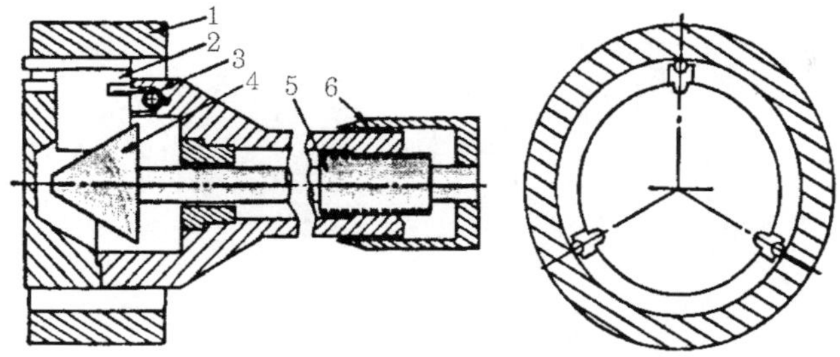

그림 7 · 30 3점식 내측 마이크로미터의 구조

(6) 만능측장기를 이용한 측정

고정도의 기계부품, 게이지류, 능률적인 외측 및 내측측정에 만능측정현미경이 이용된다. 만능측정현미경은 그림 7 · 31과 같이 기준척과 읽음현미경을 이용하여 0.001 mm 읽음의 내외측을 250 mm까지 측정할 수 있다. 특히 내경측정 장치로서 측정스핀들 사이에 측정장치 및 피측정물을 세팅하여 양 측정자를 피측정물에 접촉시키고 테이블을 앞뒤로 움직여 최대측정값에서 고정한다. 테이블을 이동하여 기울기 최소값을 읽으면 기준게이지와 비교해서 내경측정이 가능하며, 최소 5~10 mm 정도까지 측정가능하다.

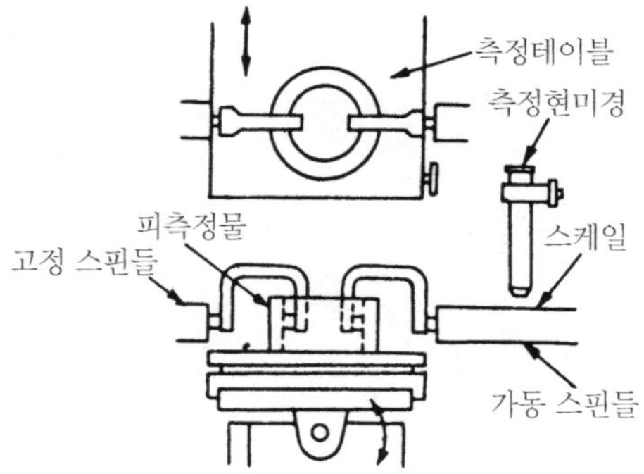

그림 7 · 31 측장기 이용 내경측정

(7) 코터를 이용한 측정

코터를 그림 7 · 32와 같이 구멍에 끼워 그의 크기 D를 측정기로 직접 측정하거나 또는 코터의 양끝간격 M을 측정한다. M에서 D를 알려면 표준게이지 또는 블록게이지로 만든 스냅게이지를 끼워 M과 D의 관계를 알아야 한다.

(8) 공기마이크로미터를 이용한 측정

내경측정의 경우 노즐은 그림 7 · 33과 같이 분출구를 설치하고 분출부 외경은 측정대상의 구멍직경 D보다 α만큼 작게 하며 α량은 측정부 배율에 따라 다르다. 링마스터

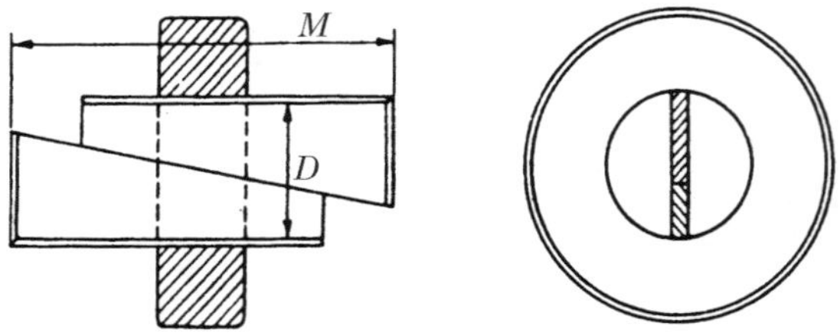

그림 7·32 코터 이용 내경측정

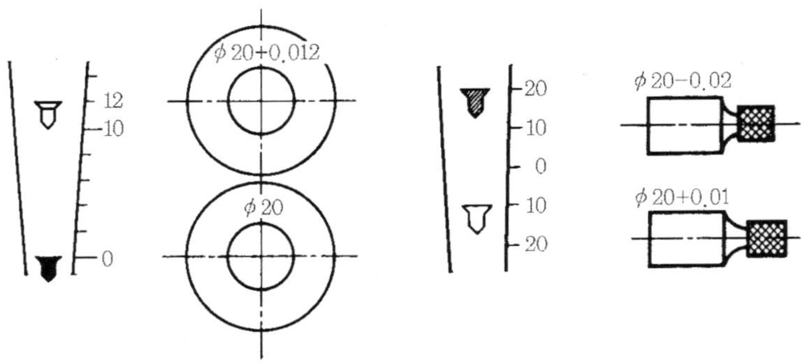

(a) 부자(float)의 위치조정

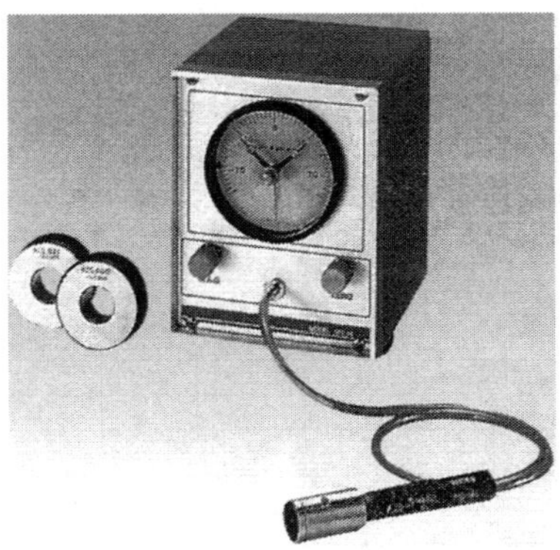

(b) 링 마스터와 내경측정 프로브

그림 7·33 공기마이크로미터 이용 내경 측정

(Ring Master)는 내경측정할 경우 지시부 조정용 게이지에 의해 타원형 테이퍼가 발생되지 않게 한다.

공기마이크로미터를 이용한 내경측정은 많이 사용되므로 치수의 예를 들어 설명하면 다음과 같다.

- 측정물 구멍직경 및 공차 : $D-d=\phi 20^{+0.012}_{0}$
- 노즐 : $D-a=\phi 20^{+0.0040}_{-0.0050}$
- 좁은 범위(각인된 호칭직경 φ20) : $D+\beta=\phi 20\pm 0.001$
- 넓은 범위(각인된 호칭직경 φ20+0.012) : $D+\gamma=\phi 20^{+0.013}_{+0.011}$
- 배율 : 2000배

기준편은 측정대상의 구멍 공차에 맞게 넓은 범위($D+\gamma$)와 좁은 범위(내경 $D+\beta$)를 준비하며, β와 γ의 양은 측정하는 구멍공차에 따라 달라진다.

부자(Float)의 위치조정 방법은 다음과 같다.

a) 노즐에 작은 영역의 링마스터 φ20을 끼우고 코크를 연다.

b) 부자의 눈금이 영점조정(Zero Setting)이 되도록 조정한다. 부자의 위치가 0위치보다 올라갈 경우 영점조정 손잡이를 반시계방향으로 돌려 부자의 위치를 조정한다.

c) 작은 범위 링마스터를 제거하고 큰 범위 링마스터를 노즐에 끼운다.

d) 부자눈금이 12가 되도록 배율조정을 한다. 부자의 위치가 눈금 +12에 있는 경우는 배율조정 손잡이를 반시계방향으로 돌리고, 역으로 아래에 있는 경우 배율조정 손잡이를 시계방향으로 돌려서 배율을 조정한다. 배율조정손잡이는 부자와 기준위치 차의 배가되도록 움직인다.

e) 넓은 영역의 링마스터를 제거하고 다시 좁은 영역의 링마스터를 노즐에 끼운다.

f) 부자의 눈금이 영 위치에 대하여 과부족이 있는가를 본다. 과부족이 있는 경우는 영점조절 손잡이를 돌려서 조정한다.

g) 계속 (c)~(f)의 요령을 반복한다. 부자의 움직임이 +12.0에 안정된 경우, $\phi 20^{+0.012}_{0}$ 배율의 영점조정이 완료된다.

제8장

표면거칠기 측정

8.1 개 요

8.1.1 표면거칠기의 개념

(1) 일반사항

기계부품가공에 있어 치수정도와 형상정도 및 거칠기 정도는 매우 중요하며, 특히 거칠기 정도는 두 부품이 상대운동 할 때 기계수명과 성능에 큰 영향을 준다. 따라서 고정도 기계가공을 위한 거칠기의 정보는 의미가 있고 표면거칠기 측정기술과 해석을 통해 가공메커니즘의 규명과 가공정도의 향상을 도모할 수 있다.

거칠기는 공작물의 표면에 작은 기복의 요철로서 매끈하고 거친 정도의 기본이다. 가공도면은 이상적인 기하형상과 치수로 표시되나 실제 가공면은 제조공정에서 기계성능, 절삭조건, 공구상태, 작업자 기능에 따라 일정상태의 유지가 곤란하며 가공정도도 달라지게 된다.

(2) 전기촉침식 거칠기 측정법

표면거칠기 측정을 위해 다양한 측정원리와 측정방법 있으나 측정값 표시가 적당하고 다양한 표면정보를 얻을 수 있는 전기촉침식 표면거칠기 측정이 현장에서 많이 이용된다. 또한 측정이 편리하고 측정범위가 넓으나 측정압 및 촉침크기의 영향을 받는 단점이 있다.

(3) 전기촉침식 거칠기의 측정범위

a) 표면구조는 표면형상에만 관계하며 제품의 내부구조, 경도, 탄성, 취성, 응력, 화학적 조성은 제외한다.

b) 실존하는 고체물질로 한정하며 겔(gel) 상태 및 낮은 경도를 갖는 제품은 복재시료를 이용한다.

c) 측정은 $0.008\mu m < R_a < 400\mu m$, $0.025\mu m < R_z$와 $R_{max} < 1600\mu m$, $0.002\,mm < S$와 $S_m < 12.5\,mm$ 영역을 측정대상으로 한다.

8.1.2 표면거칠기 적용

제품표면이 매끄러우면 미적(美的)인 효과를 가져올 수 있고 상품가치가 높고 기능과 성능이 보장될 수 있다.

a) 기능향상 부분 : 피스톤·실린더, 기어, 공작기계 베드면의 기계적 접촉부

b) 측정기의 측정면 : 마이크로미터의 앤빌과 스핀들면, 블록게이지 측정면

c) 금형 : 사출금형에서 생산제품의 상품가치, 프레스금형에서 제품기능

d) 기밀, 유밀의 요구 부분 : 피스톤 링, 밸브, 유압실린더

e) 광학기기 성능과 관련되는 부분 : 렌즈, 평면경

f) 기타 전기접점부인 스위치류, 도장부, 내식성과 관련되는 보호피막 및 도금부, 선명도와 관련되는 인쇄활자, 절단 커터, 컴퓨터 디스크, 반도체 등이다.

8.1.3 제품표면의 형상

(1) 일반사항

측정표면은 전체적인 기하학적인 이상표면에서 형상편차를 관찰할 때 진직도, 평면도, 진원도와 같은 거친 편차와 표면거칠기 같은 미세 편차로 구분된다. 실제 제품표면의 형상편차는 표 8·1과 같이 형상편차가 복합적이며, 부식 등에 의한 화학작용으로 변화된 표면의 조직변화는 닦아주면 제거되고 재료의 격자구조 변화는 외적으로 나타나지 않는 특성을 갖는다.

(2) 표면 형상

기계가공에서 표면거칠기, 표면파상도의 생성은 피할 수 없으며, 제품표면은 고유의 가공특성의 표면을 갖는다. 표면은 입체적 구조를 형성하는 실측표면이 공칭표면에 대한 변위로서 표면거칠기, 파상도, 결, 흠으로 이루어진다.

표 8·1 제품표면의 이상편차

형상편차	발생 원인
평면도, 진원도	공작기계 베드 안내오차, 공작기계 및 가공물의 변형, 시편 고정 불량, 열 박음시 센터링 불량, 기계접촉부의 마멸
파상도	밀링머신의 편심설치 및 형상오차, 가공기, 공구, 지그 및 고정구의 진동
거친 거칠기	절삭공구의 날끝 형상 변형, 절삭공구 이송
미세 거칠기	전기도금시 전류변화로 인한 거칠기, 샌드블라스트 작업시 재료변형
표면 조직변화	부식에 의한 화학적 변화
재료 격자구조 변화	충돌로 외적변화 없이 생긴 격자변화, 결정격자내의 응력 및 슬립현상

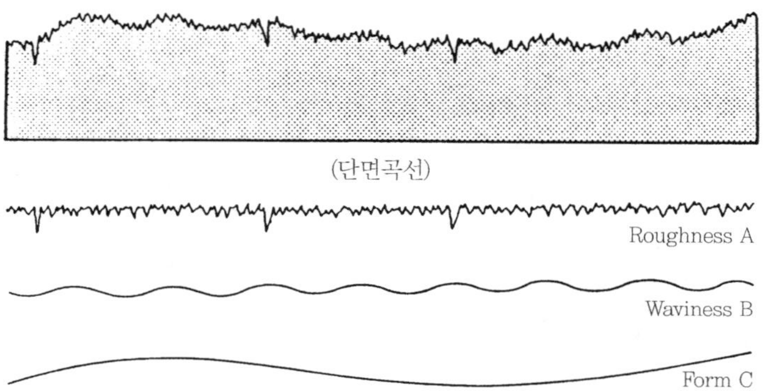

그림 8·1 거칠기와 파상도

a) 거칠기(Roughness) : 가공면 표면에 작은 간격으로 미세 요철(凹凸)이 거듭되는 굴곡이며, 제조과정에서 가공방법 및 다듬질방식에 따라 특성을 갖는다.

b) 파상도(Wave) : 거칠기의 간격보다 큰 간격의 굴곡이며, 공작과정에서 발생되는 진동, 가공기와 공작물 사이에 발생되는 자기이변(磁氣異變) 및 열처리 불균일이 원인이다.

c) 결(Lay) : 가공방법에 따라 표면에 형성되는 무늬로 전기촉침식 표면거칠기 측정에 있어 촉침 진행방향을 결정되며 결의 직각방향으로 측정한다.

d) 흠(Flaw) : 굽힘, 찍힘, 갈라진 틈, 불순물 게재구멍으로 인하여 표면에 불규칙하게 나타나며 거칠기 측정에 포함되지 않는다.

(3) 표면형상의 거칠기 파라미터

a) 표면형상의 높이방향과 관련된 파라미터

b) 표면형상이 길이방향과 관련된 파라미터

표 8·2 표면거칠기 파라미터

구분	파라미터
종방향 특성	산술평균거칠기, 최대높이거칠기, 10점평균거칠기, 자승평균거칠기, Peak Count
횡방향 특성	국부산정의 평균간격, 요철의 평균간격
종, 횡방향 특성	평균경사각, 부하길이율

c) 표면형상과 높이 및 길이방향의 복합파라미터

(4) 단면의 높이방향과 관련된 파라미터

단면의 높이방향과 관련 파라미터는 R_a, R_z, $R_{\max}$가 사용되고, 산과 골에 관련되어 정의되며 그 종류는 다음과 같다

① 단면산높이, ② 단면골깊이, ③ 단면요철높이, ④ 최대단면산높이, ⑤ 최대골깊이, ⑥ 최대높이거칠기, ⑦ 최대단면높이, ⑧ 10점평균거칠기, ⑨ 최대높이, ⑩ 요철평균간격

8.1.4 표면거칠기 측정 방법

(1) 측정목적에 따른 분류

a) 요철 폭, 길이, 방향의 측정을 위한 평면 측정법

b) 높이, 기울기 모양의 측정을 위한 입체적 측정법

c) 요철 개개 모양의 측정보다 요철로 인한 표면의 물리적, 화학적 및 기계적 성질을 측정하여 간접적으로 일정 면적 내의 평균값 측정을 위한 평균거칠기 측정법

(2) 측정방법에 따른 분류

일반적인 표면거칠기 측정방법은 비교측정법, 단면측정법, 공간적용법 및 광반사이용법으로 구분되며, 평면적, 입체적 및 평균적 거칠기 측정법은 표 8·3과 같다.

a) 비교법(육안, 손가락)

b) 단면측정법(광절단법, 촉침법, 광파간섭법)

c) 공간적용법(전기용량법, 공기누설법)

d) 광반사이용법(확산반사, 정반사 한계값)

(3) 다듬질기호와 표면거칠기의 구분

거칠기 정도의 기호에는 삼각기호(▽)를 이용하며 표 8·4와 같이 최대높이 거칠기값과 10점거칠기값이 거의 동일하고 중심선 거칠기값은 이들 값의 약 1/4 정도이다.

표 8·3 각종 표면거칠기 측정이 가능한 방법

종류	방식	측 정 법
평면적 측정법	촉감	손가락과 손톱의 감각 이용
	육안	표준편과 비교측정
	인화식	흑색법, 압착 감광법
	광학식	전반사법, 광파간섭법, 현미경 관측
	전기식	전자투과법, 전자반사법
입체적 측정법	촉감	손가락과 손톱의 감각 이용
	육안	거칠기 표준편과 비교, 기준편과의 광선투과법
	절단식	기계적 절단법, 공기마이크로미터 확대법, 광학지레식 확대법
	광학식	광절단법, 투과광선법, 광파간섭법
	전기식	전자현미경 이용법
평균거칠기 측정법	촉감	강구의 미끄럼운동
	청각	강구의 미끄럼운동
	절단식	전기촉침법
	광학식	광선반사법, 반사영상의 선명도법, 음영 선명도 관찰법, 편광법
	전기식	전기용량법, 전자회절법

표 8·4 R_{max}, R_a 및 R_z의 비교

다듬질 기호	표면거칠기의 구분값		
	R_{max}	R_z	R_a
▽▽▽▽	0.8S	0.8Z	0.2a
▽▽▽	6.3S	6.3Z	1.6a
▽▽	25S	25Z	6.3a
▽	100S	100Z	25a
~	특히 규정하지 않음		

표 8·5 다듬질 기호의 표면거칠기 구분

표면거칠기 표시	0.1S	0.2S	0.4S	0.8S	1.5S	3S	6S	12S	18S	25S
거칠기범위(μm)	0.1이하	0.2이하	0.4이하	0.8이하	1.5이하	3이하	6이하	12이하	18이하	25이하
다듬질기호	▽▽▽▽				▽▽▽			▽▽		
기준길이(mm)	0.3				1			3		

표면거칠기표시	36S	50S	70S	100S	140S	200S	280S	400S	560S
거칠기범위(μm)	35이하	50이하	70이하	100이하	140이하	200이하	280이하	400이하	560이하
다듬질기호	▽				~ 또는 무기호				
기준길이(mm)	5				10				

=	⊥	×	M	C	R
가공무늬가 기호기입 투상면에 평행	가공무늬가 기호기입 투상면에 직각	가공무늬가 두 방향으로 교차	가공무늬가 다방면으로 교차 또는 무방향	가공무늬가 동심원	가공무늬가 방사상

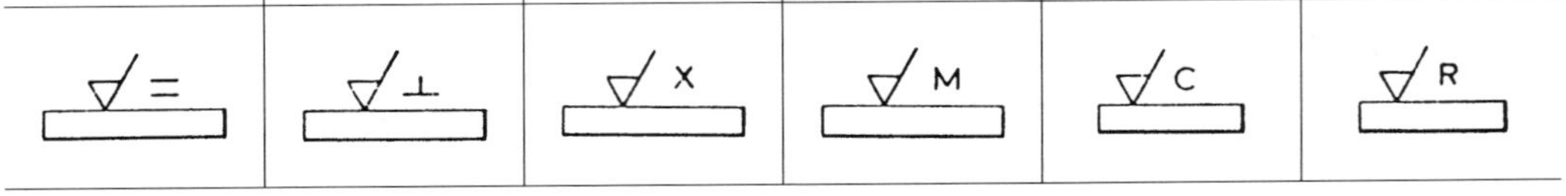

(a) 표면 기호

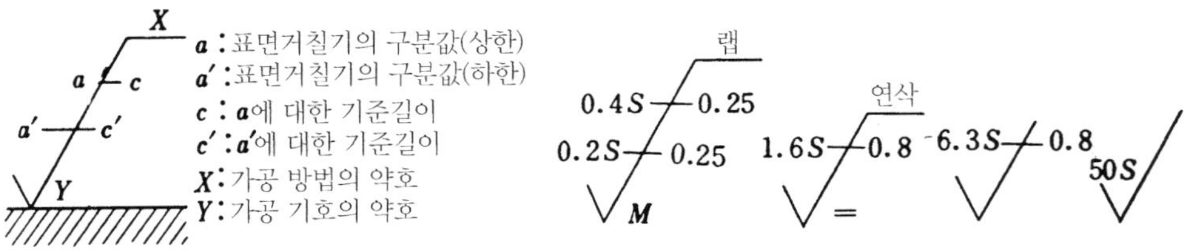

(b) 표면기호 구성 및 기입 보기

그림 8 · 2 표면거칠기 표시

(4) 표면 거칠기 값의 표시

표면거칠기의 표시는 기준길이, 컷오프 값의 상한과 하한표시 및 가공기호가 그림 8 · 2 (b)와 같이 동시에 표시된다.

(5) 단면곡선과 거칠기 곡선

단면곡선은 제품의 측정면 평균표면에서 직각인 평면으로 가공방향에서 수직으로 절

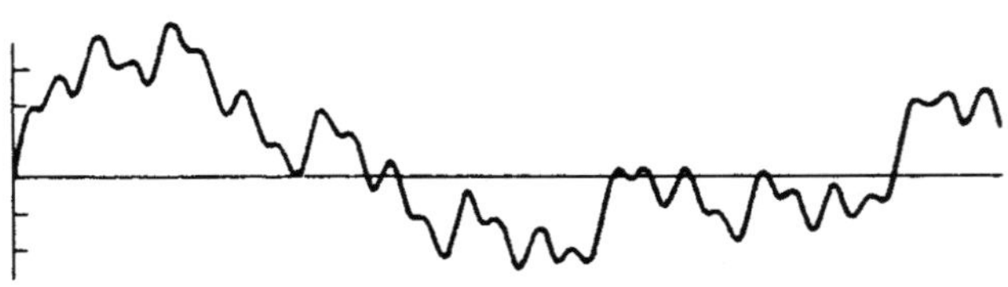

(a) 단면곡선

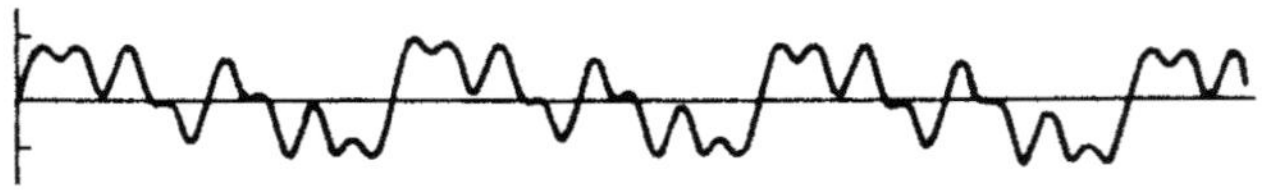

(b) 거칠기곡선

그림 8 · 3 단면곡선과 거칠기 곡선

표 8·6 단면곡선 계열과 거칠기 곡선계열

단면곡선 계열 (P-profile Group)	R_{max}, R_z, R_p, R_v, t_p, BC, K
거칠기곡선 계열 (F-profile Group)	R_a, RMS, R_t, $R_{max}D$, R_zD, Θ_a, P_c, S_m

단할 때 나타나는 윤곽으로 일정의 파장보다 긴 성분을 컷오프(Cut Off)한 곡선을 거칠기곡선이라 한다.

한편 단면곡선을 정량화하는 특성에 따라 다음과 같이 분류된다.

a) 진폭관련 성분 : R_{max}, R_a, R_z와 같이 산과 골의 높이정보만으로 결정

b) 간격관련 성분 : 산 개수와 같이 오직 요철의 수평간격 정보만으로 결정

c) 복합적 성분 : 평균파장과 같은 진폭과 간격의 종합적인 정보로 결정

d) 통계적 성분 : SK(Skness)와 같이 각 측정데이터정보에서 통계적 분석

8.2 표면거칠기 측정

8.2.1 비교 측정법

표면거칠기를 엄밀히 규정하지 않을 때 사용하며, 촉각, 시각과 현미경, 확대경을 이용한다. 촉각은 측정자 감각을 이용하므로 손목에 힘을 빼고 손끝으로 가볍게 문질러 비교표준편과 동일한 감각일 때 비교표준편의 호칭값을 측정값으로 한다.

표준편은 시험편과 직접 비교측정에 사용되는 비교용 표준편과 표면거칠기 시험기 교정용인 검사용 표준편이 있다. 비교용 표준편은 표면이 가공특징을 가지며, 검사용 표준편은 표면이 방향성이 있고 거칠기곡선은 이등변삼각형이다.

a) 비교용 표준편은 직접가공 한 원형, 원형 복사, 전사로 제작한 시편이어야 한다.

b) 표준면은 파손, 마모, 녹 발생이 적고 현저한 상처, 결함, 기복이 없어야 한다.

c) 형상은 평면, 원통 외면 및 원통 내면으로 한다.

d) 거칠기 수치는 표준면 임의 5개소 평균값 편차가 ±15% 이내, 시험기 교정용은 ±5% 이내로 규정한다.

표에 사용된 수열은 표면거칠기 최대높이 및 중심선 평균거칠기 구분치의 공비 2의 수열로서 표면거칠기 범위의 최소치＝구분치×0.83, 최대치＝구분치×1.12인 값이다.

표 8·7 최대높이 구분치에 따른 비교표준편의 범위(KS B 0507)

거칠기 구분치		0.1*S*	0.2*S*	0.4*S*	0.8*S*	1.6*S*	3.2*S*	6.3*S*	12.5*S*	25*S*	50*S*	100*S*	200*S*
표면거칠기의 범위 μm R_{max}	최소치	0.08	0.17	0.33	0.66	1.3	2.7	5.2	10	21	42	83	66
	최대치	0.11	0.22	0.45	0.90	1.8	3.6	7.1	14	28	56	112	224
거칠기 번호		SN1	SN2	SN3	SN4	SN5	SN6	SN7	SN8	SN9	SN10	SN11	SN12

표 8·8 중심선 평균거칠기의 구분치에 따른 비교표준편의 범위(KS B 0507)

거칠기 구분치		0.025*a*	0.05*a*	0.1*a*	0.2*a*	0.4*a*	0.8*a*	1.6*a*	3.2*a*	6.3*a*	12.5*a*	25*a*	50*a*
표면거칠기의 범위 μm R_{max}	최소치	0.02	0.04	0.08	0.17	0.33	0.66	1.3	2.7	5.2	10	21	42
	최대치	0.03	0.06	0.11	0.22	0.45	0.90	1.8	3.6	7.1	14	28	56
거칠기 번호		N1	N2	N3	N4	N5	N6	N7	N8	N9	N10	N11	N12

8.2.2 전기촉침식 측정법(KS B 0501)

(1) 원리

피측정물을 촉침으로 가볍게 접촉하여 상대적으로 이동시키면 표면요철에 대응된 상하 촉침의 움직임을 전기적 확대를 통해 구하는 표면거칠기 측정법이다. 즉, 피측정물을 바늘로 긁어 요철에 따른 촉침 높낮이를 전기적으로 증폭하여 확대기록 및 지시한다. 측정부분은 특별한 지시가 없으면 제품의 가장 거친 부분을 측정하며 단면곡선(斷面曲線)을 측정대상으로 한다.

(2) 특징

전기촉침식은 촉침이 제품과 접촉하여 일정한 측정압이 유지되어야 하므로 경도가 낮은 소재는 상처가 생기며, 실제보다 다른 측정값이 얻어진다. 측정압은 촉침부의 정적인 값으로 감응기 이동에 있어 동적인 측정압 규정은 곤란하다.

피측정물 거칠기에 따라 촉침의 크기와 측정압도 달라져야 하며, 측정압이 작으면 접촉불량이 생기고 크면 흠이 생겨 측정오차가 생긴다. 측정압이 촉침반경에 따라 최대 측정압 초과되지 않도록 규정하는 규격도 있다.

(ANSI B46-1) 최대측정압(Milli Newton)=0.15*X*<촉침반경(μm)>2

전기촉침식 표면거칠기의 특징은 다음과 같다.

① 사용이 편리하고 측정값표시가 적당하며 측정범위가 길다.

② 확실한 단면곡선과 윤곽배율 조정이 가능하다.

(a) 전기촉침식 표면거칠기 측정기

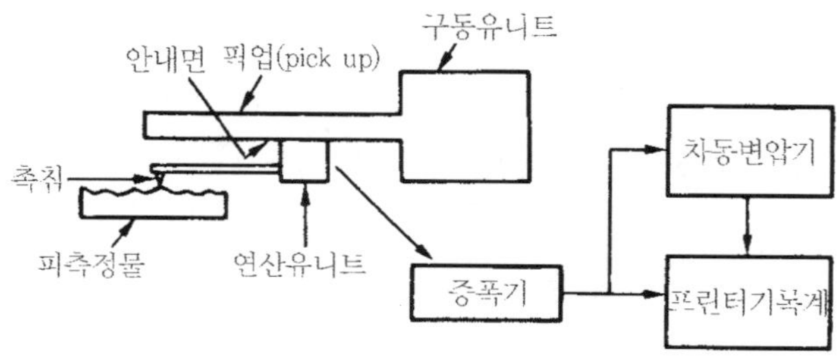

(b) 전기촉침식 거칠기의 블럭도

그림 8·4 전기촉침식 표면거칠기

표 8·9 형상 측정기 사양

측정범위	X축(횡방향)	100 mm
	Y축(종방향)	50 mm
구동부직진도정도		1 μm/100 mm
구동부상하이동량		250～450 mm
스타이러스 상하작동		원호작동
측정구동 방향		인, 추 양방향
측정면 방향		상, 하 양방향
설정배율		자동설정 출력시 : 임의설정가(최대 10000배)
최소분해능	X축(횡방향)	1 μm
	Z축(종방향)	1 μm
배율정도	X축(횡방향)	±(2 L/100) μm, L: 길이측정
	Z축(종방향)	1 μm

③ 측정력이 요구되며 촉침반경에 따라 측정값이 영향을 받는다.

④ 수평이동은 단면곡선의 변형된 값이다.

8.2.3 단면곡선과 거칠기 곡선

(1) 단면곡선

단면곡선은 제품측정면의 평균표면과 직각방향으로 가공방향과 수직으로 절단된 윤곽이다. 전기촉침식 표면거칠기 측정기에서 촉침으로 단면곡선을 측정대상으로 긁는다. 측정에 있어 단면곡선은 산 높이측정은 문제가 되지 않으나 골 깊이 측정은 촉침 크기가 미세한 골 깊이까지 측정될 수 없다.

단면곡선은 측정 전 이미 촉침반경을 수치로 입력하거나 표준편을 입력시켜 촉침 반경에 따라 옵셋(Off Set)되어 골 깊이가 추정됨으로서 실제 제품표면과 유사한 단면곡선이 그려진다.

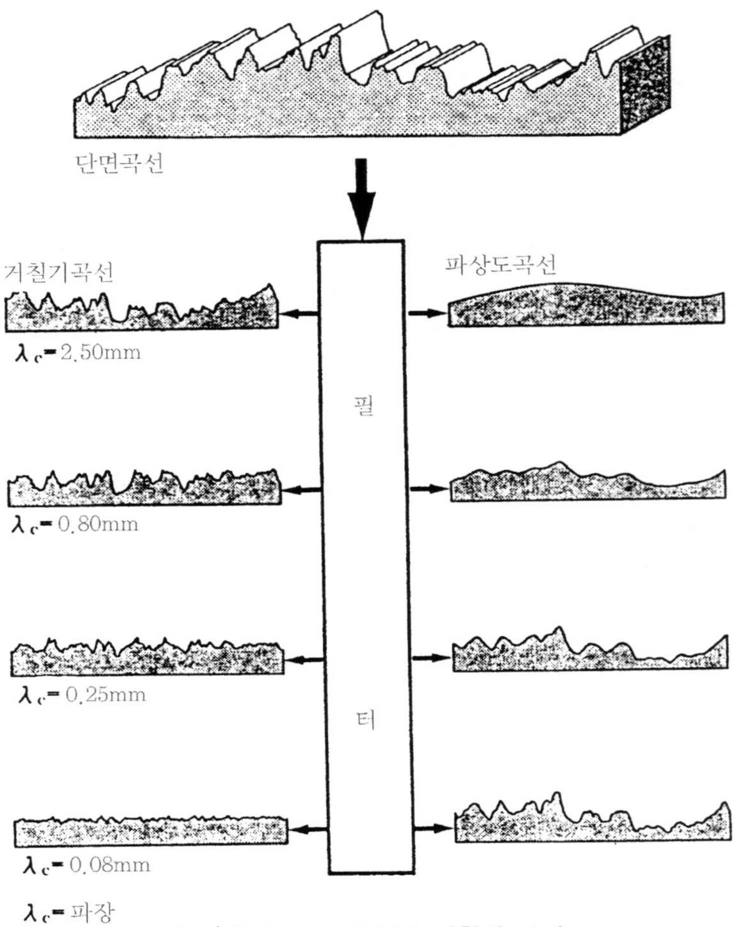

그림 8·5 단면곡선과 거칠기 곡선

(2) 거칠기 곡선

거칠기 곡선은 전기적인 필터를 통해 거칠기 측정값 산출만을 위해 그려지는 곡선으로 실제 제품표면의 형상과 달라진다.

8.2.4 측정기 구성

피측정면의 거칠기에 따라 상하운동을 할 수 있는 검출기, 촉침이 피측정면에 대하여 상대운동을 하는 이송기, 촉침의 변위를 전기적으로 변환시키는 감응기, 전기적 신호를 증폭하는 증폭기, 증폭된 신호를 기록하는 기록장치로 구성된다.

(1) 촉침(Stylus)

촉침은 선단반경의 크기 및 정도가 거칠기 값에 영향을 주며 재질은 다이아몬드로서 끝단의 모양이 원추 및 사각추 형상이다. 촉침의 선단반경이 작을수록 동일한 측정압이 가해질 때 시료면의 손상과 촉침의 마모가 발생되기 쉽다.

KS규격에서 사각추형의 대면각은 60° 또는 90°로 하며 허용값은 ±10°이다. 또한 촉침선단의 곡률 반경은 2, 5, 10μm로 하고 허용차는 각 표준값의 ±25%로 한다. 촉침 반경 2μm는 기계가공할 수 없고 이온방전가공으로 제작되고 있다.

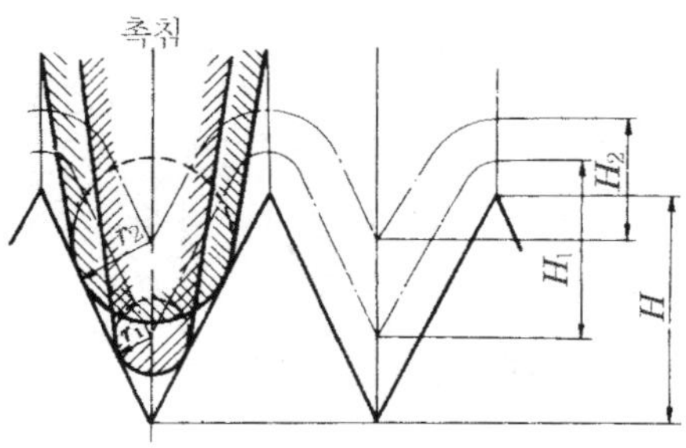

그림 8·6 촉끝 선단 반경의 영향

표 8·10 촉침 끝 곡률반지름과 측정력

촉침의 끝 곡률반지름의 호칭값(μm)	촉침의 평균위치에서 측정력(g)	측정력 변화의 비율 (g/μm)
2	0.07	0.0035
5	0.4	0.02
10	1.6	0.08

(2) 스키드(Skid)

스키드는 다양한 측정물 형상에 따라 촉침을 안내하여 기준선을 기계적으로 설정함으로써 측정압과 촉침운동을 원활하게 하며, 촉침의 수직변위를 고정도로 감지하기 위해 감응기에 고정되어 있다.

재질은 사파이어가 사용되고 있으며, 곡률 반지름은 30 mm 이상으로서 중심선거칠기를 지시하는 스키드는 이동방향에서 곡률 반지름은 8 mm 이상으로 규정하고 있다. 현대의 대부분의 표면거칠기 측정장비는 보통 스키드없이 측정 가능하도록 되어 있다.

(3) 감응장치(Pick-Up)

촉침 수직방향의 변위를 변위에 비례한 전기신호로 변환하는 장치로 촉침수직 위치를 감응하여 변위를 전기적 신호로 변환하는 장치로 정감응기인 인덕턴스 변화형이 많이 사용된다.

한편 동감응기는 촉침이 수직운동할 때만 변위에 비례하는 전기적 신호를 발생하며 정지할 경우는 신호가 발생되지 않는다.

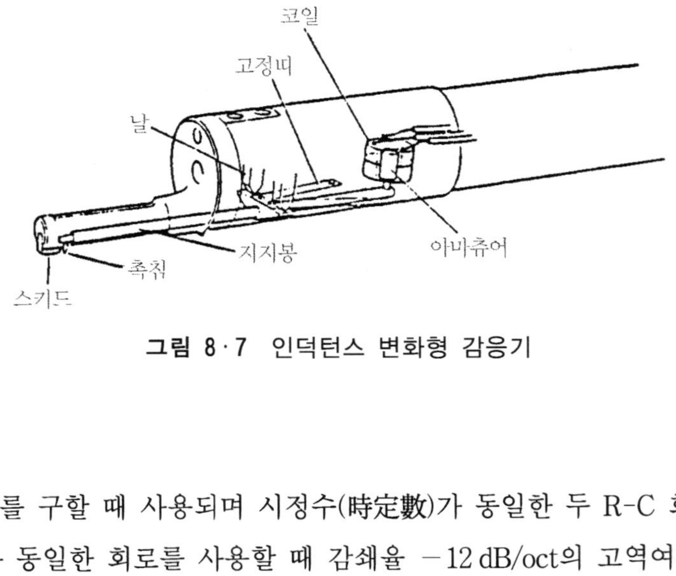

그림 8·7 인덕턴스 변화형 감응기

(4) 여파기

중심선거칠기를 구할 때 사용되며 시정수(時定數)가 동일한 두 R-C 회로가 직렬접속되어 있다. 이와 동일한 회로를 사용할 때 감쇄율 −12 dB/oct의 고역여파기로 하며, 감쇄특성은 그림 8·8과 같이 진폭전달율 70%를 컷오프 값 λ_c로 한 감쇄곡선과 λ_c에서 진폭전달률 80%의 감쇄곡선 사이에 존재해야 한다.

세로배율 및 가로배율의 호칭값은 원칙적으로 표 8·11에서 선택한다.

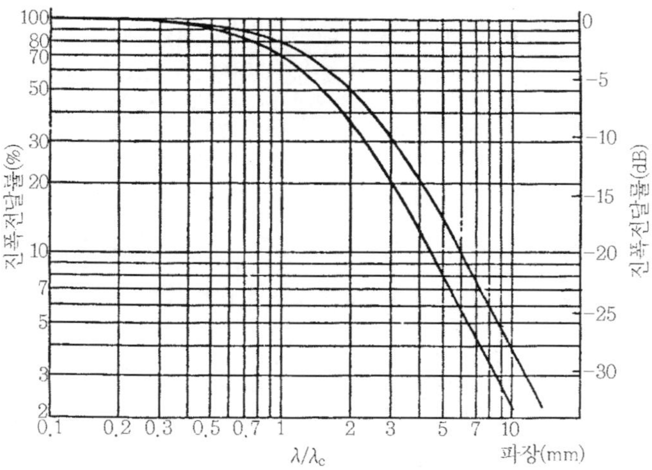

그림 8·8 여파기의 주파수 특성

표 8·11 세로배율 및 가로배율의 호칭값

세로배율의 호칭값	100	200	500
	1000	2000	5000
	10000	20000	50000
	100000		
가로배율의 호칭값	10	20	50
	100	200	500
	1000	2000	5000

(5) 이송장치

등속전기모터와 변속기어를 사용하여 피측정물 또는 촉침을 이송하는 형식의 두 가지가 있다. 촉침과 피측정물의 상대적 이동거리는 표 8·12에 따르며, 이동속도는 기

표 8·12 이송운동의 진직도

측정길이 (mm)	기록도형의 진직도(μm)	
	스키드 사용	스키드 없음
0.8	0.1	0.2
2.5	0.2	0.5
8	0.5	1.0
25	1.0	2.0

표 8·13 이송의 반전시간

이송속도(mm/s)	이송의 반전시간(s)
1 미만	0.3 이하
1 이상	0.1 이상

록선도에 오차발생이 없도록 등속이어야 한다. 또한 중심선 평균거칠기를 측정할 경우 검출기의 상대적 이송거리는 컷오프 값의 3배 이상으로 KS규격에서 규정한다.

(6) 증폭기

미소 변위량이 수평수직으로 증폭되며 수평배율은 수직배율보다 작게 증폭된다. 확대 오차는 요철높이의 방향, 즉 종배율은 오차는 공차값의 ±6% 이내로 안정되어야 하며, 다수 측정할 때 그 산포는 평균값의 ±2% 이내이어야 한다.

(7) 기록장치

기록선도는 모든 범위에 걸쳐 선명해야하고 진동에 흔들림이 없어야 한다. KS규격에서 기록용지의 이송은 기준선에 대해 평행 또는 등속을 유지하고, 확대장치가 움직이지 않는 상태에서 기록할 경우 기록지의 진직도는 100 mm에 대해 0.5 mm 이하로 규정한다. 한편 지시장치는 입력이 스텝신호일 경우 지시계기의 최종 지시값의 95%로 되는 시간은 표 8 · 14와 같다.

표 8 · 14 지시장치의 응답시간

설계상의 이동속도(mm/s)	지시장치의 응답시간(s)
1 미만	4.5~9
1 이상	1.5~9

8.2.5 파상도(Waviness)

표면파상도는 표면거칠기와 비교하면 큰 간격으로 반복되는 기복으로써 면의 전체적인 형상으로 보면 작은 간격이다. 따라서 측정범위가 크게 되고 표면거칠기에 상당하는 작은 파장을 없애고 나타낸 기복이 표면파상도가 된다.

여파파상도곡선 및 구름원파상도곡선으로부터 표면거칠기 R_{max}와 R_a를 구하는 유사한 방법으로 최대 파상도와 중심선 파상도의 표면파상도의 크기를 규정하고 있다.

(1) 최대 파상도

여파파상도곡선에서 기준길이만큼 샘플링한 부분의 최대 파고를 μm 단위로 표시한 것으로 여파최대파상도(WCM)와 구름원최대파상도(WEM)으로 구분한다.

(2) 중심선 파상도

중심선 파상도곡선으로부터 그 중심선의 방향으로 길이 L을 샘플링하여 채취부분의 중심선을 X축, 세로배율방향을 Y축, 중심선 파상도 곡선을 $y=f(x)$로 나타낼 때 여파

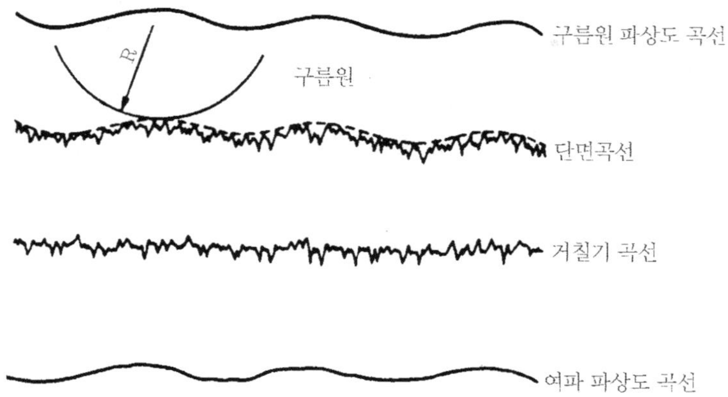

그림 8·9 파상도

중심선 파상도(W_{CA})와 구름원중심선 파상도(W_{EA})를 μm 단위로 나타낸다.

(3) 파상도 곡선

단면형상의 신호에서 지정한 컷오프(Cut Off)보다 짧은 고주파 성분인 거칠기곡선을 필터를 통하여 파장이 긴 저주파 성분으로 변환하여 기록한 곡선으로 측정범위는 기계부분의 길이와 다듬질 면에 따라 달라지게 된다.

8.2.6 측정기 종합정밀도

a) 측정기의 안정도 : 측정기에 전원을 투입한 후 10분 경과하여 1시간 사이에 최대 눈금값의 5% 이상 변동하면 안 된다.

b) 영점의 복원성 : 평활한 면에 있는 깊이 또는 높이가 기록선도 위에 10 mm 이상의 오목부분 또는 블록부분을 거쳐 촉침을 이동했을 경우 영점을 원래 위치에 대해 1 mm 이내로 되어야 한다.

c) 기록선도의 진직도 : 평탄한 면을 피측정면으로 표시한 이동거리 만큼 촉침을 이동할 경우에 기록선도의 진직도는 1 mm 이하이어야 한다.

d) 횡배율의 오차 : 횡배율의 허용오차는 공차값의 ±6% 이내로 한다.

기타 측정력과 측정력 변화의 비율, 여파주파수의 특성, 이송운동의 진직도, 이송의 반전시간, 기록선도의 진직도, 지시장치의 응답시간, 지시장치의 초과이송, 전원전압의 변화에 따른 지시값의 변화, 가로배율의 상대오차에 대한 측정방법 및 허용값이 KS규격에 규정하고 있다.

8.2.7 측정 실무

전기촉침식 표면거칠기 측정기는 진동에 매우 민감한 고정도 측정기로서 진동이 전혀 없는 장소에 설치되어야 한다. 또한 측정 중 사고를 방지하기 위해 촉침을 클램핑하고 무리한 회전은 하지 말아야 하며 다음 사항에 유의해야 한다.

a) 측정자 교환에 있어 촉침 레버에 불필요한 힘을 주지 말아야 한다.

b) 측정거리 설정손잡이를 조정하여 촉침이 피측정물의 끝단 부분의 통과로 인하여 파손되지 않도록 한다.

c) 표준편은 이상적인 것을 사용하여 지시계 및 기록계를 교정해야 한다.

d) 감응기(pick up)는 피측정물 면에 대해 평행이동 되도록 설치한다.

e) 감응기는 촉침선단과 레버에 힘을 작용하게 되면 파손과 측정오차가 초래되므로 주의한다.

f) 측정대 핸들의 회전으로 감응기를 하단으로 하강할 때 촉침의 파손에 주의한다.

g) 기록계에 과대한 입력방지를 위해 측정 중 이외에는 기록계의 전원스위치를 차단한다.

8.3 표면거칠기 표시

8.3.1 최대높이거칠기(Maximum height roughness, R_{max})

(1) 정의

최대높이거칠기는 그림 8 · 10과 같이 측정면의 단면곡선을 기준길이 범위 내에서 평균선에 평행하게 최고점, 최저점을 긋고 두 직선의 간격을 수직배율의 방향의 길이를 μm 단위로 표시한 값으로 기호는 R_{max}이다.

$$R_{max} = Y_{max} - Y_{min} \qquad (8 \cdot 1)$$

기준길이는 표면결함 및 흠이 없는 부분에서 발췌하며, 보통 최대높이거칠기 값을 측정범위 내에서 다수 구하여 평균값을 거칠기 값으로 한다. 지정하지 않는 경우 허용하는 가장 큰 값을 사용하며, 일정범위 구분값을 지시할 때 상한과 하한 구분값을 나타내야 한다.

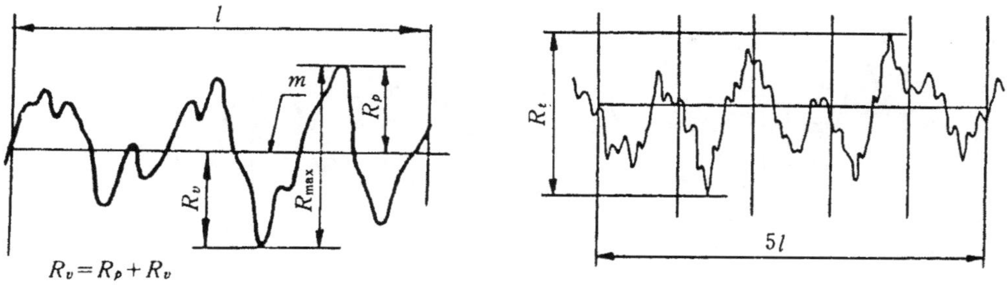

(a) 단면곡선계열의 최대높이 거칠기(R_{max}) (b) 거칠기곡선계열 최대높이거칠기(R_t)

그림 8·10 최대높이거칠기

최대높이거칠기는 기준길이를 지정하나 표면거칠기의 표시나 지시에 있어 매번 지정에 불편이 따를 경우 표 8·15를 이용한다.

표 8·15 최대높이 표면거칠기 범위와 기준길이

기준길이 L 또는 컷오프의 값	
거칠기 범위(μm)	기준길이(mm)
0.8 이하	0.25
0.8 초과 6.3 이하	0.8
6.3 초과 25 이하	2.5
25 초과 100 이하	8

(2) R_{max} 값의 특징

① 중심선에 대한 정보는 파악되지 않는다.

② 거칠기 평균값이 아니므로 부착된 먼지, 흠, 칩 영향을 받는다.

(3) R_{max} 와 관련되는 거칠기 매개변수

① R_{tm} : 기준길이 내에서 연속되는 R_{max} 평균값

② R_t : 전기적 필터를 통한 거칠기곡선에서 최대높이

③ R_{3tm} : 평가길이 안에 있는 R_{max} 값들 중 중앙값

④ R_p : 기준길이 내에서 가장 높은 산의 높이

⑤ R_v : 기준길이 내에서 가장 낮은 골의 깊이

⑥ R_{pn} : 연속되는 5개의 R_p의 평균값

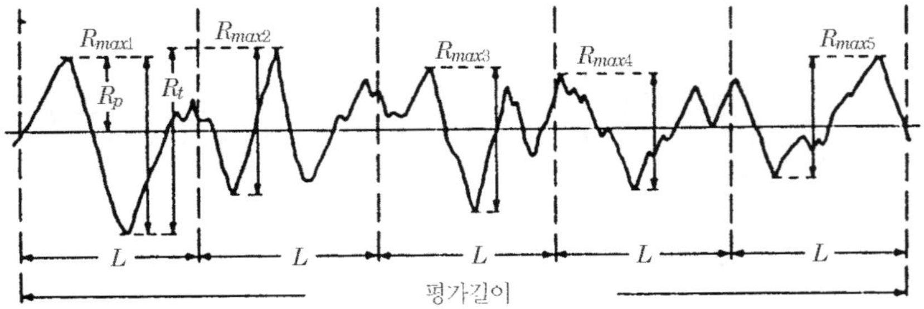

그림 8·11 높이파라미터

8.3.2 중심선평균거칠기(Center line average height roughness, R_a)

(1) 정의

전기촉침식 거칠기 측정기의 고역필터에서 저주파성분을 변환하고 거칠기 곡선이 형성될 때 중심선 상단부분 S_1과 하단부분 S_2의 면적이 동일한 중심선으로 $S_1 = S_2$이고 전체면적은 $S = S_1 + S_2$가 되며 S를 측정길이 L로 나눈값이 R_a이다.

측정길이(l)의 발췌부분의 중심선을 X축, 종배율 방향을 Y축으로 하여 거칠기 곡선을 $y = f(x)$로 나타낼 때 식 (8·2)로 주어진 R_a의 값을 μm 단위로 나타낸 것이다.

$$R_a = \frac{1}{l}\int_0^l |f(x)|\,dx = \frac{1}{l}(S_1 + S_2) = \frac{S}{l}$$

$$R_a = \frac{1}{l}\int_0^l |f(x) - h_1|\,dx \qquad (8 \cdot 2)$$

단, $h_1 = \frac{1}{l}\int_0^l f(x)\,dx$

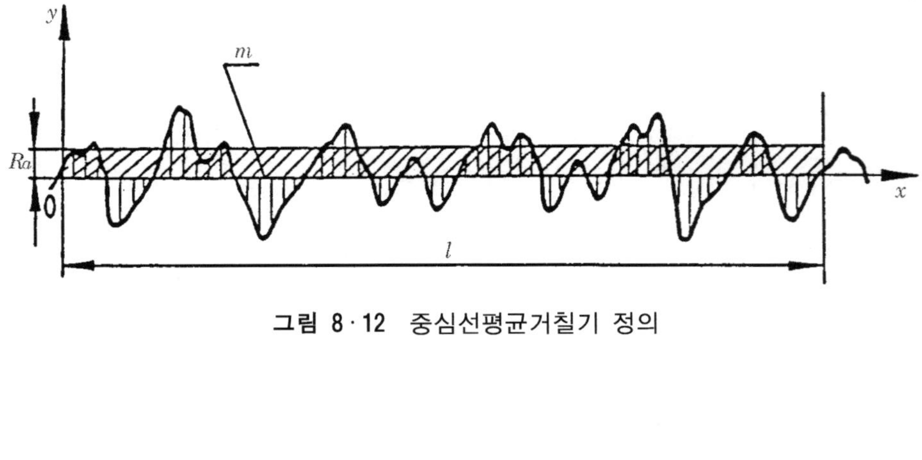

그림 8·12 중심선평균거칠기 정의

(2) R_a값의 특징

① 우연한 한두 개의 산이나 골은 평균값에 영향을 주지 않는다.

② 동일한 기준길이와 컷오프(cut off)값이 주어져야만 R_a값이 재현된다.

③ 거칠기 모양에 대한 정보는 없다.

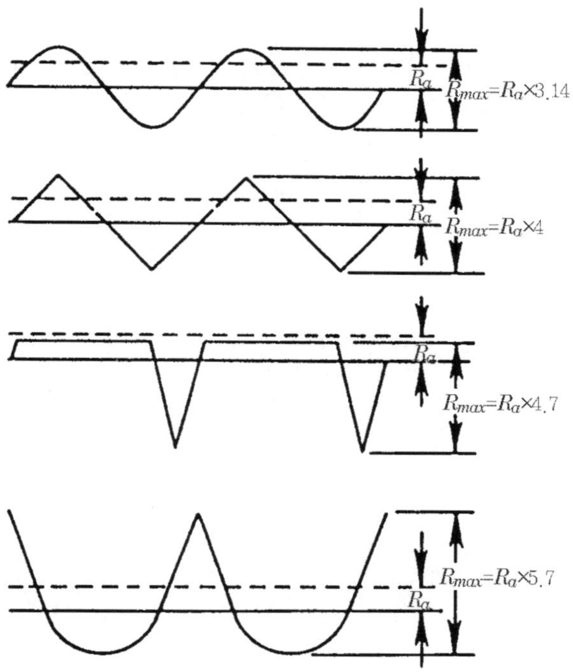

그림 8·13 R_a는 동일하나 모양이 다른 단면곡선

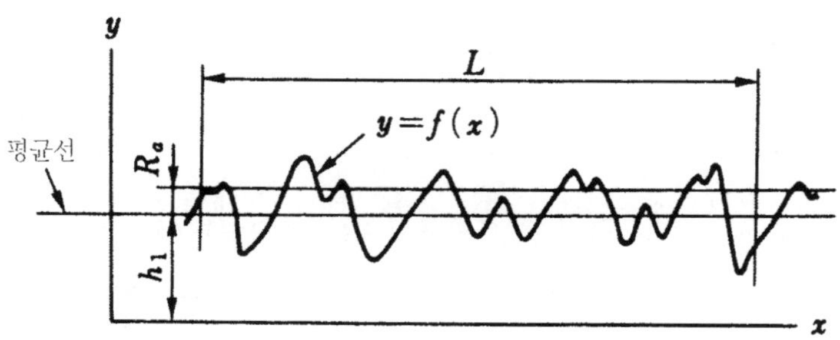

그림 8·14 중심선평균거칠기

8.3.3 십점평균거칠기(Ten Point Height of Irregularities, R_z)

(1) 정의

십점평균거칠기는 R_z로 표시하고 단면곡선 상에서 기준길이를 채취하여 단면곡선의 평균선과 평행한 임의 기준선을 긋고 높은 산에서 5개 산정의 평균값과 가장 낮은 골에서 5개 골 깊이의 평균깊이 차를 μm 단위로 나타낸 것이다.

R_{3z}은 기준길이의 평균선에 대해 3번째로 높은 산과 깊은 골부터 3번째 골 깊이의 평행선간의 거리이며, R_z는 R_{3z}와 동일하지 않으나 크게 차이나지 않는다.

$$R_z = \frac{(P_1 + P_2 + P_3 + P_4 + P_5)}{5} - \frac{(V_1 + V_2 + V_3 + V_4 + V_5)}{5} \quad (8 \cdot 3)$$

L : 기준길이

P_1, P_2, P_3, P_4, P_5 : 기준길이에서 가장 높은 산부터 5번째 산까지 높이

V_1, V_2, V_3, V_4, V_5 : 기준길이에서 가장 깊은 골에서 5번째 골까지 깊이

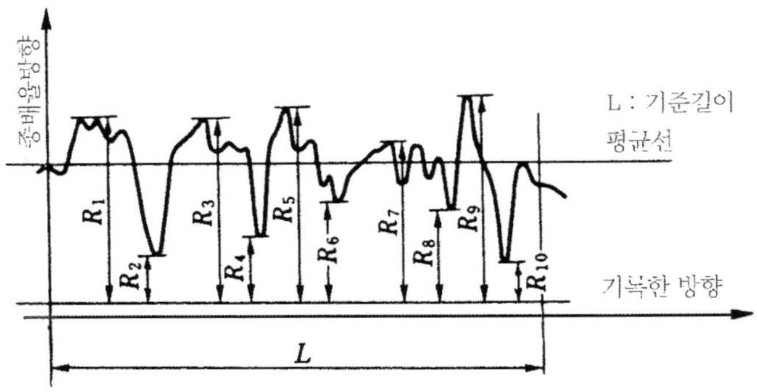

그림 8·15 십점평균거칠기

(2) R_z값의 특징

1개의 기준길이에서 평균화하여 측정표면이 짧고 다른 파라미터의 적용이 어려울 때 주로 사용한다. 기준선은 단면곡선 평균선에 평행하면 되고 중심선 높이와는 무관하므로 그 위치는 어느 부분이나 상관없다.

① R_{3z}는 구하는 방법이 쉬워 많이 사용되나 R_{5z}와 큰 차이가 없다.

② 그래프상에서 측정할 때 산 5개점와 골 5개점만 측정하면 유효하다.

③ 인접된 산과 산, 골과 골의 판정이 형성조건에 대해 규명되어야 한다.

표 8·16 표면거칠기의 호칭방법

거칠기	호칭방법	컷오프 값(cut off)의 종류
최대높이거칠기	최대높이거칠기 ___ μm 기준길이 mm 또는 ___ μm R_{max}, L ___ mm	0.08, 0.25, 0.8, 2.5, 8, 25 *표준 컷오프 값 : 0.8
중심선평균거칠기	중심선평균거칠기 ___ μm 컷오프 mm 또는 ___ μm R_a, 컷오프 ___ mm	
십점거칠기	십점평균거칠기 ___ μm 기준길이 mm 또는 ___ μm R_z, 컷오프 ___ mm	

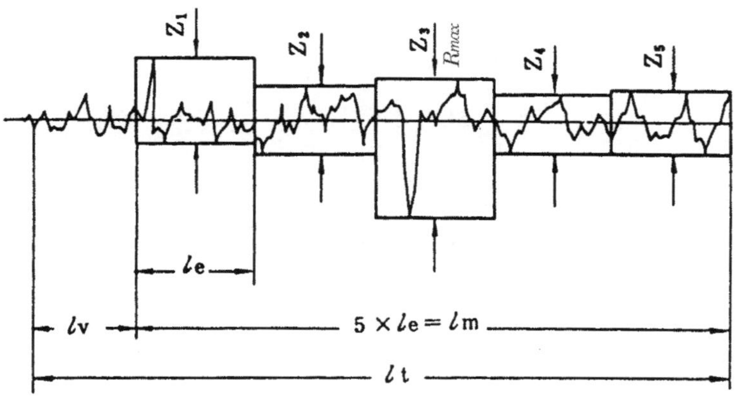

그림 8·16 DIN규격의 십점평균거칠기

8.3.4 자승평균거칠기(Root Means Square, RMS)

(1) 개요

자승평균 거칠기는 RMS 또는 R_q로 표시하고 이는 모든 값의 제곱을 더한 평균을 제곱근으로 하여 구한 값이다. 전자산업이 발달 전에는 R_a보다 계산의 복잡성으로 인하여 사용되지 않았으나 통계적으로 중요하며, 컴퓨터의 활용으로 중요한 파라미터가 되고 있다.

$$R_{rms} = \sqrt{\frac{1}{l}} \int_0^l (y-h)^2 dx \qquad (8 \cdot 4)$$

(2) RMS 값의 특징

① 보통 RMS 값이 R_a값보다 약간 크다.

② 가장 높고 깊은 점(Point)을 강조한다.

표 8 · 17 R_{max}, R_a, R_q의 관계

명 칭	의 미
최대높이거칠기	$R_{max}=R_{max}-R_{min}$
중심선평균거칠기	$R_a=\frac{1}{l}\int_0^l (y-h)dx$
자승평균거칠기	$R_{rms}=\sqrt{\frac{1}{l}}\int_0^l (y-h)^2 dx$
십점거칠기	$R_z=\frac{(P_1+P_2+P_3+P_4+P_5)}{5}-\frac{(V_1+V_2+V_3+V_4+V_5)}{5}$
평균선의 길이	$R_p=R_{max}-R_m$

8.3.5 독일규격의 $R_{max}D$와 R_zD

독일 DIN규격의 최대높이거칠기 $R_{max}D$는 독일식 십점거칠기 R_zD를 구할 때 각 컷오프에 상당길이 l_e마다 최고점과 최저점의 차에 있어 가장 큰 것이 $R_{max}D$이다. R_zD의 독특한 정의로 관련문헌, 정보 수집이 필요하다.

DIN규격의 십점평균거칠기 R_zD는 거칠기 곡선에서 컷오프 값의 5배 길이를 취해 각각의 컷오프 값에 상당하는 길이 l_e마다 최고점과 최저점의 높이 차를 구하여 이를 평균한 값이다.

형 상	R_{max}	R_a	R_q	R_{max}/R_a	R_q/R_a	R_a/R_{max}
	1	0.2	0.25	5.0	1.25	0.5
	1	0.256	0.298	3.91	1.16	0.333
	1	0.256	0.298	3.91	1.16	0.667
	1	0.318	0.358	3.14	1.11	0.5
	1	0.25	0.289	4.0	1.16	0.5
	1	0.5	0.5	2.0	1.0	0.5

그림 8 · 17 R_{max}, R_a, R_q의 관계

8.4 관련 용어

8.4.1 거칠기 측정 용어

① 공칭 표면 : 제품설계에 있어 의도된 지시모양, 거칠기 등을 말하며 보통 설계도면에 기재한다.

② 실제 표면 : 실제 공작물의 상태를 나타내는 표면으로 가공방법, 가공방향에 따라 다르다.

③ 측정표면 : 표면거칠기 측정기에 의해 제품을 측정한 표면이다.

④ 기준길이 : 거칠기 값이 형상정도에 영향을 주지 않고 단면곡선 중 거칠기의 계산을 위해 채취되는 길이이며, 필터특성에 컷오프 값과 동일한 수치를 갖는다.

⑤ 평가길이 : 측정대상이 되는 전체길이로써 다수의 기준길이를 포함된다.

⑥ 이송길이 : 촉침이 이송하는 전체길이로서 평가길이보다 길게 책정된다.

⑦ 중심선(Center line)

a) 기하학적 중심선 : 기준길이 내에서 평균단면곡선과 평행한 직선을 그을 때 이 직선과 단면곡선으로 둘러 쌓인 면적이 같게되는 직선이다.

b) 전기적 중심선 : 전기촉침식 표면거칠기 측정기 회로와 이에 관련된 컷오프 값 선택에 의해 이루어지는 중심선이다.

표면거칠기 기록지 선상에서는 이들 중심선은 나타나지 않으며, 수직 및 수평 배율에 따른 거칠기 형상정도는 파악할 수 있다.

⑧ 평균선 : 피측정면 단면곡선의 요철을 평균화할 때 평균화된 요철이 아닌 선을 생각할 수 있으며 가장 잘 평균화되었을 때의 직선과 곡선이다.

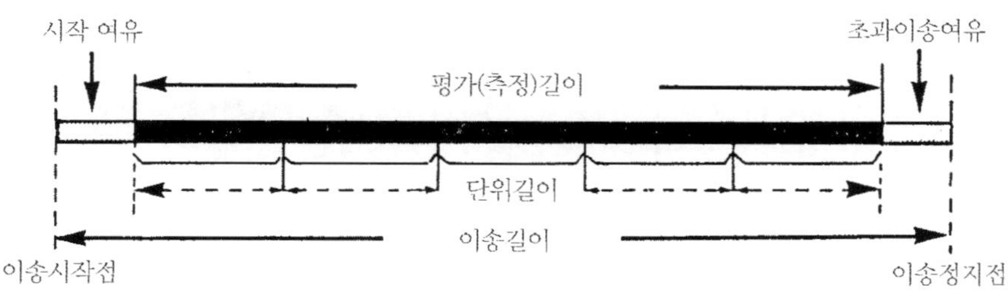

그림 8·18 이송길이 및 평가길이

8.4.2 거칠기 매개변수

① 부하길이율(Profile Bearing Length Ratio, t_p) : 베어링률(Bearing Ratio)이라고도 하며, 평가길이 L구간에서 중심선에 평행한 레벨을 절단할 때 거칠기 곡선이 절단선분 길이총화와 평가길이 L과의 비로서 식 (8・5)와 같다.

$$t_p = \frac{a+b+c+d+e}{E} \times 100\% \qquad (8 \cdot 5)$$

이는 면들이 상대운동으로 마모될 때 접촉면에서 마모율로 마모상태 결과를 모형화 한 것이며, t_p특성은 다음과 같다.

a) t_p는 길이방향의 형태를 나타내며, 표면의 단면을 표현한 것은 아니다.

b) 일부분의 평가영역으로 파상도나 형상편차의 차이는 고려하지 않은 상태이다.

c) 하중과 무관한 표현으로 하중이 주어지면 변형이 야기될 수 있다.

d) 실제접촉면은 상대대우일 때만 표면상태가 마모에 영향을 준다.

f) 마모상태일 때 물리적 유동을 고려않은 기하학적 개념의 표현이다.

예를 들면 그림 8・19에서 최고높이 25%의 높이 d레벨로 절단할 때 부하길이율 t_p는 식 (8・6)으로 구한다.

$$t_p = \frac{\sum_{i=1}^{n} d_i}{L} \times 100 \qquad (8 \cdot 6)$$

단, d_i : d 레벨로 거칠기 곡선이 절단한 i번째 선분길이이다.

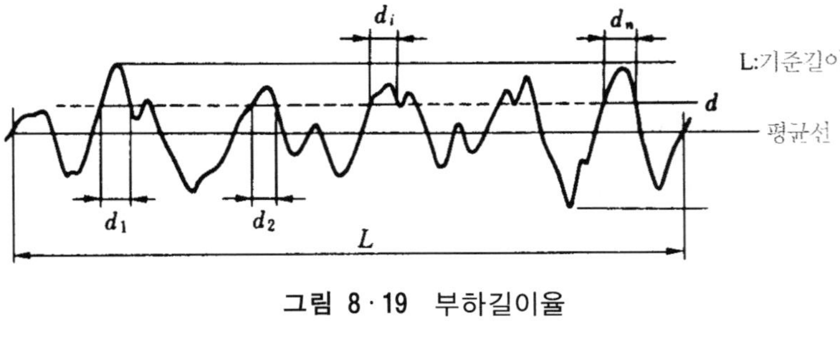

그림 8・19 부하길이율

② 에벗부하곡선(Abbott's Bearing Curve) : 거칠기 곡선의 평가길이 L에서 최대높이 R_{max}를 10~20등분의 평행선을 그어 각 평행선 거칠기 곡선의 실제 부분길이를 합하여 곡선을 만든 것이다. 즉, t_p를 횡축, 절단레벨을 종축으로 잡은 t_p의 분포곡선으로

거칠기 곡선의 일정깊이에서 베어링률 그래프로서 t_p변화를 쉽게 볼 수 있게 한다.

이 곡선은 접촉면 마모로 표면돌기가 점차 평활해져 접촉면적 증가상태를 나타낸 것으로 표면성질과 형상해석의 파라미터로 사용된다.

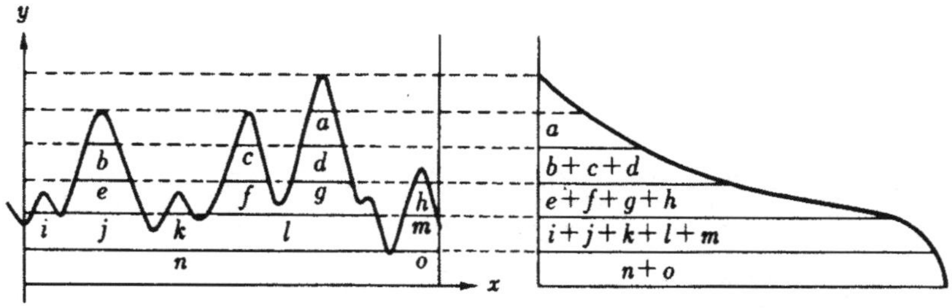

그림 8·20 거칠기 곡선의 부하곡선

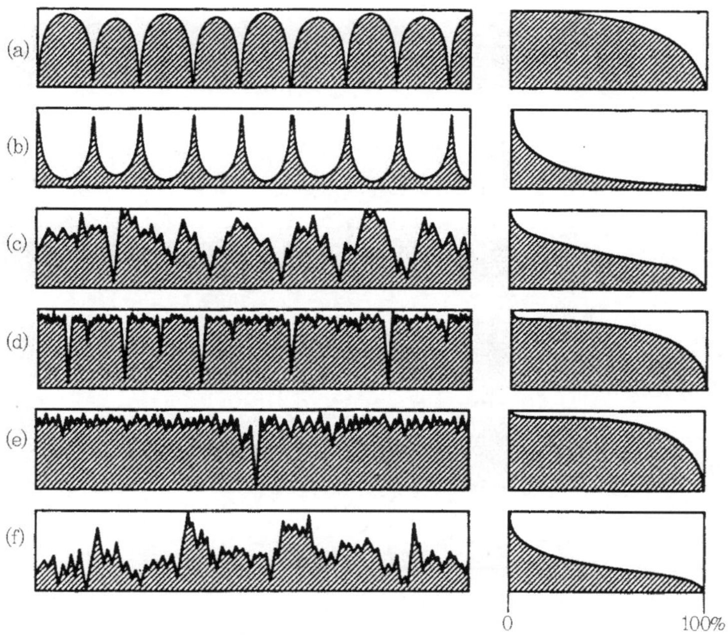

그림 8·21 베어링률 곡선의 각종 형태

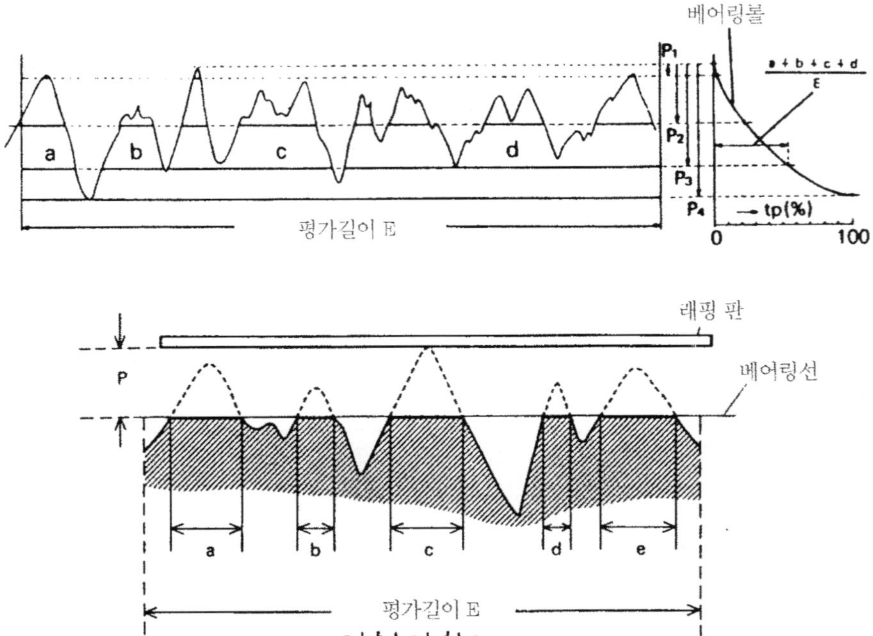

$$t_p = \frac{a+b+c+d+e}{E} \times 100\%$$

그림 8 · 22 베어링률의 표시방법

호칭방식	절단깊이 상태	t_p와 절단깊이
μm 방식	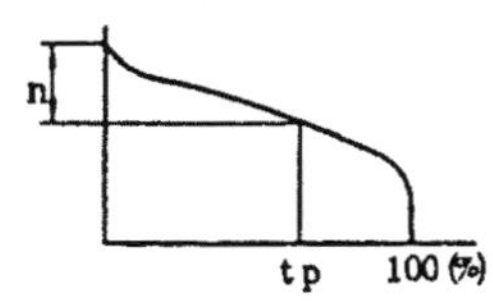	절단깊이에 따른 베어링률 t_p값 구함
% 방식	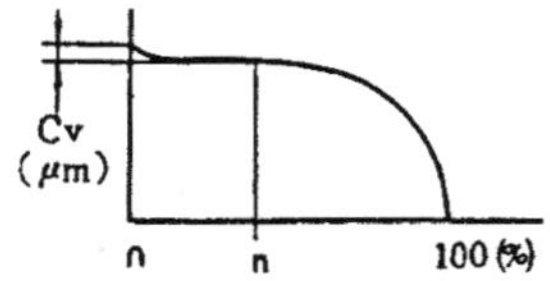	베어링율을 지정하여 절단깊이 구함
μm-μm 방식	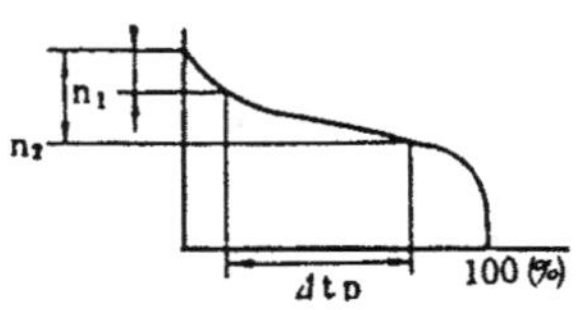	두 절단깊이를 지정하여 각각의 베어링율의 차를 구함
%-% 방식	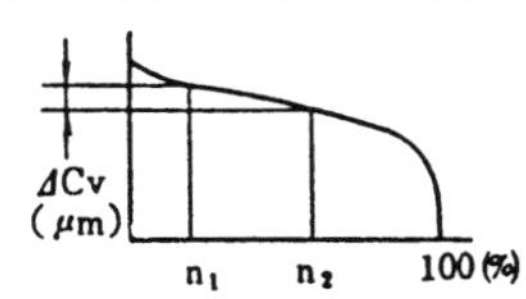	두 베어링률을 지정하여 각각 구한 절단깊이의 차를 구함

그림 8 · 23 베어링률에 대한 절단 깊이와의 관계

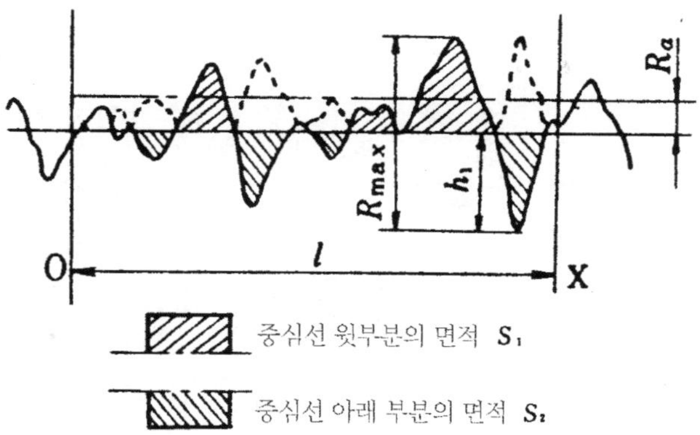

그림 8 · 24 형상계수

③ 형상계수(Form Factor, k) : 그림 8 · 24에서 한계선 OX부터 중심선까지의 높이 h_1과 최대높이 R_{max}의 비로 표시한다.

$$k = \frac{h_1}{R_{max}} \tag{8 · 7}$$

④ 국부산정의 평균간격(Mean Spacing of Local Peak of Profile, S) : 평가길이 내 거칠기 곡선의 평균선 방향으로 기준길이 L의 범위서 측정한 산정과 산정과의 간격평균값이다. 산의 판정은 이웃국부 끝에서 측정높이가 평균선에서 측정한 단면곡선의 산 높이의 10% 이하는 산에 포함되지 않는다(그림 8 · 25 참조).

$$S = \frac{\sum_{i=1}^{n} S_i}{n} \tag{8 · 8}$$

⑤ 요철평균간격(Mean Spacing of the Profile Irregularities, S_m) : 평가길이 내의 거칠기곡선의 평균선 기준길이 L의 범위에 있어 평균선상에서 측정한 산 또는 골 간격의 평균값으로 식 (8 · 9)에서 구한다.

$$S_m = \frac{\sum_{i=1}^{n} S_{mi}}{n} \tag{8 · 9}$$

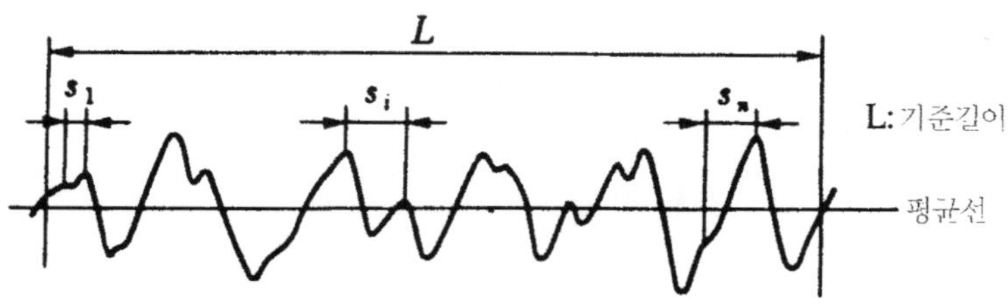

그림 8 · 25 국부산정의 평균간격

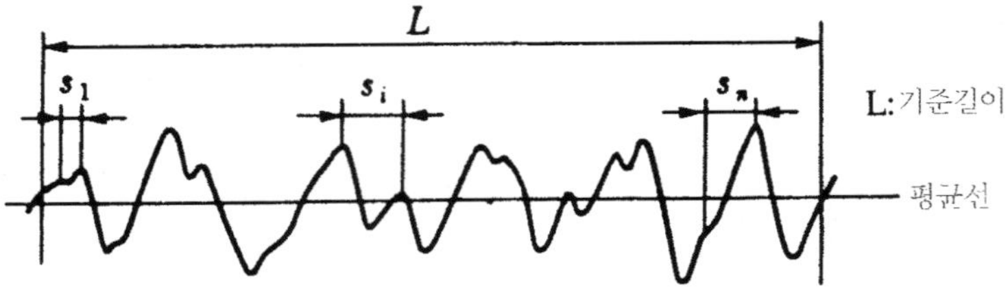

그림 8 · 26 요철평균간격

S_m은 큰 요철간격만을 S는 모든 요철간격을 나타내므로 S가 S_m보다 작다.

⑥ 평균파장(Mean Wave, λ_a) : 평균파장은 S와 S_m에서 순수 길이방향의 파라미터인 것과는 달리 길이와 높이에 관련되는 복합적인 파라미터이다.

⑦ 산의 수(Peak Count, PC) : 중심선이나 평균선의 상하로 불감대 C_1을 설정하여 그 대($2xC_1$)를 횡으로 잘라 나타내는 산의 1 cm당의 수이다.

방식	모 양
PC 1 방식 (±방식)	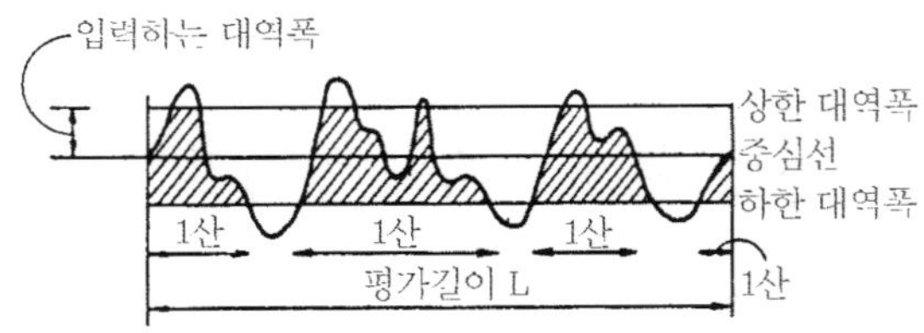
PC 2 방식 (+방식)	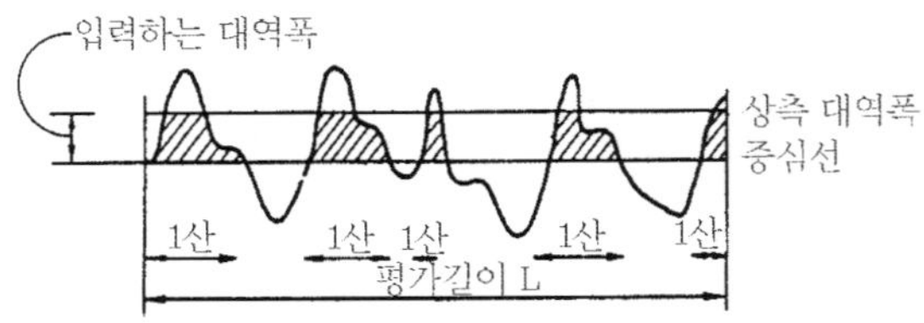
PC 3 방식 (−방식)	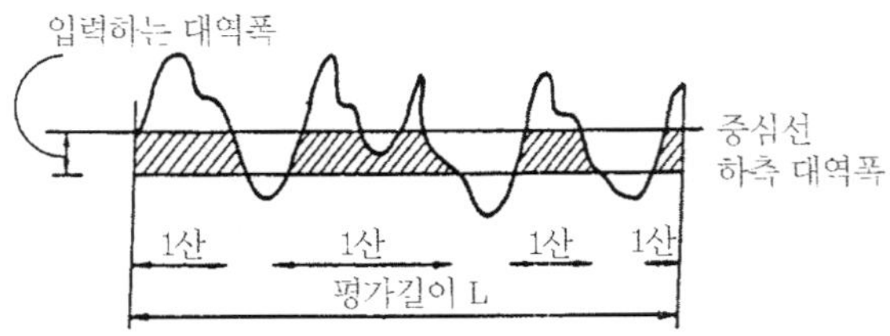

그림 8 · 27 산의 수 산정 방식

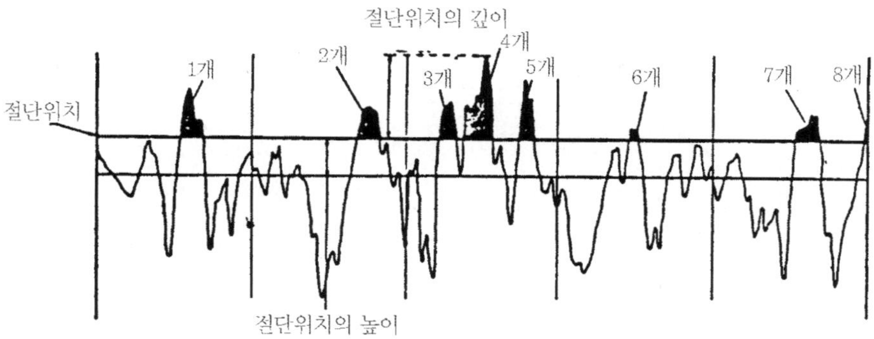

그림 8 · 28 HSC 수

⑧ 높은 산수(High Spot Count, HSC) : 평가길이 내에서 중심선에 평행한 선을 긋고 그 선보다 돌출된 산의 수를 나타낸 것으로 절단깊이에 따라 산수가 다르므로 절단깊이가 표시되어야 한다.

⑨ 평균기울기 각도 (Average Slope, Δ_a) : 기준길이 내의 실제 거칠기곡선이 중심선과 이루는 각도를 라디안(rad)으로 표시한 것이다. 그래프 곡선상의 실제길이로써 모든 산과 골의 기울기 평균이다. 평균기울기 각도는 경도와 탄성, 광택, 마찰과 관련되어 제품의 표면상태를 파악하는 정보에 중요하다(그림 8 · 29 참조).

$$\cos\Delta\Theta_i = \frac{l_i}{a_i} \tag{8 · 10}$$

⑩ 진폭밀도함수(Amplitude Density Function, ADF) : 기준선에서 임의의 높이 y에 작은 간격 Δy를 잡을 때 기준길이 내에 있는 단면곡선의 진폭 중 진폭이 Δy 안에 있

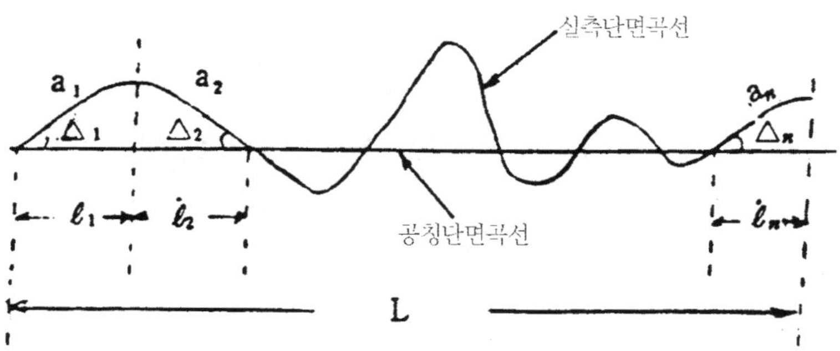

그림 8 · 29 평균기울기 각도

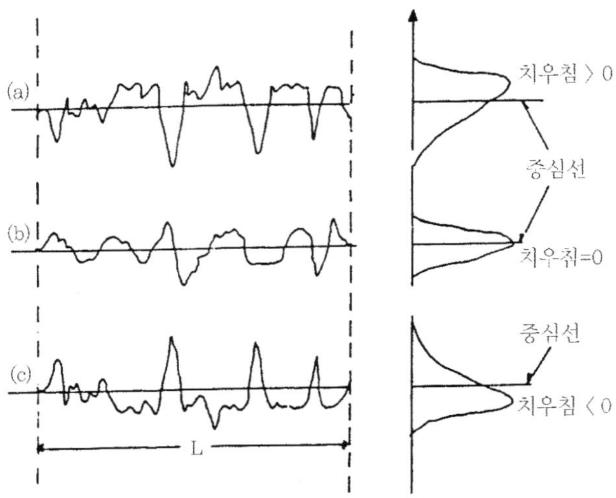

그림 8·30 진폭분포곡선의 치우침

을 확률이다.

$$진폭밀도\ P(y) = \frac{P(y,\ y+\Delta y)}{\Delta y} \tag{8.11}$$

⑪ 진폭분포곡선(Amplitude Distribution) : 중심선과 평행한 임의의 단면곡선 범위 안의 높이에서 선정된 단면곡선이 중심선에 투영된 길이의 합을 나타내는 곡선이다. 평균높이 h, 단면곡선을 수평에 투영시켜 얻은 값 a, b, c, d, e이다.

$$진폭분포곡선 = \frac{a+b+c+d+e}{E} \times 100(\%) \tag{8·12}$$

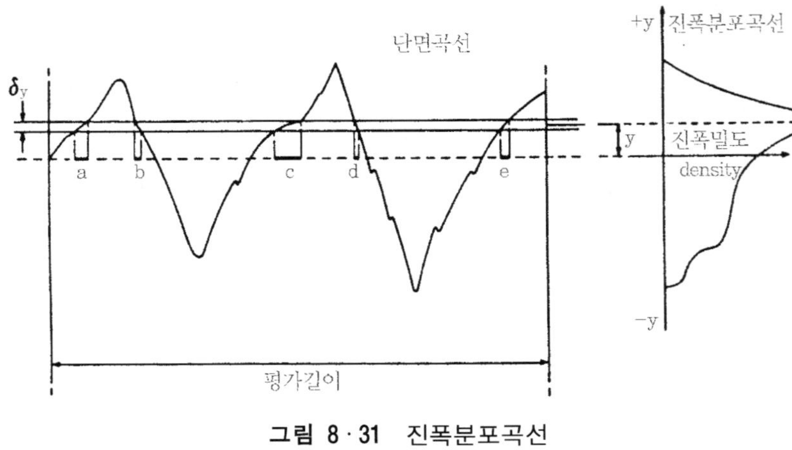

그림 8·31 진폭분포곡선

⑫ 비대칭도(Skewness, R_{SK}) : 진폭분포 곡선에서 단면곡선이 중심선에 대해 한 쪽 방향으로 치우친 비대칭인 경우로 수치 R_{SK}값으로 나타낸다. 식 (8 · 13)에 나타낸 바와 같이 중심선에서 높이의 y의 세제곱들을 평균화하므로 y는 양수 또는 음수가 되며, 큰 값 또는 작은 값이 더욱 변화가 심해 R_{SK}에 영향을 주는 것은 높은 산과 깊은 골이다.

$$R_{SK}=\left(\frac{y_1}{R_q}\right)^3+\left(\frac{y_2}{R_q}\right)^3+\cdots\cdots\left(\frac{y_n}{R_q}\right)^3$$
$$=\frac{1}{R_q^{\ 3}}\cdot\frac{y_1^3+y_2^3+\cdots\cdots y_n^3}{n} \quad (8 \cdot 13)$$

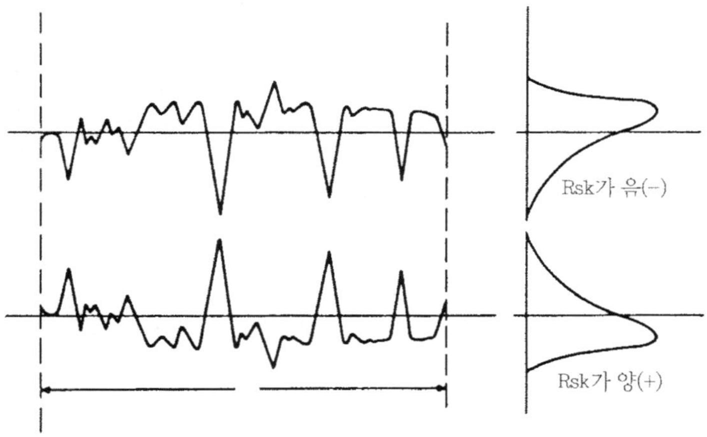

그림 8 · 32 비대칭도의 예

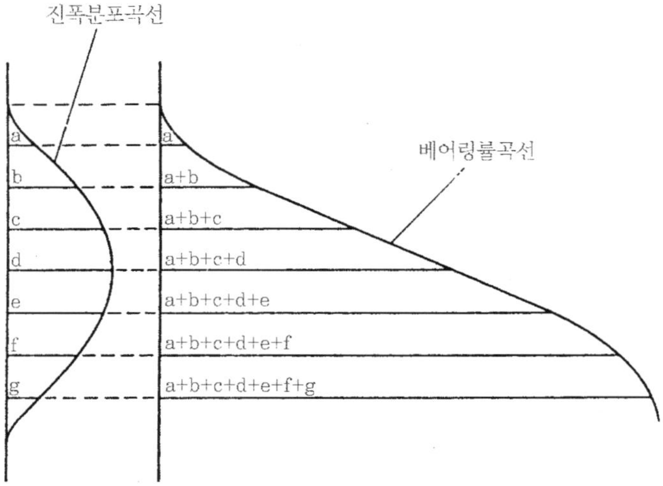

그림 8 · 33 진폭분포곡선에서 베어링률 곡선의 계산법

8.4.3 컷오프(Cut-off)값

앞서 제품표면은 고주파 성분인 거칠기와 저주파 성분인 파상도, 진원도, 진직도, 결함, 흠 등이 복합적으로 혼합되어 있음을 설명하였다. 이를 전기촉침식 표면거칠기 측정기를 이용한 거칠기 성분측정에 있어 고역필터(High Pass Filter)를 사용하여 촉침이 통과할 때 일정 저주파인 파상도 성분도 표면특성으로서 무시할 수 없고 고역필터를 통해 일정 거칠기 성분으로 변환이 필요하다.

반대로 파상도 측정에 있어 저역필터(Low Pass Filter)를 사용하며, 이는 고주파 성분인 거칠기 성분인 일정의 파상도 성분으로 변환되어야 한다. 이것이 필터특성이고 측정기에서 손잡이(knob)로 변환하거나 컴퓨터에서 지정해 주면 된다. 즉, 표면요철을 증폭하여 요철에 비례하는 전기신호에서 일정길이보다 긴 파장의 성분인 저주파성분을 변환하고 동시에 파장이 짧은 고주파성분의 회로를 통과시킨다.

고역필터(High Passed Filter)를 통과한 곡선을 거칠기곡선이라 하고, 이때 일정길이를 컷오프(Cut Off)라 한다. 즉, 주파수필터에 의해 선택되는 기준길이로서 0.08, 0.25, 0.8, 2.5, 8, 25 mm의 6종류로 구분한다.

제품표면의 거칠기가 거칠면 점차 큰 값의 기준길이를 선택하며, 동일부분을 측정할지라도 선택하는 기준길이가 다르면 그림 8 · 34와 같이 거칠기곡선 모양도 달라진다.

긴 파장을 변환할 때 KS규격에서는 감쇄율 −12 dB/Oct의 고역필터를 사용해서 그 이득이 75%인 주파수에 대응하는 파장을 거칠기 곡선의 컷오프로 한다. 가공형태에 따라 주기적으로 발생하는 파형이 달라지므로 컷오프 값은 가공형태에 따라 구분해서 사용해야 한다.

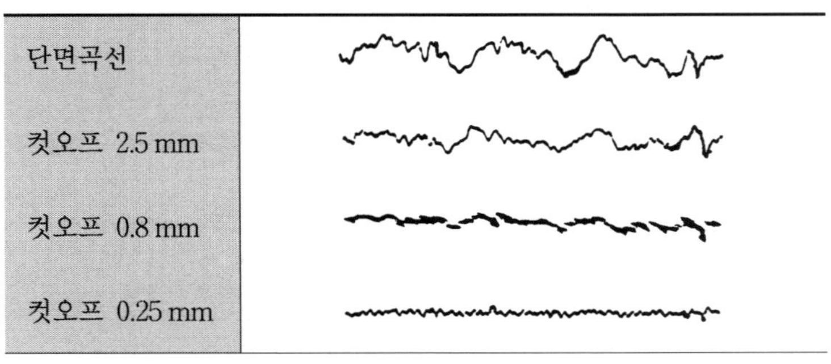

그림 8 · 34 컷오프 값에 따른 거칠기 곡선

8.5 기타 측정법

8.5.1 광절단식 측정법(KS B 0530)

(1) 개요

피측정면상에 평행한 슬릿에서 나온 얇은 광속의 광대(光帶)를 결상(結像)시켜 경사방향에서 관측하는 방법이다. 투영광축과 관측 현미경축이 피측정면과 이루는 각에 따라 β＝α＝45°인 명시야(明視野) 관찰과 β≠α인 암시야(暗視野) 관찰로 구분된다. 연질재료의 측정에는 용이하나 국부적인 표면거칠기 및 R_{max}만 측정가능하고 고배율 측정은 곤란하다.

(2) 원리

그림 8·35와 같이 α인 입사각으로 빛을 대고 입사광선에 직각인 β방향에서 관찰한다. 현미경인 경우 눈금 붙이 접안렌즈 또는 측미접안 렌즈에 따라 표면을 45°로 절단할 때 곡선에 대해 그 요철의 최고높이를 읽어 이를 0.71배하여 거칠기 값으로 한다.

α＋β＝90°일 때 최대배율이 되고 α＋β＝45°일 때 시야가 가장 밝게 되며 특징은 다음과 같다.

a) 비접촉인 측정방법으로 합성수지 등의 연질재료 측정이 가능하다.
b) 측미접안렌즈를 사용하면 표면거칠기 값을 직접 읽을 수 있다.
c) 조작이 간단하며 신속히 측정할 수 있다.

(3) 구조

그림 8·35 (b)와 같이 광대(光帶)를 만드는 투광부와 관측하는 관측부, 이들을 결합

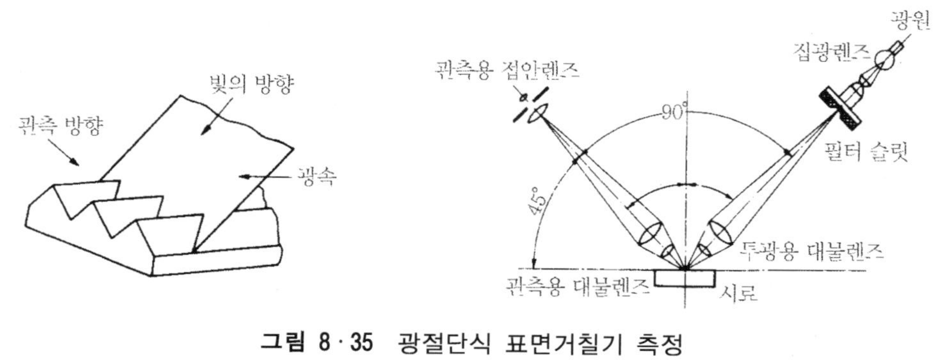

그림 8·35 광절단식 표면거칠기 측정

하여 피측정면과 광학부 관계 위치를 조정하는 기계부분으로 구성된다. 투광부는 광원 슬릿 및 슬릿상을 맺어주는 투광용 대물렌즈이고 관측부는 현미경 또는 투상기인 경우가 있다.

(4) 측정기 상태

관측부의 실제시야는 광축은 피측정편에 대해 4.5±1°로 하며, 투광부의 광축과 관측부 광축과의 사이각은 90°±1°로 하며, 슬릿 에지는 평활하고 그 진직도는 100 mm에 대해 1 mm 이하 또한 평행도는 30분(′) 이하로 한다.

한편 투광부 대물렌즈는 관측용 대물렌즈와 동일한 정도 또는 그 이상의 분해능력을 가지며 관측부의 실제 시야범위의 중앙에 충분히 선명한 슬릿상이 나타나야 한다.

(5) 종합정밀도

광대의 정밀도는 블록게이지 또는 광선정반과 같은 평면을 측정해서 광대의 진직도는 100 mm에 대해 1 mm 이하이어야 한다. 종합오차의 검사는 단이 있는 평면에 대해 실시한다. 그 단의 높이는 각각의 대물렌즈와 접안렌즈의 조합에 따라 측정되는 최대의 거칠기에 상당하는 높이를 선택하는 것이 적당하다.

8.5.2 광파간섭식 표면거칠기 측정법(KS B 0506)

(1) 개요

빛의 간섭을 이용하여 피측정면의 요철에서 반사되는 빛과 표준 반사면에서 반사되는 빛의 위상 차에서 간섭무늬를 만들고 이를 현미경으로 확대 관측하는 방법이다. 이 방법은 매우 매끄러운 표면을 비교적 광범위하게 측정하는 데 적당하다.

(2) 구조

광파간섭식 표면거칠기는 광원, 간섭장치, 현미경 사진장치 등으로 구성되며, 광원은 단색, 광원 백색, 광원 및 이에 필터를 끼워 사용한다. 측정기는 진동에 민감하지 않는 구조로서 촬영에 있어 진동영향으로 간섭무늬 선명도가 상실되지 않아야 한다.

(3) 원리

반사광과 표준 반사면의 반사광과 위상차로써 간섭무늬를 만들고 이를 현미경으로 확대하여 관측한다. 평활한 면을 비교적 광범위하고 고정도 측정이 가능하나 요철이 크면 부적당하고 보통 1μm 이하가 가장 적합하다.

(4) 측정기 상태

측정기의 광학부품은 검사 및 측정에 지장을 초래하는 결점이 없어야 하고, 사용하는 단색광원 및 필터는 파장이 명시되어야 한다. 측정기는 직경 0.5mm이상의 실시야 접안렌즈에 해당하는 피측정면상의 시야를 갖는 대물렌즈 및 접안렌즈 조합이 포함되어야 한다.

(5) 정밀도

① 측정기에는 광선정반을 피측정면으로 놓을 경우 간섭무늬의 모양오차는 시야 중에서 무늬의 간격의 1/10 이하이어야 한다.

② 광원 및 필터의 분광특성을 육안관찰 또는 사진촬영으로 생기는 간섭무늬간격이 그 주재 파장의 단색광으로 생기는 간섭무늬 간격의 ±10 이상의 오차를 허용해서는 안된다.

③ 현미경의 종합배율을 허용범위는 초점배율에 대하여 ±10으로 한다.

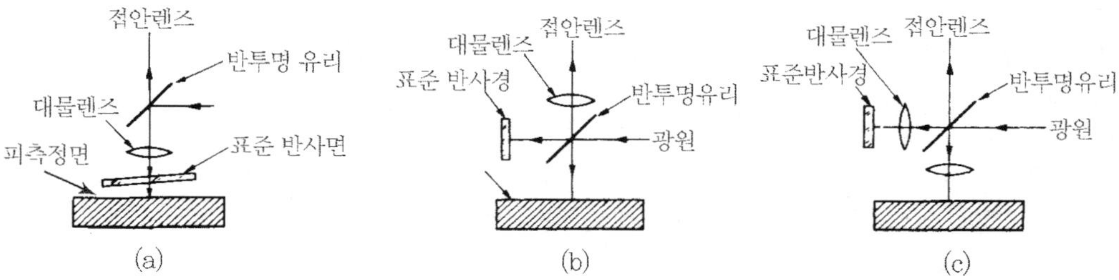

그림 8·36 광파간섭식 간섭장치

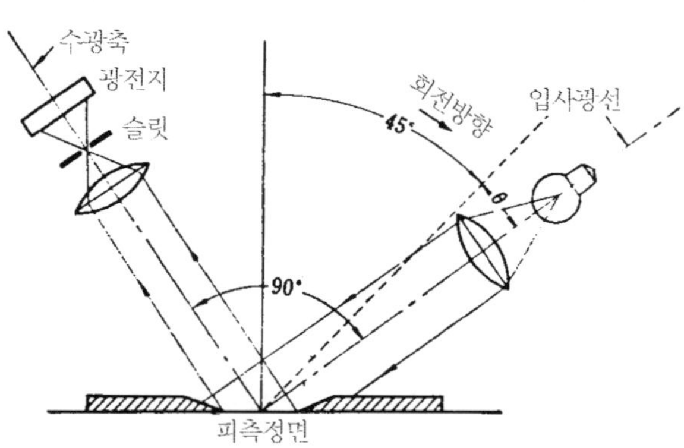

그림 8·37 광선 반사법

8.5.3 광선반사법에 의한 측정

피측정면에 평행광선을 투사하면 거칠기 정도에 따라 빛이 산란되며 입사광과 반사광의 비를 측정하여 거칠기 정도를 측정한다. 다듬질 면을 반사경으로 확산 반사시켜 다른 두 선이 교차되는 사각형 무늬 위에 공작물을 놓고 다듬질 면의 무늬가 확실해 지도록 빛의 한계 입사각에서 표면거칠기를 결정하는 방법과 그림 8·37과 같이 반사광선의 강도를 광전지로 받아 미터로 측정값을 나타내는 두 가지 방법이 있다.

8.5.4 전기용량식 측정법

절연된 전극이 피측정면에 붙여져 콘덴서의 한쪽 극판(極板)을 이루고 피측정면은 다른 쪽 극판을 형성한다. 표면변화에 의해 전기용량의 변화가 생기므로 이를 측정하는 것이다. 콘덴서법은 입체적인 표면요철을 단일 치수로 측정하는 것이다.

보통 상대전극으로서 알루미늄 재질의 얇은 판을 이용하며 장착압력은 약 1 kgf/cm^2 이다. 또한 고무형상 탄성체 위에 붙인 금속시편을 전극으로 0.07 mm 이하 절연막을 사이에 두고 피측정면 위에 올려 놓는다. 구해진 용량을 C_1 [pF], 금속판 면적을 A mm^2 로 할 때 식 (8·14)가 되며 전기용량식 거칠기라고 한다.

$$H_s = \left(\frac{1}{C_1} - \frac{1}{C_2} \right) \frac{A \times 10^2}{36\pi} \qquad (8 \cdot 14)$$

단, C_2는 $H_s = 0$인 경우의 용량 [μF]이다. 전기용량식의 특징은 측정속도가 빠르고 측정값을 직접 읽을 수 있다. 또한 진동에 대해 민감하지 않으나 전극형상을 피측정면에 적절하지 않으면 안 되며 먼지, 습기 및 부착압력에 민감한 특성을 갖는다.

8.5.5 비접촉식 측정방법

피측정면에 미소 점 직경의 빛을 닿게 하여 그 반사광으로부터 표면거칠기를 구하는 방법이고, 피측정면의 거칠기에 의한 반사광은 광산란 현상이 생기고 산란광은 보통 정규분포의 특성을 갖는다. 이 반사광의 강도를 포토다이오드열로 검출하고 산란강도의 통계적 특성값을 해석하여 산술평균거칠기와 상관을 갖는 측정값을 표시할 수 있도록 한 것이다.

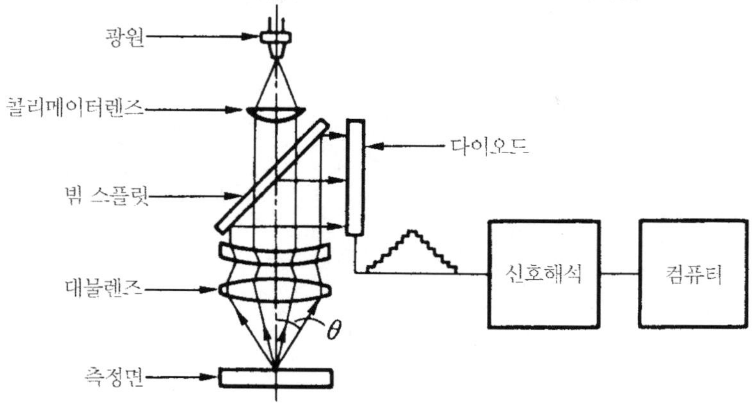

그림 8·38 평균거칠기를 구하는 방식의 광학계

제9장

진원도 측정

9.1 개 요

9.1.1 원형제품의 이해

제품의 진원도 오차는 회전정도, 기밀성, 조립성, 끼워맞춤성 및 마찰저항에 영향을 주며, 기계요소 중 회전하는 축이나 베어링의 조립부는 원형부분이 진원에서 벗어나면 소음·진동과 마모의 원인이 되며, VTR 헤드드럼은 화면 상질과 음질에 영향을 준다.

축, 베어링, 차륜과 같은 원형제품의 제조현장에서 진원도 측정은 제품이 어떤 형상으로 둥근 형태인지의 이해가 필요하다. 진원도는 가공제품의 원형부분이 기하학적 이상원(理想圓)으로부터 벗어난 크기를 수치와 단위로 표시하는 것이다.

공업제품은 진원도가 작은 공차 내에서 정밀측정, 즉 원형표면에서 기하학적 형상의 엄밀한 관리가 요구되며 진원도 및 그와 관련된 형상측정기가 사용되어 제품 설계자, 작업자, 검사원이 그 성질과 한계성 및 결과의 해석방법의 이해가 필요하다. 또한 진원도 측정결과는 기계의 성능감시, 공구마모의 검출, 작업순서의 효과적인 파악에 중요하다.

진원도는 기계요소의 원형형체가 2개의 동심인 기하학적 원 사이에 끼웠을 때 동심인 두 원의 간격이 최소가 되는 경우, 두 원의 반지름의 차이로 진원도 _mm 또는 _μm로 표시한다.

9.1.2 진원도 오차

기계 회전체의 축과 베어링은 원형으로 보이고 측정기를 이용하여 측정할 경우 일정한 직경을 갖게 되나 고배율로 보면 기복을 가짐으로서 회전체에 공급되는 윤활유의 막의 두께가 달라진다. 일정단면에서 원형을 이루는 원주상의 각 점이 동일거리에 있을 경우 진원이라고 할 수 있다. 그림 9 · 1과 같이 진원도 오차는 중심에서 원주상의 각 점까지 거리 차가 되며, 최대거리 r_1, 최소거리를 r_2라면 진원도 오차는 $r_1 - r_2$가 된다.

만일 A점이 중심점이면 진원도 오차는 $r_1 - r_2$이나 B점이 중심점이면 진원도 오차는 $r_3 - r_4$가 된다. 이와 같이 윤곽변동의 측정을 위한 중심을 찾는 것은 진원도 측정에 중요하다.

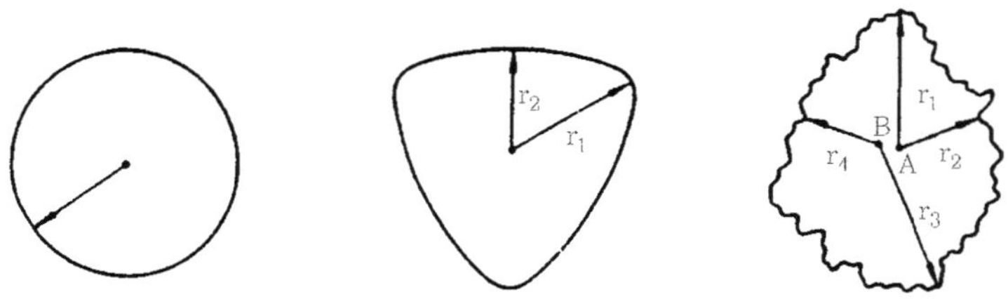

그림 9 · 1 진원과 진원의 중심

9.1.3 원통 형상

(1) 진원도 관련 형상오차

진원도와 관련된 형상오차는 그림 9 · 2와 같이 다양하게 나타난다.

① 2개의 다른 직경부분의 상호 동심(a)

② 원통구멍과 그 외축의 동심(b)

③ 구멍의 진직(c)

④ 수평면과 그 축심과의 직각(d)

⑤ 어깨부와 오목부분이 축심에 대한 직각 및 상하면의 평행(e)

자동차 엔진의 크랭크축은 그림 9 · 3과 같이 베어링은 크랭크 핀 사이에 있고, 전 길이에 걸쳐 직선성과 진원 및 축심이 베어링 축심과 평행이 요구된다. 크랭크축은 기능상 충격하중으로 인한 굽힘, 비틀림 및 전단하중을 연속적으로 받아 축 재료에는 큰 응력이 생긴다.

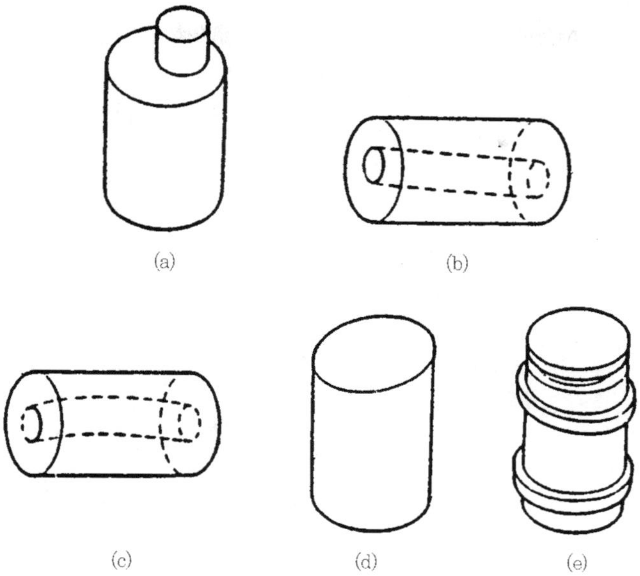

그림 9·2 다양한 진원도 형상오차

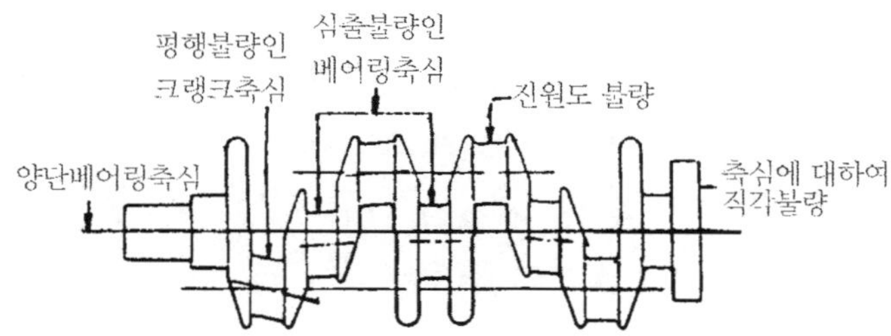

그림 9·3 크랭크 축의 기하학적 형상오차

따라서 크랭크축의 원활한 동작과 신뢰성을 위해 변형과 진동이 없어야 하고 축과 베어링의 기하학적 형상오차로 인한 영향이 없어야 한다. 이들 측정은 적절한 진원도 측정에 의해 측정가능하고 진원도의 결정은 요철, 산과 골의 불규칙성 및 돌기측정과 형상의 특성 파악이 중요하다.

9.1.4 측정치수와 실제치수의 차

돌기를 갖는 부품측정의 일례로 그림 9·4(a)와 같이 3개의 돌기를 갖는 부품은 길이 25 mm 홈에 끼워지지 않고 실제 그 이상의 구멍치수가 필요하다.

한편, 3개 돌기를 갖는 구멍도 25 mm 축은 들어갈 수 없고 그 이하 축에만 들어간다. 이러한 예는 각 돌기가 홀수부품에 대해 그림 9·4(b)처럼 표시하고 보통의 방법으로 측정될 때는 영향이 줄어들게 된다.

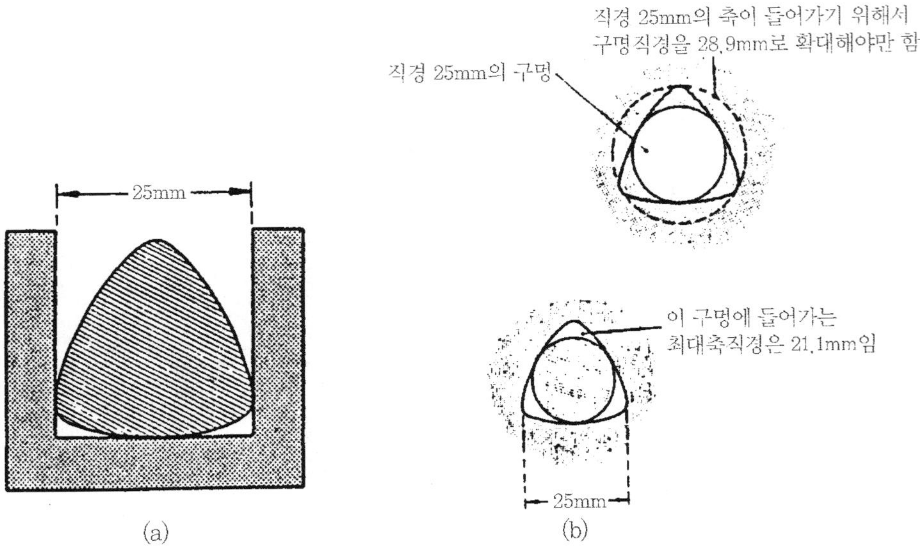

그림 9·4 삼각 돌기를 갖는 제품

9.1.5 제조과정 중 진원도 오차

기계부품의 진원도 오차는 제조과정 중 가공기의 열화, 공작물의 흔들림에서 발생된다. 양 센터 사이에서 연삭되는 축은 양 센터의 센터링이 불충분함으로써 축의 흔들림이 생긴다. 또한 환봉(丸棒)과 링 형상의 부품은 연삭 및 선삭할 경우, 소재를 물리면 접촉점이 압축되어 소재가 변형되어 응력이 발생된다.

기계에서 완전한 원형으로 가공된다 할지라도 척에서 탈착되면 응력이완으로 인하여 돌기가 형성된다. 인발, 압축가공 제품은 다이(Die) 마모에 의한 형상의 변화와 긁힌 자국에서 불완전함을 나타내게 된다.

선삭가공 제품의 공구마크는 진원도 오차로 잘 나타나지 않지만 마모된 공구나 부정확한 공구세팅에서 생기는 손상은 진원도를 측정할 경우 확실하게 나타난다. 이처럼 기계가공에서 부분적인 돌기발생을 방지하는 것은 매우 어렵게 된다.

9.2 진원도 측정법

9.2.1 측정기술

진원도의 측정방법은 반도체 및 전자기술, 컴퓨터 기술의 발전과 더불어 발달해 왔다. 간단한 진원도 측정은 V블록 및 센터지지대와 다이얼게이지를 이용하여 피측정물을 회전시켜 인디케이터 지침의 흔들림으로 진원도를 측정해 왔다. 이러한 측정법은 간편하여 널리 사용하고 있으나 피측정물 및 측정자를 교환하면 다른 측정결과가 초래된다.

진원도 측정값은 반경법 이외에 삼점법의 측정값에 대해서도 반드시 원형부분을 지지하는 두 점간의 구성각도 및 사용 게이지를 표기해야 한다.

9.2.2 삼점법(三點法)

부품을 그림 9·5와 같이 V블록, 마승(馬乘)게이지, 삼각(三脚)게이지에 제품을 설치하고 1회전시킬 때 최대 변위량의 값이다. 이때 두 점 수직이등분의 선상에 검출기를 놓고 윤곽 이동거리의 최대값과 최소값의 차로서 진원도 값으로 한다.

원통의 불규칙성이 V블록 양 사면에 접촉하여 다이얼게이지 측정자를 상하로 변화시키며, 이때 지침의 이동량은 부품의 불규칙인 높이와 V블록 각도에 관련되게 된다. 또한 기복이 측정자 아래를 지날 때 블록경사면에 접하면 다이얼게이지는 부품회전의 3배 영향을 받기 때문에 기복간격이 규칙적일 때는 측정값이 달라진다.

삼접법은 간단하여 현장검사에서 많이 이용되며 일정각도의 블록을 이용하고 다이얼게이지 읽음값이 고정도의 값을 나타낼 수 없어 고정도의 진원도 값을 요구하는 경우가 아니면 자주 사용된다.

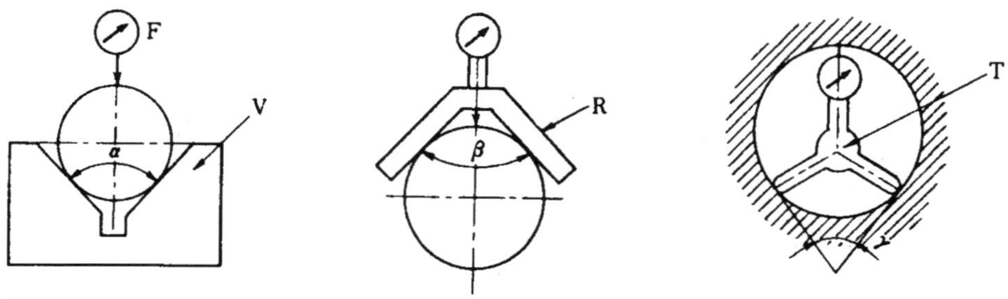

(a) V블록 (b) 마승게이지 (c) 삼각게이지

그림 9·5 3점법에 의한 진원도 측정

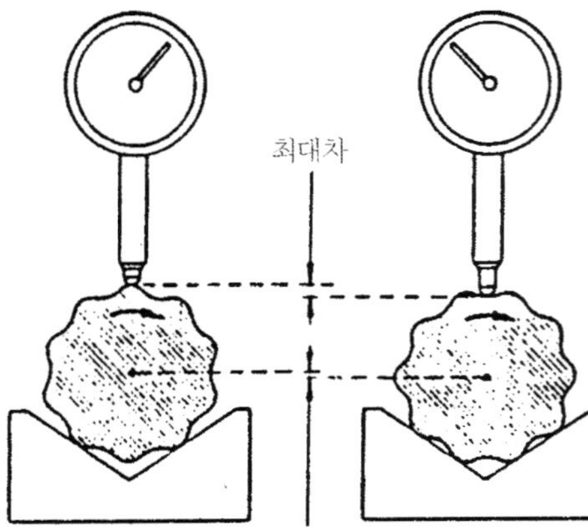

그림 9·6 V블록에서 부품의 상하이동

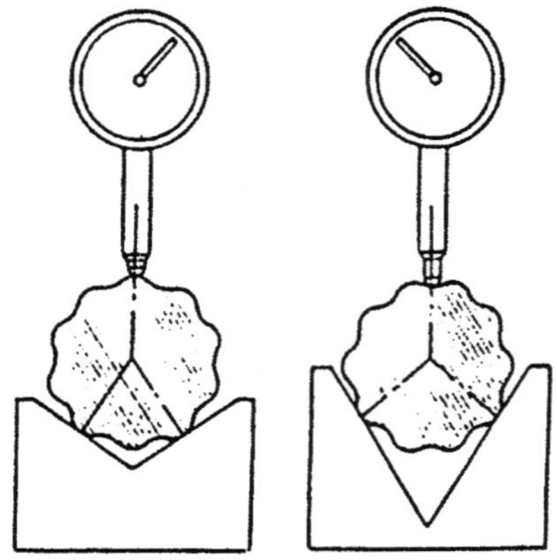

그림 9·7 V블록 각도에 따른 차이

보다 정확한 측정방법은 양 센터 사이에 부품을 회전시켜 진원도 오차, 축의 휨 변형 및 중심 부정확도를 파악할 수 있다. 이 경우 다이얼게이지를 부품의 단부에 위치시키면 휨과 굽힘 변형은 다소 감소되나 진원도 오차는 정확하지 않게 된다.

그림 9·8의 단면중심 O주위에 기준원통과 변형원통의 반경 차를 ΔR로 하면 각도 Θ위치에서 반경 차는 다음과 같다.

$$\Delta R_0 = a_0 + a_1 \cos(\Theta + \psi_1) + \sum_{n=2}^{n} a_n \cos(n\Theta + \psi_n) \qquad (9 \cdot 1)$$

즉, 프리에(Fourier) 급수이며 식의 우변 제1항은 평균원과 기준원의 반경차, 제2항은 두 원의 편심, 세 번째 항은 진원도 오차에 상당한다. 원통부품을 그 위치에서 회전시키

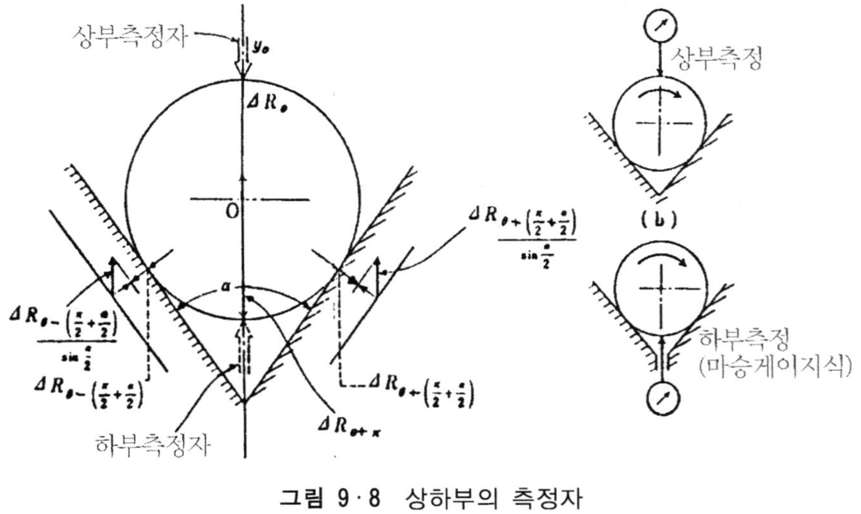

그림 9·8 상하부의 측정자

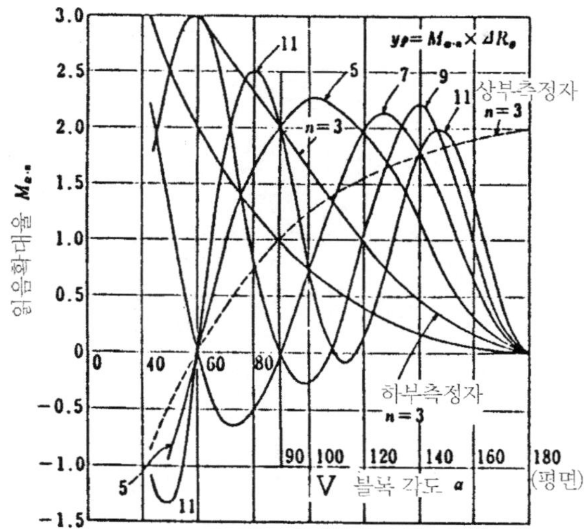

그림 9·9 V블록에 의한 홀수계 주기 진원도 오차의 측정확대율 :
쇄선 $n=3$은 (b)의 경우 $n=5$ 이상, (b), (c)배율 같음

면 블록과 접촉부에서 변하여 측정자는 움직임이 변화하며 읽음 변화를 Y_Θ로 한다면 다음과 같다.

$$Y_\Theta = \Delta R_\Theta + \frac{1}{2\sin\frac{\alpha}{2}}\left[\Delta R_\Theta + \left(\frac{\pi}{2} - \frac{\alpha}{2}\right) + \Delta R_\Theta - \left(\frac{\pi}{2} - \frac{\alpha}{2}\right)\right] \qquad (9 \cdot 2)$$

여기서 V블록의 V홈의 각도를 α라 하고 식 (9·1)을 식 (9·2)에 대입하면 식 (9·3)이 얻어진다.

$$Y_\Theta = \left(1 + \frac{1}{2\sin\frac{\alpha}{2}}\right)a_0 + \sum_{n=2}^{n} a_n \left[1 + \frac{\cos n\left(90° + \frac{\alpha}{2}\right)}{\sin\frac{\alpha}{2}}\right]\cos(n\Theta + \psi_n) \qquad (9 \cdot 3)$$

만약 원둘레에 n개 산이 있다면 n번 항을 취하면 식 (9·4)가 된다.

$$Y_{\Theta \cdot n} = \left[1 + \frac{\cos n\left(90° + \frac{\alpha}{2}\right)}{\sin\frac{\alpha}{2}}\right] a_n \cos(n\Theta + \psi_n) = f_{\alpha \cdot n} \times \Delta R_{\Theta \cdot n} \qquad (9 \cdot 4)$$

단, $f_{\alpha \cdot n} = \left[1 + \frac{\cos n\left(90° + \frac{\alpha}{2}\right)}{\sin\frac{\alpha}{2}}\right]$ = 원둘레 n 요철파에 대한 확대율이다.

예를 들면 $\alpha=90°$, $n=3$이라면 $f_{90 \cdot 3}$이나 보통 산수만 나타내서 흔들림의 배율 f_n으로 표시하기도 한다.

$$\cdot \text{V블록의 경우} : f_n = \left| 1 + \frac{\cos n\left(90° + \frac{\alpha}{2}\right)}{\sin\frac{\alpha}{2}} \right|$$

$$\cdot \text{마승게이지의 경우} : f_n = \left| 1 - \frac{\cos n\left(90° - \frac{\beta}{2}\right)}{\sin\frac{\beta}{2}} \right| \qquad (9 \cdot 5)$$

$$\cdot \text{삼각게이지의 경우} : f_n = \left| 1 + \frac{\cos n\left(90° + \frac{\gamma}{2}\right)}{\sin\frac{\gamma}{2}} \right|$$

보통 진원도 Δr를 표시할 때 피측정물의 원통을 1회전시킨 경우 지침측미기 읽음의 최대값과 최소값 차를 F_n으로 나누어 구한다.

$$\Delta r = \frac{Y_{max} - Y_{min}}{f_{\alpha \cdot n}} \qquad (9 \cdot 6)$$

Y_{max} : 측미기 읽음의 최대값, Y_{min} : 측미기 읽음의 최소값

삼점법에 의한 진원도 측정에서 등경왜원(等徑歪圓)의 진원도 판단은 가능하나 각도 α, β, γ와 요철의 개수에 따라 측정값이 달라지며, 가장 이상적인 상태는 $f_n=0$으로 측정해야 한다.

표 9·1 f_n의 값

	n	각도	2	3	4	5	6	7	8	9	10	11	12
V블록	α	60°	0	3	0	0	3	0	0	3	0	0	3
		90°	1	2	0.41	2	1	0	2.41	0	1	2	0.41
		120°	1.58	1	0.42	2	0.16	2	0.42	1	1.58	0	2.16
		150°	1.90	0.27	1.52	0.73	1	1.27	0.48	1.73	0.10	2	0.04
마승 게이지	β	60°	2	3	2	0	1	0	2	3	2	0	1
		90°	1	2	2.41	2	1	0	0.41	0	1	2	2.41
		120°	0.42	1	1.58	2	2.16	2	1.58	1	0.42	0	0.16
		150°	0.10	0.27	0.48	0.73	1	1.27	1.52	1.73	1.90	2	2.04
삼각 게이지	γ	60°	0	3	0	0	3	0	0	3	0	0	3
		90°	1	2	0.41	2	1	0	2.41	0	1	2	0.41
		120°	1.58	1	0.42	2	0.16	2	0.42	1	1.58	0	2.16
		150°	1.90	0.27	1.52	0.73	1	1.27	0.48	1.73	0.10	2	0.04

9.2.3 반경법(半徑法)

환봉(丸棒)이 진원이 아닌 등경변형원일 때 정삼각형의 각 정점을 중심으로 한 반경 r의 작은 원 3개와 동일중심으로 작은 원에 접한 반경 R의 큰 원을 그려 연결한 곡선은 평행한 두 평면 사이에서 측정하면 어느 장소나 $d=r+R$이 되고 평행한 두 평면사이에서 어느 방향이나 측정하면 진원이 될 수 없다.

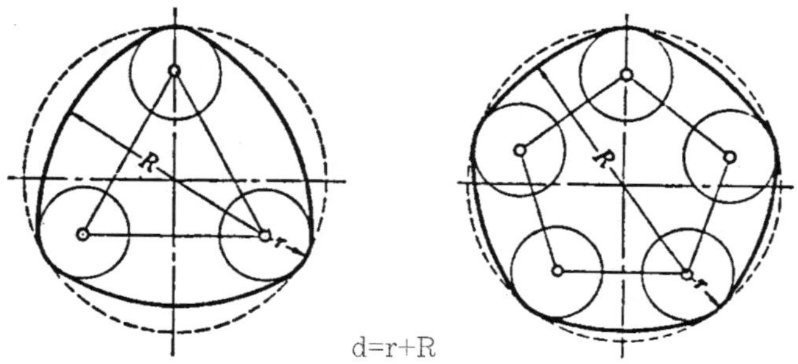

그림 9·10 반경법에 의한 진원도 측정

반지름법의 진원도 Δr 측정은 피측정물을 가중심(假中心) 주위에 회전시켜 각 회전위치 θ_i에서 축에 직각인 단면으로부터 가중심 축까지 거리 $r(\theta_i)$를 구한다. 가중심과 회전중심과의 일치는 매우 어려워 고정도 측정일 경우 회전중심과 부품중심의 편심량 $E(\theta)$를 산출하여 측정값을 보정해야 한다.

그림 9·11에서 O′가 진원중심이고 중심점 O가 δ만큼 편심될 때 P점에서 측정한 OP의 ρ_0와 OP와 $(\theta-\psi)$각도를 Q점에서 측정한 값 $\rho(\theta)$와 차 Δ는 식 (9·7)과 같다.

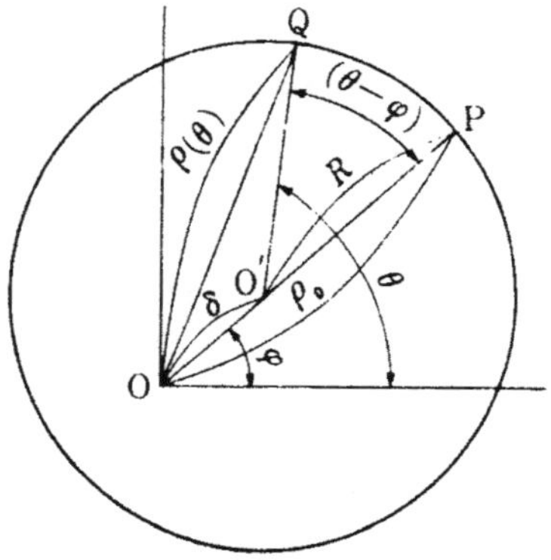

그림 9·11 반경법의 편심 오차

$$\Delta = \rho_0 - \rho(\Theta) = R + \delta - \sqrt{R^2 + \delta^2 + 2R\delta\cos(\Theta - \psi)}$$
$$= R + \delta - \sqrt{R^2 + 2R\delta + \delta^2) - 2R\delta[1 - \cos(\Theta - \psi)]}$$
$$\fallingdotseq \frac{R\delta}{R+\delta}[1 - \cos(\Theta - \phi)] \qquad (9 \cdot 7)$$

진원에서 오차는 원둘레에 대해서는 다음과 같다.

$$\rho(\Theta) - \rho_0 = \varepsilon(\Theta) \qquad (9 \cdot 8)$$

$\varepsilon(\Theta)$는 Θ에 있어 주기함수이므로 프리에(Fourier) 급수에 의해

$$\varepsilon(\Theta) = A_0 + A_1\cos\Theta + A_2\cos 2\Theta + \cdots\cdots + A_n\cos n\Theta$$
$$+ B_1\cos\Theta + B_2\cos 2\Theta + \cdots\cdots + B_n\cos n\Theta \qquad (9 \cdot 9)$$

여기서 A_0는 평균원의 반지름 A_n, B_n은 상수이다.

A_0는 측정자 읽음기준에 의한 눈금상수이고, $A_0 + A_1\cos\Theta + B_1\sin\Theta$는 편심 Δ에 상당한다.

피측정물이 진원에서 벗어난 오차를 $\varepsilon_e(\Theta)$라 하면 다음과 같다.

$$\varepsilon_e(\Theta) = \varepsilon(\Theta) - (A_0 + A_1\cos\Theta + B_1\sin\Theta)\text{이면} \qquad (9 \cdot 10)$$
$$\varepsilon_e(\Theta) = \varepsilon_e(\Theta) - E(\Theta) \qquad (9 \cdot 11)$$

여기서 $E(\Theta)$는 편심보정 항목, 측정물 둘레를 m등분하는 경우, 상수 A_0, A_1, B는 다음 식으로 구한다.

$$A_0 = \frac{1}{2\pi}\int_{-\pi}^{\pi}\varepsilon(\Theta)d\Theta$$
$$= \frac{1}{2\pi}[\varepsilon_0(\Theta) + \varepsilon_1(\Theta) + \cdots\cdots\varepsilon_{m-1}(\Theta)]\frac{2\pi}{m} = \frac{1}{m}\sum_{n=0}^{m-1}\varepsilon(\Theta) \qquad (9 \cdot 12)$$

$$A_1 = \frac{1}{\pi}\int_{-\pi}^{\pi}\varepsilon(\Theta)\cos d\Theta$$
$$= \frac{1}{\pi}[\{\varepsilon(\Theta)\cos\Theta\}_0 + \{\varepsilon(\Theta)\cos\Theta\}_1 + \cdots\cdots\{\varepsilon(\Theta)\cos\Theta\}_{m-1}]\frac{2\pi}{m}$$
$$= \frac{2}{m}\sum_{n=0}^{m-1}\varepsilon(\Theta)\cos\Theta \qquad (9 \cdot 13)$$

동일한 방법으로

$$B_1 = \frac{2}{m}\sum_{n=0}^{m-1}\varepsilon(\Theta)\sin\Theta \qquad (9 \cdot 14)$$

따라서

$$A_0 = \frac{1}{m}\sum_{n=0}^{m-1}\varepsilon(\Theta),\ \ A_1 = \frac{2}{m}\sum_{n=0}^{m-1}\varepsilon(\Theta),\ \ B_1 = \frac{2}{m}\sum_{n=0}^{m-1}\varepsilon(\Theta)\sin\Theta \qquad (9\cdot15)$$

실제로는 $m=12$, 24, 48 정도이며 $m=12$로 했을 경우

$$A_0 = \frac{1}{12}\sum_{n=0}^{11}\varepsilon(\Theta),\ \ A_1 = \frac{1}{6}\sum_{n=0}^{11}\varepsilon(\Theta)\cos\Theta,\ \ B_1 = \frac{1}{6}\sum_{n=0}^{11}\varepsilon(\Theta)\sin\Theta \qquad (9\cdot16)$$

식 (9·16)에서 A_0, A_1 및 B_1을 구해 각각의 측정위치에서 그 각에 따른 보정값은 식 (9·17)과 같다.

$$E(\Theta) = A_0 + A_1\cos\Theta + B_1\sin\Theta \qquad (9\cdot17)$$

따라서 실제의 측정값 $\varepsilon(\Theta)$값에서 A_0, A_1 및 B_1을 구해 그것으로 $\varepsilon_e(\Theta)$를 산출하면 된다.

9.2.4 직경법

측정물의 직경을 마이크로미터나 지침측미기로 임의의 직각방향에서 두 거리의 최대값과 최소값의 차로써 표시되며 KS규격에는 폐지되었다.

9.2.5 진원도 값의 표시

일반적인 측정기나 측정보조구를 이용하여 진원도를 측정할 경우 반경법 이외의 측정값에 대해서는 원형부분을 지지하는 부분의 각도 및 사용하는 게이지를 나타내야 한다. 예를 들면

진원도(직경법) _____mm(또는 μm)

진원도(삼점법 120° 마승게이지) _____mm(또는 μm)

9.3 측정기에서 이론 응용 및 해석

9.3.1 진원도 측정 이론

검출기 회전방식이나 테이블 회전방식 모두 회전중심의 축심과 피측정물 단면의 중심축과 일치시키는 것은 불가능하다. 따라서 기록된 원형과 원형 그래프용지 중심을 항

상 벗어나지만 기록원반경에 대해 15% 정도까지 보통 허용된다.

엄밀히 하면 편심을 도형중심에 위치하도록 이론적인 보정을 측정 중 또는 측정 후에 해야한다. 검출기 회전방식이나 다른 편심 보정방식에 의한 테이블을 이용하여 진원도 측정 및 다른 형상오차 측정에도 참고가 된다.

식 (9・8)에서 편심오차는 $\rho(\Theta)-\rho_0=\varepsilon(\Theta)$가 되며, 거기서 Θ는 임의 점을 원점으로 한 원주상의 각도 Θ이며, 식 (9・10)에서 A_0는 측정자 또는 기록펜의 기준점에서 눈금의 정수이고, $\varepsilon_e(\Theta)$는 바른 중심에 의한 오차의 기록값으로 볼 수 있다.

기록지 중심을 원점으로 하여 측정물 둘레를 m등분할 때 각도분할 위치에서 각각 스케일에 의해 측정한다면 식 (9・15), (9・16), (9・17)이 된다. 계산에 의해 m등분은 12～48 정도까지 계속 편심 보정값을 얻어 $\varepsilon_e(\Theta)$는 각도 분할마다 계산된다. 단, 일반 목적의 측정에는 기록 편심량이 평균반경의 15% 이내라면 기록상에서 수치를 측정해도 오차는 근소하다고 할 수 있고 0.15% 이내라면 $0.15\,\varepsilon_e(\Theta) > (A_1^2+B_1^2)^{\frac{1}{2}}$가 된다.

컴퓨터에 의한 평균원 $\varepsilon_e(\Theta)$의 계산은 진원도 측정기의 기준으로 간단히 처리된다. 동일한 것을 직교좌표에서 최소자승법으로 설명하는 문헌도 있으나 어느 것도 $E(\Theta)$는 반경 A_0, 중심좌표 $([A_1^2+B_1^2]^{\frac{1}{2}},\ \tan^{-1}B_1/A_1)$의 최소자승원을 나타내고, $\varepsilon(\Theta)$의 $(A_2,\ B_2), (A_3,\ B_3)$ 이하의 각 항은 원주오차를 나타낸다.

9.3.2 이론식의 주기적 오차

주기적 오차와 A_2, B_2 이하 각 항은 프리에급수 A_2, B_2 이하가 각각 원주상에 있어 주기적 오차는 다음과 같다.

$A_2\cos 2\Theta + B_2\sin 2\Theta$ …………… 타원오차

$A_3\cos 3\Theta + B_3\sin 3\Theta$ …………… 등경왜원이 아닌 경우 삼각오차

$A_4\cos 4\Theta + B_4\sin 4\Theta$ …………… 사각 오차

$A_5\cos 5\Theta + B_5\sin 5\Theta$ …………… 오각 오차

즉, A_1, B_1항은 회전축에서 편심에만 관여하고 원통높이에 대응하여 XZ축 단면을 몇 개소이든 진원도 측정을 했다고 했을 때 $(A_1^2+B_1^2)^{\frac{1}{2}}$이 동축도 오차를 나타내는 지표가 된다. 또 A_1, B_1항이 변화가 없을 때는 $(A_1,\ B_1)$ …… $(A_i,\ B_i)$의 값이 증감했다고 하면, 그들의 최대, 최소값이 원통도 값이 된다.

결과적으로 삼점법은 이론적으로는 엄밀하지 못하나 간단하게 구할 수 있어 많이 사

용되고 있으며, 반경법은 이론적으로 엄밀하나 종래 회전중심과 차를 제거하기 위해 측정방법에 따른 계산방식이 불편하다.

근래 전자기술의 발전으로 구심조작이 자동수행되어 피측정물의 센터가 없어도 테이블 위에 피측정물을 올려놓고 측정할 수 있다.

9.4 진원도 측정기

9.4.1 측정기 구비요소

(1) 진원도 측정은 회전시켜 측정한다.

부품이 고정된 측정장치를 회전하면서 측정하는 테이블 회전식 또는 정지된 부품을 측정자가 회전하면서 측정하는 검출기 회전식으로 구분한다. 이때 회전의 의미는 진원도 측정전반에 걸쳐 밀접한 관련이 있고 정적인 부품직경의 측정만으로는 진원도 측정은 불가능하다.

(2) 회전체의 중심은 측정부품의 축심과 무관하여 측정된다.

부품자신이 회전체 표면일 때 표면의 불규칙성으로 인하여 부품을 상하로 이동시키면 진원도 측정에서 구해진 중심과 일치하지 않는다.

(3) 측정장치는 검출장치가 있어야 한다.

회전하는 측정대를 이용할 경우 측정량의 변화를 감지하여 전기적 변환기(pick up)를 통해 촉침의 움직임을 전기신호로 변환시키는 장치가 있어야 한다. V블록 및 센터지지대를 이용한 진원도 측정은 다이얼게이지가 적절하나 정밀회전일 경우 전기마이크로미터도 사용이 가능하다.

(4) 측정기는 측정값을 읽을 수 있는 지시계가 있어야 한다.

전기적 픽업장치의 진원도 측정기는 측정결과를 미터(meter) 또는 원형도형으로 기록해야 한다.

(5) 측정기의 기준 데이텀은 스핀들의 회전중심이다.

재현성이 있는 진원도 측정은 정확한 데이텀(Datun) 또는 기준중심이 있어야 가능하며 모든 측정기 데이텀은 스핀들의 회전중심이다.

피측정물과 검출기 조정은 거친 조정과 미소조정이 있고 이들은 측정기 사용을 간단하게 하고 측정의 준비시간 단축에 필요하나 기본사항은 아니다. 피측정물의 자중으로 인한 변형의 부정확도를 제거하기 위해 축심의 세로방향에서 측정한다.

9.4.2 측정기 형식

(1) 테이블 회전형

테이블 회전형은 피측정물을 올려놓는 테이블이 회전하는 형태로서 한번 세팅한 피측정물의 높이, 외경이 다른 부분을 측정할 수 있고 단면에 대한 직각도, 평행도도 세팅 변경 없이 가능하며 온도변화의 영향이 적다.

① 검출기가 스핀들과 함께 회전하지 않아 동심도나 진원도와 관련 측정에 적합하다.

② 검출기가 외측에서 내측으로 위치변환 하는 경우에는 기준축심에 전혀 영향이 없다.

③ 검출기를 수직방향에 진직으로 이동할 수 있어 진직도 측정이 가능하다.

④ 측정물 중량이 스핀들 베어링에 영향을 주어 부품중량과 허용편심량에 한도가 있다.

⑤ 측정기에 대해 시험편 센터링을 위한 미조정을 위한 회전테이블의 회전 등 다소 번잡스럽다.

(2) 검출기 회전형

검출기 회전형은 테이블에 피측정물을 올려놓고 검출기를 접촉시킨 후 회전시켜 측정하는 방법이다. 피측정물 중량에 관계없이 검출기가 회전스핀들에 걸리는 부하가 일정하여 회전정도가 일정하고 검출기 회전중심과 피측정물 구멍중심과의 센터링 및 경사조정이 쉽다. 또한 측정 축이 시료중심에서 편심된 경우라도 불균형에 의한 회전정도에 지장을 주지 않는다.

① 정밀스핀들이 비교적 경량인 검출기를 지지하여 고정도의 측정값이 얻어진다.

② 재물대는 측정시스템의 부분에는 없어 견고하게 제작이 가능하고 측정물 중량이 성능에 영향을 주지 않는다.

③ 비대칭적인 중량물에서 측정구멍이나 면 중심에서 벗어나더라도 형식의 제한을 받지 않기 때문에 긴 축 및 크랭크축 측정에 적당하다.

(3) 측정기 조정

측정배율은 기계적 변위가 전기변환되어 기록펜의 움직임까지 증폭되는 배율은 보통 100, 200, 500, 1,000, 5,000, 10,000, 20,000배의 단계로 선택사용이 가능하고 센터링은 저배율에서 고배율로 지시계에 보면서 수동으로 조작한다.

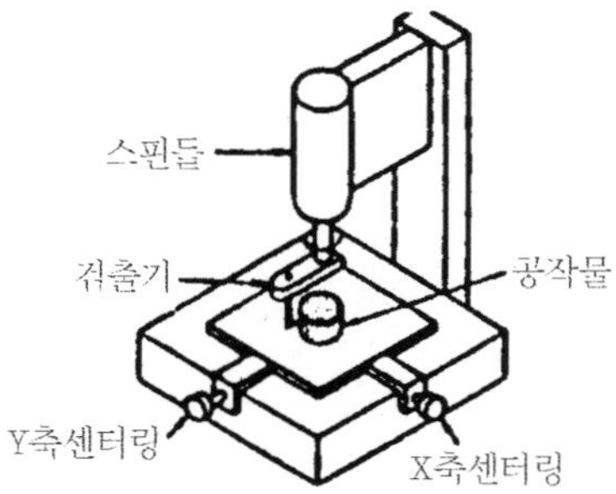

(a) 검출기 회전형

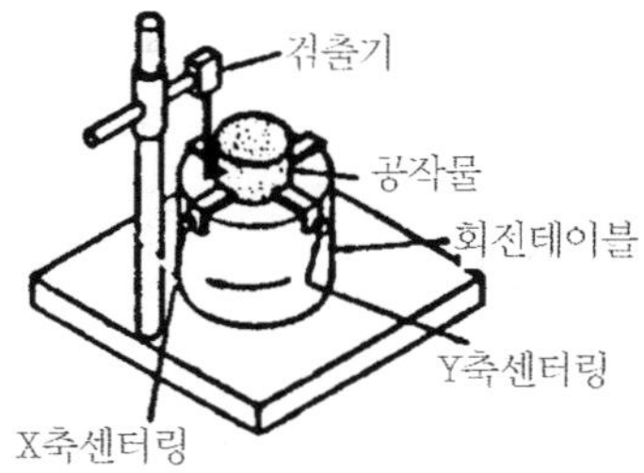

(b) 테이블 회전형

그림 9·12 진원도 측정기의 형식

진원도 측정에 있어 회전축의 회전정도가 중요하며 검출기 회전식은 베어링의 간격 0.04μm, 테이블 회전식에는 0.05μm 이내로 허용된다. 또한 회전축 수직면 내에서 흔들림 정도도 중요하다. 보통 검출기 회전에서는 구면베어링, 테이블 회전식은 공기베어링이 이용되고 있으며, 보통 회전수는 2~5 rpm 정도이다.

9.4.3 측정기 시스템

(1) 검출 · 증폭 · 필터 · 연산

진원도 측정기 검출기의 기계-전기변환은 변위형, 차동변압기형이 많이 사용된다. 검출형식은 레버식이 많고 측정자는 φ1.2~1.6 mm 크기의 초경 볼이 사용된다. 차동트랜스의 출력은 반송파에서 변조한대로 증폭된 다음 위상검파되어 기록장치에 입력된다. 진원도 오차의 요철을 제어하는 필터를 고배율로 하면 표면의 불규칙성을 나타낼 수 있다.

필터의 특성과 Cut off값은 9.5.5장에서 설명하며, 진원도 측정기 측정계를 그림 9 · 13에 나타냈다.

(2) 진원도 측정오차의 문제

a) 테이블 또는 검출기 회전중심축과 시료중심축의 보정(0ff Set) 문제

측정기의 중심축과 시료 원통면의 중심축과의 불일치로 인한 편심량 e가 원형기록도형상에서 e×측정배율만큼 편심으로 되어 나타난다. 최초 측정에서 센터링은 측정배율에 나쁜 영향을 준다.

따라서 테이블 중심선을 측정축에 맞추어 시료를 중심축에 가깝게 테이블 상에서 이동시거나 또는 테이블 면을 $X-Y$방향으로 조정나사로 움직여 미터지침에 따른 센터링

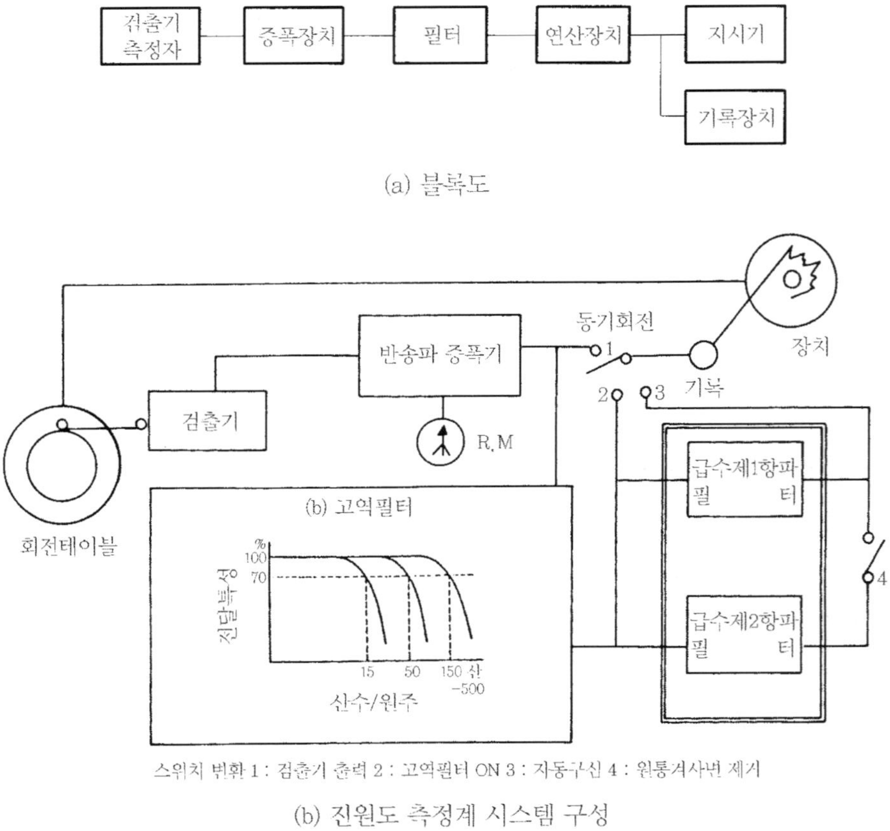

그림 9·13 측정계의 블록구성도

을 기구를 이용한다.

b) 측정부와 시료저면의 직각도 문제

진원도 측정부와 원단면과 시료저면의 직각도가 벗어나면 벗어나 정도만큼 타원이나 진원도 값이 좋지 못한 상태가 된다.

c) 편심허용 한계의 문제

진원도 측정에 있어 현장에서 허용되는 편심의 한계는 기록배율 M, 측정 원통의 위치편심량 e, 기록지상의 평균원 반경을 35 mm라고 할 때 편심 그대로 기록되는 오차는 표 9·2와 Me값이 된다.

표 9·2 기록편심

기록편심 Me · mm	1.25	2.5	5.0	7.5	12..5
기록반경차$(Me)^2/2R$ mm	0.02	0.08	0.32	0.9	2.22

보통 진원도 측정에서의 기록편심량은 평균반경의 15% 이내지만 이는 원형변형의 허용값으로 되어 있다. 또한 그림 9 · 14와 같이 시료 원통면의 직경 반대측인 점은 기록도형상에서 회전중심을 통하는 직선상에 존재해야만 한다.

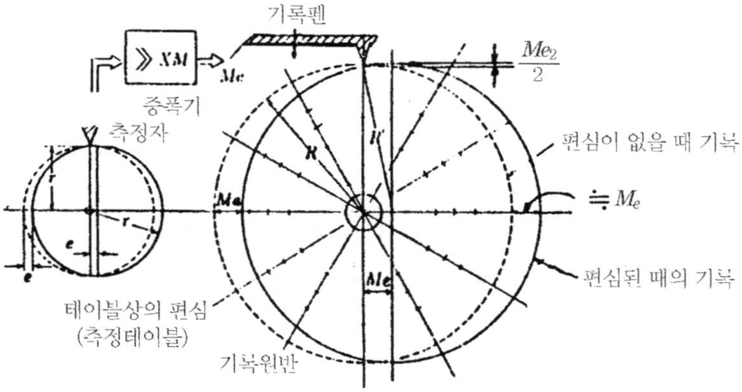

그림 9 · 14 진원도 측정기의 편심 기록

진원도 측정기의 편심 및 회전축심과 시료기준 축심과의 기울기에 대해서는 측정준비 작업시에 보정할 경우 많은 시간과 노력이 필요하였으나 최근에는 컴퓨터의 기능에 의해 자동적으로는 보정되며 그에 따라 측정값의 해석이 다양하게 된다.

(3) 편심경사의 자동보정

그림 9 · 15와 같이 검출기에서 증폭기를 거쳐 출력되는 것은 아날로그 신호이며 편심이나 경사에 의한 오차값을 포함하고 있다. 이 오차는 특성상 회전각도에 대한 주기의 함수로 나타나는 특성이 있어, 이를 이용하여 프리에급수 1차, 2차항 신호값에서 각 회전각도 위치마다 보정된다.

초기에는 아날로그량 그대로 보정하였으나, 현재는 A/D변환을 하지 않고 회전각에 대해 디지털량으로 처리된다.

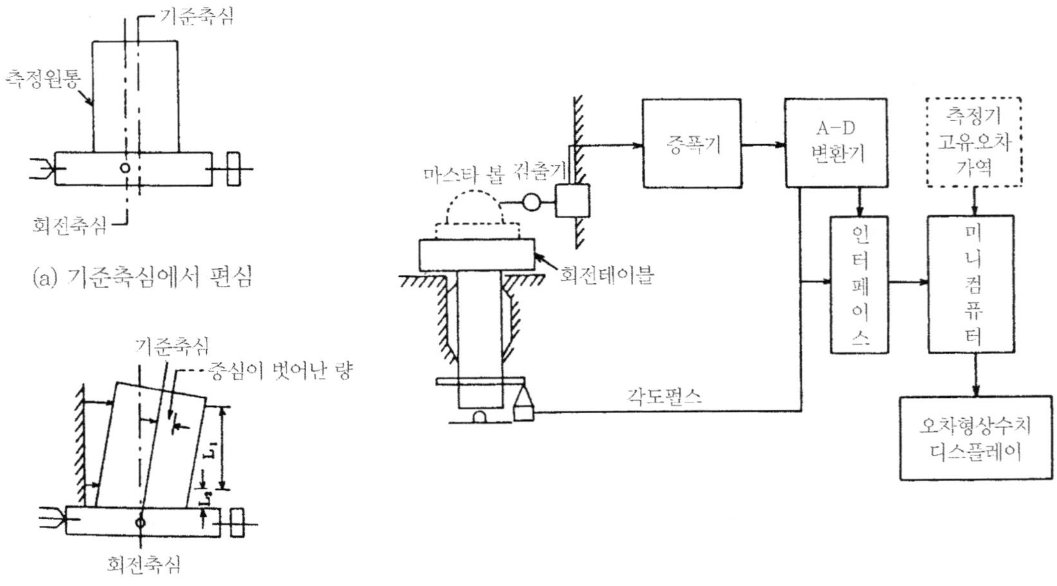

(a) 기준축심에서 편심

(b) 회전축과 경사

(c) A/D 변환에 의한 컴퓨터기능의 도입으로 테이블회전정도를 자기보정기능 마스터볼 측정에 의한 보정값 기억

그림 9·15 측정기의 자체 보정

(4) 시료경사의 보정

동일시료에서 2개 이상의 단면에 대한 형상오차를 구할 경우 시료경사량이 바로 오차로 나타난다. 보정은 임의 L_1, L_2 위치의 단면곡선에 대해 최소자승중심을 그림 9·15 (a)와 같이 구하여 기록중심과 일치하도록 보정한다.

(5) 측정값의 전개적인 해석

아날로그량에 의한 원형기록에서 진원도를 구할 경우 종래의 방법은 동심원을 갖는 투명판에 대고 소요조건을 만족하는 기록상의 수치를 읽어 각 정의에 따른 측정값을 구하였다. 이 해석방법은 아날로그 기록에는 한계가 있었으나 A/D변환을 하지 않고 컴퓨터 기능을 이용하면 각도 위치마다 얻어진 디지털 측정값은 그 데이터를 조합하여 매우 확장된 재배열에 의해 데이터의 변환이 가능하다.

9.4.4 측정기의 주요부

(1) 스핀들(spindle)

측정기에서 가장 핵심부분으로 진원도 측정의 정도는 회전의 정확성이 관건이 된다. 회전축심은 모든 측정의 데이텀이며 스핀들이 회전하는 공간의 일정한 위치에서 편차가 작고 베이링 정도가 우수해야 한다. 측정기 스핀들의 베어링은 트러스트베어링으로 회전강구와 패드를 사용하는 윤활 또는 경윤활 베어링이 있다. 별도의 보수가 필요 없고 속도와 부하가 변동해도 정도유지가 가능하며 다소의 부하편차가 허용된다.

(2) 베어링(Bearing)

진원도 측정기에는 구름베어링, 유체베어링, 공기베어링(Air Bearing), 유정압베어링(油靜壓 Bearing)이 사용된다.

a) 구름베어링은 종 방향과 원주방향으로 스핀들을 지지한다.

b) 유체베어링은 스핀들의 정지상태에서 두 개의 구상베어링 사이에 금속끼리 접촉이 되나 스핀들의 회전시 회전면에 얇고 균일한 유막이 형성된다. 회전속도가 일정할 경우 유막두께는 일정하나 저속 및 큰 부하상태에서는 유막의 파괴로 부하가 작고 회전속도가 일정한 검출기 회전형이 사용된다.

c) 공기 베어링(Air Bearing)

이동의 정확도와 부하능력이 동시에 요구되는 삼차원 측정기와 테이블 회전식 진원도 측정기는 공기베어링이 사용되며, 공급되는 공기는 깨끗하고 건조상태이어야 한다.

d) 유정압 베어링(油靜壓 Bearing)

기름이 스핀들 하우징 틈 사이에 가압되어 스핀들이 회전하거나 정지해도 유막이 존재하며 기름은 공기보다도 점도가 큰 이점이 있다. 스핀들과 하우징의 틈을 크게 하면 베어링의 강성이 켜져 정도, 진동감쇠능력, 저마찰 측면에서 우수하다. 대형테이블 회전식 측정기나 스핀들 진직도용 베어링을 사용하면 좋다.

(3) 검출기

촉침의 미소변위를 전기적 신호변환하는 것으로 가변용량식 변환기가 많이 사용된다. 촉침 암(Stylus Arm)에 접속된 접편이 용량변화에 대응하여 두 코일 사이를 움직인다. 접편이 코일 사이의 중앙에 있을 때 브리지가 평행되어 출력될 수 없도록 직류브리지 회로에 접속되어 있다. 접편이동시 브리지는 그 움직임에 비례한 출력을 내고 그 신호의 위치는 이동방향에 따르며 그 신호가 증폭되어 미터 또는 기록계를 동작시킨다.

진원도 측정기의 검출기 감도는 촉침암의 길이가 약 65 mm로 촉침의 움직임이 0.025 μm에 응답해야 되므로 접편 움직임은 매우 작고 브리지회로의 출력은 촉침의 움직임보다 20,000배 이상의 움직임을 펜에 줄 수 있도록 증폭되어야 한다.

제품표면에 닿는 촉침의 힘은 검출기로 조정되고 방향도 변경할 수 있어 검출기는 외측 및 내측 겸용으로 사용된다. 촉침의 형태는 구형, 반구형, 원통형, 침형이 사용되고 재료는 담금질강, 초경합금, 다이아몬드 및 사파이어가 이용된다.

(4) 증폭기

미리 설정된 일련의 배율 확대 이외에 윤곽신호 여과장치가 있다.

(5) 기록계

잉크식, 열감응식 또는 컴퓨터에 연결하여 프린터에 의해 출력되고 기록의 최고속도는 6회전/분으로 제한하며 고속으로 하면 촉침이 튀어 오르게 된다. 전기적 작용에 의해 선명하고 가는 선을 그리며 원형으로서 가운데에 구멍이 동심인 원형좌표가 출력된다. 기록계의 주파수 응답은 윤곽의 미세 부분이 어느 정도 정확히 재현되는가 결정하는 중요한 요소가 된다.

9.4.5 진원도 측정기의 재특성

공작물 표면의 요철에 촉침이 접촉하여 산과 골의 윤곽을 정확하게 그려내야 하므로 너무 고속으로 회전하면 촉침이 튀어 오른다. 다른 기계적인 제약조건은 기록계의 펜이 촉침 움직임에 정확히 추종해야 한다. 측정기의 주파수응답을 갖는 기록계는 스핀들이 6회전/분 이하는 시료원주상의 등간격인 기복 500산/회전을 골라낼 수 있다.

9.4.6 측정시 주의사항

a) 측정기는 외부진동이 차단되는 장소에 설치한다.
b) 고배율 측정시 공기흐름에 영향을 받지 않게 한다.
c) 가공조건에 따른 필터값을 선택한다.
d) 회전테이블이 공기베어링식일 경우 공기공급 전에 회전시키지 않도록 한다.
e) 연질제품의 측정시 측정력, 촉침에 의해 오차가 발생되므로 주의한다.

9.5 진원도 해석

9.5.1 진원도 정의와 해석

(1) 반경법에서 진원도의 정의에 따른 표시

a) 최소외접원중심법(MCC) : 반경차로 표시

b) 최대내접원중심법(MIC) : 반경차로 표시

c) 최소영역중심법(MZC) : 동심원의 반경차가 최소로 되는 반경차로 표시

d) 최소자승중심법(LSC) : 기초원에서 오차가 모든 원 중심에 최소로 되는 것을 골라 그것과 동심인 외접・내접의 원을 반경차로 표시

(2) 디지털 해석을 통한 다양한 해석모드

a) 진원도(PP) : 치소자승법에 의한 형상오차의 최소값에서 최대값까지의 편차

b) 산높이 (P) : 최소자승법에 의한 형상오차의 기준원에서 최대값까지 편차

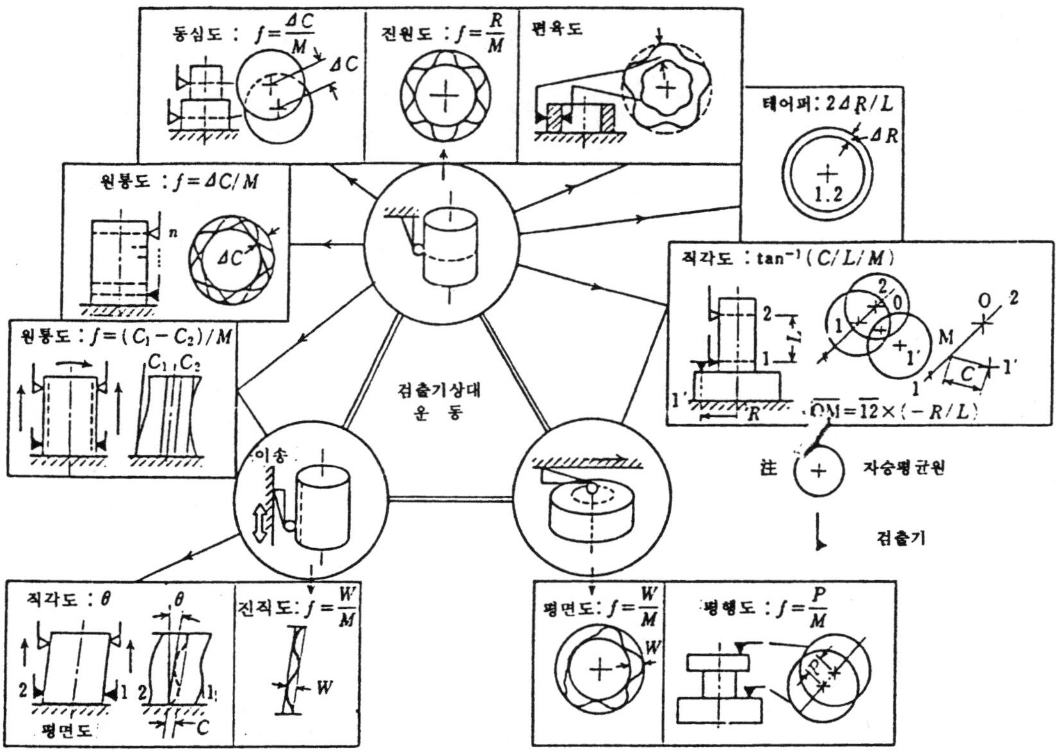

그림 9·16 진원도 측정기에 의한 원통형 부품의 형상오차 측정 예

c) 골깊이(V) : 최소자승법에 의한 형상오차의 기준원에서 최소값까지의 편차

d) 평균진원도(MLA) : 최소자승법에 의한 형상오차 평균값의 기준원에서 편차

f) 편심량(X, Y) : 회전축심에 대하는 측정단면 중심의 X 및 Y좌표

(3) 수치화

진원도 오차수치는 산·골 높이의 최대($P+V$)로서 도형에서 구해진 경우, 높이로 기준을 최소자승원으로 이용하면 진원도 오차는 $\frac{P+V}{M}$가 된다. 여기서 M은 배율이며 최소영역기준을 이용할 경우에는 두 원 사이에 반경방향의 폭을 배율로 나눈 것이 된다.

진원도 오차값은 윤곽의 전체적인 형상과 원주상의 불규칙성 정보를 주지 않으며 최소영역은 최대산·골의 높이는 같지 않으나 이들은 거의 동일한 것이 많다. 또한 표면 상처나 먼지로 인한 큰 산, 골을 포함하면 측정값 오차가 생긴다.

(4) 기타 해석항목

계산에 의해 구하는 방법으로써 ① 진직도, ② 동심도, ③ 동축도, ④ 직경편차, ⑤ 원통도, ⑥ 직각도, ⑦ 편육도, ⑧ 평면도 등의 수치적 지시가 가능하다. 이러한 해석모드는 간소화된 시스템에 의해 모드를 지정하여 출력을 얻고 프린트나 CRT화면으로 사용이 가능하다.

① 동심도

그림 9·17 (a)에서 A의 중심좌표(x_1, y_1), B의 중심좌표(x_2, y_2)이면 동심도 2Δ는 다음과 같다.

$$2\Delta = 2\sqrt{(x_1 - x_2)^2 + (y_1 - y_2)^2} \qquad (9 \cdot 18)$$

② 직각도

그림 9·17 (b)에서 A의 중심좌표(x_1, y_1), B의 중심좌표(x_2, y_2)이면 직각도 W는 다음과 같다.

$$\text{직각도} \ W = \sqrt{(x_1 - x_2)^2 + (y_1 - y_2)^2} \qquad (9 \cdot 19)$$

W를 배율로 나눈 값이 l만큼의 직각도이다.

③ 평행도

그림 9·17 (c)에서 A를 수평으로 한 후, 면 B의 중심좌표를 (x_1, y_1)이면 B의 중심 O_B와 기록지 중심 O의 거리를 P라 하면 다음과 같다.

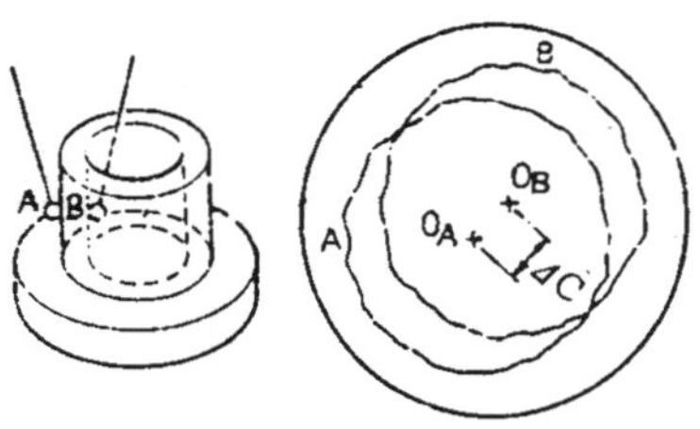

(a) 동심도 측정

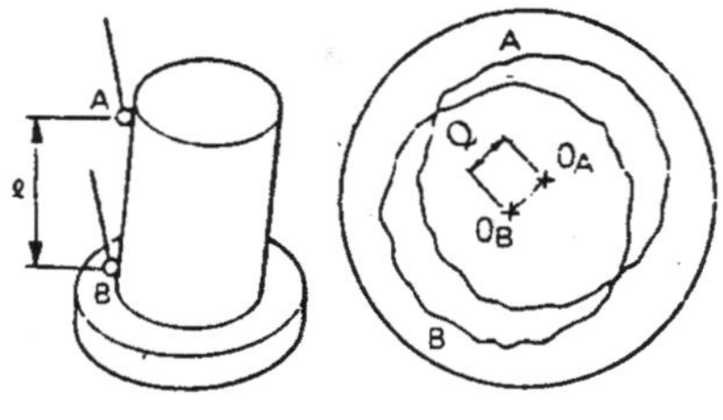

(b) 직각도 측정

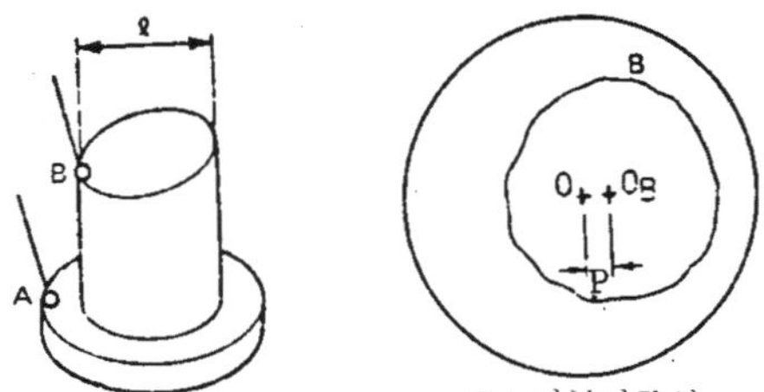

(c) 평행도 측정

그림 9·17 계산에 의한 형상측정

$$2P = 2\sqrt{(x_1 - x_2)^2} \qquad (9 \cdot 20)$$

$2P$를 배율로 나눈 것이 평행도이다.

9.5.2 기록도형의 해석

진원도 측정의 기록도형은 널리 이용되어 기록도형의 의미와 측정해석은 중요하고 도형은 윤곽정도와 형상표시가 적당하고 해석에 편리하다.

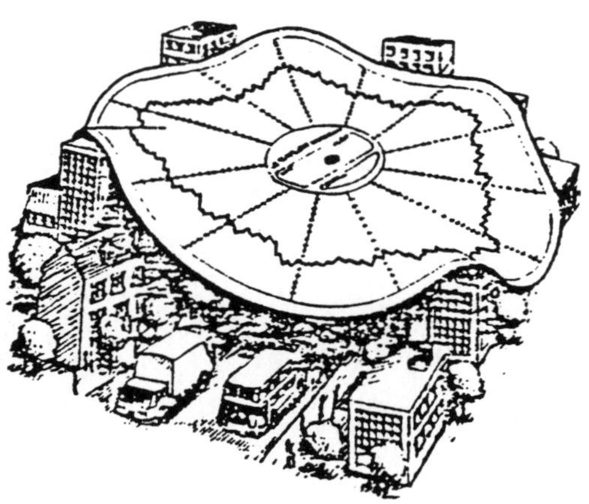

그림 9·18 기록도형의 확대

(1) 도형은 측정부품의 확대도형이 아니다.

고정도 측정을 위해 고배율이 필요하며 만일 2000배의 배율이라면 표면상 2μm의 기복은 4mm의 펜 흔들림으로 기록된다. 또한 직경 200mm의 전단면이 그 크기로 확대될 때 도형직경은 400m가 되며, 기록지 100,000m^2 면적이 된다. 따라서 기복의 접촉부는 전 윤곽의 균일하게 확대되는 것은 실용적이지 못하고 측정요소를 확대하여 기록지에 치수로 잡고 편리한 범위로 맞추는 것이 필요하다.

(2) 산·골의 높이의 측정값은 정확하나 그 형상에는 변형이 있다.

진원도 도형은 육안으로 부품의 기복형상을 직접 나타내는 것은 곤란하며 반경방향의 산과 골의 높이에 정확한 배율을 갖는다.

(3) 도형반경은 부품반경과는 무관하다.

도형의 반경은 측정자의 크기에 따라 조절할 수 있으며 증폭기 펜의 이동손잡이에 의해 펜을 기록지상에 임의의 위치에 놓을 수가 있다.

(4) 도형상의 측정값은 도형의 반경과는 무관계하다.

도형이 기록지 바깥 쪽에서 4mm의 폭으로 검출된다면 그 것이 중심까지 기록되어도 동일한 폭으로 고쳐진다.

(5) 도형과 부품의 각도 관계

대부분의 진원도 측정기에서 기록은 회전테이블 또는 검출기와 동일한 속도로 회전하므로 부품의 기복이 상대적인 각도위치가 도형상으로 나타난다.

(6) 기록지 중심과 도형중심의 관계

기록지 중심에 해당하는 도형중심 위치는 스핀들 회전축심에 대한 부품의 회전축심의 관계를 표시한다.

9.5.3 템플리트의 사용

기록지 원형좌표에 대응하는 동심원이 그려진 베크라이트 또는 플라스틱의 투명판으로서 도형평가용으로 사용되는 형판이다. 사용은 기록지 위에 템플리트를 대고 기준원의 위치결정을 하여 외접 또는 내접기준원 또는 최소영역원을 결정해야 한다. 최소영역원의 결정은 두 조건을 사용하는 두 동심원 위치가 필요하며, 도형이 거의 원형 또는 대칭적인 타원인 경우는 원의 위치와 중심의 결정은 간단하나 불규칙 도형은 시행착오가 필요하다.

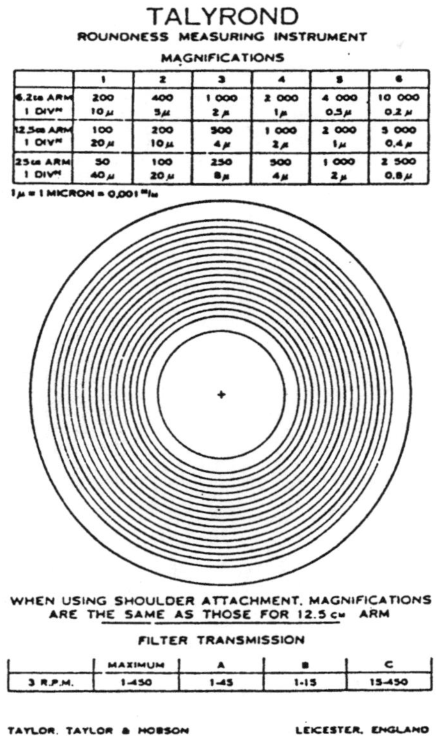

그림 9·19 템플리트의 형상

9.5.4 진원도 정의와 도형판정법

(1) 최소영역중심법(Minimum Zone Center, MZC)

① 정의

MZC법은 기록도형에 내접 또는 외접하는 두 동심원의 반경차가 최소가 되는 중심을 시행착오적으로 구해 그 반경차로서 진원도를 나타낸다. 기록도형은 도식에 응용가능하며, 임의 점을 중심으로 최대 가능한 내접원과 최소 가능한 외접원을 그려 이 동심원의 최소간격을 갖는 점이 최소영역중심으로 이때 동심원 간격을 진원도라 한다. 실제 도형을 판정할 때는 동심원에 투명한 형판을 대고 도형의 외접원과 내접원을 보면서 시행착오적으로 반복하여 찾아낸다.

② 최소영역중심법 구하는 방법

a) 진원도 기록도형에 판정용 형판을 붙인다.

b) 판정용 형판의 중심에 대해 최대 가능한 내접원 및 최소 가능한 외접원을 구하고 반경차가 최소가 되도록 형판중심을 진원도의 기록도에 대해 세트한다.

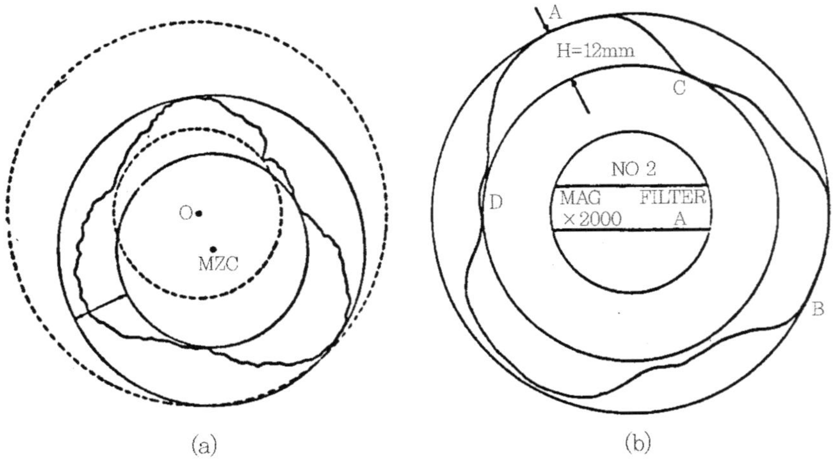

그림 9·20 최소영역중심법(MZC)

c) 외접원과 내접원의 반경차가 최소가 될 때 외접원에는 A, B와 내접원 C, D가 반드시 두 점 이상 접해야 한다.

(2) 최소자승중심법(Least Sqare Center, LSC)

① 정의

LSC법은 평균원을 최소자승법에 의해 구하고 이 평균원과 동심을 이루는 중심에서 기록도형에 외접 및 내접하는 원의 반경차로 진원도를 표시한다. 평균원과 기록도형(profile)과의 차, 즉 편차자승의 총화가 최소가 되는 성질로서 전기적으로 프리에(Fourier) 해석을 통해 자동계산되어 평균원 도형이 기록지에 그려져 쉽게 판정할 수 있다. 기록도형을 구하지 않고 형상에 관한 정보로부터 수치계산으로 진원도가 구해진다.

② 최소자승중심법 구하는 방법

편심제거를 위해 기록지 중심을 원점으로 도형을 N 등분하고 교점 p_1, p_2, p_n의 직각좌표상의 값을 x_1, x_2, x_n, y_1, y_2, y_n이라 하면, 구하는 중심 O(LSC)의 XY좌표상의 값 a, b 및 평균반경 R은 다음과 같다.

$$a=\frac{2\sum x_i}{n}, \quad b=\frac{2\sum y_i}{n}, \quad R=\frac{2\sum r_i}{n}$$

즉 가중심을 지나는 직각좌표를 잡고 n등분한 반지름선이 기록도형을 자르는 점의 가로좌표를 x, 세로좌표를 y로 하여 구한 a, b를 가로좌표, 세로좌표로 하는 점이 최소제곱중심이 된다. 이 점을 중심으로 한 기록도형까지 반지름을 r로 할 때 최소제곱원 반지름 R이 된다. a, b가 주어지면 중심점 O가 정해져 O를 공유한 도형에 외접하는

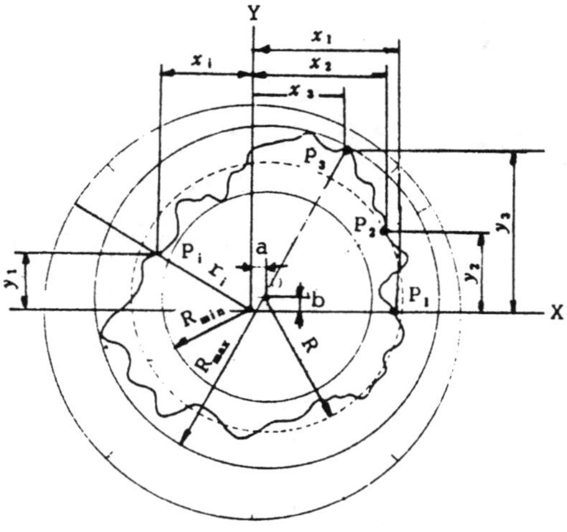

그림 9·21 최소자승중심법(LSC)

원과 내접하는 원(동심원)을 그리고 이동심원의 반경차를 배율로 나눈값이 진원도이며, LSC법은 KS규격에서 나타내는 반경법 진원도의 정의와 일치하고 있다.

그림 9·22(a)는 편심보정이 안 된 상태이고 그림 9·22(b)는 자동편심보정될 때 기록이며, 겹쳐서 최소자승평균을 한 평균원과 이 평균원과 동심인 내접참고원, 외접참고원을 기록한 것이다. 그림에서 배율 1000배로서 1눈금은 2 mm이며, 폭 2μm로써 3눈금을 접하고 있으므로 진원도는 반경법으로 6μm가 된다.

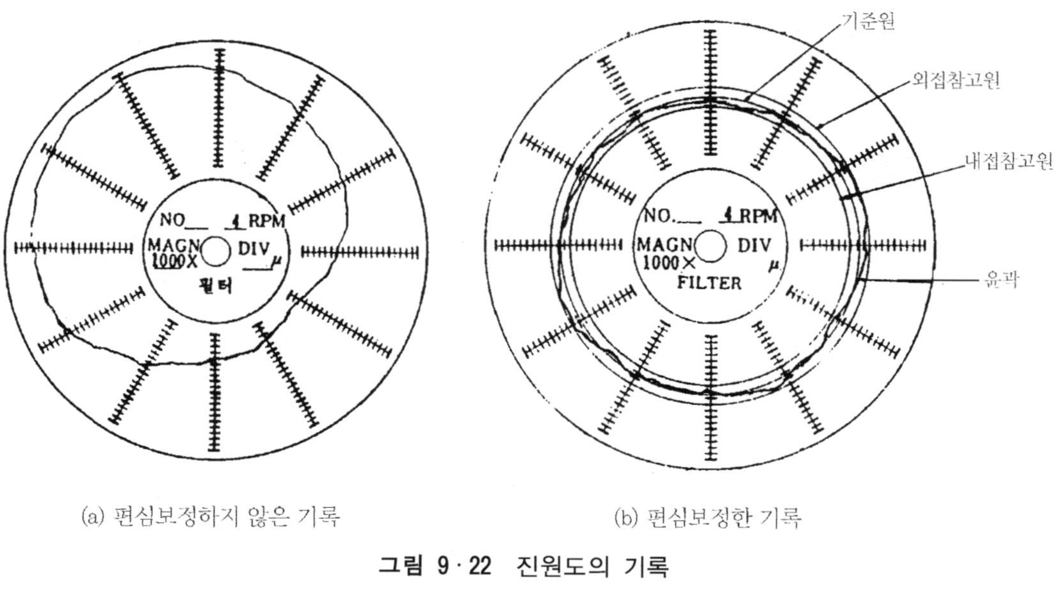

그림 9·22 진원도의 기록

(3) 최소외접원 중심법(Minimum Circumscribed Circle Center, MMC)

① 정의

MMC법은 기록도형에 외접하는 최소외접원과 동심으로 기록도형에 내접하는 원과의 반경 차로 진원도를 표시하는 방법이다. 즉, 원형부분을 측정하여 그려진 극좌표기록도형에 대해 최소외접원을 구하고, 이 중심을 공유하여 도형의 내측에 접하는 원을 그릴 때 이 두 원의 반경차를 진원도 값으로 한다.

이것은 임의의 축에 꼭 끼워지는 최소의 링게이지를 생각하고 링게이지와 동일한 중심의 내접원과 반경차로 표시된다.

② 최소외접원중심법 구하는 방법

a) 진원도 기록도형애 판정용 형판을 댄다.

b) 판정용 형판의 중심에 대하여 최소가능한 외접원을 구한다.

c) 외접원의 중심에 대하여 최소반형에 접하는 내접원을 구한다.

d) 외접원과 내접원의 반경차를 진원도 값으로 한다.

그림 9 · 23에는 A, B, C점에서 접하는 원이 최소가능한 외접원이 된다. 따라서 내접원은 D와 같이 한 점에서 접하는 경우도 있으며, 그림 9 · 23의 진원도 값은 6.5μm이다.

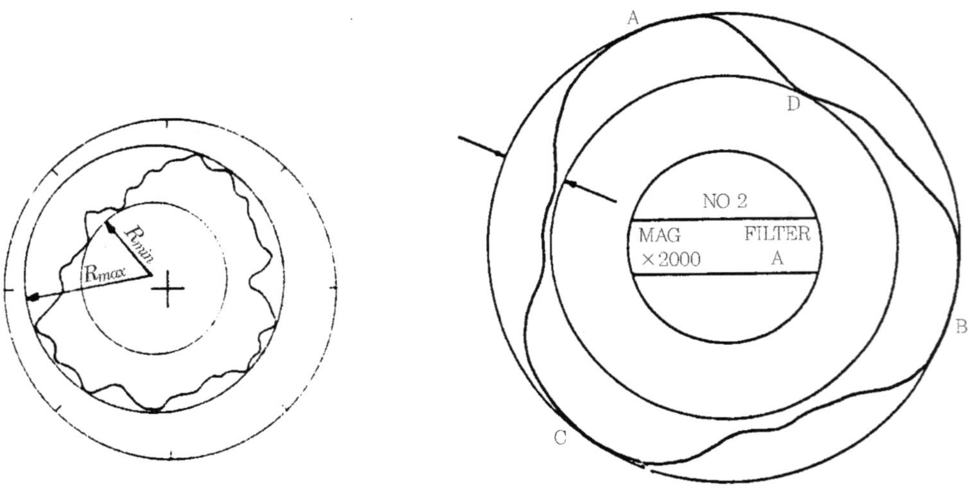

그림 9 · 23 최소외접원 중심법(MCC)

(4) 최대내접원 중심법(Maximum Inscribed Circle Center, MIC)

① 정의

MIC법은 기록도형에 내접하는 최대내접원과 이것과 동심으로 기록도형에 외접하는 원과의 반경차로서 진원도를 표시하는 방법이다. 즉, 원형부분을 측정하여 그려진 극좌표의 기록도형에 대해 최대내접원을 구하고 이 중심을 공유하여 도형의 외측에 접하는 원을 그릴 때 이 두 원의 반경차를 진원도 값으로 한다.

이것은 어떤 구멍에 들어가는 최대 플러그게이지(Plug Gauge)를 생각하고 플러그게이지와 동심인 외접원과의 반경차로 표시된다고 할 수 있다. 최대내접원 중심법은 베어링, 구멍 등의 진원도를 구하는 데 사용된다.

② 최대내접원 중심법 구하는 방법

a) 진원도 기록도형에 판정용 형판을 댄다.

b) 판정용 형판의 중심에 대하여 최대가능한 내접원을 구한다.

c) 내접원 중심에 대하여 최대반경에 접하는 외접원을 구한다.

d) 외접원과 내접원의 반경차를 진원도 값으로 한다.

그림 9·24에는 A, B, C접에서 접하는 안이 최대가능한 내접원이 되고 D에 접하는 원이 외접원이 되며, 그림에서 진원도 값은 6.3μm이다.

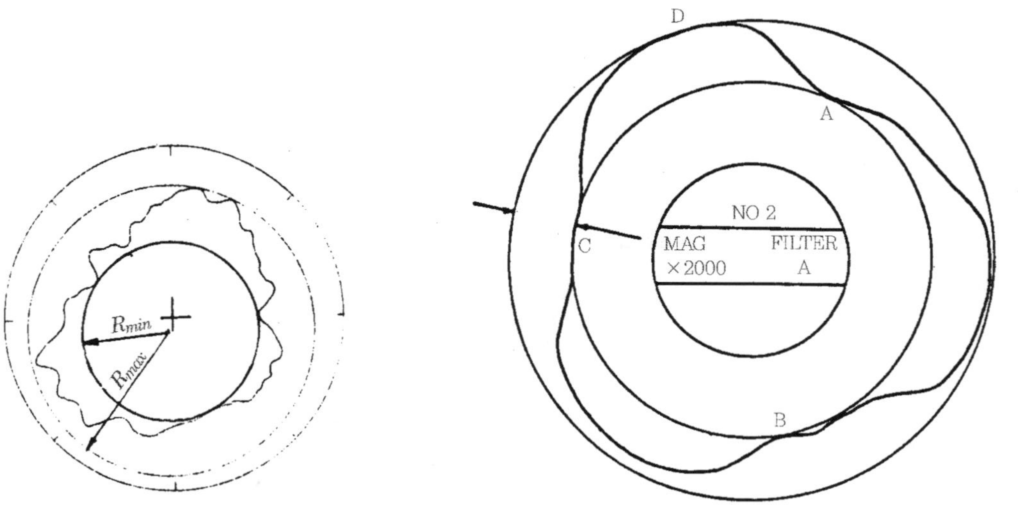

그림 9·24 내접원 중심법(MIC)

9.5.5 필터 특성곡선

진원도 측정에 있어 촉침의 변화를 그대로 확대기록하는 것이 필요하나 매우 세밀한 요철까지 기록한다면 표면거칠기 등 형상에 관련되는 영향을 줄 수 있는 인자의 저하로 진원도 측정 및 판정이 어렵게 된다. 따라서 진원도 측정목적에 맞게 전기적으로 미세한 형상변화에 의한 고주파성분을 일정 저주파성분으로 변환이 필요하며, 이 주파수 성분을 필터값 또는 컷오프(Cut Off)값이라 한다.

그림 9·25는 필터의 특성곡선으로 종축에 전달률, 횡축에 산(山) 수를 취하나 실제 측정에 필요한 것은 원주 상에 있는 산 수이다. 검출신호 중 500산/회전, 150산/회전, 50산, 15산/회전을 넘는 요철을 컷오프(Cut Off)점에서 75% 감쇄하며, 옥타브(Octave)당 12 dB 감쇄시키는 저역필터(Low Passed Filter, LPF)이다.

측정물이 부품으로써 조립될 때 비교적 마모가 적고 높은 주파수성분의 요철에도 영향이 미칠 경우는 150~500산/회전, 마모가 빠른 부품이나 높은 주파수 성분이 요철에

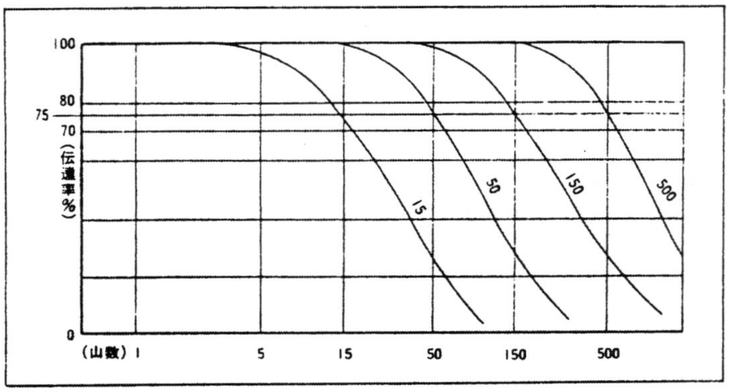

그림 9·25 필터 특성곡선

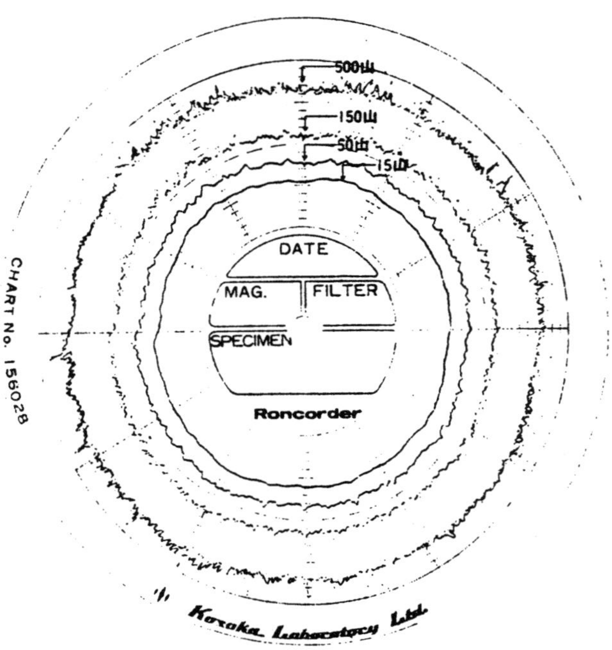

그림 9·26 필터변경에 따른 측정형상

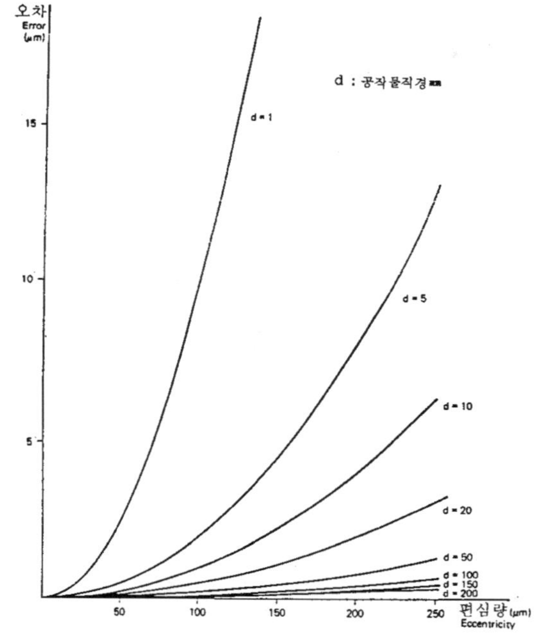

그림 9·27 편심량과 공작물 직경이 진원도에 미치는 인자

영향을 미치지 않는 경우는 15~150산/회전을 이용한다. 필터선정에 따라 진원도 값이 달라지므로 기록도형에 배율, 사용필터, 측정날짜, 측정물 등을 명기해 두어야 한다.

표 9·3 편심량과 공작물 직경이 진원도에 미치는 오차

편심량 (Eccentricity, μm) / 공작물 직경 (Workpiece diameter, mm)	0	10	20	50	100	150	200	250
200	0	0.0005	0.002	0.013	0.05	0.11	0.2	0.31
150	0	0.0006	0.0027	0.017	0.067	0.15	0.27	0.42
100	0	0.001	0.004	0.025	0.1	0.23	0.4	0.63
50	0	0.002	0.008	0.05	0.2	0.45	0.8	1.3
20	0	0.005	0.02	0.13	0.5	1.1	2.0	3.1
10	0	0.01	0.04	0.25	1,0	2.3	4.0	6.3
5	0	0.02	0.08	0.5	2.0	4.5	8.0	13
1	0	0.1	0.4	2.5	10	23	40	63

9.5.6 진원도 측정기

(1) 측정기의 동향

최근 회전하는 부품의 성능향상을 위한 진원도 및 표면형상의 측정에 대한 고정도 측정의 필요성이 증가됨에 따라 측정시간, 데이터 처리시간의 단축, 능률화도 크게 요구되고 있다. 이에 따라 측정기 제작사도 진원도, 형상측정 및 데이터 해석처리에 필요한 다양한 프로그램을 내장시켜 측정 및 데이터처리를 간소화하였다. CRT 화면상에서 화면표시가 되고 측정의 종류, 방법 등이 측정기 조작자와 대화식으로 수행되고 있다.

또한 측정값 표시에 있어서는 도형 및 디지털로 표시되거나 비디오나 프린터로 기록할 수 있도록 되어 있다. 그리고 자동구심기능 및 자동측정배율의 선택기능도 표준화되어 측정 전에 이루어진 측정물의 중심조정과 수평조정은 저배율로 완료하고 실제의 측정배율은 10배 범위 내에서 자동적으로 수행되어 측정시간이 단축되기도 한다.

예를 들면 20000배까지 측정을 필요로 할 경우, 2000배까지 중심조정 및 수평조정 조작으로 충분하고 측정은 자동적으로 20000배의 배율로 이루어져 데이터도 같은 배율로 처리된다.

(2) 측정기 관리

진원도 측정기는 고정도 측정기로서 설치 및 측정에 있어 다음 사항을 고려해야 한다.

a) 측정 중에 온도변화가 적은 장소에 설치한다.

충분한 성능을 얻기 위해 측정기에 지정된 온도, 습도의 조건을 만족시켜야 한다. 특히 공조기의 덥거나 차가운 바람이 직접 측정기나 피측정물에 닿으면 짧은 주기의 온도변화가 일어나서 측정결과가 불안정하게 된다.

b) 진동이 적은 장소에 설치한다.

측정실 주변에 차량의 통행 및 프레스 작업 등으로 인한 진동이 발생하지 않는 장소에 설치해야 하며 부득이한 경우 방진대책을 강구해야 한다.

c) 피측정물 표면의 불순물을 제거한다.

측정물 표면에 묻은 칩, 먼지, 기름 등은 측정오차가 되기 쉬우므로 제거해야 한다.

d) 측정전에 피측정물을 재물대에 움직이지 않도록 고정한다.

피측정물이 작은 경우 측정 중에 움직이기 쉬우므로 적절한 방법으로 확실하게 고정한다.

e) 측정기 사용 후에는 측정기 관리를 철저히 해야 한다.

먼지가 많은 장소에서는 비닐커버 등을 씌워 보관한다. 측정기관리 및 사용이 부적절하면 좌표기록계에 의한 기록도형의 기록 개시점과 종료점이 일치하지 않거나 동일부분을 반복하여 측정할지라도 재현성이 떨어진다.

(3) 사용상 주의사항

a) 측정기를 사용하기 전에 회전축을 수회에 걸쳐 회전시킨다.

b) 측정기의 배율을 바르게 맞춘다.

c) 피측정물의 중심과 스핀들의 회전중심을 일치시킨다.

d) 피측정물 축심이 스핀들에 평행 또는 회전테이블에 대해 직각이 되도록 세트한다.

e) 진원도 기록도에서 필요한 사항은 기록해 둔다.

f) 테이블 회전식 측정기에는 지정된 적재중량을 절대 지킨다.

g) 월 1회 이상 측정기에 부속되어 있는 표준편에 의해 배율조정 정도검사를 실시한다.

h) 사용 중 스핀들, 회전테이블 등에 충격을 주지 않는다.

i) 장기간 사용하지 않을 경우 테이블면 또는 기계적 운동면에 방청유를 칠하고 방진커버를 씌워둔다.

(4) 측정기 보수

① 스핀들 또는 회전테이블의 보수

진원도 측정기는 스핀들 또는 회전테이블의 회전정도를 유지하는 것이 매우 중요하다. 따라서 스핀들 또는 회전테이블의 주유는 정해진 양을 주유해야 하며 공기베어링측

그림 9·28 진원도 측정기

정기는 사용 공기압 및 소비량을 만족시키는 공기원을 사용해야 한다.

② 전기회로 보수

최근의 진원도 측정기는 복잡한 전기회로로 구성되어 있어 고장이 발생되면 제작사에 수리를 요청해야 하며, 초보적인 실수도 있을 수 있으므로 다음 사항을 점검해야 한다.

a) 전원코드가 확실히 콘센트에 꽂혀 있는지 확인한다.

b) 측정기의 각 손잡이 스위치가 정상적인 위치에 있는가 확인한다.
특히 배율변환 스위치는 통상 저배율 위치에 세트하여 놓는다.

c) 전원이 들오지 않을 때는 휴즈를 확인한다.
정격용량의 휴즈와 교환하며 동선이나 철선을 휴즈로 대용해서는 안 된다.

d) 전원전압에 급격한 변동이 있는 경우는 정전압 장치를 이용한다.

제10장

형상 및 윤곽측정

10.1 개 요

10.1.1 형상 정도의 개념

공작물 표면형태의 편차 중 동일한 범주에서 형상정도 및 위치정도를 취급하며, 기하학적 요소인 점, 선, 면의 형상 및 위치에 관련된다. 형상정도 종류에는 형상, 위치, 자세, 흔들림 등이 있으며, 도시된 이상적(理想的)인 형상에서 벗어난 편차를 기하편차(Geometrical Deviation)라고 한다.

진직도, 평면도, 진원도, 원통도는 기하학적 기준 없이 단일요소로 정해지며, 자세, 위치, 흔들림은 두 요소가 상호관련되어 기하학적 기준에 관련하여 설정하는 형체(feature)이다. 기하학적편차의 종류와 기하학 공차기호를 표 10 · 1에 나타낸다.

10.1.2 형상정도의 사용

기계제품의 설계자는 생산현장의 설비, 원가, 경험 등을 고려하여 기하공차 특성을 적용해야 한다. 또한 형체치수는 제조방법, 측정과 검사방법을 반영하여 정확히 지시해야 한다. 형체의 윤곽도 공차를 충분히 지시하기 위해 기하편차의 기호사용과 더불어 부가기호가 사용되고 있다.

표 10·1 기하편차의 종류와(KS B 0435)

종 류		적용 형체	기호
형상편차	진직도	단독형체	⏤
	평면도		▱
	진원도		○
	원통도		⌭
	선의 윤곽도	단독형체 또는 관련형체	⌒
	면의 윤곽도		⌓
자세편차	평행도	관련형체	//
	직각도		⊥
	경사도		∠
위치편차	위치도		⌖
	동축도		◎
	동심도		⌯
흔들림	원주흔들림		↗
	전흔들림		⌰

표 10·2 부가기호

규제사항	기호
최대실체조건	Ⓜ
형체치수무관계	Ⓢ
최소실체조건	Ⓛ
돌출공차역	Ⓟ
직경	Φ
구의 직경	SΦ
반경	R
구의 반경	SR
참조	( )
호의 길이	⌒

10.1.3 기하편차의 공차역

제품의 형상정도는 공업량이므로 형상정도를 측정해야 할 경우 이들의 정의를 명확히 하는 것이 중요하며, 표 10 · 3에 기하편차의 정의와 개념을 나타냈다.

표 10 · 3 기하편차의 공차역

공차역	공차값	기하편차의 예
원의 영역	원의 직경	동심도, 점의 위치도
두 동심원 사이의 영역	동심원의 반경 차	진원도
두 등간격인 선 또는 두 평행 직선 사이에 끼워진 영역	선 또는 두 직선의 간격	진직도, 평행도, 선의 윤곽도
구의 영역	구의 직경	점의 위치도
원통의 영역	원통의 직경	진직도, 평행도
두 동축의 원통 사이에 끼워진 영역	동축 원통의 반경차	원통도
두 등격인 면 또는 두 평행인 평면 사이에 끼워진 영역	두 면 또는 두 평면의 간격	평행도, 면의 윤곽도, 진직도
직방체 중의 영역	직방체의 각 변의 길이	진직도, 대칭도

10.2 형상편차의 측정

10.2.1 일반사항

다양한 모양의 형상측정은 최근 금형기술의 발전과 더불어 가공기술, 측정기술이 발달하였으며, 특히 삼차원 측정기의 보급과 측정기술의 발전으로 고정도 측정이 가능하게 되었다. 여기서는 인디케이터, 지침측미기와 측정 보조구를 이용한 형상측정에 관련된 측정기술에 대해 기술한다.

평면도, 진원도, 원통도, 평행도, 직각도 및 동축도의 정의와 표시방법은 KS규격에 "형상 및 위치 정도"에 종합적으로 개정되었고 측정방법에 대해서는 규격에서 제외되었다.

10.2.2 진직도(Straight) 측정

(1) 정의

기계부품의 직선부분이 기하학적 이상직선에서 벗어남의 크기를 나타낸다.

(2) 표시

이상직선, 이상평면 및 이상공간을 생각하여 이들 영역에서 최대값과 최소값의 차이를 mm, μm 단위로 표시한다. 이상직선은 직선부분 위의 두 점을 지나는 기하학적 직선을 의미한다.

(3) 진직도 결정

진직도는 자체 형체의 단독요소의 형상편차로 데이텀은 필요없고 직선부분이 점유하는 영역의 결정에 있어 그림 10 · 1과 같은 방법이 있다.

a) 한 방향의 진직도

b) 상호 직각인 두 방향의 진직도

c) 일반의 진직도

d) 표면요소로서의 직선형체의 진직도

항 목		설 명 도	영 역	정도값
진직도	일 방향 (수평방향)	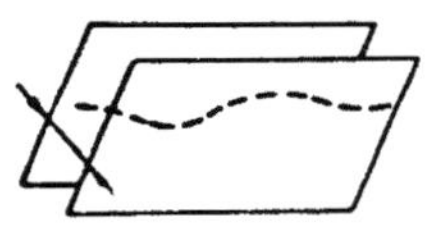	평행한 두 평면 사이의 공간	양 평면의 간격 f
	직각 두 방향	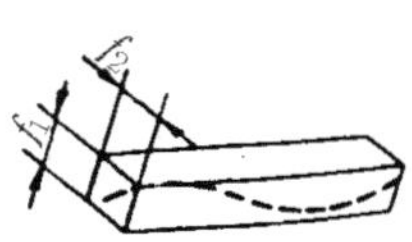	평행육면체의 내부공간	평행육면체의 두 변의 길이 f_1, f_2
	일반	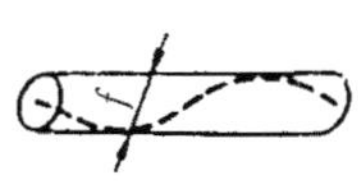	원통의 내부공간	원통의 직경
	표면요소		평행한 두 직선의 중간부	양 직선의 간격

그림 10 · 1 진직도의 결정

(4) 진직도 측정방법

사 항		측정 방법	측정기구	설명도
정반 기준	측정물의 연직면 내의 진직도 (1)	정반 면에 측정물을 닿게 하여 정반 면과 측정물과의 틈을 틈새게이지, 육안으로 측정한다.	정반	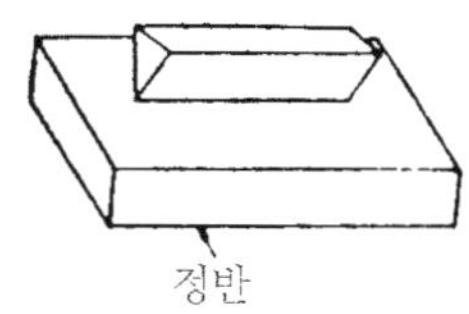
	측정물의 진직도(2)	정반 상에 2개의 동일치수의 블록게이지를 놓고 측정물을 베셀점으로 지지한다. 정반 면에서 측정물의 하단 면까지 높이를 긴 방향으로 측정하여 구한다.	정반 측미기	
축심 기준	회전축의 진직도	양 센터지지대의 축심주변을 회전시켜 축에 직각인 단면 외주 흔들림의 최대값의 1/2을 구한다. 이 조작을 축심에 빗대어 위치를 바꾸어 측정하여 구한다.	센터지지대 측미기	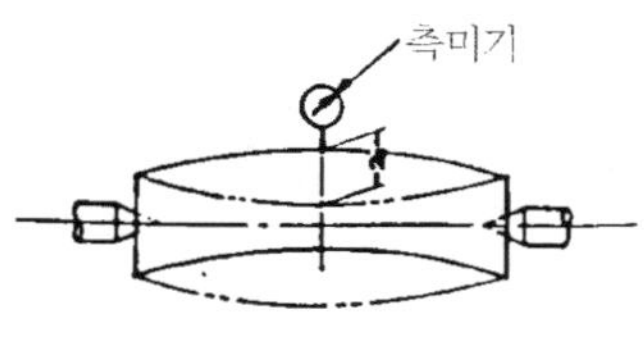
	이동대의 이동운동의 진직도	테스트 바를 양 센터 사이에 장착하여 주왕복대 위에 위치시킨 측미기를 여기에 닿게하여 왕복대를 이동시키면서 측미기의 흔들림을 구한다.	테스트 바 측미기	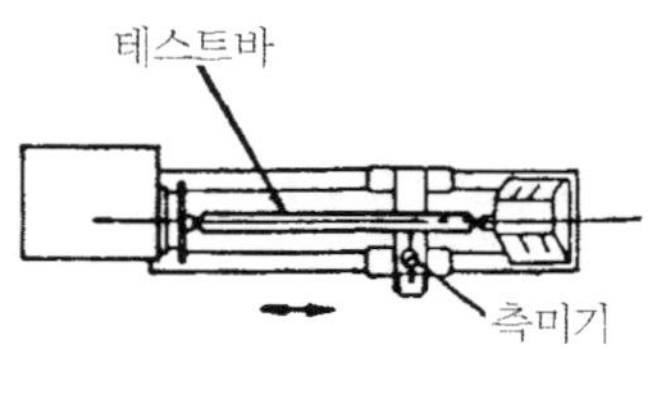
강선 기준	선반 주축대 등의 수평방향의 진직도	강선을 베드 슬라이드면 위에 진직으로 당겨 이를 관찰 가능하게 현미경을 위치시켜 이동거리 내에 있는 측미현미경 읽음의 최대차를 구한다.	강선 블록게이지	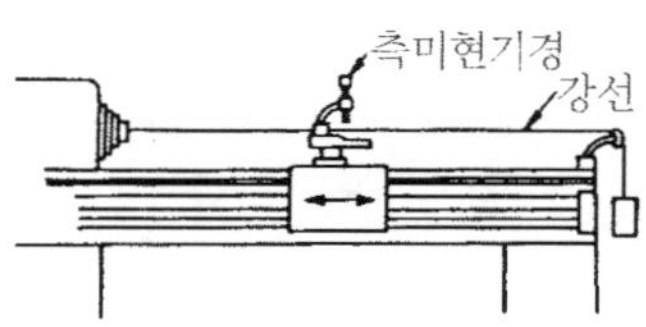
테스트바 기준		테스트바를 센터 사이에 부착하여 왕복대 위에 설치한 측미기를 이에 접촉시켜 측미기 읽음의 최대차를 구한다.	테스트 바	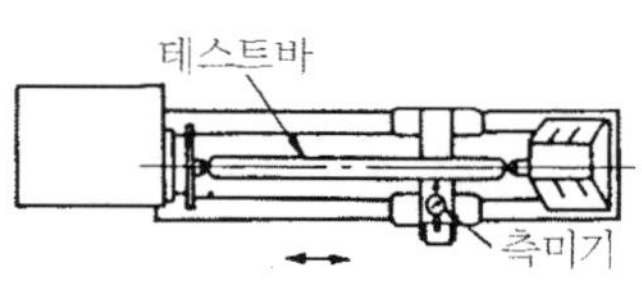

그림 10·2 진직도 측정

사 항		측정 방법	측정기구	설명도
광축 기준	정지 또는 이동운동의 진직도	얼라인먼트 망원경 등의 광학적 측정기에서 표준위치의 망원경 축심에서 편차를 측정한다.	오토콜리미터 평면경 얼라인먼트망원경, 표준경	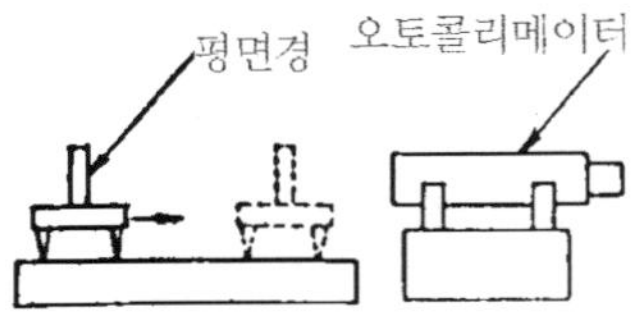
경사각 기준	정지 또는 이동운동의 진직도	경사각을 연속적으로 측정하여 이 값에서 진직도를 구한다.	오토콜리미터 평면경 또는 수준기	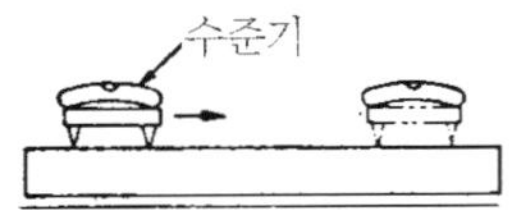

그림 10·2 진직도 측정(계속)

10.2.3 평면도(Flatness) 측정

(1) 정의

기계부품의 평면부분이 이상평면에서 벗어남의 정도를 나타내는 것을 말한다.

(2) 표시

평면형체를 서로 평행한 기하학적 두 이상평면으로 끼울 때 평행을 유지하는 두 평면의 간격이 최소일 때 평면도 간격으로 나타내고 평면도 _mm, 또는 평면도 _μm를 표시한다.

정의 설명도	표시 예
공차역은 t만큼 떨어진 두 평행한 평면 사이에 끼워진 영역이다. 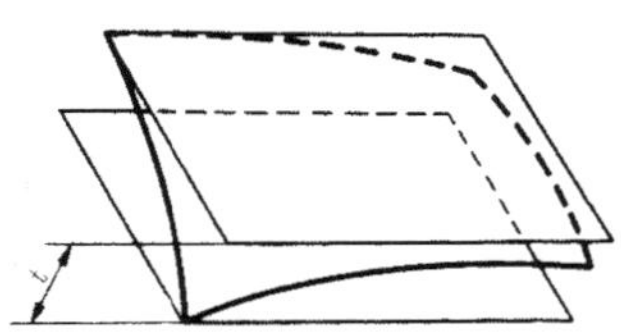 (t=0.08)	이 표면은 0.08 mm만큼 떨어진 2개의 평행한 평면 사이에 있어야만 한다. 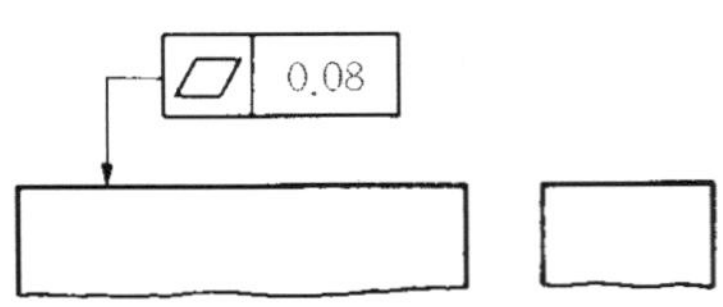

그림 10·3 평면도의 정의

(3) 측정방법

사 항		측정 방법	측정기구	설명도
기준정반 기준	측미기법	기준정반 면 위에 3개의 다리를 갖게 설치하고 측정면의 2개조 대각선 위치의 높이를 각각 동일하도록 다리를 조정한 후, 측미기를 움직여 측정물의 각 위치 높이를 측정하고 높이의 상호간의 차를 구한다.	기준정반 스탠드부착 측미기	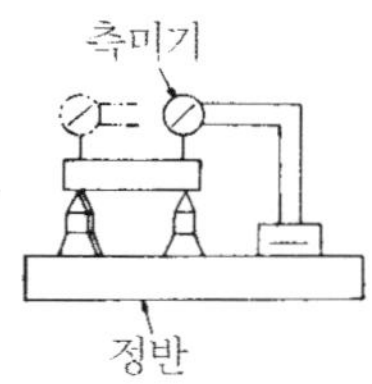
	맞춤법	정밀정반 또는 측정물에 광명단을 도포하고 서로 가볍게 맞추어 이동시켜 남은 광명단이나 닿는 양으로부터 평면도 상태를 추정한다.	정밀정반	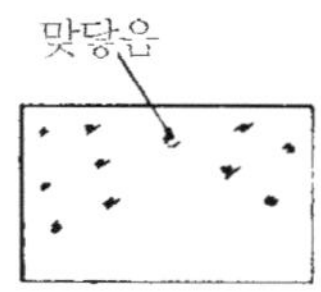
직정규 기준	틈새법	측정면의 종, 횡방향 또는 기울어진 방향으로 나이프 에지형의 직정규를 접촉시켜 후방조명을 통하여 나이프에지와 측정물과의 틈을 틈새게이지 또는 육안으로 측정하거나 관측한다.	나이프에지 틈새게이지 조명장치	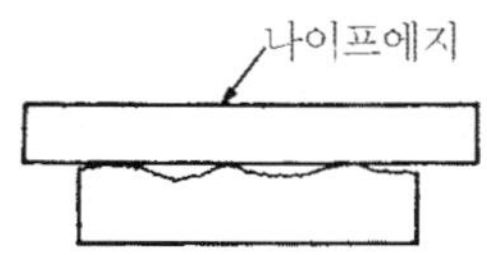
경사각 기준	2점 연쇄에 의한 합성법	오토콜리메터 또는 수준기를 사용하여 측정면의 종, 횡방향 또는 대각선 방향의 진직도를 측정하여 그들 값에서 평면도를 구한다.	오토콜리메터 또는 수준기	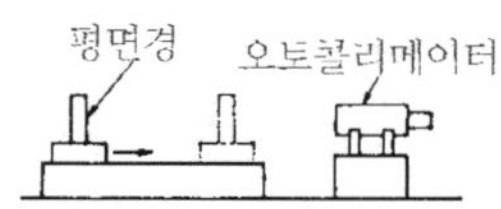
광선정반 기준	간섭법	광선정반을 접촉시켜 광선정반과 측정면 사이에 생긴 공간을 틈새에 의한 간섭무늬의 수 또는 무늬피치와 무늬 기울기 양을 계산에 의해 구한다. 적색간섭무늬를 사용할 경우의 파장은 λ=0.64 μm로 한다.	광선정반	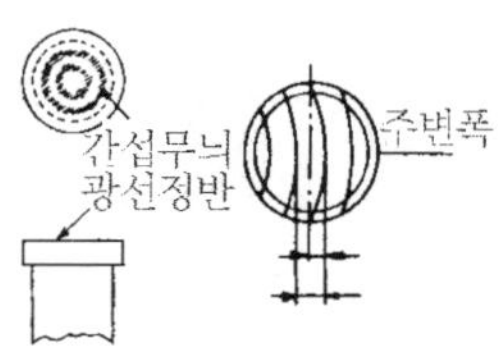

그림 10·4 평면도 측정방법

10.2.4 진원도(Roundness) 측정

(1) 정의

원형형체의 윤곽형상이 이상적인 기하학적인 원으로부터 벗어남의 크기를 말한다.

정의 설명도	표시 예
측정대상이 되는 평면 내에서 공차역은 t만큼 떨어진 두 동심원 사이의 영역이다. (t=0.03) 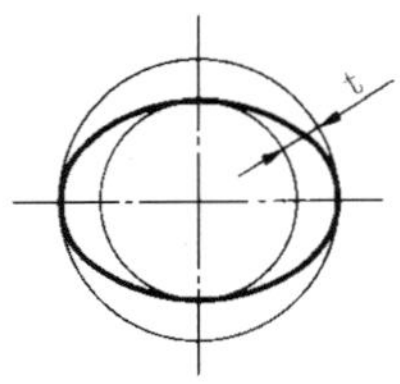	외주면 임의의 축직각 면에 있어서 외주는 동일평면상에서 0.03 mm만큼 떨어진 두 동심원 사이에 있어야만 한다. 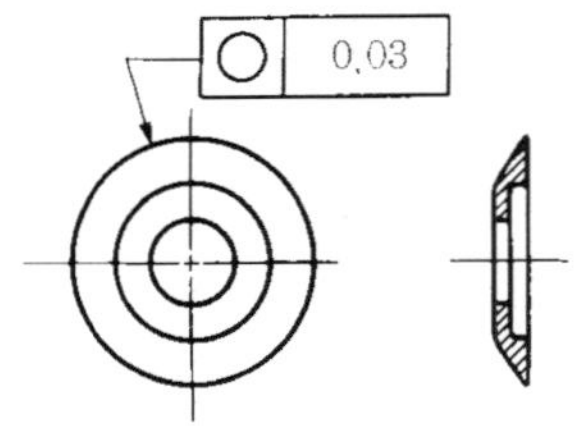

그림 10·5 진원도의 정의

(2) 표시

원형형체를 기하학적인 2개의 동심을 갖는 이상적인 원 사이에 끼웠을 때 동심인 두 원의 간격이 최소가 될 경우의 반경차로 나타내고 진원도 _mm 또는 진원도 _μm로 표시한다.

(3) 측정방법

사 항		측정 방법	측정기구	설명도
반경법에 의한 진원도	센터를 잡아 직선을 가중심으로 하는 진원도	측정물의 양 센터구멍을 센터지지대에 지지한 후 회전시켜 축에 직각인 단면에서 각 회전각도에 있어 측미기의 읽음을 구한다.	센터지지대 측미기	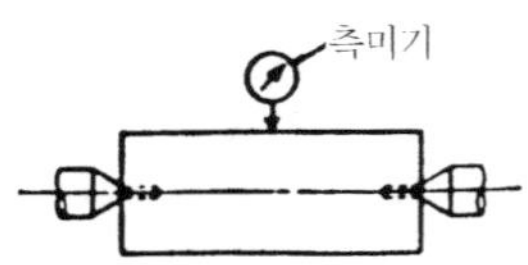
		중공(中空)인 측정물의 경우는 테스트바를 구멍에 끼워 위와 동일한 방법으로 구한다	테스트바 센터지지대 측미기	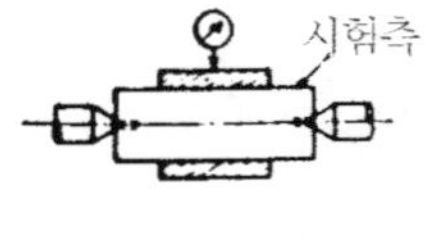
	회전축의 중심을 가중심으로 하는 진원도	측정물을 회전대에 설치하고 그의 회전축에 직각방향의 단면에서 각 회전각도에 있어 측미기의 읽음을 구한다.	회전축 측미기	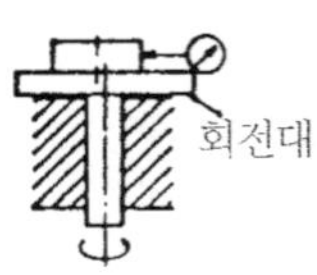
		측미기를 회전축의 주위를 회전시켜 그 축에 직각방향인 단면에서 각 회전각도에 있어 측미기의 읽음을 구한다.	회전축 측미기	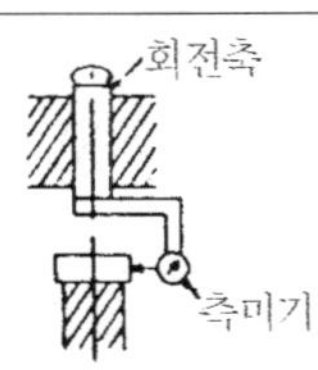

사 항		측정 방법	측정기구	설명도
삼점법에 의한 진원도	작은 직경축의 진원도	측정물을 각도 α의 블록 V홈에 올려놓고 측정물을 회전시켜 측미기의 지침의 흔들림의 최대값을 구한다.	V블록 측미기	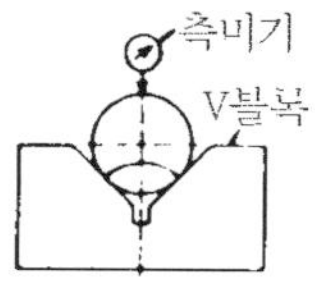
	큰 직경축의 진원도	측정물에 β각을 갖는 마승게이지를 올려놓고 측미기 지침의 흔들림의 최대값을 구한다.	마승게이지	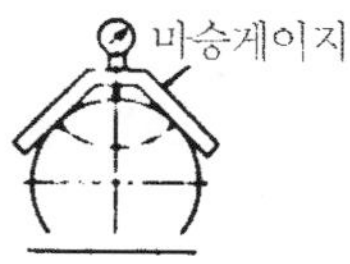
	구멍의 진원도	구멍에 각도 γ인 삼각게이지 또는 삼점식 내측측미기를 집어넣고 측정물의 임의의 축방향의 값을 읽어 측미기의 지침흔들림의 최대값 또는 측미기의 최대값과 최소값의 차를 구한다.	삼각게이지 또는 삼점식내측 마이크로미터	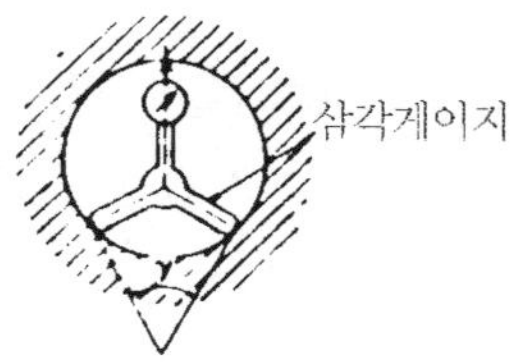
직경법에 의한 진원도	축의 진원도	측정물을 평행 2직선 또는 마이크로미터 등과 같이 평행 2평면에 끼워 그의 치수의 최대값과 최소값의 차를 구한다.	외측마이크로미터 등	
	구멍의 진원도	구멍에 내측마이크로미터, 실린더게이지 등의 2점 접촉식 측정기를 끼워 읽음의 최대값과 최소값의 차를 구한다.	내측마이크로미터 또는 실린더게이지	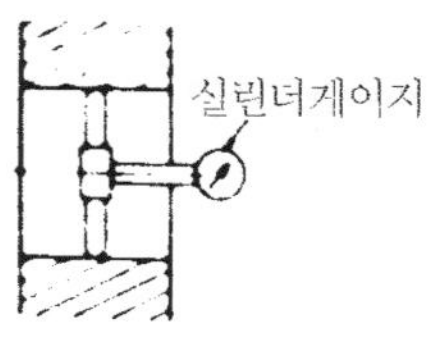

그림 10·6 진원도 측정방법

10.2.5 원통도(Cylindricity) 측정

(1) 정의

원통형체가 기하학적으로 이상적인 원통에서 벗어남의 크기를 말한다.

(2) 표시

원통을 2개의 동축인 기하학적 원통으로 끼울 때 동축 두 원통의 간격이 최소로 되는 경우의 두 원통의 반경차로 나타낸다.

정의 설명도	표시 예
공차역은 t만큼 떨어진 두 동축의 원통면 사이의 영역이다. (t=0.1) 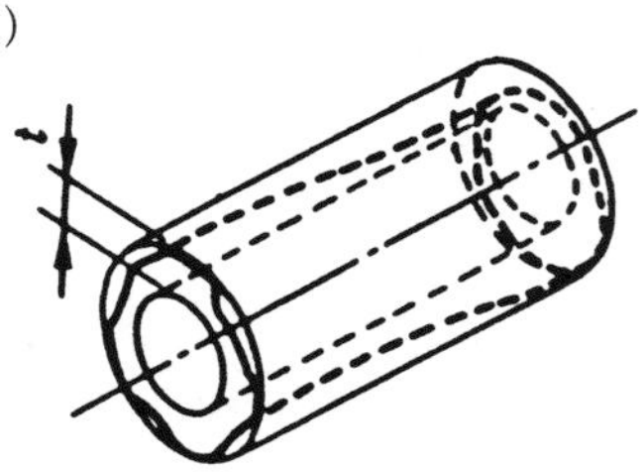	대상으로 하는 면은 0.1 mm만큼 떨어진 2개의 동축 원통면 사이에 있어야만 한다. 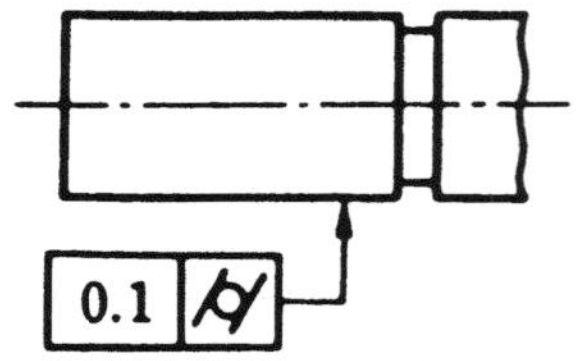

그림 10·7 원통도의 정의

(3) 측정방법

원통도는 진원을 축방향으로 확장한 것으로 공차역은 진직도, 평면도, 진원도가 복합공차이며 반경상의 공차영역이다. 따라서 원통도 측정은 진원도의 측정과 진직도의 측정을 별도하여 그 들을 총합하여 원통도를 구한다.

사 항	측정 방법	측정기구	설명도
기준 축 또는 구멍의 원통면에서 정해진 축심에 대한 동축도	기준이 되는 축을 V블록 또는 V홈 상에 놓고 회전시켜 다른 축 또는 구멍의 원통면에 대서 측미기의 지침 흔들림의 최대값의 1/2을 구한다.	V블록 측미기	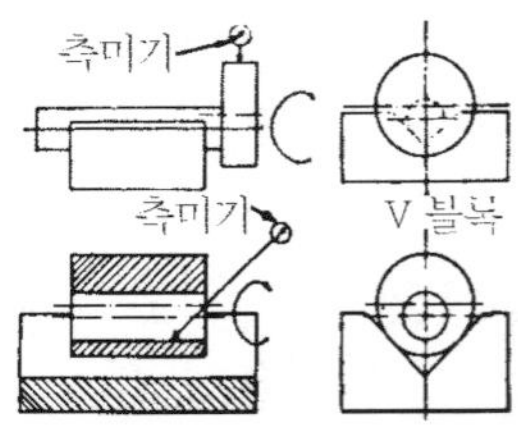
	기준이 되는 구멍에 테스트바를 끼운 후 회전시켜 다른 축 또는 구멍의 원통면에 대고 측미기의 지침 흔들림의 최대값의 1/2을 구한다.	테스트바 측미기 센터지지대	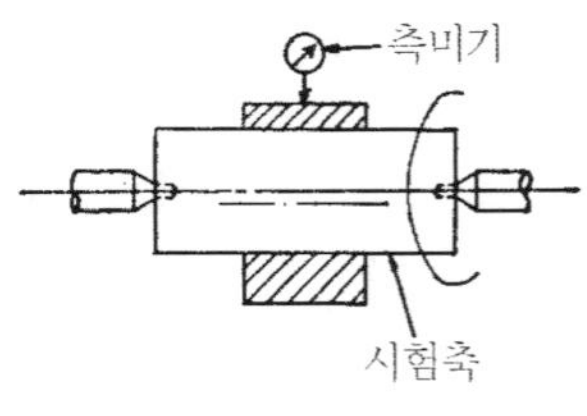
양 센터구멍을 연결한 기준 축심에 대한 동축도	양 센터지지대의 센터에 지지하여 회전시켜 다른 원통면에 대고 측미기 지침의 흔들림의 최대값의 1/2을 구한다.	센터지지대 측미기	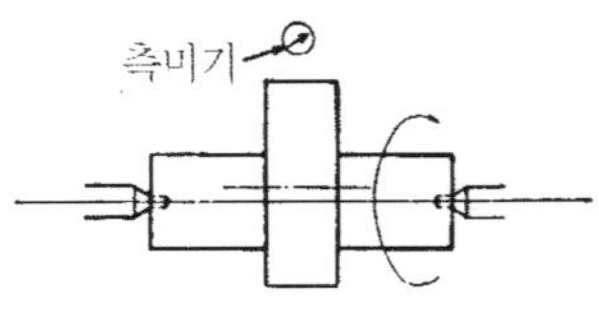

회 전 축 의 축심을 기준으로 하는 동심도	기준으로 하는 축에 측미기를 설치하여 회전시켜 측미기의 지침 흔들림의 최대값을 구하여 그의 1/2값을 구한다.	측미기	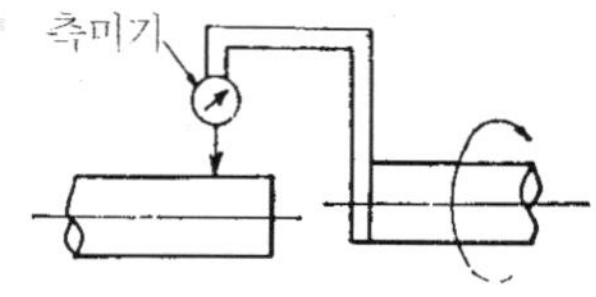

그림 10·8 원통도의 측정방법

10.2.6 평행도(Parallelism) 측정

(1) 정의

규제된 형체의 모든 점에서 다른 표면으로부터 같은 거리에 있어야 하며, 평행도 공차는 데이텀을 기준으로하여 기하학적인 직선, 평면으로부터 벗어난 크기를 말한다.

(2) 표시

평행도는 직선부분 또는 평면부분이 기준직선 또는 기준평면에 대하여 수직이 되는 부분에 있어 차지하는 영역의 크기에 의해 평행도_mm 또는 평행도_μm라고 표시한다.

a) 직선부분의 이상직선에 대한 평행도

b) 직선부분의 기준평면에 대한 평행도

c) 평면부분의 기준직선 또는 기준평면에 대한 평행도

정의 설명도	표시 예
공차역은 1개의 평면에 투영될 때에는 데이텀의 직선에 평행으로 t만큼 떨어진 2개의 평행한 직선 사이에 끼워진 영역이다. (t=0.1) t 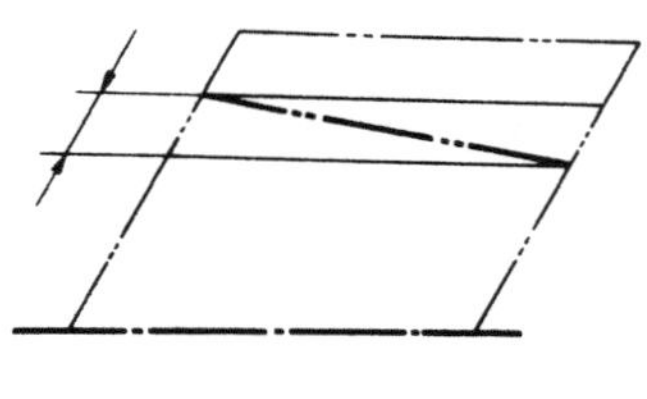	지시선의 화살표로 나타내는 축선은 데이텀의 축 직선 A에 평행으로 지시선 화살표방향으로 0.1 mm만큼 떨어진 2개의 평면 사이에 있어야만 한다. 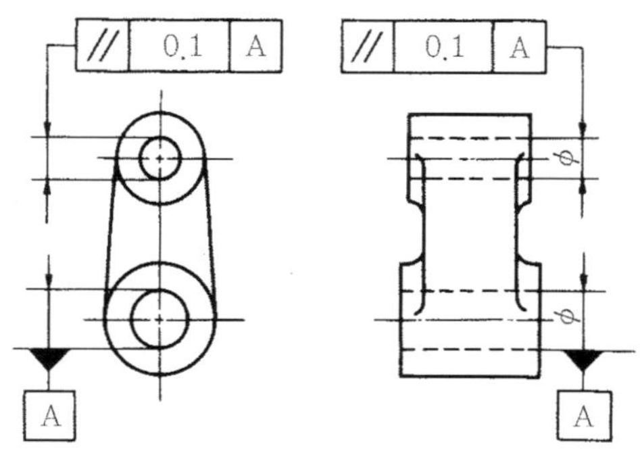

그림 10·9 평행도의 정의

(3) 평행도의 영역

항목		설명도	영역	정도값
기준 직선에 있어 직선부분	일방향	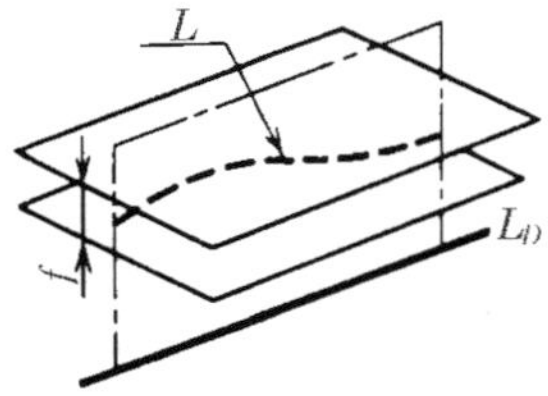	기준직선에 평행인 두 평면간의 공간	양 평면간의 간격 f
	직각 두방향	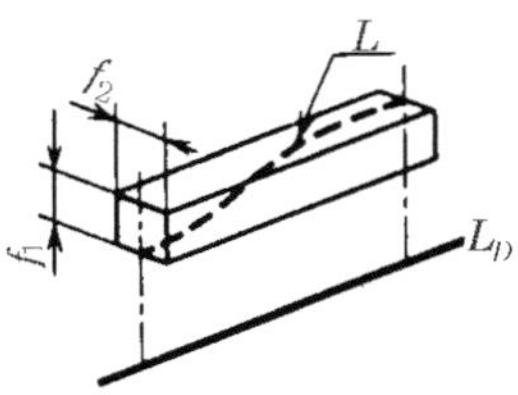	기준직선에 평행인 평행육면체 내부의 공간	평행육면체의 두 변의 길이 f_1, f_2
	일반	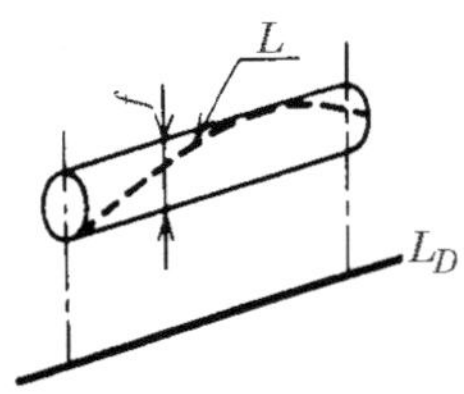	기준직선에 평행인 원통내부의 공간	원통의 직경 f
기준평면에 대한 직선부분		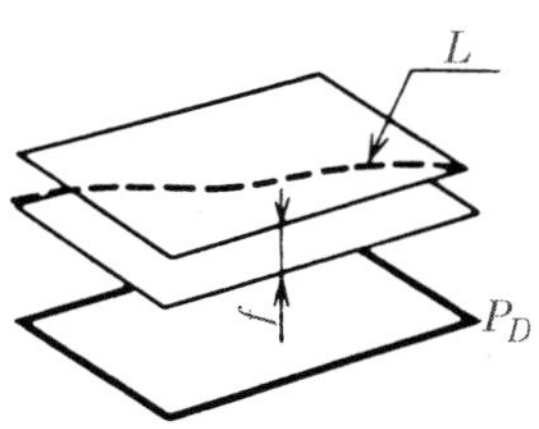	기준평면에 평행인 두 평면간의 공간	양 평면의 간격 f
기준평면 또는 기준직선에 대한 평면부분		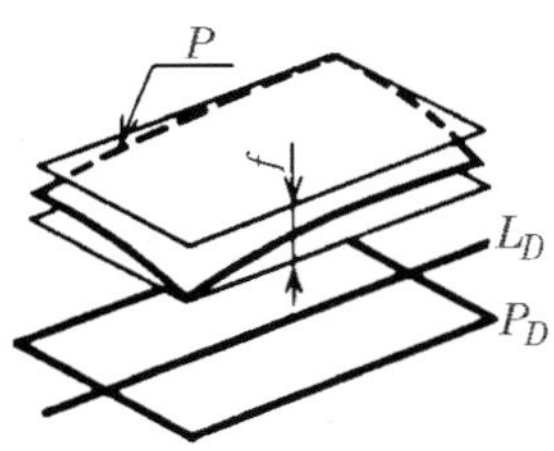	기준평면 또는 기준직선에 평행인 두 평면간의 공간	양 평면의 간격 f

- 직선부분, L_D - 기준직선, P - 평면부분, P_D - 기준평면

그림 10·10 평행도 영역

(4) 평행도 측정방법

사 항		측정 방법	측정기구	설명도
직선 부분과 직선 부분의 평행도	축의 종(횡)방향의 평행도	축 A의 축선과 축 B의 축선의 일단을 포함하는 평면을 정반 면에 직각(평행)으로 또한 축 A의 축선을 정반 면에서 축 B의 양단까지의 높이의 차를 구한다.	정반 스텐드 부착된 측미기	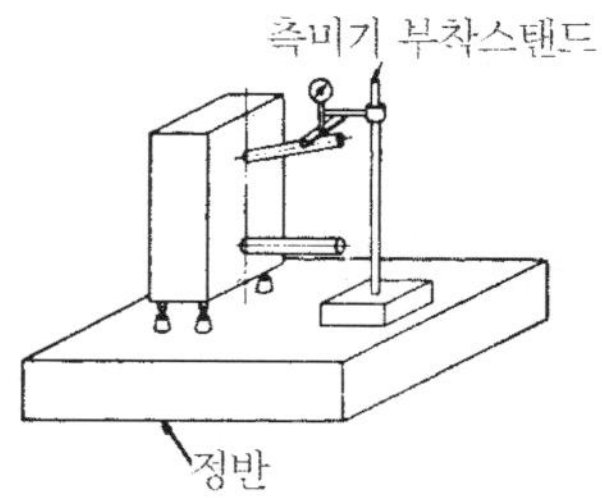
	구멍의 종(횡)방향의 평행도	구멍에 테스트바를 끼워 넣고 축의 위와 동일한 방법으로 구한다.	위와 동일 및 테스트바	
직선 부분과 평면 부분의 평행도	저면과 구멍의 평행도	측정물을 정반에 넣고 구멍의 상내면(하내면)또는 구멍에 끼운 테스트바의 상면(하면)에 측미기를 대서 스탠드를 정반 위에 이동시켜 읽음의 최대값과 최소값을 구한다.	정반 스텐드 부착된 측미기	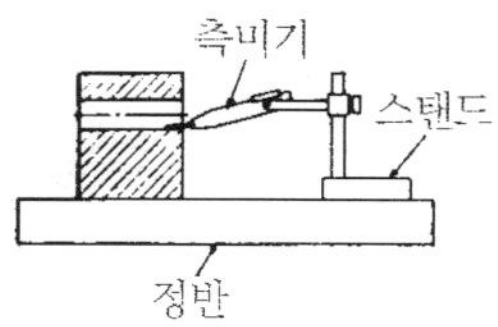
평면 부분과 평면 부분의 평행도	외측 평면의 평행도	정반 위에 올려진 측정물의 상면에 측미기를 대서 측미기 또는 측정물을 정반위에서 이동시켜 읽음의 최대값과 최소값을 구한다.	정반 스텐드 부착된 측미기	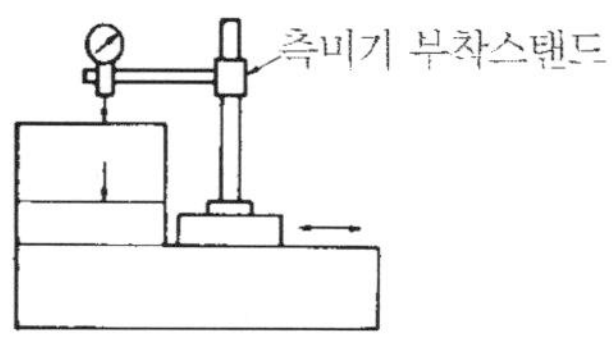
	내측 평면의 평행도	양 평면의 간격을 측미기에 의해서 측정하여 그의 최대값과 최소값의 차를 구한다.	정반 스텐드 부착된 측미기	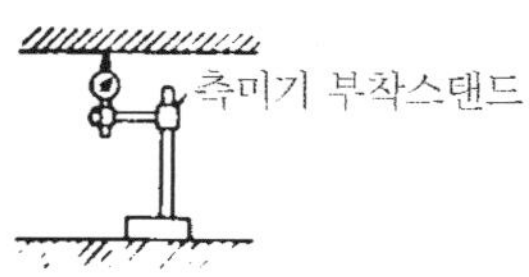
	고정평면과 가동평면과의 평행도	고정평면에 평행광선정반을 밀착시켜 가동평면을 그에 접촉시켜 평행광선정반과의 사이에 생기는 간섭무늬의 숫자에서 계산에 의하여 구한다.	평행광선 정반	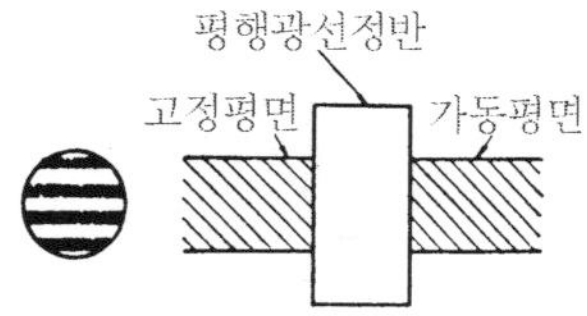

그림 10·11 평행도 측정방법

10.2.7 직각도(Perpendicularity) 측정

(1) 정의

측정대상이 되는 형체의 기준인 데이텀이 설정되어 데이텀의 평면이나 축심이 90°를 기준으로부터 어긋남의 크기를 말한다.

(2) 표시

직각도는 한 방향의 직각도, 상호간에 직각인 두 방향의 직각도, 방향을 정하지 않은 직각도가 있다. 한 방향 직각도는 그의 방향과 데이텀 평면에 직각인 평행 두 평면으로 그의 직선형체를 끼울 때 두 평면의 간격이다.

직각도는 두 형체간의 자세만을 규제하기 때문에 반드시 데이텀을 필요로 하며, 직각도 공차는 데이텀에 대해 공차가 부여된 형체의 직각에서 편차로 규제한다.

a) 직선부분과 직선부분의 직각도

b) 평면부분의 직선부분의 직각도

c) 평면부분과 평면부분의 직각도

정의 설명도	표시 예
공차의 지정이 한 방향으로만 이루어진 경우는 한 평면에 투영된 공차역은 데이컴 평면에서 t만큼 떨어진 2개의 평행한 직선으로 끼워진 영역이다. (t=0.2)	지시선의 화살표방향으로 나타내는 원통의 축선은 데이텀 평면에 수직으로 또한 지시선의 화살표방향으로 0.2 mm만큼 떨어진 2개의 평행한 평면 사이에 있어야만 한다.
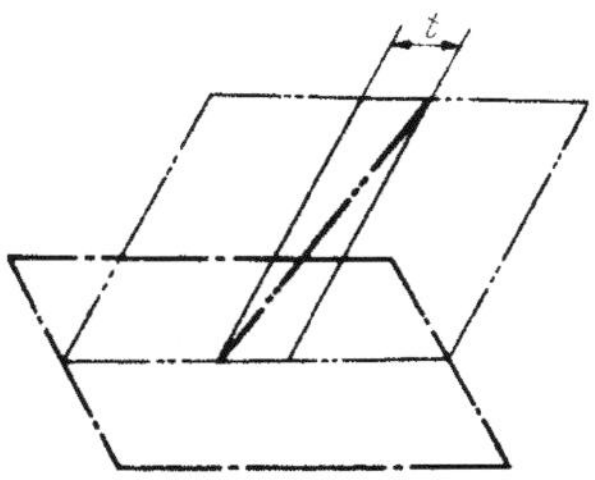	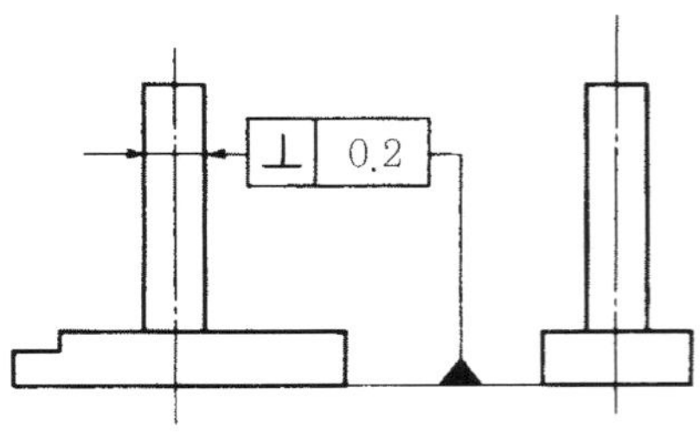

그림 10·12 직각도의 정의

(3) 측정방법

원통부품의 바닥면에 대한 모선의 직각도는 정반 위에 원통 바닥면과 직각자의 한 변을 놓고 원통모선과 직각자의 다른 변과의 거리의 최대값을 블록게이지 등으로 구분하여 결정한다.

사 항		측정 방법	측정구	설명도
직선 부분과 직선 부분의 직각도	축과 축	한 방향의 축의 모선에 직각정규를 대고 다른 변과 다른 축의 모선과의 틈의 최대값 또는 틈의 최대값과 최소값의 차를 구한다.	직각정규 틈새게이지 블록게이지	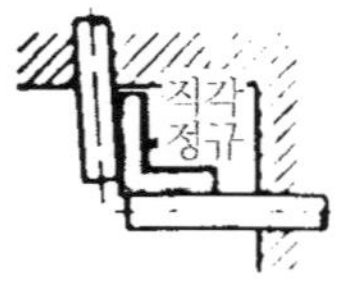
	구멍과 구멍 및 구멍과 축	구멍에 테스트바를 끼워 축과 축인 경우와 동일하게 구한다.	테스트바 직각정규 틈새게이지 블록게이지	
	두 직선 운동방향	테이블 상에 테이블의 좌우운동방향과 평행으로 직각정규의 한변을 놓고 다른 방향으로 측미기를 대서 테이블을 전후방향으로 움직여 측미기 지침의 흔들림의 최대값을 구한다.	직각정규 측미기	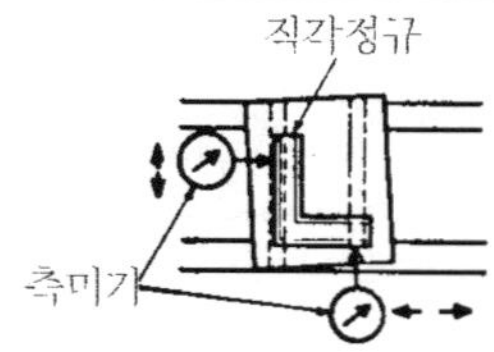
평면과 다른 형체와의 직각도	평면과 구멍	구멍에 테스트바를 끼워 평면상에 직각정규를 놓고 다른 한 변과 테스트바 모선과의 틈의 최대값과 최소값의 차를 구한다.	테스트바 직각정규 틈새게이지 블록게이지	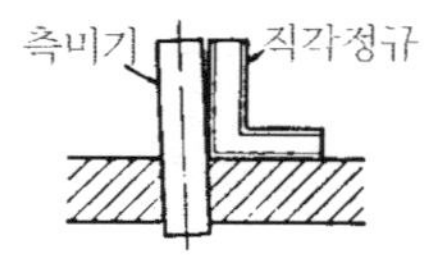
	직선운동방향과 평면	평면 상에 직각정규를 놓고 직선운동부분에 장착된 측미기를 직각정규의 다른 변에 대서 움직여 측미기 지침의 흔들림의 최대값을 구한다.	직각정규 측미기	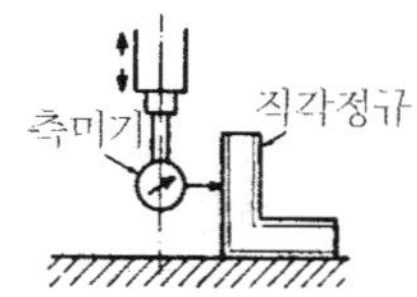
평면과 다른 형체와의 직각도	평면과 구멍	구멍에 테스트바를 끼워 테스트바를 회전시키면서 평면에 댄 측미기의 읽음의 최대값과 최소값의 차의 1/2를 구한다.	테스트바 측미기	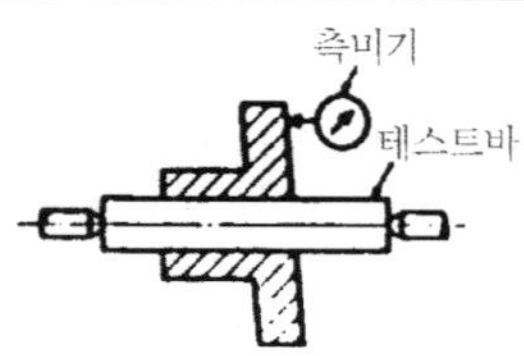
	회전축과 평면	회전축에 장착된 측미기를 테스트바 면에 대고 회전시켜 측미기의 읽음의 최대값과 최소값과 차의 1/2을 구한다.	측미기	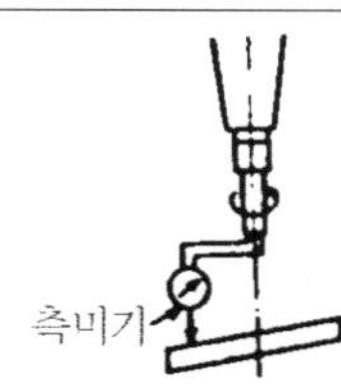
평면 부분과 평면 부분	평면과 평면	정반 위에 놓여진 직각블록의 수직면에 측정물을 대고 정반 면에서 측정면의 임의의 두 점까지의 거리가 동일하도록 고정하여 측미기에서 정반 면까지 측정면의 각 점까지의 높이를 재서 최대값과 최소값의 차를 구한다.	정반 직각블록 블록게이지 스탠드부착 측미기	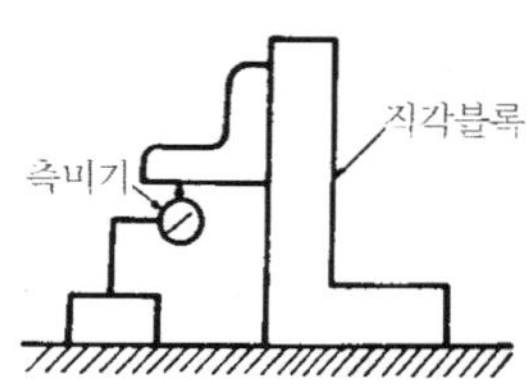

그림 10·13 직각도의 측정방법

10.2.8 경사도(Angularity) 측정

(1) 정의

기계부품의 90°가 아닌 임의의 각도를 가진 표면이나 형체의 중심이 일정 각도로 주어진 규제형체로 하여 데이텀을 기준으로 주어진 경사도 공차 내에서 각도의 허용공차를 규제하는 것을 말한다.

(2) 표시방법

경사도는 두 형체간의 자세를 규제하여 직각도, 평행도와 같이 관련 형체로서 데이텀을 필요로 한다.

(3) 측정방법

측정기술은 각도측정기술과 관련하여 측정기술을 확장할 수 있다.

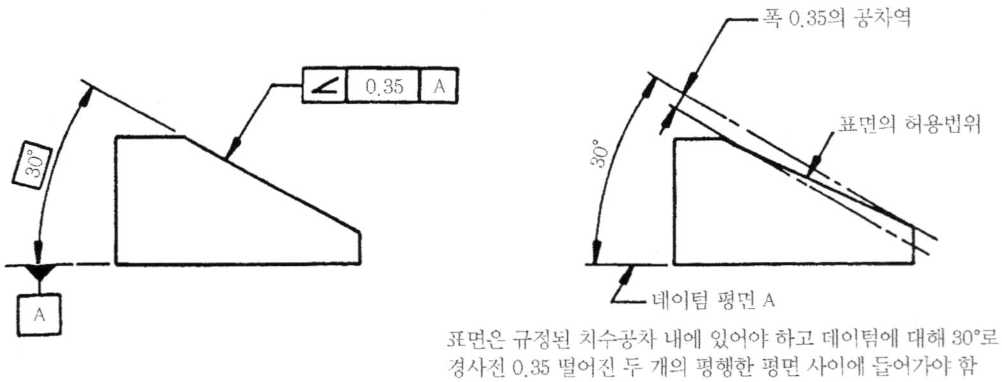

(a) 경사도 표시

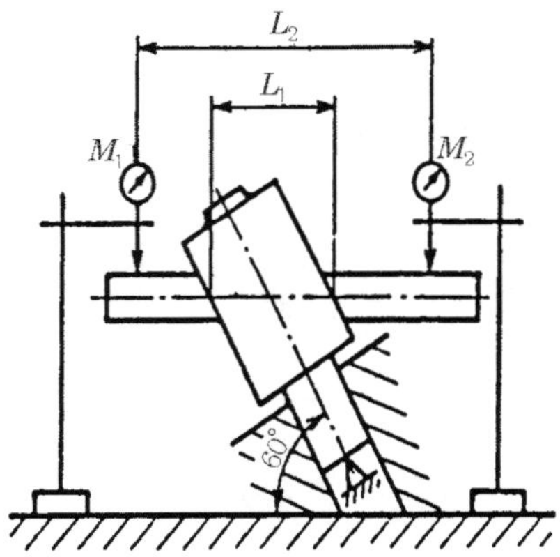

(b) 경사도 측정

그림 10·14 경사도 공차의 측정

10.2.9 동축도(Concentricity) 측정

(1) 정의

기계부품에 대한 원통부분의 동축도는 축심이 기준축심과 동일직선상에 있을 때 원통부분의 직각단면의 중심이 기준 축심에서 어긋남의 크기를 말한다.

(2) 표시방법

축선의 기준축선에 대한 동축도는 그 축선을 모두 포함한 기준축선과 동축인 기하학적 원통 중의 원통지름으로 표시하고 동축도 _mm 또는 동축도 _μm라고 표시한다.

여기서 기준축심은 기준이 되는 원통부분의 원통면에서 정해진 축심 또는 가공할 때 기준이 되는 축을 V블록 위에 놓고 회전시키며 측미기의 읽음에서 구한다.

(3) 측정방법

사 항	측정 방법	측정구	설명도
축의 원통 면에서 정해진 축선을 기준으로 한다.	기준이 되는 축을 V블록 또는 V홈 위에 놓고 회전시켜 측미기 읽음에서 구한다.	V블록 또는 V홈 측미기	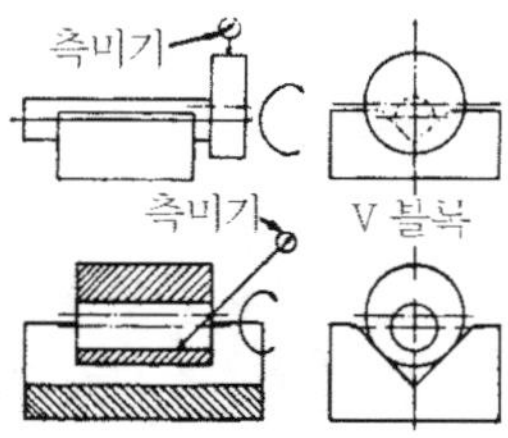
구멍의 원통면에서 정해진 축선을 기준으로 한다.	기준이 되는 구멍을 시험축에 끼워 회전시켜 측미기 읽음에서 읽는다.	시험축 측미기	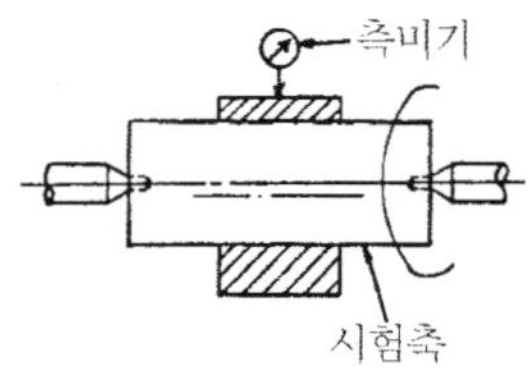
양 센터를 잇는 직선을 기준 축선으로 한다.	중심을 잡는 센터지지대에 끼워 회전시켜 측미기 읽음에서 구한다.	센터지지대	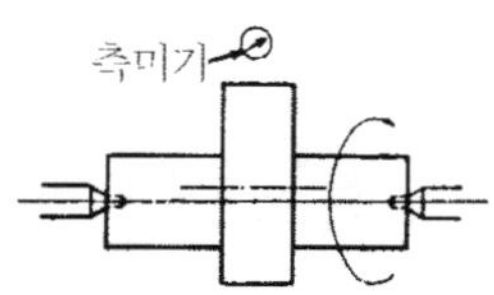
회전축의 축선을 기준으로 한다.	기준 축에 측미기를 부착하여 회전시켜 측미기 읽음에서 구한다.	측미기	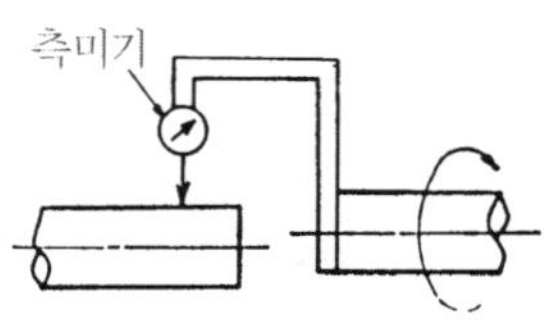

그림 10·15 동축도의 측정방법

10.2.10 위치도(Position) 측정

(1) 정의

위치도는 점, 직선부분, 평면부분이 이론적으로 정확한 위치에 대해 벗어난 양을 말한다.

(2) 표시

위치도 공차는 복합공차로서 형체의 진직도, 평행도, 진원도, 진직도 오차와 더불어 생긴 형상에 따라 다르다. 위치도 공차는 동심도, 동축도, 대칭도 공차를 총칭하여 나타내며 부품의 기능성 및 호환성이 요구될 때 형체의 편차를 규제한다.

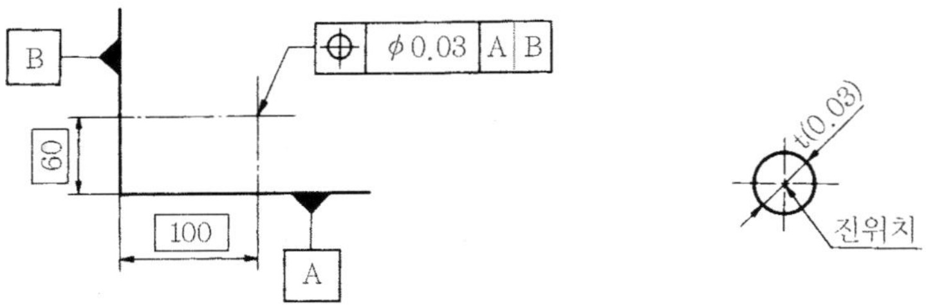

(a) 도시 (b) 공차역

점의 위치도 공차

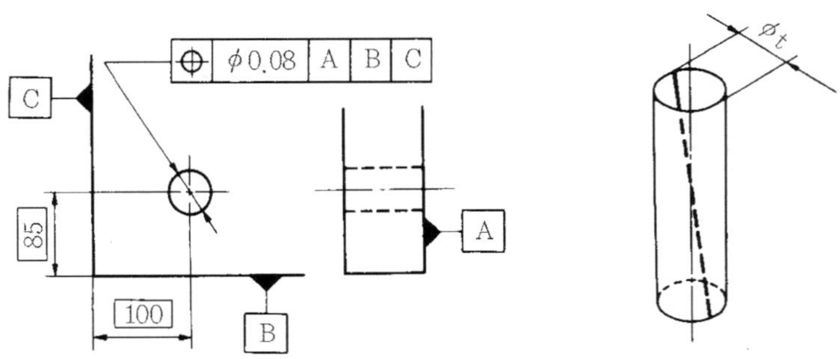

(a) 도시 (b) 공차역

방향성이 없는 위치도 공차

그림 10·16 위치도 공차표시 예

(3) 측정

위치도는 제품특성과 공차에 만족하는 기능게이지(Functional Gauge)를 제작하여 사용하거나 각종 측정보조구와 인디케이터를 이용한 측정이 이루어나 고정도를 위해서는 이차원 및 삼차원좌표측정기를 이용한다.

정의 설명도	표시 예
공차역은 대상이 되는 점의 이론적으로 정확한 위치를 중심으로 하는 직경 t의 원 또는 구 중에 포함된 영역이다. (t=0.03) 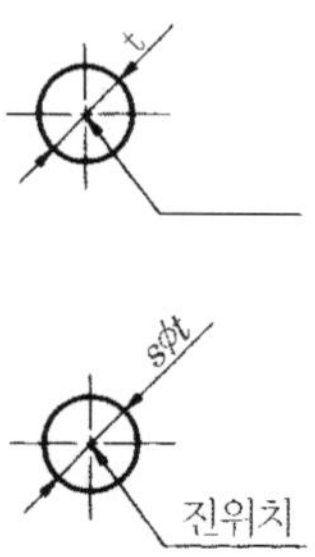	지시선의 화살표로 표시한 점은 데이텀 직선 A에서 60 mm, 데이텀 직선 B에서 100 mm 떨어진 진위치를 중심으로 하는 직경 0.03 mm인 원의 중심에 있어야만 한다. 즉 이 그림의 경우에는 데이텀 직선 A, B의 우선 순위는 없다. 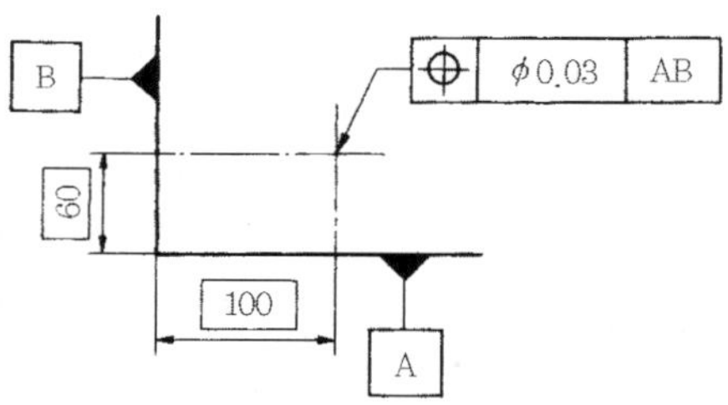

그림 10·17 점의 위치도의 정의

10.2.11 흔들림(Run-out) 측정

(1) 정의

모양의 정밀도와 방향 또는 위치 정밀도와의 조합에 의한 복합정밀도로서 기준축선의 주위에 기계부품을 회전시켰을 때 고정 점에 관하여 그 표면이 지정된 방향(반지름 방향, 경사방향)으로 변위하는 크기를 말한다.

a) 원주 흔들림 : 데이텀 축의 직선을 축으로 하는 회전면을 가진 대상물 또는 데이텀 직선에 대해 수직인 원형평면체인 대상물을 데이텀 축직선의 주위로 회전시켰을 때, 그 표면이 지정한 위치 또는 임의의 위치에서 지정한 방향으로 변화하는 크기를 말한다.

b) 온 흔들림 : 데이텀 축직선을 축으로 하는 원통면을 가진 대상물 또는 데이텀 축직선에 대해 수직인 원형평면체인 대상물을 데이텀 축직선의 주위로 회전시켰을 때, 그 표면이 지정한 방향으로 변화하는 크기를 말한다.

흔들림 공차는 진원도, 원통도, 진직도, 평행도 등이 복합되는 형상규제이며, 관련형체에 의해 지시된다. 원주 흔들림은 반경방향, 축방향, 경사방향의 원주흔들림으로 나타낸다.

(2) 표시방법

a) 반지름 방향의 흔들림 : 기준축선에 수직인 평면 내에 있어 기준축선으로부터 기계부품의 표면까지 거리의 최대값과 최소값과의 차로 표시한다.

b) 경사방향의 흔들림 : 표면에 의한 법선이 기준축선에 대해 직각 이외의 각도를 이루었을 경우 그 법선을 모선으로 하고 기준축선을 축선으로 하는 하나 하나의 원뿔면상에 있어서 정점으로부터 기계부품 표면까지 거리의 최대값과 차로 표시한다.

c) 축 방향의 흔들림 : 기준 축선으로부터 일정한 거리에 있는 원통면상에 있어서 기준축선에 수직인 하나의 평면으로부터 기계부품 표면까지 거리의 최대값과 최소값과의 차로서 나타낸다.

(3) 측정방법

반지름 방향, 경사 방향, 축 방향으로 흔들림을 측정하려면 측미기를 기준축선과 교차하여 그것에 수직 및 경사방향 또는 기준축선에 평행인 방향에 놓고 기계부품의 표면에 대어 측미기와 그 부품과의 사이에 축방향의 상대운동이 없도록 하여 기계부품이 기준선 둘레를 회전했을 때의 읽음의 최대값과 최소값과의 차를 구한다.

10.3 윤곽 측정

10.3.1 개 요

측정물의 윤곽은 전표면에 대한 면의 윤곽과 표면요소에 대한 선의 윤곽이 있다. 측정물이 일정방향으로 동일한 윤곽을 가질 때 길이방향에 직각인 평면 내의 단면인 선의 윤곽을 측정한다. 보통 윤곽게이지를 이용하고 소량의 제품측정에는 현미경, 투영기를 이용하여 제품을 확대시킨 영상으로 검사한다. 또한 입체윤곽을 갖는 제품은 형상에 적합한 접촉식 측정기를 이용한다.

10.3.2 윤곽 게이지

불규칙적인 모양을 갖는 제품은 치수정도와 형상윤곽은 윤곽게이지를 사용하여 측정, 검사한다. 윤곽측정은 피치게이지(screw pitch gauge), 각도게이지(angle gauge), 기어치형게이지(gear tooth gauge), 반경게이지(radius gauge)를 이용한다.

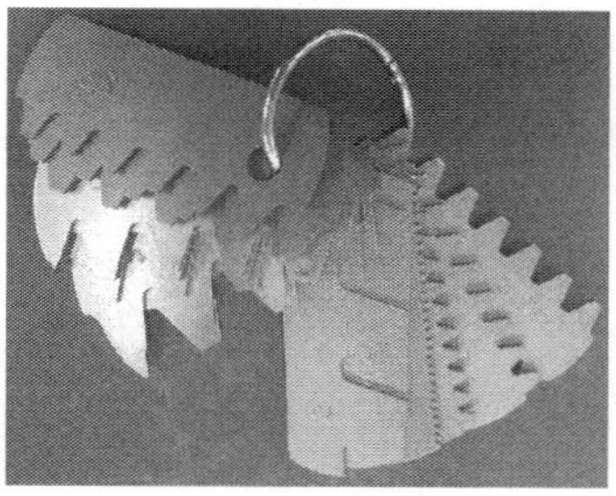

(a) 스크류게이지

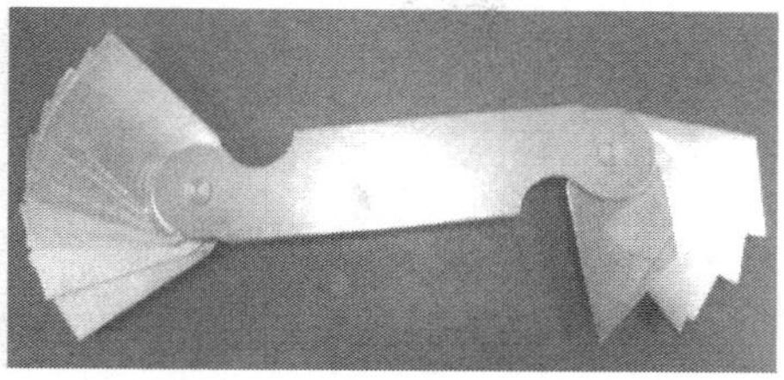

(b) 각도게이지

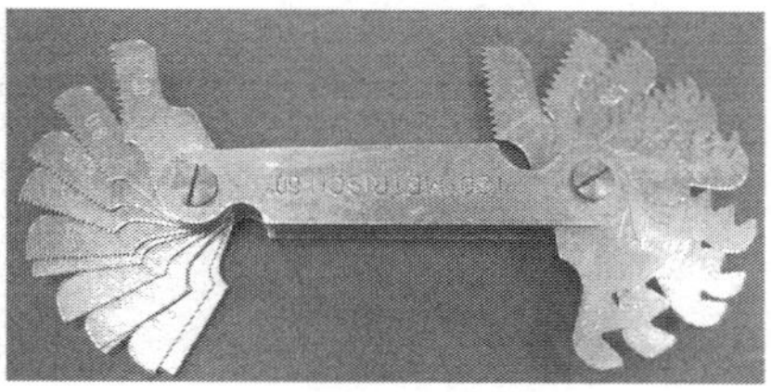

(c) 나사피치 게이지

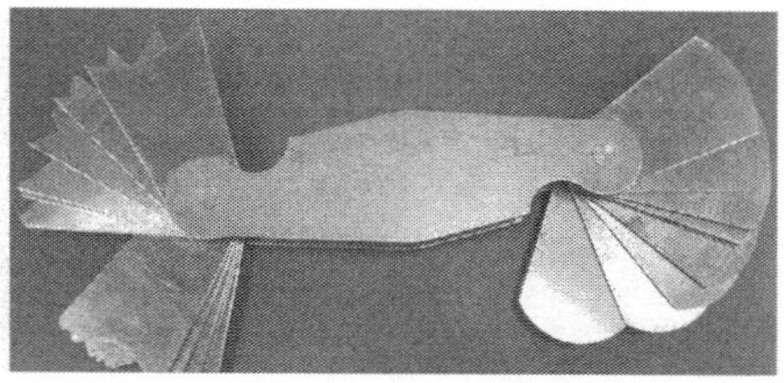

(d) 반지름 게이지

그림 10 · 18 각종 윤곽게이지

10.3.3 투영기 이용 윤곽측정

(1) 구조

투영기는 투과조명장치, 반사조명장치, 스크린, 재물대로 구성되어 있으며, 배율은 5배에서 100배 정도이다. 단시간에 세밀한 부분을 확대하여 쉽게 측정할 수 있고 이 확대상을 사진으로 기록이 가능하다. 광원에서 나온 빛이 집광렌즈를 통해 평행광선으로 되고 집광렌즈와 투영렌즈의 중간에 위치한 피측정물을 비추어 투영렌즈에 의해 확대된다.

윤곽측정에는 투영배율이 정확해야 하며 광축에 평행한 광선으로 물체조명과 투영렌즈 뒤쪽의 초점에 조리개를 놓는 텔레센트릭(Telecentric) 조명법을 사용한다. 이는 초점조절에 오차가 발생하더라도 투영배율오차는 생기지 않아 원통 및 구(球)형상의 제품 검사에 유용하게 사용된다.

기타 투영기의 조명법은 투과조명법과 반사조명법이 있으며, 윤곽측정에는 투과조명법을 사용하고 물체의 평면상태를 관찰할 경우 밀폐된 수직반사조명을 사용하나 텔레센트릭 조명보다 측정정도가 저하된다.

(2) 조명 광학계

투영상이 정확하게 결상되지 않는 위치에 피측정물이 놓일 때 생기는 배율오차를 줄이기 위해 텔레센트릭광학계를 사용한다.

(3) 배율과 형식

렌즈교환에 따라 10, 20, 50, 100배의 확대가 가능하고 조명광속이 아래에서 재물대에 수직으로 상승하게 되어 있는 상향식, 조명광속이 위에서 아래로 통과시키는 하향식 및 광속이 수평으로 입사하여 재물대 위의 피측정물을 비추는 수평투영식이 있다.

(a) 투영기

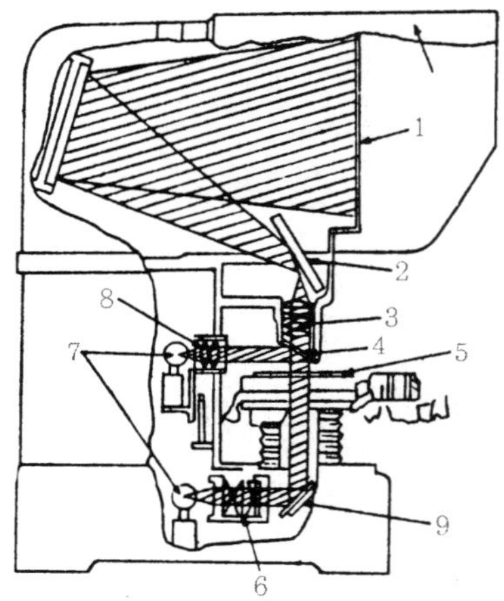

1 : 스크린 2, 9 : 반사경 3 : 투영렌즈 4 : 반투명반사경
5 : 재물대 6, 8 : 집광렌즈 7 : 광원

(b) 투영기의 구조

그림 10 · 19 투영기의 구조

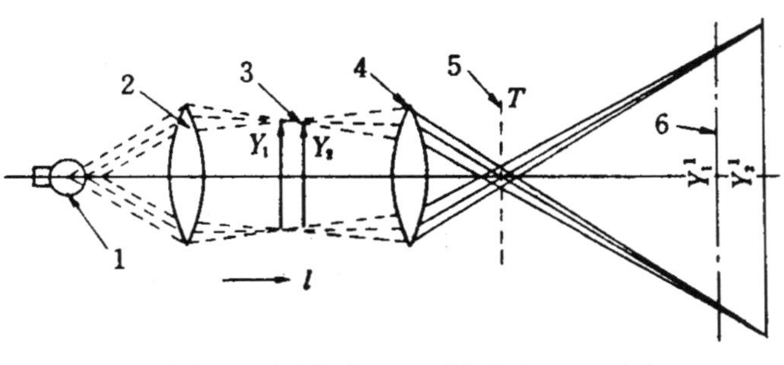

1 : 광원, 2 : 반집광렌즈, 3 : 피측정물, 4 : 투영렌즈
5. 텔레센트릭 조리개, 6 : 스크린

그림 10 · 20 텔레센트릭 광학계

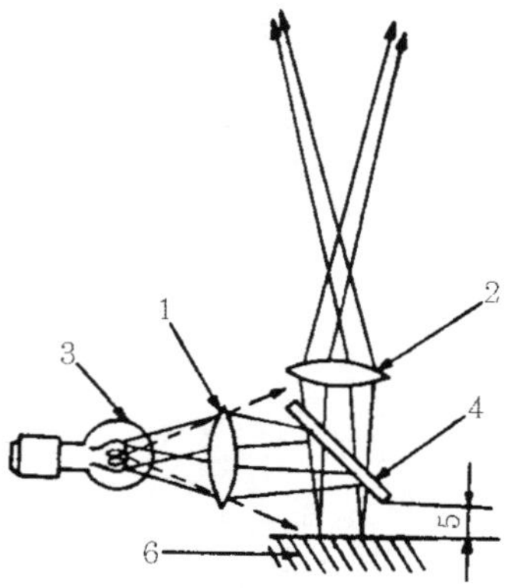

1 : 집광렌즈, 2 : 투영렌즈, 3 : 광원, 4 : 반투명반사경,
5. 작동거리, 6. 피측정물

그림 10 · 21 수직반사조명

(4) 측정

a) 기준자에 의한 측정 : 피측정물에 기준자를 접촉해서 스크린에 확대투영된 상에 직접 기준 눈금자를 이용하여 치수를 측정하는 방법이다.

b) 차트와 비교측정 : 복잡한 형상의 치수를 한 번에 측정이 가능하여 편리하고 전체 치수 및 형상분포를 파악하기 쉽다.

c) 직각좌표 측정 : 피측정물의 좌표기준을 정하고 재물대를 좌우전후로 이동시켜 피측정물의 위치를 마이크로미터로 읽는다.

d) 극좌표 측정 : 회전테이블을 이용하여 회전각과 X 또는 Y방향 이동량을 이용해서 극좌표에 의한 측정을 한다. 원점을 설정한 다음 측정점을 스크린상의 교점에 일치시킨 후 회전테이블의 회전각과 좌표 이동량을 읽는다.

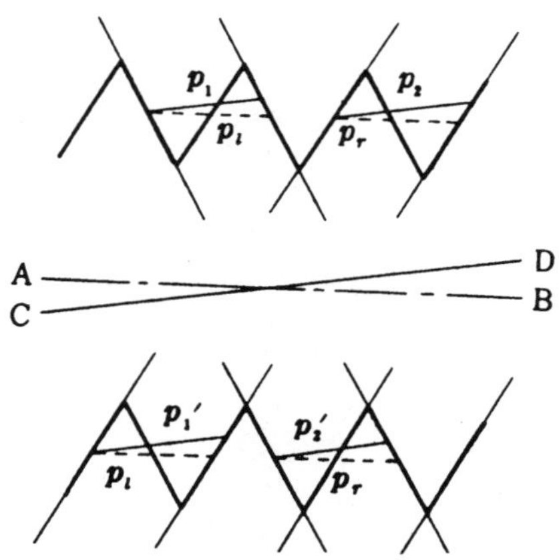

그림 10 · 22 피치의 광학적 측정

e) 각도 측정 : 각도를 가진 피측정물의 측정에는 각도측정용 회전 스크린을 이용하며, 나사 산의 각도측정은 차트맞춤방식과 십자선을 가진 각도 스크린을 사용하면 간단하다. 재물대의 XY 방향 이동과 스크린 회전에 의해 나사산 한쪽의 플랭크에 스크린 십자선을 맞추어 각도를 읽고, 다른 쪽의 플랭크에 십자선을 맞추어 각도를 읽어 계산한다. 각도는 원둘레의 1° 눈금과 버니어 1~2′ 정도까지 읽는다.

f) 나사피치 측정 : 투영기의 스크린에 나사 산의 투영상을 나타내 스크린십자선의 한 선을 나사플랭크 면에 합치시키고 축 방향으로 이동시켜 테이블이동거리를 마이크로미터로 읽는다. 이때 나사의 축선 AB에 대해 이동방향 CD의 경사에 따른 오차제거를 위해 나사 위의 왼쪽 플랭크와 하단의 왼쪽 플랭크에서 피치를 측정하여 평균값을 구한다.

즉,

$$p_l = \frac{1}{2}(p_1 + p_1'), \qquad p_r = \frac{1}{2}(p_2 + p_2') \tag{10·1}$$

g) 곡률반경 측정 : $AD = CD = r$

$$R^2 = (\mathrm{OD})^2 + (\mathrm{AD})^2 = (R-h)^2 + r^2$$

$$R = \frac{h^2 + r^2}{2h} \tag{10·2}$$

h) 스크린을 이용한 형상측정

스크린의 투영상은 보통 유리자를 스크린에 직접대고 측정하며, 유리자로 치수를 0.2 mm까지 읽을 때 배율이 20배로 되면 10 μm, 50배로 되면 4 μm까지 측정된다. 유리자에 확대경을 조합하면 눈금선이 투영상에 밀착되어 읽음오차가 발생되지 않는다.

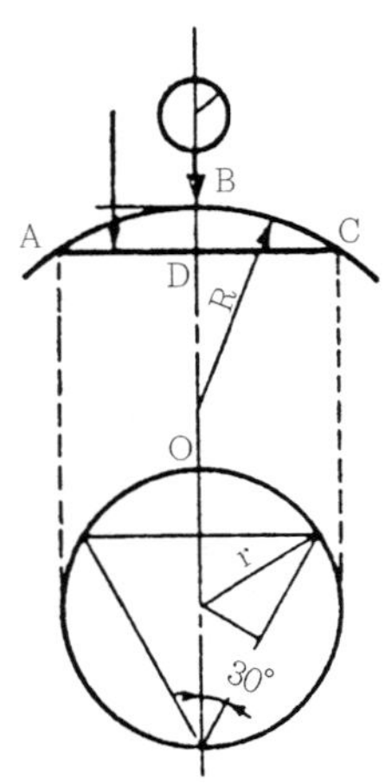

그림 10·23 곡률반경 측정

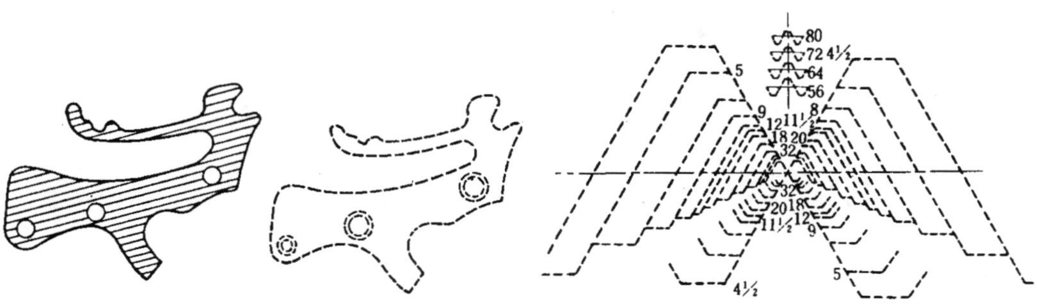

(a) 나사산용 챠트 (b) 투영물체 (c) 챠트

그림 10 · 24 차트에 의한 측정

그림 10 · 24 (b), (c)와 같이 스크린면에 나타난 피측정물체의 확대상에 트레이싱지에 그린 것을 대고 비교하면 측정이 빠르게 수행된다.

(5) 측정시 주의사항

a) 항온, 항습이 유지되고 먼지, 진동이 없는 장소에 설치한다.

b) 밝은 창이나 조명이 스크린에 향하지 않게하며, 초점거리를 정확히 맞춘다.

c) 마이크로미터 이동축선과 피측정물의 이동축선을 정확히 맞춘다.

d) 시차를 줄이기 위해 수직방향에서 측정한다.

e) 전구수명을 위해 장시간 사용하지 않아야 한다.

10.3.4 공구현미경(Tool Maker's Microscope)이용 측정

(1) 일반사항

수나사, 공구류, 기타 기계부품의 길이, 각도, 윤곽의 측정에 이용된다. 피측정물을 접안렌즈로 관측하는데 미동 제물대를 전후좌우로 이동하여 이동량을 마이크로미터로 읽는다. 또 부속되어 있는 투영장치에 접안렌즈를 대신 붙여서 투영면사에 투영되어 측정과 검사가 가능하다.

(2) 광학계

소형제품의 길이, 각도, 형상, 윤곽측정에 공구현미경이 사용되며 광학계는 그림 10.25과 같다.

광원 Q는 베드상에 있고 광학계를 통해 피측정물에 조명한다. 빛은 집광렌즈를 K를 통해 콜리메터렌즈 L의 촛점에 놓여진 텔레센트릭 조리개 B에서 상을 맺어 적당한 크기의 빛을 콜리메터렌즈에 보낸다. 클리메터렌즈를 통한 빛은 광원 또는 조리개의 각

점에 대응하여 각각의 움직임을 가진 평행광속군을 이루어 피측정물 T를 조명한다.

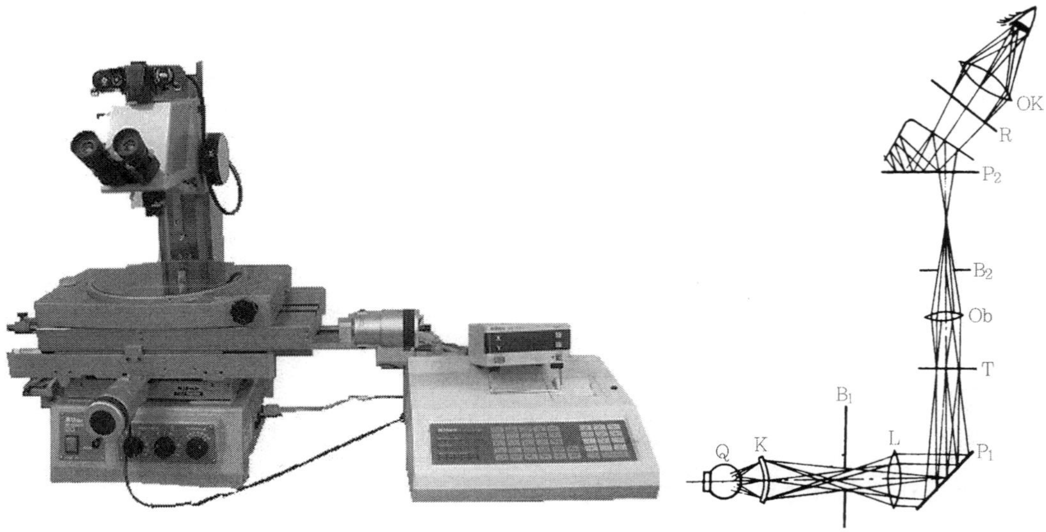

(a) 공구현미경 (b) 현미경의 광학계

그림 10 · 25 공구현미경과 현미경의 광학계

조명된 상은 대물렌즈 Ob에 들어가며, 이때 점광원이 있으면 콜리메이터 렌즈에서 나온 빛은 완전한 평행광선이 되나 광원이 어느 일정크기를 유지하면 어느 경사를 갖는 평행광속군을 유지한다. 이때 조리개의 구멍이 변화하면 기울어진 각도가 변화한다.

조리개 크기를 어느 정도로 유지할 것인가는 원통형상 측정에서 중요하며, 조리개의 지름 D에 대한 실험식은 다음과 같다.

$$D=0.183F^3\sqrt{\frac{1}{d}} \tag{10 · 3}$$

단, D : 최적조리개 지름, d : 측정하는 원통의 지름, F : 콜리메터 렌즈의 초점거리이다.

대물렌즈에 들어간 피측정물의 영상은 확대되며 대물렌즈의 배율은 1배, 1.5배, 10배 등이 있는데 이는 특별부품으로 피측정물의 형상정도에 따라 분류, 사용된다.

각도 접안렌즈를 이용하여 길이를 측정할 경우는 접안렌즈 중심의 점선을 기준으로 하여 제품을 회전테이블 또는 센터지지대에 고정시키고 테이블을 여러 번 좌우로 움직이면서 피측정물의 측정면과 테이블 이동방향으로 일치시킨다.

(3) 측정

a) 길이 측정 : 현미경시야 내의 점선을 측정위치에 일치시켜 마아크로미터의 읽음을 구하고 또한 한쪽의 측정위치까지 테이블을 이동시켜 마이크로미터 읽음을 구해 그 읽음 차가 피측정물의 길이가 된다.

B 위치의 읽음값	43.256
A 위치의 읽음값	−11.212
측정값	32.004

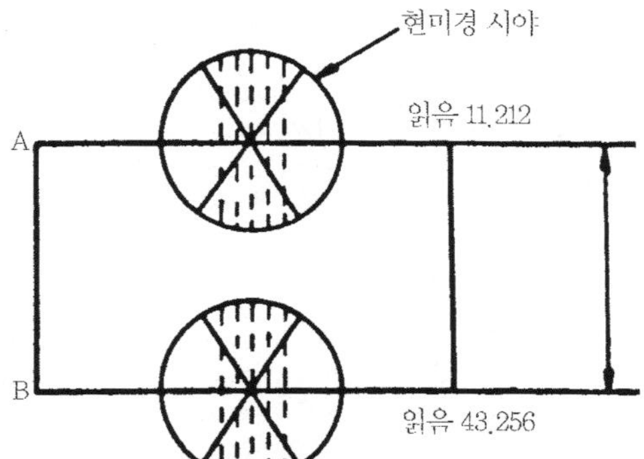

그림 10 · 26 길이측정

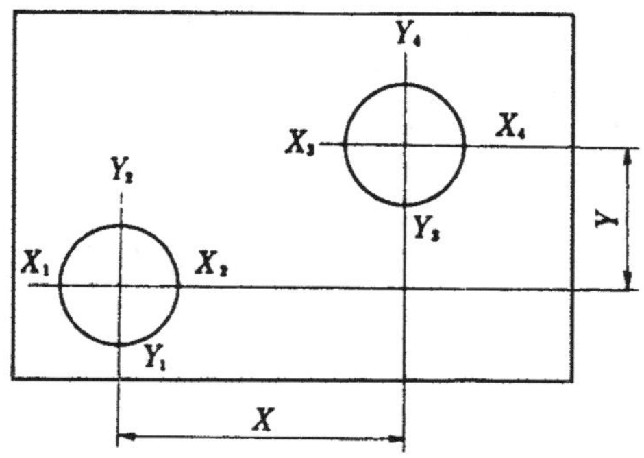

그림 10 · 27 $X-Y$ 좌표측정

b) 구멍간 중심거리 측정 : 각도 접안렌즈를 사용하여 평행하지 않는 두 구멍간의 중심거리 측정은 각도 접안렌즈로 구멍 가장자리를 측정하여 그 값을 X_1, X_2, Y_1, Y_2 및 X_3, X_4, Y_3, Y_4라 할 때 중심거리 X 및 Y는 다음 식으로 구한다.

$$X=\frac{(X_1+X_2)}{2}-\frac{(X_3+X_4)}{2}, \quad Y=\frac{(Y_1+Y_2)}{2}-\frac{(Y_3+Y_4)}{2} \qquad (10 \cdot 4)$$

이중상 접안렌즈를 사용하면 직접 구멍의 중심위치의 좌표 X_1, Y_1 및 X_2, Y_2에 의해 구해져 X 및 Y는 $X = X_1 - X_2$, $Y = Y_1 - Y_2$가 된다.

c) 테이퍼 측정 : 나이프에지와 각도 접안렌즈를 사용하여 테이퍼를 측정하는 식은 그림 10·28의 a, b, c, d의 4개소에 나이프 에지를 대고 측정하여 테이퍼 각도 $2\tan\Theta$를 다음 식으로 구한다.

$$2\tan\Theta = \frac{(Y_a - Y_b)}{(X_a - X_b)} + \frac{(Y_c - Y_d)}{(X_c - X_d)} \qquad (10 \cdot 5)$$

d) 나사측정 : 형판접안렌즈를 이용한 나사 산의 피치측정은 누적피치오차 측정이 필요하여 그림 10·29와 같이 기준산형에 대한 피치 p_1, p_2, p_3를 측정한다. 적당한 조리개의 지름을 골라 기둥을 세워 나사 바깥지름 또는 센터를 지지할 경우에 테스트 바를 축 단면에 핀트를 맞추고 나사의 리드각 만큼 기둥을 기울여 측정하며, 리드각은 다음 식과 같다.

$$\tan\beta = \frac{p}{E_0} \qquad (10 \cdot 6)$$

여기서 β : 리드각, p : 나사의 피치, E_0 : 유효지름

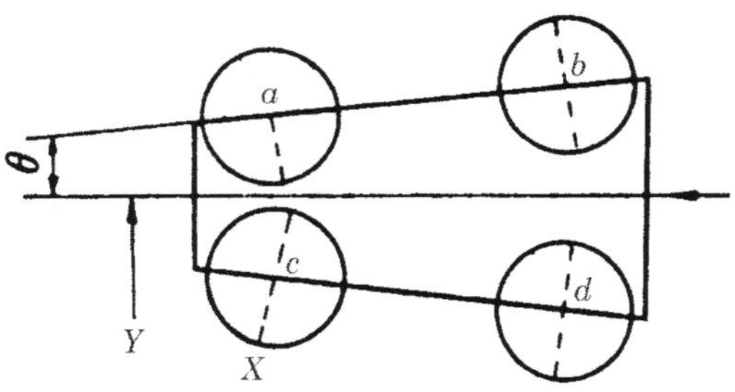

그림 10·28 테이퍼 측정

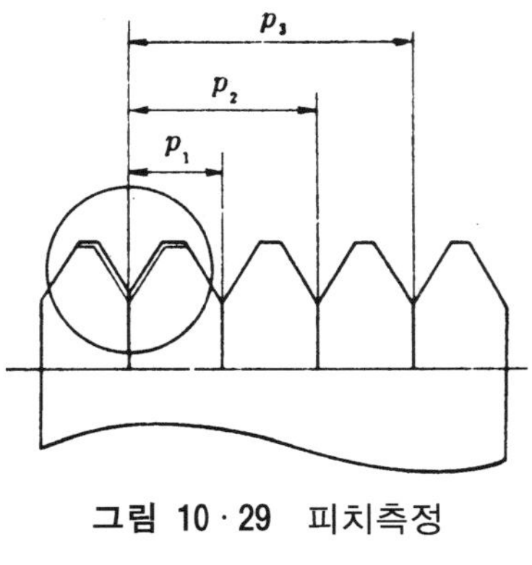

그림 10·29 피치측정

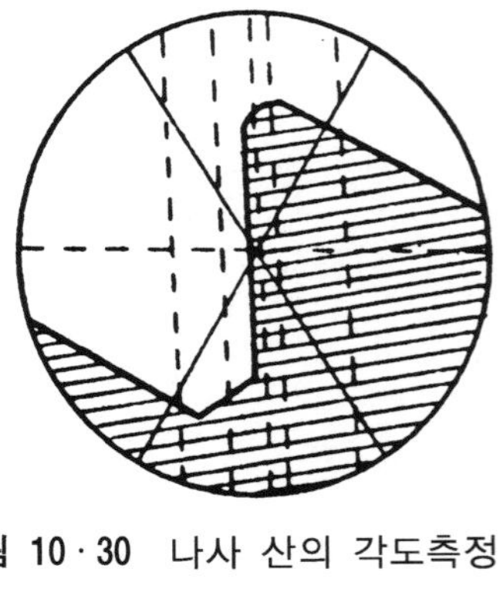

그림 10·30 나사 산의 각도측정

끝으로 형판접안렌즈의 기준산형을 플랭크(Flank)에 일치시켜 읽는다.

나사 산의 각도 측정은 나사피치 측정요령으로 나사 플랭크에 각도접안렌즈의 접선을 맞추어 나사 산의 각도를 측정하며, 측정방법은 다음과 같다.

a) 나사 플랭크각도는 나사축심에 직교하는 수선에 대해 반각마다의 오차로 평가한다.

b) 나사게이지와 같이 고정도를 요구하는 측정은 나사산의 반각 α_1, β_1, α_2, β_2를 측정하여 평균값을 구해 나사플랭크 각도라 한다.

$$\alpha = \frac{(\alpha_1 + \alpha_2)}{2}, \qquad \beta = \frac{(\beta_1 + \beta_2)}{2} \tag{10・7}$$

리드 각 β만큼 기울여 산의 반각을 측정한 경우, 산의 반각을 실제 측정값 α는 다음 식으로 나사의 축단면 반각 α_0로 환산한다.

$$\tan\alpha_0 = \frac{\tan\alpha}{\cos\beta} \tag{10・8}$$

여기서, $\tan\beta = \dfrac{p}{\pi E_0}$

c) 플랭크에 점선을 맞추는 방법은 영상과 점 사이에 희미한 빛이 새는 정도로 한다.

10.3.5 만능 측정현미경(Universal Measuring Machine)이용 측정

공구현미경에서 이동량의 읽음이 마이크로미터로 이루어졌으나 만능측정현미경은 좌우 전후 양쪽방향에 2개의 표준자의 읽음용 측미현미경이 있어 공구현미경에 비교하여 측정범위가 넓고 고정도 측정이 가능하다. 또한 공구현미경과 같이 형판접안렌즈, 측각접안렌즈가 있어 다양한 제품의 형상과 윤곽측정이 가능하다.

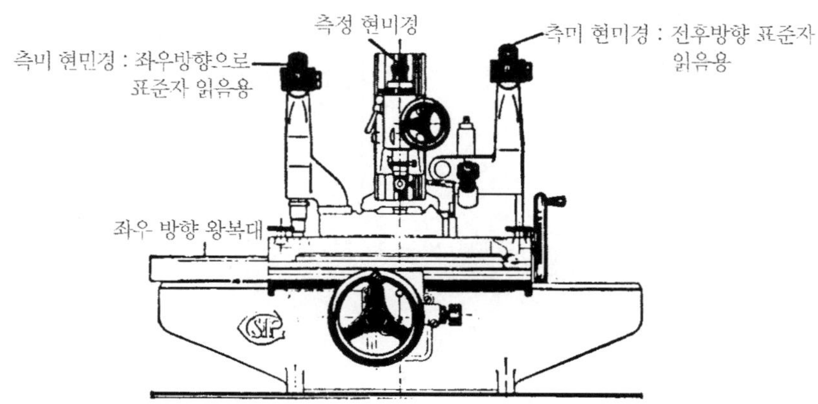

그림 10・31 만능측정현미경

제11장

삼차원 좌표 측정

11.1 개 요

11.1.1 삼차원측정의 의미

삼차원 측정기(3 Dimensional Measuring Machine)는 측정점을 인식할 수 있는 측정 검출기(Probe)가 측정영역 공간에서 서로 직각방향인 X축, Y축, Z축 방향으로 이동시켜 그 이동량을 측정장치로 측정값을 읽어 데이터를 컴퓨터로 처리함으로써 측정물의 길이, 위치, 형상, 윤곽 등을 측정할 수 있는 측정기이다.

일반적인 기계가공 부품의 측정은 보통 정반 위에서 하이트게이지, 하이트마이크로미터 및 블록게이지를 이용하여 이차원적으로 수행하고 측정값 처리도 수동적으로 처리한다. 그러나 복잡한 형상의 제품은 측정경험이 필요하며 안정된 측정값을 얻고 측정능률을 향상을 시키는 데는 한계가 있다.

11.1.2 삼차원측정의 발전배경

가공기계의 NC(Numerical Control) 및 CNC(Computer Numerical Control)화는 복잡한 곡면 및 형상가공이 실현됨에 따라 측정도 고정도의 측정값이 요구되었다.

삼차원 측정기는 이차원 측정장치에 수직축(Z축)을 장착하여 개발된 측정기로서 오늘날 형태의 삼차원 측정기는 1960년 영국 Ferranti사에서 최초로 제작하였다.

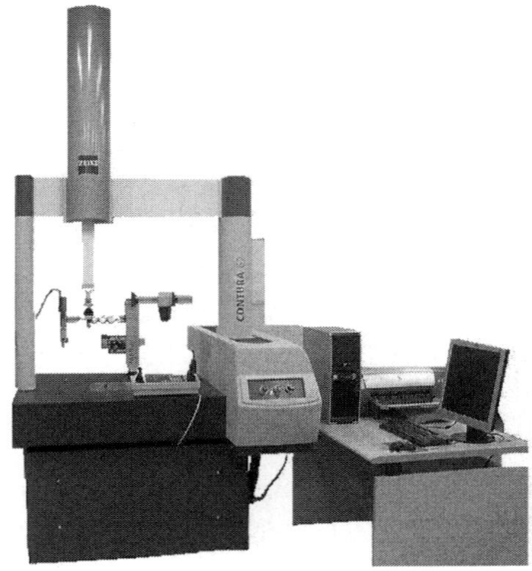

그림 11·1 삼차원 측정기

최초의 이 측정기는 아날로그 방식에서 갖는 읽음오차 제거와 측정자 숙련의 요구를 개선을 위해 영국의 NPL(National Physical Laboratory)과 NEL(National Engineering Laboratory)에서 공동개발한 광학격자(Optical Grating)인 모아레 엔코더(Moire Encoder)를 사용하여 디지털방식으로 하였다.

한편 전자, 반도체 기술과 및 컴퓨터기술의 발전은 측정기술에 큰 영향을 주었으며, 기계제품의 형상 및 위치측정에 있어 컴퓨터를 활용한 측정시스템 운용과 데이터 처리는 측정기술에 큰 진보를 가져다 주었다.

11.1.3 삼차원 측정기의 사용효과

(1) 복잡한 형상의 제품이 측정정도 및 신뢰성 향상

측정대상이 종래 동일평면에 없는 관련치수 측정 및 내면의 윤곽측정이 쉽게 처리할 수 있다. 또한 곡면형상의 윤곽측정이 가능하고 형상이 허용공차 내의 여부도 판정 가능하다.

(2) 측정능률의 향상

종래 정밀한 제품형상을 측정하는 측정기는 측정준비와 면과 축의 설정에 많은 시간이 소요되었다. 또한 측정물의 설치변경에 따른 시간이 많이 소비되었으나 컴퓨터 처리로 시간이 크게 감소하였다. 한편 맨드럴(Mandrel)이나 표준자와 같은 보조 치공구 사용하지 않고 직접측정이 가능하다.

(3) 컴퓨터를 이용한 측정값의 산출이 원할

측정점의 데이터는 컴퓨터에 의해 연산되고 프로그램에 의해 공차값에 대한 실제 측정값의 분포, 경향 및 판정이 즉시 수행된다.

(4) 측정값의 안정성과 측정자동화 실현

복잡한 측정물의 측정에 있어 고정도 측정값산출과 신뢰성, 안정성을 도모와 측정 자동화를 통해 측정자의 피로경감과 데이터 정리의 자동화를 실현할 수 있다.

11.1.4 삼차원 측정기의 사용 환경

삼차원 측정기는 측정값의 신뢰성에 영향을 주므로 측정환경이 중요하며, 최소 읽음값이 작아 온도의 영향을 많이 받게 되므로 20±1℃(2급)에서 사용한다. 온도환경이 열악하면 처음상태에서 조립 조정한 후 분해하여 설치장소에서 재조립될 때 보증정도의 재현이 어렵게 된다.

습도가 많을 경우 주요 기계장치에 녹의 발생을 촉진하고 전자장치에도 나쁜 영향을 준다. 각 축의 베드면은 공기베어링(Air Bearing)을 채용하고 있어 압축공기에 수분이 많이 포함되어 있다면 수분이 응축하여 원활한 운동을 방해한다. 따라서 습도는 55% 이하로 유지하기 위해 압축공기 중의 유분(油粉)과 수분제거를 위해 필터를 사용한다.

진동은 Z축의 디지털 측정값에 영향을 직접 주어 측정값 표시에도 불완전하며, 특히 플로팅(Floating)방식은 공기베어링과 볼베어링을 동시 채용하여 진동의 영향을 크게 받는다. 진동 영향의 최소화를 위해 설치장소의 주변에는 프레스나 압축기로부터 멀어야 하고 철도차량 및 화물차의 통행이 없는 장소에 설치해야 한다.

측정기의 기초는 기초공사를 통해 진동을 차단하고 방진고무를 이용한 고주파수의 진동차단과 공기 방진구(Air Cushion)을 이용한 저주파수 차단에도 필요한 방진설비를 해야 한다.

기타 전기적 및 기계적 잡음은 측정값의 부정확과 컴퓨터의 오동작을 초래하며, 강전계(强電界) 및 강자계(强磁界)는 측정자료의 손상과 잡음을 준다. 먼지는 베드면 손상, 직사광선은 온도차 따른 결로현상(結露現象)이 발생될 수 있다.

11.1.5 삼차원 측정기 구성

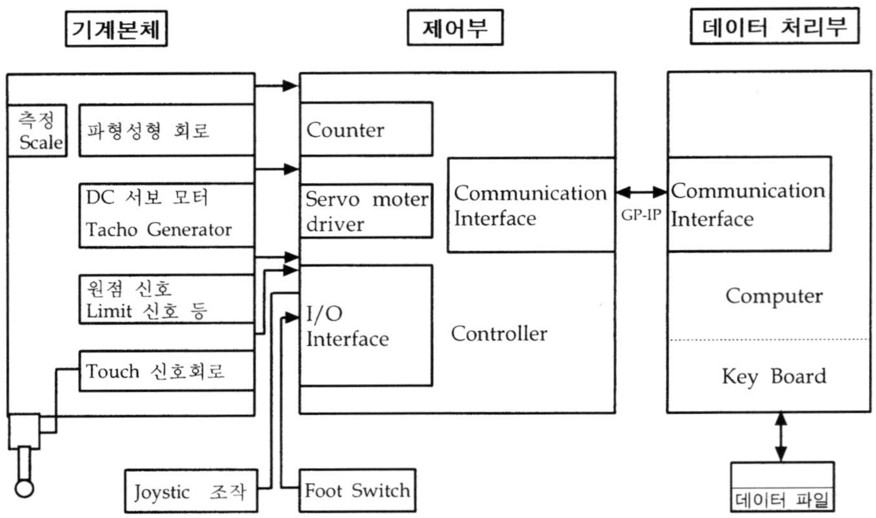

그림 11 · 2 삼차원 측정기의 구성

11.1.6 삼차원 측정기의 구성요소

측정베드의 이동안내는 구름베어링과 공기베어링에 의하며 측정시스템은 엔코더를 이용한다. 엔코더(encoder)에는 로터리 엔코더(rotary encoder), 리니어 엔코더(linear encoder)가 있으며 리니어 엔코더는 다음과 같은 것이 있다.

① 광전식 : linear scale식(투과형, 반사형), 모아레 무늬식(투과형, 반사형)

② 마그네틱 스케일식

③ 전자유도식

④ 정전유도식

11.2 삼차원 측정기의 분류

11.2.1 측정기 종류

(1) 측정값 읽음 방식에 의한 분류

① 아날로그(Analog) 방식

② 디지털(Digital) 방식 : 절대(Absolute) 방식, 증분(Increment) 방식

(2) 구조상의 분류

표 11·1 삼차원 측정기 구조상 분류

형 식	특 성	모 양
브리지 이동형 (Moving Bridge Type)	수직이동하는 Z축 스핀들과 안내부가 양단을 두 기둥으로 지지하고 Z축에 직교한 수평방향의 빔(Beam)을 X축 방향으로 이동하는 구조이다. 가장 일반적인 구조로써 빔의 휨이 적으며, 브리지를 한쪽으로 이동시키면 측정물 설치가 용이하나 가동부 질량이 커서 관성도 크고 수동식 측정기는 조작성이 저하된다.	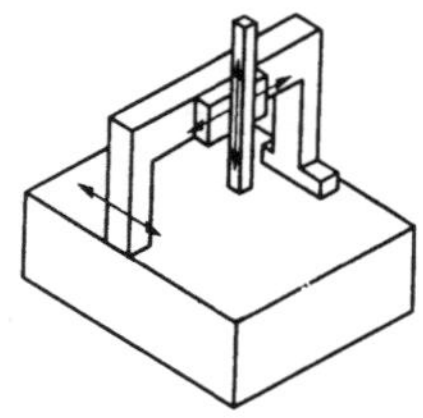
고정 브리지형 (Fixed Bridge Type)	수직이동하는 Z축과 안내부의 양단을 두 기둥으로 지지하여 Z축에 직교한 수평방향 빔(Beam) 상에서 X축 방향으로 이동하는 형태이다. y축 방향으로는 측정 테이블이 이동하여 강성이 일정하게 유지할 수 있어 고정도 삼차원 측정기에 사용한다. 한편 기계적 안정성, 넓은 측정범위를 가질 수 있는 특징이 있다. 측정물과 프로브의 양쪽을 이동해야 하므로 수동조작은 힘들다.	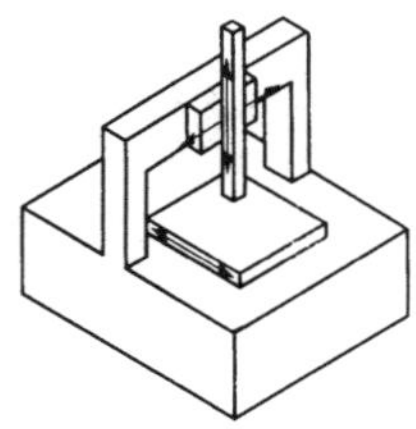
브리지-베드형 (Bridge & Bed Type)	수직이동하는 Z축 스핀들과 안내부가 Z축에 직교한 수평방향의 빔 위를 X축 방향으로 이동하는 구조로 이 빔이 Z축 및 X축에 직교한 두 수평면 내의 레일 위를 Y방향으로 이동한다. 이 형식은 중소형에 사용하며 고정 브리지형보다 고정도가 가능하나 y축 변형에 대한 보상이 필요하다. 측정물의 설치 해체에 어려움이 있다.	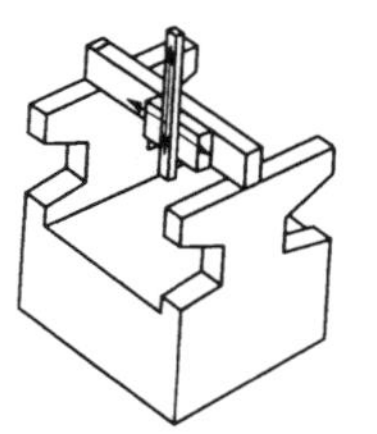

표 11·1 삼차원 측정기 구조상 분류(계속)

형 식	특 성	모 양
L형 브리지형 (L-Shaped Bridge Type)	브리지형 이동형이 이동부 질량으로 관성의 감소를 목적으로 제작되어 사용되며, 브리지형보다는 가벼워 관성이 적어 조작성은 양호하나 각 부의 강도를 높이면 중량증가로 정도유지나 경년변화로 주의해야 한다.	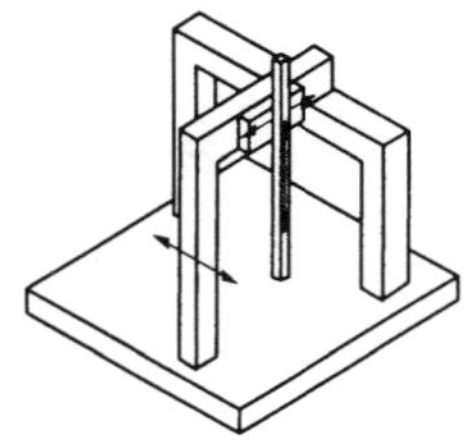
켄틸레버형 (Fixed Table Cantilever Type)	*Z*축 스핀들과 안내부가 *Z*축과 직교한 수평방향의 외팔보가 *Y*축 방향으로 이동하는 형태, 이 외팔보는 *Z*축 및 *Y*축에 직교한 수평면 내의 레일을 *X*축 방향으로 이동한다. 측정기 삼면이 개방구조로 측정물 설치 및 해체가 용이하고 측정 테이블보다 큰 측정물도 적재 및 측정이 용이하다. 수동 조작형은 양호하나 *Y* 빔이 돌출 되어 있어 자세 유지력이 약하고 휨 발생의 우려가 있어 소형이나 중형 측정기에 채용된다.	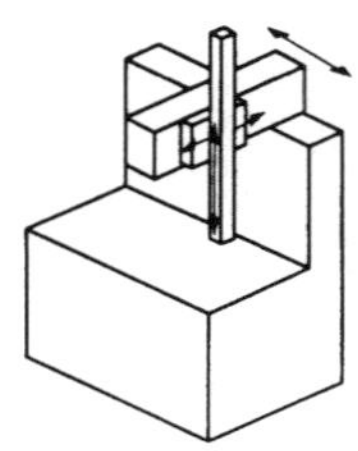
갠트리형 (Gentry Type)	대형 측정기에 사용되며 브리지 베드형의 베드 대신 견고한 바닥면을 이용한다. 큰 부품 측정에 측정자는 안쪽에서 측정이 가능하고, 측정기의 이동부는 질량이 커서 각 축은 모터구동된다. 대형기종은 빔 이동이 원활하도록 이중구조로 형태로 정도향상을 도모한다. 충분한 강도를 갖는 기초에도 경년변화가 되고 있어 지주(支柱) 및 조정잭이 있어 정기적인 정도검사가 필요하다.	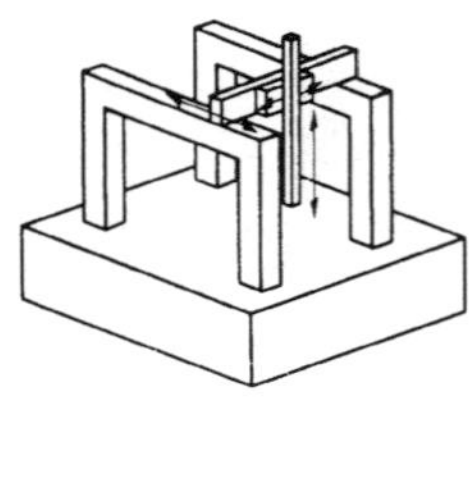
싱글컬럼 테이블 이동형 (Moving Table Cantilever Arm Type)	수직이동이 가능한 *Z*축 스핀들과 그 안내부를 가진 컬럼 전체가 *Z*축에 직교하는 수평면 내의 레일을 *Y*축 방향으로 이동한다. 측정테이블은 *Z*축 및 *Y*축에 직교하는 수평면 내의 레일 위를 *X*축 방향으로 이동한다. 고정도 삼차원 측정기에 채용되는 구조로 측정테이블과 컬럼의 강성이 높아 변형이 없고 기하학적으로 고정도를 얻을 수 있다. 측정물과 프로브의 양쪽을 이동하며 측정하는 구조로 수동조작이 곤란하다.	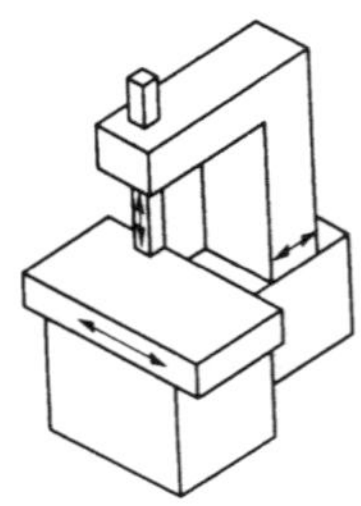
싱글 컬럼형 (Single Column Type)	*Z*축 스핀들을 수직이동하고 그 안내부를 가진 컬럼은 베드에 고정되고 *Z*축에 직교하는 수평면 내에는 서로 직각인 *X*-*Y*방향에 이동가능한 측정테이블이 배치된다. 소형측정기에 사용되는 구조이나 수동조작이 곤란하고 고정도 복합테이블이 필요하나 유지상 어려워 사용되지 않는다.	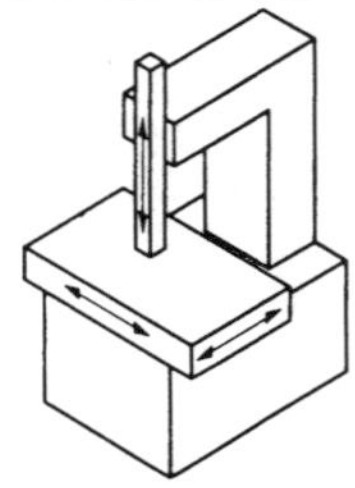

수평암 테이블 이동형 (Moving Table Horizontal Arm Type)	수평방향으로 돌출된 프로브를 지지하는 암을 가진 이동부가 있고 수직으로 설치된 기둥을 따라 Y축 방향으로 이동한다. 이동방향과 직교한 수평면 내의 안내면을 X축 방향으로 이동한다. 테이블 Y축 및 Y축에 직교하는 수평면의 안내면을 Z축 방향으로 이동한다. 이 형식은 암이 Z축 방향으로 이동하는 경우에 암이 휨 정도가 저하되는 결점을 제거하기 위해 고안된 구조이다. 측정물 설치 및 해체가 용이하나 측정테이블으로 대용량의 측정물에는 부적합하다.	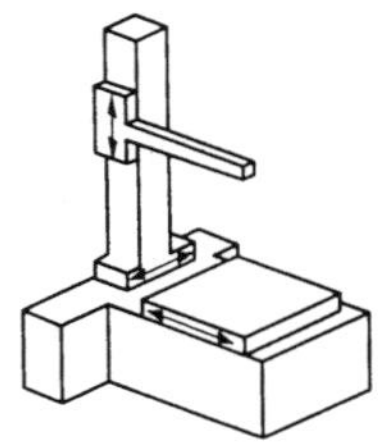
수평 암-고정 테이블형 (Fixed Table Horizontal Arm Type)	수평방향으로 돌출된 프로브를 보호지지하는 암을 가진 이동부가 있고 수직으로 설치된 기둥을 따라 Y축 방향으로 이동한다. 이 컬럼은 베드를 Y축과 직교해서 이동하는 X축 안내면에 설치된 Y축 및 X축과 직교하는 안내면 위를 Z방향으로 이동한다. 테이블 이동의 결점을 제거하기 위해 Y축 이동부를 Z방향에 이동시켜 고정 테이블화 하여 대형제품의 측정이 가능하나 보수유지가 곤란하다.	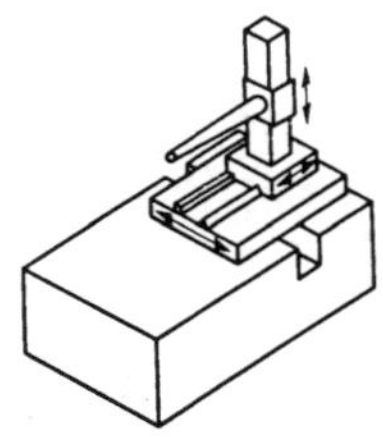
수평암형 (Moving Arm Horizontal Type)	수평이동하는 Z축 암과 그 안내부가 Z축에 직교해서 수직으로 설치된 컬럼을 따라 Y축 방향으로 이동한다. 이 기둥이 Z축 및 Y축에 직교하는 수평면 내의 안내를 X축 방향으로 이동한다. 측정기 본체는 피측정물에 비해 소형이고 가동부가 단순하여 저가의 보급형이나 Z축 암 이동으로 휨이 측정정도에 영향을 주어 고정도 측정에는 부적합하다.	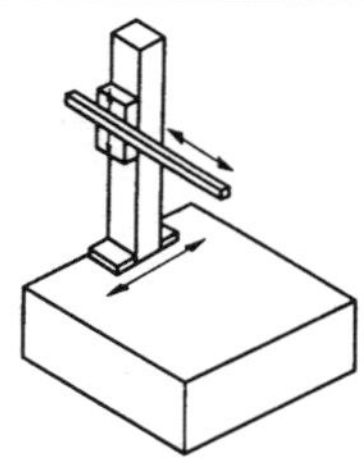
다관절 삼차원 측정기	측정 암은 굴곡회전이 자유로운 3개 암으로 구성되며, 사람 팔에 비유하면 제1암은 두팔, 제2암은 팔꿈치, 검출헤드는 손, 프로브는 손가락에 해당된다. 관절부는 각도검출기구의 분해능과 정밀도를 향상하고 측정암의 강성이 향상된다. 조작성이 우수하고 측정기를 이동하여 측정가능하며, 입체 단면의 허용영역을 임의로 지정하여 쉽게 측정할 수 있다.	

(3) 조작상 분류

삼차원 측정기를 조작방법에 따라 분류하면 수동식(Floating식), 모터구동식(Joystick식), CNC식 삼차원 측정기로 분류한다.

① 수동식 삼차원 측정기(Floating Type)

현재 널리 사용되는 형식으로 클램프 OFF상태에서 X, Y, Z축의 각 가동부를 수동으로 이동하여 측정하는 측정기이다. 프로브는 만능 터치신호프로브, 볼프로브 등 다양한 접촉식 프로브와 광학현미경을 이용한 비접촉식 프로브를 사용한다.

측정값의 데이터처리는 간단한 마이크로 프로세서(Micropro Processor) 장치와 통계처리, 윤곽형상처리를 위한 컴퓨터에까지 다양한 데이터를 처리할 수 있다. 균일한 측정력을 주고 일정속도로 측정해야 오차가 적다.

② 모터구동식 삼차원 측정기(Motor Drive Type, Joystic Type)

X, *Y*, *Z*축에 구동모터가 내장되어 원격조작으로 각 운동부를 제어할 수 있는 측정기이다. 원격조작이 가능하여 측정자는 측정작업에 있어 편안하게 수행할 수 있으며, *Z*축 스핀들이 흔들림이 없어 고정도 측정이 가능하다. 특히 대형물체의 측정에 유리하다. 모터구동은 축 이동속도가 일정하여 반복정밀도가 향상되고 개인오차를 감소시킨다.

③ CNC식 삼차원 측정기

컴퓨터에 의해 미리 입력된 프로그램에 의해 조작부의 명령에 따라 측정이 자동적으로 수행된다. *X*, *Y*, *Z*축은 모터를 이용하며 측정 중 가동부의 위치파악을 위해 위치피드백 신호를 이용하여 제어한다.

삼차원 측정기 스케일에서 신호를 얻는 스케일 피드백 방법(Sxale FeedBack Method)과 모터에 설치된 펄스발생방식(PG방식, Pulse Generator Method)이 있으나 스케일피드백방식이 많이 이용된다.

미리 작성된 프로그램에 의해 측정되어 프로브의 자세제어, 프로브, 측정자 및 측정물 교환이 자동교환으로 고능률적으로 측정된다.

11.2.2 측정 검출기(probe)

(1) 개요

삼차원 측정기의 특성은 전방향성인 접촉 신호검출기(Touch Signal Probe)의 개발이며 영국의 Rolls Royce가 특허출원하고 Renishaw사가 생산하였다. 측정물 형상에 따라 측정능률을 고려한 프로브의 선택이 필요하다.

(2) 접촉식 프로브

삼차원 측정기 기술의 획기적 발전은 전방향성 접촉신호프로브(Touch Signal Probe)의 개발이다. 영국의 Rolls Royce사의 특허출원과 Renishaw사에서 제작하여 1973년부터 많은 삼차원측정기 제조사에 공급하였다.

3차원 측정기의 프로브는 그 종류가 많고 범용 표준화된 프로브는 동심도, 위치도, 직각도 등의 형상정도가 고정도로 제작된다. 접촉식 프로브에는 기계식 프로브(Hard Probe), 스위칭 프로브(Switching Probe), 비례식 프로브(Proportional Probe)가 있다.

측정자에 측정력이 가해지면 변위되는 기구와 변위 검출센서가 있다. 트리거(Trigger) 신호를 검출하는 것과 측정값을 아날로그신호를 검출하여 디지털신호로 검출하는 방법이 있다. 종래 아날로그 방식은 레버식 전기마이크로미터를 이용하여 정압 접촉식 프로브의 일종으로 높은 정도의 검출능력과 고정도 분해능력을 갖고 있어 검사용으로 이용된다.

a) 전방향성 접촉신호 프로브

이 프로브는 Renishaw사 제품으로 프로브 측정자 선단의 볼이 기구학적으로 단지 1점만 이 존재하는 정위치로부터 *X*, *Y*, *Z*축 및 그 합성방향으로도 변위할 수 있고, 변위의 순간에 트리거(Trigger) 신호가 출력된다. 측정자에 외력을 제거하면 복귀용 스프링의 작용으로 원래의 위치로 되돌아온다.

b) 측정프로브(Measuring Prove)

이 프로브는 1973년경 Zeiss사에서 개발한 것으로 prove 자신이 3차원 측정기능을 가

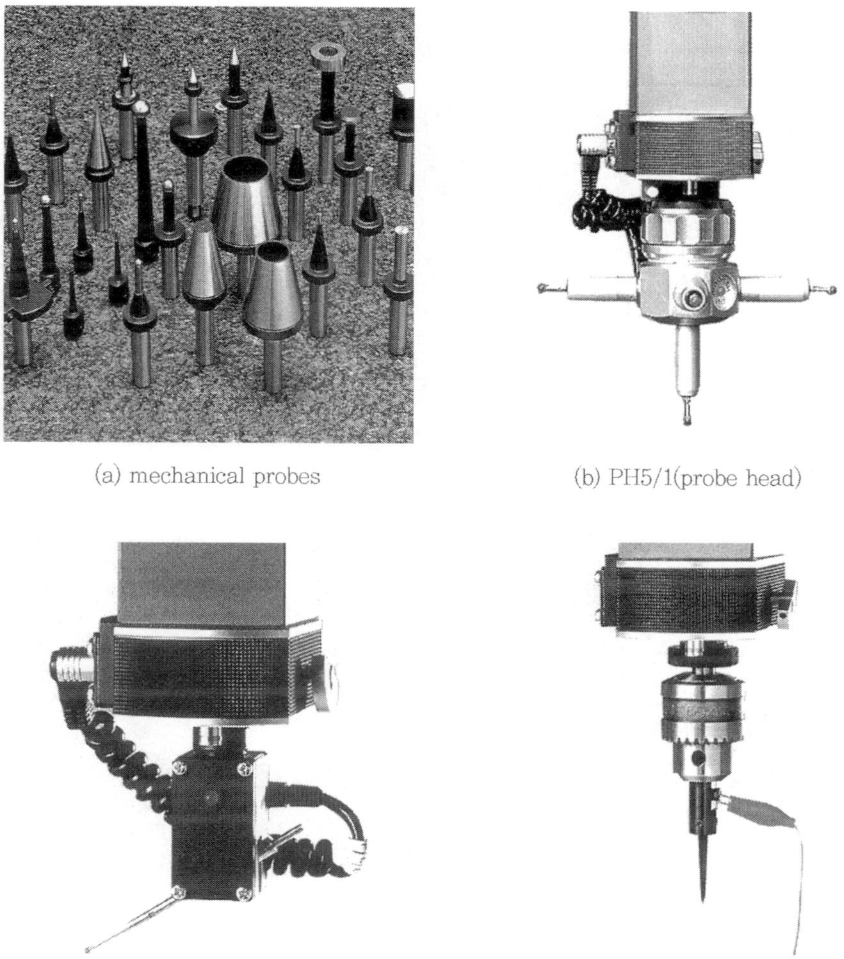

(a) mechanical probes (b) PH5/1(probe head)

(c) low measuring force probe (d) electrical conductor probe

그림 11·3 각종 삼차원 측정브로브

지고 있다. 원리는 그림 11 · 3과 같이 X, Y, Z축이 3단으로 겹친 평행한 스프링으로 만들어지고 있고, 각각 ±2.5 mm의 이동이 가능하다. 각 축의 센서에는 0점을 감지할 수 있고, 또한 고정도의 직선성이 있는 차동트랜스를 이용하고 있다.

표 11 · 2 기계식 프로브의 종류

형 식	특 성	모 양
테이퍼 프로브 (Taper Probe)	테이퍼부를 구멍에 넣어 구멍중심의 좌표 측정에 적당하다. 테이퍼는 1/5~1/2.5 정도이며, 1개의 프로브로 10~20 mm 직경차까지 측정가능하다.	
원통 프로브 (Cylindrical Probe)	원통을 직각으로 절단한 형태로서 원통 측면부를 이용하여 단면간 치수 측정, 날면부 이용한 곡면형상 측정에 적합하다.	
볼 프로브 (Ball Probe)	측정부에 볼이 있어 이를 이용한 치수, 좌표, 윤곽측정에 이용하며, 많이 사용되는 볼 직경은 φ2~10 mm 정도이다.	
만능 프로브 (Universal Probe)	볼프로브와 동일형상으로 측정자 자세를 모든 방향으로 설정이 가능하여 경사면상의 구멍직경, 중심거리, 다른 기준면과 측정 좌표간의 위치관계 측정에 적당하다.	
디스크 프로브 (disk probe)	측정부 형상이 원판으로 외경부, 두께부의 오목 면간의 치수, 홈 직경, 홈폭 측정에 적당하며, 원판 직경은 φ20~40의 정도이다.	

표 11·3 스위치 프로브(Switching Probe)의 종류

형 식	특 성	구조와 신호발생의 원리
트리거 프로브 (Trigger Probe)	접촉부가 측정제품에 닿으면 방아쇠를 당기는 지레의 원리로 측정점의 위치가 파악된다. 측정자 선단의 볼이 1점만 접촉해도 *X, Y, Z*축 방향 및 그의 합성방향으로 변위되며 변위순간 트리거신호가 출력된다. 제품에서 이탈되는 순간 외력이 제거되어 스프링 작용으로 신속히 원위치로 복귀한다.	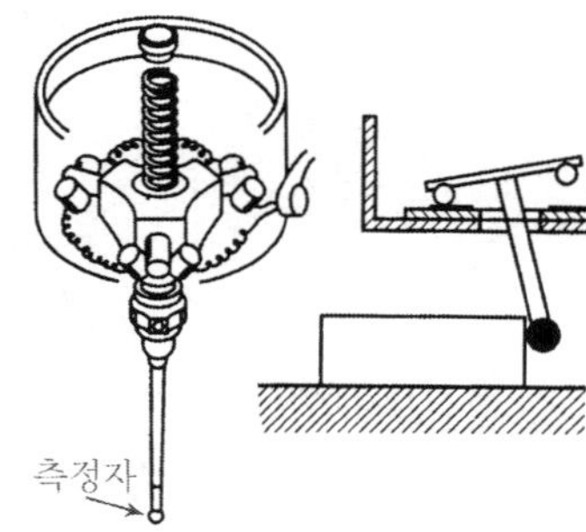
압전식 프로브 (Piezo Electronic Probe)	압전체가 외력에 의해 접촉되면 외력에 비례하는 기전력이 전하(電荷)로 발생되어 측정점의 위치를 파악하는 형식의 프로브이다.	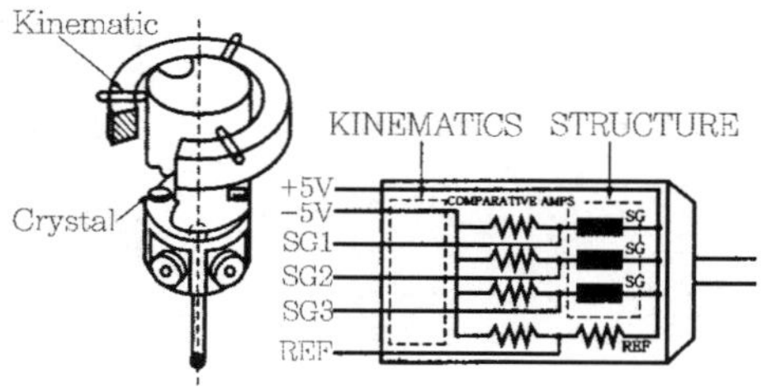
판스프링형 프로브 (Plate Spring Probe)	한 운동방향에 수직이 되는 판 스프링을 배열하여 측정자가 측정제품과 접촉하면 스프링이 변형이 되어 접촉점의 좌표를 파악할 수 있는 신호를 발생한다.	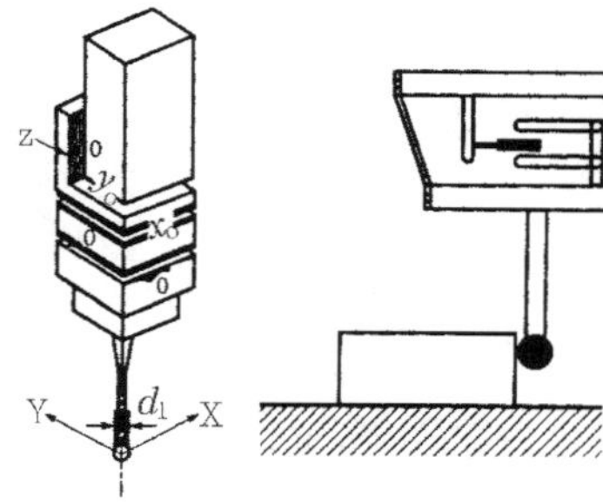

한편 스위치 프로브(Switching Probe)는 스위칭 프로브는 접촉시 상대적 변위가 발생될 때 ON/OFF 전기신호를 보내 측정점의 위치를 알아내며 모든 삼차원 측정기에 사용된다. 종류에는 트리거 프로브(Trigger Probe), 압전식 프로브(Piezo Electronic Probe), 판스프링형 프로브(Plate Spring Probe)가 있다.

또한 비례식 프로브(Proportional Probe)에는 LVDT(Linear Variable Differential Transformer)가 있으며, 측정자가 측정제품과 접촉시 그 변위 정도에 따라 신호를 발생한다. 측정자 변위는 200μm 정도로서 형상 및 윤곽측정의 스캔닝에 사용된다.

(3) 비접촉식 프로브

비접촉식 프로브는 광학계를 이용하는 것으로 얇거나 연한 물체의 측정, 작은 구멍의 좌표측정, 금긋기 선의 위치측정, 각종 단면치수 측정 등 접촉측정이 불가능하거나 곤란한 측정에 사용된다. 현미경, 레이저, CMM 계측용 TV시스템, 심출투영기, CCD카메라, CID 카메라가 사용된다.

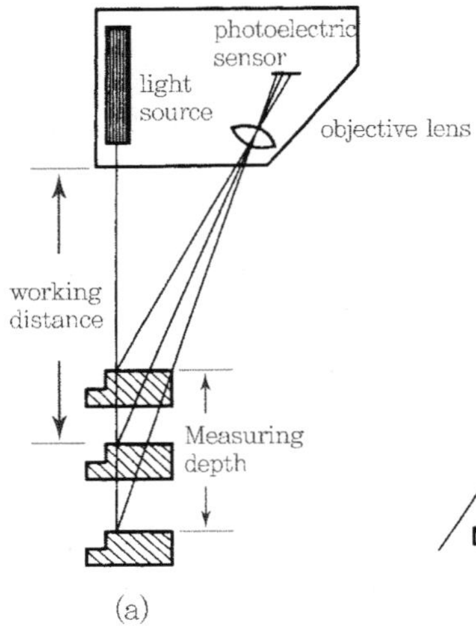

그림 11·4 레이저 프로브 작동 구조

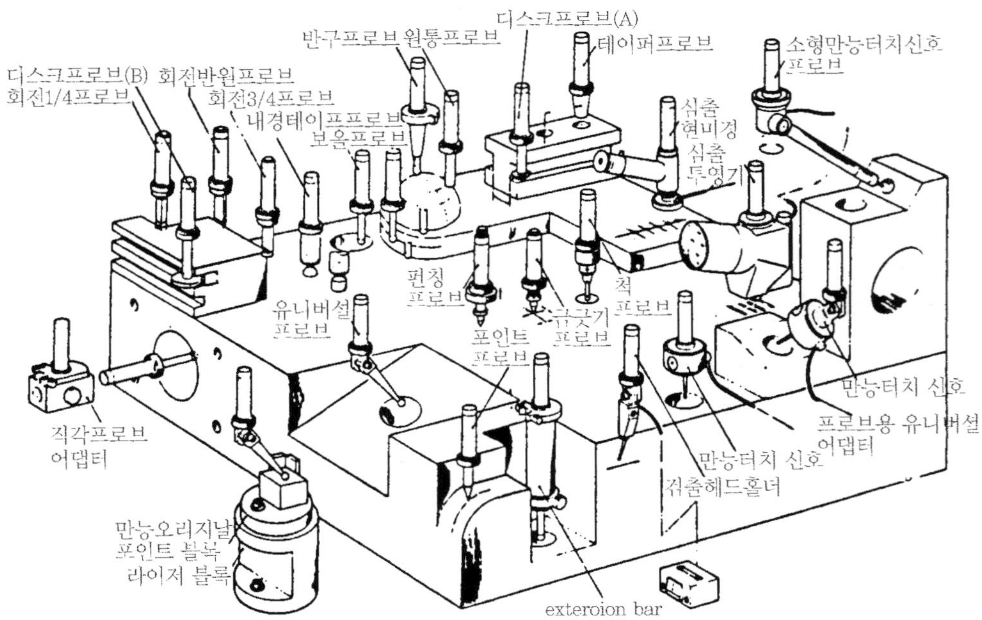

그림 11·5 각종 프로브의 사용의 예

여기서 CID(Charge Injection Device) 카메라는 측정제품의 화소(畵素, pixel)에 비추어진 영상밝기의 정도를 전기신호로 변환하여 다른 처리기로 전송할 때 화소단위로 구분하여 수행하므로 CCD카메라보다 상이 선명하다. 한편 CCD(Charge Coupled Device) 카메라는 전기신호로 전달할 때 화소단위가 아닌 줄 단위로 나타낸다.

한편 레이저 프로브는 레이저빔을 측정물에 발사하여 반사되는 레이저광을 광전자센서(Photoelectric Sensor)로 포착하여 측정점의 위치정보를 기계좌표계에 전달한다.

(4) 프로브의 교정

프로브의 직경 및 각 프로브 사이의 상대위치의 파악을 위해 교정을 실시한다. 교정은 진원도가 양호한 기준구를 프로빙하여 계산값과 기준구 교정값의 차로서 구한다. 게이지블록, 기준구, 기준게이지를 이용하여 수행한다.

11.2.3 측정기 정도시험

삼차원 측정기의 각 축의 이동에 대한 정밀도로 위치정밀도를 비롯하여 각 축 방향의 길이측정의 정도를 나타내는 각 축의 측정정도가 있다. 각 축과 일정각도를 갖게 설치한 길이표준기의 길이를 삼차원 측정기로 측정하여 측정값과 표준기의 차이값으로 나타내는 공간의 측정정도가 있다.

a) 각 축의 측정정도 : X축, Y축, Z축을 대상으로 시험위치는 주요 안내부에서 떨어진 쪽으로 하고 시험은 Z축을 최대로 돌출시킨 상태에서 한다.

b) 공간의 측정정도 : X축 또는 Y축에 대해 약 45°, XY평면에 대해 약 35° 각도를 갖는 공간축상의 2개소에서 측정한다.

c) 각 축의 운동정도의 시험 : X축, Y축, Z축이 지시정밀도로 각 축의 측정정도의 측정위치와 동일하다.

d) 진직도 시험 :

- X축 운동의 Y축 방향 진직도
- X축 운동의 Z축 방향 진직도
- Y축 운동의 X축 방향 진직도
- Y축 운동의 Z축 방향 진직도
- Z축 운동의 X축 방향 진직도
- Z축 운동의 Y축 방향 진직도

e) 직각도 시험 :

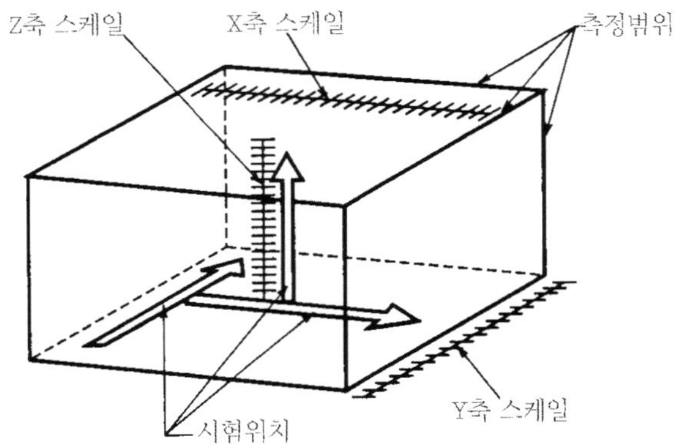

그림 11·6 각 축의 측정정도 및 운동정도의 시험위치

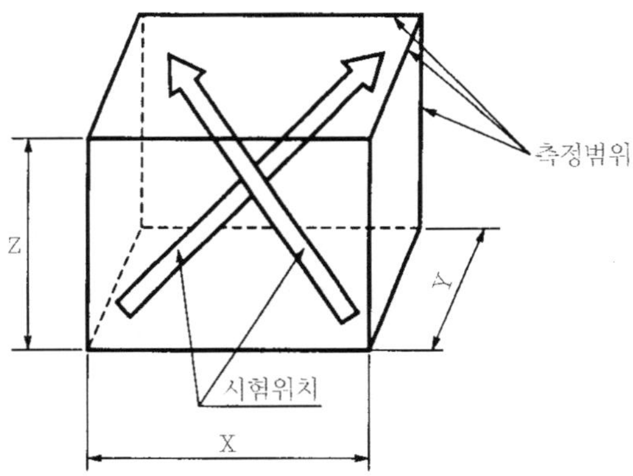

그림 11·7 공간의 측정정도 시험위치

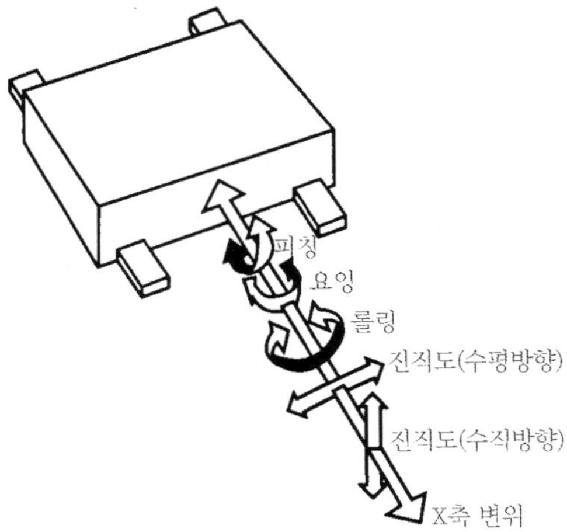

그림 11·8 피칭, 요잉과 롤링

· X축 운동의 Y축 방향 직각도
· Y축 운동의 Z축 방향 직각도
· X축 운동의 Z축 방향 직각도

f) 피칭(Pitching), 요잉(yawing) 및 롤링(Rolling) :

· $X(Y)$축 운동의 피칭, 요잉
· $X(Y)$축 운동의 롤링
· Z축 운동의 피칭, 요잉
· Z축 운동의 롤링

11.3 삼차원 측정 기술

11.3.1 데이터 처리 시스템

(1) 기본 사항

측정제품의 소요치수나 각도를 산출하기 위해 명령어의 지정과 그 명령어에서 값의 산출을 위해 정해지는 점(Point) 수만큼 입력하면 측정점이 구해진다.

기준면은 투영면으로 면에 수직한 원통도가 정확한 구멍은 그 원통면 등의 위치도 투영면에 구부러진 1개의 원의 원주상에 있는 것을 이용해서 측정한다.

기준면과 기준축에는 편의상 표 11 · 4와 같이 명칭이 정해진다.

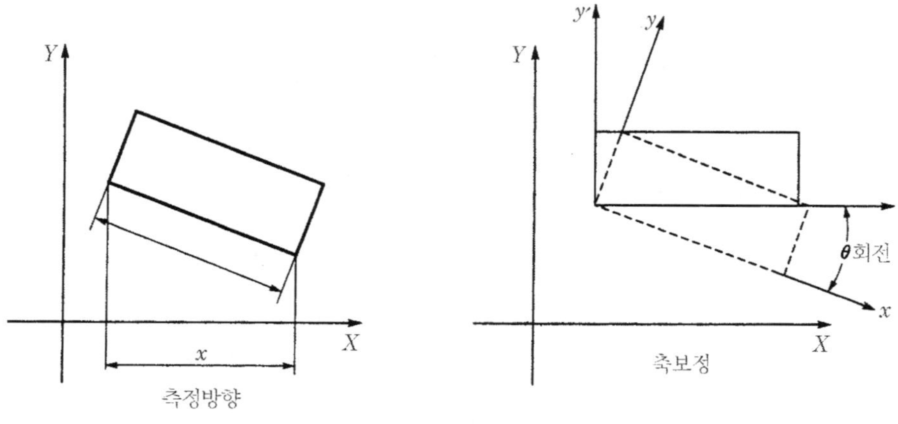

그림 11 · 9 면 보정(공간회전)과 축 보정(평면보정)

표 11·4 기준면과 기준축

기준면	제1축	제2축	제3축
XY	X	Y	Z
YZ	Y	Z	X
ZX	Z	X	Y

(2) 좌표계

① 기계 좌표계

3차원 측정기의 X, Y, Z 각 축의 축 방향의 이동량을 표시하는 좌표계로 컴퓨터의 기억이나 CNC 구동의 기준이 된다. 보통 초기전원을 입력할 때 위치가 원점이나 정반에 설치된 기준구(Master Ball)로 기준원점 측정을 하면, 기준구의 중심이 원점이 된다. CNC기의 경우는 미리 정해져 있는 정점(定點)에 기계원점이 결정된다.

② 측정 좌표계

면 보정 및 축 보정을 통해 만들어지는 좌표계로써 기계좌표계와 관련없이 측정자가 도면에서 주어진 좌표를 바탕으로 작성하는 좌표계이다. 측정면의 기준부분을 측정하여 좌표계를 설정한다.

③ 직교좌표계

X좌표, Y좌표, Z좌표로 표시하며, 각 좌표축은 서로 직각으로서, 두 축으로 평면을 형성하고 나머지 축은 공간 축이 된다.

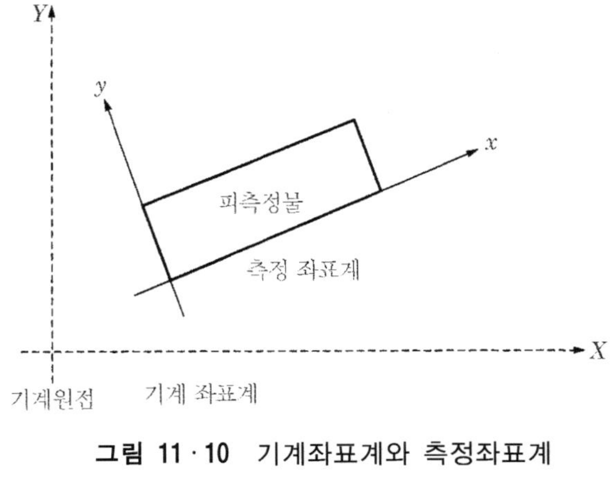

그림 11·10 기계좌표계와 측정좌표계

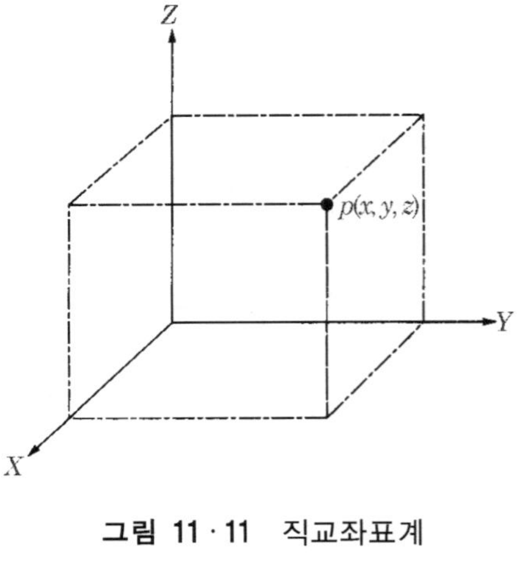

그림 11·11 직교좌표계

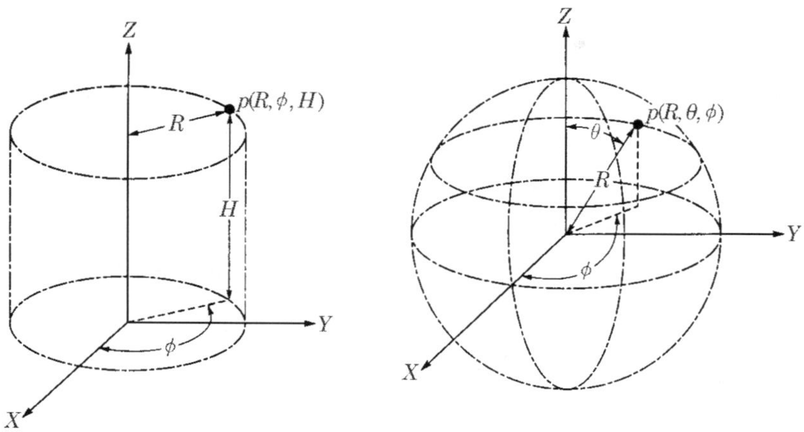

(a) 원통 좌표계 (b) 구 좌표계

그림 11·12 원통 및 구의 좌표계

④ 원통좌표계

공간으로부터 수직거리 R, 각도기준 축으로부터 회전각 ϕ, 기준평면으로부터 높이 H이다. 각 좌표축은 서로 직각이며, R은 항상 0보다 크다(+부호) 회전각 ϕ는 공간축의 +방향에서 기준평면을 볼 때 시계회전방향(CCW)이 +이다. 또한 높이 H는 좌표계에 평행한 공간축 방향의 높이이다.

⑤ 좌표원점에서 거리 R, 각도 기준 축에서 회전각 ϕ공간축(+)으로부터 경사각 Θ로 나타낸다. 각 좌표축은 서로 직각이며, 수직거리 R은 항상 0보다 크다(+부호) 회전각 ϕ는 공간축의 +방향에서 기분평면을 볼 때 CCW가 +이다. 또한 경사각 Θ의 기준은 공간축의 +방향이며 0보다 크다.

11.3.2 측정 프로그램

a) 일반 범용 프로그램 : 점, 선, 원, 타원, 평면, 원뿔, 타원 등의 치수측정, 위치측정과 각종 기하형상의 형체측정에 사용된다.

b) 곡면형상 프로그램 : 이차원 및 삼차원적인 자유곡면 형상을 갖는 제품을 수치화에 사용된다.

c) 통계처리 프로그램 : 측정데이터를 통계처리하여 공정관리나 품질관리에 활용한다.

d) 검사성적서작성 프로그램 : 각종 측정데이터를 임의 검사성적서 작성에 사용하여 작업능률과 실수를 방지한다.

e) 캠측정 프로그램 : 복잡한 형상의 캠을 측정하여 자료분석을 통해 캠 설계에 있어 유효하다.

f) 기어측정 프로그램 : 다양한 기어의 모든 형상에 대해 측정이 가능하다.

g) 블레이드측정 프로그램 : 블레이드 형상이 갖는 현(弦) 길이, 두께, 부위별 각도에 대해 측정한다.

h) 기타 온도보정, 설계 데이터의 자동작성 프로그램, 데이터변환 및 전송프로그램 등이 있다.

11.3.3 측정조건 설정

(1) 좌표계 설정

① 측정조건의 설정

a) 프로브 직경 입력 : 프로브가 피측정물과 접촉할 때 프로브의 표면에 접촉되나 측정시스템에서의 계산은 프로브 중심점이 되므로 기준구(Master Ball)를 이용하여 브로브 직경을 입력한다.

b) 측정면 설정 : 피측정물의 측정대상의 면이 어떤 면이 되는지 측정기준면을 XY, YZ, ZX면 중에서 선택하여 지정한다.

② 좌표계의 결정

피측정물의 좌표축과 삼차원 측정기가 정한 좌표축이 다르므로 이들 축을 일치시키는 컴퓨터에서 처리한다.

a) 측정기 좌표축(기계좌표계) : 측정기 구조에 지정되어 있으며 측정자가 변경이 불가하다(그림 11 · 14의 X_G, Y_G, Z_g축).

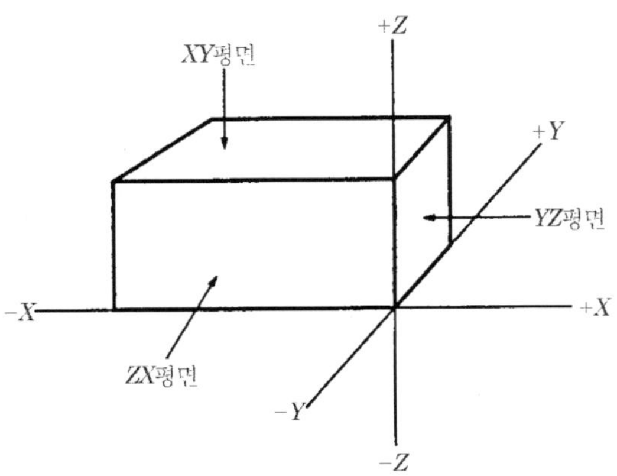

그림 11 · 13 면지정

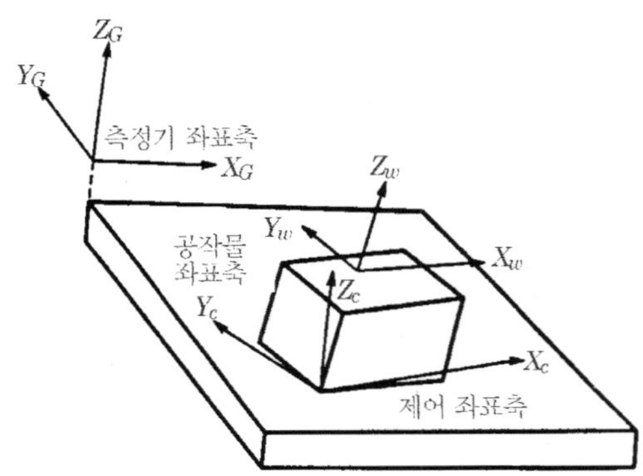

그림 11 · 14 좌표계

b) 공작물 좌표축(피측정물 좌표축) : 측정자가 변경가능하며 회전, 도면에 설정된 좌표에 따라 이동 가능하여 측정값 구성에 사용한다(그림 11 · 14의 X_w, Y_w, Z_w축)

c) 제어좌표계(제어축) : CNC 자동측정에서 이동 및 프로브 움직임의 기준이 된다(그림 11 · 14의 X_c, Y_c, Z_c축).

d) 좌표계 변환 : 피측정물의 복잡한 형상측정을 위해 좌표계를 XYZ 공간상의 기준축을 결정하기 위한 공간회전(空間回轉), 평면상의 회전각도 결정을 위한 평면회전(平面回轉), 좌표계를 평행이동 시키는 원점이동(原點移動)이 있다.

e) 면 보정 : 피측정물의 표면 위에서 수작업 기준면을 지정하기 위해 3점을 입력하여 측정시스템이 기억하도록 하며, 가능한 3점의 입력은 넓게 지정한다.

f) 축 보정 : 면 보정에서 면 방향의 위치가 지정되었으나 확실한 축 설정이 안된 상태로 원점 이외의 기준점을 측정하여 축을 설정한다.

g) 원정 지정 : 피측정물의 측정 기준점으로 원점으로부터 치수가 산출된다.

③ 기본 측정

a) 점(Point) 측정 : 최소 1점 입력, XYZ의 좌표값 산출(면보정, 축보정, 원점지정)한다.

b) 직선(Line) 측정 : 최소 2점 입력, XYZ의 좌표값, 직선기울기, 진직도 산출(기준면상의 직선, 공간상의 직선)한다.

c) 평면(Plane) 측정 : 최소 3점 입력, XYZ의 좌표값, 면기울기, 평면도 산출한다.

d) 원(Circle) 측정 : 최소 3점 입력, 중심 XYZ의 좌표값, 직경, 반지름, 진원도 값 산출, 외경, 내경 측정, 입력시 타원형으로 측정 가능하므로 평면상에서 측정될 수 있도록 한 축을 고정하여 입력한다.

e) 타원(Ellipse) 측정 : 최소 5점 입력, 중심 XYZ 좌표값, 장축 및 단축 원, 각도산출 피측정물의 좌표시스템과 평행하지 않은 형상요소의 결정 및 방향측정에 이용한다.

f) 구(Sphere) 측정 : 최소 4점 입력, 중심 XYZ 좌표값, 직경, 반지름, 진구도가 산축된다. 구의 직경이나 진구도와 면 보정, 축 보정, 원점과 관련하여 구의 중심위치를 산출한다.

g) 원통(Cylinder) 측정 : 최소 5점 입력, 중심 XYZ 좌표값, 직경, 축 기울기, 원통도가 산출된다. 원통직경, 원통도, 면보정, 축보정, 원점과 관련된 위치측정에 사용된다.

h) 원뿔(Cone) 측정 : 최소 6점 입력, 꼭지점 좌표, 꼭지각, 중심축 기울기, 원뿔도가 산출된다. 원뿔도와 면보정, 축보정, 원점에 관련된 정점 및 각도 측정에 이용된다.

표 11·5 삼차원 측정 지정

	0	1	2	3	4
A		2점에 의한 면보정 (P_1, P_2, 2点)	3점에의한면보정 (P_1, P_2, P_3, 3~4点)	축보정 · 1 (P_1, P_2, 2点)	평면상의원점이동 .1 (P_1, 1点)
	5	6	7	8	9
	좌표계의 메모리 지정 (메모리)	좌표계의 메모리 호출지정 보정 (메모리)	축보정 · 3 (P_1, P_2, 6점 축보정)	평면상의원점이동 3 (P, 3点)	공간상 키이입력 원점 (P)
	A	B	C	D	E
좌표계의설정	면의 평행이동 (P, 1点)	축의 회전	축보정 .A (P_1, P_2, L, 2点)	면지정변경 (XY, YZ, ZX)	임의축원점이동 (P, 1点)
B	0	1	2	3	4
	메모리데이타의 프린트 01 X[ ] Y[ ] Z[ ] 02 X[ ] Y[ ] Z[ ] 03 X[ ] Y[ ] Z[ ]	측정형식의 지정 MT=[ ]	프린트지정 PS=[ ][ ][ ] 면지점변경	프로브직경의지정 D=[ ]	타이틀의 지정
	5	6	7	8	9
	측정번호지정	에러지정	header 지정	프로브위치보정 키이입력 (0, 1, 2, 3, 4)	프로브 위치보정 (0, 1, 2, 3, 4, 1点)
	A	B	C	D	E
조건의 지정	사용프로브지정 (No.0, No.1, No.2, No.3, No.4)	옵션 메모리 지정 70,110,150,200			
O	0	1	2	3	4
	수치 데이타 키이 보드 X=[ ] Y=[ ] Z=[ ] S=[ ]	1점측정 (P, 1点)	외경측정 (P, 3点)	내경측정 (P, 3点)	선과 선의 교점 측정 (P, 4~5点)
	5	6	7	8	9
	2점의 중점측정 (P, 2点)	2원의 중점측정 (P, 6点)	면과축의교점측정 (P, 2点)	선과기준축의교점 (P, 2~3点)	공간상의치수측정 축과 축의 어긋남 (P, 4点)
	A	B	C	D	E
데이타 보정	각측정 (P, 4~5点)	타원측정 (P, 5点)	수치데이타 키이 보드 R, θ, Z L=[ ] A=[ ] Z=[ ] S=[ ]	1점측정 프로브반지름보정	

	0	1	2	3	4
1 특수지정		면사이측정 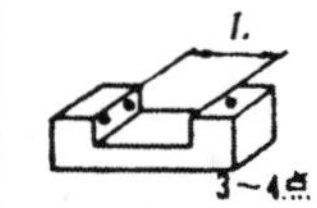	면과 면의 교각 측정 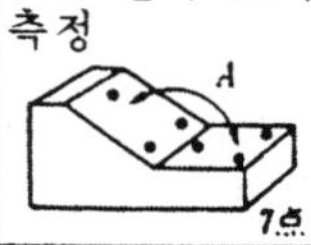		
	5	6	7	8	9
		원통측정 · 1 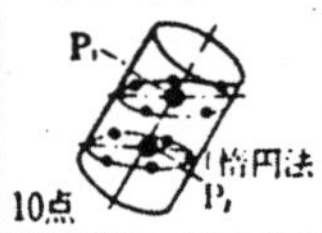	원통측정 · 2 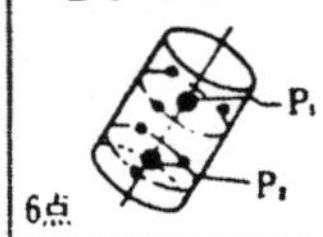	데이터측정 	
	0	1	2	3	4
2 진직, 평면, 진원	형상편차 데이타 프린트지정	동축모 · A 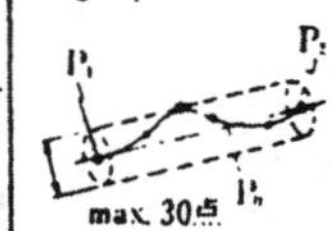	진적도 (선) 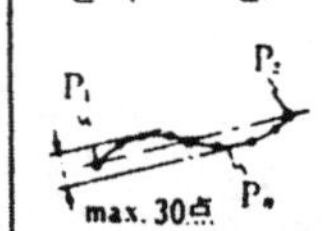	평면도 	전원도 
	0	1	2	3	4
3 평행도		면과 축 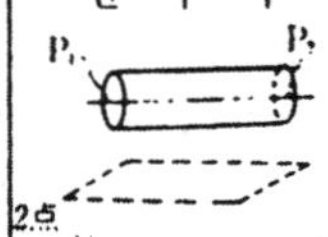	면과 면 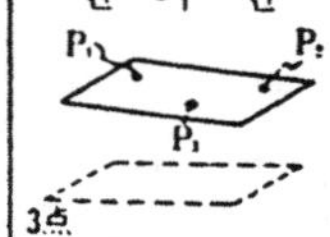	축과 면 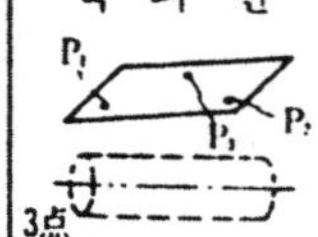	면과 축 (100mm단위) 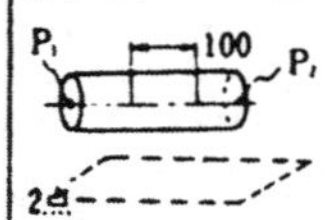
	5	6	7	8	9
	면과 면 (100mm단위) 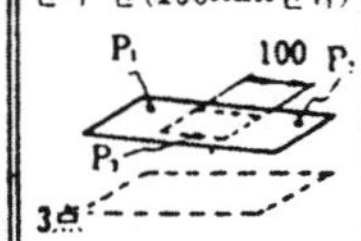	축과 면 (100mm단위) 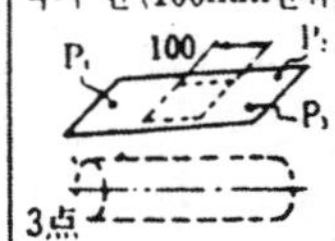	축과 축 (100mm단위) 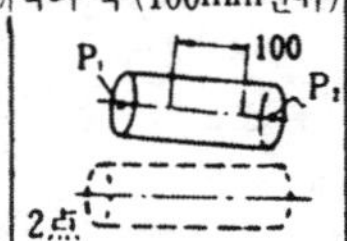		
	0	1	2	3	4
4 직각도		축과 축 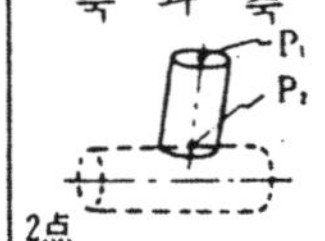	축과 면 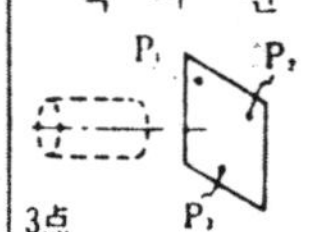	면과 면 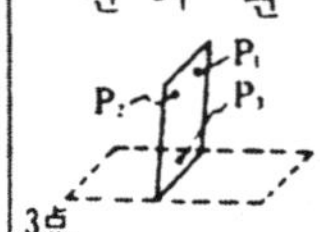	축과 축 (100mm단위) 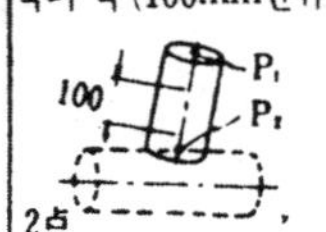
	5	6	7	8	9
	면과 축 (100mm단위) 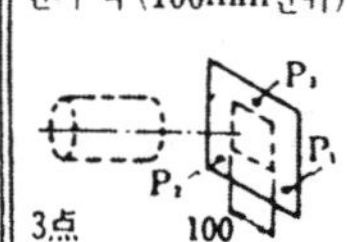	면과 면 (100mm단위) 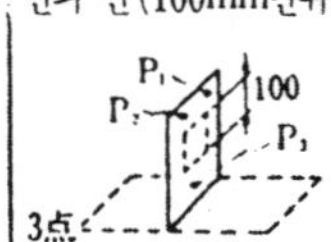	축과 면 (100mm단위) 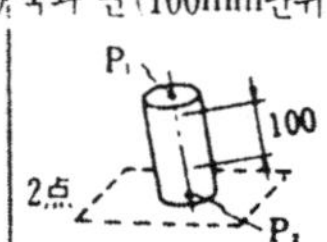		
	0	1	2	3	4
5 동축도		동축도 · B 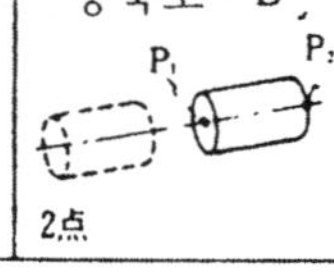	동심도 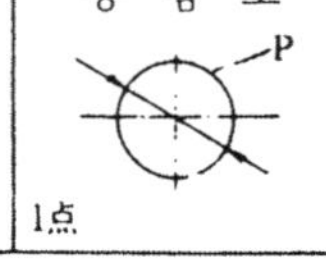		

6	0		2	3	4
		1점측정 $P_{1\sim n}$ max 30	외경측정 P max 27~28	내경측정 P max 27~28	선과선의 교점 P max 28~29
	ℰ	6	7	8	9
평균치 측정	2점의 중점 $P_{1\sim n}$ P max 30点	球 P max 28~29点			
7	0	1	3	3	4
		원동축과기준면과의 교정측정 10~11点	원통축과의 측정 기준면지름과교점 .2 6~7点	테이퍼축과기준면과의 교점측정.1 6~7点	경사면 축구멍 측정 6~8点
	5	6	7	8	9
데이타 입력지정	원과 선의 교점측정 5~7点	원과 원의 교점측정 6 ~8点			
C	0	1	2	3	4
좌표계의 설정		축보정 ·B 평균치 측정 3~4点	N 점면보정 N=max 27~28点	球	
E	0	1	2	3	4
loader	error－복귀 명 령	온라인 loader	기준데이타·테이프 자동편집	원동축과 기준면과의 교정측정	

제12장

기계 요소 측정

12.1 나사 측정

12.1.1 일반사항

나사는 기계요소로서 사용목적에 따라 부재의 결합에 사용되는 체결용 나사와 동력 전달용의 전동용 나사로 구분된다. 또한 나사산의 모양에 따라 삼각나사, 사다리꼴나사, 톱니나사, 둥근나사, 각 나사로 분류된다. 체결용은 주로 삼각나사를 사용하고 전동용으로는 사다리꼴나사, 톱니나사 및 각 나사가 사용되며 삼각나사에 대한 측정을 다룬다.

12.1.2 나사 제원

a) 외경(d, Outside Diameter) : 수나사의 산정에 접하는 가상의 원통지름이다.

b) 골지름(d_1, Full Diameter) : 수나사의 골 밑에 접하는 가상의 원통지름이다.

c) 유효지름(d_2, D_2, Effective Diameter) : 나사 산의 폭과 나사 홈의 폭이 동일하게 되는 가상의 원통직경이다.

d) 피치(P, Pitch) : 나사 산에서 이웃나사 산까지 축 선에 평행하게 측정한 거리이다.

e) 플랭크(Flank) : 나사 산의 산마루와 골 밑을 연결하는 면이다.

f) 반각($\alpha/2$, Half Angle of Threads) : 대칭단면인 나사 산의 플랭크 각을 의미한다.

g) 리이드(l, Lead) : 나사를 1회전시킬 때 나사 산이 축 방향으로 움직인 거리이다.

12.1.3 나사 곡선

나사는 원기둥 또는 원뿔 내·외측면에 일정단면의 띠를 감은 모양이다. 그림 12·1은 직각삼각형 *abc*를 원기둥에 감아 올려 *bc*를 피치(Pitch), 경사면 *ab*는 원기둥상에서 곡선을 그린다.

이 곡선을 나선(Helix)라 하고 *abc*의 각 β를 나사각(Helix Angle)라 한다. 원기둥 바깥 측에 감은 나사를 수나사(Bolt), 안 쪽면에 감은 나사를 암나사(Nut)라 한다. 나사각, 피치 및 원기둥 직경의 관계는 식 (12·1)과 같다.

$$\tan\beta = \frac{p}{\pi d} \qquad (12\cdot1)$$

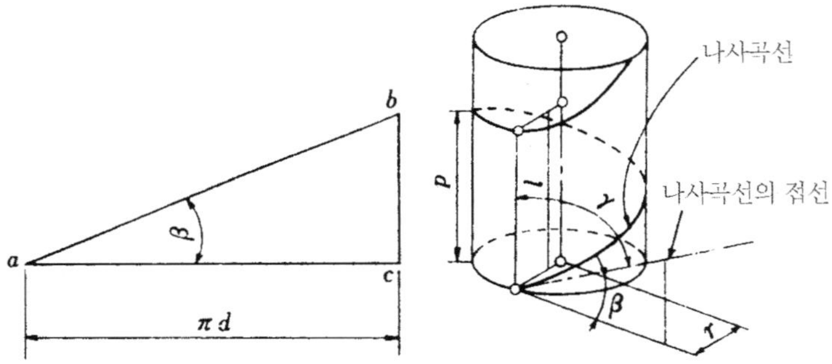

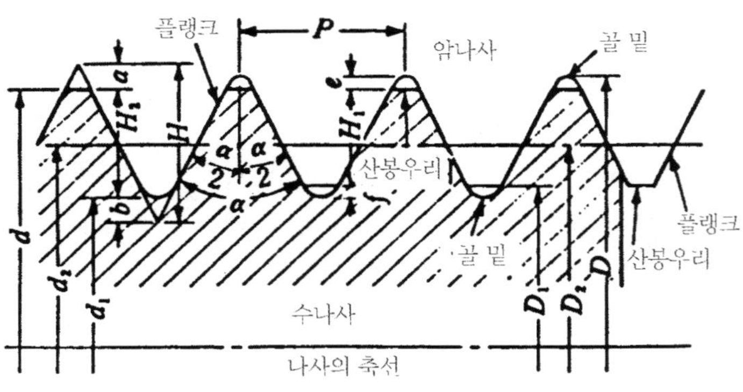

d : 수나사 외경, d_1 : 수나사 골 지름, d_2 : 수나사 유효지름, D : 암나사 골 지름, D_1 : 암나사 외경
D_2 : 암나사 유효지름, P : 피치, α : 나사 산의 각도, α/2 : 나사 산의 반각, H_1 : 접촉높이
H_2 : 산의 높이, H : 기초나사 산 높이, a : 산정의 절단높이, b : 수나사의 골밑 절단높이
e : 수나사 산정의 틈새, f : 수나사의 골밑 틈새

그림 12·2 나사의 각부 명칭

나사를 1회전시켜 진행하는 거리를 리드(Lead)라고 하며, 피치와 리드와의 관계는 한 줄 나사는 $p=l$이고 다줄나사는 줄 수를 n이라 하면 리드는 $l=np$가 된다.

12.1.4 나사의 측정 요소

나사의 정밀도를 위해 검사대상은 다음과 같고 나사는 형상이 복잡하여 오차는 서로 관련되어 발생된다.

a) 수나사의 외경(d, Outside Diameter), 골지름(d_1)

b) 암나사의 골지름(D, Full Diameter), 외경(D_1)

c) 유효지름(Effective Diameter) : (d_2), (D_2)

d) 산의 반각(Half Angle of Threads) - (α_1, α_2)

e) 피치(Pitch) : (p)

f) 리드(Lead) : (l)

12.1.5 나사의 오차

나사는 피치오차나 나사산의 각도오차가 있을 경우는 모두 암나사의 유효지름 D_2보다 수나사의 유효지름 d_2가 작게 된다. 그림 12 · 3 (a)와 같이 피치에 δ_p의 오차가 있을 때는 유효지름 오차가 존재할 때와 동일하게 되어 유효지름당량으로 표시된다.

그림 12 · 4 (a)에서 cd가 피치오차이면 피치오차를 갖는 나사산은 유효지름이 ed만큼 가늘게 되며 다음 식과 같다.

$$ed=\frac{1}{2}\delta_p \cdot \cot\alpha/2, \qquad f_1=2\cdot ed=\delta_p\cot \tag{12 · 2}$$

또한 나사산의 각도오차가 있으면 유효지름이 그림 12 · 4 (b) 같이 M, M'만큼 작아져 유효지름오차로 되고 다음 식과 같다.

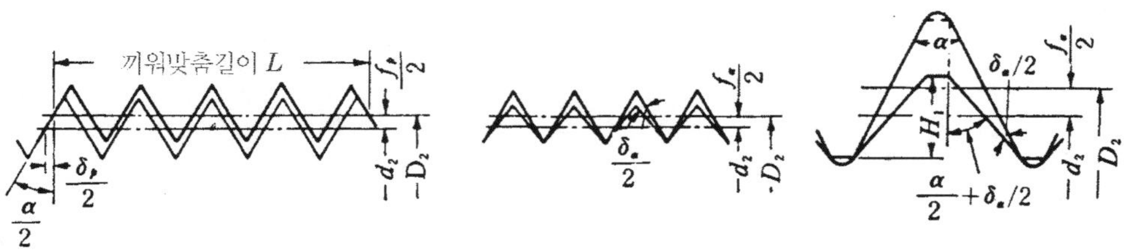

(a) 피치오차 (b) 반각오차

그림 12 · 3 피치오차와 산의 반각오차

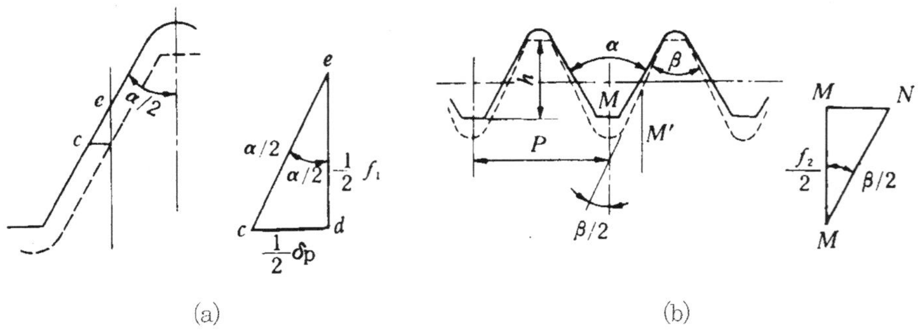

그림 12·4 유효지름의 오차

$$f_2 \fallingdotseq 2 \cdot h / \sin\alpha \times \delta \cdot \frac{\alpha}{2} \tag{12·3}$$

여기서 $\delta \cdot \frac{\alpha}{2}$는 rad이며, 1 rad=3437.75′이므로

$$f_2 \fallingdotseq \frac{2 \cdot h}{3437.75 \sin\alpha} \times \delta \cdot \frac{\alpha}{2} \tag{12·4}$$

이들 f_1과 f_2를 유효지름당량(Effective Diameter Equivalent)이라 하며, h는 미터나사에서 0.5954P, 휘트워드나사는 0.5634P이다. 윗식에서 나사산의 각도오차에 의한 유효지름오차를 구할 수 있다.

표 12·1은 피치오차와 나사산의 각도오차에 대한 유효지름당량이며, 나사가 물릴 때 단독유효지름 d_2와 종합유효지름 $d_{2\omega}$은 다르고 관계는 다음과 같다.

$$d_{2\omega} = d_2 + (f_2 + f_2) \tag{12·5}$$

표 12·1 나사의 유효지름 당량

나사의 종류	피치오차의 유효지름당량(f_1)	나사산의 각도오차 유효지름 당량(f_2)
미터나사 유니파이나사	$1.732\delta_p$	$0.436P\delta\frac{\alpha}{2}$
휘트워드나사	$1.921\delta_p$	$0.350P\delta\frac{\alpha}{2}$

12.1.6 나사의 각부 측정

나사의 검사는 대부분 나사게이지를 이용하며 이에 대해 이미 제5장 게이지에서 설명하였다. 여기서는 나사의 각 요소인 외경, 골지름, 유효지름, 각도 피치 등을 단독으로 측정하는 방법에 대하여 기술한다.

(1) 수나사의 외경, 골지름, 유효지름 측정

① 기계적 방법

a) 전용 마이크로미터 이용 측정

수나사의 외경, 골지름, 유효지름의 측정에서 기계적방식의 측정은 마이크로미터 이용하는 방법이다. 외경은 일반 외측마이크로미터를 이용하고, 골지름 측정은 골지름 측정용 마이크로미터, 유효지름 측정은 유효지름측정용 마이크로미터를 이용한다. 유효지름측정에 있어 접촉자와 나사의 축선이 맞지 않으면 실제 유효지름보다 작게 측정된다.

골지름 측정은 외경측정보다 복잡하며, 그림 12·6은 a, b가 측정자로서 (a)방법으로 안지름 d_1은 측정값 M과 구하는 식은 다음과 같다.

$$d_1 = \frac{M - p^2}{8M} + \frac{rp^2}{4M^2} \qquad (12 \cdot 6)$$

여기서 r은 나사 골밑 둥근 홈의 반지름이다. 한편 (b)방법은 d_1이 직접 구해지며, 2개의 측정편의 간격은 실제 피치길이 p를 결정한다.

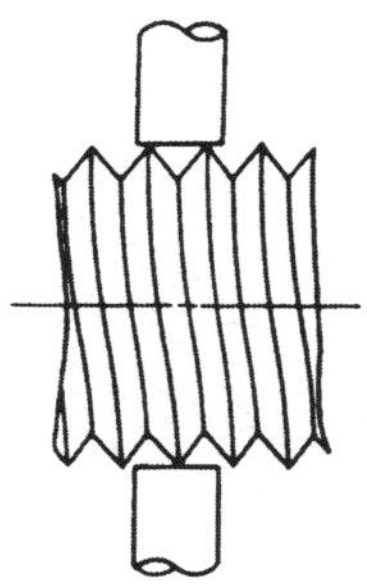

(a) 외경 측정

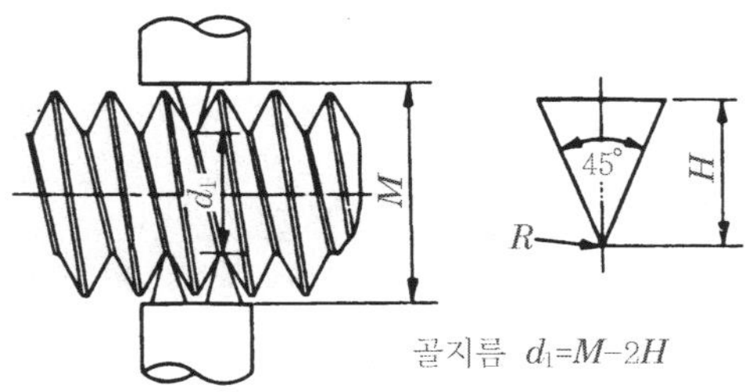

(b) 골지름 측정

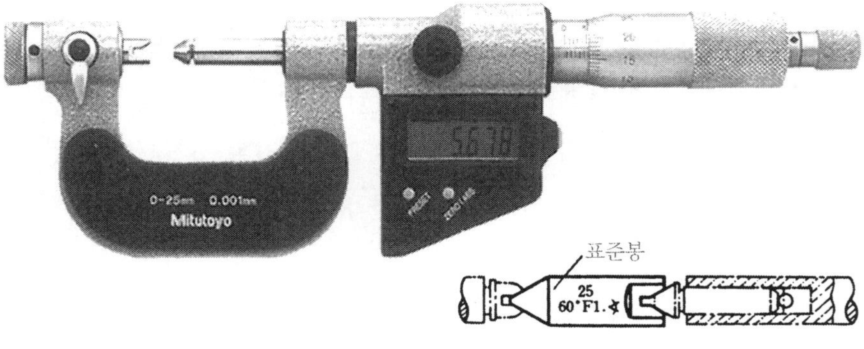

(c) 유효지름 측정용 마이크로미터

그림 12·5 수나사의 측정용 마이크로미터

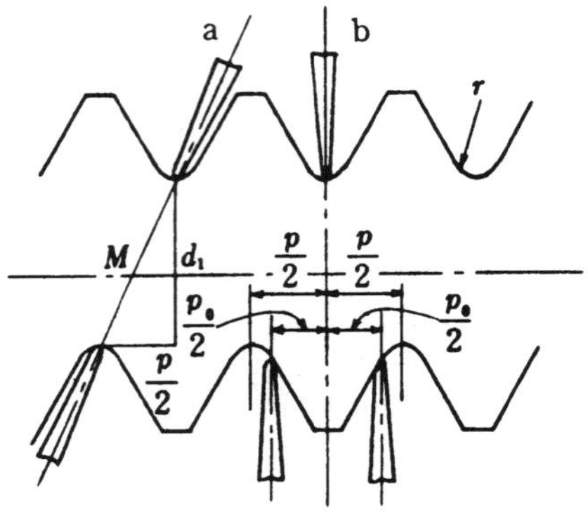

그림 12·6 골지름의 측정

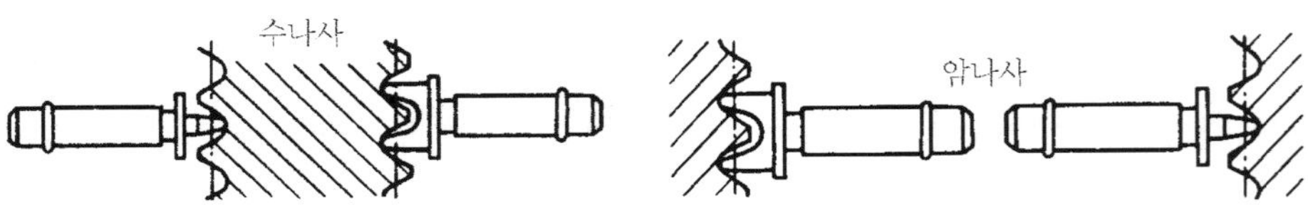

(a) 수나사용 (b) 암나사용

그림 12·7 나사의 골지름 측정자

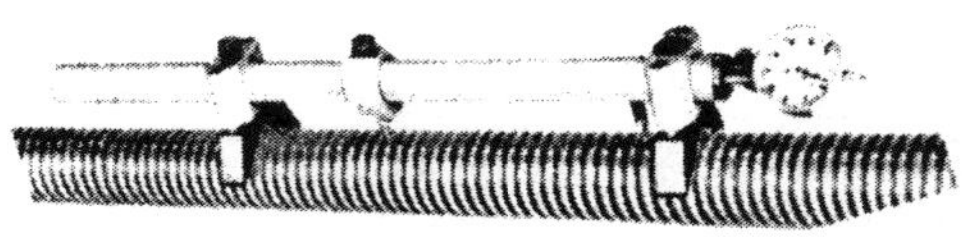

그림 12·8 피치 측정기

b) 삼침법(Three Wire Method)에 의한 유효지름 측정

평행수나사 유효지름측정에 삼침(三針)을 골에 끼워 측정하며, 측정대상의 나사는 먼저 투영기에서 피치를 구한 후, 피치크기에 적절한 삼침을 선정하여 벤치마이크로미터에서 외측거리 M을 구하고 유효지름 d_2를 구한다.

삼침의 직경 : w, 나사피치 : p, 나사 산의 각도 : α, 유효지름 : d_2이 된다.

그림 12·9에서 벤치마이크로미터로 읽는 외측거리는 M은 다음과 같다.

$M = d_2 + 2(A - B) + w$이고 $A = \frac{w}{2\sin\alpha/2}$, $B = \frac{P}{4}\cot\frac{\alpha}{2}$가 된다.

따라서 유효지름 d_2는 다음과 같다.

$$d_2 = M - w\left(1 + \frac{1}{\sin\alpha/2}\right) + \frac{1}{2}P\cot\frac{\alpha}{2} \qquad (12 \cdot 7)$$

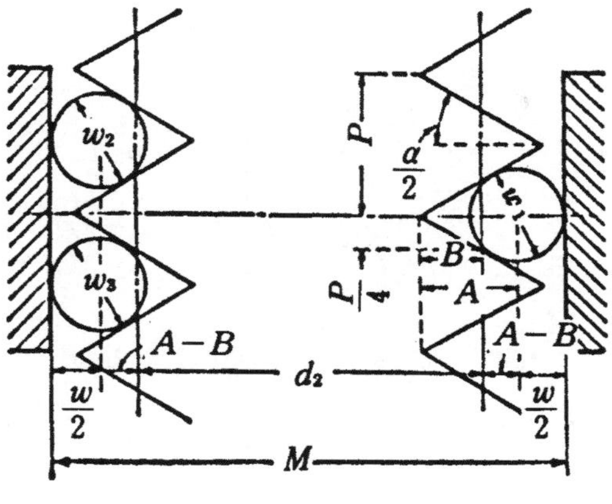

그림 12·9 삼침에 의한 유효지름 측정

실제 측정에 있어 삼침이 나사산의 리드각 방향으로 기울어져 있어 나사의 축단면 중에 프랭크에 접촉하지 않아 보정 C_1 및 삼침과 나사산의 탄성변형에 따른 보정 C_2가 필요하다.

$$d_2 = M - w\left(1 + \frac{1}{\sin \alpha/2}\right) + \frac{1}{2} P \cot \frac{\alpha}{2} + C_1 + C_2 \qquad (12 \cdot 8)$$

또한 삼침직경 w는 평균값 $w = \frac{1}{2}\left[w_1 + \frac{1}{2}(w_2 + w_3)\right]$을 적용한다.

식 중에서 w, P, α, $\alpha/2$는 각각 실제치수를 적용하며, 보정값 C_1은 다음과 같다.

$$C_1 = -\frac{w}{2} \cot \frac{\alpha}{2} \cos \frac{\alpha}{2} \left(1 + \frac{w}{M-w} \sin \frac{\alpha}{2}\right)\left\{\frac{P}{\pi(M-w)}\right\}^2 + \frac{w}{8} \cot \frac{\alpha}{2} \left\{\frac{P}{\pi(M-w)}\right\}^2 \qquad (12 \cdot 9)$$

C_1은 지름에 비하여 리드(Lead)가 크면 당연히 보정해야 하나 보정량이 극히 작아 KS규격에서는 보통나사 및 가는나사에서는 무시하고 있다.

C_2는 측정면과 삼침의 접촉길이를 L, 측정력을 F, $\frac{2k'}{\pi\mu}$를 계수라 하면 다음과 같다.

$$C_2 = \frac{1.56}{\sin \alpha/2}\left(\frac{2K'}{\pi\mu}\right)\left(\frac{1}{\sin \alpha/2 + 0.05 \cos \alpha/2}\right)^{\frac{2}{3}}\left(\frac{1}{w} + \frac{\sin \alpha/2}{d_2}\right)^{\frac{1}{3}} F^{\frac{2}{3}} + 0.0693\left(\frac{1}{w}\right)^{\frac{1}{3}}\left(\frac{F}{L}\right)(\mu) \qquad (12 \cdot 10)$$

식 (12·10)의 단순화를 위해 미터나사 및 유니파이나사는 $\alpha = 60°$이므로 다음과 같다.

$$d_2 = M - 3d_n + 0.866025P \qquad (12 \cdot 11)$$

표 12·2 나사종류에 따른 유효지름

나사의 종류	각도	$1+\frac{1}{\sin\frac{\alpha}{2}}$	$\frac{1}{2}\cot\frac{\alpha}{2}$	유효지름(d_2)
미터나사	60°	3.	0.866025	$M+0.866025p-3w$
휘트워드나사	55°	3.1657	0.96049	$M+0.96049p-3.1657w$
애크미나사	29°	4.9939	1.03336	$M+1.03336p-49939w$

표 12·3 삼침의 직경과 적용나사

호칭직경 d(mm)	적용나사	호칭직경 d(mm)	적용나사
0.1155	0.2	0.8949	1.5
0.1443	0.25	1.0227	1.75
0.1732	0.3	1.1547	2
0.2021	0.35	1.1932	—
0.2309	0.4	1.3016	—
0.2598	0.45	1.4434	2.5
0.2887	0.5	1.5908	—
0.3464	0.6	1.7897	3
0.4330	0.75	2.0454	3.5
0.5196	0.9	2.3803	4
0.5774	1	2.5981	4.5
0.7217	1.25	2.8368	5
0.7954	—		

또한 휘트워드나사($\alpha=55°$)에서는 다음과 같다.

$$d_2 = M - 3.16568d + 0.960491P \qquad (12 \cdot 12)$$

여기서 구한 d_2는 단독유효지름이다. 삼침의 치수정도는 중요하며 KS규격에서 표시선 직경과 호칭선의 직경 차는 ±2.5μm, 표시선 직경의 상호차는 0.5μm 이하, 진원도 0.5μm 이하로 규정한다. 표면거칠기는 0.2S, 경도는 HV 660, 재료는 SKS 3 또는 동등 이상으로 규정한다.

삼침의 오차발생은 60° 나사측정에 있어 유효지름 3배의 영향을 주므로 고정도 측정을 위해 신뢰성을 있는 제품을 사용해야 한다. 측정에 있어서는 특히 외측거리를 읽기 전에 한 곳이 뜰 우려가 있어 눈금 읽기 전에 확인한다.

② 광학적 방법

광학적 측정기인 공구현미경, 투영기와 같은 측정기기로서 이미 윤곽측정에서 설명하였다. 광학적 측정방법은 기계적 측정보다 고정도 측정이 가능하며, 측정압 오차가 없고 나사산의 각도측정은 이 방법으로만 측정이 가능하다.

그러나 정도를 요구하지 않거나 측정물 치수가 커서 광학적 측정기를 사용할 수 없을 경우 기계적 측정법을 이용한다. 공구현미경과 만능측정현미경과 같은 광학적 측정기를

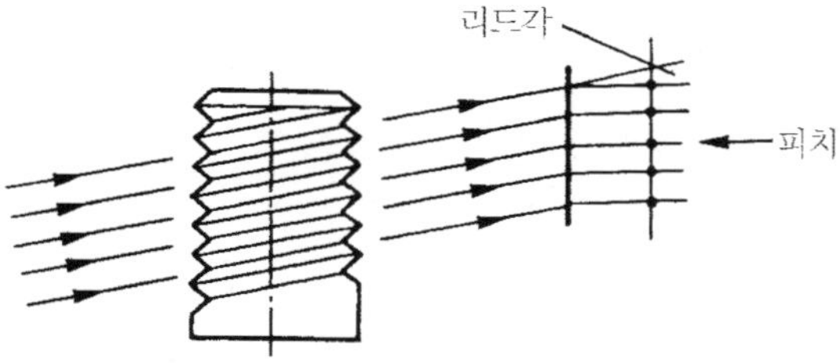

그림 12·10 리드각을 경사시킨 측정원리

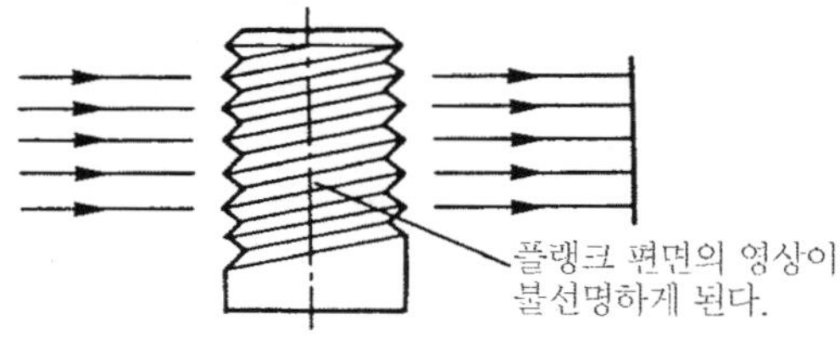

그림 12·11 리드 각을 경사시키지 않을 때 측정원리

이용하여 피치 및 리드를 측정한다.

a) 피치 측정

공구현미경에 의한 피치측정은 그림 12·10과 같이 경통을 리드각 방향으로 기울여 나사의 양 플랭크가 선명한 상이 맺도록 조정하고, 유효지름 부근의 플랭크를 공구현미경의 XY방향으로 테이블이동을 할 때 읽을 수 있도록 X방향에 나사축선을 고정한다.

리드각을 β라 하면 $\tan\beta = p/\pi d_2$로부터 피치를 구한다.

또한 현미경 광축을 유효지름 부근에서 나선각에 평행으로 기울여 시야 내의 세선(Hair Line)을 그림 12·12 (a) 및 (b)와 같이 플랭크에 맞추어 그 위치에서 X방향을 읽고, 테이블을 X축으로 이동시켜 다음 플랭크에 맞춘다.

(a)방법은 그림 12·12에서 p_a 읽음이 얻어지며, (b)방법은 나사 산의 모양의 접안경 세선을 사용하여 XY방향에 테이블을 이동시켜 나사홈의 윤곽과 나사상에 맞추어 p_b를 측정한다.

최초 읽음이 P_0이며 순차적으로 P_1, P_2, P_3, ……, P_n이라 하면 $P_0 < P_1 < P_2 < P_3$ ……가 되므로 $P_1 - P_0$, $P_2 - P_1$, $P_3 - P_2$ ……는 서로 이웃나사 산의 피치가 된다. 피

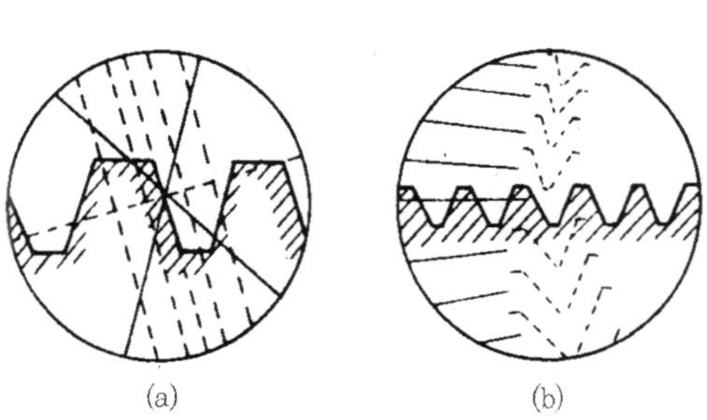

그림 12·12 한쪽 플랭크법과 양쪽 플랭크법

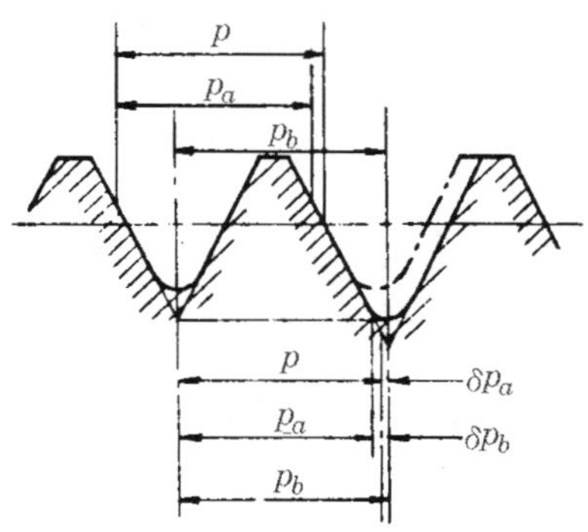

그림 12·13 양쪽 플랭크법과 한쪽 플랭크 측정법의 차이

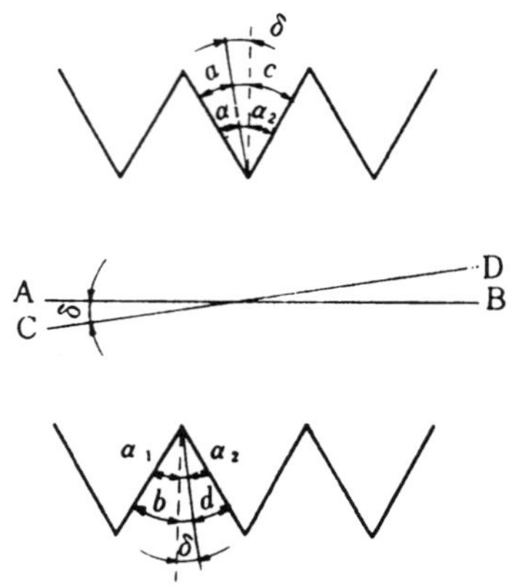

그림 12·14 반각의 측정

치오차에는 한 피치와 기준피치와의 차로 단일피치오차와 2피치 이상 떨어진 산 사이의 피치합계에 대한 누적피치오차가 있다.

b) 나사 산의 각도 측정

나사 플랭크에 각도 접안렌즈의 점선을 맞추어 각도를 읽어 측정한다. 측정방법은 나사 플랭크의 각도는 축심에 직교하는 수선에 대해 반각마다의 오차로 평가한다. 그때 나사축선과 광축을 수직으로 하면 축 단면각 $\frac{\alpha}{2}$가 보이지 않아 나사축에 리드각만큼 기울이거나 현미경통을 기울여야 한다. 따라서 반각 $\frac{\alpha}{2}$는 다음과 같다.

$$\frac{\alpha}{2}=\frac{1}{2}(a+b) \text{ 또는 } \frac{\alpha}{2}=\frac{1}{2}(c+d) \qquad (12\cdot 13)$$

c) 유효지름 측정

광학적 유효지름 측정은 그림 12 · 15와 같이 수평면 내에서 나사의 축선 AB가 측

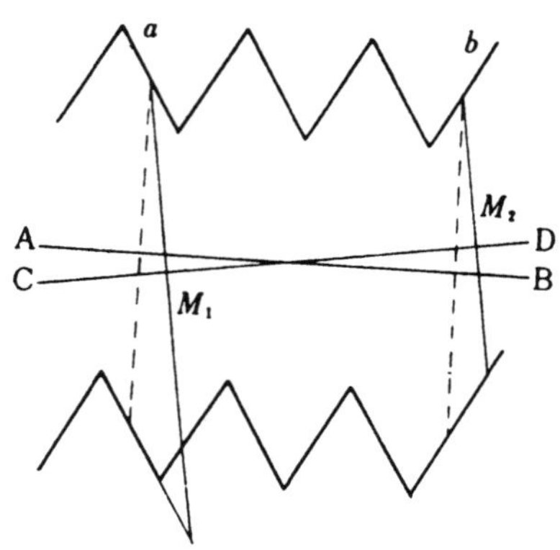

그림 12·15 유효지름의 광학적 측정

정선 CD에 대해 기울어져 있으며, 유효지름의 측정값 M은 플랭크 a에서는 크게, b에서는 작게 된다. 2개의 평균값 $\frac{1}{2}(M_1+M_2)$를 구할 수 있도록 항상 이웃하는 두 플랭크에서 측정해야 한다.

(2) 측정 방법

a) 재물대에 의한 방법 : 재물대 XY방향의 이동과 스크린 회전에 의해 나사 산 한쪽의 플랭크에 스크린 십자선을 맞추어 각도를 읽는다.

b) 차트에 의한 방법 : 투영스크린 면에 검사물체의 확대상을 투영상과 비교측정 하는 방법으로 부품마다 챠트가 있다. 각도곡률의 챠트, 나사 산형, 기어 치형 등 기계요소용의 표준형 챠트를 준비하면 편리하다.

(3) 측정시 주의 사항

a) 나사의 축선과 피측정물의 축선을 일치시킨다.

b) 산의 각도측정에 있어서 경사센터 지지대를 리드각만큼 위치시켜 선명한 상을 만든다.

c) 눈의 위치를 일정하게 하여 시차를 없애고, 각도스크린을 이용한 각도측정에 있어서는 버니어 읽음에 주의해야 한다.

(4) 측정 요령

a) 투영기에 전원을 켜고 피측정물을 센터지지대에 지지한다.

b) 재물대의 상하이동 핸들로서 초점을 정확히 맞춘다.

c) 각도 스크린의 눈금을 영점에 맞춘 후 재물대의 클램프 나사를 풀고 재물대를 좌우로 이동하여 나사의 축선과 재물대의 이동축선을 일치시킨다.

d) 투영상의 임의 한 점을 스크린 X축에 일치시켜 좌우이동 마이크로미터와 동일축선이 되게 한 후, 투영상의 임의의 점이 스크린 X축선을 따라 이동하여 두 축선이 일치함을 확인한다.

12.1.7 암나사의 측정

암나사 측정은 수나사 측정보다 복잡하고 큰 오차가 따르며, 작은 직경의 나사는 곤란하며, 특히 지름 10 mm 이하의 암나사 측정은 어렵다. 따라서 실제 링게이지의 실치수에 대해 규정치수를 가진 반대형상의 플러그 게이지로 검사하는 것이 일반적이다.

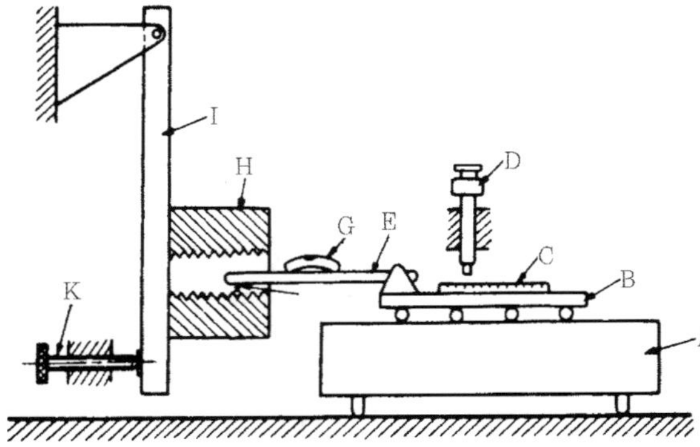

그림 12 · 16 만능피치측정기

(1) 피치 측정

보통 직접측정이 곤란한 암나사는 암나사 안에 나사 산형을 복제할 수 있는 치과용 왁스, 석고를 사용하여 모형을 만들고 그 형에 대해 수나사와 동일한 방법으로 측정한다.

한편 그림 12 · 16과 같이 암나사전용 피치측정기는 직경 1000 mm, 피치길이 200 mm까지 평행 및 테이퍼나사의 측정이 가능하다. 구조상 아베(Abbe)의 원리에 맞으며, 정도는 100 mm까지 ±(1～2) μm 유지된다.

구성은 베드(A), 부동대(B), 표준자(C), 측미현미경(D), 레버(E), 구단(F), 측정나사(H), 고정판(I)로 되어 있고, 피측정나사는 고정판에 의해 축선이 이동방향으로 평행되고 구단(球端)이 나사홈 내에서 이동시켜 측미현미경으로 눈금을 읽는다.

(2) 유효지름 측정

그림 12 · 17과 같이 암나사의 골에 강구를 넣어 두 구(球)의 중심거리 M에서 유효지름을 구한다. M의 측정에 어려움이 있어 그림 12 · 18과 같이 기준게이지로서 비교 측정한다. 기준게이지는 측정대상인 나사와 노치 홈을 갖는 블록과 블록게이지를 조합한다. 기준게이지는 옵티미터와 같은 컴퍼레이터로 측정하고 이들 값을 각각 M, M_0로 하며, 유효지름을 D_2는 다음과 같다.

$$D_2 = E + f + (M - M_o) + x\left(1/\sin\frac{\alpha}{2} - 1/\sin\frac{\alpha}{2}\right) - \frac{D}{2} \cdot \cot\frac{\alpha}{2} \quad (12 \cdot 14)$$

단, E : 블록게이지의 치수, f : $a_1 + a_2$, d : 강구직경이다.

(3) 골지름 측정

암나사의 골지름과 내경은 적당한 측정편을 사용하여 내경측정기, 내측마이크로미터, 내측 컴퍼레이터 등을 블록게이지, 스냅게이지로 조정하여 측정할 수 있다.

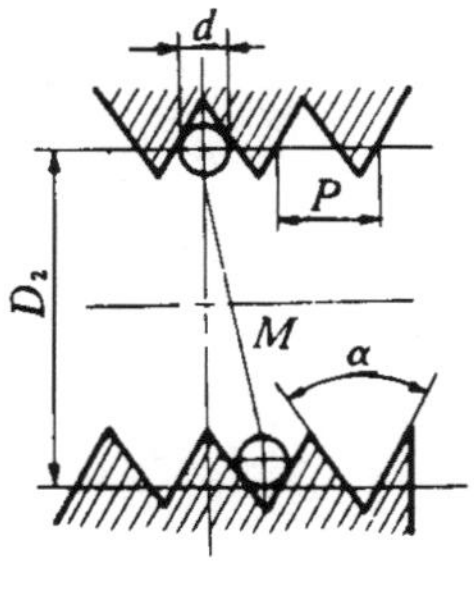

그림 12 · 17 암나사의 유효직경 측정

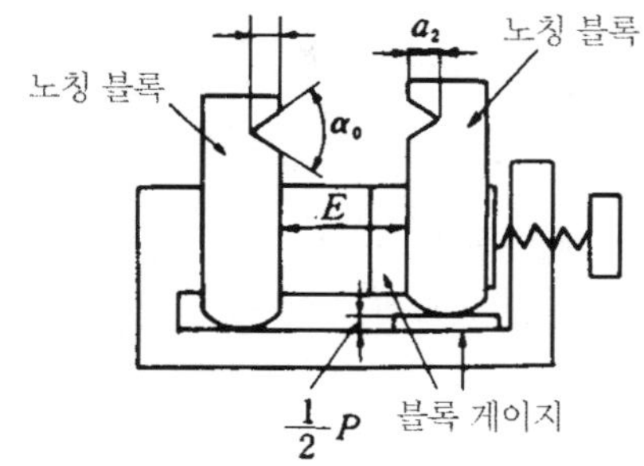

그림 12 · 18 암나사유효직경 측정용 기준게이지

그림 12 · 17의 암나사 유효지름에서 암나사 유효지름 D_2는 나사 골 사이에 적당한 강구 B, G를 끼우고 상대하는 중심거리 M을 측정하여 다음 식으로 구한다.

$$D_2 = M - \frac{p_2}{8M} + \frac{d}{\sin\frac{\alpha}{2}} - \frac{1}{2}p \times \cot\frac{\alpha}{2} \qquad (12 \cdot 15)$$

단, p : 피치, α : 나사 산각, d : 강구의 직경이다.

12.1.8 테이퍼나사 측정

테이퍼나사의 검사는 테이퍼 나사게이지, 공구현미경 또는 만능 측정현미경, 나이프 에지를 이용한다.

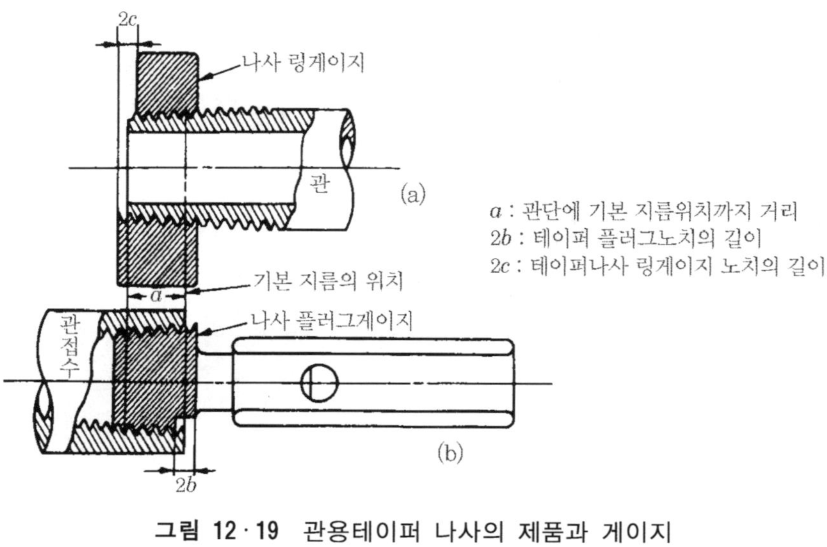

그림 12 · 19 관용테이퍼 나사의 제품과 게이지

(1) 테이퍼 나사게이지에 의한 측정

관, 관이음 등의 테이퍼 나사는 보통 테이퍼나사 게이지에 의해 검사되며, 검사나사에 대해 테이퍼 나사링게이지 또는 테이퍼플러그 게이지를 손으로 돌려 끼워지는 상태로 될때 관 또는 관이음 말단이 게이지의 노치범위에 있으면 합격으로 한다. KS B 5231은 관용테이퍼 나사게이지의 형상치수 및 치수허용차가 규정되어 있다.

(2) 테이퍼 나사게이지의 유효지름 측정

그림 12 · 20과 같이 4침법이 나사의 유효지름 측정법이다. 작은 지름의 단면을 아래로 하여 정반 위에 세워 테이퍼나사 플러그게이지의 홈에 지름 d의 측정침을 대고, 두께 B의 보조판(블록게이지) 및 지름 K의 롤러를 대어 롤러의 외측거리 M_1, M_2를 측정한다.

$$d_2 = M_1 - K - (2B+K)\sec\frac{\theta}{2} - d\left(\operatorname{cosec}\frac{\alpha}{2} + \sec\frac{\theta}{2}\right) + \frac{P}{2}\left(\cot\frac{\alpha}{2} - \tan\frac{\alpha}{2}\tan^2\frac{\theta}{2}\right) - K\frac{M_2 - M_1}{2H} \qquad (12 \cdot 16)$$

$$d_2' = M_2 - K - (2B+K)\sec\frac{\theta}{2} - d\left(\operatorname{cosec}\frac{\alpha}{2} + \sec\frac{\theta}{2}\right) + \frac{P}{2}\left(\cot\frac{\alpha}{2} - \tan\frac{\alpha}{2}\tan^2\frac{\theta}{2}\right) - (2T - 2H - K)\frac{M_2 - M_1}{2H}$$

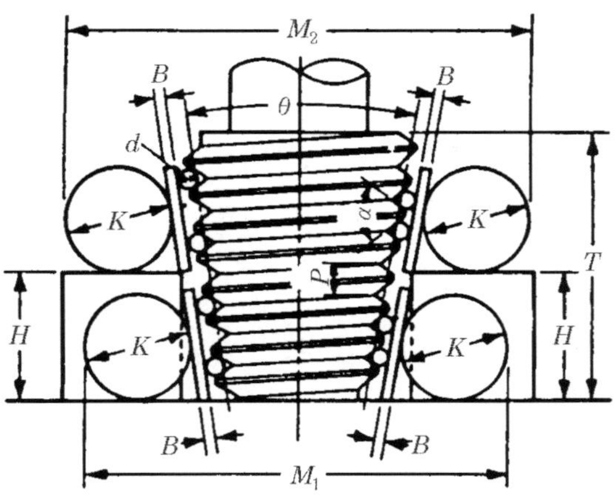

d : 측정용 침 직경
K : 롤러의 지름
H : 블록게이지의 치수
d_2' : 큰 지름단면의 유효지름
B : 보조판의 두께
M_1, M_2 : 롤러의 바깥치수
d_2 : 작은 지름단면의 유효지름

그림 12 · 20 테이퍼 나사게이지의 유효지름 측정

작은 지름 및 큰 지름의 끝 면에 있어 유효지름 치수 d_1 및 d_2'는 이 측정값에서 계산 식에 의해 계산된다. 외경 측정은 롤러와 보조판을 사용하여 그림 12 · 20과 같이 롤러의 외측거리 M_1, M_2를 구하고, 그것을 작은 지름 및 큰 지름의 끝면에 있어 외경 치수 S 및 I로 환산한다. 치수 및 산의 반각은 원칙상 공구현미경으로 측정한다.

12.2 기어 측정

12.2.1 개 요

기어는 물려지는 이(齒)에 의해 두 축간의 회전동력을 정확한 각속도 비로 전달하는 기계요소로서 큰 전달효율을 얻을 수 있다. 부정확한 치형의 기어와 낮은 정도를 갖는 기어의 물림은 성능저하는 물론 수명단축 및 운전 중 소음진동의 원인이 된다. 또한 기어 면의 손상을 크게 하고 원활한 운동에 지장을 준다.

기어 측정은 기어가 일정치수로 가공상태 여부를 확인하는 경우와 제원이 불명확한 기어를 측정을 통해 해석을 수행하기 위해 한다. 기어의 측정요소와 측정방법은 기어의 종류에 따라 다르며, 백레시(backlash)와 물림시 허용되는 각도오차 등이 있다.

12.2.2 기어의 종류

기어는 종류도 다양하고 기어의 정도(精度)는 사용목적에 따라 분류되며, 사용되는 두 축의 관계 위치에 따라 평기어, 베벨기어, 헬리컬기어, 워엄기어 등이 있다.

12.2.3 치형 곡선

치형 곡선은 동력전달용인 인벌류트 곡선치형과 정밀계측기기에 사용되는 사이클로이드 치형이 있다. 가장 일반적인 인벌류트 스퍼 기어의 제원, 오차 검출법, 오차 경향과 원인 파악, 측정법을 통해 기어제작에 대한 대책을 강구해야 한다.

기초원 D_g에 감은 실을 풀면서 실의 선단이 그리는 곡선으로 한 점 P의 궤적 SP가 인벌류트 곡선이 되며, 인벌류트 기어는 이 곡선을 모양으로 한 것이다. P점에서 압력각 α라 하면 θ는 다음과 같다.

$$\theta = \tan\alpha - \alpha = \text{inv}\alpha$$

θ는 α만의 함수로서 임의의 점 p가 압력각 α값을 정하면 θ는 계산으로 구하며, θ

를 α의 인벌류트 함수라 한다. 인벌류트 치형은 기어의 중심거리가 다소 변하더라도 바른 물림이 가능하고 정확한 치형제작이 쉬운 특성이 있다.

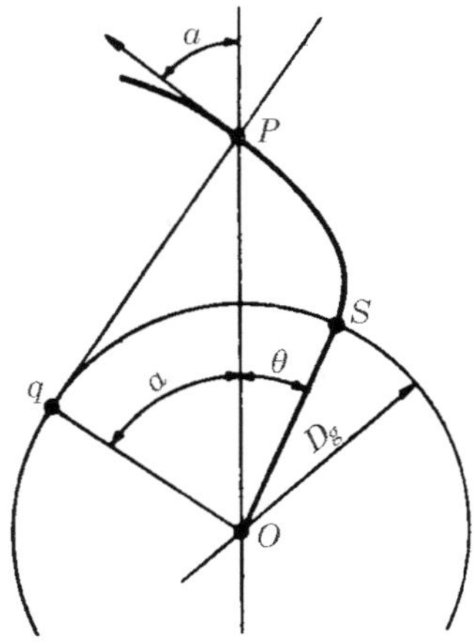

그림 12·21 인벌류트 곡선

12.2.4 기어의 제원

표 12·4 기어 제원

제 원	설 명
기준피치원(d_0) (Standard Pitch Circle)	기준 피치원은 기어 축의 중심과 중심이고 이수 z에 모듈 m을 곱한 직경의 원, d_0=이수×모듈$=z\cdot m$
기초원 지름(D_g) (Base Circle)	인벌류트 이의 모양을 만드는 데 기초가 되는 원
기준 압력각(α_0) (Standard Pitch Circle)	피치점에서 반지름선과의 모양의 접선을 이루는 각도 $\cos\alpha_0=\dfrac{D_g}{d_0}$
기준 원주 피치(t_0) (Circular Pressure Angle)	기준피치원 위에서 측정하여 인접한 이에 대응하는 부분 사이의 거리, $t_0=\dfrac{\pi\cdot D_0}{z}=\pi\cdot m$
법선 피치(t_n) (Normal Pitch)	축에 직각인 단면에서 우측 또는 좌측의 서로 이웃하는 이의 모양 사이의 공통법선에 따라 측정한 거리 $t_n=\pi\cdot m\cdot\cos\alpha_0$
기초 원주 피치(t_g) (Base Circle Pitch)	이면을 형성하는 우측 또는 좌측 인벌류트 기점 사이의 기초원의 길이로 측정된 법선피치와 기초원주피치 및 기준피치 관계 $t_n=t_g=t_0\cdot\cos\alpha_0$
지름피치(D_p) (Diameteral Pitch)	인치로 나타낸 피치원의 지름으로 이수를 나눈 값 $D_p=\dfrac{z}{d(\text{in})}=\dfrac{25.4z}{d(\text{mm})}$

기어명	두 축의 위치	이의 접촉	특 징	모 양
평기어 (Spur Gear)	평행	직선	원통형상에 이 줄은 축에 평행이고 회전시 방향이 반대	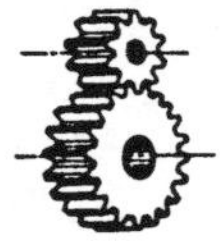
내접기어 (Spur Gear)			형상은 평기어와 같고 회전시 동일한 방향으로 회전	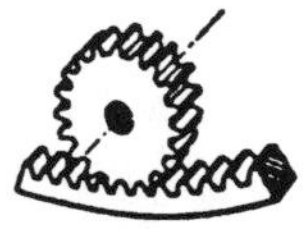
헬리컬 기어 (Helical Gear)			원통형에 이 줄이 비틀린형상	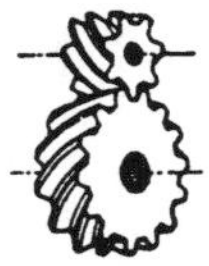
이중헬리컬기어 (Double Helical Gear)			좌우의 헬리컬기어의 조합	
랙 (Rack)			회전운동을 직선운동으로 변환	
직선베벨기어 (Straight Bevel Gear)	만남	직선 곡선	이 줄이 원뿔의 모선과 일치	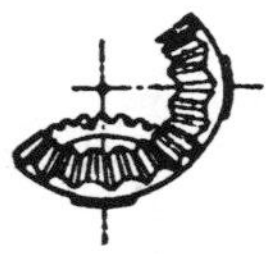
스파이럴베벨기어 (Spiral Bevel Gear)			이 줄이 비틀린 베벨기어	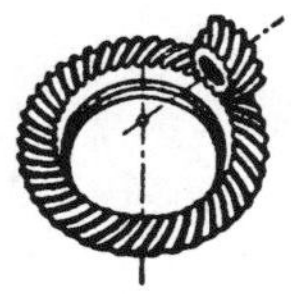
하이포이드기어 (Hypoid Gear)	교차	곡선 접선 점선	원뿔형	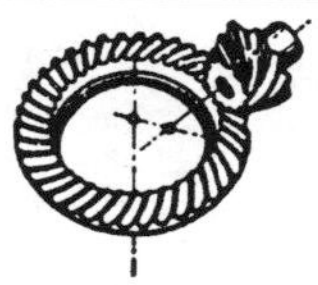
나선형기어 (Screw Gear)			2개의 헬리컬기어 사용	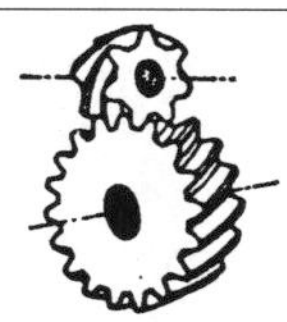
위엄기어 (Worm Gear)			감속비율이 큼	

그림 12·22 기어의 종류

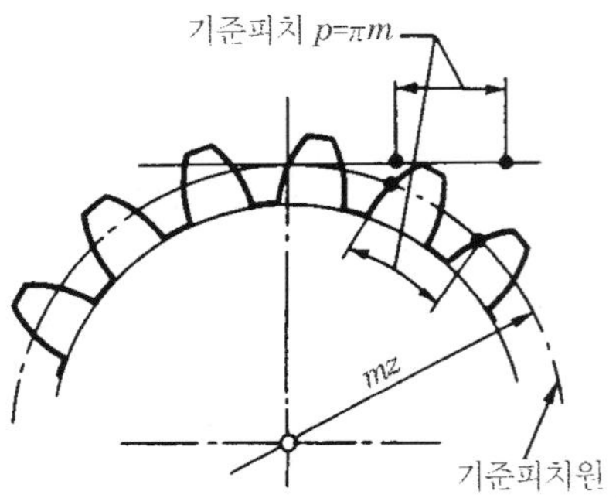

그림 12·23 기준피치원

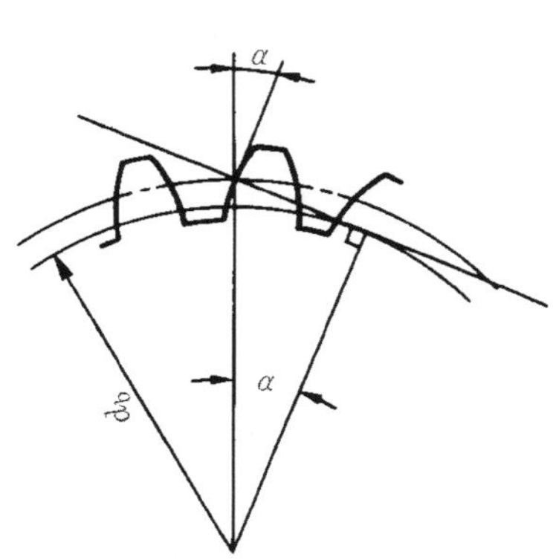

그림 12·24 기준압력각

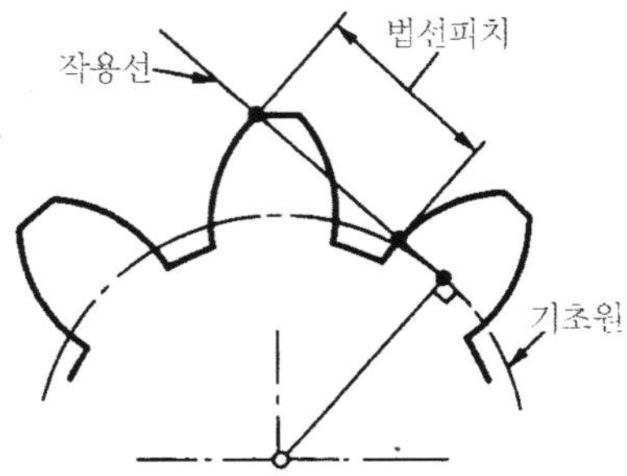

그림 12·25 법선피치

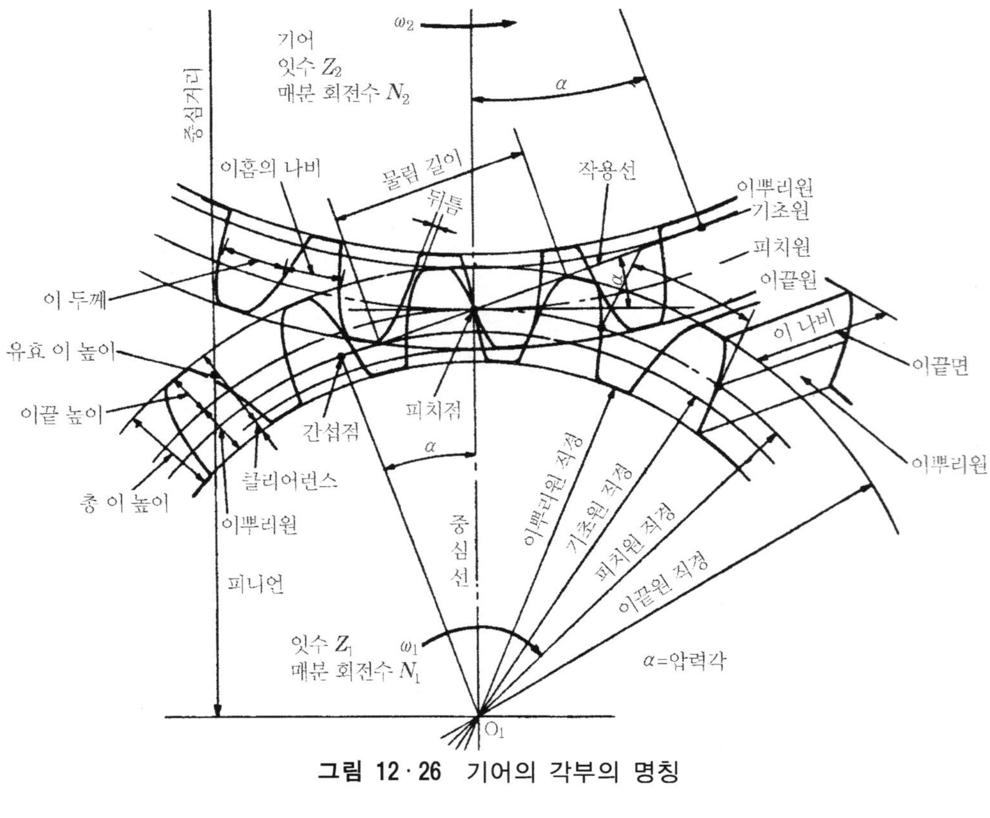

그림 12·26 기어의 각부의 명칭

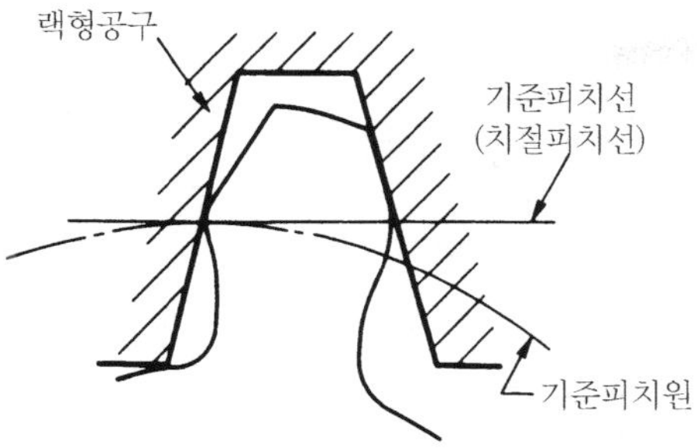

그림 12 · 27 언더컷이 생긴 치형

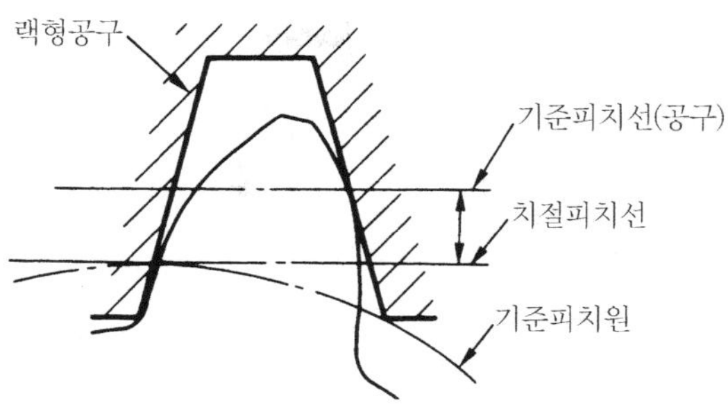

그림 12 · 28 전위된 치형

이수가 작은 기어를 치절(齒切)할 때 그림 12 · 27과 같이 이 뿌리가 절삭되는 현상을 언더컷(Under Cut)이 생기며, 이는 이 뿌리의 강도, 유효단면 길이 및 물림길이에 영향을 준다.

따라서 그림 12 · 28과 같이 공구를 x만큼 벗어나게 치절(齒切)할 경우 언더컷 발생을 방지한다. x를 전위계수, xm을 전위량이라 하고, 전위하여 제작된 기어를 전위기어라 한다.

12.2.5 기어계산에 필요한 제원

(1) 인벌류트 함수

인벌류트 곡선 SP상의 점 P에 있어서 압력각을 α라 하면 앞의 그림 12 · 21에 있어 다음과 같다.

$$\overline{P'B'} = \mathrm{P}_1 B' = (\theta + \alpha)\frac{d_b}{2} = \tan\alpha \cdot \frac{d_b}{2}$$

$$\theta = \tan\alpha - \alpha = \mathrm{inv}\alpha \qquad (12 \cdot 17)$$

로 표시된다. θ가 α의 함수로서 표시되어 이를 인벌류트 함수라고 한다. 인벌류트 함수표에서 계산에 이용되는 범위를 부록에 수록하였다.

(2) 이틈각

그림 12 · 29와 같이 모듈 m, 압력각 α, 이수 z, 전위계수 x인 기어에 있어 이틈각 x는 다음과 같다.

$$x = \frac{\pi}{z} - 2\,\mathrm{inv}\,\alpha - \frac{4\tan\alpha}{z}x \qquad (12 \cdot 18)$$

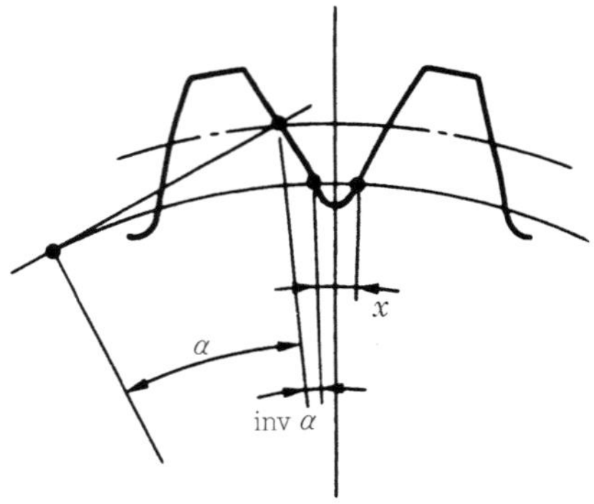

(x=0일 때의 설명도)

그림 12 · 29 이틈각 x

12.2.6 이 모양 측정

(1) 투영기에 의한 검사

간단한 이 모양의 검사는 윤곽투영법으로 구해지며, 이때 투영된 영상을 투영면 위에 동일척도로 그려 이론형상과 비교한다. 배율은 100배로 하며, 소형인 시계부품은 더욱 고배율로 해야 한다.

투과조명은 되도록 두께가 얇은 기어에 적당하고 두꺼운 기어는 반사조명법으로 하며, 중형 및 소형기어의 공차가 작은 경우 특히 영상의 비틀림이 없는 정도의 고배율로 한다.

(2) 이 모양 측정기에 의한 검사

기초원판식 측정기를 이용하며, 기어의 기초원과 동일한 지름을 가진 기어의 고정원판을 이용해서 접촉자의 인벌류트의 운동을 수행하게 한다. 이때 정확한 곧은자 위의 접촉자레버 끝의 기어는 정확한 인벌류우트가 그려지며 기록은 100~1000배 확대기록 된다.

그림 12 · 30 (a)에서 측정대상의 기어 Z를 기초원과 동일 지름의 원판 A와 동일 축에 고정시키고 O를 중심으로 동시에 회전시킨다. 회전판 A는 이동대 M가 화살표방향으로 이동하면 평면부는 회전판 A가 미끄러져 회전하게 된다.

따라서 이동하고 있는 면에 접촉자 I도 면에 대해 이동하게 되며, 만일 이면이 A를 기초원으로 하는 다른 정확한 인벌류트일 때 I는 이동대 M에 대해 변위가 생기지 않고 L에 의해 기록지 P에 M의 이동방향과 평행한 직선이 그려진다. 기어의 기초원 지름이 회전판 지름과 다를 경우 그림 12 · 30 (c)와 같이 L이 그린 선은 우측 또는 좌측으로 기울어진 직선이 된다.

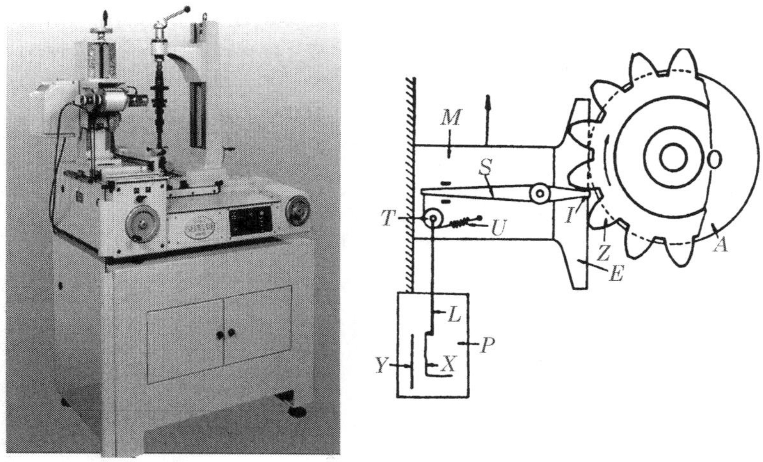

(a) 시험기

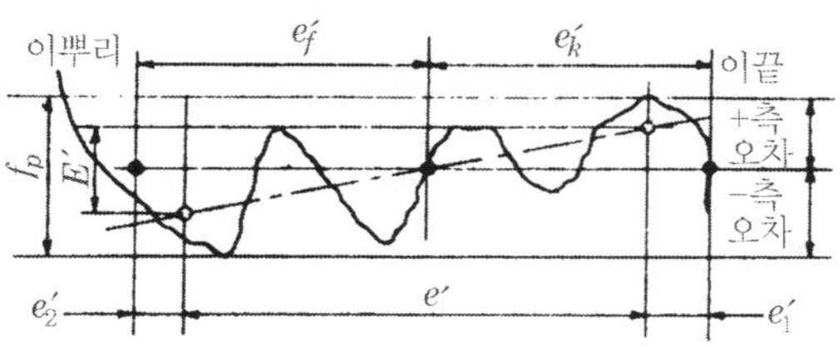

(b) 이 모양의 오차

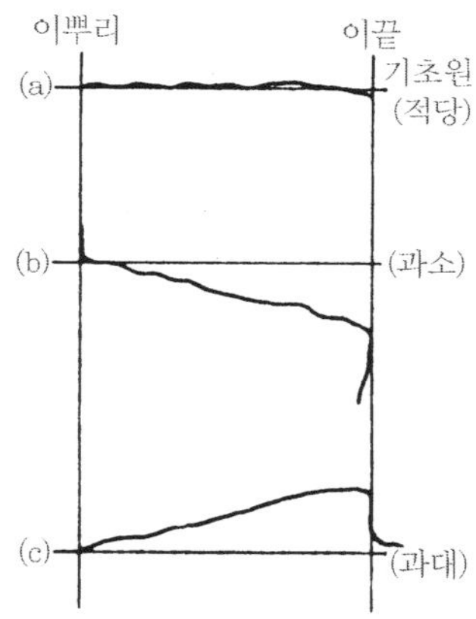

(c) 기초원판식 이 모양 선도

그림 12 · 30 이 모양시험기와 이 모양의 오차

12.2.7 피치오차 측정

(1) 법선피치 측정

법선피치는 측정자 및 고정 접촉자를 기초원의 접선과 인접한 이면 과의 교점에 접촉시켜, 그 두 교점 사이의 직선거리에 대해 그 이론과의 차를 측정한다. 그림 12 · 31은 법선피치 측정을 위한 측정기의 원리로서 인벌류트 곡선의 성질을 이용하는 것이며, 그림 12 · 31 (a)와 같이 기초원에 접촉하는 직선 위에 동일방향의 이면간의 거리를 측정한다.

그림 12 · 31 (b)와 같이 AB점은 C를 지지점으로 하여 기어의 플랭크 면 위의 A축 정면을 이면에 전동시키면서 오차의 최소값을 측미기로 읽는 방식이다.

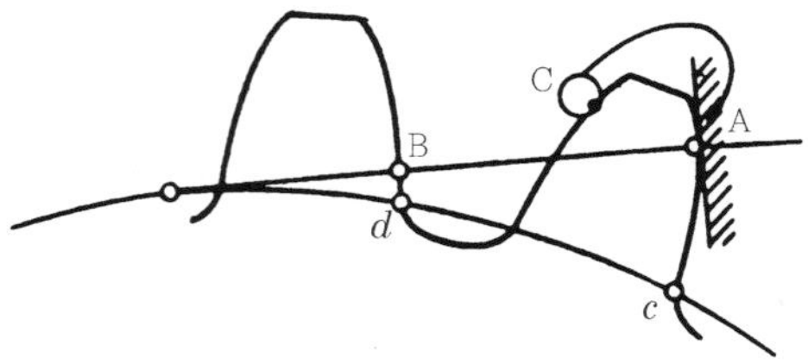

(a) 법선 피치 오차의 측정

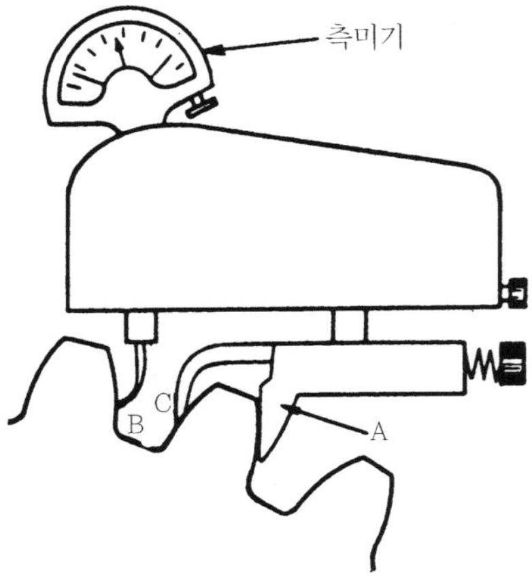

(b) 법선피치 측정기

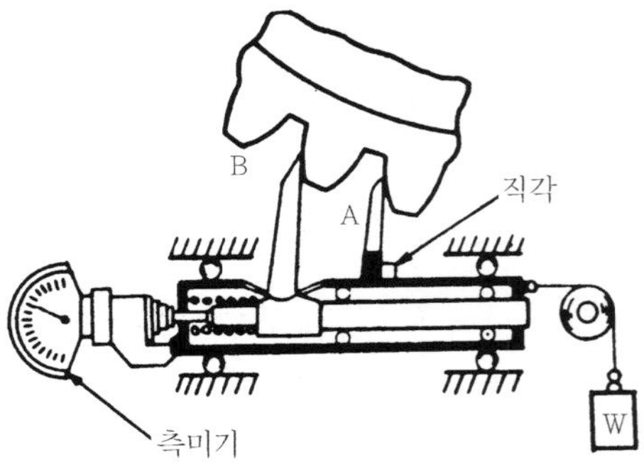

(c) 법선피치 측정장치

그림 12·31 법선피치의 측정

(2) 원주피치 오차의 측정

원주피치의 정의와 같이 인접한 이의 플랭크와 피치점 사이의 호의 길이를 그림 12·32 (a)와 같이 측정한다. 분할눈금 검사기, 광학 할출대, 사인바의 보조도구를 이용하여 정밀하게 각도를 나누어 사용한다.

12.2.8 이 두께 측정

이 두께측정은 기어를 절삭할 때 공구의 미소 절삭깊이를 조정하여 정확한 치수로 다듬질하는 치수관리, 파악되지 않은 기어의 설계방식 또는 제원해석에 이용된다. 이 측정법은 치형캘리퍼스, 이두께마이크로미터, 핀 또는 볼에 의해 측정한다.

(1) 치형캘리퍼스(Geartooth Vernier)에 의한 측정

측정방법은 그림 12·33과 같이 이의 왼쪽 면 및 오른쪽 면과 피치원통 및 교선 사이의 측정면 내에서 할줄길이를 측정한다. 그림 12·34에 있어 이 선단에서 피치원 원

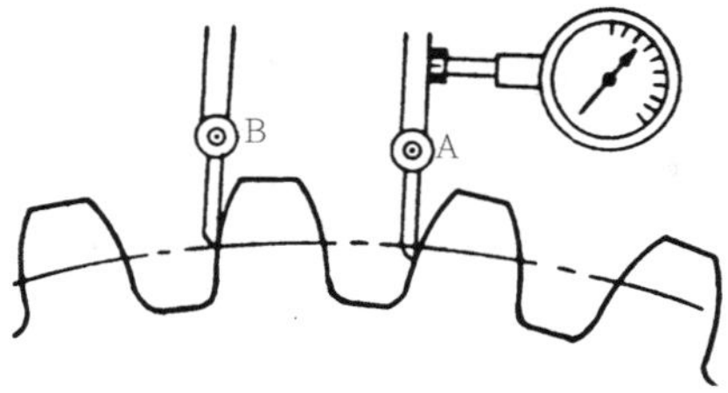

(a) 원주피치의 측정

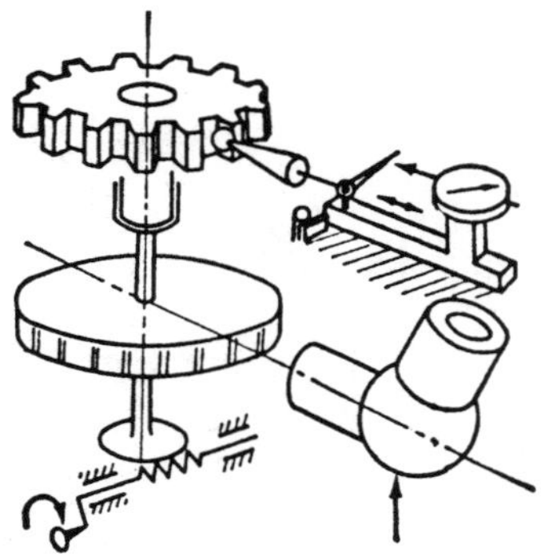

(b) 분할각도 측정기에 의한 피치측정

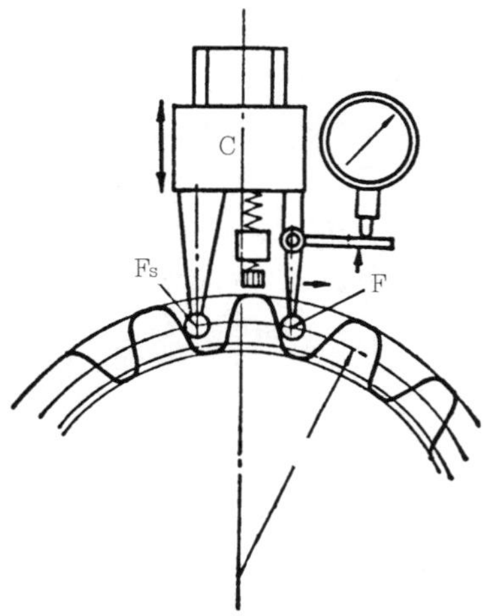

(c) 기어시험기에 의한 원치피치오차 측정

그림 12·32 원주피치 측정

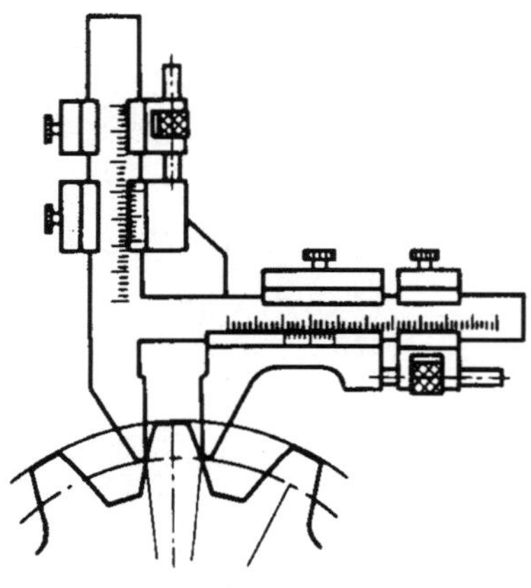

그림 12·33 이두께 버니어 캘리퍼스

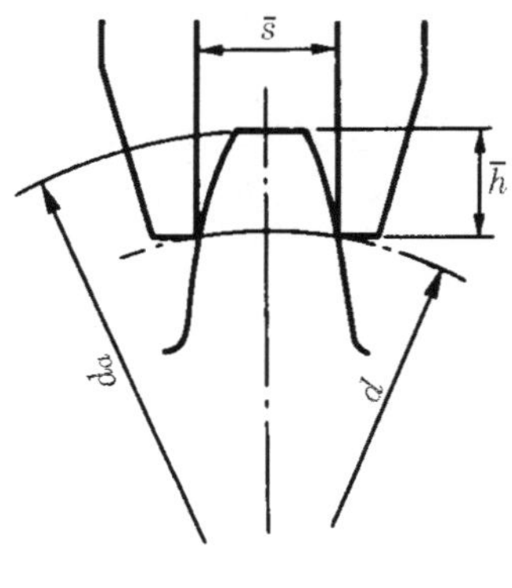

그림 12·34 활줄 이두께

주상의 A점까지 거리(캘리퍼 이높이) $\bar{h}$에 있어 할줄 이두께를 측정하여 식 (12·19)에서 구해진 이론값과 비교한다.

보통 이끝원을 기준으로 하여 캘리퍼이높이 $\bar{h}$, 할줄 이두께 $\bar{s}$와 모듈 m, 이수 Z, 기준압력각 α, 전위계수 x, 이끝원지름 d_a, 피치원지름 d_0라고 하면, 스퍼 기어의 캘리퍼이높이 $\bar{h}$는 다음과 같다.

$$\bar{h}=\frac{m\cdot z}{2}\left\{1-\cos\left(\frac{\pi}{2z}+\frac{2x\tan\alpha}{z}\right)\right\}+\frac{d_a-d}{2} \tag{12·19}$$

한편 할줄 이두께는 다음과 같다

$$\bar{s}=mz\sin\left(\frac{\pi}{2z}+\frac{2x\tan\alpha}{z}\right) \tag{12·20}$$

이끝원 직경 $d_a=(z+2+2x)m$으로 할 경우에는

$$\bar{h}=\frac{mz}{2}\left\{1-\cos\left(\frac{\pi}{2z}+\frac{2x\tan\alpha}{z}\right)\right\}+(1+x)m \tag{12·21}$$

표 12·5 $\bar{h}$와 $\bar{s}$의 값(x=0, 모듈 1의 경우)

x	$\bar{h}$	$\bar{s}$	x	$\bar{h}$	$\bar{s}$	x	$\bar{h}$	$\bar{s}$
12	1.0513	1.5663	22	1.0280	1.5695	60	1.0103	1.5706
13	1.0474	1.5670	24	1.0257	1.5697	70	1.0088	1.5706
14	1.0440	1.5675	26	1.0237	1.5698	80	1.0077	1.5707
15	1.0411	1.5679	28	1.0219	1.5700	90	1.0069	1.5707
16	1.0395	1.5693	30	1.0206	1.5701	100	1.0062	1.5707
17	1.0363	1.5696	35	1.0176	1.5703	120	1.0051	1.5708
18	1.0342	1.5688	40	1.0154	1.5704	150	1.0041	1.5708
19	1.0324	1.5690	45	1.0137	1.5705	200	1.0031	1.5708
20	1.0308	1.5692	50	1.0123	1.5705	300	1.0000	1.5708

보통 캘리퍼이두께 $\bar{h}$와 할줄 이두께 $\bar{s}_j$의 값은 윗식에서 구할 수 있으나, 모듈 m=1의 표준스퍼기어(전위계수 x=0)의 값은 표 12·6과 같다. m=1 이외의 기어에 대해서는 표의 값과 모듈 m을 곱하면 된다.

(2) 걸치기 이두께에 의한 방법

이 측정법은 표준마이크로미터에서 z개의 이를 걸치고 측정한 후 이론값과 비교한다. 즉, 표면적이 넓은 평행평면의 측정면을 갖는 이두께 마이크로미터로부터 그림 12·35와 같이 n개의 이를 끼워서 W를 측정하여 식 (12·22)에서 구한 계산값과 비교한다.

$$W=m\cos\alpha\{\pi(n-0.5)+z\,\mathrm{inv}\,\alpha\}+2xm\sin\alpha \tag{12·22}$$

$$n=\frac{z}{\pi}(\tan\alpha-\mathrm{inv}\,\alpha)+0.5-\frac{2x}{\pi}\tan\alpha \tag{12·23}$$

표 12 · 6 걸치기 이구께 W의 값($m=1$, $x=0$, $\alpha_0=20°$, $14.5°$) (단위 : mm)

z	$\alpha_0=20°$		$\alpha_0=14.5°$		z	$\alpha_0=20°$		$\alpha_0=14.5°$	
	n	W	n	W		n	W	n	W
6	2	4.5122	2	4.5945	31	4	10.7666	3	7.7702
7	2	4.5262	2	4.5999	32	4	10.7806	3	7.7756
8	2	4.5469	2	4.6052	33	4	10.7946	3	7.7810
9	2	4.5683	2	4.5106	34	4	10.8086	3	7.7863
10	2	4.5823	2	4.6160	45	4	10.8227	3	7.7919
11	2	4.5823	2	4.6213	36	5	13.7888	3	7.7971
12	2	4.5963	2	4.6267	37	5	13.8028	4	10.8440
13	2	4.6103	2	4.6321	38	5	13.8168	4	10.8493
14	2	4.6243	2	4.6374	39	5	13.8308	4	10.8547
15	2	4.6383	2	4.6428	40	5	13.8448	4	10.8601
16	2	4.6523	2	4.6482	41	5	13.8588	4	10.8654
17	2	4.6663	2	4.6536	42	5	13.8728	4	10.8708
18	3	7.6324	2	4.6589	43	5	13.8868	4	10.8762
19	3	7.6464	2	4.6643	44	5	13.9008	4	10.8816
20	3	7.6604	2	4.6697	45	5	1686700	4	10.8869
21	3	7.6744	2	4.6750	4	6	16.8666	4	10.8923
22	3	7.6884	2	4.6804	47	6	16.8810	4	10.8977
23	3	7.7025	2	4.6858	48	6	16.8950	4	10.9030
24	3	7.7165	2	4.6911	49	6	16.9090	4	10.9084
25	3	7.7305	3	7.7380	50	6	16.9230	5	13.9553
26	3	7.7445	3	7.7434	51	6	16.9370	5	13.9607
27	4	10.7106	3	7.7488	52	6	16.9510	5	13.9660
28	4	10.7246	3	7.7541	53	6	16.9650	5	13.9714
29	4	10.7386	3	7.7595	54	7	19.9790	5	13.9768
30	4	10.7526	3	7.7649	55	7	19.9452	5	13.9821

윗식에서 걸치기 이두께 값 W를 그때마다 계산하는 것이 번거로워 실제로는 $n=1$인 표준기어($x=0$)의 걸치기 이두께 및 걸치기 이수를 계산한 표 12 · 6과 같은 것이 사용된다.

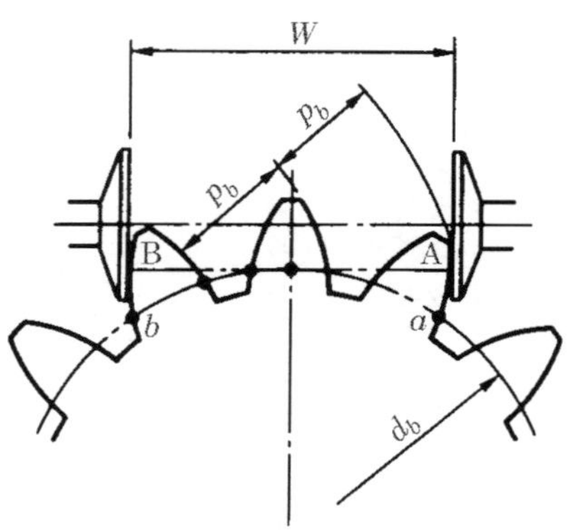

그림 12 · 35 걸치기 이두께

$m=1$ 이외의 기어인 경우는 표의 값에 모듈값 m을 곱하면 구할 수 있다.

(3) 오버핀 법의 측정

이 측정법은 스퍼 기어에서 핀을 짝수의 이(齒)인 경우 직경상에서 상대하는 이홈, 홀수인 경우는 π/z만큼 기울어진 이(齒)홈에 끼워 그림 12 · 36과 그림 12 · 37과 같이 외접기어에는 핀의 바깥치수, 내접기어에는 내접치수 d_m을 측정하여 이 두께를 구한다.

핀의 직경을 d_p라 하면 외접기어의 오버핀 치수 d_m은 짝수 및 홀수인 경우에 대해 다음과 같다.

i) 짝수인 경우

$$d_m = \frac{zm\cos\alpha}{\cos\psi} + d_p$$

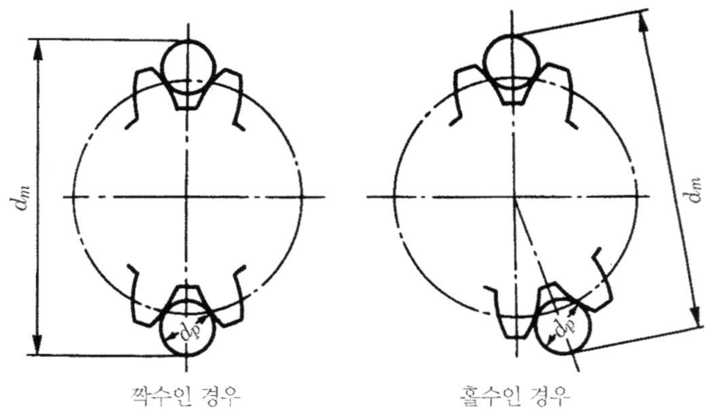

그림 12 · 36 기어 오버핀 법

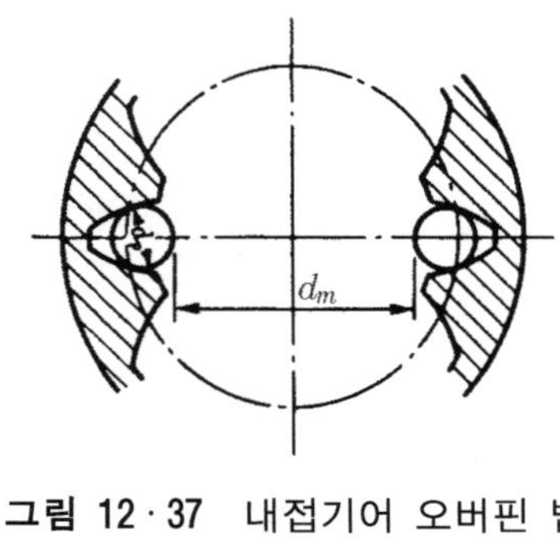

그림 12 · 37 내접기어 오버핀 법

ii) 홀수인 경우

$$d_m = \frac{zm \cos\alpha}{\cos\psi} \cos\frac{90}{z} + d_p \qquad (12 \cdot 24)$$

단, $\text{inv}\ \phi = \frac{d_p}{\cos\phi zm}\left(\frac{\pi}{2z} - \text{inv}\ \alpha\right)\frac{2x\tan\alpha}{z}$ 이다.

내접기어에 대해 짝수인 경우와 홀수인 경우에 대해서는 다음과 같다.

i) 짝수인 경우

$$d_m = \frac{zm \cos\alpha}{\cos\psi} - d_p \qquad (12 \cdot 25)$$

ii) 홀수인 경우

$$d_m = \frac{zm \cos\alpha}{\cos\psi} \cos\frac{90}{z} - d_p$$

단, $\text{inv}\ \phi = \frac{d_p}{\cos\phi zm}\left(\frac{\pi}{2z} + \text{inv}\ \alpha\right)\frac{2x\tan\alpha}{z} - \frac{d_p}{zm\cos\alpha}$ 이다.

핀의 직경 d_p는 측정기어의 피치원 부근에 접하도록 하여 구한다. 외접기어용 핀 직경은 식 (12 · 26)에서 구해지며, 앞의 식 (12 · 19)에서 $m=1$의 조건의 핀 직경 d_p를 구하는 선도를 그림 12 · 38에 나타냈다.

$$d_p = (\text{inv}\ \phi + x/2) mz \cos\alpha \qquad (12 \cdot 26)$$

$$\phi = \alpha' + \text{inv}\alpha' + x/2$$

$$\alpha = \cos^{-1}\frac{mz\cos\alpha}{(z+2x)m} = \frac{z\cos\alpha}{z+2x} \qquad (12 \cdot 27)$$

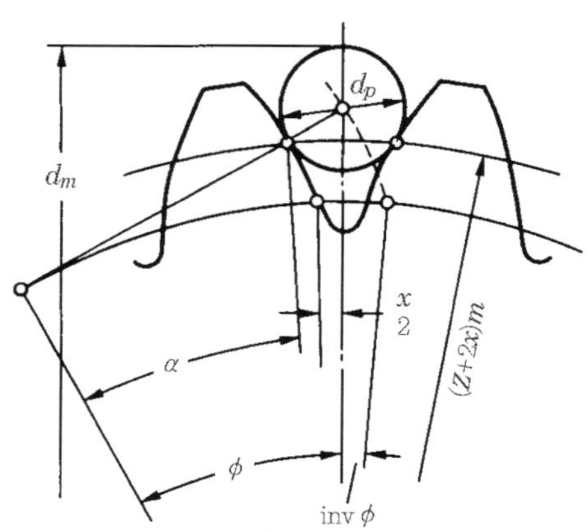

그림 12 · 38 외접기어용 핀 직경을 구하는 설명도

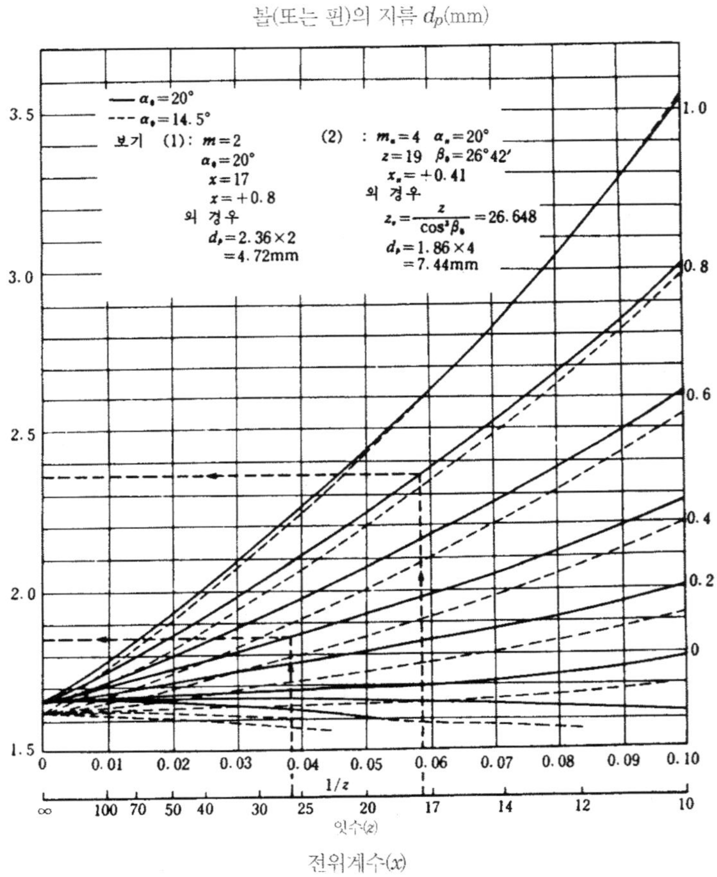

그림 12 · 39 핀 직경을 구하는 선도

내접기어용 핀 직경에 대해서는 다음과 같다.

$$d_p=(\pi/z-inv\phi-x/2)mz\cos\alpha \qquad (12 \cdot 28)$$

단, $\phi=\alpha'+inv\alpha'-\pi/z+x/2$

$$\alpha'=\cos^{-1}\frac{z\cos\alpha}{z+2x} \qquad (12 \cdot 29)$$

또한 핀의 직경 d_p는 선도에서 읽음값에 모듈 m으로 나누어서 구할 수 있다. 식 (12 · 26) 또는 선도의 그림 12 · 39와 식 (12 · 28)에서 구한 핀 직경 또는 근사적인 핀 직경을 사용해야 한다.

12.2.9 이 홈의 흔들림 측정

기어의 센터를 눌러 지지할 수 있도록 하고 볼 및 핀 형태의 측정자를 이 홈에 넣어

그림 12·40 이홈 흔들림 측정

양쪽 이면에 접촉시킨 후 측정자 반지름방향의 변위를 측미기로 측정하여 측정값의 최대값과 최소값의 차를 구하면 이 홈의 흔들림이 된다.

한편 이 홈에 핀, 강구 또는 원뿔형 측정자의 넣어 반지름 방향의 변위를 측정할 수 있다. 측정할 때 기어는 안내 축을 중심으로 회전할 수 있도록 지지하며, 기어의 전 둘레에서 측정한 측정값의 최대차를 구한다.

12.2.10 편심 측정

기어의 편심 측정용 유니트를 이용하여 검사기어의 모듈에 따라 측정구를 이면 사이에 끼워 변화량을 확대장치를 통해 기록한다. 그림 12·41은 이면 사이에 롤러나 구(球)를 끼워 미니미터로 측정하는 것으로 기어중심에서 롤러 상단까지 높이 H의 변화를 각 이면마다 읽어내고, H의 변화가 있으면 편심오차가 측정할 수 있도록 한 것이다.

12.2.11 물림오차 측정

기어의 피치오차, 치형오차 등의 단독측정 이외에 기어정도를 종합적으로 시험하는 물림시험이 있다. 각종 오차가 매우 작고 정확한 형상을 갖는 표준인 기어마스터기어와 제작된 기어를 물리도록 설치하고 회전시켜 그 물림상태를 조사한다.

그림 12 · 42에 기어의 물림시험기를 나타내며 한 쌍의 기어를 맞물려서 그 중심거리를 측정하는 시험검사와 중심거리를 고정하고 회전각의 변화를 측정하는 검사가 있다.

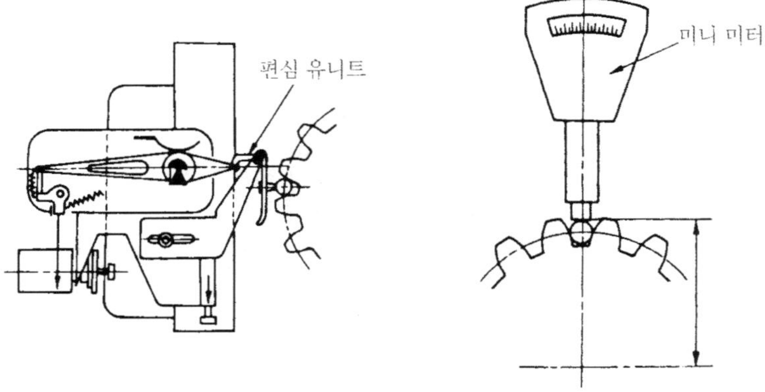

그림 12 · 41 편심오차 측정

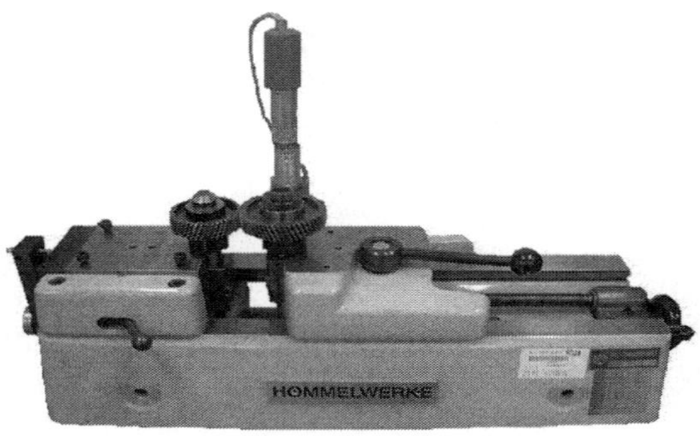

(a) 시험기

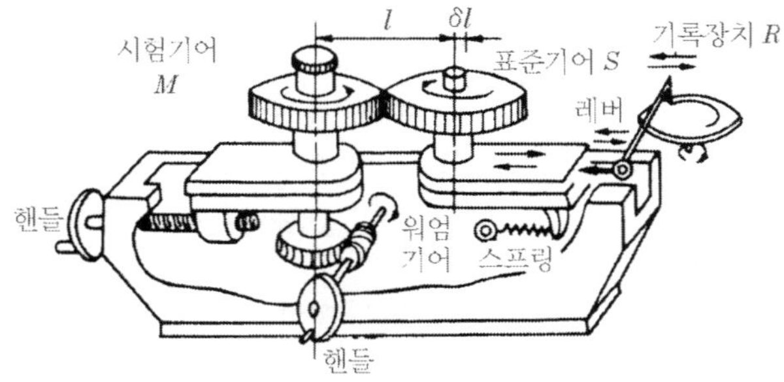

(b) 각부 명칭

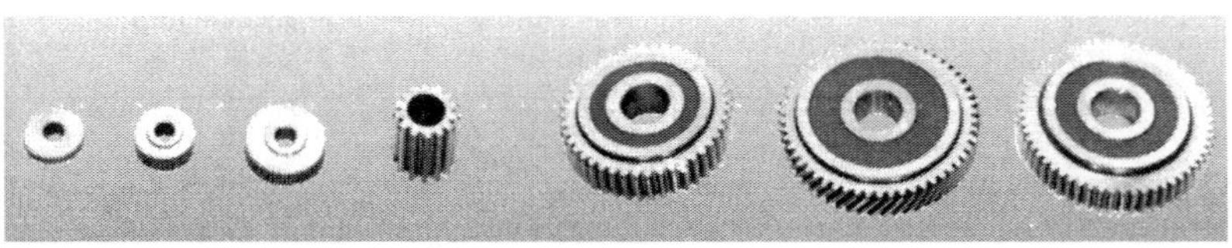

(c) 각종 마스터 기어

그림 12 · 42 기어 물림 시험기

제13장

기계가공중의 측정

13.1 측정 자동화

13.1.1 개 요

(1) 측정 자동화의 효과

기계제품의 생산현장에서 가공라인과 조립라인이 어느 정도 수준으로 자동화되어 있으나 이들의 중간공정인 제품측정 및 검사라인은 미흡하다. 따라서 생산성의 향상을 위해서는 측정의 자동화가 필요하고 측정 자동화의 효과는 다음과 같다.

a) 측정능률의 향상

b) 측정정도의 향상

c) 측정기술상의 문제 해결

d) 고온다습, 가스, 방사능 유출환경에서 유리

(2) 측정 자동화의 요소

측정작업 중 어느 분야를 자동화해야 할 것인가를 결정해야 하고 측정항목에 대해서는 치수, 형상, 위치가 정해져야 하며 측정방법은 아날로그식 또는 디지털식을 결정해야 한다.

a) 피측정물 측정기에 세팅부

b) 측정기와 공작물의 상대운동, 위치결정부

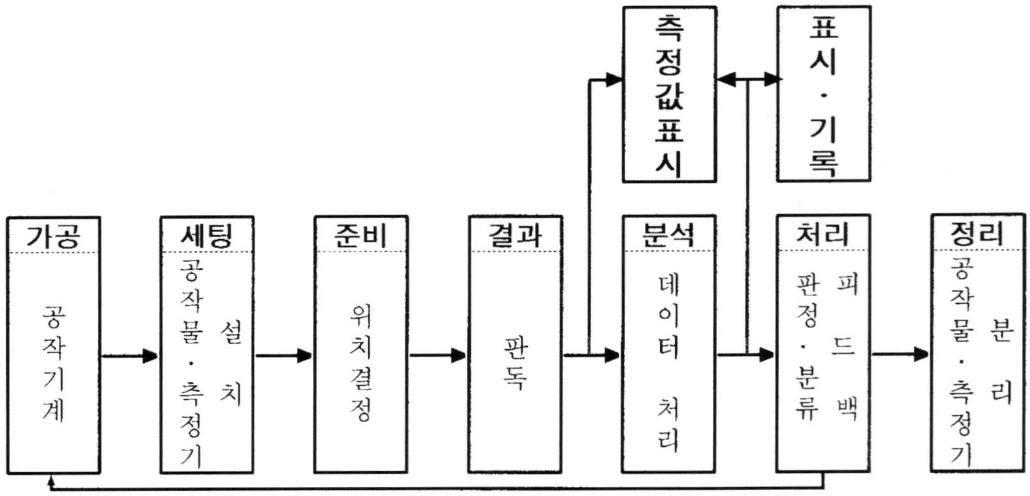

그림 13·1 측정의 흐름

c) 측정값 표시부

d) 측정값 비교, 연산, 통계 및 자동화 처리부

e) 합부판정, 치수별 분류, 공구제어부

13.1.2 자동 측정기의 분류

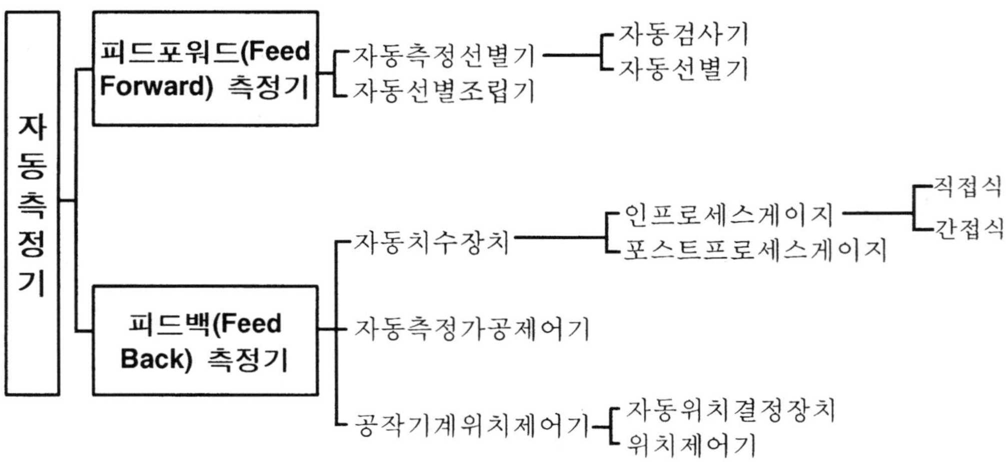

그림 13·2 자동측정기 분류

a) 자동치수장치 : 가공제품을 측정하여 양부(良否)의 판정보다 불량품이 제작되지 않도록 제어한다. 자동치수장치에는 인프로세스게이지(In-Process Gauge)와 포스트 프로세스 게이지(Post Process Gauge)가 있다.

b) 자동검사기 : 측정 및 품질정보에 의해 합부판정 및 미비사항을 수정할 수 있으며 대량생산에 적당하다. 측정범위가 넓고 측정부에서 장거리는 디지털식을 고려한다.

c) 자동선별기 : 끼워맞춤 제품 중 세밀한 치수구분을 하여 상대공작물을 결정한다.

d) 자동선별조립기 : 자동선별하여 조립까지 수행되는 기계로 아날로그식도 가능하다.

e) 위치제어기 : 가공기에서 테이블과 공구위치를 자동측정하고 정보를 구동부에 피드백하여 그 위치를 제어하는 장치이다.

13.2 기계가공중의 측정

13.2.1 가공과 측정

기계가공은 고정도, 고능률로 자동화가 필요조건으로 요구되나 이에 대응하기 위한 기계가공중의 동적측정 방식을 확립하며 가공공정과 측정관계는 그림 13 · 3과 같다.

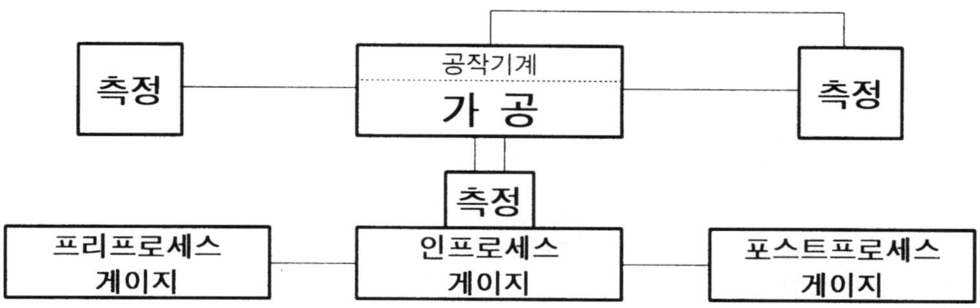

그림 13·3 가공공정과 측정과 관계

13.2.2 프리프로세스 게이지(Pre-Process Gauge)

프리프로세스 게이지는 가공전(加工前) 공정에 있어 측정시스템으로 다음 목적으로 사용한다.

a) 제품의 형상측정을 통해 종류를 판별하여 정보를 가공기 NC장치로 보내 가공조건을 준비한다.

b) 공작물에 이물질(異物質) 유무를 검사하고 이물질이 있을 경우 제거지령을 내린다.

c) 공작물이 정확하게 고정되어 있는지를 확인한다.

13.2.3 인프로세스 게이지(In-Process Gauge)

가공 중 공작물의 치수, 형상정도, 표면거칠기 등을 측정하여 미리 설정된 목표값에 도달시키기 위하여 측정정보를 가공기에 피드백하여 가공기의 움직임을 제어하는 치수장치로서 주로 황삭가공, 마무리 가공, 스팩아웃 등의 가공조건을 제어한다.

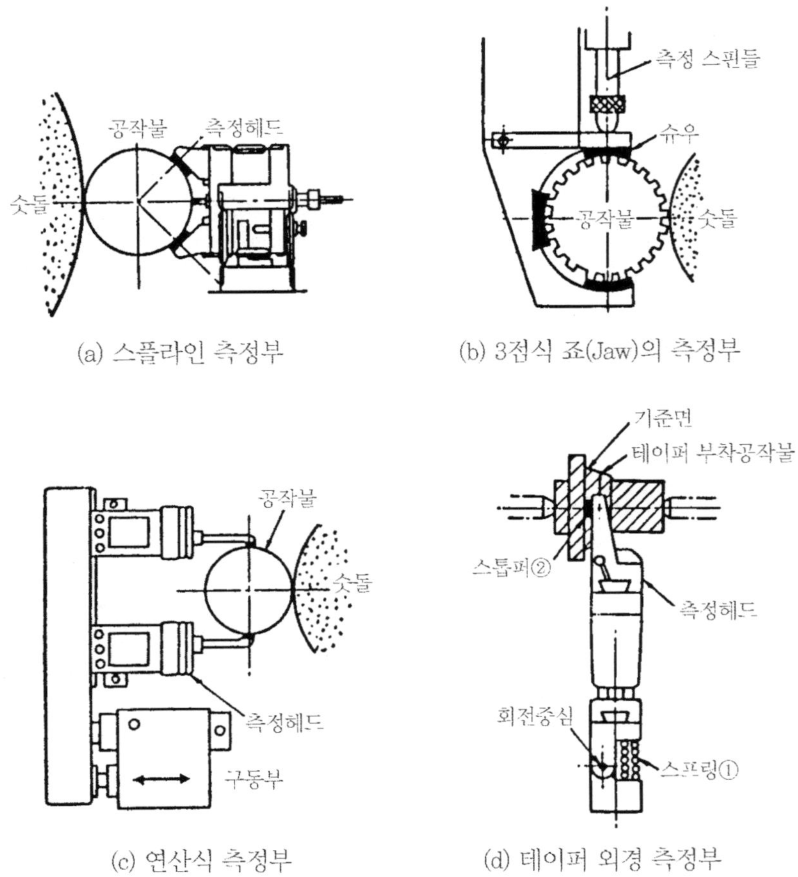

(a) 스플라인 측정부 (b) 3점식 조(Jaw)의 측정부

(c) 연산식 측정부 (d) 테이퍼 외경 측정부

그림 13·4 인프로세스 게이지의 측정부

13.2.4 포스트프로세스 게이지(Post-Process Gauge)

가공 후의 공작물을 측정하여 측정정보를 피드백하고 가공기를 자동조정하여 다음 공작물을 유지하는 치수장치이다. OK, NG판정 또는 정보량을 해석하여 공정능력을 평가하고 관리도와 같은 품질관리 자료를 작성한다. 자동선별기에 대해 치수, 중량 등을

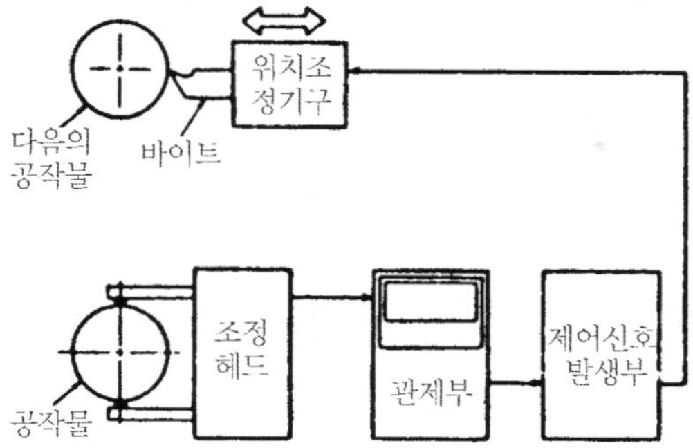

그림 13·5 바이트의 마모 보정

정해진 수준으로 분류하고 정보를 가공기로 보낸다.

13.3 인프로세스 게이지

13.3.1 인프로세스 게이지 원리

연삭가공에서 인프로세스 게이지·시스템의 예를 그림 13·6에 나타낸다. 인프로세스 게이지로 가공 중의 공작물치수를 측정하고 정보를 지시제어부에서 공작기계로 보낸다.

연삭기에서 연삭작업을 예를 들면 이러한 정보에서 그림 13·7과 같이 절입량(切入量) 제어, 즉 거친 연삭, 다듬질 연삭, 스팩아웃 공정을 거쳐 목표값에 도달되면 저석테이블을 급속히 후퇴시켜 가공공정을 종료시킨다.

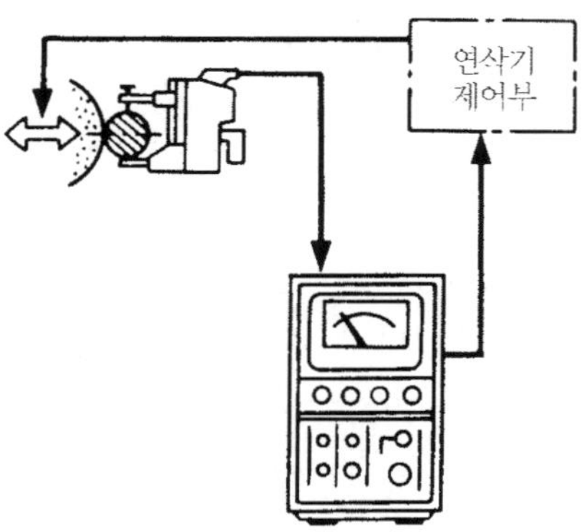

그림 13·6 인프로세스 게이지

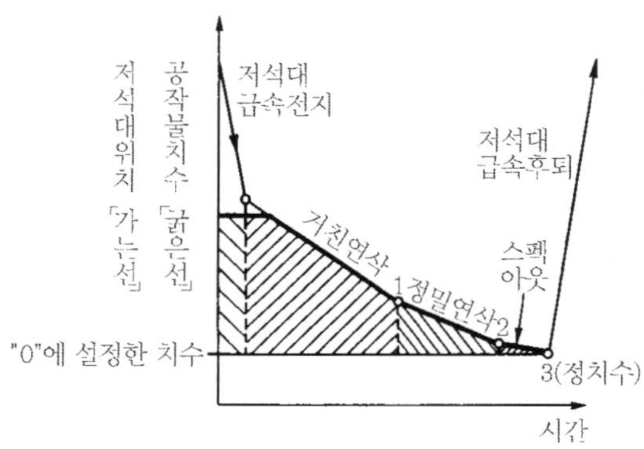

그림 13·7 연삭가공 공정의 제어방식

13.3.2 외경측정용 인프로세스 게이지

측정 헤드는 크게 나누어 다음 두 가지로 분류한다.

a) 포크 방식(Fork Type) : 그림 13 · 8과 같이 유압으로 측정베드를 공작물 중심위치로 이동시켜 집게장치인 핑거(Finger)를 접속시킨다. 핑거는 차동트랜스 센서가 부착되어 미소변위를 확대시키며 공작물의 형상에서 다양한 핑거가 사용되고 있다.

b) 피크 방식(Pick Type) : 그림 13 · 9와 같이 수동으로 포크를 회전시켜 공작물에 붙여 직경을 측정하는 방식이다. 검출기는 차동트랜스, 기계적 확대방식의 인디케이터로서 전기접점이 붙은 지시기가 사용되고 있다.

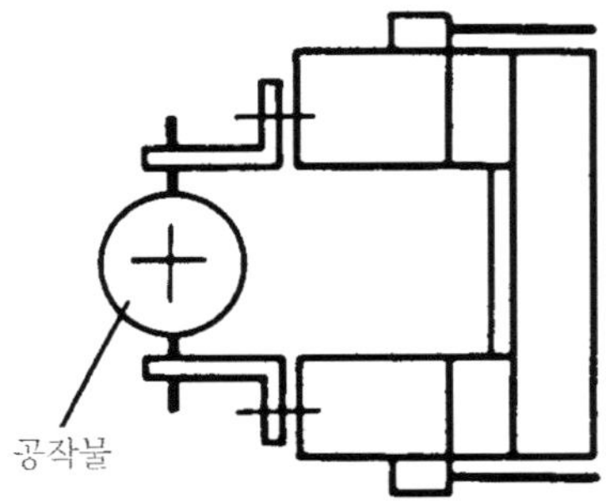

그림 13 · 8 포크 방식(Fork type)

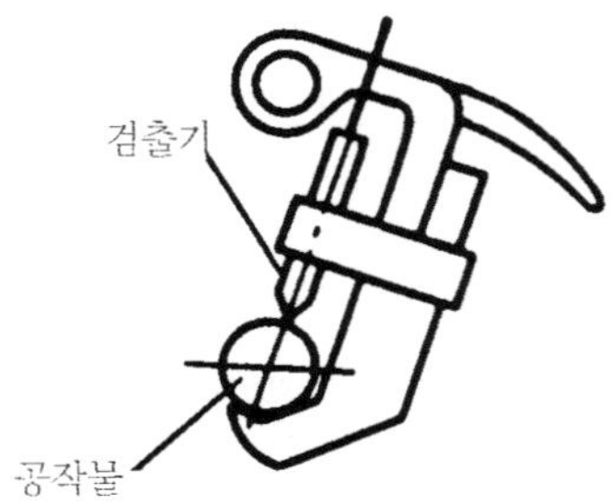

그림 13 · 9 피크 방식(Pick Type)

13.3.3 내경측정용의 인프로세스 게이지

내경측정용 게이지는 다음과 같이 분류된다.

a) 플러그게이지 방식(Plug Gauge Type), 게이지 방식(Gauge Type), 공기마이크로미터 방식(Air Micrometer Type)이 있다.

b) 포크 방식(Fork Type)

게이지 방식은 그림 13 · 12와 같이 내면연삭기의 게이지매틱이라는 것으로 거친 연삭치수의 게이지가 공작물에 들어가면 저석이 후퇴하여 드레싱 한 후, 다듬질 연삭을 하고 마무리용 게이지가 공작물에 들어가면 연삭작업이 종료된다.

공기마이크로미터 방식은 내면가공스웡에 측정노즐을 붙여 공기압 변동을 A-E변환기에서 전기신호로 변환하는 예를 그림 13 · 11에 나타낸다. 포크방식은 외경용과 동일한 구조이고 그림 13 · 12, 그림 13 · 13과 같이 저석과 동일방향과 반대방향 방식이 있다.

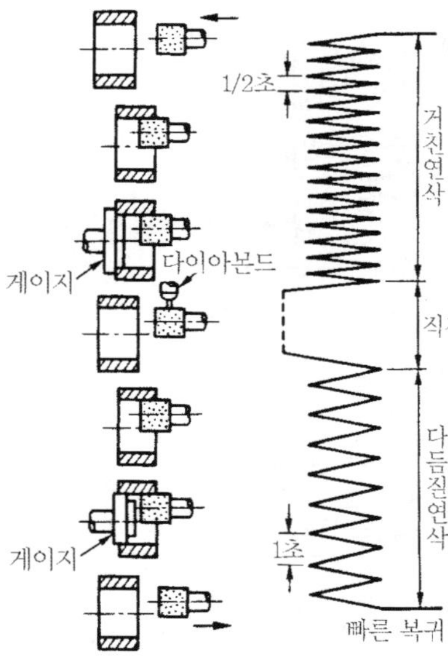

그림 13·10 플러그 게이지(Plug Gauge) 방식

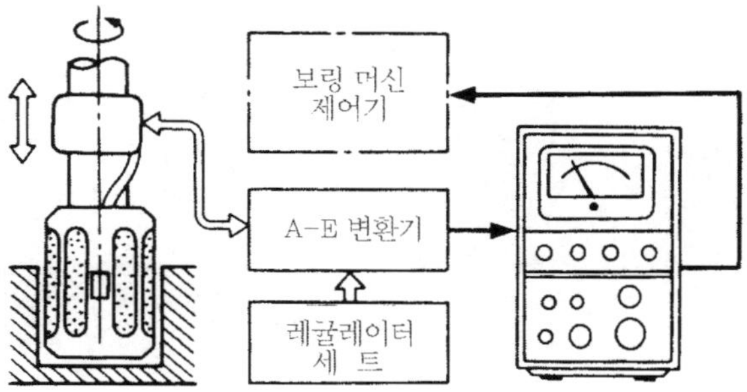

그림 13·11 공기마이크로미터 방식

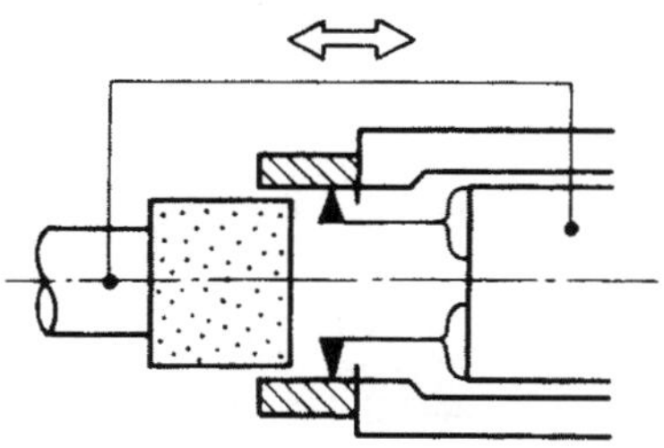

그림 13·12 전방포크 헤드
(Front Fork Head)

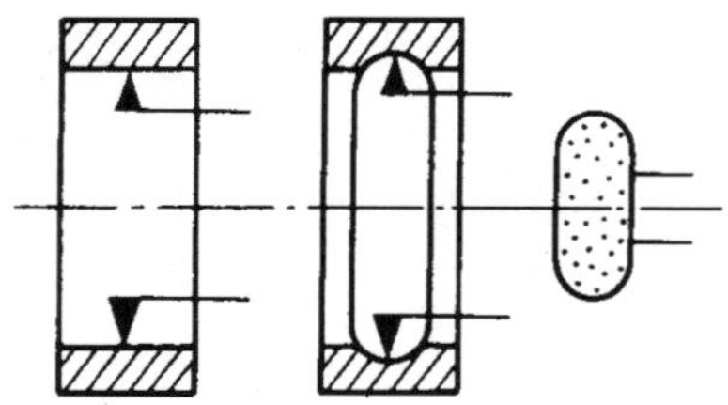

그림 13·13 후방포크 헤드
(Rear Fork Head)

13.4 인 앤드 포스트프로세스 게이지 시스템 (In and Post Process Gauge System)

인 앤드 포스트프로세스의 시스템은 그림 13·14에 나타냈고 가공에 의한 온도상승, 공구마모, 측정기의 영 드리프트(Zero Drift) 등에서 인프로세스 게이지에 의해 가공된 공작물 치수는 점차 설정값에서 벗어날 가능성이 있으므로 포스트프로세스 게이지로 재설정하여 다듬질치수를 제어하는 시스템이다.

이 측정값이 정해진 +OK, −OK 범위의 관리기준 내에서 연속적으로 분포하도록 인프로세스 게이지 설정값을 보정시키는 시스템이고, 여기서 가공치수를 관리함으로써 한

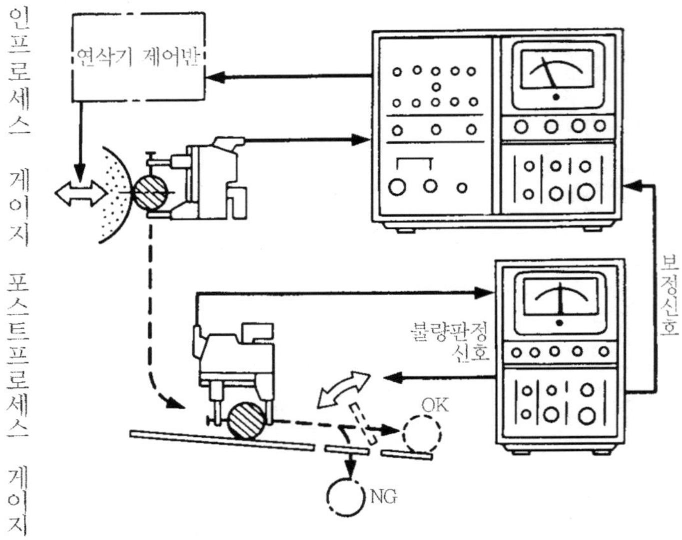

그림 13 · 14 인 앤드 포스트프로세스 게이지·시스템

계값 내의 OK범위로 분포하도록 제어한다.

13.5 적응제어 시스템(Adaptive Control System)

축과 구멍의 고정도 끼워맞춤이 요구될 경우 보통 자동치수 선별법에 의해 등급을 분류하여 선택조합하는 방법이 사용된다. 적응제어시스템도 고정도를 요구하는 가공방법으로써 그림 13 · 15에 나타냈다.

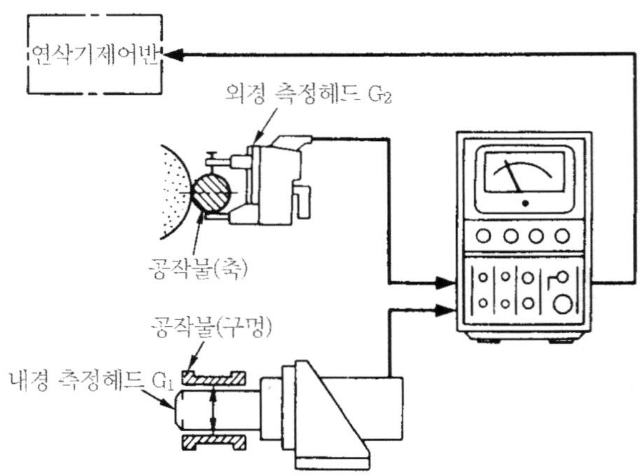

그림 13 · 15 적응제어 시스템

이미 가공되어 있는 공작물의 내경을 측정하여 이 정보를 제어장치에 피드백시켜 외경가공 목표값을 설정하고 인프로세스 게이지에 의해 가공하는 방법이다.

13.6 측정의 디지털화

13.6.1 개 요

기존 정밀측정기는 미세 분해능은 만족되나 측정범위가 좁고 측정상 한 가지 특성만을 갖는다. 근래 나노미터(nm)급의 고정도가 요구됨에 따라 측정자동화에 의해 정적정도에 영향을 받지 않는 동적정도(動的精度)의 향상이 요구된다.

또한 공작기계의 CNC화로 고정도 위치결정제어용의 측정장치, 계산처리에 대응가능한 계측기 성능이 요구된다. 길이측정에서 측정량을 각종 물리량으로 변환하여 연속적인 측정량을 아날로그량으로 처리하는 방법과 불연속인 단위의 정수배로 되는 디지털량으로 취급되는 디지털측정으로 많이 사용되고 있으며, 그림 13·16에 측정량의 변화 흐름을 나타냈다.

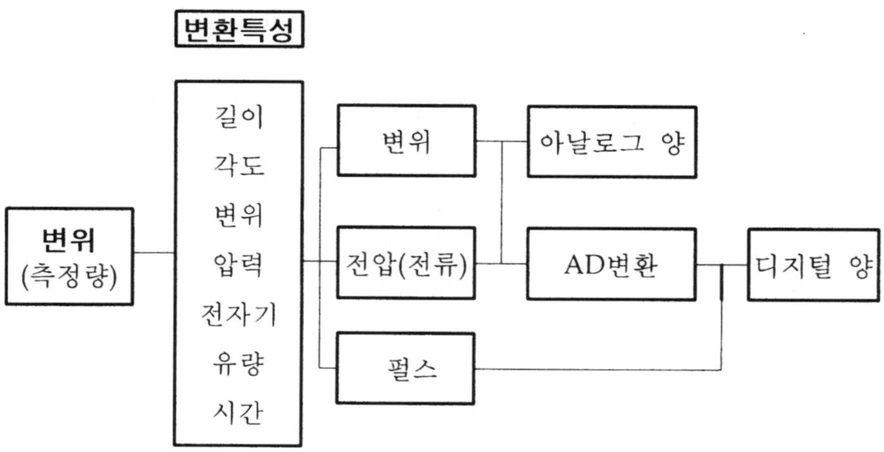

그림 13·16 측정량의 변환

13.6.2 아날로그-디지털변환(AD변환)

(1) AD변환의 기본조작

아날로그 양을 디지털량으로 변환하는 기본조작은 아날로그 양을 일정주기마다 샘플링하여 펄스열로 변환하는 표본화(Sampling)와 연속신호를 불연속적인 계단상의 신호로 변환하는 양자화(Quantization)가 있다.

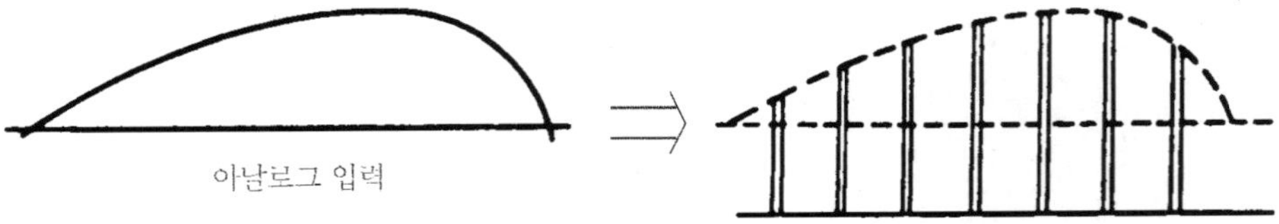

그림 13·17 표본화

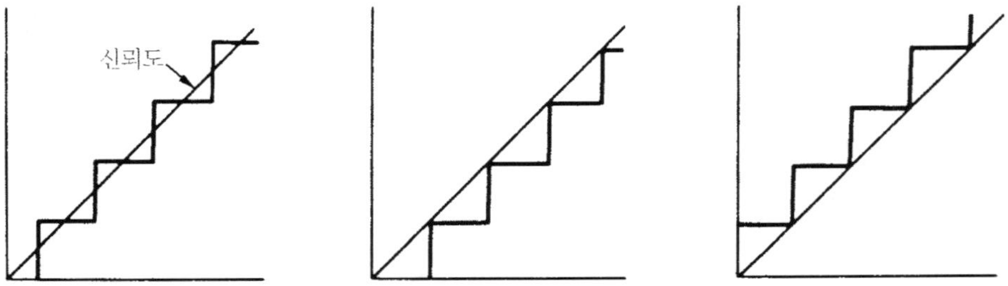

그림 13·18 양자화 형식

(2) 디지털측정의 장단점

디지털측정은 많은 우수한 특징을 들 수 있지만 아날로그 측정과 디지털측정과의 비교를 표 13·1에 나타낸다.

표 13·1 디지털식과 아날로그식의 비교

비교대상	아날로그식	디지털식
측정정도	대체로 높음	높음
시간	짧음	대체로 김
재현성	대체로 양호	양호
표시	직감적	비직감적
연산처리	불편	적당
가격	낮음	높음

표 13·2 분해성능의 비교

기 종	형식	분해성능	원리
디지메틱마이크로미터	디지털식	4×10^{-5}	정전용량
전기마이크로미터	디지털식	5×10^{-4}	차동트랜스
전기마이크로미터	아날로그식	1×10^{-2}	차동트랜스
다이얼게이지	아날로그식	1×10^{-3}	기계식
인디게이터	디지털식	2×10^{-5}	광·전기변환식
레이저측정기	디지털식	2×10^{-5}	광·전기변환식

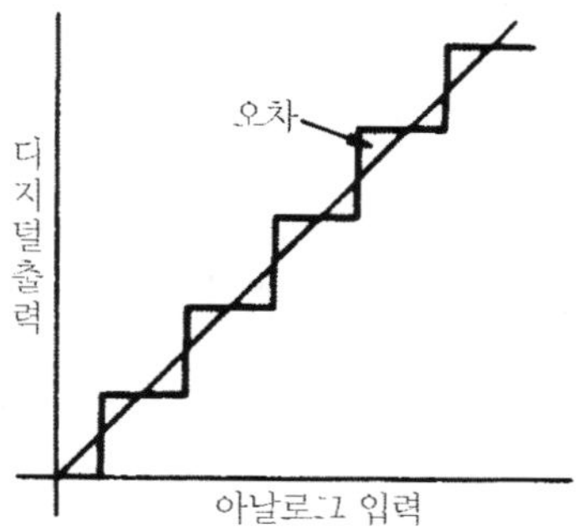

그림 13·19 양자화 오차

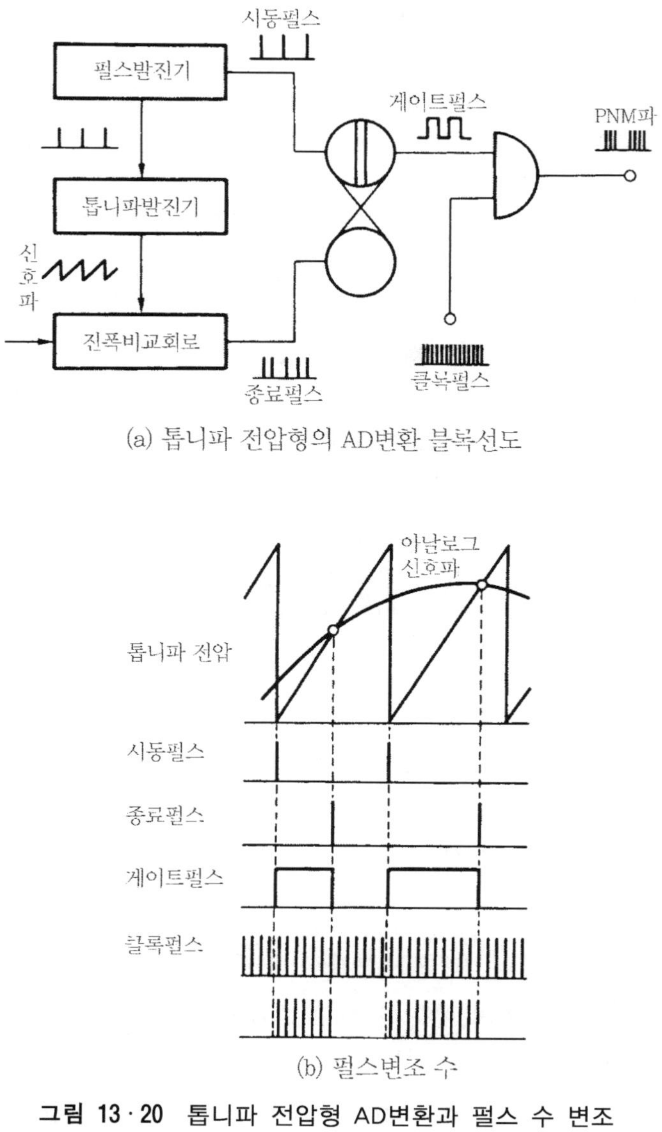

그림 13·20 톱니파 전압형 AD변환과 펄스 수 변조

(3) AD변환 방식

아날로그량을 디지털량으로 변환하는 방식의 대표적인 것을 그림 13 · 20 (a)에 나타내며, 기준전압에 톱니파 전압을 이용하는 방식이다. 톱니파 전압이 급격히 내려가는 점을 시작펄스(Start Pulse)로 하여 아날로그 신호파와 톱니파 전압과 동일한 값이 되는 순간의 종료펄스(End Pulse)와의 시간간격 만큼 클록펄스(Crock Pulse)를 통과시켜 펄스 수를 카운트(Count)하는 방식이다.

그림 13 · 20 (b)에 톱니파 전압형의 펄스 수 변조경과를 나타내고 있으며, 톱니파 전압의 직선성이 요구된다.

13.6.3 디지털형 측정시스템

변위를 기계적 카운터에 의한 디지털양으로 변환하는 방식이 디지털측정기의 시초였지만 아날로그 물리량-디지털량 변환방식의 측정기가 개발되어 측정기 성능도 크게 향상되었다.

이들은 각종 디지털식 측정기기 및 리니어엔코더, 로터리엔코더 또는 디지털식 스케일 및 삼차원 좌표측정기, NC공작기기에 널리 사용되고 있다. 이 디지털식 스케일은 원리적으로 보면 다음과 같다.

a) 직선변위—광—전기신호 변환방식

b) 직선변위—전자기 변환방식

13.6.4 직선변위－광－전기신호 변환방식

광학식 리니어엔코더는 크게 두 가지를 들 수 있으나 널리 이용되고 있는 광학무늬계수법에 대해 설명한다.

a) 광축기준형(광전현미경법)

b) 광학무늬 계수법(격자법)

13.6.5 광학무늬 계수법

(1) 모아레 무늬계수법

등간격 격자를 갖는 격자 G_1과 G_2를 약간 기울여서 교차시키면 그림 13 · 21과 같이 횡으로 굵은 무늬모양이 보이며 이를 모아레 무늬(Moire Fringes)라고 한다. 그림에 있어 격자 G_1에 대해 G_2를 미소각의 경사이다.

격자의 피치를 P, 교차각을 Θ로 하면 발생하는 모아레 무늬의 피치 W는 다음과

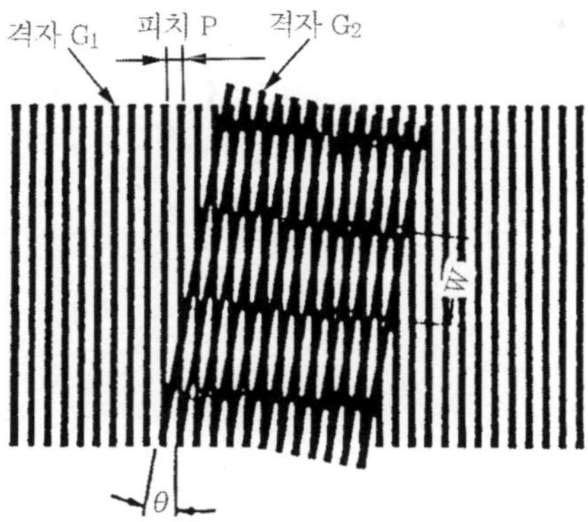

그림 13·21 모아레 무늬의 원리

같다.

$$W=\frac{P}{\Theta} \qquad (13 \cdot 1)$$

여기서 격자의 횡 방향의 변위가 확대되며, 예를 들면 $P=10\,\mu m$, $\Theta=1'$이면 $W=33\,mm$가 되고, 확대율은 3300배가 된다. 모아레 무늬의 측정원리는 그림 13·21에 나타냈다.

그림 13·22에 있어 고정격자의 후방에 그림 13·23에 나타내는 마스크가 있고, 이 마스크는 모아레 무늬의 피치 W의 1/4에 상당하는 간격으로 M_1 및 M_2 장방형 슬릿을 들 수 있다. 이 슬릿 후방에 광전소자 P_a, P_a'가 배치된다.

그림 13·21과 같은 구성으로 격자 G_1을 우측으로 변위시키면 무늬는 위에서 아래

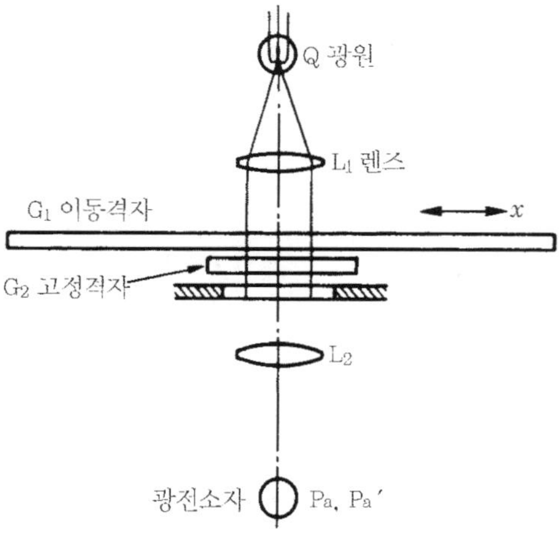

그림 12·22 모아레 무늬 측정법

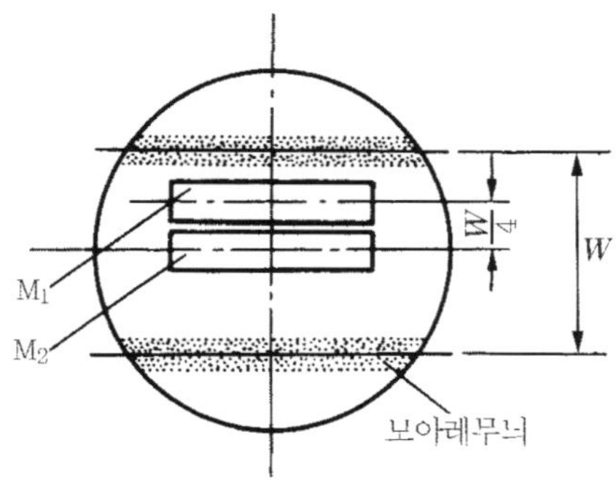

그림 13·23 마스크의 형상

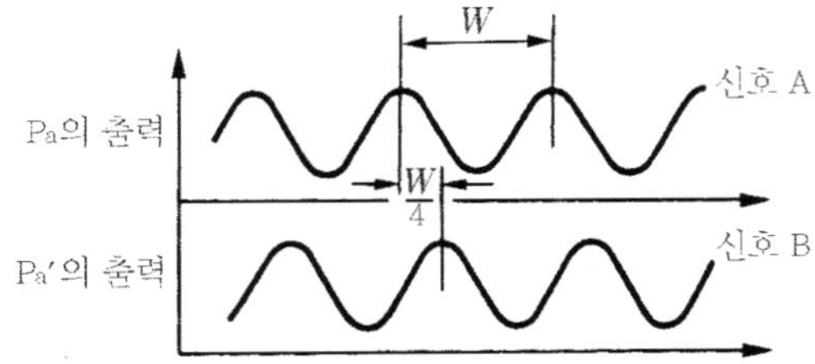

(a) 격자 G1가 우측으로 이동할 경우

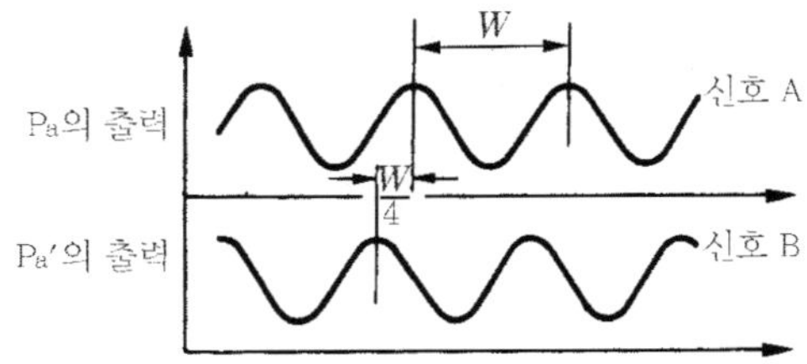

(b) 격자 G1가 좌측으로 이동할 경우

그림 13 · 24 출력신호

로 이동하고, 반대로 G_1을 좌측으로 이동시키면 무늬는 아래에서 위로 이동한다. 이로부터 슬릿을 통과하는 광량(光量)이 증감하기 때문에 광전소자에 의한 위상이 1/4피치 벗어난 2개의 출력신호가 얻어진다. 이들 출력신호를 그림 13 · 24에 나타내며, 2개의 출력신호에서 이동방향 판별과 피치의 세분할을 할 수 있다.

a) 이동방향 판별법

이동방향 판별의 블록선도를 그림 13 · 25에 또한 파형추이를 그림 13 · 26에 표시하고 있다. 광전소자 P_a, $P_a{'}$에서 출력신호는 슈미트회로로부터 구형파(矩形波) A', B'로 변환된다. 또한 A'는 미분회로를 통해 a로 되고, B'는 위상반전회로에 의해 B''

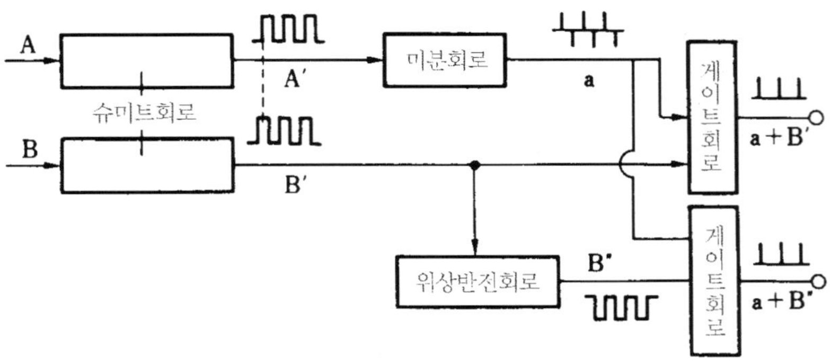

그림 13 · 25 방향판별 블록선도

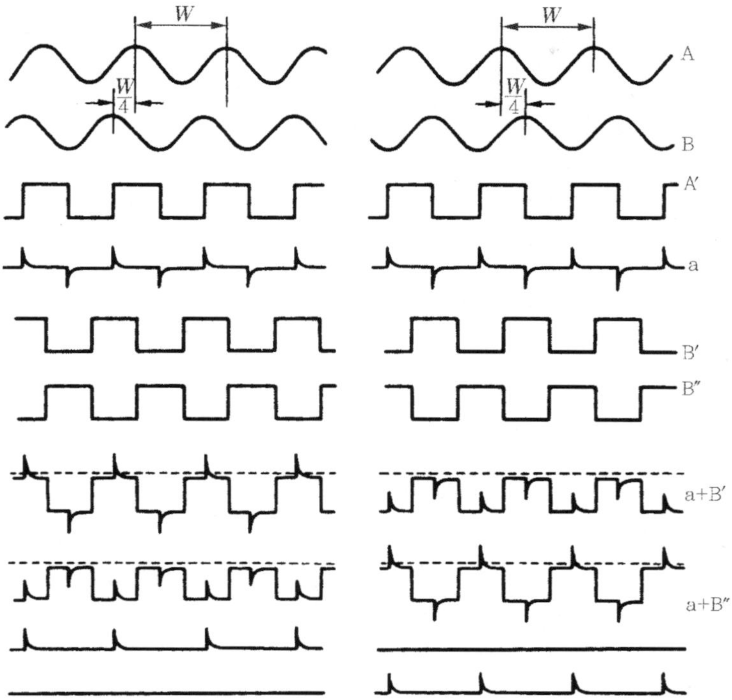

그림 13·26 측정방향의 판별법

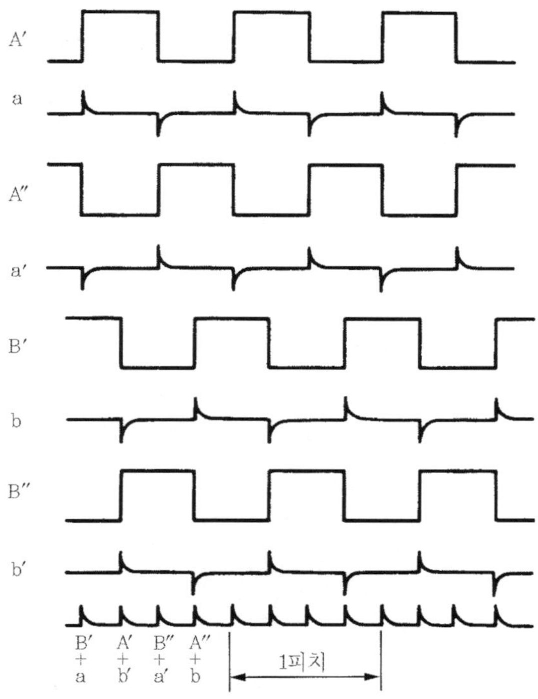

그림 13·27 세분할법의 파형 추이

변환되어 각 게이트회로를 지나 좌우 이동방향으로 판별된 펄스가 출력되게 된다.

그러나 이 펄스는 출력신호의 1피치에 상당하며, 1피치는 4μm 정도가 한계이므로 정밀측정의 최소표시량으로 불충분하다.

b) 1피치 사이의 세분 방법

1피치 사이를 세분할하는 방법은 그림 13·27에 나타내는 파형추이와 같이 A′의 구형파를 위상반전-미분회로에 의해 또는 B′, B″의 구형파를 미분회로로부터 펄스신호로 변환하는 것을 추가하여 각각의 게이트회로에 들어가면 피치 1/4, 2/4, 3/4 위치에서 펄스가 얻어져 1피치가 4분할된다.

격자피치 4μm로 하면 1피치의 1/4, 즉 1μm의 최소읽음값이 구해진다.

(2) 리니어 엔코더(Linear Encorder)

리니어 엔코더의 대표적 원리를 그림 13·28에 나타냈다. 그림에서 유리판 표면에 일정간격으로 크롬을 증착시켜 명암패턴을 갖는 메인스케일과 인덱스 스케일로 구성된다. 이들은 상호피치의 위상이 1/4 벗어나도록 되어 있고 그림과 같이 각각 슬릿 후방에 수광소자(受光素子)가 설치되어 있다.

수광소자 a′, b′에서 출력전압의 위상을 반전시키고 수광소자 a, b의 출력전압에 가산되면, 그림 13·29와 같이 안정된 출력신호 A, B가 얻어진다.

그림 A, B는 주기가 같고 위상이 π/2 벗어난 정현파(正弦波)이고 이들을 중첩시킨다. A의 파형을 $X = a\sin P$, B의 파형을 $Y = b\sin(P + \pi/2)$로 하면 이들의 합성파 Z는 다음과 같다.

$$Z = c\sin(P + \Theta) \qquad (13 \cdot 2)$$

단, $c = \sqrt{a^2 + b^2}$, $\tan\Theta = b/a$

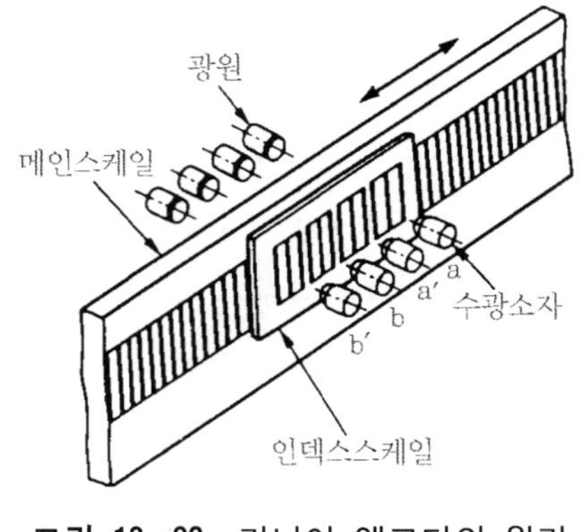

그림 13·28 리니어 엔코더의 원리

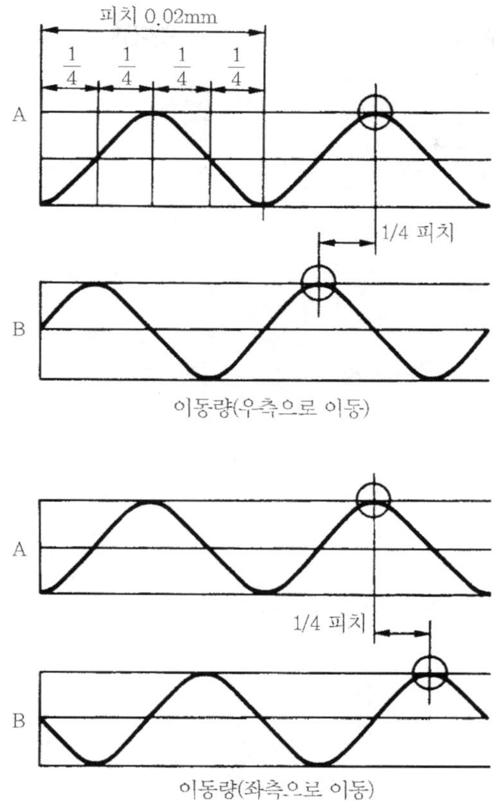

그림 13 · 29 출력파형

신호진폭은 저항기와 같은 소자로부터 자유로 감쇠되기 때문에 진폭 비 b/a를 바꿈으로서 위상 Θ가 변해 위상이 다른 신호를 만들어 내고 1피치 내를 세분할하게 된다. 이동방향의 판별은 신호 A, B의 상대위치가 스케일 이동방향이 달라지기 때문에 자동적으로 검출된다.

13.6.6 인덕턴스식 스케일

(1) 자기(磁氣) 스케일

파장 λ의 일정주기의 자기(磁氣)눈금을 테프나 환봉에 기록하여 자기스케일(Magnetic Scale)을 만들고, 그림 13 · 30과 같이 자기헤드를 배치하면 자기스케일에서 여자자속(勵磁磁束)은 ABCD를 흐르게 된다. 한편, 자기코일에 교류전류가 흐르면 코어부 BCFE에 교류자속이 발생한다.

그림에서 여자(勵磁)에 의한 자속과 교류자속이 동일방향으로 흐를 때 출력신호는 강하게 되고 방향반대일 때는 약하게 된다.

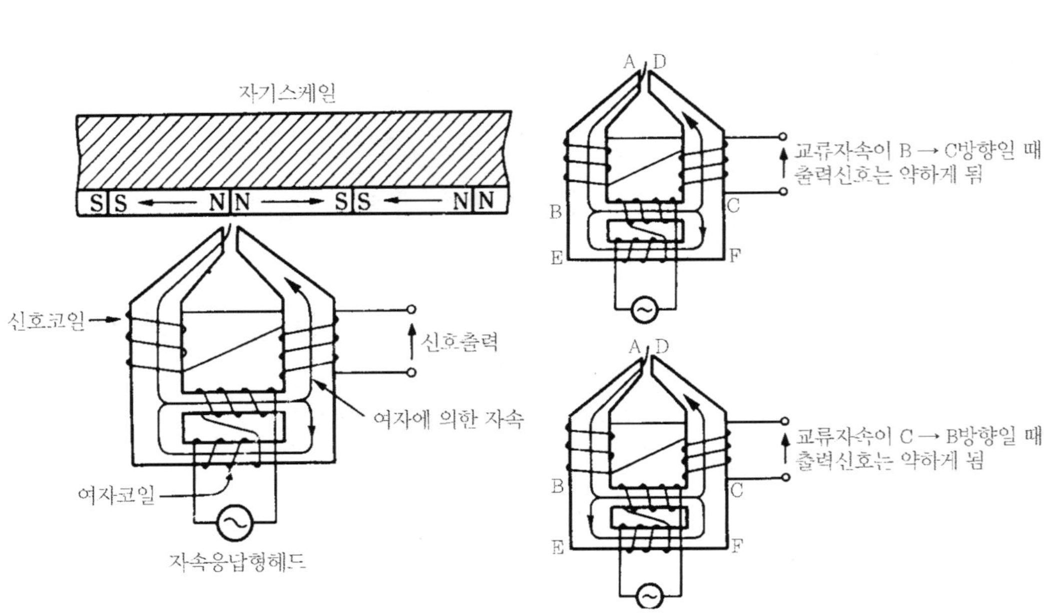

그림 13 · 30 자속응답 헤드의 작동원리

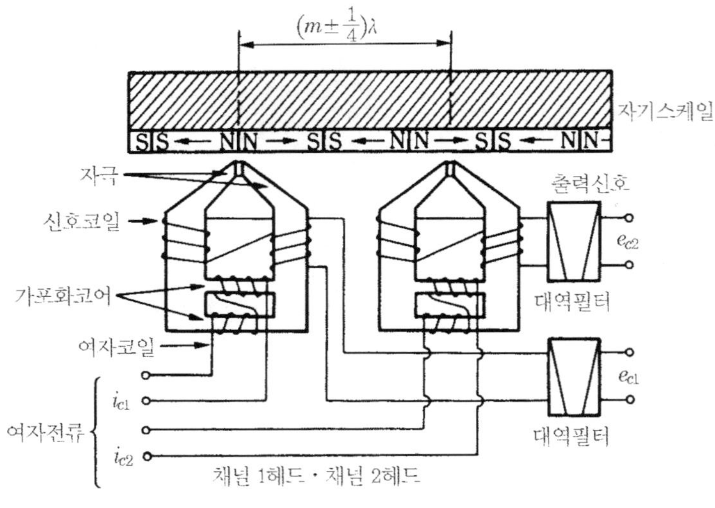

그림 13 · 31 자속스케일의 원리

그림 13 · 31에서 여자전류를 채널 2에 넣고, 이 전류에 대해 45° 위상 벗어난 전류 채널을 1에 넣어 헤드를 이동시키면 스케일의 여자자속으로부터 여자코일의 교류자속파(반송파)는 진폭변조를 일으키고, 그림 13 · 32 (a), (b)와 같은 변조파가 발생된다. 양 헤드에서 출력전압을 e_{c1}, e_{c2}로 한다.

양 헤드의 출력전압 e_{c1}, e_{c2}를 가산하면 그림 13 · 32 (c)와 같이 파상도가 되고 위상도 원래 반송파에 대해 벗어나게 되며, 여자전류 i_e는 다음 식으로 나타낸다.

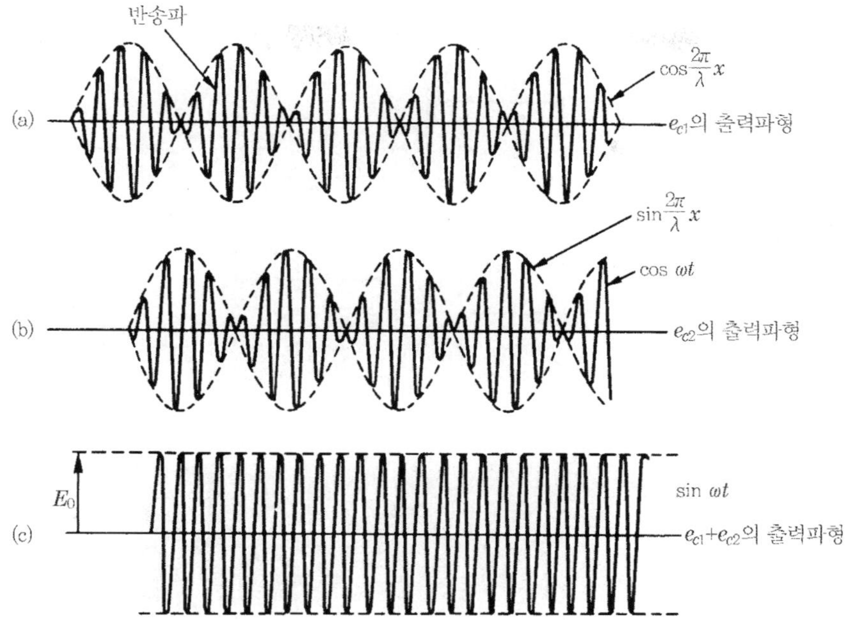

그림 13 · 32 헤드에서 출력신호와 그의 가산 반송파

$$i_e = I_e \sin\left(\frac{\omega t}{2}\right) \qquad (13 \cdot 3)$$

단, 여기서 I_e : 최대전류값, ω : 각주파수, t : 시간

헤드에서 출력신호 e_{c1}, e_{c2}를 가산하여 e_0를 구하면 다음과 같다.

$$\begin{aligned} e_0 &= e_{c1} + e_{c2} = E_0 \sin\omega t \cos\frac{2\pi}{\lambda}x + E_0 \cos\omega t \sin\frac{2\pi}{\lambda}x \\ &= E_0 \sin\left(\omega t + \frac{2\pi}{\lambda}x\right) \end{aligned} \qquad (13 \cdot 4)$$

여기서 E_0 : 출력에 곱해지는 수, ω : 각주파수, λ : 스케일의 기록파장, x : 스케일상의 변위량이다.

식 (13 · 4)는 반송파 위상이 스케일상의 변위량 x에 비례하여 변화하는 것을 나타낸다.

1파장 사이의 스케일상의 변위의 세분할과 1파장 단위마다 읽음 방법은 그림 13 · 33의 블록선도에 나타낸다.

1파장 사이의 세분할은 그림 13 · 34와 같이 기준펄스와 가산신호 e_0와의 위상 벗어남을 클록펄스로 카운트하는 방법이다. 1파장 0.2 mm 사이를 200펄스로 출력하면 1펄스 1 μm 단위의 변위량을 읽을 수가 있다. 1파장 단위의 읽음은 그림 13 · 33의 저역필터

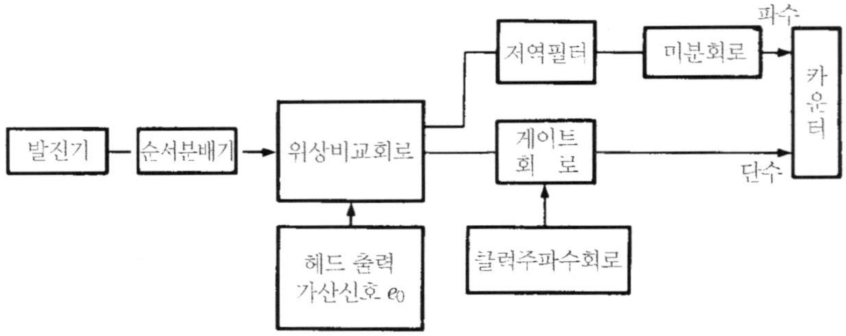

그림 13 · 33 읽음 방법의 블록선도

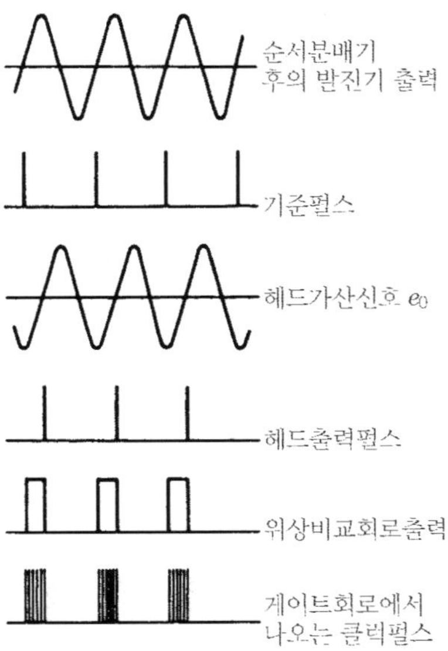

그림 13 · 34 세분할의 방법

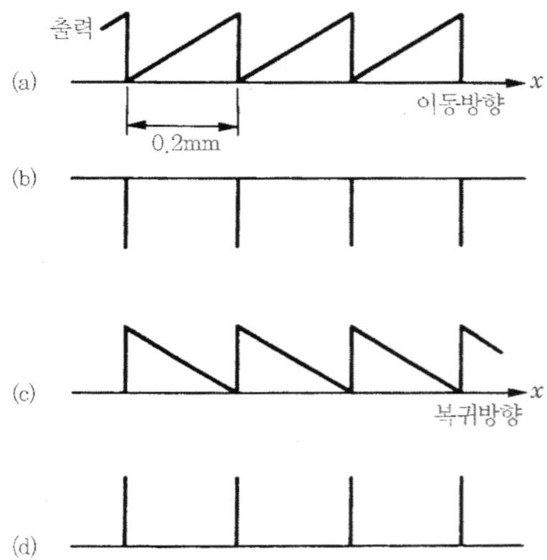

그림 13 · 35 이동방향의 판별

를 통과하면 그림 13 · 35와 같이 삼각형상으로 출력되고, 이때 최대전압점의 펄스를 취출함으로써 1파장마다의 펄스를 카운트하여 구할 수 있다.

스케일 이동방향은 좌측방향과 우측방향의 전압출력의 형상에서 그림 (b)와 그림 (d)의 방향이 반대인 펄스를 잡아내기 때문에 방향판별이 가능하게 된다.

(2) 가동코일형 스케일

두 코일의 상대위치를 변화시켜 인덕턴스 변화를 이용하는 방식으로 대표적인 예로서 직선배치형은 인덕토신(Inductosyn)이 있다.

그림 13 · 36과 같이 두 도체를 미소간격으로 평행하게 대향(對向)시켜 한 쪽에서 교류전압을 가해 여자(勵磁)시키면 전자유도(電子誘導) 작용에 의해 다른 방향으로 전

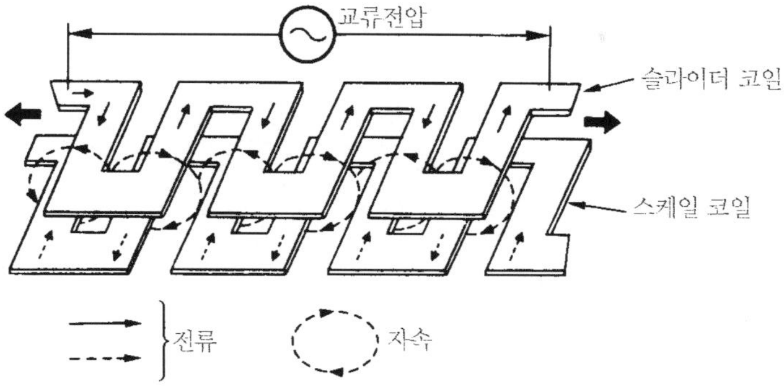

그림 13·36 인덕토신의 원리

압이 유기(誘起)되며 인덕토신은 이 원리를 이용한다.

슬라이더 코일을 이동시키면 발생하는 유기전압(誘起電壓)은 스케일 코일과 슬라이더 코일과의 상대위치로부터 변화한다. 그림 13·37과 같이 1/4피치씩 슬라이더 코일을 이동시키면 유기전압은 여현파(餘弦波) 변화를 한다.

그림 13·38과 같이 1/4피치 간격으로 배치되어 있는 A, B의 두 코일을 갖는 슬라이더 코일을 화살표방향으로 이동시키면 A코일에는 여현파, B코일에는 정현파 파형의

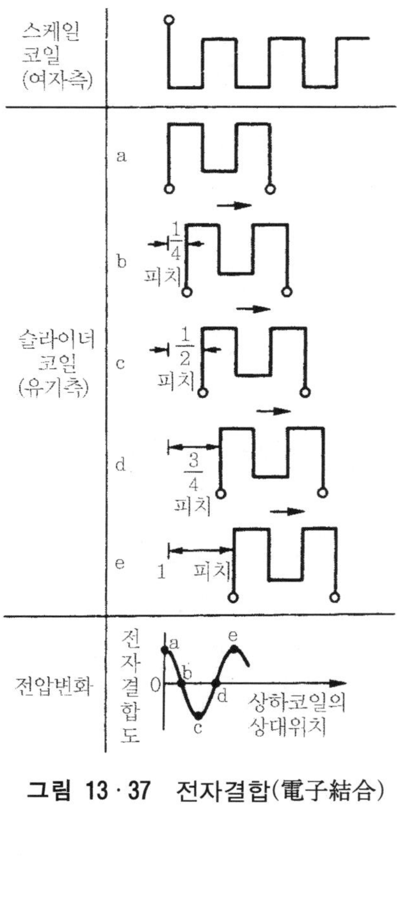

그림 13·37 전자결합(電子結合)

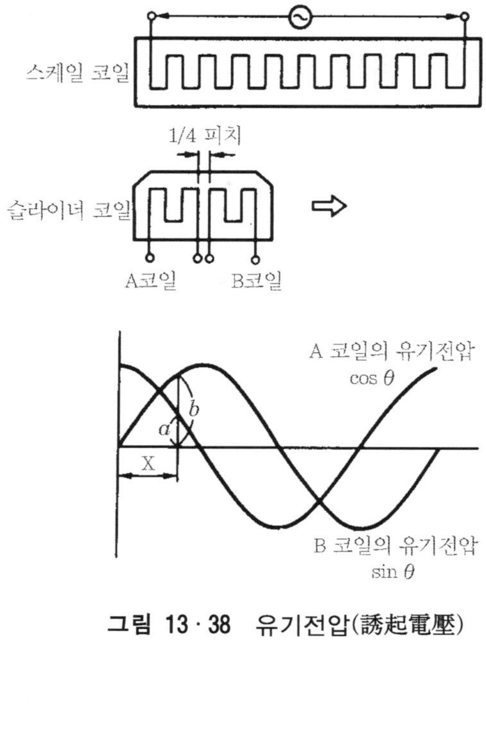

그림 13·38 유기전압(誘起電壓)

유기전압이 발생한다. 지금 이동량을 X로 하면 이때 각각의 전압 V_a, V_b는 다음과 같다.

$$V_a = KI \sin \pi X \sin \omega t$$

$$V_b = KI \sin \pi X \sin \omega t$$

단, K : 슬라이더 코일과 스케일 코일과의 간격에 관한 계수

I : 여자전류(勵磁電流)의 진폭

ω : 여자전류의 각주파수(角周波數)

t : 시간

X : 변위이동량

여기서 V_a, V_b를 측정하면 그림에서 a, b의 전압을 구하면 변위량이 구해진다. 이 V_a, V_b의 시간적 위상을 90° 벗어나게 하고, 그 전압을 V라 하면 다음과 같다.

$$V = V_a\left(t + \frac{\pi}{2}\right) + V_b$$

이 식에 V_a, V_b를 대입하면 V는 다음과 같다.

$$\begin{aligned} V &= KI \sin \pi X \cdot \sin\left(\omega_t + \frac{\pi}{2}\right) + KI \cos \pi X \cdot \sin \omega t \\ &= KI \sin(\omega t + \pi X) \end{aligned} \qquad (13 \cdot 5)$$

여기서 변위량 X는 위상변화 πX로서 검출된다. 코일의 피치는 2 mm이지만 예로써 전기적으로 2000등분하여 1 μm 측정이 가능하다. 또한 1피치 이상의 이동량 측정은 코일 1피치이동마다 1펄스신호를 발생시키는 장치를 만들어 1피치 즉, 2 mm 이상의 이동량을 계산함으로써 구할 수 있다.

13.7 레이저를 이용한 측정

13.7.1 개 요

레이저(LASER, Light Amplification by Stimulated Emission of Radiation)는 "유도방사(誘導放射)에 의한 빛의 증폭(增幅)"으로 유도방사에 의한 빛의 증폭을 이용한 장치를 의미하며, 최근 레이저를 이용한 길이측정, 각도측정, 형상측정, 회전수 측정 등 다양하게 이용되고 있다.

특히 레이저는 수 밀리와트(mW)에서 수십만 와트까지 단위면적당 나오는 출력이 매우 강하고 직진성이 우수하다. 또한 단색광으로서 공간적 및 시간적으로 간섭성을 갖고 시간에 따라 변동하지 않는 우수한 파형특성과 집속된 광속을 만들 수 있다.

13.7.2 **헬륨-네온 레이저**(He-Ne laser)

헬륨-네온 레이저는 기체 레이저로서 연속형 레이저이며, He의 압력 1.0 mmHg와 Ne의 압력 0.1 mmHg의 혼합기체에 DC방전 또는 RF방전을 일으켜 펌핑(Pumping)한다. He원자는 방전펌핑에 의해 전자와 충돌로 많은 들뜬 여기준위(勵起準位)로 되나 대부분은 안정된 기저준위(基低準位)의 상태이고 준안정준위에서 장시간 유지할 수 있다. 이 헬륨기체가 기저상태인 네온과 충돌하여 3S~2S상태로 끌어올린다.

헬륨의 2'S와 네온의 3S에 네온의 2S준위사이에 에너지 차이는 열역학적 에너지에 의해 상쇄되고 네온의 일정 에너지준위와 전이를 유도방출하는가에 따라 0.6328μm,

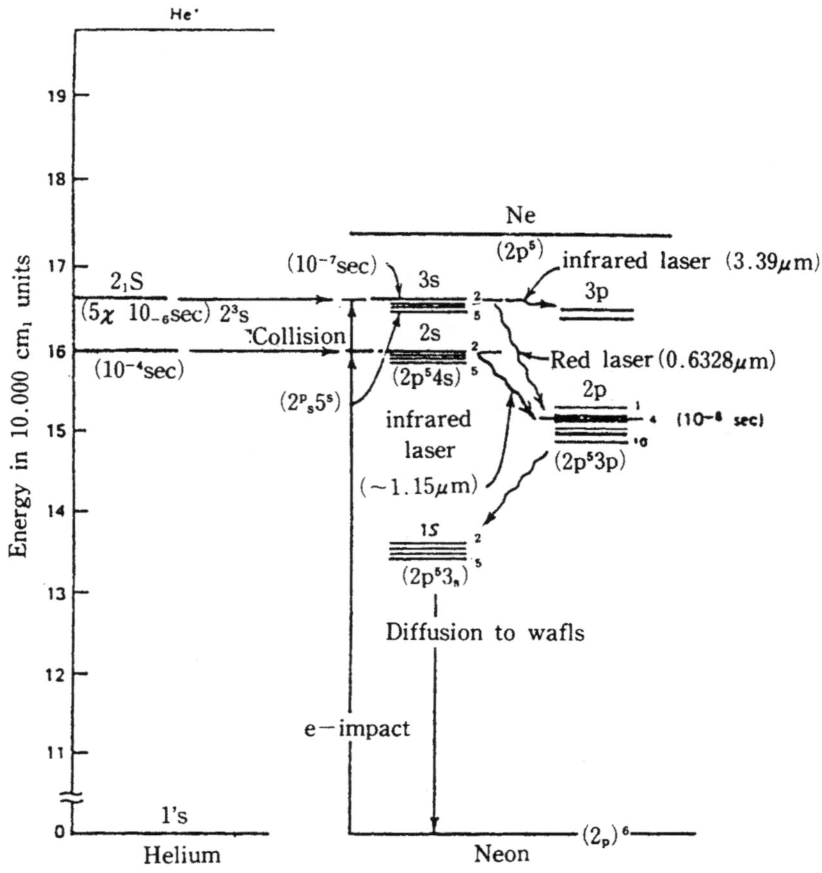

그림 13·39 He-Ne 에너지 준위

1.15μm, 3.39μm 파장의 진동을 얻을 수 있다.

13.7.3 레이저 스캔 마이크로미터(Laser Scan Micrometer)

레이저 스캔마이크로미터는 고속주사(高速走査)되는 레이저빔을 비접촉식으로 치수측정하는 고정도 레이저 측정시스템이다. 고온, 접촉에 의한 파손, 변형이 우려되는 제품측정에 이용된다. He-Ne 레이저는 계측분야에 많이 사용되며 고정도 측정을 위해 고속주사법을 이용하여 진동, 운동, 고온상태의 압출 및 인발의 제품측정, 연속이송되는 공작물의 길이를 비접촉식으로 측정할 수 있다. 합부판정(合否判定)을 위한 공차설정(公差設定)과 합부 신호가 I/O인터페이스를 통해 나올 수 있도록 되어 있으며, 편차측정을 위한 편위설정 및 치수편차를 할 수 있도록 되어 있다.

I/O인터페이스를 통한 아날로그 및 디지털 출력을 통하여 통계작업, 합부판정, 데이터의 프린트 출력을 한다.

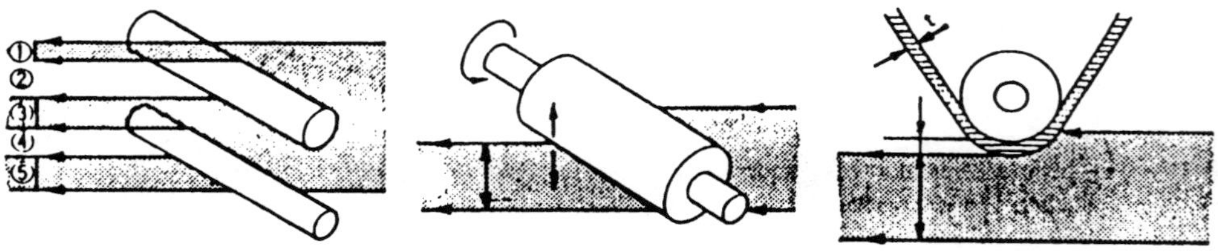

(a) 지름의 직접 측정 (b) 회전축의 흔들림 측정 (c) 편차값을 0으로 하여 판의 두께 t의 변화량을 구함

그림 13·40 레이저를 이용한 측정

고속이동 중인 공작물의 치수측정에 레이저 주사를 이용한 측정기가 그림 13·41에 나타낸다. 공작물의 크기에 따라 빛의 차단시간을 계측하여 치수를 구한다. 클록펄스(Clock Pulse)의 발진주파수와 동기(同期)모터의 회전속도에 따라 측정정도가 결정되며 약 1μm 정도이다.

그림 13·42 (a)는 수광소자에 CCD를 채용하여 공작물의 난반사의 영향을 받아 고정도 측정을 한다. 그림 13·42 (b)는 가공공정 중에 발생되는 진동, 절삭유 분산, 절삭칩의 발생 등의 나쁜 환경에서도 안정된 검출이 가능하다.

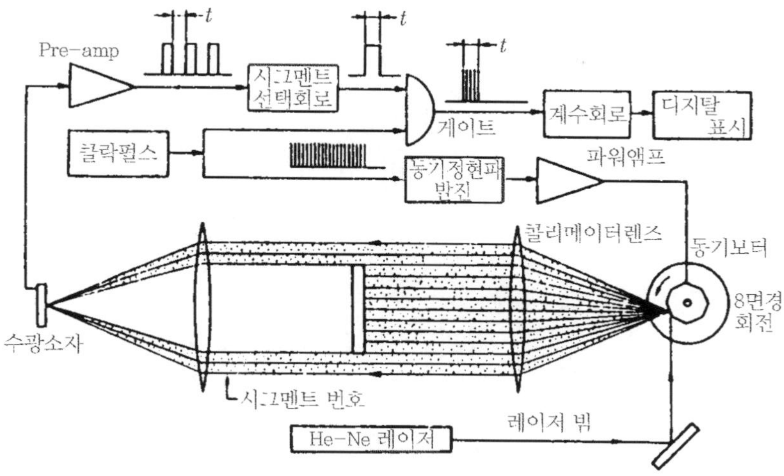

그림 13·41 레이저 주사형 치수측정기

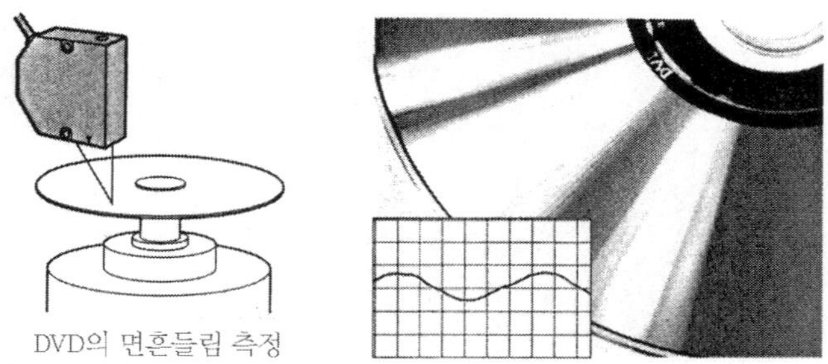

(a) 광택면의 측정

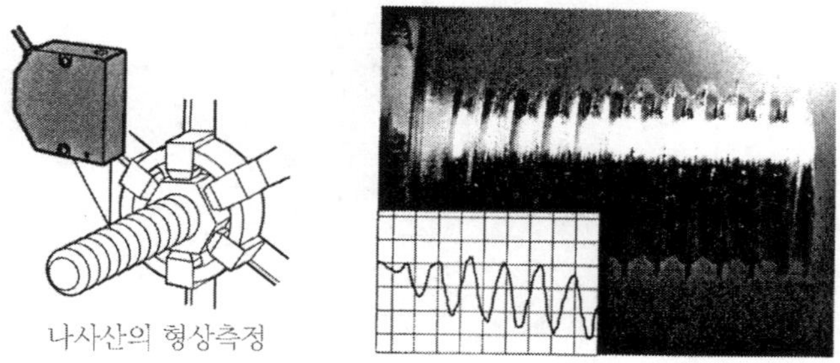

(b) 나사 산의 형상측정

그림 13·42 레이저를 이용한 측정

제14장

측정기 설계

14.1 개 요

14.1.1 정밀측정기의 변화

최근 정밀측정의 측정량은 초(超) LSI형태나 광학부품의 표면거칠기 측정이 대표적이고 이들은 나노미터(nano-meter, 10^{-10}m) 영역에 있다. 이 영역은 수 개의 원자를 일렬 배열한 크기로서 극히 미소하여 형상의 평가는 삼차원적인 형상정보가 필요하다. 기술진보에 따라 고정도, 고기능의 정밀측정기의 요구가 어느 시대에도 그에 부응하여 개발되어 실용화 되었다.

예로 표면거칠기 측정기를 1925년 독일의 슈말쯔(G, Schmaltz)가 제안한 단면형상 측정형식의 거칠기 측정기의 기능적 추이는 그림 14·1과 같다. 분해능 10μm에서 10pm까지 향상되었고 부품 및 요구기능에 맞추어 기구분석을 해보면 측정기의 설계가 체계화된다.

14.1.2 정밀측정기의 구성

정밀측정기는 한 시대의 가공한계 정도보다 한 단계 낮은 정도의 측정량이 검출되었다. 여러 가지 측정기는 검출부, 기준부, 운동부로 구성되어 있고 구성부분의 설계, 배치, 조합의 설계로 장치전체가 설계된다.

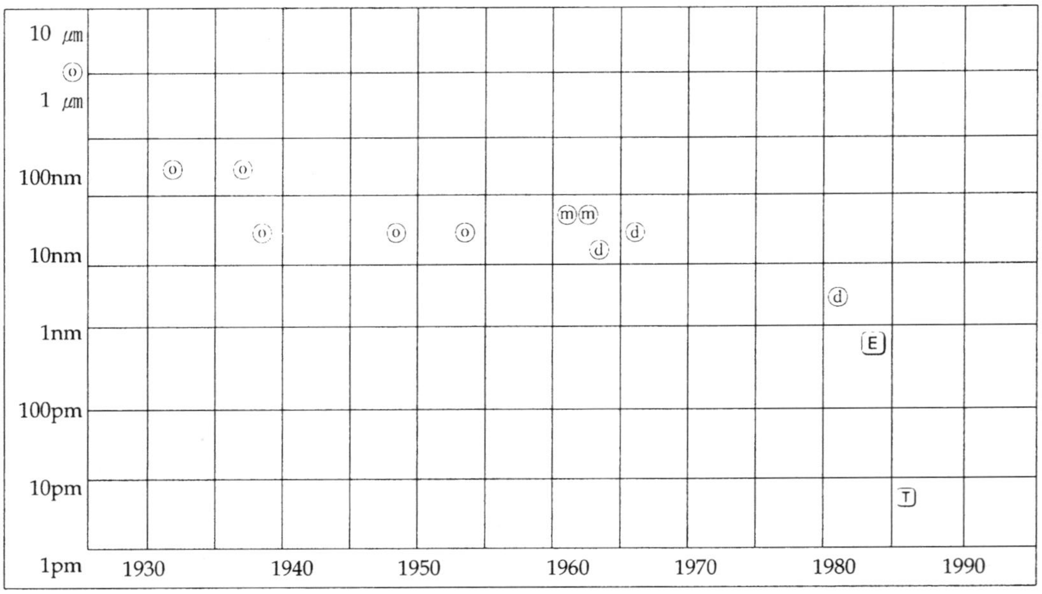

○ : 기계적 접촉식　　□ : 비접촉식　　ⓞ : 기계-광학레버
ⓜ : 이동코일　　ⓓ : 차동변환　　Ⓔ : 임계각도
Ⓣ : 주사방식　　분해능 : (1/공칭배율)mm

그림 14·1 표면거칠기 측정기의 기능 추이

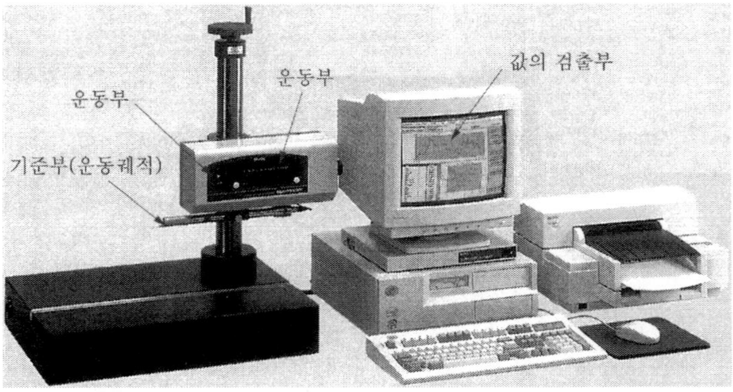

그림 14·2 표면거칠기 측정기의 구성부분

(1) 검출부

검출부는 위치검출부와 측정값 검출부로 분류되며 위치검출부는 피측정물 또는 측정기준의 이미 정해진 위치의 검출부분이고, 측정값 검출부는 피측정물의 측정량 기준으로 검출하는 부분이다. 즉, 표면거칠기 측정기의 영(Zero)위치 조정지시계는 위치검출부이며, 촉침과 그 변위의 확대기구(Pick up)와 그 표시부는 측정값의 검출부이다.

(2) 기준부

측정기가 꼭 보유하는 측정기준으로 길이측정에서는 표준자(선도기), 블록게이지(단도기), 측정나사 등이고, 각도측정기에서는 원주분할 눈금판, 단일각도 게이지와 같은 기준편이다. 표면거칠기 측정에서 단면형상 측정에는 운동의 진직도가 기준이 된다.

형상측정은 기준형상이 필요하고 운동궤적, 빛의 직진성 또는 이상적인 기하학적형상이 이용된다.

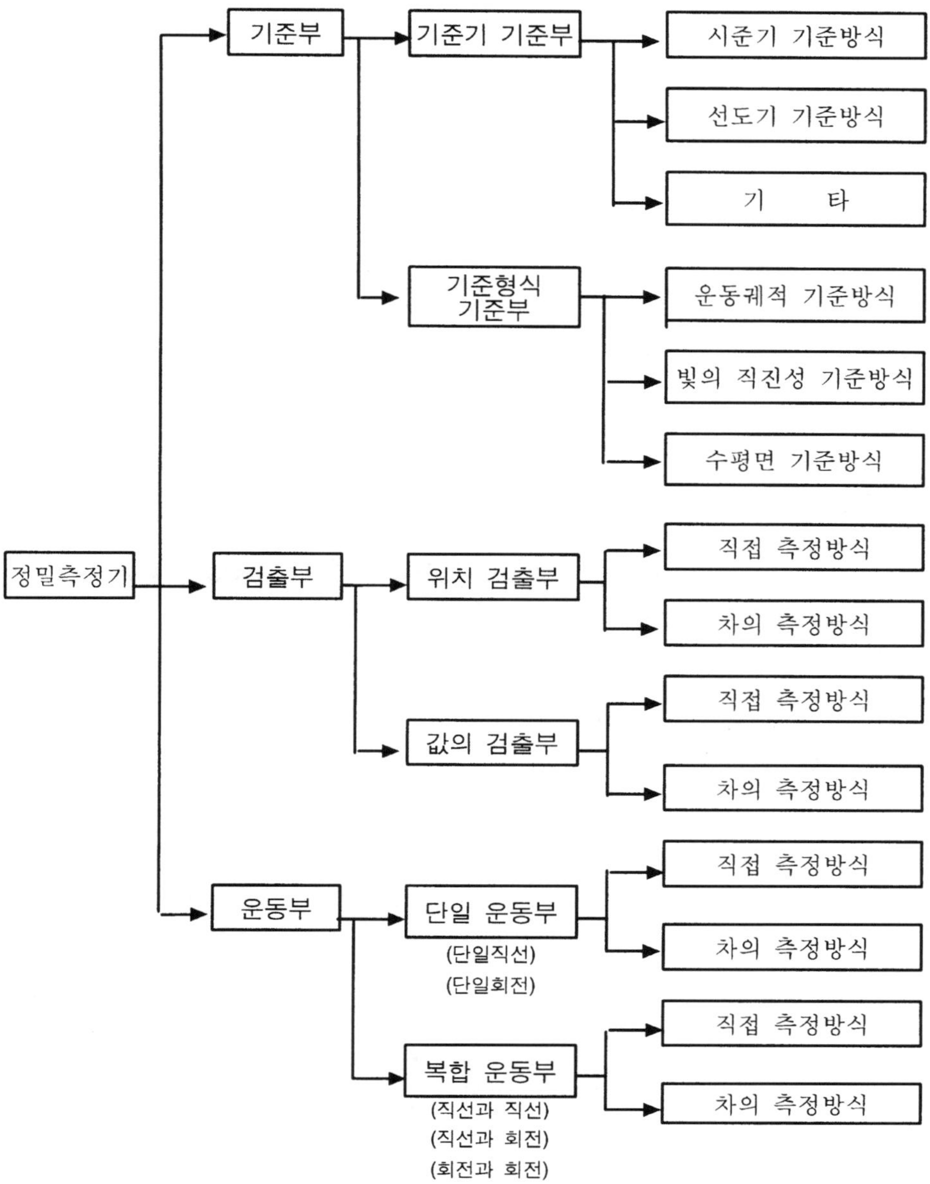

그림 14·3 정밀측정기의 구성방식

(3) 운동부

운동부는 기준부, 검출부, 피측정물의 이동에 필요한 기구부로 구성되며, 표면거칠기 측정기에는 측정값 픽업부의 보호지지 및 안내기구와 구동기구가 있다. 정밀측정기 설계는 이들 세 부분의 기구설계와 기구부분의 조합, 배치로 정해지는 구조설계로 구분된다.

정밀측정기는 일반제품을 평가하는 기기로서 요구성능에 가장 중요한 것이 정도(精度)이다. 이러한 관점에서 정밀측정기 설계는 정도에 관한 설계라고 할 수 있다. 앞의 설계를 기구・구조설계라고 하고 후자를 정도설계라고 한다.

14.1.3 측정기 정도설계의 기본

(1) 개요

정도설계에서 정도의 의미는 계측기의 표시값 또는 측정결과의 정확도와 정밀도가 포함된다. 정밀측정기 설계에는 측정장치의 목표정도의 확보를 위해 구조와 기구, 부품의 공차, 치수, 집적오차 등을 결정해야 한다. 정밀측정기 설계에서 정도설계는 오차요인을 파악하여 오차의 방지나 제거가 최적의 수단이 되어야 한다.

(2) 정도의 전사성(轉寫性)

측정기에는 기구의 운동과 운동궤적을 이용하는 일이 많고 궤적의 정도는 부품정도에 따라 정해지며 설계경험이 필요하다. 이는 가공기 특성에 따라 제품특성이 달라지는 모성(母性)의 원리에 상당하고 측정기에는 정도의 전사(轉寫)라고 한다.

만일 오차가 없는 고정도의 부품으로 구성된다면 이상적인 장치가 되나 가공비용을 생각하면 각 부품의 최적의 가공공차를 사용상의 문제를 검토하여 결정해야하므로 오차결정과 배분이 필요하다.

(3) 오차요인

구조나 기구결정에 있어 기구학 및 재료역학 등의 공학이론에 기초하는 것이 많으나 이론의 가정과 현실차이가 오차요인이 된다. 구성부품이 강체(剛體)이고, 마찰・마모가 없으며 백레시(back lash)는 영(zero)이고 온도는 일정하다라는 가정은 상식적이다. 이 가정이 만족되지 않으면 정도저하를 초래하므로 설계단계에서 오차요인과 발생부분을 명확히 해야 한다.

오차요인은 치수, 형상 및 재질에 기인하는 기본요인, 오차의 증가를 통해 변형으로 나타내는 힘(크램프력, 잔류응력, 열응력 등)과 관련된 힘 요인이 환경변동으로 인하여 생기는 환경요인이 있다.

종래에는 기본요인을 추구하였으나 가공정도가 한계가 있고 오늘날과 같이 어느 정도 고정도화가 달성된 상태에서는 소홀했던 환경요인이 큰 오차요인이 된다. 오차요인은 장치의 설치목적에 따라 결정되며 모두 동등한 영향을 주지는 않으므로 장치의 목적에 맞추어 요인의 선별과 오차배분이 필요하다. 따라서 오차요인을 추출한 후, 이론적인 수단에 의해 합리적으로 배분해야 한다.

(4) 오차의 보정과 축소

부품의 정도는 가공으로 결정되며 가공정도에 한계가 있어 다른 오차요인의 방지대책의 수립에도 기능의 한계가 있어 오차는 반드시 발생한다. 설계자는 이러한 관점에서 기구·구조설계를 상호 보완하고 설계에 있어 가공비의 상승 없이 오차보정이나 축소, 분리수단을 강구해야 한다.

오차를 작게 하여 정도를 향상하는 방법으로 좀더 참값에 가까운 근접값의 산출을 위해 읽음값에 일정한 값을 부가하나 이는 규칙성을 갖는 편위오차일 때 보정될 수 있으며, 불규칙적인 편위 오차에는 적용되지 않는다.

최근 전자기술의 진보에 따라 보정기술은 기존의 기구방식에서 기구의 단순화와 고정도화의 실현과 기준형상 또는 설계치수의 기준값 편차를 측정하여 연산처리 함으로써 보정하는 방법으로 변모하였다. 재현성이 없는 편차에 대해 편차요인을 명확히 처리하며, 편차는 표 14·1과 같이 힘 또는 환경요인의 편차에서 생기므로 장치내부의 요인에 대해 축소하는 대책이 강구되어야 한다.

표 14·1 오차원인과 발생부분

요인 / 발생부	기본 요인			힘의 요인				환경 요인		
	치수 형상	기구 배치	재질	마찰 관성	마모, 피로, 크리프	강성	탄성 변형	바람, 온도	진동 음향	전자파
장치 내부	○	○	○	○	○	○	○	○	○	○
장치 외부								○	○	○

발열이 작은 장치, 진동이 작은 장치, 마찰이 작은 습동장치의 선정도 하나의 수단이 된다. 동일한 환경요인에 대한 배려와 대류에 의한 온도변동, 체온의 복사열에 의한 변동방지를 위해 커버로 차단한다. 기본적인 편차요인의 차단과 장치내부로 전달되지 않는 기능을 분리하며, 고정도와 관련된 측정기 설계상의 일반적인 고려사항은 표 14·2와 같다.

표 14·2 고정도화에 대한 일반적인 설계 배려

장치 내부	장치 외부
오차발생원의 분리 : 외부요인으로 취급 오차량 작게 함 : 가공정도 향상, 재질, 기구조합과 배치 오차량을 축소하는 기능 추가 : 보정	전달방지, 차단 요인원 제거, 작게 함 영향에 흡수되지 않게 함

(5) 사용정도와 제작정도

정밀측정기의 성능평가는 조작성, 내구성, 경제성을 고려해야 하며, 측정기를 이용하는 검사제품의 측면에서 보면 이들은 측정기 선정기준과 관련된다. 정도가 성능을 대표하는 것으로서 보면 장치정도의 보증은 매우 중요하게 된다. 그러나 장치의 총합정도는 장치가 완성한 시점에서 확인되므로 목표에 도달하지 않을 경우 단일부품의 형상이나 치수정도 수정까지 확장되게 된다.

이를 방지하기 위해 장치의 정도예측은 필요하며 정도예측은 기구, 기구설계와 조립, 조정작업 단계에서 필요하다. 설계단계는 사용정도를 예측하고 조립조정에는 제작정도를 확실하게 평가하여 수정할 경우 부품이나 구성요소의 사용정도를 예측한다. 장치가 완성된 경우 장치정도를 평가하여 제품검사의 기준으로서 정도를 보증할 수 있도록 한다.

즉, 정밀측정기는 사용정도의 합리적인 예측과 제작정도의 확실한 평가를 반복하여 완성한다고 할 수 있다. 이를 위해 다음의 수단을 강구해야 하며 이들은 정밀측정기의 정도설계에 필요하다.

① 장치에 채용된 기구·구조가 정도에 미치는 영향을 분석하고 개선해야 할 오차요인의 평가가 정량적인 것인지 생각하고 평가방법을 계획한다.

② 피측정물의 참값이 "측정값－오차"로서 참값의 추정에 측정값에 포함된 오차크기를 명확하게 하는 평가방법을 채용한다.

이들은 종래의 기구·구조설계에서 채용되고 있으나 개선하여 정도를 중요시하는 설계과정에서 분리형으로 명확히 하면 앞서 나타낸 그림 14·3과 같다.

정도설계는 오차의 배분, 보정 및 명확한 정도평가가 이론적 배경에 기본을 두고 최적의 수단으로 진행될 때 고정도화에 대응할 수 있다. 만일 예측을 통하여 정도가 결정된다. 장치도 정도의 요구에 맞는 성능, 비용을 만족시킨 장치를 최소기간으로 제작 가능해야 한다.

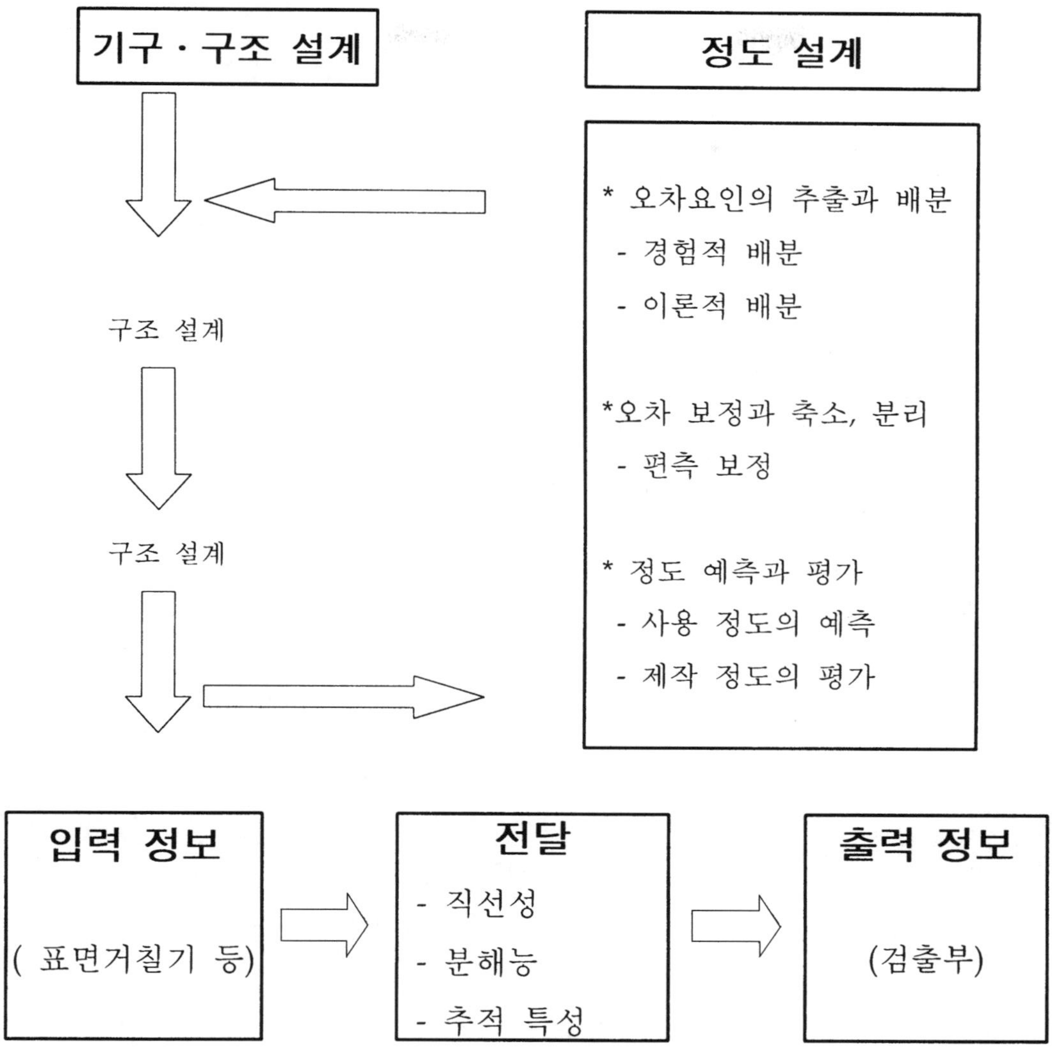

그림 14 · 5 검출부의 기능

14.2 측정기의 정도설계

14.2.1 검출부의 정도설계

(1) 개요

검출부는 피측정물의 정보를 정확히 전달해야 하며, 기능평가의 특성으로 입력정보와 출력정보의 대응관계를 나타내는 직선성, 작은 정보까지 전달여부를 나타내는 분해능 또한 추적 가능한 정보속도를 나타내는 추적특성의 세 가지가 있다.

(2) 직선성과 분해능

측정기의 직선성과 분해능을 저하시키는 인자에는 두 가지가 있다. 하나는 구성부품의 이상형상과 차, 치수의 차, 원호변형과 같은 원리적인 변형 등 규칙적인 오차요인이 있다. 다른 요인은 온도변화에 의한 드리프트, 테이블 진동, 지점부 편위나 마모 등의 불규칙적인 오차요인이다. 규칙적인 요인은 검출값의 재현성이 우수하여 기구의 연구, 전기회로에 의한 보정을 통해 정도의 향상을 도모해야 한다. 불규칙적인 오차요인은 재질 선택, 구조 및 기구의 연구에서 외란에 둔감한 설계를 필요로 한다.

(3) 추이 특성

검출부에 요구되는 추이특성을 주파수로 나타내면 피측정물의 표면형상과 측정속도로부터 다음과 같은 식으로 나타낼 수 있다.

$$f = \frac{v}{l} \tag{14・1}$$

여기서, f : 추이 주파수, v : 측정속도, l : 요철 피치

한편 검출부의 구조에서 나타나는 1차 공진주파수 f_0는 다음과 같다.

$$f_0 = \frac{1}{2\pi}\sqrt{\frac{k}{m}} \tag{14・2}$$

여기서, k : 지지계의 스프링 상수, m : 가동부의 등가질량

위의 두 식에서 $f \leq f_0$일 때 시료표면에 추이특성의 향상을 위해 가동부의 질량을 작게 하고 또한 강성을 높게 해야 하며, 재질 및 부품형상의 검토가 필요하다. 그리고 가동부 지점에 대한 마찰력의 저감도 중요한 요소가 된다.

이상과 같은 검출부의 각 특성에 대한 오차요인과 설계시 배려사항을 정리하면 표 14・3과 같다.

표 14・3 검출부의 특성과 오차요인

특 성	오차의 요인		설계시의 고려사항
정특성 (직선성) (분해능)	규칙적	・이상형상과의 차, 치수차이 ・원호변형 등의 원리적 변형	・기구에 의한 보정 ・전기 회로에 의한 보정
	불규칙적	・온도, 진동, 지점 편위, 마모 등	・재질의 선택 ・고 강성화 ・구조 해석
동특성 (추적특성)	・재질, 형상조합에 의한 강성 ・관성 ・마찰		・ $f_0 = \frac{1}{2\pi}\sqrt{\frac{k}{m}}$ F_0 향상을 위한 재질형상의 검토

14.2.2 기준부의 정도설계

기준부의 요구기능은 측정 원기로서 오차가 없는 이상적인 치수나 형상을 가져야 하며, 그 이상형태를 벗어나는 요인에 대해 기준편과 기준형상으로 나누어 기술한다.

(1) 기준편

기준편은 길이, 각도측정에 이용되는 선도기나 단도기가 있고 형상측정에 이용되는 광선정반이나 구(球)게이지와 같은 형상기준편이 있다. 형상측정에 있어 오토콜리미터에 의한 진직도 측정과 같이 위치와 각도에 따라 측정값이 정해지므로 기준편에 공통되는 측정기본은 길이와 각도이다. 따라서 길이와 각도를 어느 정도 이상값에 근접시킬 것인가가 중요한 요소가 되며, 이상값에 근접시키는 데 고려해야 할 사항은 다음과 같다.

1) 요구값과 계통적인 편위는 그 양이 측정되면 보정하여 제거가 가능하므로 그 양을 측정하는 방법과 그 보정방법을 미리 고려해 둔다. 편위를 작게 하는 것은 가공시점에서 실행해야 하나 한계가 있기 때문에 상위의 수단을 강구해 둔다.

2) 치수 및 각도변화의 편위요인을 명확히 하여 그 대책을 강구한다. 편차는 가공변형, 재질, 온도에 기인하는 다음의 항목이 있다.

① 가공변형의 제거 : 마모, 경년변화를 배려한 처리와 재질을 선정해야 하며, 변형발생이 작은 가공법을 고려한다.

② 온도 대책 : 온도변화는 직접 치수, 각도에 변화를 주므로 공기의 대류, 작업자의 복사열에도 주의해야 한다. 열에 둔감한 재료선정이나 대칭구조로 하여 열 영향을 작게 해야 한다.

3) 기준편 배치, 측정 보조구의 배려가 중요하다. 즉 변형에 관한 에어리(Airy)점이나 베셀(Bessel)점의 선택, 측정오차를 작게 하는 아베(Abbe)의 원리와 같은 기준부 배치 등의 기본원리를 충실히 수행한다.

(2) 기준 형상

기준형상으로 운동의 궤적을 이용할 때 필요한 운동의 종류와 특성을 파악한다. 우선 형상은 KS에 의한 단독형체와 관련형체를 고려한다.

형상의 구성요소(형체)가 많으나 기본 요소로서 진직도(직진)와 진원도(회전)를 고려하며, 기본요소를 만족하는 운동을 얻기 위해 배려해야 할 요소를 생각하고 이에 대한 고려사항은 다음과 같다.

1) 기준이 되는 단일운동을 얻는 구속조건을 결정한다. 물체의 운동은 직선과 회전을

표 14·4 기하편차의 종류

종 류		적용형체 0.00
형상편차	진직도, 평면도, 진원도, 원통도, 선 및 면의 윤곽도	단독형체
자세편차	평행도, 직각도, 경사도	단독 및 관련형체
위치편차	위치도, 동축도, 동심도, 대칭도	관련 형체
흔들림	원주 및 전 흔들림	

합성한 6개 자유도를 가지며, 단일운동을 얻기 위해 5개의 구성이 필요하고 특히 중력에 대한 구속이 중요하다.

2) 운동구속은 힘이 가해지고 이로 인한 운동을 방해해서는 안 된다.

이러한 방해요인은 다음과 같은 사항으로 발생되므로 이를 충분히 다음을 검토한다.

① 속도를 변동시키는 요인 : 구속력에 의한 습동부의 면압의 증감에 따른 부하변동, 형상오차에 따른 예압(구속력)변동, 즉 부하변동, 점성저항 등

② 부품정도의 열화(劣化)와 동등한 효과를 주는 요인 : 구속력에 의한 전체적인 변동(틈새 변화)와 국부적 변형(크리프와 압흔), 고체접촉에 의한 마모(윤활), 경년변화에 의한 부품의 정도저하 등

3) 외란에 의해 운동이 영향을 받지 않게 하며 다음사항을 고려해야 한다.

① 외부 진동 : 테이블이나 건물의 진동은 물론 음향에 대해서도 배려한다.

② 열 변동 : 공기의 대류, 작업자의 복사열에 주의하고, 열에 둔감한 재료나 구조가 필요하다.

③ 동력전달 : 이동되는 힘이 필요하고 구동원과 직결되는 것이 많아 열이나 진동차단, 힘과 변위에 관한 연구가 필요하다.

이상과 같이 기준부에 대한 기준편과 기준형상으로 운동궤적에 관한 오차의 요인을 기술하였으며 요약하면 표 14·5와 같다.

표 14·5 기준부의 구성요소와 설계상 배려

기준 요소		배려 요점
기준편	길이 각도 기준형상	·품질정도 향상 ·보정량의 측정과 보정방법 ·치수, 재질, 가공방법, 온도, 마모, 강성, 경년변화 ·원리에 기본을 둔 적절한 배치
기준형상 (운동의 궤적)	진직도 진원도 복합형상	·부품정도의 향상 ·운동 구속수의 합리적 결정 ·외란의 제거 및 분리

14.2.3 운동부의 정도설계

운동부의 운동은 대부분 직선운동 또는 회전운동과 이들의 운동을 조합시킨 복합운동으로 이루어진다. 기구설계에서 이들 운동의 실현을 위한 기구를 기준부, 검출부, 피측정물의 이동에 필요한 운동부분으로 정해진다.

이들의 기구부분은 여분의 운동을 구속에 필요한 운동만을 하는 안내기구, 운동에 필요한 힘과 속도를 발생하는 구동기구, 힘과 이동(변위)를 전달하는 전달기구, 운동을 정시시켜 위치를 고정도로 안정하게 지지하는 위치결정기구로서 구성된다. 기구상의 배려해야 사항에 대하여 기술한다.

(1) 안내기구

안내기구는 필요한 운동을 얻기 위한 구속기구이다. 따라서 정도향상을 추구하려면 앞서 기술한 기준부의 운동궤적을 고정도로 얻기 위한 대책을 강구해야만 한다.

(2) 구동·전달기구

측정기에서 힘의 발생과 전달은 이동(변위)을 위한 변속기능에 의해 일체화된 것이 많다. 즉, 구동기구는 모터와 같은 힘의 발생부와 감속기와 같은 변속기능을 갖는 기구부분을 모두 말한다. 전달기구는 나사, 기어, 커플링과 같이 힘의 전달과 동시에 변속기능을 갖는 기구부분이다.

구동부 진동, 열, 음향에 대한 처치는 중요하며 안내운동이 안정되어야 하므로 구동원 및 전달기구는 회전이나 속도가 안정되어 있는 것을 선택하고 안정시키는 연구가 필요하다.

전달기구는 구동부의 힘을 정확히 전달하고 열, 진동을 차단하는 방안이 필요하다. 속도의 변속기구(나사, 기어, 벨트와 풀리 등)은 당연히 백레시와 변형을 고려해야 한다.

표 14·6 운동부의 오차요인과 설계에서의 배려

구성	필요 기능	배려 요소	설계시 배려 사항
안내기구	운동의 정도 (진직도, 진원도, 각도)	치수, 형상, 기구, 배치, 재질, 마찰, 마모, 강성	합리적인 운동의 구속과 가공정도, 내구성과 경년변화를 고려한 재질, 고강성화, 정도 보정
구동·전달기구	힘의 발생과 전달특성(변화와 힘의 전달)	진동, 열, 음향, 기구, 배치	진동, 열의 분리, 축소, 불필요한 진동과 힘의 축소, 차단, 측정능률을 향상시키는 조·미동기구
위치결정기구	위치결정 정도, 정지정도 (위치검출, 크램프)	마찰, 관성, 탄성 변형	합리적인 구속기구, 위치검출의 정도 향상

측정기에는 이송속도에 관련하여 상반되는 문제는 이송속도를 빠르게 하는 측정능률의 향상과 고분해능을 동시에 만족시키며, 검출기 동특성이 좋게 하는 저속의 이송속도를 유지해야 하는 것이다. 이것은 피측정물이나 검출기가 빠른 고속이송을 하거나 검출위치에서 저속이송으로 대처해야 하며 운동기구를 조작하기 쉬운 기구설계가 필요하다.

(3) 위치결정기구

위치결정기구의 기능은 운동체가 위치착오 없이 위치점을 보호지지하는 것이다. 보호지지를 위해 운동체에 힘을 가하면 되나 이때 힘의 방향을 고려한 합리적인 구속기구를 검토해야 한다. 이를 위해서는 마찰, 탄성변형 등의 오차 요인을 검토해야 하며, 제어기술적인 정치위치(定置位置)의 정확한 검출기능을 병용하는 방법을 적용함으로써 보다 고정도를 얻을 수 있다. 이 경우는 마찰과 관성에 대한 오차요인의 검토와 더불어 안내나 전달을 포함한 응답성의 해석과 관련된 사항이 매우 중요한 사항이다.

14.3 오차 배분과 평가방법

14.3.1 개 요

앞서 그림 14 · 5에서 정도설계와 기구 · 구조설계의 입장에서 구성부분에 대한 오차요인의 추출과 설계상 배려에 대해 기술하였다. 본절에서는 측정기의 사용정도와 제작정도상의 관점에서 오차의 합리적 배분과 정도의 평가방법에 대해 현재 이용되는 방법을 살펴보면 오차의 배분에 대해서는 다양한 방법이 적용되고 있다.

새로운 방법은 SN비에 의한 파라미터의 설계방법으로 정도평가에 대해 표준오차와 장치의 정도를 분리법과 총합적 정도의 평가법을 기술하고자 한다.

14.3.2 오차 배분의 수단

정밀측정기는 기구 · 구조설계의 단계에서 고정도화를 배려하여 기구를 구체화하고 조합배치를 결정하여 구조를 정하며, 이때 오차배분과 정도예측도 동시에 실시해야 한다. 종래 오차배분과 예측은 장치의 사용목적에 대응하여 앞서 나타낸 표 14 · 1과 같은 것을 선정하여 축적된 데이터와 더불어 경험적으로 적용해야 한다.

이 방법은 설계단계에서 부품의 정도나 강도에 대해 필요이상의 요구를 하게 되며, 제작 후 목표정도에 못 미칠 경우 직감으로 얻은 작업을 반복하게 되면 불합리한 점이 많다. 이때 해소방법으로서는 이론적 고찰로서 새로운 방법들이 시도되고 있으며, 그 중

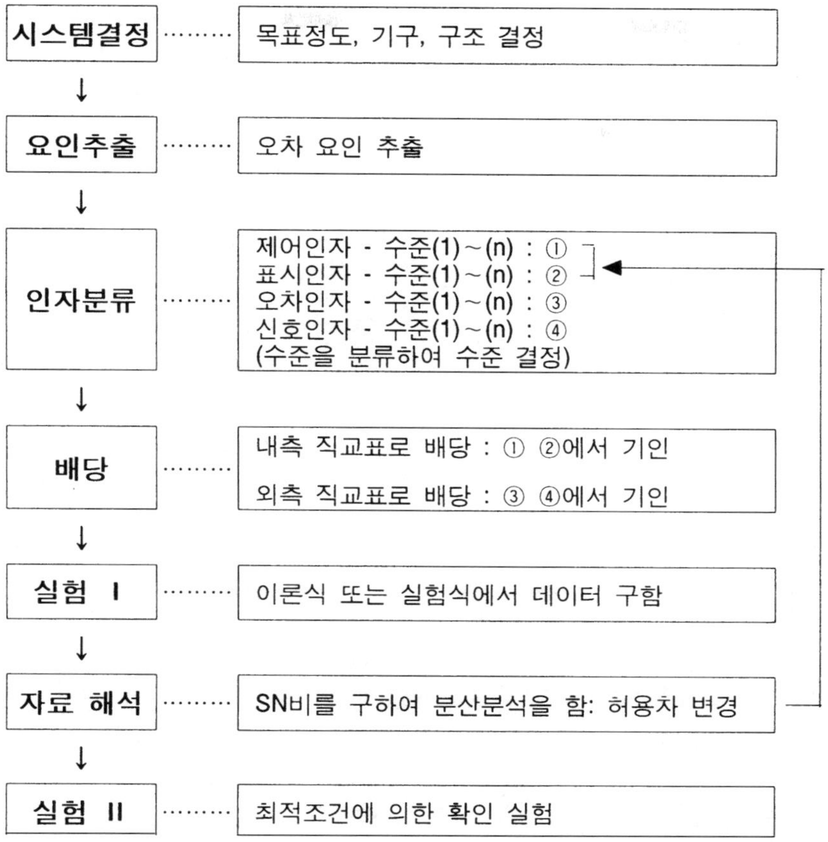

그림 14·6 파라미터 설계의 순서

SN비를 이용한 파라미터 설계가 많이 이용되고 있다.

SN비는 신호파워로서 측정기 또는 측정방법에 대한 감도계수의 2승을 취해, 잡음(雜音)으로서 측정오차 분산을 정함에 있어, 그 비(比)를 잡아 측정기 또는 측정방법을 정량적으로 평가하는 것이다.

파라미터 설계의 수단은 기본 사양이나 기구·구조의 결정인 시스템 설계와 위치를 설정하는 것이다. 다음 단계로 이론식 또는 실험에 의한 파라미터 설계와 허용차 설계를 실시하여 장치의 최적화를 도모한다. 그림 14·6에 파라미터 설계순서를 나타내고 있으며 개요는 다음과 같다.

(1) 파라미터 설계

파라미터 설계는 선택된 시스템요소(제어인자)의 최적수준(값, 유무)을 정하는 것으로 허용차 검토 전에 수행되어, 내란 및 외란 대해 안정성이 좋은 설계하고자 하는 것이다. 설계에 있어 추출한 목표정도를 저해하는 오차요인은 그림 14·6과 같고, 제어인자,

표준인자, 오차인자, 신호인자를 적절히 분류해야 한다. 설계의 최적수준을 결정하는 제어인자와 오차인자에 대해서는 앞에서 나타낸 표 14 · 1의 오차요인에 따라 구체적으로 분류해야 한다.

제어인자는 구성요소 중에 설계자가 자유로 그 수준을 지정할 수 있다. 기본적인 요인에는 치수의 크기나 재질의 선택이 해당되며, 힘의 요인에는 이동속도의 크기, 측정력의 대소가 있고, 환경요인에는 실온의 고저가 있다. 오차요인은 편차요인으로 작용하며 제어인자 중에서 선정할 수 있다. 예를 들면 부품의 형상치수의 오차, 이동속도의 불균일, 측정력의 편차, 실온변화 등이다. 기타 오차인자를 들면 공작물의 중량 변화, 내 · 외부의 열 변화나 진동 등이 있다.

(2) 허용차 설계

허용차 설계는 추출된 오차인자 중 장치의 정도에 강하게 영향을 주는 오차인자를 기여율의 형태로서 정량적으로 구할 수 있다. 그리고 정도예측과 허용차 검토를 한 후, 목표정도를 달성하는 허용차 수준을 결정한다. 예측 정도는 복수의 오차인자가 조합될 때 종합적인 정도로서 허용차 결정에 있어 목표정도를 달성하는 다양한 조합 중 가장 비용이 낮은 조합을 선정할 필요가 있다.

14.3.3 정도평가 방법

직선운동이나 회전운동 등 운동궤적을 기준으로 하는 정밀측정기기는 그의 정도확인을 위해 표준편을 이용한다. 이 표준편이 이상적이면 측정기 정도는 명확히 판정되나 가공에 한계가 있어 표준편에는 꼭 오차가 존재하게 된다.

표준편의 가공정도가 한계에 도달하고 측정기의 고정도화를 도모함에 따라 표준편의 오차와 측정기의 오차의 구별영역이 없어질 경우 측정기 정도의 판정이 어렵게 된

표 14 · 7 표준편 오차와 장치의 정도분할 방법

측정항목	기준운동	측정방법의 분류	표준편의 오차와 장치정도의 분리방법
진직도		오토콜리메터 간섭계	
	직선운동	직정규 옵티컬 플렛	반전법
진원도	회전방법	반경법(1점) 직경법(2점)	위상차 측정법
	회전운동	V블록 3점법 3점법(3점)	3점식 주축회전정도측정법

다. 이러한 상황에서 정도평가를 위해 표준편의 값과 표준편의 오차를 분리하는 평가방법이 필요하다. 형상측정은 운동의 종류와 기존 측정방법을 보면 표준편의 오차와 장치의 정도를 분리하는 방법은 반전법, 위상차 측정법, 삼점식 주축회전정도측정법의 세 가지가 있다.

앞서 기술한 표준편에 의한 정도평가의 방법은 직선운동이나 회전운동으로 수행되나 최근 측정의 다양화에 따라 복합화된 측정기가 널리 사용되고 있다. 측정기는 다수의 기준 축이 동시에 운동을 함으로써 복수의 오차요인이 조합되므로 종합적인 정도평가의 방법이 필요하다. 고정도화를 추구함에 있어서는 환경의 요인도 무시할 수 없어 환경에 기인한 오차요인이 포함된 정도의 평가를 해야 한다.

(1) 단일운동의 평가방법

① 반전법(反轉法)

기계부품에 대한 진직도의 측정법으로 또는 기계적 직선운동의 진직도 평가방법으로 이용된다. 평가방법은 표준편의 진직도가 파악되지 않아도 표준편을 180° 대칭으로 반전시켜 측정값에서 표준편의 진직도를 분리하여 운동의 진직도를 구할 수 있다.

그림 14 · 7은 다공질 공기베어링식인 직진가이드운동의 진직도 측정요령이다. 직진방향을 X축과 이에 직교하는 수평방향을 Y축으로 한다. X축 일정위치 X_1의 반전 전의 측정값 y_1을 반전 후의 측정값을 y_1'로 할 경우 운동의 진직도는 $(y_1 - y_1')/2$로 구하고, 직정규의 진직도는 $(y_1 + y_1')/2$로 구한다.

② 위상차(位相差) 측정법과 삼점식 주축회전정도(主軸回轉精度)의 측정법

a) 위상차 측정법 : 이 측정법은 진원도 측정기의 측정값에서 진원도 표준편의 진원도 성분과 진원도 측정기의 기준 회전축심의 흔들림 성분과를 분리해서 구할 때 이용되며, 회전정도의 평가방법으로 유효한 측정법이다. 이 측정방법은 측정계의 재현성을 양호하게 하는 것이며, 진원도 표준편 설치의 편심오차는 컴퓨터에 의해 제거되도록 한다.

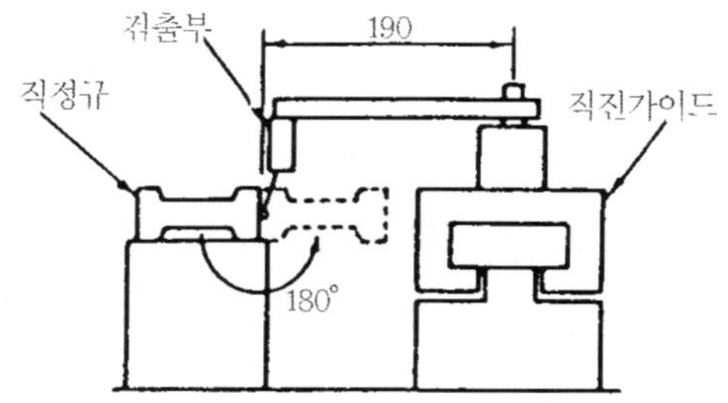

그림 14 · 7 운동의 직직도, 측정요령

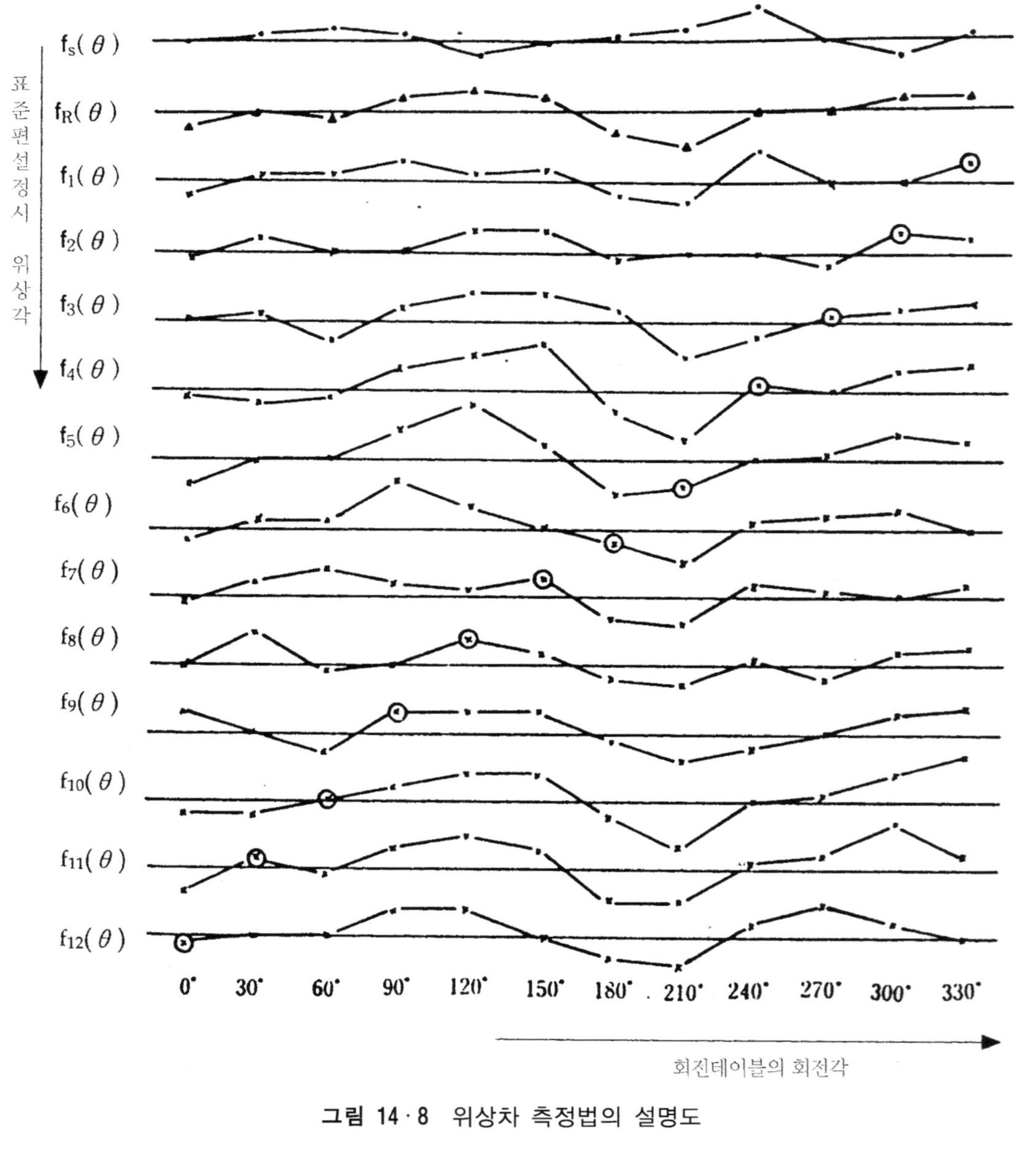

그림 14·8 위상차 측정법의 설명도

회전정도를 알지 못하는 테이블에 정도가 파악되지 않은 표준편을 설정하여 테이블 1회전시켜 검출기록 $f_1(\Theta)$를 잡는다. 다음에 표준편과 테이블의 설정 위치각을 30°만큼 변화시켜 기록 $f_2(\Theta)$를 잡는다. 계속 순차적으로 검출기록 $f_1(\Theta)$~$f_{12}(\Theta)$ 데이터를 그림 14·7과 같이 정리하면, 종축에 표시되는 편차의 최대, 최소값의 차가 표준편의 진원도 정도가 된다.

또한 종축위상각 α와 종축회전각 Θ로 정해지는 좌표점이 45° 방향으로 얻어지는 데이터(○표시) 편차의 최대, 최소값의 차가 회전축의 회전정도이다. 그림에서 $f_s(\Theta)$, $f_g(\Theta)$는 각각 표준편 및 회전축의 실제 오차기록이다.

b) 삼점식 주축회전 정도의 측정법

측정법은 삼점식 진원도 측정원리에 기본을 두고 공작기계의 주축 회전정도의 평가 방법으로 개발되었다. 다공질 정압공기 베어링의 성능평가를 예로 들어 설명하면 측정은 3대 비접촉 미소변위 검출기를 그림 14·9와 같이 배치한다.

반경방향 흔들림의 측정은 강구를 표준편으로 하고 축 방향의 흔들림은 주축의 면판을 표준편으로 측정하였다. 회전축의 회전정도는 3대의 검출기 출력을 설정한 측정계에서 처리하여 표준편의 단면형상을 추정하고 그 만큼 보정하여 구한다. 그림 14·9 (a)에 주축회전수 1200 rpm의 4회전만큼의 반경방향의 흔들림(0.015㎛), (b)는 그때 강구표준편의 진원도 윤곽이다.

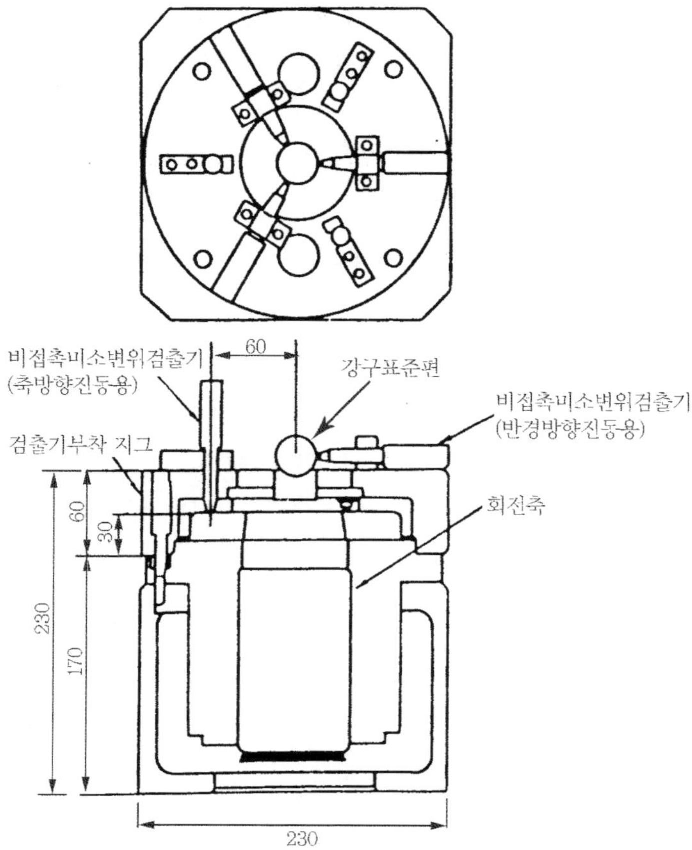

그림 14·9 삼점식 회전정도 측정법

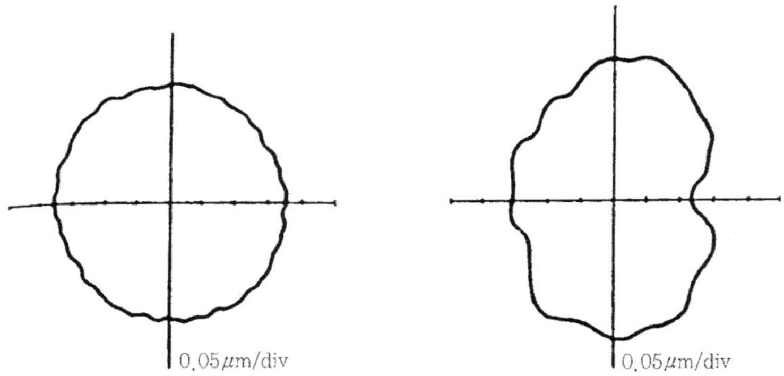

(a) 회전정도 (b) 강구의 형상정도

그림 14·10 측정결과의 예

(2) 종합정도의 평가방법

측정기에서 요구되는 것은 측정기 내부나 환경조건 등 내·외부에서 기인되는 복합적인 오차요인이 복잡하게 영향을 주는 결과의 종합적인 정도이다. 종합정도의 보증을 위해 추출한 오차요인과 그 수준의 모든 조합에 대해 실험하고 확인하는 것은 어렵고 비효율적인 방법이다. 현재 상태에서 일정한 조건의 단일운동의 정도평가에 머무르며 종합적인 정도평가의 방법으로 앞서 기술한 SN비 수법을 들 수 있다.

그의 응용으로서 파라미터 설계에서 이용한 직교표를 이용하면 작은 실험수로서 모두를 조합한 실험수행과 동등한 결과가 얻어지고 효율적으로 종합적인 정도평가가 수행될 수 있다.

또한 SN비 수법을 이용한 종합적인 정도평가 예로서 복합화한 측정기의 대표라고 할 수 있는 삼차원 측정기로 한다. 이 방법은 사이버 방식의 삼축용 게이지를 이용하고 삼축이 동시에 이동하여 임의공간 내의 두 점 사이의 거리를 구한다는 것을 기본으로 공간의 정도를 구한다.

14.4 정밀측정기의 생산 전개

14.4.1 다관절형 삼차원측정기

(1) 파라미터설계의 응용 예

여기서 삼차원측정기는 기존 직교좌표계 안내방식의 삼차원측정기와 달리 로봇형 측정 팔을 가진 다관절형 삼차원측정기이다. 측정 팔은 3개의 팔과 6개의 관절을 갖는 복잡한 구조로서 측정정도 향상이 어려우며 이론식에 의한 파라미터 설계법을 이용하여 정도향상을 시도한다.

(2) 측정원리

측정원리의 모델을 그림 14·11에 나타내고 측정 팔의 관절은 3개의 나사기구(D, E, F)와 3개의 굽힘 기구(G, H, I)로서 6 자유도계이다. 각 관절부는 각도 검출기구를 내장하고 있다. 프로브선단 1점 P의 좌표는 각도 검출기구에서 얻어지는 각도검출신호 (Θ_{D-1})와 팔 길이(LA-C)에서 극좌표 값으로 검출되고 이론식에서 직각 좌표값으로 변환하여 출력한다.

(3) 결과

본 기기의 측정 팔은 외팔구조로서 각부 오차가 팔 길이에 비례하여 확대되므로 실용화될 때 다음 과제를 해결해야 한다.

a) 각도 검출기구의 고분해능과 고정도화
b) 측정 팔의 강성의 향상
c) 측정 팔의 구조부품의 고정도화
d) 측정이 수동조작 되므로 경량화, 단순화 도모
e) 제품측정에 있어 측정정도를 명확히 하며, 실용적인 평가방법의 채용

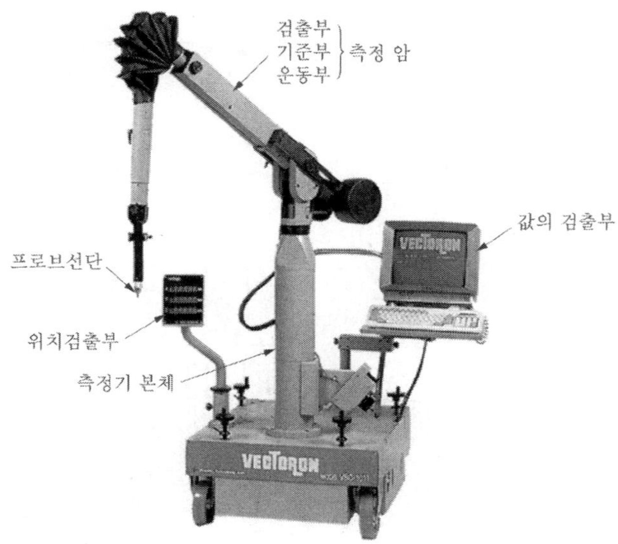

그림 14·11 다관절형 삼차원 측정기

14.4.2 시스템 설계

(1) 사양

그림 14 · 12는 조합의 기본구성이고 그림 14 · 13에 측정기 본체의 명칭, 형상치수

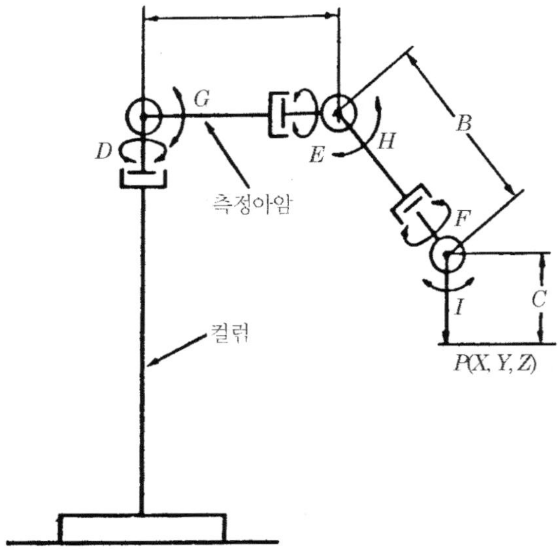

그림 14 · 12 구성 모델

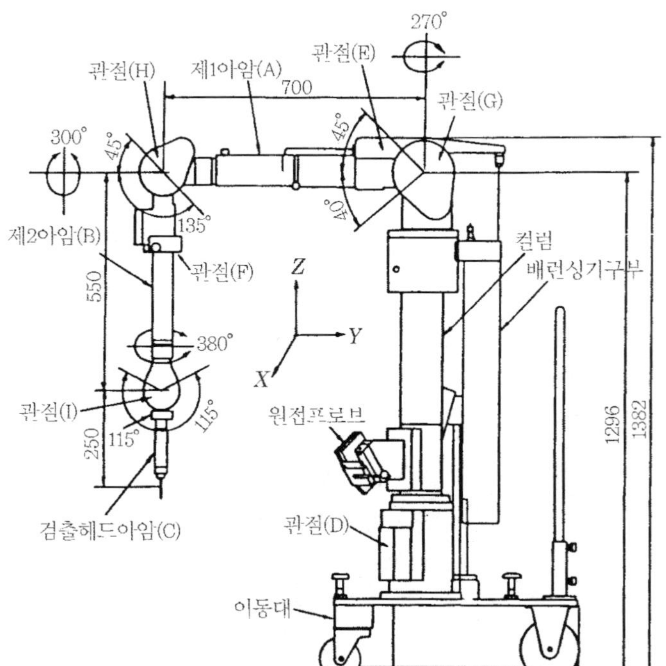

그림 14 · 13 측정기 본체의 외관

및 관절부의 회전각도를 나타낸다.

기기의 목표정도는 $2\sigma=0.4$ mm로서 관절부에 내장된 각도검출기구의 검출정도와 분해능의 예로 측정 팔의 선단으로부터 멀리 떨어진 관절 D, G에는 팔의 선단(팔 길이 1500 mm)의 변위를 목표정도의 0.4 mm로 할 경우, 검출정도는 0.015°, 분해능은 1/10의 0.0015° 정도를 설정하였다.

(2) 관절부의 기구

관절 D는 관절 G와 더불어 측정 팔의 선단에서 가장 먼 거리에 있어 기어를 이용한 확대기구의 채용으로 1회전당 펄스 수를 많게 하고 고분해능을 도모하였다. 확대비를 크게 하면 당연히 기어계의 미소오차도 확대되게 된다.

백래시는 치명적인 오차 원인이 되므로 이를 제거하기 위해 로터리엔코더가 장착된 테이블을 피봇베어링으로 지지하고 회전기능을 갖게 한 다음 인장코일스프링으로 회전력을 부여한다. 따라서 종동기어는 원동기어를 적절한 힘으로 눌러주어 백레시가 없는 상태로 된다. 또한 원동기어는 종동기어와 설치상 발생되는 편심이 검출각도의 오차요인이 되므로 설치부에 편심 조정기구를 갖춘다.

14.4.3 파라미터 설계

SN비의 수법을 이용하여 이론식에 의한 파라메터 설계를 하고 팔 길이의 최적조건을 구하였다. 더욱이 허용차설계에는 팔의 길이와 비틀림 굽힘 각도오차의 적절한 허용차를 설정함과 더불어 측정정도의 추정을 하였으며 오차요인은 다음과 같다.

a) 팔의 길이

b) 비틀림 굽힘각도의 범위

c) 각도 검출기구의 오차

d) 팔의 구성부품의 오차

e) 팔의 휨

f) 관절 수(자유도)

g) 탐촉자의 이동범위

이들 항목 중 관절 수 및 팔의 전 길이(1500 mm)와 탐촉자 이동범위는 시스템설계대로이고 이외의 항목에 대해 그림 14·13의 모델에 따라 인자를 선정하였다.

표 14·8에 제어인자, 표시인자 및 그의 수준을 나타내며, 팔의 길이는 3개(A, B, C)의 조합으로 하고 조합이 자유로 선정됨으로써 A, B, C 모두 제어인자이나 팔의 전 길이를 1500 mm로 하기 위해 C는 $C=1500-(A+B)$로 주어진다.

표 14·8 제어인자, 표시인자와 그의 수준

요 인		제1수준	제2수준	제3수준
제어인자	팔 길이 A(mm)	300	500	700
	팔 길이 B(mm)	300	500	700
표시인자	비틀림 각도 D(deg)	20	80	160
	비틀림 각도 E(deg)	20	80	160
	비틀림 각도 F(deg)	20	80	160
	굽힘 각도 G(deg)	20	25	40
	굽힘 각도 H(deg)	20	70	120
	굽힘 각도 I(deg)	20	70	110

표 14·9 오차인자와 그의 수준

요 인	제1수준	제2수준	제3수준
팔 길이 A(mm)	−0.1	0	0.1
팔 길이 B(mm)	−0.1	0	0.1
팔 길이 C(mm)	−0.1	0	0.1
비틀림 각도 D(deg)	−0.03	0	0.03
비틀림 각도 E(deg)	−0.03	0	0.03
비틀림 각도 F(deg)	−0.03	0	0.03
굽힘각도 G(deg)	−0.03	0	0.03
굽힘각도 H(deg)	−0.03	0	0.03
굽힘각도 I(deg)	−0.03	0	0.03

표 14·10 SN비를 특성값으로 한 분산분석표

요 인	f	S		V
팔 길이 A	2	14.6380		7.3190
팔 길이 B	2	6.1081		3.0540
비틀림 각도 D	2	6.3320	○	3.1660
비틀림 각도 E	2	1.8892	○	0.9946
비틀림 각도 F	2	11.7329		5.8664
굽힘 각도 G	2	6.5423		3.2712
굽힘 각도 H	2	29.3625		14.6812
굽힘 각도 I	2	27.3009		13.6505
오차 e	19	16.7382		0.8810
(○:복합적) e'	21	18.6724		0.8892

비틀림 각도 D~I는 본 기기의 사용방법에서 벗어나면 특정의 값으로 정해지지 않기 때문에 표시인자로 하였다. 표 14·9에 오차인자와 그 수준을 나타냈으며, 앞서의 오차요인 ③~⑤는 비틀림 각도오차로서 일괄하여 오차인자로 하였다.

14.4.4 고정도 회전테이블

- 파라미터 설계의 응용 예 -

마찰, 마모, 강성에 주안점을 두어 설계한 회전테이블로써 부하변동에 대해 회전정도가 영향을 받지 않는 회전테이블을 파라미터 설계법을 이용한 설계의 예이다.

(1) 고정도 회전테이블의 과제

이 회전테이블은 진원도 측정의 회전장치로서 설계한 과제로서 다음과 같은 사항에 관점을 두고 있다.

① 기준형상으로 원운동을 하는 점의 궤적을 이용한다. 따라서 매우 고정도로 회전하는 안내기구의 설계가 가장 중요하다.

② 회전축에 가해지는 외력은 보통 회전정도에 나쁜 영향을 주므로 회전정도에 영향을 주지 않고 구동을 전달하는 기구가 필요하다.

(2) 회전테이블의 시스템 설계

앞서 제시한 과제 및 마찰, 마모, 강성을 중점으로 고려하여 장치의 기구를 설계하였으며, 그의 주요 구성은 그림 14 · 14에 나타냈다.

① 안내 기구

다공질 정압공기(多孔質靜壓空氣) 베어링을 사용하며, 이 베어링은 통기성을 맞도록 다공질재를 이용하며 미세한 급기공(給氣孔)이 베어링 면에 균일하게 분포한다. 종래에는 가공시에 있어 급기공의 눈메움으로 베어링 제작이 어려웠으나 최근 적절한 가공법, 가공조건 및 이론해석의 연구로 실용화되어 있으며 다음과 같은 특성을 갖는다.

a) 압력의 분포가 집중되지 않아 기체막의 평균효과가 크고 부품이 고정도의 운동정도를 유지할 수 있다.

b) 작은 기체유량으로 높은 부하용량과 강성이 얻어지고 안정성이 좋다.

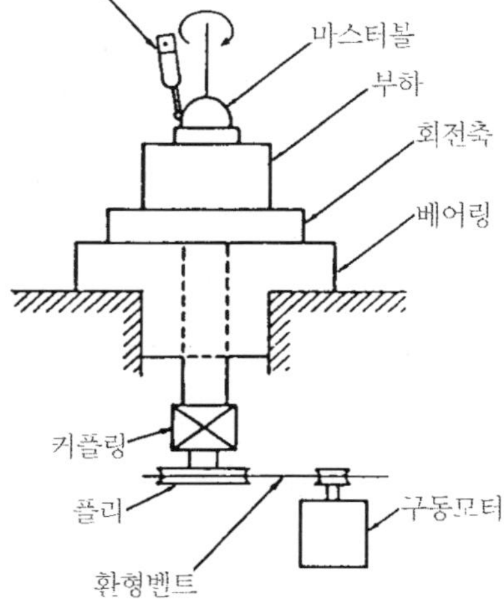

그림 14 · 14 회전테이블의 개략도

c) 고착되어 미끄러지는 현상이 없다.

d) 비접촉운동으로 마모가 없고 높은 운동정도를 장기간 유지할 수 있다.

구조는 레이디얼 베어링부에 2개, 트러스트 베어링부에 1개의 다공질재가 사용된다. 베어링 틈새는 레이디얼 베어링부에 10μm, 트러스트 베어링부는 무부하시에는 20μm 이며, 회전축은 보통 스텐레스강재로 부식되지 않게 만든다.

② 구동 및 전달 기구

구동원에는 진동이 작은 DC모터를 이용하고 동력전달에는 불필요한 진동과 힘을 최소로 축소시키며 단면이 둥근형 벨트를 사용해야 한다.

(3) 파라미터의 설계(실험에 의한 파라미터 설계)

① 회전테이블의 특성치

회전정도는 회전 축심에 직각인 반경방향의 레이디얼 흔들림으로 정해진다. 이 반경방향의 흔들림이 작을수록 좋고, 작은 흔들림을 특성값으로 하며 회전수는 5 rpm 정도이다.

② 인자(因子)와 수준

표 14·11은 제어인자와 그 수준이며 커플링방식에서 "직접"은 커플링부를 제외하고 직접 자유로이 구동하는 방법이고 "간접"은 커플링을 사용하여 구동하는 방법이다. 표 14·12에 오차인자와 그 수준을 나타낸 것이고, D, E수준은 제2수준을 오차제로로써 ±1 kg/cm^{2}로 하고 G, H는 제1수준에서 소(小), 중(中), 대(大)로 한다.

표 14·11 제어인자와 그 수준

인자 \ 수준	1	2	3
A : 커플링 방식	직접	간접	−
B : 중심의 위치	上	中	下
C : 테이블의 직경(mm)	ψ100	ψ140	−
D : 레이디얼 베어링압력(kgf/cm^2)	3	5	7
E : 트러스트 베어링압력(kgf/cm^2)	3	5	7
F : 베어링계수	小	大	−

표 14·12 오차인자와 그 수준

인자 \ 수준	1	2	3
D : 레이디얼 베어링압력(kgf/cm^2)	−1	0	1
E : 트러스트 베어링압력(kgf/cm^2)	−1	0	1
G : 부하 大(kgf)	0	10	20
H : 부하 小(kgf)	0	2	4
n : 반복	3회		

③ 인자 분할과 실험

제어인자는 6개 인자로 표 14 · 13과 같이 내측직교표 L_{18}에 분할하였다. 제어인자 중에 C와 F가 제2수준밖에 되지 않아 의수준법(擬水準法)을 사용하고, 제3수준에는 제2수준을 2'로 하여 분할하며, 오차인자는 4개 인자 중 표 14 · 14와 같이 외측직교표 L_9

표 14 · 13 제어인자의 내부 직교표와 SN비

열번	1	2	3	4	5	6	
인자 / No.	A : 커플링	B : 중심	C : 테이블	D : 레이디얼	E : 트러스트	F : 계수	SN비 [dB]
1	1	1	1	1	1	1	13.04
2	1	1	2	2	2	2	15.53
3	1	1	2′	3	3	2′	18.32
4	1	2	1	1	2	2	11.92
5	1	2	2	2	3	2′	16.43
6	1	2	2′	3	1	1	18.64
7	1	3	1	2	1	2′	10.35
8	1	3	2	3	2	1	15.91
9	1	3	2′	1	3	2	14.64
10	2	1	1	3	3	2	9.77
11	2	1	2	1	1	2′	9.18
12	2	2	2′	2	2	1	4.73
13	2	2	1	2	3	1	8.86
14	2	2	2	3	1	2	10.88
15	2	2	2′	1	2	2′	9.35
16	2	3	1	3	2	2′	9.68
17	2	3	2	1	3	1	12.25
18	2	3	2′	2	1	2	11.54

표 14 · 14 회전테이블의 외측직교법과 흔들림 데이터

열번	1	2	3	4						
인자 / No.	A : 레이디얼	B : 드러스트	C : 부하大	D : 부하小	No.의 반복데이터 [μm]			최적조건의 반복데이터 [μm]		
1	1	1	1	1	0.175	0.150	0.150	0.080	0.110	0.075
2	1	2	2	2	0.215	0.250	0.200	0.175	0.190	0.190
3	1	3	3	3	0.350	0.350	0.350	0.190	0.200	0.250
4	2	1	2	3	0.200	0.150	0.175	0.125	0.140	0.100
5	2	2	3	1	0.275	0.250	0.275	0.200	0.200	0.190
6	2	3	1	2	0.150	0.200	0.150	0.090	0.075	0.100
7	3	1	3	2	0.250	0.250	0.250	0.225	0.200	0.100
8	3	2	1	3	0.125	0.150	0.100	0.075	0.100	0.200
9	3	3	2	1	0.200	0.200	0.200	0.100	0.075	0.100

로 분할하였다. 각 실험번호의 조건마다(18×9조건), 테이블을 1회전할 때 전기마이크로미터 검출값을 극좌표로 기록하여 계측데이터를 얻는다. 이 실험은 한번의 실험에 3회 반복데이터를 잡고 내측직교표 No.1 조건의 외측직교표 데이터 예를 표 14·14에 나타냈다.

④ 데이터의 해석

a) SN비 η 구하는 방법 : 위의 실험에서 얻어진 데이터 y_1(i는 1~162)에서 각 실험번호마다(내측직교표 실험번호)의 오차분산 V_T와 SN비 η를 적게 하는 특성으로서 다음 식으로 계산한다. 여기서는 실험번호 1인 표 14·17의 데이터 계산한 예이다.

$$V_T = (y_{11}^2 + y_{12}^2 + y + 13\ ^2 + y_{21}^2 + y_{22}^2 + y_{23}^2 + \cdots\cdots y_{93}^2)/27$$

$$= 0.049604 \qquad (14 \cdot 3)$$

$$\text{SN비 } \eta = -10 \log V_\tau = 13.04\,[\text{dB}] \qquad (14 \cdot 4)$$

동일한 방법으로 각 실험번호에 대해 SN비를 구하여 표 14·13의 우측에 그 값을 나타냈다.

b) 분산분석표의 작성 : 이들 SN비를 특성값으로 한 분산분포를 구하여 결과를 표 14·15에 나타낸다.

⑤ 최적조건의 설정

표 14·16을 이용하여 각 제어인자마다 수준별 SN비의 평균치를 계산(예를 들면 제어인자 B의 제2수준은 실험번호 4, 5, 6, 13, 14, 15의 평균)하면 표 14·16이 얻어진다.

이 결과에서 최적조건은 A_1, B_2, C_2, D_3, E_3, F_2로 되었고, 이중 B, F에 대해서는 표 14·15에서 알 수 있듯이 효과가 그다지 확인되지 않았다. 따라서 B, F를 제외하고 최적조건의 SN비 μ를 추정하면 다음과 같다.

$$\mu = A + C + D + E - 3T = 18.5\,[\text{dB}] \qquad (14 \cdot 5)$$

표 14·15 회전테이블 흔들림의 SN비를 특성값으로 잡은 분산분석표

인자 \ 수준	f	S		V
A : 커플링 방식	1	130.8963		130.8963
B : 중심의 위치	2	2.6514	○	0.3257
C : 테이블의 직경	1	25.2674		25.2673
D : 레이디얼 압력	2	23.4097		11.7049
E : 트러스트 압력	2	14.4107		7.2054
F : 베어링 계수	1	0.0148	○	0.0148
e : 오차	8	33.7069		4.2134
e' : ○표	(11)	(36.3731)		3.3066
T : 합계	17	230.3572		

표 14·16 내측직교표의 수준별 평균값(단위 : dB)

인자 \ 수준	1	2	3
A : 커플링 방식	14.97	9.58	–
B : 중심의 위치	11.76	12.68	12.40
C : 테이블의 직경	10.60	13.12	–
D : 레이디얼 압력	11.73	11.24	13.87
E : 트러스트 압력	12.27	11.19	13.38
F : 베어링 계수	12.24	12.30	–
합계		12.28	

표 14·17 제어인자를 최적조건으로 선택한 오차인자의 분산분석표

인자 \ 수준	f	S	V	ρ(%)
m : 일반 평균	1	550408	550408	86.98
D : 레이디얼 압력	2	5217	2609	0.73
E : 트러스트 압력	2	3350	1675	0.44
G : 부하 대	2	62600	31300	9.80
H : 부하 소	2	5517	2759	0.78
e : 오차	18	5383	299	1.27
T : 합계	27	632475		100.00

⑥ 확인실험

얻어진 최적조건 A1, B2, C2, D3, E3, F2으로 확인실험을 하였으며, 표 14·14에 데이터를 나타내고 SN비는 16.30dB으로 추정값과 거의 일치한다.

(4) 허용차 설계

① 분산분석

표 14·14에 나타낸 제어인자를 최적조건으로 데이터를 이용하여 허용차 설계를 한다. 계산은 데이터를 1000배하여 표 14·17의 분산분석표가 얻어진다. 각 요인의 기여율 ρ를 다음 식으로 구한다.

$$\rho = (S - f \times V_e) \times 100 / S_T \qquad (14 \cdot 6)$$

기여율은 일반평균 m이 가장 높은 값을 나타냈고, G의 기여율이 9.80%로 높고 회전테이블에 올려진 부하크기 G가 회전테이블의 회전정도에 크게 영향을 받으므로 부하에 대해 알아본다. 오차인자 G, H조합에서 부하는 최대 24 kg_f이다. 여기서 부하를 10 kg_f까지 제한을 검토하며, 최적조건의 데이터에서 부하 10 kg_f까지 데이터를 추출하여 SN비를 계산하여 결과를 표 14·18에 나타냈다.

SN비는 20.83 dB으로 높게 되었으며, 부하 24 kg_f까지 SN비를 비교하면 4.1 dB 이득이 되며, 이 4.1 dB 차는 레이디얼 흔들림 분산으로 1/2.57로 개선된다.

표 14·18 부하를 10kg$_f$ 이하로 할 때의 흔들림의 데이터와 SN비

열번 / 인자	1	2	3	4	최적조건의 10 kg$_f$까지 데이터 [μm]		
No.	D : 레이디얼	E : 드러스트	G : 부하 大	H : 부하 小	1	2	3
1	1	1	1	1	0.080	0.100	0.075
2	1	2	2	2			
3	1	3	3	3			
4	2	1	2	3			
5	2	2	3	1			
6	2	3	1	2	0.090	0.075	0.100
7	3	1	3	2			
8	3	2	1	3	0.075	0.100	0.100
9	3	3	2	1	0.100	0.075	0.100

② 실험결과의 검토

부하조건을 내려 회전정도의 향상을 도모하였지만 부하조건을 내리지 않는 경우는 베어링 부하용량을 높게 할 필요가 있다. 이 경우에 파라미터설계에 유의하고 D 오차인

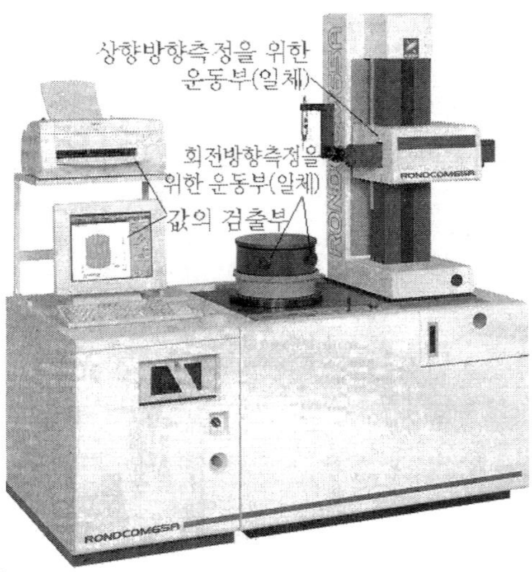

그림 14·15 진원도 측정기

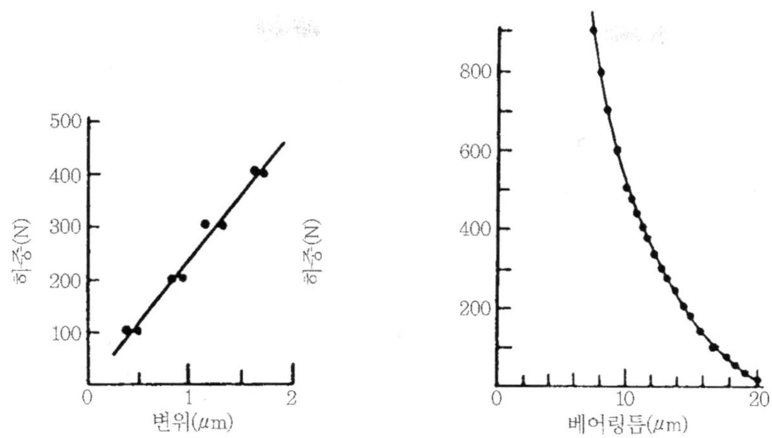

(a) 레이디얼 방향 (b) 베어링 틈새(μm)

그림 14 · 16 회전테이블의 부하 특성

자 효과에서 레이디얼 베어링부의 부하영향을 중점으로 개선함이 좋다고 추정한다.

이와 더불어 고부하(高負荷)용량의 베어링을 설계하고, 다음에 기술하는 성능을 얻을 수가 있으며, 회전테이블은 그림 14 · 15에 진원도 측정기에 조합된다.

(5) 성능

회전정도는 앞서 정도평가의 방법으로 기술한 바와 같이 반경방향의 흔들림 0.015μm를 얻고 그림 14 · 16에 나타내는 부하특성의 회전테이블을 설계할 수 있다.

14.4.5 윤곽형상 측정기

- 기구에 의한 보정 예 -

윤곽형상 측정기의 기본 시스템구성은 표면거칠기 측정기와 같으나 측정량이 ±20 mm로 크기 때문에 검출부의 직선성 향상이 필요하다. 여기서 기구에 의한 오차보정 예로서 윤곽형성 측정기용 검출기에 대해 기술한다.

단일지레 선단에 측정자를 붙여 변위를 "현" 작용방식으로 하여 확대기구의 최종단계에서 X-Y 기록계의 펜을 Y방향으로 "직선"으로 움직이는 경우에는 "현과 직선" 대응방식이 되고 배율오차와 기록도형의 횡적 벗어남이 생긴다. 이 중 측정자 Y방향움직임을 크게 할 필요가 있어 "횡적 편위" 정도상 큰 문제가 된다.

스콧라셀기구를 기본으로 그림 14 · 17에 기구를 나타냈으며, 주요 요소인 절(節) A는 일단에 측정자를 갖고 타단 Q_o에 Q_2를 회전중심으로 하는 절(節) C에 연결되고, O_1을 회전중심으로 하는 절 B의 일단에 붙어 있는 슬라이드베어링으로 지지된다.

측정자 선단 P_o가 기준위치일 때 P_0, O_1, O_2는 일직선상으로 배치된다. 측정자의 선단이 피측정물의 형상을 추송하여 P_0에서 P_1까지 y만큼 움직이면 Q_O는 절 C 길이를 반경으로 원주상의 Q_1까지 회전한다. 이때 O_1Q_1거리는 O_1Q_0보다 짧게 되어 짧아진 만큼 절(節) A는 절(節) B의 슬라이드 베어링 안을 미끄러져 그림의 좌우이동하므로 P_1점은 절 A가 단일지레의 경우보다 횡적 벗어남이 적게 되고 Y방향으로 근사적인 직선운동을 할 수 있다.

지금 측정자의 선단이 $y(=P_0P_1)$만큼 움직일 때, 절 A의 회전각을 Θ로 하여 $P_oO_1 = L$, $O_1Q_o = l$, $O_1O_2 = nr$, $O_2O_0 = r$ 로 하면, P_1점의 횡적 편위량(그림 X방향편위) Δx는 다음과 같다.

$$\Delta x = L(1-\cos\Theta) - \frac{1}{n+1}\{n(1-\cos\Theta)+1-\sqrt{1-n^2\sin^{2\Theta}}\}\times l\cos\Theta \qquad (14 \cdot 7)$$

L, y의 최대값(Θ의 최대값)은 측정범위 ±20 mm에서 정해진다. l의 크기는 검출부의 크기에 제약된다. 검출기는 X방향으로 움직이고 이 움직임 정도가 측정기준이 되므로 정도의 점에서 소형경량이 요구되므로 l은 작을수록 좋다.

$L=250$ [mm], $y_{max}=20$ [mm], $l=r(n+1)=72$ [mm]로서, Δx와 n과의 관계를 수치계산으로 구하면 그림 14 · 18이 얻어진다. 이 결과에서 $n=3.44$ 이용과 $r=16.2$ [mm], $nr=55.8$ [mm]로 되고, 이때의 횡의 벗어난 양 Δx는 ±2μm 이내로 충분히 작게 할 수 있다.

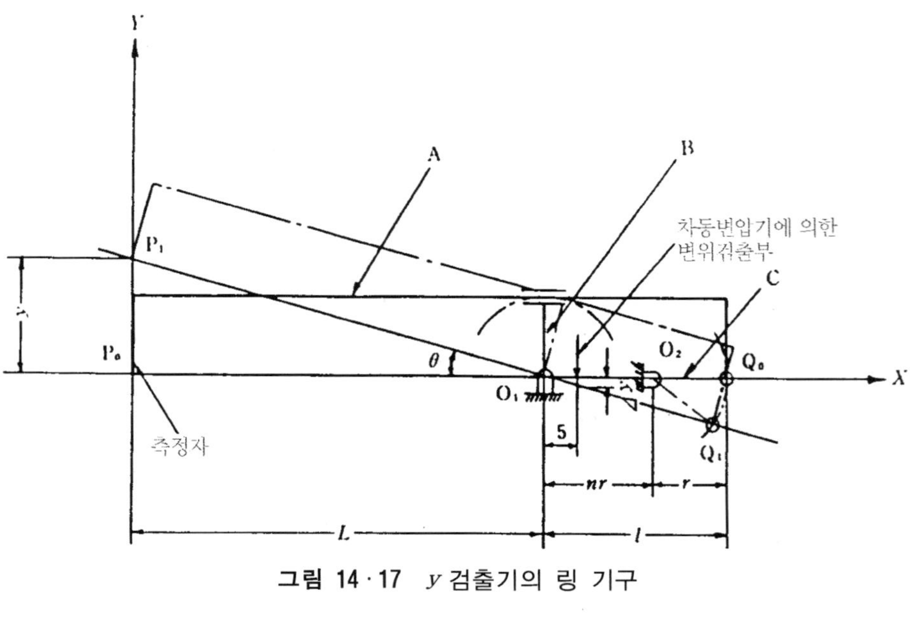

그림 14 · 17 y 검출기의 링 기구

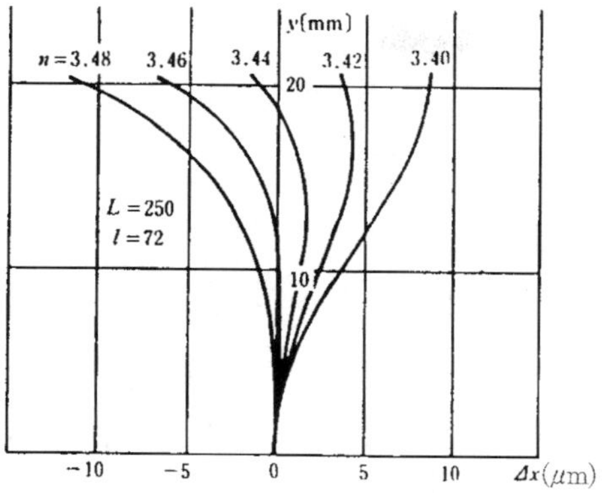

그림 14·18 N을 파라미터로 할 때 횡적 편위

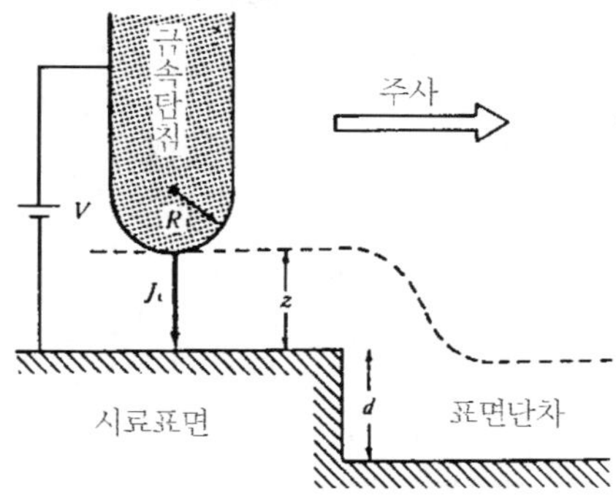

그림 14·19 STM의 측정원리도

14.4.6 STM 검출기

- 환경요인을 고려한 설계 예 -

기술의 진보에 따라 고정도, 고기능인 측정기가 요구되고 있으며, 예를 들면 STM은 pm급의 분해능을 가진다. 이러한 고분해능 측정기는 오차발생요인 중에 환경에 기인하는 온도 드리프트, 외부진동, 음향진동 등의 영향을 무시할 수 없다. 여기서는 이들 환경요인을 배려한 설계 예로서 STM의 검출기를 들 수 있다.

그림 14·19와 같이 선단이 예민한 금속탐침(金屬探針)을 도전성 시료에 1 nm 정도까지 근접시켜 시료와 탐침 사이를 수 mV~수 V전압을 인가하면 촉침과 시료 사이에 와전류가 흐른다. 이 도넬전류가 J_t는 다음 식과 같이 거리 z에 대해 지수함수적으로 변화한다.

$$J_t = A\exp(-Bz\sqrt{\psi}) \qquad (14 \cdot 8)$$

여기서, A, B : 상수, ψ : 작업함수이다.

탐침을 시료면의 방향(X, Y)으로 구동하면 시료표면의 요철로부터 z가 변화여 J_t를 검출하고 Z방향으로 탐침을 구동하는 액추에이터에 의해 J_t를 일정하게 유지하는 피드벡(Feed Back)제어를 한다. 따라서 촉침은 시료와 일정간격으로 표면을 추적할 수 있다.

XYZ 액추에이터로서 압전소자를 사용하면 XY의 압전소자에 인가된 전압은 표면 XY좌표에 대응하고, Z축 압전소자에 인가된 전압이 그 위치의 높이를 나타내어 시료표면의 삼차원 미세형상을 측정할 수 있다. 일반측정 환경에서 미세 형상측정을 목적으로 하는 STM 검출기를 설계하고 배려해야 할 점은 다음과 같다.

① 외부에서 테이블 진동, 음향진동, 전자잡음에 강한 구조로 한다.

② 온도변동에 의해 드리프트(Draft)를 지배하므로 촉침에 대해 대칭구조로 한다.

③ 소형, 고강성으로 공진 주파수를 높게 하고 탐침의 고속주사를 가능하게 한다.

이러한 사항을 고려하여 설계한 STM 검출기를 그림 14·20에 나타내며, XY미동 액추에이터를 십자형으로 하고, 강성의 향상과 더불어 각 축의 상호간섭을 작게 한다.

이 액추에이터의 공진주파수는 11 kHz이며 공진주파수를 높게 할수록 흡진할 수 있는 제진대의 구조가 간소화되며 측정능률의 향상을 도모할 수 있다. 음향진동, 전자잡음 등의 외란에 대해 영향을 적게 받을 수 있도록 그림 14·20과 같이 시료와 촉침부분을 금속부재로 쌓여지게 한다.

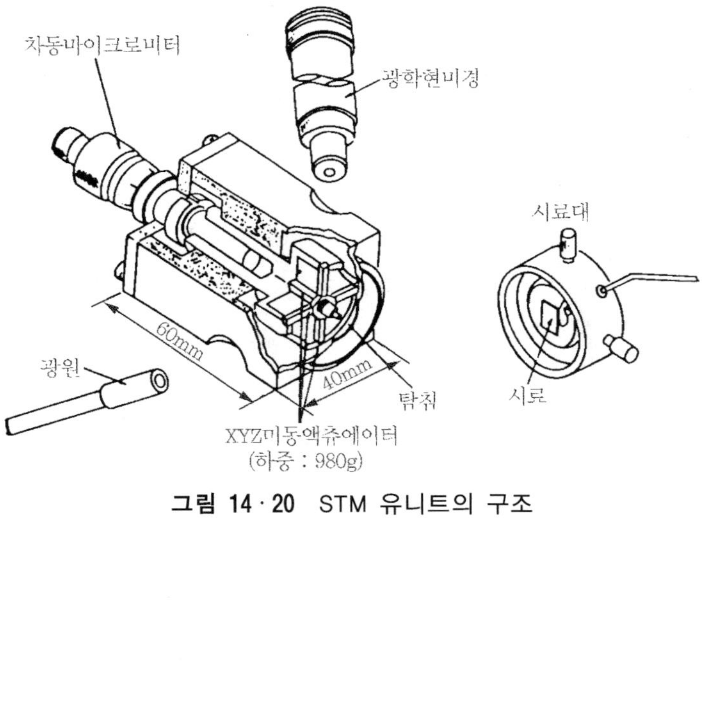

그림 14·20 STM 유니트의 구조

제15장

측정표준과 정도

15.1 국가표준제도

15.1.1 표준제도의 의의

한 국가 표준제도의 확립은 과학기술 발달의 기초와 공업생산의 척도가 되며, 국제무역과 공정거래질서 확립의 기준이 되어 복지국가 실현에 바탕을 이룬다. 국가표준제도는 국가가 최대한의 복리를 다수의 국민에게 보장하기 위해 설정된 객관적, 정량적, 물리적인 기준으로서 국가 공신력 있는 표준을 국민에게 보급시키는 제도이다.

표 15·1 국가표준제도의 의미와 기능

의 미		기 능
과학적	고정도 추구	과학기술의 발전 기반 인간 감각기능의 확대
통일적	전국민 준용	경제질서의 확립 고도 산업기술 성취
국제적	국가간 일치	국제 통상교역의 증진 지식전달의 신속 정확
역사적	영구적 기준	문물제도를 후세에 전달 문명의 지속적 발전

15.1.2 표준제도의 목적

국가의 표준제도가 국민의 생활규범에서 표준의 객관적 기준을 통하여 사회질서를 확립하는 목적을 가지며, 정부가 국민들의 복리 증진과 보장을 궁극적인 목적으로 하며 다음의 목표를 달성하는 데 있다.

① 국가 사회활동의 총체적인 경제성 재고와 문명사회에서 필요한 객관적인 기준의 제정

② 과학기술 진흥과 발달을 촉진하고 최소한의 자원과 시간으로 품질 및 성능의 향상

③ 정확한 계량으로 공정한 거래질서의 확립과 정직한 국민성의 형성으로 공평한 사회건설

④ 품질의식의 제고에 의한 소비자보호, 국산품 및 고유문명에 대한 천시풍조의 불식

⑤ 정밀산업기술을 부흥시켜 자주국방의 구현과 국제무역, 과학기술의 발전 촉진

15.1.3 표준제도의 역할

국가 표준체계의 확립과 표준을 유지하고 발전시키며 효율적으로 보급하는 것이다. 한편 공업생산에 종사하는 사람뿐만 아니라 모든 국민들에게 정밀정확도의 개념과 품질의식을 고취시킴으로써 경제질서를 확립하고 국내의 공업생산품이 국제경쟁력을 갖게 한다. 또한 국가표준의 보급은 경제발전의 가속화와 국가 상호간 물류교류에 있어 수반되는 시험검사 문제의 소지를 줄일 수 있다.

15.1.4 우리나라의 표준제도 발전

(1) 이조시대

경(京)에 평시서(平市署)와 지방에 거진(巨鎭)을 두고 농업시대의 도량형(度量衡) 업무를 관장하였으며 매년 추분일(秋分日)에 도량형기에 평검낙인(平檢烙印)하였다. 도량형(度量衡)은 15세기 세종 때 길이측정을 위해 황종척(黃鐘尺), 예기척(禮器尺), 주척(周尺), 포황척(布隍尺)을 동(銅)으로 주조하여 각 지방관서에 보내 표준으로 사용하였다.

부피 단위의 기준으로 승(升)을 영조척(營造尺)으로 사용하였고, 무게 단위로는 황종관(黃鐘管)에 물을 채워 기준으로 하였다. 또한 1441년 측우기(세종 23년)과 해시계와 물시계를 제작하여 사용하였다. 1398년(태조, 7년)에 한성(漢城)에 표준시계로서 물시계인 경루(更漏) 설치와 대종(大鍾)을 제작하여 타종하여 도성(都城)에 표준시간을 알렸다.

(2) 구한말(舊韓末)

1902년(光武 6년)에는 궁내부(宮內府)에 평식원(平式院)을 설치하여 도량형규칙을 공포하였다. 1905년(光武, 9년)에는 대한제국 법률로 도량형법을 공포하여 도량표준제도는 선진국과 거의 동일한 시기에 출발하였으나 일제치하에서 발전이 정체되었다.

(3) 해방이후

1948년 상공부에 중앙도량형소를 설립하여 킬로그램(kg)원기와 미터원기를 도입하여 국가 표준기를 보유하였고, 도량형기의 제작, 수리, 판매 허가와 검정을 위한 규격제정 및 연구업무를 하였다. 1959년 국제미터협약기구(BIPM)에 가입과 더불어 1961년 계량법 공포하였고, 상공부에 중앙계량국이 설치되었다. 1973년 공업진흥청 신설과 계량법 개정으로 공산품의 품질관리와 공업표준화 사업을 수행하였다. 1973년 공업진흥청 산하에 국립공업표준시험소에서 계량업무를 관장하였고, 1975년 국립표준시험소가 개편되어 한국정밀기기센터(FIC), 국립공업시험원, 전기통신연구소, 전파연구소, 공군교정센터와 지방시험검사소에서 국가교정기관의 기능을 하였으며, 1975년 국가표준기관으로 한국표준연구소가 설립되었다.

15.1.5 기술 선진국의 표준기관

세계 주요국가들의 국가 표준기관 설립역사는 각기 다르고 특징적인 요소를 가지고 있으며, 세계 주요 국가의 표준기관의 설립연도는 표 15・2와 같다.

표 15・2 세계 주요국가의 표준기관

구분 / 국가명	기관명	설립연도
프랑스	국제미터조약기구	1875년
독 일	연방물리기술국(PTB)	1887년
영 국	국립물리연구소(NPL)	1899년
미 국	상무성표준국(NBS)	1901년
일 본	국립계량연구소(NRLM)	1903년
호 주	국립계측연구소(NML)	1930년
브라질	국립계측연구소(IPT)	1973년
한 국	한국표준연구소(KSRI)	1975년

15.2 국제표준

15.2.1 국제표준의 필요성

교통수송수단이 발달함에 따라 국제간 무역이 활발해지면서 사용이 편리한 실용적인 국제적인 측정단위의 필요성을 갖게 되었다. 표준과 단위의 확립을 위해서는 계측 및 계량에서 정확하게 나타내야 한다. 국제단위계의 필요성은 19세기 산업혁명이 후 근대 과학기술이 발전되면서 국가 간 문물교류와 과학기술의 정보교환이 활발해지면서 국제표준과 연결되었다. 1875년 프랑스 파리에서 국제미터협약이 조인되면서 국제단위계의 기반을 다졌다.

15.2.2 국제단위계의 특징

현재의 미터법 단위계(1875, 프랑스 파리)는 17개국이 체결한 미터조약으로 SI(The International System of Units)에 의한 단위는 다음과 같은 특징을 갖는다.

a) 통일되어 있어 일관된 법칙으로 정해져 세계공통이다.

b) 각종의 물리량에 대하여 하나의 표준이 되어 단위가 정해진다.

c) 둘 이상 물리량의 곱 및 상거래의 단위도 물리량 단위의 곱 또는 상거래의 형태로 된다.

d) 과학, 공업 및 상업의 각 분야에서 필요한 큰 단위는 10의 ±m승 배에 상당하는 접두어를 SI 단위에 부기(附記)함에 따라 적당한 단위가 얻어진다.

e) 과학에서 정수의 수치는 SI 단위 이용에 따라 공통적으로 보편화된다.

15.2.3 국제도량형 기구와 기능

국제도량형국(BIPM)이 1875년 5월 20일 프랑스 파리에서 개최된 외교회의에서 17개국이 서명하여 미터협약을 체결하였다. 미터기구는 국제도량형총회(CGPM), 국제도량형위원회(CIPM), 국제도량형국(BIPM)이 있다. 국제도량형국(BIPM) 프랑스에 본부가 있고 국제도량형위원회(CIPM)의 감독하에 운영되며, 국제도량형위원회(CIPM)는 국제도량형총회(CGPM)의 지휘하에 있다.

① 국제도량형총회(CGPM)

국제도량형총회는 미터협약 회원국에서 파견된 대표로 구성되어 4년마다 개최되며, 각 회의에서 완성한 일에 대해 국제도량형위원회의 보고서를 받아 주로 다음과 같은 업무를 수행한다.

a) 국제단위계의 보급과 개선을 보증하는 데 필요한 조치를 논의하고 마련하는 업무
b) 새롭고 기본적인 측정결과와 국제규모의 과학적 결의사항을 확인하는 업무
c) 국제도량형국(BIPM)의 기구와 발전에 관한 주요 결정사항을 채택하는 업무

② **국제도량형위원회**(CIPM)

다른 국가의 회원으로 구성되어 매년 회의를 개최하며, 국제도량형국의 행정 및 재정 상황에 대한 보고서를 작성하여 회원국에 보낸다. 또한 측정단위의 세계적인 통일을 위해 직접 적절한 조치를 취하거나 총회의 인준을 받아 제안사항을 제출하며, 다음의 자문위원회를 두고 있다.

a) 전기자문위원회(CCE, 1927년 설치)
b) 광도측정 및 복사도 측정자문위(CCPR, 1933년 설치)
c) 온도측정자문위원회(CCT, 1937년 설치)
d) 미터정의자문위원회(CCDM, 1952년 설치)
e) 초정의자문위원회(CCDS, 1956년 설치)
f) 이온화방사선측정표준자문위원회(CCEMRI, 1958년 설치)
g) 단위자문위원회(CCU, 1964년 설치)
h) 질량 및 그 관련량자문위원회(CCM, 1980년 설치)

③ **국제도량형국**(BIPM)

국제도량형국의 임무는 물리학적 측정의 세계적인 통일을 보증하며, 다음의 업무를 수행한다.

a) 주요 물질량 측정을 위한 기본표준과 척도확립 및 국제원기를 유지하는 업무
b) 국가 및 국제표준의 비교를 실시하는 업무
c) 측정기술의 조정을 보증하는 업무
d) 위의 활동과 연관된 기본 물리상수에 관한 측정결과의 조정을 확실히 하는 일

표 15·3 국제 표준화 기구

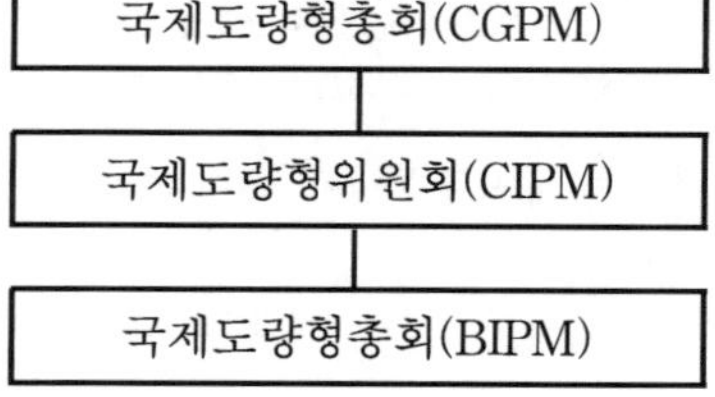

15.2.4 표준 체계

세계의 표준이 되는 표준기는 국제도량형국(BIPM)에서 보유하고 있으며, 각 국가의 국가표준기와 정도가 연결되고, 현장 계측기의 정도수급은 국가표준을 정점으로 연속적으로 이어진다. 즉, 연구개발 및 산업현장에서 제품생산 중에 시험・검사에 있어 측정한 결과가 명시된 불확도의 범위 내에서 국가측정표준 또는 국제측정표준에 일치하도록 연속적으로 비교하고 교정하는 일련의 체계를 계측기의 소급성(Traceability)이라 한다.

고정도 측정을 유지하기 위해서는 국가표준이 현장용 계측기와 정도가 결부되는 시스템이 필요하며, 사용되는 계측기기가 전국적으로 통일되고 소정의 체계를 유지해야 한다. 또한 일정한 주기로 순차 상위의 표준기에서 교정되어 최후에는 국가표준까지 명확하게 경로를 추적할 수 있어야 한다.

표 15・4 표준의 소급 체계도

국제표준 → 국가표준 → 교정용 표준기 → 현장용 계측기

① **국제 표준**(International Standard)

과학기술을 포함한 모든 분야에서 세계표준이 되며, 각 나라의 국가표준기와 정도가 연결된다.

② **국가 표준**(National Standard)

계량계측분야별 7개의 기본단위, 유도단위 및 기타 특수단위에 대하여 최고정도를 가진 국가의 현시용 및 유지용 표준기기로써, 정밀정확도 등급표의 1등급 및 2등급 표준기를 말한다.

③ **교정용 표준기**(Calibration Master Standard)

유지용 국가표준기에 의해 교정되는 3등급의 표준기로서 산업체의 교정용 기준기의 교정에 사용된다.

④ **현장용 계측기**(Precision & Routine Measurement Instrument)

a) 정밀계측기기(Precision Measurement Instrument) : 산업체 및 시험검사 기관에서 정밀측정 및 시험검사에 사용되는 기기를 말한다.

b) 일반계측기기(Routine Measurement Instrument) : 산업체 및 시험검사기관에서 사용하는 일반 계측기용 기기를 말한다.

표 15·5 표준의 소급 체계도

측정 체계 Measurement Hierarchy	
SI 단위 SI UNITS	미터조약 The Metrer convention
국가 1차표준 National Primary Stds	국가표준기관 National standard Laboratory
국가 2차표준 National Secondary Stds	국가표준기관 National standard Laboratory
산업체 참조표준 Industry Reference Stds	공인교정기관 Accredited Calibrabrations Labs
산업체 현장표준 Industry Working Stds	공인교정기관 Accredited Calibrabrations Labs
재질측정, 측정기기, 참조물질 Material Measures, Measuring Instruments, Reference Materials	사용자 User

표 15·6 표준기와 측정정도

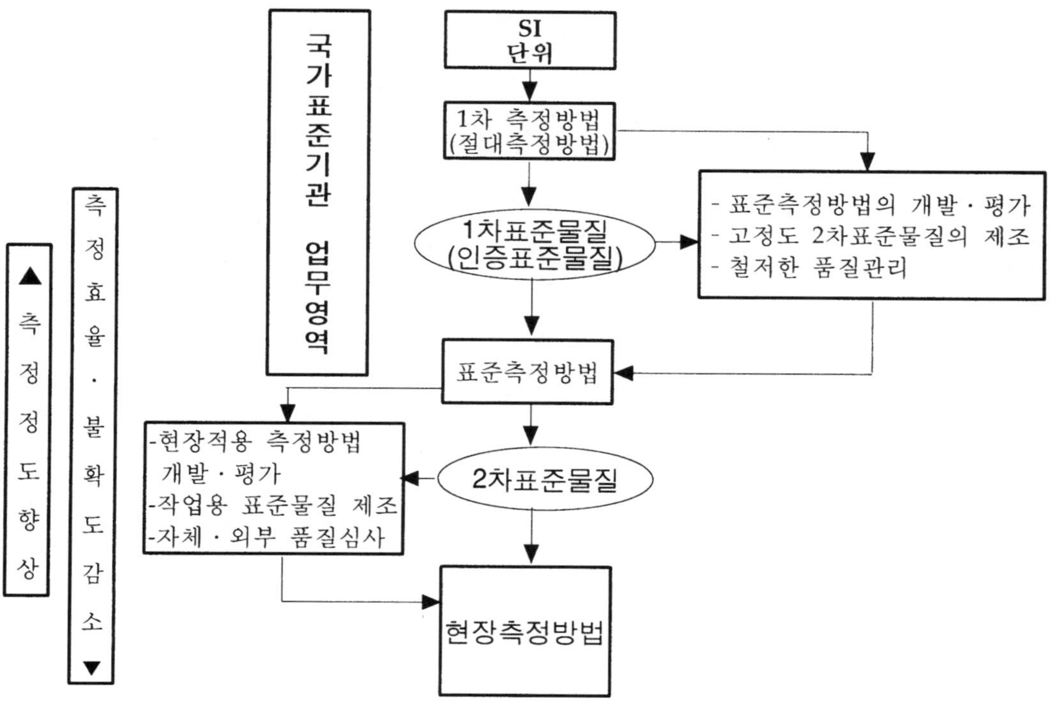

15.3 양과 단위

15.3.1 기본량과 조립량

양은 물리량(物理量)과 공업량(工業量)으로 구분하며, 물리량은 물리학법칙에 의해 정의되고 하나의 양은 다른 몇 개의 양과의 일정한 관계를 가지고 결부된다. 또한 물리학에 있어 일정한 이론체계로 차원이 확정되어 정해진 단위의 배수로 얻어진다.

물리량에는 크게 기계적량, 열역학적량, 전자기학적량, 물리 · 화학량으로 구분된다. 기계적량은 직선 변위, 각도 변위, 형상 · 자세 변위를 나타내는 기하학량과 속도, 가속도와 같은 운동학량 및 힘, 토크, 압력과 같은 역학량이 주류를 이룬다.

한편 공업량은 물리학의 법칙과 관계없이 실용측면에서 이용되는 양으로 물리량에 비해 순수하며 이론체계가 약하나 산업현장에서 생산과정의 능률화나 제품의 품질향상, 가격저하의 목적 또는 생산 및 제어공정에도 이용된다. 미소현상들이 조합되거나 사상(事象)의 편이적(便易的)인, 사용특성을 갖는 간접측정을 하는 형태로서 유량, 점도, 성분, 표면거칠기, 입도, 광택 등이 해당된다.

물리량은 단위가 정해져 있어 이를 측정하나 공업량은 측정량을 대응되는 물리량으로 바꾸어 비교한다. 이 치환방식을 적절하게 선정하면 측정방법 또는 특수한 구속에 의해 양이 정의된다. 온도, 열량, 비열 같은 열과 관계되는 양과 광도, 광속 같은 빛과 관련되는 양의 측정은 각각 온도 및 광도를 기본량에서 유도한다.

보통 기본량과 조립량의 관계는 양의 측정방법을 정하는 원리에서 의의를 갖는다. 기본량의 측정에는 각각 기본적 방법이 확립되어 있고 조립량은 기본적인 방법의 조합을 적용하면 원리적으로 측정이 가능하다.

15.3.2 단위(單位, unit)

모든 측정이나 계측은 실용상 보편적인 의미를 갖는 이유는 측정량의 단위와 표준이 확립되어 있다는 것을 가정하고 있다. 단위는 동일종류의 양과 비교하기 위해 선정된 것으로 어느 이상화된 상태를 가정하여 정의되며, 온도, 압력, 습도, 지역적 장소 등과 같은 물리적 조건에 좌우되지 않고 일정불변한 양이다. 단위의 구체적인 표시를 위해 단위의 정의가 밀착되어 나타내는 양이 표준량(標準量)이고, 이를 실현하는 것이 표준기(標準器)이다. 표준량은 정확하며 모두가 인정할 수 있고, 사용하는 과정에 있어 원리가 명확히 밝혀져야 하며 특정한 조건에서 단위를 정확하게 실현할 수 있어야 한다.

15.3.3 일반 단위계

모든 양은 어느 특정의 몇 가지 기본량(基本量)과 기본량을 조합해서 만든 조립량으로 구성된다. 기본적인 양의 단위를 기본단위(基本單位)라 하고, 이 기본단위로부터 조립되는 단위를 유도단위(誘導單位)라고 한다. 하나의 기본단위를 참고로 해서 여러 양의 단위를 유도하면 일관성과 계통성을 가진 단위군이 형성되는데 이것을 단위계(單位系)라 한다.

(1) 절대단위계(絶對單位系)

과학, 공학기술분야에서 시용상 용도에 따라 몇 가지 단위계가 사용되어 왔으며, 역학량 표시에는 길이(m), 질량(kg), 시간(s)을 기본량으로 해서 기본단위로 하고 다른 양의 단위를 이를 바탕으로 조립하는 단위계가 사용되어 왔다.

(2) 공학단위계(工學單位系)

공학분야에서 절대단위계의 질량 대신 힘을 기본량으로 하여 일정량의 물체에 작용하는 중력의 크기를 기본단위로 하는 단위계이며 중력단위계(重力單位系)라고도 한다.

표 15·7 단위계

단위계	종 류	단위 설정			
		길이	질량/힘	시간	온도
절대단위계	MKS단위계	미터(m)	킬로그램(kg)	초(S)	캘빈(°K)
	CGS단위계	센티미터(cm)	그램(g)	초(S)	섭씨(°C)
	야드·파운드단위계	야드(yd)	파운드(lb)	시간(S)	화씨(°F)
공학단위계 (중력단위계)	미터식 중력단위계	미터(m)	중량킬로그램(kgf)	초(S)	—
	야드·파운드식중력단위계	야드(yd)	중량파운드(lbw)	초(S)	—

1 Yd(영국)=0.9143992 m, 1 Yd(미국)=0.91440183 m

15.4 국제 단위계

15.4.1 SI 단위계 탄생

국제단위계는 19세기 산업혁명의 확산과 과학기술이 발달되면서 필요성이 제기되었다. 19세기 후반 국가간 문물교류의 확대와 과학기술의 발달과 더불어 정보교환이 활발해지면서 국제적인 표준으로 국제미터조약(1875년 프랑스 파리)이 조인되면서 세계적인 단위로 기초를 다졌다. 1960년 제11차 국제도량형총회(CGPM)에서 국제적으로 효율적이고 물리적으로 독립된 기본단위로서 길이(m), 질량(kg), 시간(s), 온도(K), 광도(cd), 전류(A), 물질량(mol)으로 채택되었다. 우리나라에서도 국가표준기본법에서 SI 단위를 법정단위로 채택하고 있다.

15.4.2 SI 기본단위

국제도량형총회에서 국제적인 무역관계, 교육, 과학적 연구활동의 관점에서 실용적이고 범세계적인 단일 단위체계를 갖는 이점을 고려하여 물리적으로 독립된 차원을 가진 7개 단위를 기본단위를 SI 기본단위로 하였다.

(1) 길이(m)

길이의 기본단위는 미터(Meter) :"1미터는 평면전자파가 진공중에서 1/299,792,458초 동안 진행한 경로의 길이이다"(1983년 제17차 CGPM17총회).

백금-이리듐(Pt-Ir) 합금재질의 트레스카형(Trasca, X형) 미터원기에 기초한 1889년의 미터정의는 11차 CGPM 총회에서 크립톤(kr^{86})의 복사선 파장에 근거한 정의로 변경되었다. 이 정의는 미터 현시의 정확도를 향상시키기 위해 채택된 후, 1983년 17차 CGPM 총회에서 채택되었다.

(2) 질량(kg)

질량의 기본단위는 킬로그램(kilogram) : "1킬로그램은 국제도량형국에 보관되어 있는 국제킬로그램 원기와 같다"(1901년 제3차 CGPM총회).

백금-이리듐(Pt-Ir) 재질로 제작된 국제원기는 1889년 제1차 CGPM총회에서 지정한 상태로 BIPM에 보관되어 있다.

(3) 시간(S)

"시간의 기본단위는 초(Second) : 1초는 세슘(Cs^{133})의 바닥상태에 있는 두 초미세 준위 사이의 전이에 대응하는 복사선의 9,192,631,770주기의 지속시간이다"(1967년 제13차 CGPM총회).

예전에는 시간 단위는 초를 평균 태양일의 1/86400로 정의하였으나 지구 자전주기의 불규칙성으로 고정도로 실현할 수 없게 됨에 따라 시간의 단위를 원자나 분자의 두 에너지 준위 사이의 전이에 기초를 둔 원자시간의 표준이 실현 가능하고 고정도로 재현된다고 밝혀져 1968년 CGPM에서 새롭게 정의하였다.

(4) 전류(A)

전류의 기본단위는 암페어(Ampere) : "1암페어는 무한히 길고 무시할 수 있을 만큼 작은 원형 단면적을 가진 2개의 평행한 직선도체가 진공 중에서 1미터 간격으로 유지될 때 두 도체 사이에 2×10^{-7} N의 힘이 생기게 하는 일정한 전류이다"(1948년 제9차 CGPM총회).

전류와 저항에 대한 단위는 1893년 국제 전기협회가 처음 도입하였고, 1948년 9차 CGPM 총회에서 전류 단위인 암페어를 새롭게 정의하였다.

(5) 온도(K)

온도의 기본단위는 켈빈(Kelvin) : "켈빈은 물의 삼중점에 해당하는 열역학적 온도의 1/273.16이다"(1967년 제13차 CGPM총회).

열역학적 온도의 단위는 실제 1954년 10차 CGPM 총회에서 정해져 사용하며, 여기서 물의 삼중점을 기본 고정점으로 선정하고 이 고정점의 온도를 정의에 의해 273.16 K로 정의하였다. 1968년 13차 CGPM총회에서 켈빈(°K) 대신 켈빈(K)으로 사용하기로 채택하였다.

(6) 물질량(mol)

물질량의 기본단위는 몰(mol) : "1몰은 탄소 12의 0.012 kg에 있는 원자수와 같은 수의 구성요소를 포함한 어떤 계의 물질량이다. 사용할 때 구성요소는 원자, 분자, 이온, 전자, 기타입자 등으로 명시해야 한다"(1971년 제14차 CGPM총회).

국제순수응용물리학 연맹, 국제 순수응용화학연맹, ISO의 제안에 따라 CGPM총회에서 1971년 물리량의 양의 단위명칭은 몰(mol)로 정하고 정의를 새롭게 하였다.

(7) 광도(Cd)

광도의 기본단위는 칸델라(Candela) : "1칸델라는 주파수 540×10^{12} Hz인 단색광을 방출하는 광원의 복사도가 어떤 주어진 방향으로 매 스테라디안(Sr)당 1/683W일 때 이 방향에 대한 광도이다"(1979년 제16차 CGPM총회).

1948년 이전에는 광도의 단위를 불꽃이나 백열필라멘트의 불꽃밝기에 표준을 두었으나 이후 백금응고점에 유지된 플랑크 복사체(흑체)의 광휘도에 기초를 둔 신촉광으로 대치되었다. 그러나 플랑크 복사체를 현시하는 어려움이 있어 1979년 16차 CGPM 총회에서 새롭게 정의하였다.

표 15·8 SI 기본단위

길이 (m)	질량 (kg)	시간 (S)	온도 (k)	전류 (A)	광도 (Cd)	물질량 (mol)
미터 meter	킬로그램 kilogram	초 second	켈빈 kelvin	암페어 ampere	칸델라 candela	몰 mole
빛의 진행거리	킬로그램 원기	세슘 133에 의한 원자시	열역학 온도 국제실용온도 눈금	진공투과율을 일정하게 하는 절대측정	백금의 응고점에 의한 흑체의 휘도	탄소 13의 0.012 kg 중 원자수 기준

15.4.3 SI 유도단위

(1) 유도단위 분류

유도단위는 기본단위의 곱과 나누기의 수학적 기호로 연결되어 표현되는 단위이다. 유도단위 중에는 특별한 명칭과 기호가 주어지며, 이들의 명칭과 기호는 그 자체가 기본단위나 다른 유도단위와 조합하여 다른 양의 단위를 표시하는 데 사용된다.

어떤 유도단위는 편의상 특별한 명칭과 기호가 주어지며, 이 명칭과 기호는 그 자체가 다른 유도단위 표시에 사용된다. 유도단위는 기본단위의 명칭과 유도단위의 특별한 명칭을 조합하여 다양한 방법으로 표현될 수 있다. 예를 들어 줄(J) 대신 뉴턴 미터(N·m) 또는 킬로그램미터 제곱 매초 제곱($kg \cdot m^2 \cdot S^{-2}$)이 사용되나 어떤 경우에는 특정한 표현식이 더 유용할 수 있다.

어떤 양들은 특별한 단위명 혹은 단위의 조합을 선호하여 사용한다. 예를 들면 주파수 SI 단위로 역초(S^{-1}) 대신에 헤르쯔(Hz)가 명칭으로 지정되어 있고 각속도의 SI 단위도 역초보다는 라디안 매초(rad/s)가 지정되어 있다.

(2) 각도의 유도단위

a) 라디안(Radian) : 각도의 단위로써 원주상에서 그의 반지름과 같은 길이의 호를 2개의 반지름 사이에 끼워지는 평면각이다.

b) 스테라디안(Steradian) : 구의 중심을 정점으로 하여 그 구의 반지름을 한 변으로 하는 정방형의 면적과 같은 면적을 구의 표면에서 잘라낸 입체각이다.

표 15·9 기본단위로 표시된 SI 유도단위의 예

유도량	SI 유도단위	
	명 칭	기호
넓이	제곱미터	m^2
부피	세제곱미터	m^3
속력, 속도	미터 매초	m/s
가속도	미터 매초 제곱	m/s^2
파동수	역 미터	m^{-1}
밀도, 질량밀도	킬로그램 매 세제곱미터	kg/m^3
비(比)부피	세제곱미터 매 킬로그램	m^3/kg
전류밀도	암페어 매 제곱미터	A/m^2
자기장의 세기	암페어 매 미터	A/m
농도(물질량)	몰 매 세제곱미터	mol/m^3
광휘도	칸델라 매 제곱미터	cd/m^2
굴절률	하나(숫자)	1

표 15·10 특수한 명칭과 기호를 가진 SI 유도단위

유도량	SI 유도단위			
	명칭	기호	다른 SI 단위로 표시	SI 기본단위로 표시
평면각	라디안	rad		$m \cdot m^{-1}=1$
입체각	스테라디안	sr		$m^2 \cdot m^{-2}=1$
주파수	헤르쯔	Hz		s^{-1}
힘	뉴턴	N		$m \cdot kg \cdot s^{-2}$
압력, 응력	파스칼	Pa	N/m^2	$m^{-1} \cdot kg \cdot s^{-2}$
에너지, 일, 일량	줄	J	$N \cdot m$	$m^2 \cdot kg \cdot s^{-2}$
일률, 전력	와트	W	J/s	$m^2 \cdot kg \cdot s^{-3}$
전하량, 전기량	쿨롱	C		$s \cdot A$
전위차, 기전력	볼트	V	W/A	$m^2 \cdot kg \cdot s^{-3} \cdot A^{-1}$
전기용량	패럿	F	C/V	$m^{-2} \cdot kg^{-1} \cdot s^4 \cdot A^2$
전기저항	옴	Ω	V/A	$m^2 \cdot kg \cdot s^{-3} \cdot A^{-2}$
전기전도도	지멘스	S	A/V	$m^{-2} \cdot kg^{-1} \cdot s^3 \cdot A^2$
자기선속	웨버	Wb	$V \cdot s$	$m^2 \cdot kg \cdot s^{-2} \cdot A^{-1}$
자기선속밀도	테슬라	T	Wb/m^2	$kg \cdot s^{-2} \cdot A^{-1}$
인덕턴스	헨리	H	Wb/A	$m^2 \cdot kg \cdot s^{-3} \cdot A^{-2}$
섭씨온도	섭씨; 도	℃		K
광선속	루멘	lm	$cd \cdot sr$	$m^2 \cdot m^{-2} \cdot cd=cd$
조명도	럭스	lx	lm/m^2	$m^2 \cdot m^{-4} \cdot cd=m^{-2} \cdot cd$
방사능(방사능핵종)	베크렐	Bq		s^{-1}
흡수선량, 비(부여)에너지 커마	그레이	Gy	J/kg	$m^2 \cdot s^{-2}$
선량당량, 환경선량당량 방향선량당량 개인선량당량 조직선량당량	시버트	Sv	J/kg	$m^2 \cdot s^{-2}$

1) 라디안과 스테라디안은 서로 다른 성질을 가지나 같은 차원을 가진 양들을 구별하기 위해 유도단위를 표시하는 데 유용하게 사용될 수 있다.

2) 광도측정에서는 보통 스테라디안(sr)이 단위의 표시에 사용된다.

(3) 단위 조합

SI 단위에서 힘의 단위는 뉴턴(N)으로 1뉴턴은 질량 1 kg의 물체에 작용하여 그 방향으로 단위 가속도 1 m/s^{2}를 주는 힘의 크기이다. 1 N=1 kg×1 m/s^2=1 kg · 1 m/s^2

또한 힘의 모멘트 단위는 뉴턴 미터(N · m)를 사용하며, 압력(응력) 단위는 파스칼(pascal)로서 Pa=N/m^{2}이다.

(4) 무차원 양의 단위

굴절률, 상대투자율, 마찰률과 같은 물리량의 경우 두 종류의 물리량의 비로 정의되며 숫자 1의 차원을 갖는다. 이러한 물리량의 단위는 필연적으로 SI 단위로 일관성을 갖는 유도단위가 되며, 두 동일한 SI 단위의 비(比)로서 구성되기 때문에 이 단위도 숫자 1로 표시될 수 있다. 따라서 차원적으로 곱한 결과가 1인 모든 물리량의 SI 단위는 숫자 1이 된다.

표 15 · 11 특별한 명칭과 기호를 가진 SI 유도단위가 포함된 SI 유도단위의 예

유도량	SI 유도단위		
	명칭	기호	SI 기본단위로 표시
점성도	파스칼초	Pa · s	$m^{-1} \cdot kg \cdot s^{-1}$
힘의 모멘트	뉴턴 미터	N · m	$m^2 \cdot kg \cdot s^{-2}$
표면장력	뉴턴 매 미터	N/m	$kg \cdot s^{-2}$
각속도	라디안 매초	rad/s	$m \cdot m^{-1} \cdot s^{-1} = s^{-1}$
각가속도	라디안 매초 제곱	rad/s^2	$m \cdot m^{-1} \cdot s^{-2} = s^{-2}$
열속밀도, 복사조도	와트 매 제곱미터	W/m^2	$kg \cdot s^{-3}$
열용량, 엔트로피	줄 매 켈빈	J/K	$m^2 \cdot kg \cdot s^{-2} \cdot K^{-1}$
비열용량, 비엔트로피	줄 매 킬로그램 켈빈	J/(kg · K)	$m^2 \cdot s^{-2} \cdot K^{-1}$
비에너지	줄 매 킬로그램	J/kg	$m^2 \cdot s^{-2}$
열전도도	와트 매 미터 켈빈	W/(m · K)	$m^2 \cdot kg \cdot s^{-3} \cdot K^{-1}$
에너지밀도	줄 매 세제곱미터	J/m^3	$m^{-1} \cdot kg \cdot s^{-3} \cdot A^{-1}$
전기장의 세기	볼트 매 미터	V/m	$m^{-3} \cdot s \cdot A$
전하밀도	쿨롬 매 세제곱미터	C/m^3	$m^{-2} \cdot s \cdot A$
전기선밀도	쿨롬 매 제곱미터	C/m^2	$m^{-3} \cdot kg^{-1} \cdot s^4 \cdot A^2$
유전율	패럿 매 미터	F/m	$m \cdot kg^{-1} \cdot s^4 \cdot A^{-2}$
투자율	헨리 매 미터	H/m	$m^2 \cdot kg \cdot s^{-2} \cdot mol^{-1}$
몰에너지	줄 매 몰	J/mol	$m^2 \cdot kg \cdot s^{-2} \cdot mol^{-1}$
몰엔트로피, 몰열용량	줄 매 몰 켈빈	J/(mol · K)	$kg^{-1} \cdot s \cdot A$
조사선량(X선, γ선)	쿨롬 매 킬로그램	C/kg	$m^2 \cdot s^{-3}$
흡수선량률	그레이 매 초	Gy/s	$m^4 \cdot m^{-2} \cdot kg \cdot s^{-3}$
복사도	와트 매 스테라디안	W/sr	$= m^2 \cdot kg \cdot s^{-2}$
			$m^2 \cdot kg \cdot s^{-3}$
복사휘도	와트 매 제곱미터 스테라디안	W/(m^2 · sr)	$m^2 \cdot m^{-2} \cdot kg \cdot s^{-3}$ $= kg \cdot s^{-3}$

* 줄 매 켈빈(J/K)은 앤트로피 뿐만 아니라 열용량의 SI 단위이며, 또한 암페어(A)는 유도물리량인 기자력(起磁力) 뿐만 아니라 기본량인 전류의 SI 단위이기도 하다. 그러므로 어떤 양을 명시하기 위하여 그 단위만을 사용해서는 안 된다. 이러한 사항은 기술서적과 계측장비에도 적용되며 계측장비에서는 단위와 측정된 물리량을 모두 표시해야 한다.

표 15·12 SI 접두어

인자	기호	접두어	인자	기호	접두어
10^{24}	Y	요타	10^{-1}	d	데시
10^{21}	Z	제타	10^{-2}	c	센티
10^{18}	E	엑사	10^{-3}	m	밀리
10^{15}	P	페타	10^{-6}	μ	마이크로
10^{12}	T	테라	10^{-9}	n	나노
10^{9}	G	기가	10^{-12}	p	피코
10^{6}	M	메가	10^{-15}	f	펨토
10^{3}	k	킬로	10^{-18}	a	아토
10^{2}	h	헥토	10^{-21}	z	젭토
10^{1}	da	데카	10^{-24}	y	욕토

15.4.4 단위의 배수

(1) SI 접두어

국제도량형총회는 SI 단위의 십진배수 및 십진 분배수에 대한 명칭과 기호를 구성하기 위하여 10^{24}부터 10^{-24} 범위에 대하여 일련의 접두어와 기호를 채택하였다.

(2) 킬로그램

국제단위계의 기본단위 중 질량의 단위인 킬로그램만이 역사적인 이유에서 그 명칭이 접두어를 포함하고 있다. 질량단위의 십진배수 및 분배수에 대한 명칭 및 기호는 단위명칭 "그램"에 접두어 명칭을 붙이고 단위기호 "g"에 접두어 기호를 붙여 사용한다. 예를 들면 10^{-6} kg=1 mg(1밀리그램)이며, 1μ kg(1마이크로킬로그램)이 아니다.

15.4.5 SI 이외의 단위

(1) 개요

국제단위는 과학기술 및 상거래 분야에서 전반적으로 사용이 권고되며, 이들을 기준으로 다른 단위들이 정의된다. SI 기본단위와 특별명칭을 포함한 유도단위들은 물리량항을 갖는 방정식에서 특정값을 대입할 경우 단위환산을 할 필요없는 일관성을 갖는 장점이 있으나, 아직도 과학기술 및 상거래분야에서 SI 단위 이외의 단위의 사용과 또한 당분간 사용이 지속될 것이다. 시간의 단위와 같은 몇 개 단위가 널리 사용되는 것은 오랜 역사와 문화에 기인된다. 몇 가지 예외적인 단위사용에 있어 SI 단위가 우선 사용되어야 하고, SI 이외 단위와 결합을 피하고 SI 단위사용으로 인한 일관성의 장점을 갖는 특별한 경우에 제한적으로 사용해야 한다.

(2) SI 단위와 공동사용이 용인된 단위

국제도량형총회는 SI 사용자들이 SI 단위에는 포함되지 않지만 중요하고 널리 사용되는 몇 가지 단위사용 원합을 인정해 SI 이외 단위로서 ① 유지되어야 할 단위, ② 잠정적으로 묵인되어야 할 단위, ③ 취소되어야 할 단위를 분류하였다. 이 분류의 재검토에 있어 1996년 국제도량형총회에서 SI 이외의 단위를 새 항목분류에 동의하였다. SI 단위와 함께 사용이 용인된 단위 표 15·13과 실험적으로 구해지며, SI 단위와 사용이 용인된 단위 표 15·14 및 특별한 용도의 필요성을 위해 SI 단위와 공동사용이 용인된 단위는 표 15·15 등이다.

표 15·13 SI 단위계와 병용이 용인된 단위

명칭	기호	SI 단위로 표시한 값
분	min	1 min=60 s
시간	h	1 h=60 min=3600 s
일	d	1 d=24=86400 s
도	°	1=(π/180) rad
분	′	1′=(1/60)°=(π/10800) rad
초	″	1″=(1/60)′=(π/6468000) rad
리터	ℓ, L	1 L=1 $dm^3=10^{-3}$ m^3
톤	t	1 t=103 kg
네퍼	Np	1 Np=1
벨	B	1 B=(1/2) ln10(Np)

* SI 단위로 표현된 그 값들은 실험적으로 얻어졌다.

표 15·14 국제단위계와 병용이 용인된 단위

명칭	기호	SI 단위로 표현된 값
전자볼트	eV	1eV=1.602 177 33(49)×10^{-19} J
통일원자질량단위	u	1u=1.660 540 2(10)×10^{-27} kg
천문단위	ua	1ua=1.495 978 706 91(30)×10^{11} m

1) 전자볼트는 1개의 전자가 진공 중에서 1볼트의 전위차를 지날 때 얻게 되는 운동에너지이다.
2) 통일원자질량단위는 정지상태에 있으며, 바닥상태에 있는 속박되지 않는 C^{12}핵종 원자질량의 1/12과 같다. 생화학 분야에서 통일원자 질량단위는 달톤(기호 Da)으로 부른다.
3) 천문단위는 지구-태양의 평균거리와 거의 같은 길이의 단위이다. 이 값이 태양계에서 물체의 운동을 표현하는 데 사용될 때 태양중심의 중력상수는(0.017 202 098 95)이다.

표 15·15 국제단위계와 현재 병용이 용인된 단위

명칭	기호	SI 단위로 표현된 값
해리	–	1해리=1852 m
놋트	–	1해리 매 시간=(1852/3600) m/s
아르	a	1 a=1 dam^2=10^2 m^2
헥타아르	ha	1 ha=1 hm^2=10^4 m^2
바아	bar	1 bar=0.1MPa=100 kPa=1000 hPa=105 Pa
옹스트롬	Å	1 Å=0.1 nm=10^{-10} m
바안	b	1 b=100 fm^2=10^{-28} m^2

1) 해리는 항해나 항공거리를 나타낼 때 사용되는 특수단위이며, 1929년 특수수로학회에서 "국제해리"이름아래 채택되었으나 기호는 없다. 지구표면의 1해리는 대략 지구중심에서 1분(′)에 상응한 거리이다.
2) 헥타아르(ha)는 토지면적을 표시하는 데 사용된다.

15.4.6 SI 단위 표시

(1) 개요

단위(Unit)는 양을 측정하기 위한 비교기준으로써 사용되는 일정 크기의 양을 말한다. SI 단위계는 7개 기본단위를 바탕으로 형성되어 있고 유도단위가 이들의 곱 및 비로서 이루어지는 일관성 있는 단위체계이다. 따라서 각 분야에서 국제적으로 통용되는 단위의 표기는 종래 사용되는 Torr(torr)나 μ(micron), γ(gamma) 대신에 SI 단위인 Pa (pascal), μm(micrometer), nT(nanotesla) 등으로 변경 사용해야 한다.

(2) 단위기호 사용법

단위기호의 사용은 국제적인 공통약속이므로 활자체, 소문자, 대문자 모두 그대로 사용한다.

① 양의 기호는 이탈릭체를 사용하며 단위기호는 입체문자를 사용한다. 보통 소문자를 사용하나 인명의 고유명사에서 유도된 경우 첫 번째 문자는 대문자를 사용한다.

예) 양의 기호 : m(질량), t(시간), 단위기호 : kg, s, N, Pa, kHz

② 접두어 기호와 단위기호 사이에 공백을 두지 않고 사용한다.

예) mm, μF

③ 단위기호는 복수인 경우에도 변하지 않으며, 단위기호 뒤에 마침표 등 다른 기호나 문자를 사용하지 않는다.

예) kg(Kg은 틀림), 7 s(7 sec 또는 7secs는 틀림)

게이지압력 표시 500kPa(gauge)이며, 500 kPag는 틀림

④ 어떤 양을 수치와 단위로 표시할 때 숫자와 단위기호 사이에 한 자리만큼 공백을 둔다. 단, 평면각의 도(°), 분(′), 초(″)에 한하여 기호와 숫자 사이에는 띄지 않는다.

예) 25 mm(25mm는 틀림), 15 ℃(15℃ 또는 158°C는 틀림, ℃도 SI 단위임)

2.25 lm(2.25lm 또는 2.25 lumens는 틀림),

20°, 20°30′, 20°30′ 28″ 등은 옳음

백분율 25 %(25%는 틀림)

⑤ 숫자의 표시는 일반적으로 직립체를 사용하며, 수에 있어서 소수점(Period, dot)은 소수부분과 정수부분을 구분을 위해 사용한다. 여러 숫자를 표시할 경우 읽기 쉽고 구분하기 용이하도록 소수점을 중심으로 세 자리씩 묶고 약간 사이를 띄어쓴다.

예) v=299 792 458 m/s(빛 속도)

1eV=1.602 177 33 (49)×10^{-19} J(괄호 안의 값은 불확도)

⑥ 표시하는 양이 합 또는 차를 나타낼 경우 수치부분을 괄호로 묶고 공통되는 단위기호는 뒤에 쓴다.

예) t=25.5 ℃±0.2 ℃=(25.5 ± 0.2) ℃ (25.5±0.2 ℃은 틀림)

(3) 단위의 곱과 나눔

① 단위기호는 종지부호(, 또는 .)를 찍지 않으나 단위의 곱으로 표시되는 유도단위는 가운데 점이나 한 칸을 띄어쓴다.

예) N·m 또는 N m

② 2개의 단위의 나눔은 사선(/), 수평선(−), 음의 지수로 나타낸다.

예) $\frac{m}{s}$, m/s 또는 m·s^{-1}

③ 괄호사용으로 애매 모호함을 나타낼 경우, 사선은 곱의 기호나 나누기 기호는 같이 사용하지 말아야 한다. 복잡한 경우에는 혼돈을 피하기 위해 음의 지수나 괄호를 사용한다.

예) (옳음 : joules per kilogram 또는 J·kg^{-1})

(틀림 : joules/kilogram 또는 joules/kg 또는 joules·kg^{-1})

(4) 접두어 사용법

① 접두어는 크기의 정도를 나타내는 데 적합하도록 선정한다. 따라서 영(Zero)을 없애고 10의 멱수로 표시하여 계산하는 방법 대신 이 접두어를 적절히 사용할 수 있다.

예) 16 500 mm는 16.5m가 됨 16.5×10^3 m는 16.5 km가 됨

0.00165 μA는 1.65 nA가 됨

② 임의의 양을 한 단위와 수치로 표시할 때 수치가 0.1과 1000 사이에 오도록 접두어를 선택한다. 다만 다음의 경우는 예외로 한다.

· 넓이나 부피를 나타낼 때 헥토, 데타, 데시, 센티가 필요할 수 있다.

예) 제곱헥토미터(hm^2), 세제곱센티미터(cm^3)

· 동일량의 값을 나타내는 표 및 문맥에서 그 값을 비교하거나 논의할 때는 0.1에서 1000의 범위를 벗어나도 같은 단위를 사용하는 것이 좋다.

· 어떤 양은 특정분야에서 사용할 때 관례적으로 특정한 배수가 사용된다.

예) 도면에서 0.1∼1000 mm의 범위를 많이 벗어나도 mm를 사용한다.

· 복합단위의 배수를 형성할 때 1개의 접두어를 사용해야 한다. 이때 접두어는 분자에 붙어 있는 단위에 붙으나 단지 kg은 예외가 되어 kg이 분모에 올 경우이다.

예) V/m이며 mV/mm는 틀림, MJ/Kg이며 kJ/g는 틀림

③ 2개나 그 이상의 접두어를 연속 붙여 사용하는 복합접두어는 사용할 수 없다.

예) 1 nm이며 1mμm는 틀림, 1 pF이며 1μμF는 틀림

④ 접두어를 가진 단위에 붙는 지수는 그 단위의 배수나 분수 전체에 적용된다.

예) $1cm^3=(10^{-2}m)^3=10^{-6}\ m^3$, $1\ ns^{-1}=(10^{-9}s)^{-1}=10^9\ s^{-1}$

⑤ 접두어는 단위의 기호와 결합하여 사용하며(이 경우 하나의 새로운 기호가 형성됨), 접두어만 별도로 독립적으로 사용할 없다.

예) $10^6/m^3$이며 M/m^3은 틀림

(5) 단위 "1"의 사용법

① 차원(Dimension)이 일(1)인 양의 SI 단위는 '하나'(기호 1)이다. 이러한 양을 수치적으로 표시할 때는 이 단위의 기호는 생략한다.

예) 굴절률 $n=1.53\times1=1.53$

단, 차원 1인 양 중에서도 어떤 양의 단위는 특별한 명칭이 있는데 문맥에 따라 쓰거나 생략할 수 있다.

예) 평면각 $\alpha=0.5\,rad=0.5$, 입체각 Ω 2.3 sr=2.3

② 단위 '하나'의 십진배수와 분수는 10의 멱수로 나타내야 하며, 단위기호 '1'과 접두어 결합으로 나타내서는 안 된다.

예) 반사인자 $r=0.8=80$ % (기호 %를 80 %로 대신 사용함)

(6) SI단위 영문 명칭사용

① 단위명칭은 보통명사와 같이 취급하여 소문자로 사용한다. 단, 문자의 시작 등 문법상 필요한 경우는 대문자를 쓴다.

예) 5 newtons이며 5 Newtons는 틀림

② 일반적으로 영어문법에 따라 복수형태가 사용되며, lux, hertz, siemens는 불규칙 복수형태로 단수와 복수가 같다.

③ 접두어와 단위 명칭사이에는 빈칸이나 하이픈(hyphen)을 넣지 않는다.

예) kilometer이며 kilo-meter는 틀림

④ "megohm", "kilohm", "hectare"의 세 가지 경우 접두어 끝에 있는 모음이 생략된다. 이외 모든 단위명칭은 모음으로 시작되어도 두 모음표기와 발음도 모두 해야 한다.

15.4.7 차원과 차원식

물리량은 모두 서로 독립적인 양 A, B, C, ……를 기본량으로 하여 그들 조합으로 나타낸다. 임의 물리량을 Q라고 하면 k, α, β, γ, …… ω를 정수로 한다.

$Q = k \cdot A^{\alpha} B^{\beta} C^{\gamma} \cdots\cdots N^{\omega}$의 기본량의 누승곱 형태로 표현되며, 이 누승의 지수 α, β, γ …… ω를 물리량 Q의 각각 기본량 A, B, C에 관계하는 차원(Dimension)이라 하고, 식을 차원식(次元式)이라 한다.

$$Q = k \cdot A^{\alpha} B^{\beta} C^{\gamma} \cdots\cdots N^{\omega}$$

길이, 질량, 시간을 기본량으로 하여 각각 L, M, T라 하면 속도, 가속도, 힘의 차원식은 다음과 같다.

$$[\text{속도}] = [\text{거리} \div \text{시간}] = [LT^{-1}]$$

$$[\text{가속도}] = [\text{속도} \div \text{시간}] = [LT^{-2}]$$

$$[\text{힘}] = [\text{질량} \times \text{가속도}] = [M \times LT^{-2}] = [MLT^{-2}]$$

차원과 차원식은 어떤 형태의 조합으로 성립되는지를 표시하므로 기본량의 선택에 따라 달라진다. 기본량과 관련되지 않는 수치, 비중(比重), 각(角) 등은 무차원(無次元) 또는 차원이 영(zero)이 된다.

15.5 교정검사(較正檢査, Calibration)

15.5.1 교정검사의 운용

산업현장에서 공업제품의 표준화는 제품설계, 부품제조, 조립작업의 효율성 향상과 조립품의 호환성 유지 및 확인수단으로 측정기를 이용하고 상거래의 질서를 위해 계량기가 사용된다. 교정(Calibration)은 특정조건에서 측정기기, 표준물질 또는 측정시스템에 의해 결정된 값과 표준에 의해 실현된 값 사이에 관계를 정의하는 일련의 작업이다.

오늘날 정보통신기술과 교통수송수단의 발달로 세계시장이 좁아져 국가간에 물자교류 확대로 1980년대의 표준화 동향이 원가절감과 제품의 시장확대의 수단에서 1990년대 이후에는 세계표준과 연계된 세계시장의 확보수단으로 이용되고 있다. 세계시장의 통합에 따라 WTO/TBT협정에서 각국의 규격제정 및 개정에 있어 세계규격을 기초하기로 함에 따라 우리나라도 국가표준제도 확립과 WTO체제에 대한 대처를 하기 위해 국가표준기본법을 제정하여 운용하고 있다.

15.5.2 국가의 교정제도

(1) 목적

국가표준기본법 및 국가 교정기관지정제도의 운영관련법 제정에 있어 국제기준과 부합되고, 제도운영상의 투명성 및 효율성의 제고와 국내 교정기관의 대내외적인 신뢰도 구축을 위해 측정의 정도유지가 필수적이다. 국가교정제도는 산업현장, 시험 및 연구기관에서 사용하는 측정기기가 명시된 불확도의 범위 내에서 국가측정표준 또는 국제측정표준에 일치하도록 지속적인 비교교정을 통해 측정정도를 유지시키기 위함이다. 이 제도의 운용목적은 제품생산의 공정에서 제품의 균질성 및 성능보장과 시험 및 연구기관의 측정결과에 대한 대외신뢰도 확보에 중점을 두고 있다.

(2) 교정제도 관련법

국가교정제도에 관련되는 법령은 국가표준기본과 국가표준기본법 시행령, 국가교정기관 지정제도 운영요령 및 운영세칙이 있다. 국가교정제도 관련 국내・외 인정기준에 따른 운영기준은 ISO/IEC Guide 58에서 제시하는 교정 및 시험기관의 운영 및 승인을 위한 인정시스템을 위한 일반요건이 있다.

또한 국가교정기관의 인정기준은 ISO/IEC 17025에서 교정 및 시험기관의 자격에 관한 일반요건, 현장교정지침, 측정분야별의 세부기술기준과 시험소간 비교에 의한 숙련도 시험시행기준 등이 있다. 비교숙련시험의 운영기준 및 측정결과의 소급성 유지를 위한 지침, 측정결과의 불확도 표현 및 평가지침 등 기술수준에 대한 지침을 명시하고 있다.

국가교정기관과 관련되는 기술기준은 측정결과의 소급성을 위한 지침, 측정결과의 불확도 표현 및 평가지침, 시험소간 비교에 의한 숙련도 시행기준이 있다.

15.5.3 한국교정·시험기관인정기구(KOLAS)

한국교정・시험기관인정기구(Korea Laboratory Accreditation Scheme, KOLAS)는

국가표준기본법 및 국제표준인정기구로부터 국제기준에 의거하고 고객요구에 부합하는 신뢰성 있는 양질의 인정서비스를 제공하여 교정, 시험 및 검사에 대한 측정능력을 향상을 위해 설립 운영하는 인정기구이다.

한국교정 · 시험기관인정기구(KOLAS)는 산업자원부의 기술표준원에서 관장하며, 관계법령 ISO/IEC GUIDE 58 및 ISO/IEC 17025 등 국제기준에 따라 교정, 시험 및 검사기관 인정서비스를 제공하고 있다.

15.5.4 교정기관의 운용

국가교정기관은 기본적인 교정유형 및 활동범위에 적합한 품질시스템 구축과 방침, 목표, 품질시스템, 절차 및 지침을 문서화해야 한다. 또한 교정장비, 인원, 교정환경이 매우 중요하며, 장비는 항목별 최고능력을 발휘할 수 있는 장비확보와 품질책임자, 기술책임자 및 분야별 교정실무자 등 기술직원을 확보하여 기술표준원에 등록하고 부책임자를 임명해야 한다. 또한 교정환경은 환경조건이 교정결과를 무효화하거나 측정에 부정적 영향을 주지 않아야 한다. 측정분야의 교정항목별로 교정방법 및 절차를 확립해야 하며, 기타 관련법과 시행령, 운영요령 및 운영세칙과 ISO/IEC 17025의 요구사항을 충족시켜야 한다.

국가교정기관의 인정분야는 측정분야, 분류코드 및 교정항목을 조합하여 정하며, 추가로 분류할 필요가 있을 때는 기술표준원장과 협의하여 결정한다. 인정범위를 신청할 때는 측정분야의 교정항목별로 교정가능범위, 최고측정능력 및 신뢰수준을 표시해야 한다. 또한 운영요령에 의하면 최초 지정신청자는 측정심사 또는 비교숙련도시험도 시험에 참가해야 하며, 국가 교정기관에 지정된 기관도 3년에 1회 이상 비교숙련도시험에 참가해야 한다.

15.5.5 교정의 일반수칙

교정대상 및 주기에 대해서는 국가측정표준과 측정기간의 소급성 유지를 위하여 측정기를 보유 또는 사용하는 자가 측정기의 정밀정확도, 안정성, 사용목적, 환경 및 사용빈도를 감안하여 검사대상 및 주기를 설정 운영하도록 되어 있다. 따라서 측정기를 보유 또는 사용하는 자가 합리적인 자체기준 설정하여 운용할 수 있으며, 동일한 사업장이라도 각 부서별로 측정기 사용 작업환경과 측정범위 및 허용오차 한계가 각기 달라 일률적인 교정주기를 설정함에 있어서는 불합리하기 때문이다.

운영요령에서는 측정기를 보유 사용하는 자가 측정표준 또는 표준물질을 이용하여 적합하게 자체교정을 실시할 경우에는 적합한 교정으로 인정한다. 이에 따라 자체교정을 인정받기 위해서는 국가측정표준에 소급된 상위의 표준기를 사용해야 하고 유효성이 검증된 교정방법과 수행능력이 검증된 자에 의해 수행된 교정이어야 한다. 현장에서 이루어지는 교정은 현장 교정지침을 준수해야 한다.

15.5.6 교정제도의 국제기준과 부합화

국가교정제도 관련법규 및 ISO/IEC 17025에 따라 국가교정기관의 품질시스템과 기술능력을 평가하여 해당측정분야에 대한 교정수행능력이 있음을 공식적으로 승인하는 인정제도로서 제도개선의 핵심요소는 다음과 같다.

기존에는 기술인력, 설립기준, 환경기준 및 업무규정 등에 대한 기본요소만에 대하여 규정하였다. 개선 후에는 양질의 측정결과 산출을 위한 모든 능력, 측정 소급성 품질시스템과 측정능력을 종합평가하기 위한 요소를 규정하고 있다.

15.5.7 국제통상과 시험업무

국제통상에 있어 WTO체제에서 관세의 축소로 비관세장벽이 시장접근에서 큰 장벽이 되고있다. 따라서 국제규격에 부합화로 제도 및 적용규격의 차이해소와 국가간 상호적합성평가를 통하여 신뢰구축이 필요하다. 국제상호인정협정(MRA)체결에 따라 국가간 중복심사를 피하고 검사기간 단축으로 부대비용을 절감할 수 있다. 1996년 OECD보고서에서는 표준과 규제기준의 차이로 중복시험 및 인증비용이 전체생산비의 2~10%로 보고하였다.

표 15·16 표준화관련 국제기구

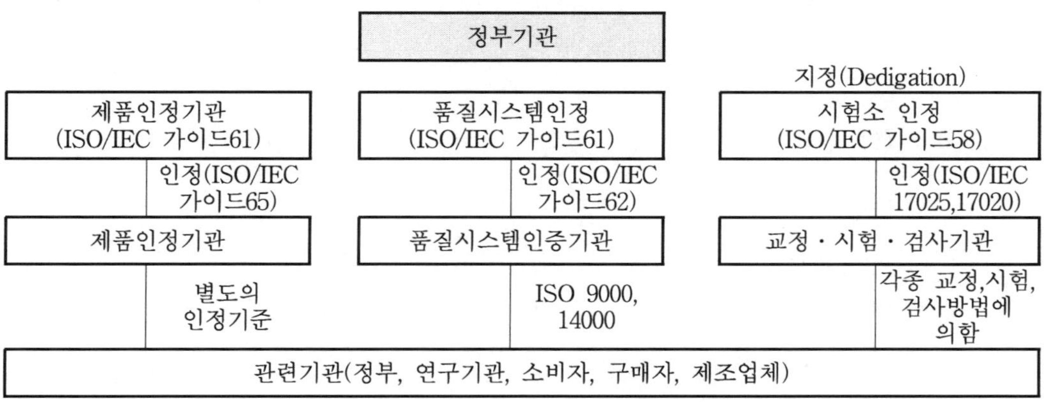

표 15·17 WTO-TBT 권고 적합성 평가·체계

<table>
<tr><th></th><th>법정도량형</th><th>측정과학</th><th>문서표준</th><th>시험소인정</th></tr>
<tr><td rowspan="3">국제기구</td><td>OIML
International Organization for Legal Metrology</td><td>CGPM
General Conference on Weights & Measures</td><td>ISO
International Organization for standard</td><td>ILAC
Internationa Lab. Accreditation Conference</td></tr>
<tr><td rowspan="2">CIML
International Committee for Legal Metrology</td><td rowspan="2">CIPM
International Committee on Weights & Measures</td><td>IEC
International Electromechanical Commission</td><td rowspan="2">APLAC
Asia Pacific Lab. Accreditation Cooperation</td></tr>
<tr><td>Technical Committes</td></tr>
<tr><td>조직</td><td>산업자원부
기술표준원</td><td>표준과학연구원</td><td>산업자원부
기술표준원</td><td>산업자원부
기술표준원</td></tr>
<tr><td></td><td>상거래용 계측기기의
법정도량형</td><td>국가측정표준
인증표준물질</td><td>한국산업표준</td><td>시험소인정 및
숙련도시험</td></tr>
</table>

표 15·18 국제상호인정협정의 국가간 조절

<table>
<tr><th colspan="3">국제 상호인정협정</th></tr>
<tr><td>국가 A</td><td rowspan="5">자발적인
상호인정</td><td>국가 B</td></tr>
<tr><td>생산품의 품질인정</td><td>생산품의 품질인정</td></tr>
<tr><td>인증시스템</td><td>인증시스템</td></tr>
<tr><td>품질 인증</td><td>품질 인증</td></tr>
<tr><td>검사, 시험·교정</td><td>검사, 시험·교정</td></tr>
<tr><td>국가측정시스템</td><td>국가 간 동등</td><td>국가측정시스템</td></tr>
</table>

국제상호 인정협정(MRA, Mutual Recognition Agreement)은 국가 간을 국제적으로 동등 입장에서 자발적으로 생산품 품질인증, 변용시스템, 품질시스템 인증, 조사·시험·교정, 국가측정시스템을 수행하고 있다.

15.5.8 국내시험소의 역할

(1) 측정 및 시험기술의 개발

측정, 시험 및 검사기술이나 기준이 선진국에서 요구하는 기준 또는 국제규격에 따라 행해지고, 국내기업의 기술개발을 위한 선도적인 역할수행을 위한 메커니즘을 확보해야 한다.

(2) 외국의 주요 국가의 기술기준 분석

국제상호인정협정 체결을 위해 해당국의 기술기준 분석과 우리나라와 기술기준 비교

분석은 유리한 협상전개를 위해서는 필요하다. 공정한 국제간 상거래를 위해서는 측정결과의 신뢰성이 요구되며, 측정결과의 일치로 비관세무역장벽을 극복해야 한다.

또한 WTO협정 정신인 과학적 기반(Scientific Base)을 전제로 해야 하며, 국제적으로 약속된 기준에 의한 측정 소급성을 유지해야 한다. 이와 관련되는 사항은 비교(Comparability), 소급성(Traceability), 정확도(Accuracy), 측정불확도(Statement of Measurement Uncertainty) 등이다.

15.5.9 현장평가

(1) 시스템 평가

평가에는 경영요건 및 기술요건, 신청서류에서 평가할 주요 점검표의 주요사항을 평가하게 된다.

① 경영요건

- 품질책임자 및 기술책임자 등 주요 직원의 역할, 책임과 권한의 명확한 설정 여부
- 직원의 자격부여 기준 및 절차의 적합성 및 실제 수행능력 확보 여부
- 내부감사, 경영검토, 시정조치 및 예방조치 등 향후 품질보증의 활동에 대한 적합성 여부
- 문서 및 기록관리의 적합성

② 기술요건

- 교정방법의 선정방법 및 절차의 적합성 및 최종 적용절차의 합리성
- 최종절차서의 확정까지 모든 단계에서 기술적 고려사항의 반영 여부
- 교정장비에 대한 관리절차의 합리성
- 측정 불확도 적용의 합리성 및 예외적 상황에 대한 대처방안의 확보여부
- 최고 측정능력에 의한 지정신청 내용의 적합성 여부
- 신청접수에서 성적서 발급, 측정기 불출까지 관리절차를 추적하여 누락절차의 유무 확인

(2) 기술평가

기술평가사는 평가분야, 항목 수 등을 고려하여 교정요원들이 평가기간 내에 수행할 수 있는 입회시험계획하고 평가반장에 계획을 통보한다.

- 사용하는 교정시스템 및 교정절차에 대한 이해여부, 교정경험 등을 확인
- 교정성적서, Raw-Data를 작성하도록 하고 시스템에서 정한 절차와 일치하는지 여부

· 1개 분야에 1개 이상은 반드시 입회시험 실시

국가표준기본법에서 SI 단위를 법정단위로 채택하게 되므로 측정결과 및 교정 성적서에는 반드시 SI단위를 사용하도록 하고 있으며, 만일 사용하지 않을 경우 국제적으로 측정의 소급성 문제가 야기될 수 있다.

국가교정기관의 인정분야는 측정분야, 교정항목, 교정가능범위, 최고측정능력 및 신뢰수준을 조합하여 정한다. 측정심사 및 비교숙련도 시험은 최초 지정신청자는 신청 전에 1회 이상의 측정심사 또는 비교숙련도시험에 참가해야 한다. 이미 지정 받은 교정기관에서는 측정분야별로 비교숙련도시험에 합격해야 한다. 여기서 측정심사란 교정기관으로 지정 받고자 하는 자가 국가측정표준으로부터 신청분야에서 측정능력을 보유하고 있음을 사전에 검증하는 심사이다.

교정기관으로 지정 받고자 할 때는 지정신청서와 지정신청분야, 기술직원현황, 품질매뉴얼 및 절차서, 분야별 측정설비 및 환경설정조건, 교정항목별 교정방법 및 절차서 목록, 비교숙련도시험 및 측정심사결과를 제출해야 한다. 단 지정불가 판정일로부터 일정기간(6개월)이 경과되지 않은 자 또는 지정 취소일로부터 1년이 경과되지 않은 자 및 비교숙련도 시험 또는 측정심사결과 부적합하다고 판단되는 자는 지정신청을 할 수 없다. 국가지정기관 절차는 표 15 · 19와 같다.

15.5.10 국가교정기관 지정절차

(1) 지정 신청

지정을 받고자 하는 자는 지정신청서와 제출할 신청서류에는 지정신청분야, 기술직원의 현황, 품질매뉴얼 및 절차서, 분야별 측정장비목록 및 환경설정조건 교정항목별 교정방법 및 절차서 목록, 비교숙련도시험 및 측정심사결과, 기타 기술원장이 필요하다고 인정하는 사항을 제출해야 한다.

단 지정신청을 할 수 없는 경우는 지정불가 판정일로부터 6개월이 경과되지 아니한 자나, 지정 취소된 날로부터 1년이 경과되지 아니한 자, 비교 숙련도 시험 또는 측정심사결과 부적합하다고 판단되는 자는 지정신청을 할 수 없다.

(2) 문서 심사

제출된 신청서류와 비교숙련도시험 또는 측정심사의 결과를 토대로 심사하게 되며, 품질매뉴얼과 절차서 적합성 등의 지정기준 적합 여부를 심사하여 결정한다. 만일 지정기준에 미달하거나 부적절한 경우 1개월 내에 보완 요구를 요구하며 보완조치가 이행되지 않을 경우 신청서류를 반려하고 한다.

(3) 현장 평가

업무처리 절차는 평가계획수립을 수립하여 신청기관에 현장평가계획서를 평가일 7일 전에 통보하면 신청자는 이를 확인하고 동의서를 제출하여 현장평가를 받게 된다. 평가방법은 규정된 국가교정기관 지정기준의 적합성 여부를 면담, 현장관찰, 입회시험, 관련기록 확인 등의 조사활동을 통해 평가한다. 표준물질 또는 측정시료를 이용한 현장입회시험을 실시한다.

평가진행은 평가 전에 시작회의를 개최하고 평가에 있어 현장평가 및 입회시험을 한 다음 부적한 사항이 있으면 피평가기관이 담당자로부터 동의를 받고 최종결과를 정리하여 종결회의를 한 후 종료한다. 만일 기술요원이 갖추어야 할 필수적인 교정능력 결함, 비교숙련도시험 및 측정심사결과 측정능력이 결여된 경우는 부적합으로 판정한다. 조직관리상 책임과 권한의 불명확하거나 또는 상충되는 사항이 있는 경우, 또한 품질시스템과 실행에 있어 현저한 차이를 보일 경우나 내부감사 및 경영검토 미실시, 여러 개의 결함이 하나의 요구사항에 집중되어 있는 경우는 부적합으로 판정한다.

현장 평가 후 평가반장은 현장평가보고서를 작성하여 지정신청자와 기술표준원장에게 보고한다. 평가보고서는 평가점검표와 현장입회시험결과에 대한 사항과 부적합보고서 및 증빙서류, 평가일지 및 종합의견이 포함되어야 한다.

(4) 평가결과의 정리

평가결과는 평가반장이 현장평가 후 현장평가보고서를 2부 작성하여 지정신청자와 기술표준원장에게 제출한다. 지정신청자는 평가 종료된 날로부터 경한 부적합사항은 2주 이내, 중한 부적합사항은 3개월 이내 시정조치를 완료하고 기술표준원장에게 확인 요청을 해야 한다. 평가보고서는 기술직원, 측정설비, 환경조건 등 평가결과가 포함된 평가 점검표와 현장입회시험결과에 관한 사항, 부적합보고서 및 증빙 서류 포함되며, 현장평가 시 관찰되어 기록된 평가일지 및 종합평가의 의견이 포함되어야 한다.

(5) 지정여부의 결정 및 공고

평가결과의 심의는 현장평가 및 시정조치의 결과를 토대로 하여 운영위원회에 상정하며, 운영위원회는 평가과정의 적정성과 국가교정기관 수행능력을 심의해야 한다. 만일 전체 평가항목에서 부적합사항이 40%이상인 경우나 시정조치기간 내에 적합하게 조치가 이행되지 않을 경우는 운영위원회의 심의를 생략할 수 있다. 한편 운영위원회에서 지정승인을 받은 신청자를 국가 교정기관으로 기술표준원장은 지정하는데, 지정에 있어 국가교정기관의 명칭, 인정분야 및 범위, 지정일자, 공인유효기간 등을 공고한다.

국가교정기관의 장은 공인유효기간 내에 교정성적서, 인쇄물, 홍보물에 공인의 표시를 할 수 있으며, 이를 홍보에 활용할 수 있다. 단, 국가교정기관으로 지정 받지 않은 지소, 영업소에서 실시한 교정의 경우나 사업정지, 휴지 및 또는 지정이 취소된 경우는 제한한다.

(6) 국가교정기관의 유지, 사후관리 및 갱신평가

국가교정기관으로서 지정요건을 유지하기 위해서는 최초지정일 또는 재평가를 실시하여 재 지정된 날로부터 5년이며, 공인유효기관 만료일 3개월 전에 재평가를 신청하여야 한다. 품질시스팀 향상을 위해서는 유효성이 검증된 교정방법을 채택하며, 측정 불확도의 요인분석 및 산정방법의 유지, 비교숙련도시험의 지속적 참가 및 소속직원에 대한 지속적인 교육을 실시해야 한다.

표 15·19 국가교정기관 지정절차

순서	과 정	내 용
1	지정신청	기술직원현황, 품질매뉴얼, 절차서, 측정설비·환경, 교정방법, 절차서 목록 등
2	문서검토	신청서류, 비교숙련도시험, 측정심사결과, 품질매뉴얼·절차서 적합성 검토 *기준 미달시 보완 요구
3	현장평가	평가계획수립, 현장평가계획서 통보, 신청자 확인, 동의서 제출면담, 현장관찰, 입회사험 관련기록 확인
4	평가결과정리	평가점검표, 현장입회시험결과 부적합보고서 및 증빙서류, 평가일지, 종합의견
5	지정결정·공고	현장평가 및 시정조치결과를 운영위원회에 상정- 평과과정정 적정성·교정기관 수행능력 심의 후 결정

국가교정기관으로서 보유하고 있는 측정장비의 소급체계를 입증하는 자료, 접수 및 발급대장, 교정필증 관리대장, 교부된 교정성적서 사본, 성적서의 교정결과 및 불확도 산출근거 관련기록 등의 서류는 5년 이상 유지·관리해야 한다. 한편, 법적지위, 조직 및 주요 경영진, 소재지 변경 또는 주요 설비의 이동, 기술직원의 변경 등의 주요 변경사항은 기술표준원장에게 보고해야 하며, 기술품질원장은 보고된 사항이 품질시스템에 중대한 영향이 미친다고 판단되는 경우에는 현장확인 후 조치해야 한다.

국가교정기관의 변동사항과 지정기준의 유지여부를 파악하기 위하여 2년마다 정기 사후관리를 실시하며, 기술표준원장은 매년 사후관리계획을 수립하여 공고한다. 한편, 교정성적서 발급관련된 이의 제기 및 분쟁이 발생하거나 부적격자, 부적격 시설 및 장비에 의한 교정사례가 발생할 경우, 비교숙련도의 시험결과 지속적으로 규정된 범위를 벗어난 경우, 또는 기술품질원장이 필요하다고 인정할 경우는 특별사후의 관리를 실시할 수 있다.

15.5.11 교정기관의 요건(ISO/IEC17025)

(1) 경영 요건

① 조직 및 경영, ② 품질시스템, ③ 문서관리, ④ 의뢰, 입찰 또는 계약 검토, ⑤ 시험 및 교정의 위탁계약, ⑥ 서비스 및 물품구매, ⑦ 고객에 대한 서비스, ⑧ 불만 사항, ⑨ 부적합 시험 및 교정작업에 대한 관리, ⑩ 시정조치, ⑪ 예방조치, ⑫ 기록관리, ⑬ 내부감사, ⑭ 경영진 검토

(2) 기술 요건

전제 측정불확도에 대한 기여정도에 따라 요인을 검토하며, 시험 및 교정방법의 정확성과 신뢰성에 따라 결정되며 결정요인은 다음과 같다.

인적요인, 장소 및 환경조건, 시험 및 교정방법과 방법의 유효화, 설비, 측정의 소급성, 샘플링 계획 및 절차, 시험대상 품목의 취급 관련사항 등

① 측정불확도 평가 및 표현

소급성은 명백하게 정해진 불확도를 가진 연결된 비교고리를 통해 국가 혹은 국제표준인 참고표준으로 연계하는 표준값이나 측정결과의 특성이다. 불확도의 연결고리는 소급성 연결고리의 부분으로서 측정 및 시험장비의 소급성은 교정을 통해 이루어지고 그에 따라 문서화되어야 한다. 교정기관은 최대의 측정능력과 평가절차를 갖추어야하고 이 평가결과는 명시된 범위 및 적용범위에 속한 모든 양 또는 측정에 대해 유효하다.

최대측정능력(Best Measurement Capability)은 실제 측정불확도가 보통 교정품목의 비 이상적인 작동으로 인하여 최대능력보다 크게 된다. 시험 및 측정결과의 불확도를 평가할 때 적절한 분석방법을 사용하여 주어진 상황에서 중요한 모든 불확도 구성요소

표 15 · 20 측정 불확도의 개념

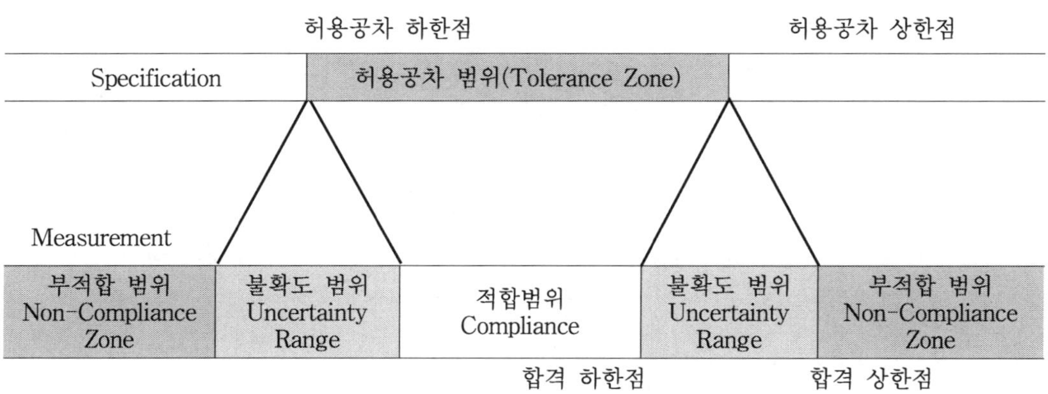

를 검토해야 한다. 교정성적서는 측정 불확실 및 확인된 계량시방 또는 그 항목에 대한 적합성을 기술하고 있다.

② 측정불확도 요인

측정불확도의 요인은 다음과 같은 인자들이 작용한다.

a) 측정표준(Standards and References)
b) 작업시료 및 측정량(Workpiece and Measurement)
c) 측정장비(Instruments)
d) 측정방법(Method)
e) 환경(Environment)
f) 측정요원(Personal and Test Officer)
g) 기타 불확도 인자(Other Sources of Uncertainties)
h) 실수(Blunders)

15.5.12 KOLAS 숙련도 시험

(1) 숙련도 시험

숙련도 시험은 시험소의 수행능력에 대한 외부 척도를 나타내고 교정프로그램은 인정을 획득한 정확도의 달성 능력평가와 시험자의 수행능력을 대외적으로 실증하기 위해 필요하다. 또한 인정기구의 현장평가, 인정평가, 재평가, 사후관리에 사용되며, 내부 품질관리에 대한 절차를 보완하기 위한 장치이다. 참가기관은 지정조치를 통해 시험 및 측정능력을 향상할 수 있다.

숙련도시험은 공인시험소의 지속적인 시험 및 측정능력을 유지하고 시험소 인정기구간 상호인정협정 체결에 있어 시험 및 측정능력에 대한 신뢰도를 제공하는 데 활용할 수 있다.

(2) 시험소간 비교

숙련도 시험을 통하여 각 시험소의 수행능력을 측정하고, 시험소의 문제점을 식별하고 시정 조치할 수 있다. 신규 시험과 측정방법에 대한 유효성을 확립할 수 있으며, 시험소 의뢰인에게 추가적인 신뢰를 제공한다. 그리고 시험소간 편차의 식별이 가능하고 방법의 수행특성을 결정할 수 있다. 시험소간 유지관리하고 있는 표준물질의 특성값을 조절이 가능하다.

(3) 숙련도 시험의 유형

a) 측정비교법 : 대상시료를 한 참가자로부터 다음 참가자로 계속 순환한다.

b) 시험소간 시험법 : 한 재료원의 부표본을 동시에 배부한다.

c) 샘플분할시험법 : 시료를 2개 이상으로 나누어 한정된 수의 시험소가 참여한다.

d) 정성적 방법 : 특정 실체에 대한 특성평가의 수행능력을 결정한다.

e) 기지값 방법 : 참가자의 시험결과와 설정값을 비교한다.

f) 부분 과정법 : 시험 또는 측정과정의 일부분을 수행하는 시험소의 수행능력을 평가한다.

(4) 시험소가 갖추어야 할 특성

시험소는 수행능력을 평가받고 외부척도를 제공하기 위해서는 반복성, 재현성 유지와 측정정도의 소급성과 불확도를 유지해야 한다.

a) 반복성(Repeatability) : 동일한 조건하에서 얻은 시험결과들 사이의 일치성을 말하며, 이를 실현하기 위해서는 동일한 시험소, 작업자, 장비, 방법 및 짧은 시험방법을 강구해야 한다.

b) 재현성(Reproducibility) : 재현성 조건하에서 얻은 시험결과들 사이의 일치성으로 다른 시험소와 비교 및 동일한 재료·방법을 통하여 나타낸다.

c) 소급성(Traceability) : 명시된 불확도를 갖는 끊어지지 않는 비교의 연결고리를 통하여 명문화된 기준으로서 일반적으로 국가 또는 국제표준과 연결될 수 있는 측정결과 또는 표준값의 특성을 말한다.

d) 불확도(Uncertainty) : 합당하게 측정량으로 추정할 수 있는 값들의 산포를 특성 짓는 결과와 관련된 파라메터이다.

(5) 용어 정의

a) 표준물질 : 측정기기의 교정, 측정방법의 평가 또는 재료에 값을 부여하는 데 사용하기 위해 하나 이상의 특성값이 충분하고 적절하게 확정되어 있는 재료 또는 물질을 말한다.

b) 인증표준물질 : 인증서가 붙어 있는 표준물질로 하나 이상의 특성값이 그 특성값을 나타내는 단위의 정확한 표시에 대한 소급성을 확립하는 절차에 따라 인증되고 각 인증값에는 표기된 신뢰수준에서의 불확도가 주어진 것을 말한다.

c) 기준시험소(Reference Laboratory) : 시료에 기준값을 부여하는 시험소이다.

d) 설정값(Assigned Valve) : 특정량에 귀속되고 때로는 합의에 의해 주어진 목적에 적합한 불확도를 갖는 것이며, 인정된 값으로 정의한다.

e) 이상값(Outlier) : 일련의 값들에서 다른 값들과 조화되지 않는 값이다.

f) 정밀도(Precision) : 규정된 조건하에서 얻은 개별 시험결과 간에 일치하는 근접정도

g) 정확도(Accuracy) : 시험결과와 인정된 기준값 사이의 일치성 여부

h) 편위(Bias) : 시험결과들의 평균과 인정된 기준값 사이의 일치성 여부

(6) 국제숙련도시험의 운영기구

a) APLAC : Asia Pacific Laboratory Accreditation Cooperation

b) APMP : Asia Pacific Metrology Program

c) APLMP : Asia Pacific Legal Metrology Forum

d) BIPM : International Bureau of Weight& Measures

e) EAL : European Cooperation for Accreditation of Laboratory

(7) 표준물질의 안정성(Artifact stability)

a) 드리프트(Drift) : 안정성이 확인된 시험물 확보

b) 단계 변화(Step Changes) : 충분한 포장 및 상세한 지침

c) 감시(Monitoring) : 민감한 장비는 수시점검

d) 측정결과(Measurement Audits) : 불만족한 결과를 산출은 기준시험소가 점검

(8) 교정숙련도 시험결과의 평가

교정숙련도 시험결과의 평가는 교정기관의 측정불확도를 고려하여 기준값의 측정에서 특정불확도 내에 있는지를 보여주며, 교정프로그램에 있어 결과의 평가는 E_n값($-1<E_n<1$)에 기초한다. E_n값은 인정을 획득한 정확도 달성능력을 평가하며 기준값과 근접정도를 나타내지 않는다.

$$E_n = \frac{\text{LAB} - \text{REF}}{\sqrt{U_{\text{LAB}}^2 + U_{\text{REF}}^2}}$$

여기서 LAB는 참가시험소의 결과이며, REF는 기준시험소의 결과이고, U_{LAB}는 참가시험소의 보고된 불확도이며, U_{REF}는 기준시험소의 보고된 불확도를 나타낸다.

(9) 측정분야의 분류

a) 길이분야 : 블록게이지, 링게이지, 게이지볼, 플러그와 실린더, 표면거칠기, 각도블록, 3차원좌표측정기

b) 질량 및 관련량 : 질량, 부피, 밀도, 힘, 경도, 압력 및 진공, 유체유량 등

c) 시간/주파수 : 기산 및 주파수, 속도 및 회전수

d) 전·자기 : 전기, 자기

f) 전자파 : 고주파 임피던스, 안테나 특성, 잡음 온도, 전자파 감쇠량, 전자기장의 세기, 전자파 전압/전력, 기타 전자파 측정기

g) 온도 : 온도, 수분, 습도 등

h) 음향/소음 : 음향 및 소음, 진도 및 충격, 의료용 초음파 등

i) 광학 : 공학 및 복사, 분광 및 색채, 분광 감응도, 레이저 전력 및 에너지, 광섬유 전력

j) 방사선 : 조사선량, 흡수선량, 방사능, 방사선

15.5.13 불확도 관점의 오차

(1) 우연오차(A형태 표준불확도-우연효과에 의한 불확도 요소)

다수의 반복측정결과 통계적 방법에 의해 구한 표준불확도는 다음과 같이 표현된다.

$$s=\sqrt{\frac{\sum_{i=1}^{n}(x_i-x_{평균})}{n-1}}$$

$$u_A=\frac{s}{\sqrt{n}}$$

(2) 계통오차(B형태 표준불확도-계통효과에 의한 불확도 인자)

A형태와 구별되는 표준불확도로서 통계적방법 이외의 방법에 의해 구한다. 표준불확도는 기존 측정데이터, 관련 물질, 장비 거동 및 특성에 관한 경험, 일반적인 지식, 제조자의 시방서, 교정 및 기타 성적서의 데이터 등이 해당된다.

(3) B형태 표준불확도의 계산

a) 신뢰구간이 주어질 경우 : 측정값이 정규분포를 이루고 있어 신뢰구간이 주어진 경우로서, 예를 들면 95%의 신뢰구간($k=2$)인 경우

$U=k\times U_c$에서 $U_c=U/k=U$, B형태의 표준불확도

b) 신뢰구간이 주어지지 않는 경우

i) 직사각형 분포 : $U_B=\dfrac{a}{\sqrt{3}}$

ii) 삼각형 분포 : $U_B=\dfrac{a}{\sqrt{6}}$

c) 계통오차(B형태 표준불확도-계통효과에 의한 불확도 인자) : 측정에 있어서는 단계의 단순화가 필요하며 시험대상과 각 측정인자의 표현을 단순화하여야 한다.

i) 입력 — 시험대상과 관련된 측정인자

ii) 출력 — 수식화 $y=f(x_1, x_2, x_3, \cdots\cdots x_n)$

표 15 · 21 측정모델 전개

입력 INPUT	▶	과정 PROCESS	▶	출력 OUTPUT

부 록

< 부록 1 >

Ⅰ. 측정 실습

번호	과제명	대 상 물	사용 측정 기기	요구 정도
1	하이트게이지 및 버니어 캘리퍼스 교정	(1) 하이트게이지(0.002 mm, 0~300 mm) ① 눈금오차(0, 20, 50, 100, 150, 200, 250, 300 mm)에서 종합오차 ② 평행도(밑면과 스크라이버 밑면) (2) 버니어 캘리퍼스(0.05 mm, 0~150 mm)의 교정 ③ 외측오차(0, 20, 50, 100, 150 mm) ④ 내측오차(0, 20, 50, 100, 150 mm)의 종합정도	하이트게이지 버니어 캘리퍼스 캘리퍼체커 블록게이지 테스트인디케이터 정반	①±0.02 ②±0.002 ③±0.05 ④±0.05
2	마이크로미터 정도검사	① 앤빌의 평면도 ② 스핀들의 평면도 ③ 앤빌과 스핀들의 평행도 ④ 종합오차(KS규격에 준함)	외측마이크로미터 (25~50 mm, 1/100) 블록게이지 set (B급 76개조) 평행광선정반 광선정반 마이크로미터 스탠드	①±0.32 μm ②±0.32 μm ③±0.64 μm ④±1 μm
3	다이얼게이지 교정	① 넓은범위 정밀도 ② 좁은범위 정밀도 ③ 좁은범위 인접오차 ④ 후퇴오차 ⑤ 반복 정밀도	다이얼게이지 (0.01 mm, 10 mm) 다이얼게이지테스터	① : 15 μm ② : 좁은 범위에서 최고점과 최저점 차 ③ : 허용값 5 μm ④ : 후퇴오차 3 μm ⑤ : 스핀들 작동시 지시값의 최대차
4	길이 및 각도측정	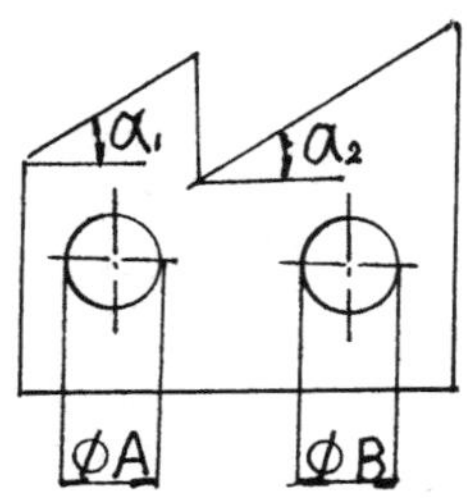	투영기	α_1 : ±3′ α_2 : ±3′ ΦA : ±0.01′ ΦB : ±0.01′
5	길이측정	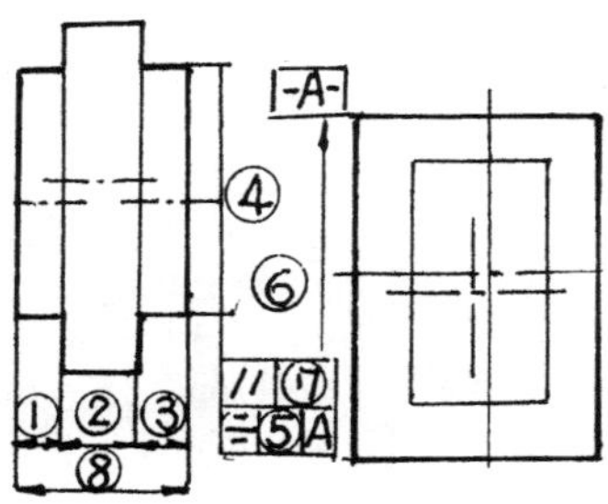	정반 하이트게이지 (0.02 mm, 300 mm) 하이트마이크로미터 (0.001 mm, 300 mm) a급 블록게이지 세트	① : ±0.002 ② : ±0.002 ③ : ±0.002 ④ : ±0.002 ⑤ : ±0.002 ⑥ : ±0.002 ⑦ : ±0.002 ⑧ : ±0.004

번호	과제명	대 상 물	사용 측정 기기	요구 정도
6	높이측정	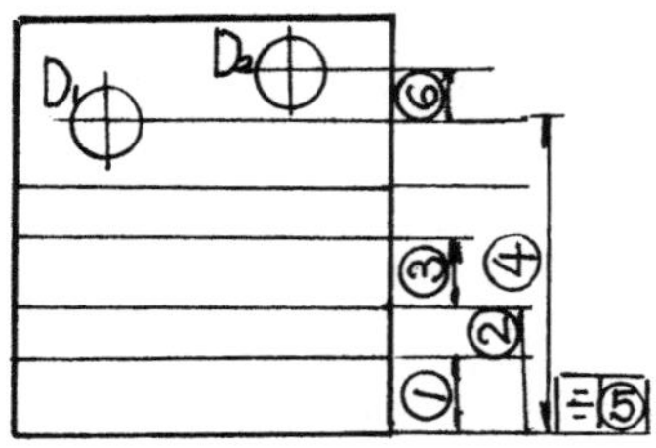	정반(300×400) 테스트인디케이터 (0.002, 0.2 mm) 하이트게이지 (0.02 mm, 300 mm) 하이트마이크로미터 (0.001 mm, 300 mm) a급 블록게이지 세트	① : ±0.002 ② : ±0.002 ③ : ±0.002 ④ : ±0.002 ⑤ : ±0.002 ⑥ : ±0.002 D_1 : ±0.002 D_2 : ±0.002
7	형상 및 각도측정	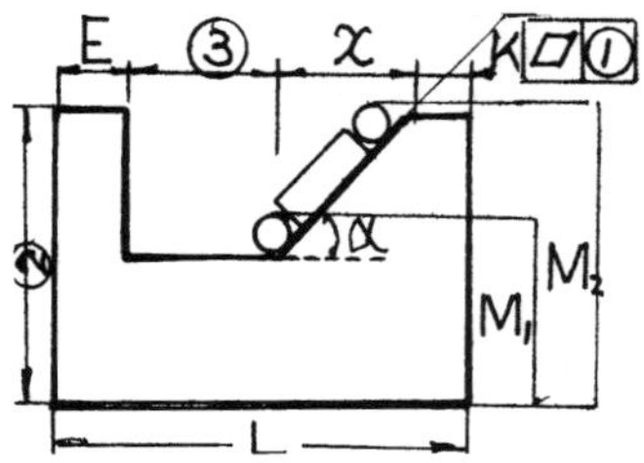	블록게이지 롤러 하이트마이크로미터 하이트게이지 정반 테스트인디케이터	단, $k=1$ mm ① : ±0.002 ② : ±0.002 ③ : ±0.002 α : ±0′30″
8	V블록측정 V면 평행도 측정	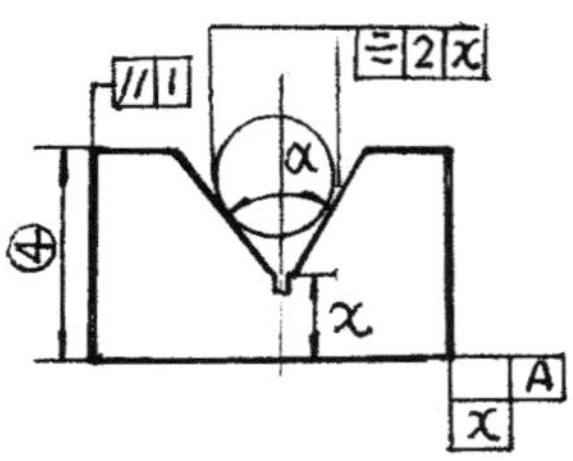	하이트게이지 하이트마이크로미터 롤러 테스트 바 정반테스트인디케이터 블록게이지	① : α ±1′ ② : 1±1 μm ③ : 2±2 μm ④ : 3±1 μm ⑤ : x±0.01
9	곡률반경 측정	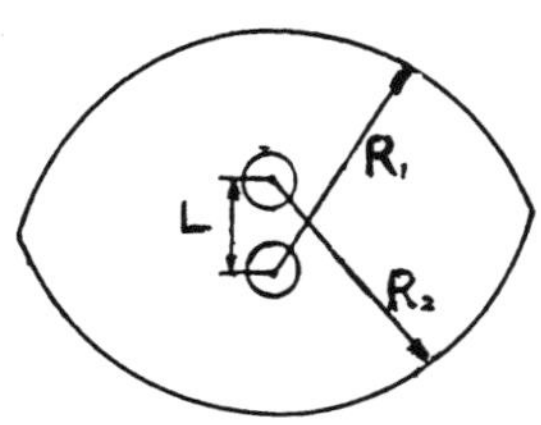	투영기 블록게이지	①$R_1=\pm 24\,\mu m$ ②$R_2=\pm 24\,\mu m$ ③$L=24\,\mu m$
10	테이퍼 측정	내측테이퍼 측정 ① D측정 ② α 측정 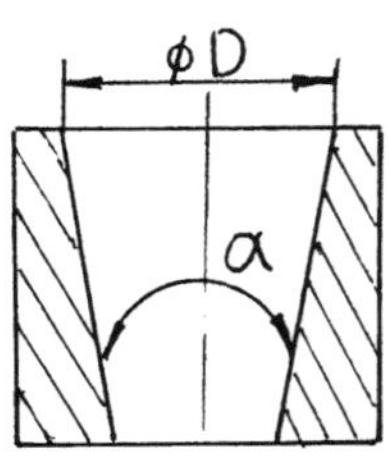	정반(300×400) 강구(Φ30, Φ20) 깊이마이크로미터 (0.01 mm, 0～25, 25～50 mm)	a±0.002 b±0.002 c±0.002 d±0.003

번호	과제명	대 상 물	사용 측정 기기	요구 정도
11	데브테일 측정	외측 데브테일 ① 각(α=60°)를 알고 소단거리 S값 ② 2세트의 롤러 이용한 소단거리 S값 ③ 2세트의 롤러 이용한 각의 크기  내측 더브테일 ($α_1$, $α_2$, $α_1$이 60°일 때 L_1, L_2의 값 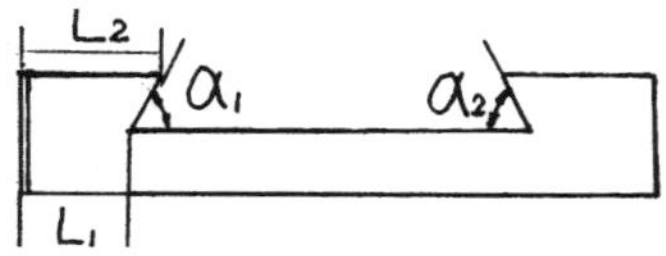	외측마이크로미터 0～25, 25～50 깊이마이크로미터 0～25 롤러 Φ6, Φ10 각 2개	①S=±0.01 ②α : ±3′30″ ③L_1 : ±0.01 ④L_2 : ±0.01
12	테이퍼 측정	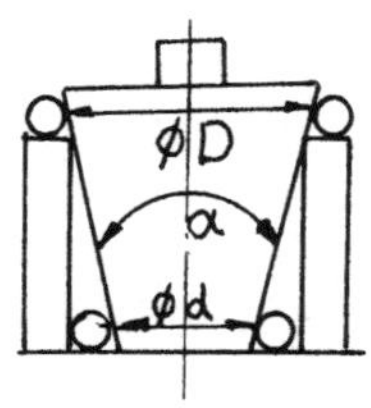	롤러 테스트인디케이터 하이트게이지 마이트마이크로미터	①α = N±0′30″ ②$\frac{1}{x} = \pm\frac{1}{0.01}$ ③d=0.002 mm ④ 구배각도 : 0′30″
13	나 사 측 정	①외경 D ②유효지름 d_2 ③각도 $α_1$, $α_2$ ④나사 피치 p' 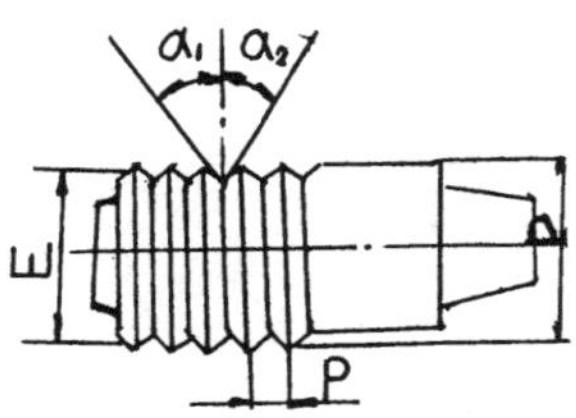	투영기 벤치마이크로미터 (0.002) 나사 측정용 삼침	①D : ±0.003 ②E : 0.010 ③$α_1$±3′ $α_2$±3′ ④p±0.008
14	진직도 측 정	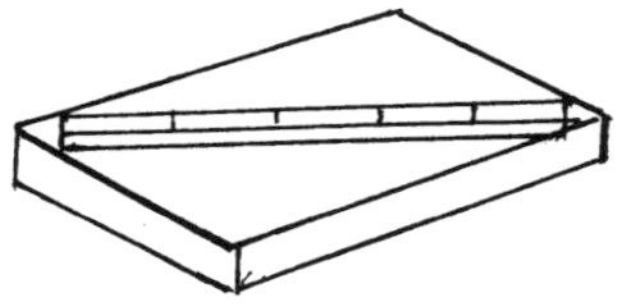	수준기 (0.05 mm/m)	진직도 ±0.005
15	각도측정	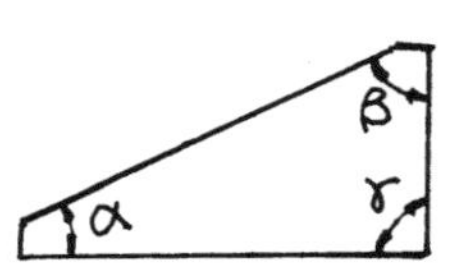	서큘러테이블 앵글데커 보호블록게이지 3개 V블록	①α :±15″ ②β :±15″ ③γ: ±15″

번호	과제명	대 상 물	사용 측정 기기	요구 정도
16	형상정도 측정	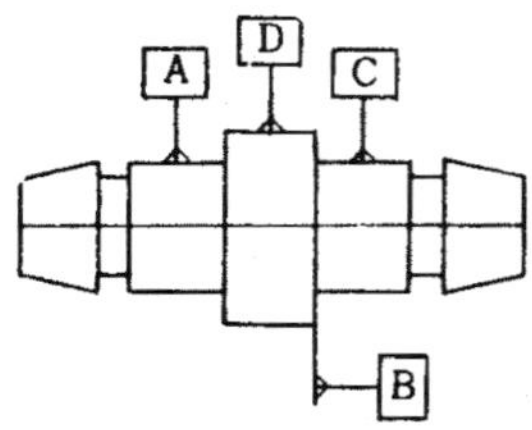	정반(300×400) V블록 테스트인디케이터 하이트게이지	A : 직각도0.002 B : 진직도0.002 C : 평행도0.002
17	높이측정	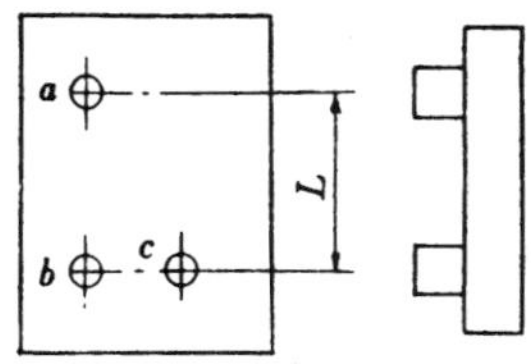	하이트게이지(0~300 mm) 정반 하이트마스터(0.001) 테스트인디케이터(0.001)	a±0.002 b±0.002 c±0.002 d±0.003
18	각도측정	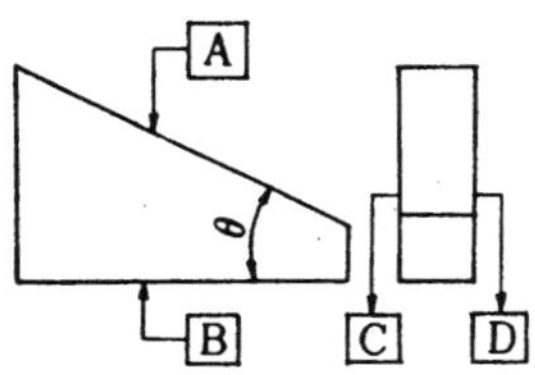	사인 바(100 mm) 정반 다이얼게이지 (0.001) 다이얼게이지 스탠드	Θ±30″ $\frac{1}{x}$ ±0.01
19	직각자 교정	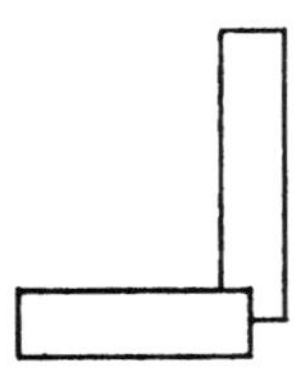	원통스퀘어 인디케이터 블록게이지(0.001) 전등 하이트게이지	A : 진원도 0.002 B : 직각도 0.002 C : 원통도 0.002 D : Ra 0.1
20	안지름 측정	플러그 게이지 Φ20, Φ35, Φ60 링 게이지 Φ20, Φ35, Φ60	마이크로미터(0.01) 0~25, 25~50, 50~75 실린더게이지(0.001) 18~35, 35~60	±0.003 ±0.004 ±0.005 ±0.005 ±0.006 ±0.007

Ⅱ. 측정 실습

번호	과 제 명	대 상 물	사용 측정 기기	요구 정밀도
1	길이 측정 높이와 지름을 측정하여 부피 계산. (측정은 6개소) 직경측정 : 마이크로미터 길이측정 : 버니어 캘리퍼스	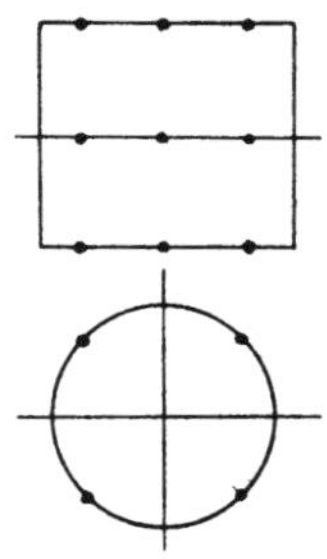	1. 외측마이크로미터 0~25 mm 1개, 25~50 1개 2. 버니어 캘리퍼스 0~150 1개	1. 지름 평균값 ± 2. 길이의 평균값 ± 3. 부피 ±
2	V홈 간의 거리 측정 V홈간의 거리 A, B를 계산하라.	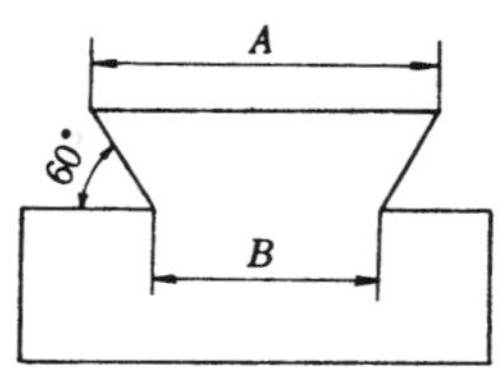	1. 외측 마이크로미터 0~25, 1개 25~50, 1개 2. 깊이 마이크로미터 0~25, 1개 3. 롤러 (Φ1μm) 2개	A±0.01 m/m B±0.01 m/m
3	원뿔 테이퍼 측정 주어진 테이퍼 게이지의 테이퍼 각 α 및 테이퍼량 $\frac{1}{x}$ 을 구하라.	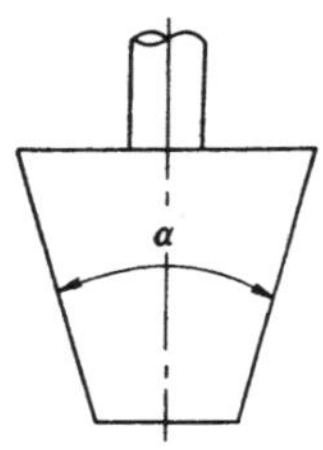	1. 외측 마이크로미터 0~25, 1개 25~50 1개 2. 롤러 Φ8 1μ 2개 3. 블록게이지 B급 1조 4. 정반 1개	α± $\frac{1}{x}$± B_1±
4	계측기 교정 주어진 마이크로미터의 평면도, 평행도, 총합 오차를 구하라.	마이크로미터 0.01 mm×20－50	1. 광선 정반 1개 2. 평행광선정반 1조 3. 블록게이지 B급 1조	평면도 평행도 총합 오차

번호	과 제 명	대 상 물	사용 측정 기기	요구 정밀도
5	곡률 반지름 측정 주어진 곡률 반지름 R와 지름 D를 구하라.	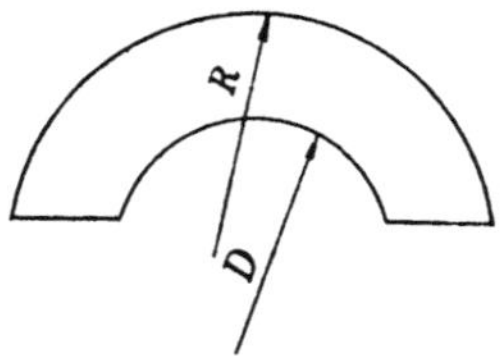 	1. 투영기	$R\pm$ $D\pm$
6	진원도 측정 시료를 3점법에 의해 흔들림 배율 f_n과 진원도를 구하라.	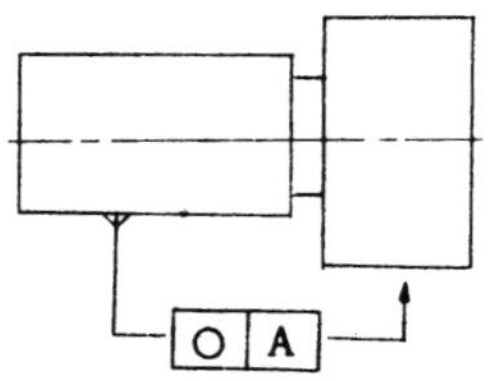 	1. V 블록 2. 테스트 인디케이터 0.002 1개 3. 인디케이터스탠드 1개	$f_n\pm$ $A\pm$
7	나사의 측정 주어진 나사게이지의 유효지름 d_2, 단일 피치 오차, 누적 피치는 5산에 대한 오차	나사 게이지 M10×1.5	1. 투영기 1대 2. 3침 게이지 1조 3. 외측 마이크로미터 0~25 mm 1개	유효 지름 단일 피치 누적 피치
8	진직도 측정 주어진 직선자의 진직도를 구하라.	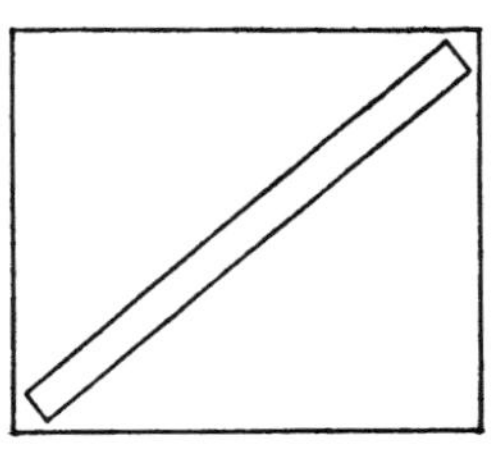	1. 오토콜리메터 1대 2. 정반 1 m×1 m 1대 3. 클램프 2개	진직도 ±

<부록 2> 인벌루트 함수표

	18	19	20	21	22	23
0	0.010 760	0.012 715	0.014 904	0.017 345	0.020 054	0.023 049
1	791	750	943	388	101	102
2	822	784	982	431	149	154
3	853	819	0.015 020	474	197	207
4	884	854	059	517	244	259
5	915	888	098	560	292	312
6	946	923	137	603	340	365
7	977	958	176	647	388	418
8	0.011 008	993	215	690	436	471
9	039	0.013 028	254	734	484	524
10	071	063	293	777	533	577
11	102	098	333	821	581	631
12	133	134	372	865	629	684
13	165	169	411	908	678	738
14	196	204	451	952	726	791
15	228	240	490	996	775	845
16	260	275	530	0.018 040	824	899
17	291	311	570	084	873	952
18	323	346	609	129	921	0.024 006
19	355	382	649	173	970	060
20	387	418	689	217	0.021 019	114
21	419	454	729	262	069	169
22	451	490	769	306	118	223
23	483	526	809	351	167	277
24	515	562	850	395	217	332
25	547	598	890	440	266	386
26	580	634	930	485	316	441
27	612	670	971	530	365	495
28	644	707	0.016 011	575	415	550
29	677	743	052	620	465	605
30	709	779	092	665	514	660
31	742	816	133	710	564	715
32	775	853	174	755	614	770
33	807	889	215	800	665	825
34	840	926	255	845	715	881
35	873	963	296	891	765	936
36	906	999	337	937	815	992
37	939	0.014 036	379	983	866	0.025 047
38	972	073	420	0.019 028	916	103
39	0.012 005	110	461	074	967	159
40	038	148	502	120	0.022 018	214
41	071	185	544	166	068	270
42	105	222	585	212	119	326
43	138	259	627	258	170	382
44	172	297	669	304	221	439
45	205	334	710	350	272	495
46	239	372	752	397	324	551
47	272	409	794	443	375	608
48	306	447	836	490	426	664
49	340	485	878	536	478	721
50	373	523	920	583	529	778
51	407	560	962	630	581	834
52	441	598	0.017 004	676	633	891
53	475	636	047	723	684	948
54	509	674	089	770	736	0.026 005
55	543	713	132	817	788	062
56	578	751	174	864	840	120
57	612	789	217	912	892	177
58	646	827	259	959	944	235
59	681	866	302	0.020 007	997	292
60	0.012 715	0.014 904	0.017 345	054	0.023 049	0.026 350